Intelligent Unmanned Cluster Technology and Application

# 智能无人集群技术及应用

吴美平 吴 涛 潘献飞
谷学强 相晓嘉 于瑞航 著

国防工業出版社
·北京·

# 内容简介

本书系统介绍智能无人集群技术及其应用，包括智能感知、智能协同导航、智能规划与决策和有人无人协同四部分。第一部分为智能感知，介绍无人系统的传感器技术、无人系统的环境感知技术和无人系统的多源智能信息融合。第二部分为智能协同导航，从导航器件、自主导航、协同导航、智能协同导航等层次构建智能协同导航体系。第三部分为智能规划与决策，包括智能规划与决策概述、无人机集群规划与决策以及智能弹群规划与决策。第四部分为有人无人协同，主要包括有人无人协同的内涵、空中有人无人协同和地面有人无人协同，阐述空中、地面的有人无人协同样式和关键技术。

全书反映近年来智能无人集群技术的最新发展成果，可为从事智能无人领域科学研究、装备研制的科研人员和院校教师提供学术研究和工程参考。

**图书在版编目（CIP）数据**

智能无人集群技术及应用 / 吴美平等著. -- 北京 : 国防工业出版社, 2024. 12. -- ISBN 978-7-118-13523-7

Ⅰ. V279

中国国家版本馆 CIP 数据核字第 20247G1R50 号

※

国防工業出版社出版发行

（北京市海淀区紫竹院南路 23 号　邮政编码 100048）

雅迪云印（天津）科技有限公司印刷

新华书店经售

*

**开本** 787×1092　1/16　**印张** 23¼　**字数** 511 千字

2024 年 12 月第 1 版第 1 次印刷　**印数** 1—2500 册　**定价** 192.00 元



国防书店：(010) 88540777　　书店传真：(010) 88540776

发行业务：(010) 88540717　　发行传真：(010) 88540762

FORWORD

# 序

当前，无人作战系统已从原来执行侦察监视等辅助任务，拓展到察打一体、集群作战、跨域协同打击、人机协同作战等全域全时任务，无人系统正在从战争配角走向战场中央，战争的智能化特征越来越明显，预示着智能化战争正向我们快速走来。

国内无人系统蓬勃发展，各种机器人、无人车、无人机等装备逐步成熟并广泛应用于军事领域，为军队加快无人智能作战力量发展奠定了坚实的物质基础。同时，无人集群系统技术应用研究成为热点，正加速向实战化应用。但是，在战场强拒止环境下，无人集群系统面临着弱通信、弱计算、能源有限等现实困难，以及战场环境的高度不确定性、战场信息的高度不完整性、敌我对抗的高度博弈性和战争响应的超强实时性等现实挑战，直接影响着无人集群系统在作战区域范围内实现智能感知、智能决策、智能打击等任务，严重制约着无人集群系统能力的发挥。

国防科技大学智能科学学院团队紧跟世界军事科技发展潮流，一直致力于各类军用机器人、无人车、无人机、精确制导武器研制，以及相关的环境感知与认知、智能决策与规划、多源信息融合、自主导航、智能控制、精确制导等关键技术攻关。在此基础上，团队创新提出了“作战任务”驱动的跨域异构无人集群系统技术，从空地协同的多维度、多视角来解决复杂战场环境下“感知难、识别难”等现实问题，以期实现“立体化多层级战场”的智能感知；从“人在回路上”采用智能算法来解决强实时、强对抗、强博弈、信息不完备下的“决策难、规划难”等轻量化难题，以期实现“人机混合智能”的智能决策与指挥；从跨域、异构、自主协同定位角度来解决“联通难、定位难”等强拒止环境下的挑战，以期实现“自组网协同”的跨域无人集群系统的精确作战，探索实现“作战区域透明化，精确打击立体化”的智能化有人无人协同作战，探索实践无人智能作战力量发展的技术途径。

经过多年的刻苦攻关，本书作者团队突破了跨域异构无人集群系统关键技术，相关成果在相关场景中进行了应用验证，取得了较好的成效。本书是跨域异构无人集群系统在特定领域综合运用研究成果的阶段性总结。本书所谈的跨域无人集群系统的技术体系还不够严密，技术验证还不够充分，部分结论可能不太严谨，敬请各位同行谅解！本书旨在抛砖引玉，期待国内同行在跨域异构无人集群系统技术上持续发力，进一步总结出理论更加丰富、技术更加翔实、实践更加充分的攻关成果，共同推进我国跨域无人智能集群系统技术发展与应用，为我国科技强军做出更大的贡献，为我军机械化、信息化、智能化融合发展提供更加有力的智力支持。

中国工程院院士 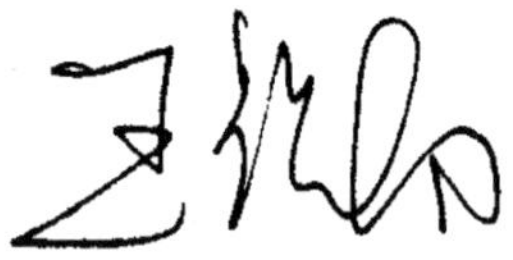

PREFACE

# 前 言

随着信息技术、人工智能技术、微电子技术和控制技术的迅猛发展，出现了无人机、无人车、无人船、无人潜航器、机器人等一系列新型无人系统。智能无人集群系统具有单个无人系统不可比拟的优势，在农业、制造业、交通、教育、医疗、军事、金融等多个领域具有广阔的应用前景。特别在军事方面，智能无人系统将成为武器装备体系中的重要组成部分，对作战方式和战争机理产生深刻的影响。

全书以推动智能无人集群基础理论、科学技术和原创能力提升为目标，面向世界科技前沿、面向国家和军队重大战略需求，针对智能无人集群系统，系统、客观地介绍了智能无人集群技术及其应用，阐述了该领域的基础理论、基本方法、实践应用和发展趋势。

本书内容共涵盖了智能感知、智能协同导航、智能规划与决策和有人无人协同四部分。

第一部分为智能感知，主要介绍无人系统的传感器技术、无人系统的环境感知技术和无人系统的多源智能信息融合，分析如何从“传感—感知—信息融合”的角度成体系实现无人系统的智能感知。

第二部分为智能协同导航，主要包括地空无人平台惯性基自主导航、基于跨域集群节点相对观测的协同导航和基于环境认知的多源智能协同导航，介绍了“导航器件—自主导航—协同导航—智能协同导航”的智能协同导航体系。

第三部分为智能规划与决策，主要包括智能规划与决策概述、无人机集群规划与决策以及智能弹群规划与决策，构建了“概念—蜂群—弹群”的智能规划与决策结构体系。

第四部分为有人无人协同，主要包括有人无人协同的内涵、空中有人无人协同和地面有人无人协同，阐述空中、地面的有人无人协同样式和关键技术。

全书反映了近年来智能无人集群技术的最新发展成果，体现了鲜明的时代特征和现实需求，对智能无人领域从事科学研究、装备研制的科研人员和从事高层次人才培养的院校教师具有较高的学术参考价值和工程参考价值。

本书的出版得到国家出版基金的资助支持，国防科技大学智能科学学院李峻翔、马兆伟、张万鹏、刘鸿福、李杰、何晓峰、毛军、郭妍、陈昶昊、周晗、唐邓清、赖俊等同志在本书的编写过程中承担了大量的资料收集、整理和统稿工作，国防工业出版社辛俊颖编辑对本书的出版给予了极大的支持和帮助，在此一并表示诚挚的感谢。

由于智能无人集群技术内容非常庞杂且编者水平有限，书中难免有不足之处，恳请广大读者批评指正，共同推动我国智能无人集群技术的发展。

作　者

2024 年 4 月

CONTENTS

# 目 录

第1章 概述 1

1.1 智能无人集群技术的基本概念与特点 1

1.1.1 智能无人集群技术的基本概念 1

1.1.2 智能无人集群技术的发展特点 2

1.2 智能无人集群技术体系 3

1.2.1 无人智能感知 4

1.2.2 无人智能指挥 7

1.2.3 无人智能控制 10

1.2.4 无人智能体系 13

1.3 智能无人集群技术发展面临的挑战 15

1.4 智能无人集群技术在军事领域的发展展望 17

第一部分 智能感知 20

第2章 无人系统的传感器技术 21

2.1 用于无人系统环境感知的典型传感器 21

2.1.1 相机 21

2.1.2 激光雷达 22

2.1.3 毫米波雷达 23

2.2 即插即用的传感器标定技术 24

2.2.1 相机的自标定技术 24

2.2.2 激光雷达的自标定 25
2.2.3 激光雷达与相机的联合标定 32
2.3 车辆状态的智能感知技术 34
2.3.1 车辆的运动速度感知 34
2.3.2 车辆打滑与淤陷状态的判别 37
第 3 章 无人系统的环境感知技术 38
3.1 地形建模技术 38
3.1.1 三维地形建模技术 39
3.1.2 地表材质分类技术 45
3.1.3 可通行区域分割技术 71
3.2 地物检测与识别技术 74
3.3 运动目标的跟踪与预测技术 88
3.3.1 单运动目标稳定检测与跟踪技术 88
3.3.2 多运动目标的检测与轨迹预测技术 95
3.4 无人机机载目标检测与识别 99
3.4.1 基于视觉的单机目标检测与识别技术 99
3.4.2 复杂场景下的目标检测识别技术 102
第 4 章 无人系统的多源智能信息融合 113
4.1 异质传感器信息融合 113
4.1.1 可见光图像与激光雷达点云的信息融合 113
4.1.2 可见光图像与毫米波雷达的信息融合 126
4.2 跨平台/跨视角信息融合 131
4.2.1 融合车载激光雷达与卫星图片的匹配定位技术 131
4.2.2 融合前视图像与俯视地图信息的类人导航技术 135
第二部分 智能协同导航 144
第 5 章 地空无人平台惯性基自主导航 145
5.1 地空无人平台惯性基自主导航系统总体设计 145

CONTENTS

CONTENTS

5.1.1 惯性基自主导航系统体系架构 145
5.1.2 惯性基智能导航算法 147
5.2 微陀螺模态交换/偏振光组合定向技术 148
5.2.1 基于微陀螺模态交换的自寻北方法 148
5.2.2 基于大气偏振光场的抗差定向方法 153
5.2.3 基于微陀螺模态交换/偏振光的组合定向技术 158
5.3 惯性基自主导航系统技术与应用 160
5.3.1 惯性基自主导航系统技术 160
5.3.2 惯性基自主导航系统在地空无人平台的应用 162

第6章 基于跨域集群节点相对观测的协同导航 172

6.1 协同导航相对观测方法 172
6.1.1 基于相对测距的定位方法 172
6.1.2 跨域交叉视图相对定位 174
6.2 跨域集群时空一致性标定方法 181
6.2.1 基于自组网系统的集群时间标定方法 181
6.2.2 基于测距的集群空间分布标定方法 182
6.3 基于惯性/视觉/测距多源观测的导航 183
6.3.1 单节点导航系统非线性建模方法 183
6.3.2 集群相对测距观测建模 185
6.3.3 集群相对视觉观测建模 188
6.3.4 基于多源观测的协同导航状态优化 188
6.4 基于相对观测的协同导航系统技术及应用案例 189

第7章 基于环境认知的多源智能协同导航 195

7.1 基于环境认知的多源智能协同导航总体设计 195
7.2 导航场景退化条件下协同感知与联合建图 196
7.2.1 基于多传感器的无人集群时空联合配准技术 196
7.2.2 基于多节点共视关联的联合建图 202
7.3 基于 Mask2Former 的视觉语义监督激光雷达点云语义分割算法 207

7.4 基于多节点稀疏信息联合优化的无人协同定位 211
7.5 基于环境认知的多源智能协同导航系统技术及应用 217
7.5.1 多源智能协同导航系统技术 217
7.5.2 多源智能协同导航系统在智能无人集群中的应用 217

第三部分 智能规划与决策 219

第8章 智能规划与决策概述 220

8.1 智能规划与决策的基本概念 220
8.1.1 规划的概念 220
8.1.2 决策的概念 223
8.1.3 规划与决策的关系 224
8.1.4 作战任务规划 225
8.1.5 智能规划技术的作用意义 226
8.2 智能规划与决策的发展历程 226
8.2.1 理论探索发展历程 226
8.2.2 应用研究发展历程 229
8.2.3 工程实现发展历程 229
8.3 智能规划与决策主要方法及研究现状 230
8.3.1 仿生学方法 230
8.3.2 人工势场函数法 232
8.3.3 几何学方法 233
8.3.4 经典搜索法 234
8.3.5 进化学习法 235

第9章 无人机集群规划与决策 239

9.1 无人机集群规划与决策的内涵及挑战 239
9.1.1 无人机集群规划与决策的内涵 239
9.1.2 无人机集群规划与决策的主要挑战 240
9.2 无人机集群区域覆盖搜索规划方法 241

CONTENTS 3

9.2.1 面向集群区域覆盖搜索的速度域建模 243
9.2.2 基于相对互惠模型的集群覆盖搜索优化方法 245
9.3 无人机集群自组织任务规划方法 249
9.3.1 网络化条件下集群自组织任务规划问题建模 249
9.3.2 基于团队定向问题的集群自组织任务规划方法 253
9.4 无人机集群分布式机载航路自主重规划方法 261
9.4.1 基于多分辨率小波分解在线态势建图的改进标签实时航路重规划方法 262
9.4.2 基于 X-Plane 的分布式机载航路重规划半实物仿真实验 272

第 10 章 智能弹群规划与决策 276

10.1 智能弹群系统组网通信架构与任务规划系统结构设计 276
10.1.1 智能弹群协同任务规划系统结构 276
10.1.2 基于飞行自组网的智能弹群任务规划模型设计 279
10.2 智能弹群的群智规划与决策方法 282
10.2.1 智能弹群的预先任务分配方法 282
10.2.2 智能弹群的预先突防航迹规划技术 286
10.2.3 动态蚁群分工算法模型设计 294
10.2.4 智能弹群的在线任务重分配方法 297
10.2.5 智能弹群的在线协同航迹规划技术 299
10.3 分布式在线协同任务规划技术 304
10.3.1 自组织分布式在线协同任务规划建模 305
10.3.2 基于分布式蚁群算法的自组织在线协同任务规划技术 307
10.3.3 基于树搜索和 max-sum 的分布式侦察监视规划技术 313

第四部分　有人-无人协同　323

第 11 章　有人-无人协同的内涵　324

11.1　协同的根源　324
11.1.1　能力互补产生协同需求　324
11.1.2　有效协同带动能力提升　325
11.1.3　有人-无人协同的定义　325
11.2　协同的典型模式　326
11.2.1　无人为主，有人指挥　326
11.2.2　有人为主，无人配合　326
11.2.3　双向互补，无缝互动　327
11.3　协同关键技术　327
11.3.1　对抗环境下有人-无人协同系统能力互补机理　327
11.3.2　有人-无人系统分布式感知信息的传递机制与态势演化的预测估计　329
11.3.3　有人-无人系统应对意外事件的协同决策机制与自主行为的实时规划　330
11.4　协同面临的挑战　332
11.4.1　互联互通互操作难　332
11.4.2　人机互信互理解难　333
11.4.3　互补机制形成难　333

第 12 章　空中有人-无人协同：忠诚僚机　334

12.1　空中有人-无人协同样式　334
12.1.1　前出投弹战机　334
12.1.2　随队忠诚僚机　334
12.1.3　灵巧指挥僚机　335
12.2　空中有人-无人协同研究现状　335
12.2.1　忠诚僚机项目　335
12.2.2　从无人战斗僚机到无人加油僚机　336
12.2.3　有人直升机与无人协同　337
12.3　空中有人-无人协同关键技术　339
12.3.1　有人-无人系统协同控制体系结构　339

CONTENTS

CONTENTS

12.3.2 有人-无人机系统人-机协作与人-机交互 340
12.3.3 有人-无人机系统协同感知、信息共享与态势理解 341
12.3.4 有人-无人机系统协同决策、协同规划与编队控制 343

第13章 地面有人-无人协同：智能分队 345

13.1 地面有人-无人协同样式 345
13.1.1 协同侦察 345
13.1.2 协同打击 346
13.1.3 协同保障 346
13.2 地面有人-无人协同研究现状 347
13.2.1 勇士系列项目 347
13.2.2 X 班组项目 348
13.2.3 OFFSET 项目 350
13.3 地面有人-无人协同关键技术 350
13.3.1 作战编组体系集成与动态重构技术 350
13.3.2 街巷环境并行多维感知与态势生成技术 350
13.3.3 空地协同多目标跟踪与打击技术 351
13.3.4 人机协同决策与规划技术 351

参考文献 352

# 第1章 概述

## 1.1 智能无人集群技术的基本概念与特点

### 1.1.1 智能无人集群技术的基本概念

20 世纪 50 年代，法国生物学家 Pierre Paul Grasse 对集群的研究揭示了自然界昆虫群体中的个体间存在高度组织化的行为，能够以群体的形式协同完成个体难以完成的高难度任务。集群概念已经成为人工智能与社会、经济、军事、科技、生物等交叉学科的热点和前沿领域。

集群技术的灵感来源于蜂群。蜂群内部分工明确，每只蜜蜂只进行简单的劳动，但整个蜂群却可以从事各种复杂的行为。个体遵循着简单的行为和逻辑规则，不需要有中心的中央协调，便能自发地形成一个有机的整体。从数学层次上看，这是一种涌现，是一种“量变”。

因此，智能集群是指拥有大量具有简单而基本智能的个体的整体，且每个个体能与它的邻居进行局部交互，从而实现去中心化、自组织化系统的集体智能与行为的展示。智能集群并不是对大量个体进行简单的通信与组合，而是侧重于使多个个体高效协同，实现功能和信息上的互补与紧耦合，融合成具备自组织能力和性能高度稳定的分布式集群系统。在智能无人集群系统中，个体的智能水平能够高效地应用到集体决策与行动中，形成多个个体协同的功能远大于个体能力的非线性叠加。

智能无人集群系统是由多个无人平台及若干辅助部分组成，具有感知、交互和学习能力，并且能够基于环境进行自主导航、自主决策、自主规划，从而达成目标的有机整体。因此，智能无人集群技术不是某项单一技术，而是无人控制、群体智能、人工智能、无线网络等多种相关技术的综合运用，从而形成环境感知与认识、多机协同任务规划与决策、信息交互与自主控制、人机智能融合与自适应学习等核心关键技术。

(1) 个体需要对环境进行了解与感知。集群系统需要具备在各种环境，特别是复杂极端环境下执行任务的能力，这就要求系统要对环境进行全面的感知，利用声、光、电、雷等传感器敏感所处环境的信息数据，认识并理解环境态势。

（2）每个个体之间要进行信息的交互与共享，并在交互产生的大量数据基础上进行任务规划与决策，从而在复杂的环境完成情报、侦察、目标打击等任务；协同任务分配的关键在于集群的算法实现，比较经典的有粒子群、蚁群算法，新的有猫群算法、蟑螂算法等。而集群具有分布式、无中心、自组织等特点，使得集群具有很强的健壮性与自组织性，不会因为少数个体的缺失而导致整个集群失去能力，并拥有一定程度的宏观智能能力。信息交互的关键在于单平台情报信息的稳定实时共享，这是合理任务规划的基础。

（3）集群受平台机体性能的限制，自身不具备远距离的作战任务能力，因此需要人机交互与自适应学习能力来加强其作战能力。“平台无人，系统用人”是集群系统的典型特征，其关键技术包括人机交互、无人机自主学习等，使得智能集群和有人系统之间可以进行高效协同作战。

### 1.1.2 智能无人集群技术的发展特点

智能无人集群技术的发展具有自组织、自学习、自涌现的特点。

#### 1. 自组织

群体内部众多无人单体基于实时状态与动态环境交互及认知，形成时空、逻辑等群体自主协作，完成复杂任务的特性，是群体从无序到有序的演化过程，是群体自身固有而并非外部施加给群体的一种性质。自组织意味着集群系统中没有一个中心控制模块，也不存在一部分控制另一部分的情况。自然界的生物群体均是通过其自组织来解决问题，理解了大自然如何使生物系统自组织，就可以模仿这种策略使人工的无人群体智能系统自组织。

自组织是集群智能的重要特征体现，该特性可极大地提高集群系统在完成任务过程中的自适应健壮性。集群智能体现出来的自适应是指其不仅能够动态适应外界环境变化和任务实时更新，而且能够从群体内部状态与行为突变（如局部个体故障）中尽快恢复原有行为能力的特性，即外界环境变化以及单个个体异常状态均不会对整个群体执行任务成效产生较大影响。集群智能自适应特征更具体地体现在群体自重构和群体自恢复上。自重构是指群体为了适应诸如阴雨或晴天、城市或山区等环境动态变化，搜索或跟踪、运输或救援等不同任务更新，而对其群体构型（如编队）自主变更的能力；自恢复是指群体能够自动发现群体内个体故障、局部异常等，并据之自主调整群体行为，而不影响群体完成目标任务的能力。

#### 2. 自学习

自学习是指在集群整体层面根据任务环境的性能反馈，修正并归纳其自身行为的特性。自学习是集群智能重要的特征之一，同时又有其独特之处。通过自学习，群体将不再局限于预定行为，从而能够适应动态变化的环境和新的任务要求。

强化学习、合作式学习和进化学习普遍存在于生物群体中，是实现集群系统自学习的可借鉴方式。其中，进化学习是群体智能一种特别的学习方法，它先以其数量占据优势，然后随着环境变化，淘汰不能适应的个体，使群体具有更强的适应能力。通过自主且持续学习，使得集群系统具备成长性，不仅能够适应环境的动态变化以及任务的需求变更，而且群体行为能够自主演化，功能与性能得以持续提升。

### 3. 自涌现

自涌现是群体智能的本质特征，是自下而上自主出现的群智涌现，意味着群体可以涌现出个体不具有的新属性，而这种新属性正是个体之间综合作用的结果，形成群体宏观有序的系统智能行为的特性。集群智能体现出来的自涌现也是如此。集群智能中的“涌现”与系统论和复杂系统中的“涌现”本质上是相同的，是基于主体实现的涌现，群体中的个体结构和功能相对简单，通过在群体活动过程的交互与协调，适应环境并学习进化，涌现出一些新的整体行为和系统能力，实现了“1+1>2”的境界。人们从自然界群体行为研究中得到启发，发现微观个体之间相互作用多是复杂非线性动态过程的迭代，并呈现出难以预测和行为有效的涌现特性。例如，蚁群觅食、大雁迁徙、羊群效应的群智涌现对无人系统群体智能优化设计均有参考价值。

## 1.2 智能无人集群技术体系

作为颠覆战场制胜机理的核心技术，无人智能技术已成为大国角力的焦点，以美国为代表的西方国家投入大量人力物力开展关键技术研究，我国也高度重视该领域科研攻关，党的二十大报告中明确提出要“加快无人智能作战力量发展”。无人智能相关关键技术在国内不断得到突破。

军事智能的一个方面体现在无人系统的自主性。自主能力是无人作战系统最重要的技术特征，无人作战系统通过实时环境感知和信息处理，自主生成优化的控制策略，完成各种战术/战役任务，具有快速有效的任务自适应能力。能够使其或编队在不确定的环境中，依靠自身或协同的侦察、定位、分析和决策能力完成特定任务。在多任务强对抗条件下，无人作战系统技术与智能技术深度结合，可实现无人系统自主完成感知认知、决策规划、行为控制，催生单平台渗透、有人-无人协同、无人集群协同等颠覆性作战样式，有望解决无人作战系统在强对抗、弱通信、弱计算的复杂战场中作战运用难题，正在推动未来作战样式发生巨大变革。

当前，无人智能关键技术主要集中在智能感知、智能指挥、智能控制、智能体系等方面，其中智能体系是整个无人智能技术发展的基座，智能感知、智能指挥、智能控制相互衔接、环环相扣，正在同步共生发展，如图 1-1 所示。

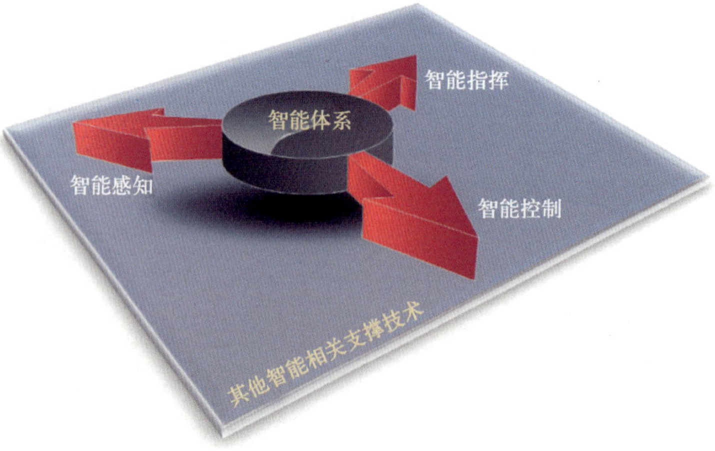


图 1-1　无人智能关键技术构成

## 1.2.1　无人智能感知

无人智能感知是指在复杂战场环境中多维、全域、实时、精确的信息获取与感知理解，是无人作战系统的“眼睛”和“耳朵”。没有感知就不会产生“智能”。在复杂环境中，智能感知技术包含高精度自主定位定向、环境探测传感、多传感器信息融合、环境建模与建图、目标检测识别与跟踪、行为分析与场景理解等关键技术。

实现任务规划、运动控制等自主行为的前提是无人作战系统具有良好的环境感知能力。随着信息技术和智能技术的发展，传感器的种类越来越多、探测精度越来越高、探测范围越来越广、探测速度越来越快，处理器的性能越来越好、尺寸越来越小、功耗越来越低，以深度学习为代表的机器学习技术促使感知算法得到极大的突破。复杂环境智能感知的难点在于高精度、高可靠性的传感器技术、实时数据处理、大范围数字建模以及复杂变化环境下的超强学习能力、语义理解与行为分析等。该技术面临以下 4 个重大挑战。

（1）强健壮性，以应对各种恶劣自然环境的挑战。

（2）强实时性，以捕捉动态环境下稍纵即逝的战机。

（3）高精确性，以提高作战行动的任务效能。

（4）强学习性，以适应快速变化的战场环境。

### 1. 技术体系

复杂环境智能感知技术主要包括复杂环境智能感知共用技术，如高精度自主定位定向技术、环境探测传感器技术、多传感器信息融合技术、环境三维建模与地图构建技术、目标检测/识别与跟踪技术、行为分析与场景理解技术；还包括各域无人系统智能感知技术，如无人机智能感知技术、地面无人系统智能感知技术、水面无人系统智能感知技术、水下无人系统智能感知技术，如图 1-2 所示。

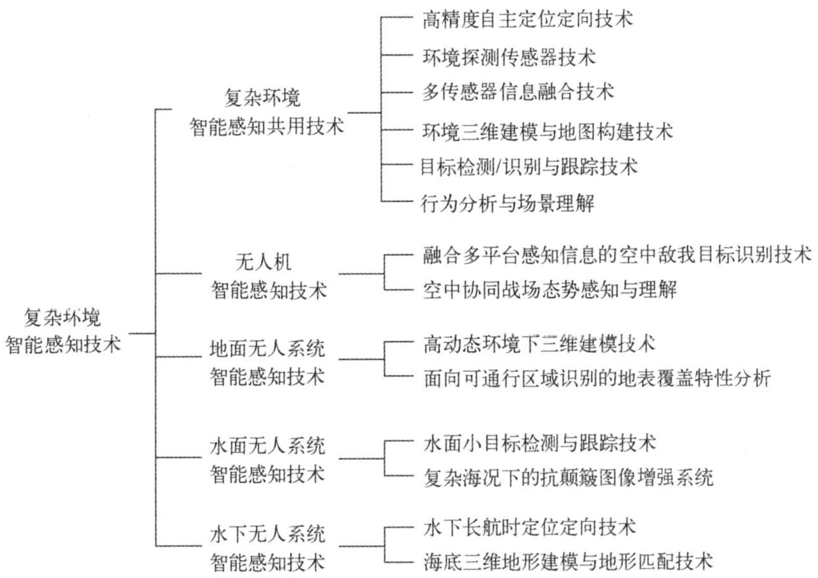


图 1-2　复杂环境智能感知技术体系

### 2. 关键技术

在复杂环境智能感知技术中，高精度自主定位定向技术是解决系统对自身运动状态的实时感知问题的；环境探测传感器技术是解决系统环境信息的实时获取问题的；多传感器信息融合技术是解决系统对获取的机内外多源异构信息的有效融合使用问题的；环境三维建模与地图构建技术是解决系统对外部环境的精确重建问题的；目标检测、识别与跟踪技术是解决系统对任务目标的精确识别与定位问题的；行为分析与场景理解技术是系统对任务目标的运动智能预判。

1）高精度自主定位定向技术

在惯性导航的基础上，结合无人系统所携带的摄像头、激光雷达等环境探测传感器，以环境特征为线索，通过探测传感器与特征区域的相对空间关系，并融合惯性/卫星组合导航信息，提高无人系统自主定位定向性能，克服全局定位信息受环境影响大、惯性导航误差累积等缺点。高精度自主定位定向技术重点解决高精度低成本组合导航系统技术、定位与建图技术、仿生智能导航技术等，特别是面向水下无人平台，重点开展融合惯性/声学/地球物理信息的组合导航关键技术，探索水文导航方法。

2）环境探测传感器技术

无人系统实现对周围环境感知认知依赖于环境探测传感器。该关键技术以传感器的小型化、低功耗、智能化、模块化、标准化为目标，将前端传感器与后端嵌入式信息处理器一体化，实现从传感器到智能感知器的跃升。环境探测传感器重点研究车载三维激光雷达、低成本毫米波雷达、能获取三维环境信息的嵌入式视觉系统、具有穿透烟雾能力的短波红外相机、小型化合成孔径雷达技术、具有稳定结构的多光谱光电传感器、具有穿透植被和其他浅层覆盖物能力的超宽带雷达等，加强研究四足机器人新型接触式传感器以实现准确测量摩擦系数，同时开展硬件加速的传感数据预处理方法和环境感知的嵌入式智能计算技术研究。

3）多传感器信息融合技术

无人系统环境理解能力依赖于不同类型传感器数据的融合处理，不同类型的传感器有着各自独特的物理属性，能给无人系统提供大量既互补又冗余的信息。无人系统如何有效地利用这些信息是提高环境感知能力的关键，因此需要深入研究多传感器信息融合问题，包括不同传感器间的时空一致性配准技术、传感器自动标定技术；研究传感器噪声模型及其概率最优融合算法；基于传感器间的互补冗余特性，研究满足任务需求的最优传感器组合配置方法；建立多源多谱信息统一表示机制，综合信息可信度、有用性、可靠性等因素，以及层次内不同源、不同模态和不同尺度信息的横向融合和层次间的纵向关联，建立多源多谱信息的层次化融合决策计算框架体系。

4）环境三维建模与地图构建技术

对任意场景的精确识别和理解在短期内难以实现，但针对特定受控场景，现有技术是有望在近期取得突破的。一种解决方案是，事先构建环境三维感知地图，当无人系统在该环境中运动时，将感知到的实时数据与地图进行相关匹配，通过匹配实现无人系统在地图中的定位，并将感知地图中人工标注的语义信息迁移到当前的实时感知数据中，从而将当前场景的识别问题变成了验证问题，降低感知算法的难度，提高了环境感知算法的健壮性。

现有的地图构建技术研究大多针对结构化环境，而在军事应用上则要求能处理非结构化环境及恶劣环境。通过单无人平台或多无人平台协同方式对特定的区域进行建图，结合不同的时空尺度，提高在复杂场景、动态场景下建图系统的健壮性。三维建模与地图构建重点研究多帧多源传感器数据的场景配准技术、基于序贯数据的三维模型在线优化方法、三维精确环境模型的构建与表示方法、人机协同下的感知地图创建方法等。

5）目标检测、识别与跟踪技术

无人系统必须具备对复杂背景下特定目标的检测、识别与跟踪能力。针对复杂环境中目标类型多样、场景和目标状态多变、信号噪声大等特点，需要结合时域、空域、频域以及不同尺度特征的互补性，以提高运动目标检测和识别的精度；根据目标状态设计快速有效的目标跟踪方法，提高复杂场景下运动目标跟踪的实时性、精准性和健壮性。目标检测、识别与跟踪重点研究动态场景中的不变性特征提取匹配及多视点三维建模，变化检测、运动检测和特征检测，运动轨迹聚类和运动目标协同跟踪，多目标和群体目标的分布式协同跟踪，空中敌我目标识别，水面弱小目标识别，水下低速物体检测与跟踪，群体目标的识别方法；融合各种传感器信息获取特定目标的不同光谱特性，提高目标部分遮挡及烟、雾、粉尘等恶劣环境下目标识别的抗干扰能力；对编队中多目标跟踪和编队行为进行分析。

6）行为分析与场景理解技术

复杂场景中的行为分析与场景理解技术是无人系统研究的瓶颈问题之一。从基于流形学习的维数约简理论与方法、基于稀疏理论的鉴别分析理论与方法、基于低秩理论的模式分析方法3个方面研究高维信息特征表示与提取的理论与方法。在环境感知的基础上，研究复杂环境的整体感知模型和算法，突破面向人机共融的高可靠行为认知架构与方法，构建行为环境理解基础功能软件库，满足无人平台理解自然环境、人工场景、行为目标、人、其他智能体等主体行为意图的需要，为决策和行动提供参考。针对无人平台运行环境结构复杂、种类繁多，以及存在各种噪声污染等问题，借鉴人类认知模型、新的数学理论和方法，重点研究非结构化复杂场景的识别与场景理解，使无人平台具备快速准确的场景理解能力。

### 1.2.2 无人智能指挥

无人智能指挥的核心是自主协同作战任务规划，是实现无人作战系统在单域、多域和跨域作战任务执行前、执行中和执行后分析评估全过程、全要素任务规划的能力，是无人作战系统的“大脑”。无人与有人作战系统自主协同作战面临“相互感知、联合意图、共同博弈”的重大挑战，通过突破分布式集群自主协同、人-机智能协同两大类任务规划技术，实现无人集群行动一致、协调配合、效能倍增。

近年来，随着自主能力提升，无人系统逐渐具备了自主规划甚至自主协同规划的能力，任务规划已从辅助“人”发展为直接辅助“机”甚至“机群”。对抗环境、系统规模、载荷差异、任务耦合造成规划模型“维度爆炸”，在计算性能受限、局部通信减弱环境下，对无人系统形成空间分布、时序协调且效能优化的任务规划提出了极大挑战。

自主协同作战任务规划是充分发挥无人平台作战效能，组织快速实施智能化、精确化作战，组织实施复杂环境下跨域协同作战的不可或缺的重要环节。无人作战系统参与的未来联合作战，各种作战行动时空交织、任务多样、节奏紧凑，多平台联合作战阶段划分、行动样式和力量运用千变万化，联合作战规划面临多军兵种任务分配、多域使用管理、多行动协调控制的复杂情况，对联合作战方案计划的精确性、灵活性、可靠性提出了更高要求。

要解决这些矛盾问题，必须发展和运用先进的任务规划技术，对作战任务、作战过程和作战要素进行优化细化，对作战行动进行智能优化的协同安排，对作战力量进行高效整合，提高联合作战规划的深度、广度、精度和时效性，通过自主协同规划使得集群的作战计划更灵敏、更快捷、更高效。

#### 1. 技术体系

自主协同作战任务规划技术涉及自主协同任务规划共性技术、人机智能协同任务规划共性技术、单域战术级任务规划技术、单域联合战术级任务规划技术和多域战役级任务规划技术等，重点研究基于群体智能的人机智能协同规划框架、分布式动态任务分配技术、分布式态势理解技术、分布式战术意图推理技术、时/空/频/任务多要素综合规划技术等，如图 1-3 所示。

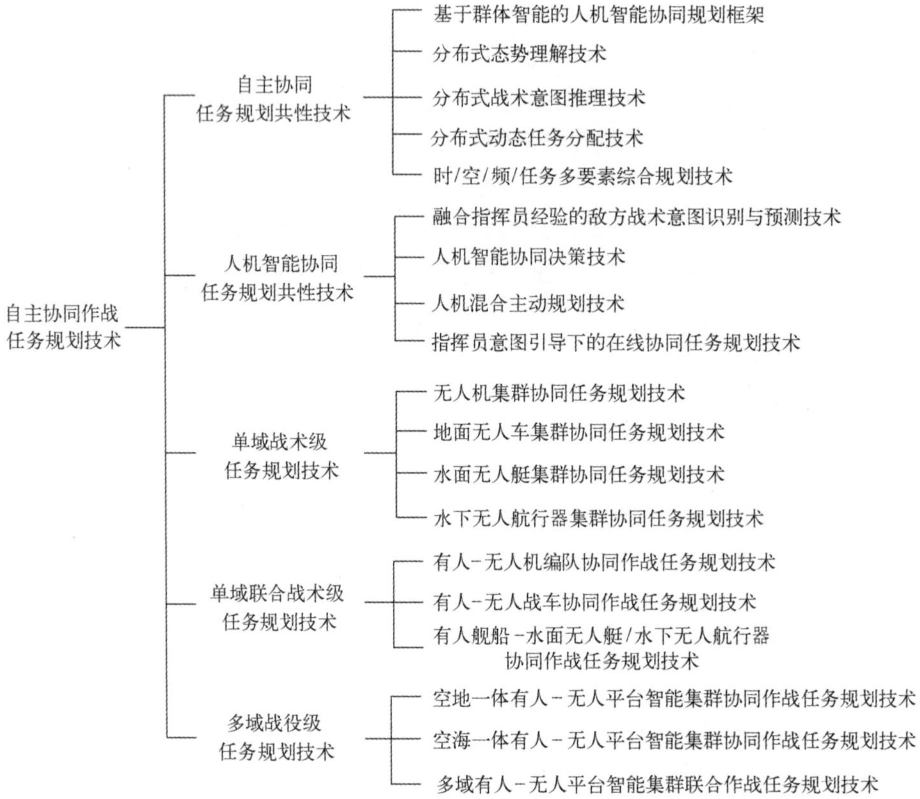


图 1-3　自主协同作战任务规划技术体系

### 2. 关键技术

发展自主协同作战任务规划技术一是要解决自主协同任务规划共性技术问题，形成面向联合作战的人机智能协同规划框架；二是研究人机智能协同任务规划共性技术，实现人机规划能力的无缝对接；三是研究单域战术级任务规划技术，解决单域无人作战系统遂行战术级作战任务的协同规划问题；四是研究单域联合战术级任务规划技术，解决有人-无人作战系统遂行联合战术级多任务协同作战任务规划问题；五是研究多域战役级任务规划技术，解决无人集群与有人作战系统遂行联合战役级多任务协同作战任务规划问题。

1）自主协同任务规划共性技术

自主协同任务规划共性技术是指无人平台集群分布式协同、智能化自主实施作战任务规划所需的主要关键技术。

（1）构建一种统一的、具有良好适应性及可扩展性的通用规划环境，以整合各种规划方法和资源，满足单域战术级任务规划、单域联合战术级任务规划、多域无人集群联合战役任务规划的需要。

(2) 通用任务规划环境采用面向服务架构（SOA）设计，为联合作战任务规划的各种功能组件提供时空一致服务、态势服务、数据访问服务、计算服务、显示服务、协同交互服务、注册发现服务、组件管理服务、业务流程定制、信息分发服务和资源监控服务等支撑。

(3) 开展基于群体智能的人机智能协同规划框架、分布式动态任务分配技术、分布式态势理解技术、分布式战术意图推理技术、时/空/频/任务多要素综合规划技术等关键技术。

图 1-4 所示为基于群体智能的人机智能协同规划框架示意。

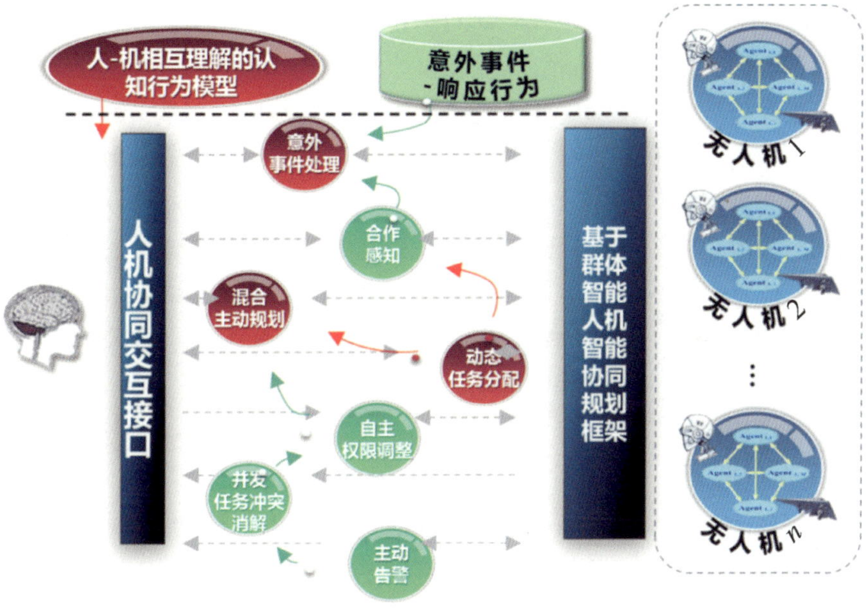


图 1-4 基于群体智能的人机智能协同规划框架

2) 人机智能协同任务规划共性技术

人机智能协同任务规划共性技术是指在指挥员和无人平台集群操作员的决策指挥下，有人-无人平台集群协同作战、人机智能协同、人在分析决策回路实施作战任务规划所需的主要关键技术。在自主协同规划共性技术的基础上，针对指挥员在决策回路、人的经验知识融入、集群操作员引导、在线对抗博弈等需求，进一步研究人机智能协同任务规划共性技术，包括人机智能协同决策、融合指挥员经验的敌方战术意图识别与预测、指挥员意图引导下的在线协同任务规划、人机混合主动规划等关键技术。

3) 单域战术级任务规划技术

单域战术级任务规划技术主要研究空中、地面、水面、水下等单域内的无人作战系统，以单体、编队或蜂群形式组成的集群遂行战术级作战任务的协同规划，开展单域内的协同规划、动态任务分配与协调、集群自主协同规划等关键技术研究。特别是针对特定域内的平台及集群运动、载荷特性，重点研究无人机集群（蜂群）

协同任务规划、地面无人车集群（狼群）协同任务规划、水面无人艇集群（鳄群）协同任务规划、水下无人航行器集群（鲨群）协同任务规划等关键技术。

4）单域联合战术级任务规划技术

单域联合战术级任务规划技术主要研究以母舰-蜂群-编队或单体等多种形式的多个集群，与有人作战系统遂行联合战术级多任务协同作战任务规划。重点开展单域内的人机智能协同规划、人机智能协同决策、可变权限任务协调、指挥员意图引导下的在线协同任务规划等关键技术研究。特别是针对特定域、典型作战样式的任务规划需求，研究有人-无人机协同作战任务规划、有人-无人战车协同作战任务规划、有人舰船-水面无人艇/水下无人航行器协同作战任务规划等关键技术。

5）多域战役级任务规划技术

多域战役级任务规划技术主要研究以母舰-蜂群-编队或母舰-编队-蜂群复合分布式等跨域异构的多集群，与有人作战系统遂行联合战役级多任务协同作战任务规划。重点开展跨域多集群/多层级的人机智能协同规划、融合指挥员经验的敌方战术意图识别与预测、时/空/频/任务多要素综合规划等关键技术研究。特别是针对典型作战样式的任务规划需求，研究空地一体有人-无人平台智能集群协同作战任务规划、空海一体有人-无人平台智能集群协同作战任务规划、多域有人-无人平台智能集群联合作战任务规划等关键技术。

### 1.2.3 无人智能控制

自主控制能力是无人系统的最主要特征，也是无人系统的“小脑”。自主控制是指在无须或最少人的干预条件下，无人系统在不确定的对象和环境中，依赖自身的环境感知认知、信息判断处理、自主分析决策并自动生成优化的控制策略，智能自主地完成各种复杂任务，并且具有快速而有效的任务自适应能力。无人系统自主控制技术能大幅降低人机交互负荷，减轻人在回路的依赖；能大幅减少通信带宽的需求，降低体系保障要求；能大幅提高无人系统对复杂战场环境的主动适应能力，提升无人系统在战场上的实时快速响应和作战能力。

现有无人系统主要应用在安全或占有绝对空间优势的条件下，由于其自主能力不足，无法适应更加复杂、更加恶劣的环境，无法在对抗条件下遂行作战任务。复杂对抗环境的高动态性和不确定性给无人系统自主控制带来巨大挑战，需要解决自动目标识别、跟踪、选择和攻击，系统故障、突发威胁等意外事件的实时检测、响应与处理，自主决策和行为的可靠性与可信性，以及导航、通信和行为易受攻击和欺骗等方面的难题。

按照控制层次，无人系统自主控制自底向上主要包括自主运动控制层、自主任务控制层、自主协同控制层、人机协同控制层4个层面。

第一层为自主运动控制层，主要解决无人系统在复杂条件下运动控制问题，提升无人系统的环境自适应能力，是无人系统实现高层次自主的基础。当前，无人系统在恶劣条件下的运动控制能力、防欺骗能力、反控制能力存在不足，过度依赖卫星定位系统，控制系统缺乏防欺骗、反控制信息辨识与安全控制机制，缺乏强拒止环境下持续高精度自主导航与控制能力，恶劣天气条件下可靠性、安全性、适用性还不能令人满意，难以满足高速度、高机动和敏捷性新型无人系统发展的需要。亟需突破强拒止弱观测条件下自主导航技术、大机动条件下多模态非线性运动控制技术、高抗扰自适应运动控制技术和新概念无人平台控制技术等。

第二层为自主任务控制层，主要解决无人系统执行复杂任务时的控制与决策问题，提升无人系统的任务自适应能力，是实现无人系统自主作战的核心关键。当前，对抗条件下无人系统的任务控制能力存在较大差距，应对复杂不确定事件的能力还比较弱，无法满足复杂环境下无人系统自主作战的需要。亟需突破故障预测与容错技术、自主感知与规避防撞技术、意外事件处理与自主决策技术、机载实时重规划技术、自主探测识别攻击一体化控制技术等。

第三层为自主协同控制层，主要解决多无人系统、无人系统与有人装备协同执行任务时的控制与决策问题，是提升多无人系统协同作战能力的关键。当前，对抗条件下多无人系统、无人系统与有人装备协同控制问题还处于概念研究和探索阶段，在通信受限条件下的协同能力还比较弱。亟需突破协同探测与定位技术、协同对抗态势评估与理解技术、协同任务实时决策与控制技术、密集编队安全性与防撞控制技术、集群分布式作战控制技术等。

第四层为人机协同控制层，主要解决单个操作员对多无人系统的指挥和监督控制问题，是提升任务控制站（系统）智能化水平，实现高效人–机协同的重要保障。当前，无人系统的指挥控制技术还处于人在回路的人–机智能融合的交互控制阶段，低人机比条件下“一对多”的指挥控制尚处在探索过程。亟需突破控制站系统综合设计技术、多源信息自动化处理、开发与分发技术、人机交互与多机监督控制技术等。

#### 1. 技术体系

对于不同应用平台，自主控制技术需要解决自主导航、运动控制、容错控制、感知规避、人机交互等基础性问题，在此基础上，不同的无人系统需要重点解决特有的关键技术。因此，将无人系统自主控制关键技术按照自主控制共性技术、无人机系统自主控制技术、地面无人系统自主控制技术、水面/水下无人系统自主控制技术进行分解，如图 1–5 所示。

#### 2. 关键技术

从提升无人系统复杂环境中的自主运动控制能力入手，以对抗环境下面向任务的无人系统自主控制、支持协同作战的无人系统协同控制、实现高效人机协同的监督控制为目标，支撑无人系统有效发挥信息支援、信息对抗、火力打击、特种作战和综合保障等能力。

1）自主运动控制技术

针对空中、地面和水面/水下无人系统在复杂恶劣条件下的运用对自主运动控

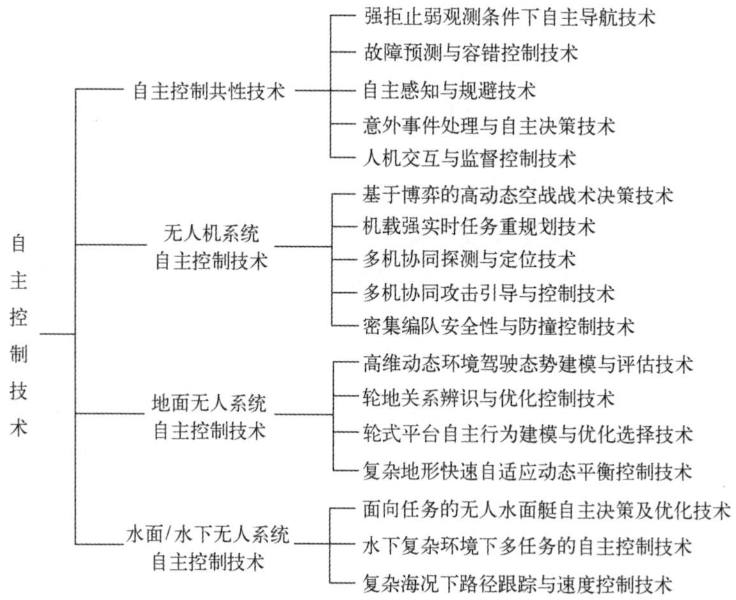


图 1-5　自主控制技术体系

制的需求，重点突破强拒止弱观测条件下自主导航技术、大机动条件下多模态非线性运动控制技术、高抗扰自适应运动控制技术、复杂环境快速自适应动态平衡控制技术、复杂海况下跟踪与控制技术等，使无人系统具备在复杂、非结构的未知动态环境中自主导航定位、自主运动控制等能力。

2）自主任务控制技术

针对空中、地面和水面/水下无人系统在复杂战场中遂行复杂任务对控制与决策的需求，重点突破故障预测与容错技术、自主感知与规避技术、意外事件处理与自主决策技术、机载实时重规划技术、地面无人平台自主行为建模与优化技术、无人艇自主决策与优化技术、水下复杂环境中多任务自主控制技术等，使无人系统能够具备在复杂动态环境中的环境感知与理解、故障管理、火力控制、决策规划等能力。

3）自主协同控制技术

针对空中、地面和水面/水下通信受限条件下多无人系统、无人系统与有人装备自主协同控制问题，重点突破协同探测与定位技术、协同对抗态势评估与理解技术、协同攻击引导与控制技术、密集编队安全性与防撞控制技术等，实现对抗条件下异构多平台协同控制，提升无人系统与有人系统协同执行任务能力，为无人系统与有人系统混合编成作战奠定技术基础。

4）人机协同控制技术

为满足无人系统指挥控制系统智能化、通用化、模块化需求，围绕未来网络化指挥协调控制、对抗条件下异构多无人系统协同作战等发展方向，重点突破多源信息智能处理与分发技术、人机交互与多机监督控制技术等，实现“人在回路上”的无人集群指挥与监督控制，提高作战指挥效率。

### 1.2.4 无人智能体系

无人智能体系是支撑无人系统与有人系统构成“有人-无人协同”作战样式、无人系统与无人系统构成“蜂群”作战样式的核心纽带，是无人集群系统的“骨架”。无人智能体系主要研究复合分布式体系架构的群体组织模型、体系架构概念分析方法、支撑体系架构的集成工具、互操作标准规范等。

对于无人作战系统而言，架构的直接需求和挑战来自互操作性。互操作性是指系统、单位或部队之间能够提供并接收来自其他系统、单位或部队的服务，协调各兵种、单位或部队，并利用所交换的服务来确保他们能够一起有效地运行。为了发挥无人系统的潜能，这些系统必须能够跨域，包括空中、地面和海上，实现彼此之间，与有人系统之间的无缝连接操作。互操作性是无人集群的力量倍增器。

**1. 技术体系**

针对无人集群自主协同的挑战，承载群体智能的分布式体系架构要重点研究集中式、分布式（母舰-编队-蜂群）和复合分布式（母舰-蜂群-编队）等架构的群体组织模型、体系架构概念分析方法、支撑体系架构的集成工具、语义模型、接口标准规范等，如图 1-6 所示。

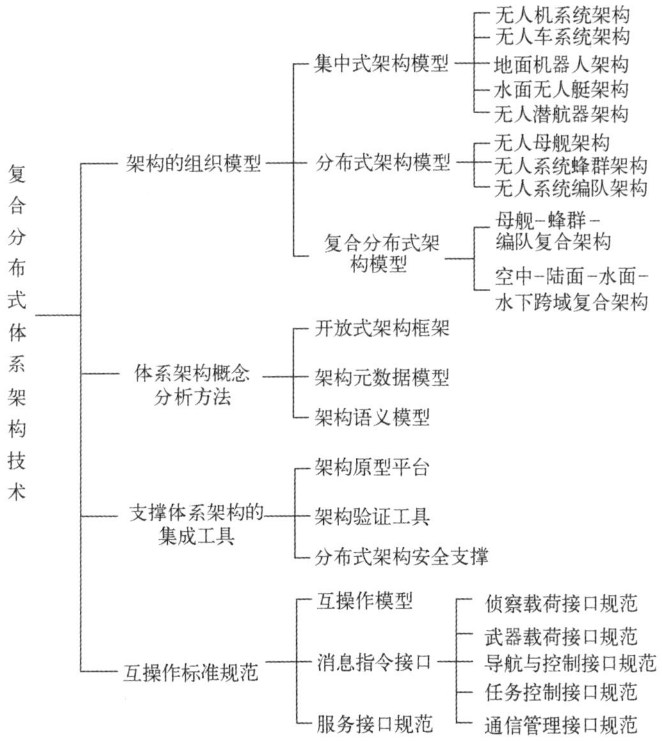


图 1-6 复合分布式体系架构技术体系

### 2. 关键技术

复合分布式体系架构重点解决分布式体系架构概念分析，以及支撑体系架构的集成工具研发。按照“体系主导”的原则，设计并验证集中式、分布式（母舰-蜂群-编队）和复合分布式（母舰-蜂群-编队）等无人系统架构的概念分析与集成工具，利用开放式系统架构将任务功能分散到多个有人-无人平台中，发展统一的标准平台和可互换组件，缩短平台研发周期，降低平台价格。同时，支撑基于任务需要的快速部署，提升系统的适应能力。

1）分布式体系架构概念分析

形成分布式体系架构的技术体系，包括分布式体系架构的概念原型和风险评估方案，并构建验证原型系统。概念原型基于未来假想敌的建模，对分布式体系架构进行交战级、任务级和战役级的工程分析和仿真。风险评估明确系统物理可行性、复杂度、健壮性、对通信链路依赖程度、自主性需求和成本控制的主要风险。构建的验证原型系统需支撑平台间的互联、互通、互操作，以及支持对第三方任务系统的集成。

2）支撑体系架构的集成工具

将多方提供的平台、武器、传感器和任务系统集成到统一的分布式体系中，如图 1-7 所示。其核心能力包括以下几点。

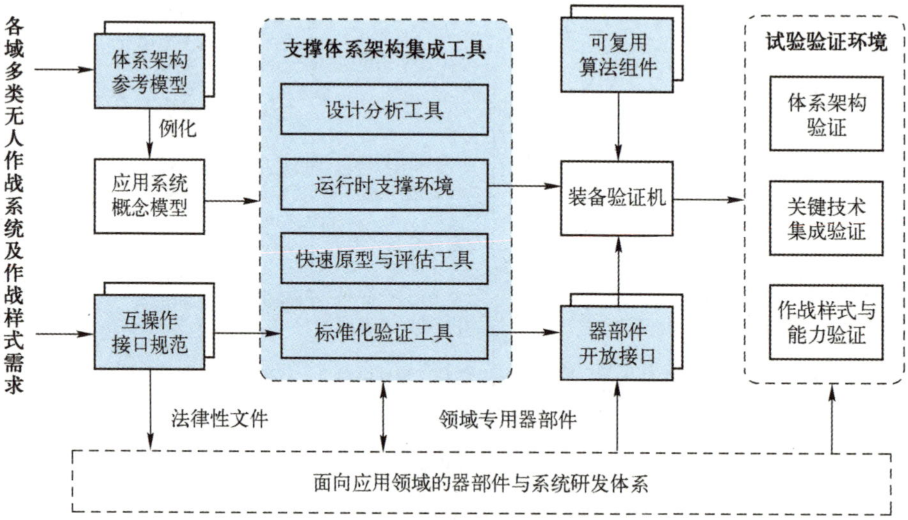


图 1-7　分布式体系架构技术集成工具研发

（1）支持体系的演进能力：提供自适应的系统接口，实现对未来新技术和新任务的兼容。

（2）支持体系的高异质性：支撑多方提供的异质平台，提高系统的适应性和生存能力。

（3）支持快速验证能力：支持任务系统快速集成到有人与无人平台，并验证是否能完成目标。

(4) 提升体系的抗网络攻击能力：提升抗网络攻击的能力，以降低因采用开放式系统架构带来潜在网络威胁和非法入侵风险。

## 1.3 智能无人集群技术发展面临的挑战

群体智能是人工智能的重要发展方向之一。无人系统群体智能作为人工群体智能的主要形态之一，在许多军用和民用领域都具有广阔且重要的应用前景，同时在基础理论方法、核心技术与系统构建等方面也面临诸多挑战。

**挑战1：智能无人作战系统的综合信息系统和集群自组网尚未建立统一规范和标准，严重制约无人集群的规范化、体系化、智能化发展。**

有人/无人平台异构化、接口多样，业务类型多样化、服务质量要求不一，通信环境复杂且面临强干扰对抗。现有的动态组网技术和装备更多聚焦于友好通信环境，通信体制固化，很难满足异构无人平台间差异化的通信业务需求。为了实现多样化的通信业务传输，不得不在无人平台上“堆砌”各种通信终端或平台，当面临一种新的业务需求或通信场景切换时，又不得不新增一种手段。因此，必须从顶层统一设计信息系统架构和评估规范，打通信息融合障碍，制定一套具有功能完备、支持高速智能计算且标准化的无人装备全源信息融合体系架构，提升智能无人集群标准化、智能化水平。

**挑战2：强对抗环境下，无人平台面临侦察干扰能力不足，无人集群面临协调管理难度提升、集群整体状态不确定性增加的难题。**

小型化无人平台载荷能力弱，单无人平台面临侦察干扰功率不够、智能算力不足的问题；随着对抗环境愈加复杂动态、对抗手段愈加激烈，无人集群协调管理难度提升、集群整体状态的不确定性增加等问题；采用简单数据融合的传统集群协同模式暴露出协调能力不足的问题，无法形成合理高效的作战效果。无人集群成本低、规模大的特点，使得无人集群可以利用集群内部的快速通信和信息共享优势，显著扩展集群态势感知和任务执行能力，从而在作战方面体现出更卓越的协调性与智能性。

**挑战3：无人集群智能感知与态势构建亟待突破，跨域异构协同导航与定位易被欺骗干扰，非通视条件下战场目标信息获取效率不足。**

鉴于各种传感平台侦测信息分散引入，同一目标可能被不同传感平台多次侦测，多目标历史信息难以有效关联，态势构建中将多源、多模态感知数据关联到同一个目标的水平较弱、效率较低。协同导航与定位方面，现有无人集群严重依赖于卫星导航技术，依赖于通信数据链，与环境的交互不足，迫切需要发展强拒止弱通信条件下的协同自主导航技术。特别是城市环境中目标密集、类型多样、机动多变、遮挡丢失、伪装对抗，常见侦察手段平台/传感器资源有限、应用模式固定、处理能力和效率不够，难以满足城市环境对及时准确目标信息的需求。

**挑战 4：多域无人集群协同关系复杂，空地一体、有人–无人协同中多维态势融合与共享能力不强，自主规划与智能指控能力不强，高对抗条件下实战效能提升不足。**

复杂的战场环境要求任务规划系统在大范围机动、通信受限、成员战损等条件下，原来基于静态作战想定的无人系统任务规划技术无法解决跨域无人集群之间的复杂协同关系，也无法对战场目标、环境的快速改变做出及时的响应。亟需基于新型人机协同作战模式开发新的人机协同框架，基于快速可变的战场环境提供快速响应的动态无人集群任务规划技术，实现高对抗动态环境下的多智能体协同分布式决策规划。现有的空地一体、有人–无人协同作战中，存在态势统一融合处理能力较弱、态势共享分发时效性较差、控制权限规则不明确、智能指挥控制手段匮乏、自主任务规划与决策能力弱等问题，难以提升高对抗条件下无人集群协同作战效能。

特别是，无人集群的信息感知、传输、导航、决策及控制等能力是其实现无人智能作战的核心能力，直接决定无人集群的智能化水平和自主作战能力。当前无人集群的综合信息系统缺乏统一规范和标准，各行业单位独自发展导致的互联互通互操作不畅、学习进化难迁移等问题，影响了智能技术在无人系统的快速发展和能力生成，严重制约了无人系统与集群的规范化、体系化和智能化发展。

(1) 无人平台的多样性对信息处理与传输的标准化和一致性提出了更高要求，当前各平台独立发展的软硬件架构给作战保障带来沉重压力，亟需制定一套通用体系架构及效能评估方法来引导和规范。

随着无人装备的日趋成熟和广泛应用，通用化、标准化问题变得越来越突出。纵观国内外无人系统的发展，相关技术尚处于烟囱式独立发展的阶段，各研制单位独立维护自己的一套机电、传感、通信、计算、执行的硬件结构，拥有自己的一套信息处理和传输系统。这样的装备一旦大量装备，就势必给后勤保障带来沉重的负担。面对多种不同型号、不同大小、不同功能的无人平台，各平台、各组件内的各不相同的信息系统架构成为无人平台技术发展与互联互通的主要障碍，亟需制定一套具有丰富功能、支持高速智能计算且标准化的无人装备信息感知、传输、导航与控制系统体系架构，制定一套统一的效能评估方法以便对其进行规范化的测试评估，使无人装备在研发方面分工更加明确，在控制系统体系架构方面更加清晰，在维修保障方面更加便捷，在传感器选型方面更加灵活。

(2) 智能感知、导航与决策技术的发展对多源信息融合提出了更高要求，当前的非标准系统架构难以满足多种信息的快速处理和共享要求，必须从顶层统一设计信息系统架构和评估规范，打通信息融合障碍。

随着人工智能技术的发展，对无人平台感知、定位和决策能力提出了新的要求。目标检测、场景理解、导航定位、规划决策等能力逐步成为智能无人系统的标准能力。通常不同的能力需要配置特定的传感器，对应特定的算法模块。随着当前智能技术的快速发展，多传感器信息融合成为技术发展趋势。对导航技术来说，以卫星、惯性为主的组合导航方式已不能满足无人作战平台在复杂作战环境下高精度、可靠、无缝的导航定位需求，新的全源导航技术可以有效提高无人作战平台在复杂作战环境下综合利用所有可用导航传感信息的能力，提高导航系统的精度、容错性、可靠性和自适应性，大大提高无人平台高精度导航的智能化、自主化水平，从而显著提高无人作战平台的自主作战能力。同样，智能感知、位姿测量、导航决策等能力已不是只依靠特定传感器信息进行的，而是在复杂环境下充分利用所有可用的传感信息来进行的，这就需要从顶层统一设计信息的采集、处理和融合机制，制定统一的效能评估方法，打通不同传感器信息之间的互融互通障碍，提升智能化水平。

（3）深度学习等智能算法在无人系统中的应用对系统大数据处理和高速计算的要求越来越高，必须建立新的基于嵌入式智能计算核心的系统架构，并设计对应的智能计算能力评估方法。

随着新的智能算法的发展，无人系统算法接收的信息源越来越多，处理的数据量越来越大，对支持智能计算的 CPU、GPU 的计算速度和集成化程度要求越来越高。当前常用的工控计算机作为无人系统计算中心，搭建简单、调试方便、扩展性好，但体积大、质量大，不适于无人作战平台的实际推广应用。针对实际作战需求，必须设计一套嵌入式的基于 AI 高性能计算平台的系统架构并对其性能指标进行规范化评估，满足无人装备的智能化计算需求。

无人作战平台的信息传输、感知、导航、目标识别、规划决策等能力是其实现智能无人作战的核心能力，当前的烟囱式独立发展的体系架构影响了不同无人平台之间的互联互通互操作，带来沉重的作战保障负担，亟需从无人集群体系的高度引导和规范，制定通用的体系架构以及统一的效能评估方法和规范，形成各域无人平台通用体系架构标准、多域无人集群通用体系架构标准，对于进一步提高无人集群作战的智能化、自主化水平具有重大意义。

## 1.4 智能无人集群技术在军事领域的发展展望

智能无人集群技术发展的自组织、自学习、自涌现特点，驱使其技术在军事领域发展呈现以下趋势。

### 1. 数据为基，推动无人智能数据基础工程建设

当前，无人系统较为广泛地采用以深度神经网络为基础的人工智能算法，这些算法大多需要依赖海量样本数据，民用领域已经建立了较为完善的开源数据体系，形成了良性的民用无人智能数据社群，有力推动了无人智能的相关研究。

但军用无人智能数据工程远落后于民用，存在数据量小、封闭孤立等问题。军

用无人智能领域需要加强数据工程建设的顶层设计，围绕装备模型数据、体系模型数据、战场环境数据、目标数据等构建以智能化联合作战数据工程，全方位推动无人智能数据基础工程建设。

首先从军事需求出发，梳理各领域、各军兵种在无人智能感知、认知、决策、控制各个能力环节的平台数据、战场环境数据、传感器数据等需求；其次以需求为基础，系统梳理各军兵种无人智能数据相关内容，“合并同类项、提取公因式”，设计无人智能数据工程体系；再次以体系为基础，开发基于开放式架构与统一智能规范的数据输入/输出标准化接口，形成无人系统能力数据、智能样本库数据等标准规范；最后以规范为基础，将不同层次、形式各异的数据有机融入无人智能支撑体系中，梳理数据间的关联关系，设计高效的存储、修改、调用范式，形成统一的、分级开放共享的无人智能数据库。

**2. 算法为魂，形成高适应性实战化规范算法库**

目前，无人系统主要依靠智能算法驱动完成各项作战功能，在 GitHub、ROS 等社群中有较多的开源无人智能算法可以采用，但这些算法大多限定在安全、规则化、网络化环境中使用，难以适应强对抗、弱通信、弱计算军用领域使用需求。例如，民用开源自动驾驶算法大多依赖“车路协同”，在有车道线、地表材质单一的结构化公路上可以实现较为稳定的自动驾驶，但在滩涂、山地等无明显车道线、地表材质复杂的非结构化环境中基本无法使用。为此，军队开展的“跨越险阻”“智卫”等系列演练和比测，引入电子干扰、烟雾遮挡、复杂环境等战场要素，检验、牵引无人智能相关算法能力；但跨兵种联合相关研究较为缺乏，算法研究也缺乏规范的引导。为此，需要体系、规范、合理地构建可适应复杂对抗环境、开放共享的规范化算法库。

首先，分析梳理无人系统在自主作战、人机协同作战、集群作战的感知、认知、决策、控制回路中所需要的单体自主智能、人机混合智能、集群涌现智能系列算法需求；其次，在此基础上，考虑各种典型作战场景的任务实际需求，设计无人智能算法体系；最后，以体系为基础，遴选民用、军用优质算法，归纳形成我军智能算法库，为后续无人智能算法选型提供开放、高能、保鲜的“算法超市”。

**3. 模型为体，构建无人智能模型演化完整生态**

目前，已经形成了以 AlphaGo、AlphaStar 等为代表的自学习、自演化智能模型，智能模型可在无人监管的情况下不断迭代优化提高能力。例如，AlphaStar 通过自博弈 20 多万场训练，能够创新战法形成训法，生成效费比高的训练方案；OpenAI 公司通过红蓝小人自博弈训练，甚至可以突破规则，演化出“作弊”取胜手段。这一能力对军用无人智能模型来说尤为重要，但海量的训练才能使其满足面对复杂对抗战场的各类作战任务，且由于依赖真实环境的实物无人系统训练成本高、代价大，导致无人智能模型能力提升速度缓慢。

为此，针对军用无人智能模型不断演化迭代的需要，以数字仿真、半实物仿真、实物构建等虚-实结合手段，构建包含实战化复杂对抗要素的“无人智能，模型训练场”，以虚拟环境自博弈、自学习、自演化为日常训练模式，以虚实结合环境有人监督引导下训练为对抗、导引训练模式，以实物场景训练为迁移训练模式，高效实现无人智能模型的不断优化，形成跨域、联合、统一的智能算法迭代训练演化环境。

第一部分

1

# 智能感知

# 第2章 无人系统的传感器技术

## 2.1 用于无人系统环境感知的典型传感器

目前，搭载在各类无人系统上的传感器主要包括激光雷达、相机、毫米波雷达等。激光雷达是最常用的传感器之一，它可以在车辆周围扫描物体，从而获取物体的三维空间坐标。激光雷达不仅精度高，而且可以在夜间等光线较弱的情况下进行工作。相机则主要提供场景中的图像信息，具有特征丰富、可理解性高的优势；但是它们对光照和天气等环境因素比较敏感。毫米波雷达则主要用来测量目标与车辆之间的距离，但是它的距离测量精度相对较低。

### 2.1.1 相机

#### 1. 可见光相机

可见光相机传感器是一种成像器，它收集可见光（400~700nm）并将其转换为电信号，然后组织该信号以渲染图像和视频流。可见光相机利用400~700nm波长的光，与人眼感知的光谱相同。

可见光相机旨在创建复制人类视觉的图像，捕捉红色、绿色和蓝色波长（RGB）的光，以实现准确的颜色表示。目前，市面上的可见光相机以高清或更高的分辨率执行此操作，并配备多种镜头（不同焦距大小）选项，用于广角或远摄视图，以识别场景中的目标和物体。

现在应用在无人系统中的可见光相机分为两种：变焦相机和定焦相机。变焦相机在无人系统领域的使用，往往都集成在云台或光电侦察球等设备上，不同的设备上配备的变焦相机的焦距会有变化范围上的差别，有6.3~189mm（30倍光电变焦），也有3.5~91mm（26倍光电变焦）。常用的定焦相机主要为28mm焦距相机、14mm焦距相机和1.8mm焦距相机，但是每个品牌厂家的定焦相机在结构设计上都存在差异，使得焦距值有些细微的差别，我们对应称之为60°广角相机、120°广角相机和180°鱼眼相机。在无人系统领域，定焦相机有着更加广泛的应用。它可以单独使用采集图像或视频；也可以成对使用，用作双目相机添加景深维度；还可以多个相机组合使用组成环视相机。

和人眼一样，可见光相机也需要光线。它们的性能也会因雾、霾、烟、热浪和烟雾等大气条件而大大降低。这将它们的应用限制在白天和晴朗的天气。

2. 红外相机

红外相机是一种能够感知红外线的相机，也被称为热成像相机。它们通过检测物体发出的红外辐射来创建图像，而不是使用可见光来创建图像。这使它们能够在完全黑暗的环境中工作，并能够看到肉眼无法感知的物体，如热源和热波。

红外相机是一项先进的技术，红外相机的发展可以追溯到20世纪初，最初仅在军事领域应用，如夜视、导弹跟踪，到20世纪中期，逐渐应用在民用领域，如医学、建筑、交通。随着技术的发展，红外相机的性能和功能也在不断提高，现代红外相机使用高分辨率传感器和先进的图像处理技术，能够提供高质量的图像，并且具有更多功能，如图像增强、温度测量和视频捕捉。此外，红外相机的价格也在不断降低，这使得更多的人可以购买和使用这种先进的技术。

红外相机可以用于任何需要对热量或温度进行测量和监测的场景，如在军事和安防领域，红外相机可以用于夜视、无人机监视、火场探测等；在汽车和交通领域，红外相机可以用于夜间驾驶、行车记录仪等。在无人系统领域，红外相机可与可见光相机在应用上形成完美的互补，在众多可见光相机无法取得良好效果的环境下，如黑夜、高热浪、隐蔽物体搜索、雾、烟尘等，红外相机往往能起到出人意料的作用。

### 2.1.2 激光雷达

激光雷达（Lidar）是一种利用激光束扫描并制作三维模型的环境感知传感器。激光雷达通过发射激光束并记录其反射时间来计算物体的距离和形状。激光雷达可以在较短的时间内捕捉大量数据，可以实现高精度、高速度、高分辨率和高可靠性的测量和成像，被广泛应用于自动驾驶、无人驾驶、机器人等无人系统领域。

激光雷达技术的历史可以追溯到20世纪60年代初。最初，激光雷达主要用于军事和空间应用，如在月球上进行地形测量。随着技术的进步，激光雷达逐渐在测绘、机器人、无人驾驶等领域中得到广泛应用。

在无人系统领域，早期激光雷达为机械扫描激光雷达，它使用旋转镜片来扫描激光束，并在三维空间中捕捉物体的位置和形状。在机械扫描激光雷达中，激光束被反射到一个旋转的镜片上，镜片在水平和垂直方向上旋转，从而扫描整个场景。激光雷达记录激光束和反射后的时间来计算物体的距离和形状。机械扫描激光雷达的核心部件是机械结构，它需要通过旋转或振动机械部件实现激光束的扫描，因此扫描速度和分辨率较低。同时早期机械扫描激光雷达，个体尺寸大、造价昂贵、镜片的旋转会产生机械磨损和振动，导致它们的寿命相对较短和测量数据精准度的下降，同时也会受到环境噪声的影响导致数据出现偏差。

为了克服机械扫描激光雷达表现出的各种缺陷，随着技术的发展，各种具备更加优秀性能的激光雷达（如 MEMS 激光雷达、半固态激光雷达、全固态激光雷达等）纷纷涌现出来。

MEMS 激光雷达是一种利用微机电系统（MEMS）技术制造的激光雷达。相比于传统的机械扫描激光雷达，MEMS 激光雷达具有更高的速度、更小的尺寸和更低的功耗，因此在自动驾驶、无人机、机器人、智能家居等领域中有着广泛的应用。MEMS 激光雷达利用微型化的光学元件和微机械化的驱动器件来实现激光束的扫描和控制。缩小了激光雷达的体积、质量和功耗，可以更好地适应集成、轻便和低功耗的应用场景。同时，MEMS 激光雷达具有高分辨率、高精度和高可靠性的优点。

半固态激光雷达是一种全新的激光雷达技术，它将传统的激光雷达中的固态激光器和液体激光器的优势相结合，在光学波导中注入液体，在激光器内部中通过液体波导形成半固态而非液态的工作状态。半固态激光雷达通过液体流动控制激光器的加热和冷却，实现激光的精密控制。

全固态激光雷达是一种基于固态激光技术的激光雷达，采用的是固态激光器作为光源，具有高能量转换效率和长寿命，可以以更快的速度扫描周围环境并收集更多的信息，从而实现更高精度的成像和测量。此外，全固态激光雷达采用的是固态材料作为激光放大介质，具有更高的光学品质和更低的损耗，能够实现更长的工作寿命和更稳定的性能。全固态激光雷达还可以实现对激光波长的调节，从而适应不同的应用场景。相比于半固态激光雷达，全固态激光雷达具有更小、更轻、更耐用、更节能和更高精度等优点。

激光雷达作为一种环境感知传感器，其性能与应用场景都具有一定的适应性和局限性，在应用领域往往需要综合考虑多种激光雷达的组合使用，以满足相关需求。以其在无人驾驶领域里的应用为例，单个激光雷达（主检测雷达，下文简称主雷达）一般安装在无人驾驶平台前部或顶部，只能在其自身固有的垂直视场角（如 -15°~25°）与水平视场角（如 0°~360°）的扫描范围内感知外部环境，无法覆盖周围 360°全向全景环境，因此必然存在大量的感知盲区，尤其是无人驾驶平台近处、侧方及尾部。在这种客观的使用场景需求下，则需要另一类激光雷达——近景补偿盲区雷达，简称补盲雷达。因此，发展到现在，在无人驾驶平台上，大多都采用单个或多个大范围、远检测的激光雷达为主雷达，多个小范围、近检测的激光雷达为补盲雷达，形成远近、高低、平台环绕全覆盖式的激光雷达感知方案，从而满足无人驾驶平台 360°全向全景环境感知的需求。

激光雷达是以发射激光束探测目标的位置、速度等特征量的雷达系统，它可以提供目标物丰富精准的三维甚至四维数据，适应相对苛刻的环境和光照条件，能显著提升自动驾驶的可靠性，公认是 L3 级以上自动驾驶的必备传感器。

### 2.1.3 毫米波雷达

毫米波雷达是一种使用毫米波频段进行测量的雷达系统。毫米波是指波长在 1~10mm 之间的电磁波。毫米波雷达系统可以实现高精度的距离测量，特别是在复杂环境下，如雨天、雾天、夜间等。最新的四维毫米波雷达系统能实现更精细的障碍物识别和跟踪。

毫米波雷达的基本原理是通过发射毫米波信号，然后接收回波信号来测量距离、速度等相关信息。毫米波雷达系统一般会有一个天线发射和接收信号，天线发送信号并接收回波信号，然后将信号传递给处理器进行处理。毫米波雷达系统可以根据测量值来确定目标物体的位置和速度。

最新的四维毫米波雷达具有更高的分辨率，并能实现对物体的三维形状和速度的捕捉，使得无人驾驶车辆和机器人能更加准确地感知周围环境，从而进行更加精确的导航和避障。这种四维毫米波雷达系统一般是由多个发射天线和接收天线组成的阵列，通过时域和频域处理技术来获得目标物体的三维形状和移动状态。

四维毫米波雷达系统采用的多通道天线可以提供更高的分辨率，同时可以采用成像算法来进一步提高测量精度。这种成像算法可以追踪物体的位置、速度和方向等信息，从而实现更加精确的目标跟踪。最新的四维毫米波雷达系统还使用了深度学习等人工智能技术，可以实时分析目标物体的形状和大小，并对数据进行可信度评估，从而更加准确地识别障碍物。

除此之外，最新的四维毫米波雷达系统在波束形成和自适应阵列方面也有所创新。例如，可以针对不同场景进行多波束扫描和自适应性干扰抑制。这些技术可以大幅提高毫米波雷达的性能，使其在无人驾驶车辆、机器人、智能家居和安防等领域得到广泛应用。

## 2.2 即插即用的传感器标定技术

### 2.2.1 相机的自标定技术

相机在生产设计过程中因镜头自身光学物理特性以及镜头中心与图像传感器距离偏差的影响，或多或少存在图像畸变而失真的现象。为了消除这种图像失真的现象，需要对相机进行标定工作。

相机标定是指通过检测和量化相机的内部参数和外部参数来确定相机成像的几何模型、畸变矫正模型和相机空间位置。相机标定的目的是将相机的图像信息转化为真实物体的参数，从而消除畸变、改善测量精度，实现精确的测量和识别。

相机自标定（camera self-calibration）是一种计算机视觉技术，是指在无须任何外部定标物、相对运动基线和尺度的情况下，通过对多幅图像的分析，自动计算相机内参（如相机焦距、主点位置和畸变等）和外参（如相机在三维空间中的位置和方向）的算法。相机自标定是一种快速、高效、无须人工干预的相机标定方法。

相机自标定的原理是利用点对（match）进行相机内部和外部参数的解算。为达到最高的标定精度，应在不同的方向、不同的距离和角度下，用黑白棋盘格等参照物进行标定图像的采集。在采集到的一组图像中，提取出匹配点对，并通过不同的算法（如基础矩阵算法或相对姿态算法）求解得到相机的内部和外部参数。

设第 $i$ 幅图像的相机外参为 $[\boldsymbol{R}_i \mid \boldsymbol{t}_i]$，内参为 $\boldsymbol{K}$，这里 $\boldsymbol{R}_i$ 是旋转矩阵（3×3），$\boldsymbol{t}_i$ 是平移向量（3×1），$\boldsymbol{K}$ 是相机内参矩阵（3×3）。对于平面上的任意一点 $\boldsymbol{P}$，假设它在第 $i$ 幅图像上的坐标为 $\boldsymbol{x}_i$，在第 $j$ 幅图像上的坐标为 $\boldsymbol{x}_j$，则有如下关系：

$$\begin{cases}\boldsymbol{x}_i=\boldsymbol{K}[\boldsymbol{R}_i \mid \boldsymbol{t}_i]\boldsymbol{P}\\ \boldsymbol{x}_j=\boldsymbol{K}[\boldsymbol{R}_j \mid \boldsymbol{t}_j]\boldsymbol{P}\end{cases} \tag{2-1}$$

将两个式子左右相反，整理得到

$$\boldsymbol{x}_i\times\boldsymbol{K}^{-1}\boldsymbol{x}_j=\boldsymbol{P}\times[(\boldsymbol{R}_i \mid \boldsymbol{t}_i)^{-1}\boldsymbol{K}(\boldsymbol{R}_j \mid \boldsymbol{t}_j)] \tag{2-2}$$

式中：×为向量的叉积，即外积；$[(\boldsymbol{R}_i \mid \boldsymbol{t}_i)^{-1}\boldsymbol{K}(\boldsymbol{R}_j \mid \boldsymbol{t}_j)]$ 为一个 3×3 的旋转矩阵。将所有的点对 $(x_i,x_j)$ 取出来，就可以得到一个 $2N\times9$ 的矩阵 $\boldsymbol{Q}$：

$$\boldsymbol{Q}=[(\boldsymbol{x}_1\times\boldsymbol{K}^{-1}\boldsymbol{x}_1)^{\mathrm{T}}(\boldsymbol{x}_1\times\boldsymbol{K}^{-1}\boldsymbol{x}_2)^{\mathrm{T}}:(\boldsymbol{x}_i\times\boldsymbol{K}^{-1}\boldsymbol{x}_j)^{\mathrm{T}}:(\boldsymbol{x}_N\times\boldsymbol{K}^{-1}\boldsymbol{x}_{N-1})^{\mathrm{T}}(\boldsymbol{x}_N\times\boldsymbol{K}^{-1}\boldsymbol{x}_N)^{\mathrm{T}}] \tag{2-3}$$

设矩阵的奇异值分解为

$$\boldsymbol{Q}=\boldsymbol{USV}^{\mathrm{T}} \tag{2-4}$$

矩阵 $\boldsymbol{V}$ 的最后一列 $[v_{9,1},v_{9,2},v_{9,3}]^{\mathrm{T}}$ 即为相机内参矩阵，它可以通过下面的方式重构出来：

$$\boldsymbol{K}=\begin{bmatrix}a & -a\cot\theta & u_0\\ 0 & \dfrac{\beta}{\sin\theta} & v_0\\ 0 & 0 & 1\end{bmatrix} \tag{2-5}$$

其中，

$$\cot\theta=v_{2,2},\ \beta=\frac{|\gamma|\sin\theta}{\sqrt{1-\alpha^2(\cot^2\theta+1)}},\ \alpha=\frac{\gamma}{\sin\theta},\ \gamma=\pm\sqrt{v_{1,3}^2+(av_{1,2})^2}。$$

需要注意的是，相机内参矩阵中有 5 个参数，但上述奇异值分解方法中只用了 3 个参数 $\alpha$、$\beta$、$\theta$。因此，还需要通过其他方法求解 $u_0$、$v_0$，通常会用到最小二乘法或非线性优化方法。

此外，如果相机运动是已知的，那么也可以通过运动估计的方法来求解相机的内参和外参。

### 2.2.2 激光雷达的自标定

在地面无人台系统中，激光雷达和惯导是广泛使用的传感器。激光雷达提供了地面无人台所在区域的三维点云，由于三维点云可以提供准确的深度信息并且对光照不敏感，因此激光雷达也是目前在自动驾驶领域应用最为广泛的一种传感器。

惯性导航设备主要由惯性传感器（陀螺仪和加速度计）组成，其中陀螺仪输出的原始数据是载体在 $\{B\}$ 下的三轴角速度，加速度计输出的是载体在 $\{B\}$ 下的三轴加速度。在每一个工作周期中，惯导会输出表示载体姿态的 3 个欧拉角与表示载体在世界坐标系$\{W\}$下的坐标。

在激光雷达的使用过程中，激光雷达产生的点云数据表示在雷达坐标系$\{L\}$下。为了更直接地获得外界与车之间的相对位置关系以及实现激光雷达与其他传感器的数据融合，需要将获得的点云坐标转到系统的车体坐标系$\{B\}$下。经过惯导与车体之间的标定后（惯导与车体的标定不在本小节关注范围，在此不做论述），惯导数据可以精确表示车体坐标系$\{B\}$下地面无人平台的位姿变化情况。为了实现异构传感器的有效融合，需要确保惯导输出的位姿信息与激光雷达点云数据的空间一致性。然而，激光雷达与惯导分别安装在地面无人台的不同位置，其相对位置关系可能还可以通过精确的人工测量获取，但是完全无法直接得到其相对姿态关系。因此，本小节的主要目的是利用手眼标定的方法标定出激光雷达与惯导之间精确的相对位姿关系，从而使惯导输出的位姿信息与激光雷达点云数据表示在统一的空间坐标系下。

手眼标定这一概念最开始出现于机器人的机械臂系统中，其中相机作为视觉传感器来引导作为执行机构的机械臂进行相应的动作，相机与机械臂之间的关系就类似于人类的眼睛与手，因此也称为机器人手眼系统。而手眼标定的目的就是统一机器人的“手”与“眼”之间的空间坐标系，这也是实现机器人手眼协调与作业精度的重要基础。机器人手眼系统根据“手”与“眼”之间是否构成刚体而分为两大类：“手”与“眼”固定在一起，共同形成一个刚体的系统称为“眼在手上（eye-in-hand）”型系统，而“眼”安装在“手”之外的某个地方，两者不构成一个刚体的系统称为“眼固定型（eye-to-hand）”型系统。惯导与激光雷达虽然均为传感器，没有执行机构，但是这两个传感器之间的相对位置关系也符合“眼在手上”型手眼系统的特点，可以利用手眼标定方法来对惯导与激光雷达之间的空间相对位姿关系进行标定。

激光雷达产生的点云数据表示在雷达坐标系$\{L\}$下，而完成惯导与车体之间的标定后，惯导数据可以较为精确地表示车体坐标系$\{B\}$下的位姿变化情况。$\{B\}$与$\{L\}$之间的关系如图 2-1 所示，而手眼标定就是要求解出$\{B\}$与$\{L\}$之间的相对位姿关系。

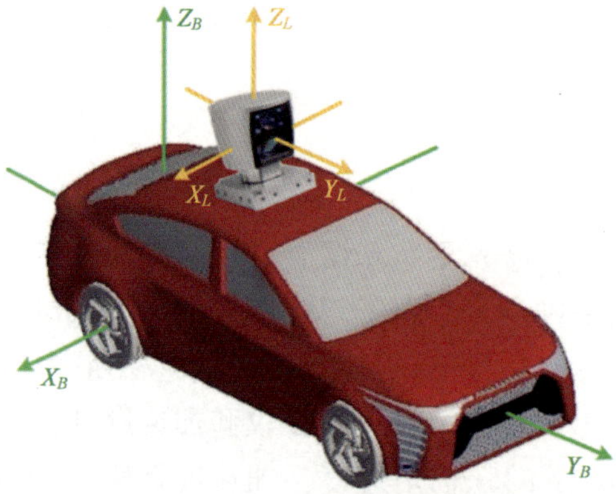


图 2-1　激光雷达坐标系与车体坐标系之间的关系

图 2-2 表示 $t_i$ 与 $t_j$ 两时刻下雷达坐标系{$L$}与车体坐标系{$B$}之间的转换关系，其中绿色的坐标系表示车体坐标系{$B$}，橙色的坐标系表示雷达坐标系{$L$}。在 $t_i$ 与 $t_j$ 时刻，激光雷达分别产生了两帧点云数 $f_i^L$ 与 $f_j^L$，$t_i$ 与 $t_j$ 时刻之间雷达坐标系{$L$}下的相对位姿变换可表示为 $\Delta\boldsymbol{T}_{j,i}^L$，$\Delta\boldsymbol{T}_{j,i}^L$ 可以将 $t_j$ 时刻下的雷达坐标系{$L$}转换到 $t_i$ 时刻下。对惯导的序贯位姿数据进行线性插值，即可得到任意目标时刻的位姿信息，可以分别计算得到 $t_i$ 与 $t_j$ 时刻下表示地面无人平台实时位姿的位姿变换矩阵 $\boldsymbol{T}_i^{WB}$ 与 $\boldsymbol{T}_j^{WB}$，而 $t_i$ 与 $t_j$ 时刻之间车体坐标系{$B$}下的相对位姿变换 $\Delta\boldsymbol{T}_{j,i}^B$ 可以表示为

$$\Delta\boldsymbol{T}_{j,i}^B=(\boldsymbol{T}_j^{WB})^{-1}\boldsymbol{T}_i^{WB} \tag{2-6}$$

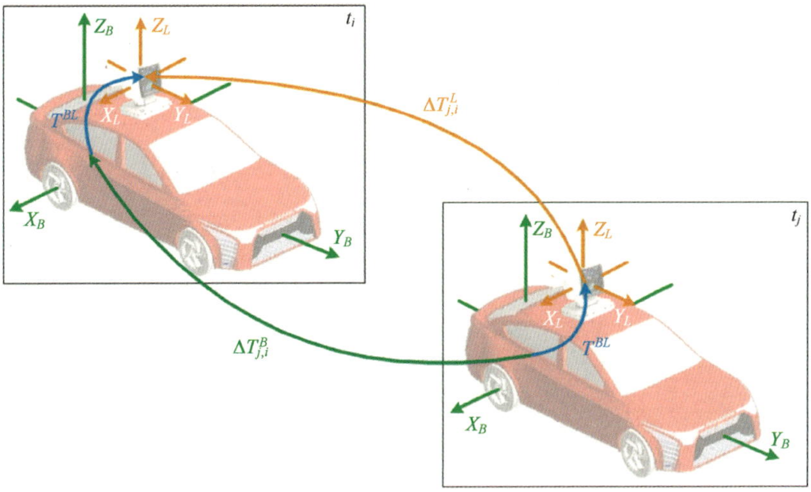


图 2-2　相邻两时刻雷达坐标系与车体坐标系之间的转换关系

同理，$\Delta\boldsymbol{T}_{j,i}^B$ 可以将 $t_j$ 时刻下的车体坐标系{$B$}转换到 $t_i$ 时刻下。对于 $t_i$ 时刻下激光雷达所产生的 $f_i^L$ 中的一个点 $\boldsymbol{X}^L$，可以利用 $\boldsymbol{T}^{BL}$ 将其先转换到 $t_i$ 时刻的{$B$}下进行表示，之后，再进一步利用{$B$}下的相对位姿变换 $\Delta\boldsymbol{T}_{j,i}^B$ 将其转换到 $t_j$ 时刻的{$B$}下进行表示；另外，也可以先利用{$L$}下的相对位姿变换 $\Delta\boldsymbol{T}_{j,i}^L$ 将 $\boldsymbol{X}^L$ 转换到 $t_j$ 时刻的{$L$}下进行表示，之后，再进一步利用 $\boldsymbol{T}^{BL}$ 将其先转换到 $t_j$ 时刻的{$B$}下进行表示。这两种转换方式殊途同归，均是将 $t_i$ 时刻下表示在{$L$}下的点 $\boldsymbol{X}^L$ 转换到 $t_j$ 时刻的{$B$}下进行表示，因此它们是等价的，具体可表示为

$$\Delta\boldsymbol{T}_{j,i}^B\cdot\boldsymbol{T}^{BL}\cdot\boldsymbol{X}^L=\boldsymbol{T}^{BL}\cdot\Delta\boldsymbol{T}_{j,i}^L\cdot\boldsymbol{X}^L \tag{2-7}$$

将式（2-7）两边的 $\boldsymbol{X}^L$ 消除后得到的便是符合 $\boldsymbol{AX}=\boldsymbol{XB}$ 标准形式的激光雷达与惯导间手眼标定的数学模型，即

$$\Delta\boldsymbol{T}_{j,i}^B\cdot\boldsymbol{T}^{BL}=\boldsymbol{T}^{BL}\cdot\Delta\boldsymbol{T}_{j,i}^L \tag{2-8}$$

$\boldsymbol{T}^{BL}$ 也称为激光雷达的外参矩阵，其作用是将表示在雷达坐标系{$L$}下点云中的点变换到车体坐标系{$B$}下。

惯导与激光雷达的手眼标定就是通过式（2-8）来求解 $\boldsymbol{T}^{BL}$ 的过程，其中 $\Delta\boldsymbol{T}_{j,i}^B$ 可以根据惯导数据由式（2-6）直接计算得到，而在本书中 $\Delta\boldsymbol{T}_{j,i}^L$ 是利用两帧点云 $f_i^L$

与 $f_j^L$ 作为输入，通过激光雷达帧间匹配方法计算得到的。此处的激光雷达帧间匹配方法采用的是最为常用且最易实施的 ICP 算法。

下面对 ICP 算法的基本原理及其在本书中的实施步骤进行简要的介绍。ICP 算法的基本原理是通过最小化配准误差，将两帧点云变换到同一坐标系下进行表示，以完成两帧点云的配准。在本书中其主要步骤有以下几个。

（1）将两帧点云中的 $f_i^L$ 作为目标点云，$f_j^L$ 作为源点云。

（2）利用之前通过式（2-8）获取的 $\Delta \boldsymbol{T}_{j,i}^B$ 作为初值，对目标点云中的每个点 $\boldsymbol{X}_{i,k}^L$ 进行变换，得到变换后的点 $\widetilde{\boldsymbol{X}}_{i,k}^L$，变换后的所有点组成目标点集，源点云中的所有点组成源点集。

（3）计算新的相对位姿变换矩阵 $\Delta \boldsymbol{T}^*$，使得误差函数最小，即

$$\Delta \boldsymbol{T}^* = \mathrm{argmin}_{\Delta T} \sum_{k=1}^{n} \| \Delta \boldsymbol{T} \cdot \widetilde{\boldsymbol{X}}_{i,k}^L - \boldsymbol{X}_{j,k}^L \| \tag{2-9}$$

（4）根据当前迭代次数可以将上一步得到的 $\Delta \boldsymbol{T}^*$ 记为 $\Delta \boldsymbol{T}_l^*$，利用 $\Delta \boldsymbol{T}_l^*$ 将目标点集中的每一个点 $\widetilde{\boldsymbol{X}}_{i,k}^L$ 进行变换，得到变换后的点 $\hat{\boldsymbol{X}}_{i,k}^L$，变换后的所有点组成新的目标点集。在源点云中找到距离变换后的 $\hat{\boldsymbol{X}}_{i,k}^L$ 最近的点 $\boldsymbol{X}_{i,k}^L$，计算新的目标点集与源点集之间的平均距离 $\bar{d}$：

$$\bar{d} = \frac{1}{n} \sum_{k=1}^{n} \| \hat{\boldsymbol{X}}_{i,k}^L - \boldsymbol{X}_{i,k}^L \|^2 \tag{2-10}$$

（5）若上一步求得的 $\bar{d}$ 小于给定的阈值或迭代次数已经大于预设的最大迭代次数，则停止迭代，否则将 $\hat{\boldsymbol{X}}_{i,k}^L$ 作为 $\widetilde{\boldsymbol{X}}_{i,k}^L$，返回第（3）步，继续迭代。

假设 ICP 算法经过 $n$ 次迭代后停止迭代，则最终得到的 $t_i$ 与 $t_j$ 时刻之间 $\{L\}$ 下的相对位姿变换 $\Delta \boldsymbol{T}_{j,i}^L$ 可表示为

$$\Delta \boldsymbol{T}_{j,i}^L = \Delta \boldsymbol{T}_n^* \cdots \Delta \boldsymbol{T}_2^* \Delta \boldsymbol{T}_1^* \Delta \boldsymbol{T}_{j,i}^B \tag{2-11}$$

利用式（2-6）计算得到的 $\Delta \boldsymbol{T}_{j,i}^B$ 与利用式（2-11）计算得到的 $\Delta \boldsymbol{T}_{j,i}^L$ 将作为式（2-8）的输入。

求解式（2-8）的方法可分为两大类：第一类方法是直接对 $\boldsymbol{T}^{BL}$ 进行求解；而第二类方法是将 $\boldsymbol{T}^{BL}$ 解耦为旋转部分与平移部分，并分别对旋转部分与平移部分进行求解。对于第一类方法，由于其同时涉及的未知量过多，很难直接通过非线性优化得到较为精确的结果，因此通常需要提供较为精确的初值；然而对于本书所涉及的任务而言，很难提供准确的旋转初值，因此该方法并不适用于本书。对于第二类方法，由于进行了旋转与平移的解耦，减小了待求解的未知量，则无须采用复杂的非线性优化方法，因此不需要提供初值便可以进行求解，比较适用于本书的任务。

在第二类方法中，式（2-8）会被分解为两部分，即旋转部分与平移部分：

$$\Delta \boldsymbol{R}_{j,i}^B \boldsymbol{R}^{BL} = \boldsymbol{R}^{BL} \Delta \boldsymbol{R}_{j,i}^L \tag{2-12}$$

$$\Delta \boldsymbol{R}_{j,i}^B \boldsymbol{p}^{BL} + \Delta \boldsymbol{p}_{j,i}^B = \boldsymbol{R}^{BL} \Delta \boldsymbol{p}_{j,i}^L + \boldsymbol{p}^{BL} \tag{2-13}$$

接下来使用 Tsai 等人提出的方法来解式（2-12）与式（2-13），首先，该方法需要获取式（2-12）与式（2-13）中旋转矩阵 $\boldsymbol{R}$ 所对应的旋转向量 $\boldsymbol{\theta}$，$\boldsymbol{\theta}$ 包含了旋转轴 $\boldsymbol{n}$ 与旋转角度 $\theta$，其中有 $\boldsymbol{\theta}=\theta\boldsymbol{n}$。根据罗德里格斯公式，旋转向量中的旋转角度 $\theta$ 可由式（2-14）计算得到

$$\theta=\arccos\left(\frac{\operatorname{tr}(\boldsymbol{R})-1}{2}\right) \tag{2-14}$$

式中：$\operatorname{tr}(\boldsymbol{R})$ 为旋转矩阵 $\boldsymbol{R}$ 的迹。计算得到 $\theta$ 与 $\boldsymbol{n}$ 之后，可采用四元数中旋转部分的表示形式来对旋转向量进行表示，即

$$\boldsymbol{\phi}=2\sin\frac{\theta}{2}\boldsymbol{n} \tag{2-15}$$

为了后续计算的便利性，还引入了中间变量 $\widetilde{\boldsymbol{\phi}}$，可表示为

$$\widetilde{\boldsymbol{\phi}}=\frac{1}{2\cos(\theta/2)}\boldsymbol{\phi} \tag{2-16}$$

式（2-12）与式（2-13）中的 $\Delta\boldsymbol{R}_{j,i}^{B}$、$\Delta\boldsymbol{R}_{j,i}^{L}$ 与 $\boldsymbol{R}^{BL}$ 可分别表示为 $\widetilde{\boldsymbol{\phi}}_{j,i}^{B}$、$\widetilde{\boldsymbol{\phi}}_{j,i}^{L}$ 与 $\widetilde{\boldsymbol{\phi}}^{BL}$，它们之间满足

$$(\widetilde{\boldsymbol{\phi}}_{j,i}^{L}+\widetilde{\boldsymbol{\phi}}_{j,i}^{B})^{\wedge}\widetilde{\boldsymbol{\phi}}^{BL}=\widetilde{\boldsymbol{\phi}}_{j,i}^{L}-\widetilde{\boldsymbol{\phi}}_{j,i}^{B} \tag{2-17}$$

其中，符号 ∧ 表示“从向量到矩阵”的关系，即

$$\boldsymbol{\phi}^{\wedge}=\begin{bmatrix}\phi_x\\ \phi_y\\ \phi_z\end{bmatrix}^{\wedge}=\begin{bmatrix}0 & -\phi_z & \phi_y\\ \phi_z & 0 & -\phi_x\\ -\phi_y & \phi_x & 0\end{bmatrix} \tag{2-18}$$

由于 $(\widetilde{\boldsymbol{\phi}}_{j,i}^{L}+\widetilde{\boldsymbol{\phi}}_{j,i}^{B})^{\wedge}$ 作为一个反对称矩阵，是式（2-17）所构成的线性方程的系数矩阵。由于反对称矩阵的秩只能为偶数，同时该矩阵又不是零矩阵，因此易证矩阵 $(\widetilde{\boldsymbol{\phi}}_{j,i}^{L}+\widetilde{\boldsymbol{\phi}}_{j,i}^{B})^{\wedge}$ 的秩为 2，则至少需要两对 $\widetilde{\boldsymbol{\phi}}_{j,i}^{L}$ 与 $\widetilde{\boldsymbol{\phi}}_{j,i}^{B}$ 所组成的旋转向量对来通过式（2-17）所构成的线性方程求解 $\widetilde{\boldsymbol{\phi}}^{BL}$。通常在实际求解过程中都会使用远大于两对旋转向量对来进行求解，则式（2-17）在实际求解过程中可表示为

$$\begin{bmatrix}(\widetilde{\boldsymbol{\phi}}_{a,b}^{L}+\widetilde{\boldsymbol{\phi}}_{a,b}^{B})^{\wedge}\\ (\widetilde{\boldsymbol{\phi}}_{c,d}^{L}+\widetilde{\boldsymbol{\phi}}_{c,d}^{B})^{\wedge}\\ \cdots\\ (\widetilde{\boldsymbol{\phi}}_{m,n}^{L}+\widetilde{\boldsymbol{\phi}}_{m,n}^{B})^{\wedge}\end{bmatrix}\widetilde{\boldsymbol{\phi}}^{BL}=\begin{bmatrix}\widetilde{\boldsymbol{\phi}}_{a,b}^{L}-\widetilde{\boldsymbol{\phi}}_{a,b}^{B}\\ \widetilde{\boldsymbol{\phi}}_{c,d}^{L}-\widetilde{\boldsymbol{\phi}}_{c,d}^{B}\\ \cdots\\ \widetilde{\boldsymbol{\phi}}_{m,n}^{L}-\widetilde{\boldsymbol{\phi}}_{m,n}^{B}\end{bmatrix} \tag{2-19}$$

式中：$(a,b),(c,d),\cdots,(m,n)$ 分别表示第 $1,2,\cdots,m$ 对旋转向量 $\widetilde{\boldsymbol{\phi}}_{j,i}^{L}$ 与 $\widetilde{\boldsymbol{\phi}}_{j,i}^{B}$，该式可以简写为 $\boldsymbol{A}\widetilde{\boldsymbol{\phi}}^{BL}=\boldsymbol{b}$，其中 $\boldsymbol{A}\in\mathbf{R}^{3n\times3}$，$\boldsymbol{b}\in\mathbf{R}^{3n}$。

对于式（2-19），可以采用奇异值分解（SVD）的方法来求解 $\widetilde{\boldsymbol{\phi}}^{BL}$ 的最小二乘解。首先，式（2-19）中超定方程的最小二乘解可表示为

$$\widetilde{\boldsymbol{\phi}}^{BL}=\boldsymbol{A}^{+}\boldsymbol{b} \tag{2-20}$$

式中：$\boldsymbol{A}^{+}$ 表示 $\boldsymbol{A}$ 的 Moore-Penrose 广义逆。对 $\boldsymbol{A}$ 进行 SVD 分解的过程可表示为

$$\boldsymbol{A}=\boldsymbol{U}\begin{bmatrix}\boldsymbol{\Sigma} & 0\\ 0 & 0\end{bmatrix}\boldsymbol{V}^{\mathrm{T}} \tag{2-21}$$

式中：$\boldsymbol{U}$ 与 $\boldsymbol{V}$ 分别为两个正交矩阵；$\boldsymbol{\Sigma}$ 是由矩阵 $\boldsymbol{A}\boldsymbol{A}^{+}$特征值的开方所组成的对角矩阵，则 $\boldsymbol{A}^{+}$可表示为

$$\boldsymbol{A}^{+}=\boldsymbol{V}\begin{bmatrix}\boldsymbol{\Sigma}^{-1} & 0\\ 0 & 0\end{bmatrix}\boldsymbol{U}^{\mathrm{T}} \tag{2-22}$$

综上所述，利用式（2-20）与式（2-21），便可以计算出$\widetilde{\boldsymbol{\phi}}^{BL}$的最小二乘解。接下来可以利用$\widetilde{\boldsymbol{\phi}}^{BL}$计算出 $\boldsymbol{\phi}^{BL}$，即

$$\boldsymbol{\phi}^{BL}=\frac{2\widetilde{\boldsymbol{\phi}}^{BL}}{\sqrt{1+|\widetilde{\boldsymbol{\phi}}^{BL}|^{2}}} \tag{2-23}$$

最后，再将式（2-23）代入罗德里格斯公式，可以建立 $\boldsymbol{\phi}^{BL}$与 $\boldsymbol{R}^{BL}$之间的关系，即

$$\boldsymbol{R}^{BL}=\left(1-\frac{|\boldsymbol{\phi}^{BL}|^{2}}{2}\right)I+\frac{1}{2}\left(\boldsymbol{\phi}^{BL}(\boldsymbol{\phi}^{BL})^{\mathrm{T}}+\sqrt{4-|\boldsymbol{\phi}^{BL}|^{2}}(\boldsymbol{\phi}^{BL})^{\wedge}\right) \tag{2-24}$$

根据上述推导过程，利用多对旋转向量$\widetilde{\boldsymbol{\phi}}^{L}_{j,i}$与$\widetilde{\boldsymbol{\phi}}^{B}_{j,i}$即可求解出 $\boldsymbol{T}^{BL}$的旋转部分 $\boldsymbol{R}^{BL}$。接下来将求解得到的 $\boldsymbol{R}^{BL}$代入式（2-12）中，对 $\boldsymbol{T}^{BL}$的平移部分 $\boldsymbol{p}^{BL}$进行求解，式（2-12）可变换为

$$(\Delta\boldsymbol{R}^{B}_{j,i}-\boldsymbol{I})\boldsymbol{p}^{BL}=\boldsymbol{R}^{BL}\Delta\boldsymbol{p}^{L}_{j,i}-\Delta\boldsymbol{p}^{B}_{j,i} \tag{2-25}$$

由于矩阵 $\Delta\boldsymbol{R}^{B}_{j,i}$的特征值有且仅有一个，即 $\Delta\boldsymbol{R}^{B}_{j,i}$所对应的旋转向量，因此可以证明矩阵$(\Delta\boldsymbol{R}^{B}_{j,i}-\boldsymbol{I})$的秩为 2。由于$(\Delta\boldsymbol{R}^{B}_{j,i}-\boldsymbol{I})$是式（2-25）所构成的线性方程的系数矩阵，因此同样至少需要两组 $\Delta\boldsymbol{R}^{B}_{j,i}$、$\Delta\boldsymbol{p}^{L}_{j,i}$及 $\Delta\boldsymbol{p}^{B}_{j,i}$作为输入，才可以对 $\boldsymbol{p}^{BL}$进行求解。与上述求解 $\boldsymbol{R}^{BL}$相同，在实际求解过程中通常会使用远大于两组的输入数据，则式（2-25）在实际求解过程中可表示为

$$\begin{bmatrix}(\Delta\boldsymbol{R}^{B}_{a,b}-\boldsymbol{I})\\(\Delta\boldsymbol{R}^{B}_{c,d}-\boldsymbol{I})\\\cdots\\(\Delta\boldsymbol{R}^{B}_{m,n}-\boldsymbol{I})\end{bmatrix}\boldsymbol{p}^{BL}=\begin{bmatrix}\boldsymbol{R}^{BL}\Delta\boldsymbol{p}^{L}_{a,b}-\Delta\boldsymbol{p}^{B}_{a,b}\\\boldsymbol{R}^{BL}\Delta\boldsymbol{p}^{L}_{c,d}-\Delta\boldsymbol{p}^{B}_{c,d}\\\cdots\\\boldsymbol{R}^{BL}\Delta\boldsymbol{p}^{L}_{m,n}-\Delta\boldsymbol{p}^{B}_{m,n}\end{bmatrix} \tag{2-26}$$

对于式（2-26）这个超定方程，同样可以采用 SVD 方法来求解 $\boldsymbol{p}^{BL}$的最小二乘解，其方法与上述相同，这里不再赘述。

综上所述，利用多对相对位姿变换 $\Delta\boldsymbol{T}^{B}_{j,i}$及 $\Delta\boldsymbol{T}^{L}_{j,i}$作为输入，通过上述过程分别对方程（2-12）与式（2-13）进行求解，便可以得到车体坐标系$\{B\}$与雷达坐标系$\{L\}$之间的相对位姿关系 $\boldsymbol{T}^{BL}$，再将点云 $\boldsymbol{f}^{L}_{k}$ 中的所有点变换到车体坐标系$\{B\}$下，便完成了惯导与激光雷达之间的手眼标定，其中经过变换后表示在$\{B\}$下的点云可记为$\boldsymbol{f}^{B}_{k}$。

多对位姿对$\{\Delta\boldsymbol{T}^{B}_{j,i},\Delta\boldsymbol{T}^{L}_{j,i}\}$作为激光雷达与惯导间手眼标定算法的输入，其数据质量的好坏对于减小标定过程中的误差，提升标定结果的精确性有着极为重要的意

义。本书根据关于标定过程中误差分析以及相关文献所做的研究，同时依靠实际工程经验，在此归纳总结出以下 6 条关于激光雷达与惯导间手眼标定过程中，位姿对 $\{\Delta\boldsymbol{T}_{j,i}^{B},\Delta\boldsymbol{T}_{j,i}^{L}\}$ 的选择策略。

（1）每对位姿对 $\{\Delta\boldsymbol{T}_{j,i}^{B},\Delta\boldsymbol{T}_{j,i}^{L}\}$ 所对应的 $t_i$ 与 $t_j$ 时刻之间地面无人平台相对运动的旋转角度要尽可能得大，也就是说地面无人平台在 $t_i$ 时刻产生 $\boldsymbol{f}_i^L$ 后，要以一个较大的旋转角度运动到 $t_j$ 时刻（通常需要旋转 90°以上）。

（2）每对位姿对 $\{\Delta\boldsymbol{T}_{j,i}^{B},\Delta\boldsymbol{T}_{j,i}^{L}\}$ 所对应的 $t_i$ 与 $t_j$ 时刻之间地面无人平台相对运动的平移距离要尽可能得小，也就是说地面无人平台在 $t_i$ 时刻产生 $\boldsymbol{f}_i^L$ 后，要以一个较小的平移距离运动到 $t_j$ 时刻。

（3）为了避免因地面无人平台自身运动而导致点云数据的畸变，获取一对位姿对 $\{\Delta\boldsymbol{T}_{j,i}^{B},\Delta\boldsymbol{T}_{j,i}^{L}\}$ 时，需要确保 $t_i$ 与 $t_j$ 时刻车辆是完全静止的。

（4）进行标定的环境中需要有一定数量的人工或自然目标（如电杆、树干、墙壁等）。

（5）使用冗余的位姿对作为输入可以使最小二乘解的结果更为精确（通常需要使用地面无人平台在不同位置沿不同方向进行旋转所产生的 8～12 对位姿对作为输入）。

（6）不同位姿对所对应的旋转轴之间的夹角越大越好，这就要求不能只在平地上进行位姿对的选取，还应在具有一定坡度的路面上进行位姿对的选取。

在实际标定过程中，由于位姿对的选取不是一个连续的过程，可以在 $t_i$ 时刻采集完数据后，对地面无人平台的位置不断地进行调整，使其达到一个满足前两条策略的位置后再令车辆静止，采集 $t_j$ 时刻的数据，因此在具备一定特征的城市或越野环境中均较容易满足前五条策略；但是对于第六条策略，由于大多数场景下很难找到具有较大坡度的路面，因此这些场景中采集的位姿对所对应的旋转轴之间的夹角便会很小，实验表明这可能会造成 $\boldsymbol{p}^{BL}$ 中的 $z$ 值精度不高。在实际标定过程中，若无法满足第六条策略，可以利用人工测量的方法单独对 $\boldsymbol{p}^{BL}$ 中的 $z$ 值进行测量。

利用惯导输出的位姿信息计算得到的相对位姿变换 $\Delta\boldsymbol{T}_{j,i}^{B}$ 直接对两帧点云进行匹配是一种较为直观的衡量手眼标定结果精确性的方法。由于在进行手眼标定之前，两帧点云 $\boldsymbol{f}_i^L$ 与 $\boldsymbol{f}_j^L$ 均表示在 $\{L\}$ 下，而 $\Delta\boldsymbol{T}_{j,i}^{B}$ 则表示 $\{B\}$ 下的相对位姿变换，两者所对应的坐标系并不一致，因此直接通过 $\Delta\boldsymbol{T}_{j,i}^{B}$ 将 $\boldsymbol{f}_j^L$ 变换到 $t_j$ 时刻的 $\{L\}$ 下，变换后的点云很难与 $\boldsymbol{f}_j^L$ 匹配在一起。但是在完成手眼标定后，点云中的点均通过 $\boldsymbol{T}^{BL}$ 进行了坐标变换而表示在 $\{B\}$ 下，两帧点云可以表示为 $\boldsymbol{f}_i^B$ 与 $\boldsymbol{f}_j^B$，此时 $\Delta\boldsymbol{T}_{j,i}^{B}$、$\boldsymbol{f}_i^B$ 与 $\boldsymbol{f}_j^B$ 均表示在车体坐标系 $\{B\}$ 下，因此直接利用 $\Delta\boldsymbol{T}_{j,i}^{B}$ 将 $\boldsymbol{f}_i^B$ 变换到 $t_j$ 时刻的 $\{B\}$ 下，如果手眼标定结果精确，则变换后的点云可以与 $\boldsymbol{f}_j^B$ 实现精确的配准。根据上述原理，基于两帧点云匹配的激光雷达与惯导手眼标定结果的定性分析图 2-3 所示。

图 2-3 中，黄色的虚线表示地面无人平台运动的轨迹，左半侧表示在进行手眼标定前利用 $\Delta\boldsymbol{T}_{j,i}^{B}$ 对两帧点云 $\boldsymbol{f}_i^L$ 与 $\boldsymbol{f}_j^L$ 进行匹配的结果，可见两帧点云完全没有匹配

在一起；而每幅图的右半侧表示完成手眼标定之后利用 $\Delta T_{j,i}^{B}$ 对两帧点云 $f_i^B$ 与 $f_j^B$ 进行匹配的结果，可见两帧点云实现了精确的配准。

图 2-3　利用两帧点云匹配的激光雷达与惯导手眼标定结果的定性比较

### 2.2.3　激光雷达与相机的联合标定

激光雷达和相机的准确校准是自动驾驶领域中最常见的校准任务之一。这两种传感器在自动驾驶系统中扮演着关键的角色，各自具有独特的特点和优势。

相机是一种常用的传感器，它通过捕捉图像来感知周围环境。相机的主要优势在于其成本低廉、数据处理速度快以及对颜色和纹理等视觉特征的敏感性。基于单目视觉的感知系统，使用相机可以实现较低成本下的令人满意的性能，如实时的目标检测和车道线跟踪。然而，相机无法直接提供三维几何信息，这对于一些需要精确距离和深度信息的任务而言是不可或缺的。

激光雷达通过发射激光束并测量其反射回来的时间来获取目标物体的距离和形状信息。相对于相机而言，激光雷达具有更高的精度和准确性，并且在各种天气条件下都能有效工作。激光雷达可以提供可靠的三维几何信息，对于障碍物检测、环境建模和精确定位等任务非常有用。然而，激光雷达的成本相对较高，且其数据密度相对较低，因此限制了其在某些场景下的应用。

相机和激光雷达结合使用可以充分发挥它们各自的优势，提高自动驾驶系统的感知性能和可靠性。相机提供的颜色和纹理信息可以与激光雷达的距离和形状信息相结合，从而实现更准确的物体检测和跟踪。这种融合感知的方法可以帮助系统更好地理解场景，更准确地估计车辆与周围环境之间的相对位置和运动状态。然而，相机和激光雷达的结合需要准确的校准，包括相机的内参（如焦距和光心）和相机与激光雷达的外参（如旋转和平移矩阵）。只有在准确校准的情况下，才能确保数据的一致性和准确性。

因为车辆的长期运动和环境因素（如温度变化）的影响，经过准确校准的参数会逐渐失准。感知融合算法对校准参数的精度非常敏感，因此不准确的校准参数会严重降低融合算法的性能和可靠性。传统的重新校准方法，如通过专用的校准房间或手动调整，不仅烦琐而且不切实际。为了解决这个问题，本节介绍一种自动校准激光雷达和相机方法，在常见的道路场景中能够自动校准激光雷达和相机，高效且准确地更新校准参数，从而提高感知融合算法的性能。

首先，通过激光雷达和相机收集一组道路场景数据，然后分别从图像和点云中提取线性特征，如车道线和道路标志。如图2-4所示，我们使用BiSeNet-V2从图像中提取车道线和道路标杆，使用强度和几何方法从点云中提取车道线和道路标杆。随后，设计一个代价函数来优化初始外参校准参数，并确保误差在可接受范围内。来自道路标杆的像素 $Q_{\text{pole}}$ 和来自车道线的像素 $Q_{\text{lane}}$ 可以直接从类别标签"pole"和"road lane"中获得。结合分割结果，我们可以得到两个二值掩膜 $M_{\text{line}}:\mathbf{R}^2\rightarrow\{0,1\}$，其中 $\text{line}\in\{\text{pole},\text{lane}\}$，在像素坐标上定义为

$$M_{\text{line}}(q):=\begin{cases}1, & q\in Q_{\text{line}}\\ 0, & \text{其他}\end{cases} \tag{2-27}$$

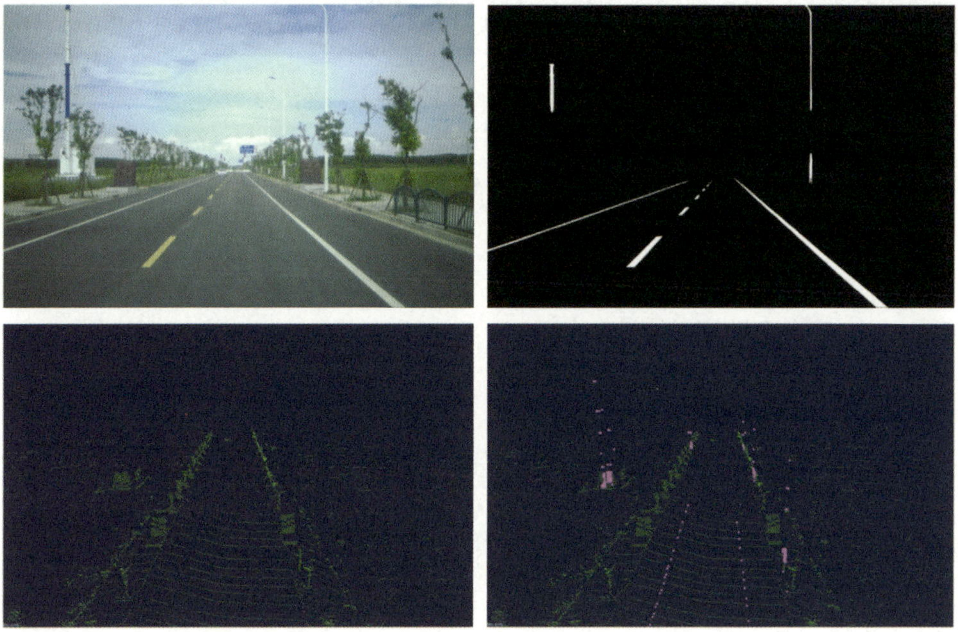

图2-4 图像和点云的分割过程

在从图像和点云中提取了线性特征之后，我们提出了几个代价函数，用于衡量在给定外参参数$(r,t)$下图像和点云的相关性。对掩膜 $M_{\text{line}}$ 应用逆距离变换（IDT），以避免在后续优化过程中出现重复的局部极大值。得到的高度图 $H_{\text{line}}$，其中 $\text{line}\in\{\text{pole},\text{lane}\}$，$H_{\text{line}}$ 的定义如下：

$$H_{\text{line}}(q):=\begin{cases}\max_{s\in\mathbf{R}^2\backslash Q_{\text{line}}}\gamma_0^{\|q-s\|_1}, & q\in Q_{\text{line}}\\ 0, & q\in\mathbf{R}^2\backslash Q_{\text{line}}\end{cases} \tag{2-28}$$

设投影代价函数 $\mathcal{J}_{\text{proj}}:(r,t)\to\mathbf{R}$，用于表示平面和极点 $P_{\text{pole}}$ 的投影像素与图像中对应掩膜之间的一致性。$\mathcal{J}_{\text{proj}}$ 的定义如下：

$$\mathcal{J}_{\text{proj}}=\tanh\left(\tau_1\sum_{\text{line}\in\{\text{pole},\text{lane}\}}\frac{\sum_{p\in P_{\text{line}}^L}H_{\text{line}}\circ\mathcal{K}(\mathbf{R}(r)p+t)}{|P_{\text{line}}^L|}\right)\tag{2-29}$$

其中，$\circ$表示使用投影的像素位置获取高度值；$|P_{\text{line}}^L|$表示 $P_{\text{line}}^L$ 中的点数，并用于平衡极点和车道之间的代价。这个代价函数的值越大，两个数据域之间的语义特征匹配得越好。图 2-5 展示了掩膜和图像的校准投影结果。

图 2-5　掩膜和图像的校准投影结果

## 2.3　车辆状态的智能感知技术

### 2.3.1　车辆的运动速度感知

#### 1. 车辆动力学建模

车辆动力学模型（vehicle dynamic model，VDM）一直以来都是车辆设计和控制领域的研究重点。根据具体的研究问题，VDM 可分为不同的类型。导航领域主要关注车辆的姿态、速度和位置等，而悬架特性、发动机特性和路面激励等问题不属于导航领域的研究范畴。此外，考虑的状态量越多，模型必然越精确，但高维模型需要更多的先验参数和量测数据，部分信息在实际应用中难以准确得到。因此，在进行车辆动力学建模时，对部分运动状态进行理想化假设是十分必要的。本节在建模时采用的假设包括以下几点。

（1）车辆行驶在平坦路面，忽略垂向运动。

（2）悬架系统为刚体，不发生形变。

（3）忽略轮胎纵向受力和横向受力的耦合。

（4）忽略横向和纵向空气动力学。

以上假设在车辆动力学的研究中较为常见，在大部分场景下都能成立。基于此，本节首先建立了基于线性轮胎模型的单轨车辆动力学模型（LM-SVDM）。

图 2-6 给出了单轨车辆动力学模型（LM-SVDM），其中 $F^{wf}_{f|x}$、$F^{wf}_{f|y}$、$F^{wf}_{r|x}$和 $F^{wf}_{r|y}$分别表示前轮和后轮的横向力和纵向力。

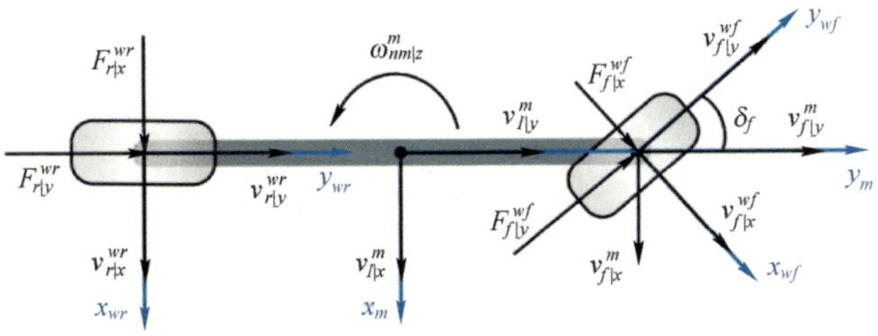


图 2-6 单轨车辆动力学模型（LM-SVDM）

根据牛顿第二定律，分别得到绕 $z_m$ 轴、沿 $x_m$ 轴和沿 $y_m$ 轴的受力平衡方程，并将其转化航偏角速率、横向速度和纵向速度的微分方程。

$$\dot{\omega}^{m}_{nm|z}=\frac{2}{I_z}(-F^{m}_{f|x}l_f+F^{m}_{r|x}l_r) \tag{2-30}$$

$$\dot{\nu}^{m}_{I|x}=\nu^{m}_{I|y}\omega^{m}_{nm|z}+\frac{2}{m}(F^{m}_{f|x}+F^{m}_{r|x}) \tag{2-31}$$

$$\dot{\nu}^{m}_{I|y}=-\nu^{m}_{I|x}\omega^{m}_{nm|z}+\frac{2}{m}(F^{m}_{f|y}+F^{m}_{r|y}) \tag{2-32}$$

式中：$F^{wf}_{f|x}$、$F^{wf}_{f|y}$、$F^{wf}_{r|x}$和 $F^{wf}_{r|y}$分别为前后轮受到的 $x_m$ 方向和 $y_m$ 方向的力，可由轮胎的横向力与纵向力表示：

$$F^{m}_{f|x}=\cos\delta_f F^{wf}_{f|x}-\sin\delta_f F^{wf}_{f|y} \tag{2-33}$$

$$F^{m}_{f|y}=\sin\delta_f F^{wf}_{f|x}+\cos\delta_f F^{wf}_{f|y} \tag{2-34}$$

$$F^{m}_{r|x}=F^{wr}_{r|x} \tag{2-35}$$

$$F^{m}_{r|y}=F^{wr}_{r|y} \tag{2-36}$$

根据线性轮胎模型，轮胎的横向力和纵向力由式（2-37）~式（2-40）计算得到。

$$F^{wf}_{f|x}=C_{ef}\alpha_f \tag{2-37}$$

$$F^{wf}_{f|y}=C_{lf}s_f \tag{2-38}$$

$$F^{wr}_{r|x}=C_{er}\alpha_r \tag{2-39}$$

$$F^{wr}_{r|y}=C_{lr}s_r \tag{2-40}$$

式中：$C_{ef}$、$C_{lf}$、$C_{er}$和 $C_{lr}$分别为前轮和后轮的侧偏刚度和纵向刚度；$\alpha_f$、$s_f$、$\alpha_r$ 和 $s_r$ 分别为前轮和后轮的侧滑角与滑移率。

轮胎的侧滑角和滑移率根据轮速计的量测数据与前后轮的轮心处的速度计算得到。计算公式由式（2-41）~式（2-44）给出。

$$\alpha_f=-\arctan(\nu^{wf}_{f|x}/\nu^{wf}_{f|y}) \tag{2-41}$$

$$\alpha_r=-\arctan(\nu^{wr}_{r|x}/\nu^{wr}_{r|y}) \tag{2-42}$$

$$s_f=\begin{cases}\dfrac{\omega_{f|x}^{wf}r_f}{\nu_{f|y}^{wf}}-1, \nu_{f|y}^{wf}>\omega_{f|x}^{wf}r_f\\[2ex] 1-\dfrac{\nu_{f|y}^{wf}}{\omega_{f|x}^{wf}r_f}, \nu_{f|y}^{wf}<\omega_{f|x}^{wf}r_f\end{cases} \tag{2-43}$$

$$s_r=\begin{cases}\dfrac{\omega_{r|x}^{wr}r_r}{\nu_{r|y}^{wr}}-1, \nu_{r|y}^{wr}>\omega_{r|x}^{wr}r_r\\[2ex] 1-\dfrac{\nu_{r|y}^{wr}}{\omega_{r|x}^{wr}r_r}, \nu_{r|y}^{wr}<\omega_{r|x}^{wr}r_r\end{cases} \tag{2-44}$$

式（2-41）~式（2-44）涉及前后轮轮心处的横向速度与纵向速度，可由前后轮在 $m$ 系的速度表示。前后轮在 $m$ 系的速度通常无法直接获得，需要由 IMU 安装位置处的速度计算得到。

$$\nu_{f|x}^m=\nu_{I|x}^m-\omega_{nm|z}^m l_f \tag{2-45}$$

$$\nu_{f|y}^m=\nu_{I|y}^m \tag{2-46}$$

$$\nu_{r|x}^m=\nu_{I|x}^m+\omega_{nm|z}^m l_r \tag{2-47}$$

$$\nu_{r|y}^m=\nu_{I|y}^m \tag{2-48}$$

**2. 基于单轨车辆动力学模型的车辆速度非线性估计方法**

根据单轨车辆动力学模型，车辆速度估计器的状态量由下式给出。

$$\boldsymbol{X}_{\mathrm{VDM}}=[\nu_{I|x}^m,\nu_{I|y}^m,\omega_{nm|z}^m,\dot{\nu}_{I|x}^m,\dot{\nu}_{I|y}^m,\dot{\omega}_{nm|z}^m,\varepsilon_z]^{\mathrm{T}} \tag{2-49}$$

$\boldsymbol{X}_{\mathrm{VDM}}$前三维状态量的状态方程为

$$\nu_{I|x}^m=\nu_{I|x}^m+\dot{\nu}_{I|x}^m T \tag{2-50}$$

$$\nu_{I|y}^m=\nu_{I|y}^m+\dot{\nu}_{I|y}^m T \tag{2-51}$$

$$\omega_{nm|z}^m=\omega_{nm|z}^m+\dot{\omega}_{nm|z}^m T \tag{2-52}$$

第 4~6 维状态量由下式给出：

$$\dot{\nu}_{I|x}^m=\nu_{I|y}^m\omega_{nm|z}^m+\frac{2}{m}(\cos\delta_f C_{ef}\alpha_f-\sin\delta_f C_{lf}s_f+C_{er}\alpha_r) \tag{2-53}$$

$$\dot{\nu}_{I|y}^m=-\nu_{I|x}^m\omega_{nm|z}^m+\frac{2}{m}(\sin\delta_f C_{ef}\alpha_f+\cos\delta_f C_{lf}s_f+C_{lr}s_r) \tag{2-54}$$

$$\dot{\omega}_{nm|z}^m=\frac{2}{I_z}(-\cos\delta_f C_{ef}\alpha_f l_f+\sin\delta_f C_{lf}s_f l_f+C_{er}\alpha_r l_r) \tag{2-55}$$

第 7 维状态量为 $z$ 轴陀螺零偏，通常认为在短时间内为定值，状态方程可写为

$$\dot{\varepsilon}_z=0 \tag{2-56}$$

车辆速度估计的观测量由横向加速度、纵向加速度和航偏角速率组成。

$$\boldsymbol{Z}_{\mathrm{VDM}}=[a_{I|x}^m,a_{I|y}^m,\omega_{nm|z}^m]^{\mathrm{T}} \tag{2-57}$$

记 IMU 的加速度量测值为 $\boldsymbol{a}_I^b=[a_{I|x}^b,a_{I|y}^b,a_{I|z}^b]^{\mathrm{T}}$，$\boldsymbol{Z}_{\mathrm{VDM}}$中的前两维观测量可由式（2-58）求得，第三维观测量直接由 $z$ 轴陀螺量测得到。

$$\boldsymbol{a}_I^m=[a_{I|x}^m,a_{I|y}^m,a_{I|z}^m]^{\mathrm{T}}=C_b^m a_I^b \tag{2-58}$$

根据加速度、航偏角速率、速度微分和速度之间的关系，观测方程可由下式给出。

$$a^{m}_{I|x}=\dot{\nu}^{m}_{I|x}-\nu^{m}_{I|y}\omega^{m}_{nm|z} \tag{2-59}$$

$$a^{m}_{I|y}=\dot{\nu}^{m}_{I|y}+\nu^{m}_{I|x}\omega^{m}_{nm|z} \tag{2-60}$$

$$\omega^{m}_{nm|z}=\omega^{m}_{nm|z}+\varepsilon_{z} \tag{2-61}$$

## 2.3.2 车辆打滑与淤陷状态的判别

在具备了对车辆行驶速度的准确感知的基础上，可以据此判断当车辆在泥泞、沼泽和荒漠等软路面上时，车轮是否进入淤陷状态。图 2-7 是根据车轮滑转率和车身加速度的状态数据进行车辆淤陷判断逻辑的全流程。

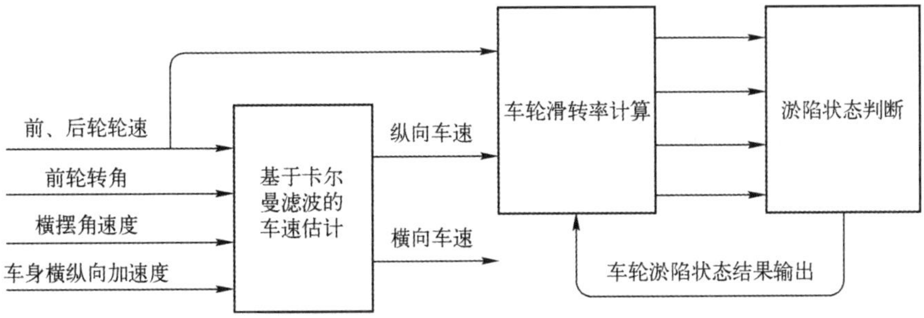


图 2-7　车辆淤陷判断逻辑设计

判断逻辑表述如下：

对每个车轮的状态进行监测，将路面粗略分为好路面和坏路面，两者临界的判断根据滑转率突变来进行切换，分析计算其在一小段时间内的滑转率标准差。当车轮滑转率大于设定的滑转率阈值或标准差大于标准差阈值，且在这一小段时间内的平均加速度为负时，判断这时的车轮处于淤陷状态。当有一个车轮进入淤陷状态时，就判定车辆进入了淤陷状态。

# 第3章　无人系统的环境感知技术

无人系统环境感知技术是指利用视觉、激光雷达等传感器对环境进行感知、识别和理解的技术。其中，地形建模、地物检测与识别、运动目标的跟踪与预测是无人系统环境感知技术的重要方面。

地形建模技术通过多源地球观测卫星数据获取地形信息，利用数字高程模型（DEM）或数字地形模型（DTM）将地形三维化，以提供足够的地形信息支撑无人系统的导航、避障等功能。

地物检测与识别技术是从无人系统搭载的高分辨率图像中提取特征，如颜色、形状、纹理等，结合识别算法，实现对不同地物（如建筑、道路、草地等）的自动化识别和分类。

运动目标的跟踪与预测技术是利用无人系统的传感器获取目标的位置、速度和加速度等关键信息，结合运动轨迹模型和预测算法，实现对目标的实时跟踪和短期内的运动预测，以便于无人系统的智能路径规划和行为决策。

## 3.1　地形建模技术

环境感知系统相当于地面无人平台的眼睛，其最为基本的功能便是通过对传感器数据的分析和处理，尽可能重建出地面无人平台周围的客观环境，令地面无人平台在自主行驶过程中对周围环境的态势有一个清晰明了的认识，以便其能顺利地实现对于障碍物的规避，保证自主行驶的安全性。面向地面无人平台的环境重建与面向地理测绘的环境重建侧重点具有很大的区别，其重点并不在于实现环境中各种细节纹理的表示，而是需要重建出带有语义信息的客观环境，令地面无人平台自身时刻清楚地知晓环境中哪里是可通行区域，哪里是不可通行区域。

在实际工程应用中，利用障碍物检测算法产生二维占据栅格图是实现上述功能最为常见的方法。这类方法通常以激光雷达为传感器，在地面分割的基础上对单帧点云数据进行障碍物检测与分类，最终在障碍物检测结果的基础上将客观环境表示为二维占据栅格图。这种方法虽然简单有效，实时性好，但是其存在以下两个问题：首先，由于激光雷达具有一定区域的盲区并且角分辨率较小，其所产生的单帧点云数据只获取了离散、片面的客观环境信息，而基于单帧点云的障碍物检测算法试图“窥一斑而知全豹”，这势必会产生一定的障碍虚警，并且无法对盲区内的环境进行表示；其次，利用二维栅格图来对三维的客观环境进行表示，不具备对环境中垂直结构的表示能力，因此这类方法不适用于地形起伏较大的环境。

为了解决上述存在的问题，本章介绍了一种基于多帧信息融合的三维环境重建方法，该方法将单帧检测与多帧跟踪的思想结合起来，并采用三维占据栅格图来对环境进行表示，以减少原始数据中信息的损失，确保该方法能够同样适用于地形起伏较大的环境。单帧点云信息只能“窥一斑”，但随着地面无人平台的运动，每一帧点云数据所观测到的环境信息各不相同，因此将多帧信息有效融合在一起便可以实现“窥全豹”，在“窥全豹”的基础上再进行“知全豹”，所得到的结果准确性会更高，也不会存在盲区的问题。但是，单纯的多帧信息融合方法存在一个问题，即客观环境中普遍存在的动态目标由于位置的变化，会在多帧融合结果中产生“拖影”的效果，这对于三维环境重建结果具有很大的影响。为了解决这一问题，本章中提出了一种基于激光雷达工作原理的光线投射算法，该算法能够基于每一帧点云数据对三维占据栅格图中的占据状态进行更新，以消除上述动态目标所造成的影响。另外，由于采用了较为巧妙的数据压缩方法，虽然构建了三维占据栅格图，但是该方法仍然能够保证实时性。

## 3.1.1 三维地形建模技术

### 1. 单帧信息降采样

为了确保整个系统的实时性，在构建三维占据栅格进行多帧信息融合前，需要对每帧数据所获取的局部三维占据栅格子图所包含的带属性点进行降采样。降采样策略既需要降低后续算法所需要处理的数据量，又需要确保能够表示环境信息的有效信息量损失较少。因此，本节所采用的降采样策略借鉴了图像中垂直像素条（stixel）的思想，将环境中的非地面目标均视为垂直于地面的柱状物，利用柱状物的首尾两个点来对非地面目标进行表示，其示意图如图 3-1 所示。

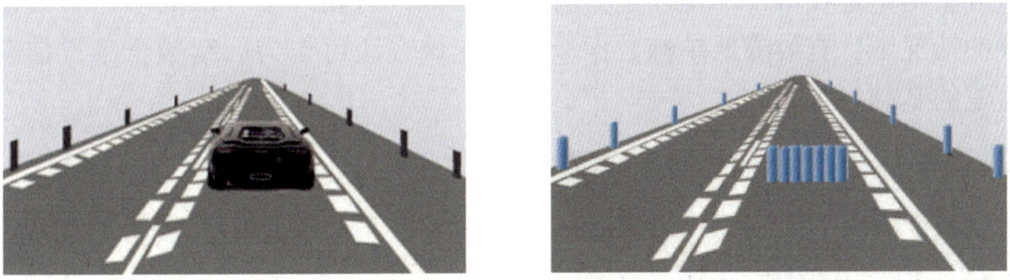

图 3-1 利用垂直像素条思想对环境中非地面目标进行表示的示意图

利用上述思想，$t_k$ 时刻的一帧点云数据 $\hat{f}_k^B$ 所产生的三维占据栅格子图 $\boldsymbol{m}_k$ 中所包含的所有带属性的点进行降采样。对于 $\boldsymbol{m}_k$ 中的一个非未知状态栅格 $\boldsymbol{g}_{i,j,k}$，存在以下 3 种情况。

（1）若$g_{i,j,k}$的状态为占据，且$g_{i,j,k}$所对应$Z$方向上的其余栅格中不存在状态为空闲的栅格，则可以合理地认为$g_{i,j,k}$所对应的垂直方向上只存在非地面目标。因此，可以利用垂直像素条的思想，将该非地面目标表示为垂直于地面的柱状物，即通过目标物体首尾两个点来对该物体进行表示。因此，在$g_{i,j,k}$所对应$Z$方向上的所有栅格$g_{i,j,*}$中，只保留$z$值最大的一个非地面点$X^o_{Z\max}$及$z$值最小的一个非地面点$X^o_{Z\min}$。上述过程可以表示为

$$\begin{gathered}\{\exists \boldsymbol{g}_{i,j,k}=1\}\cap\{\forall \boldsymbol{g}_{i,j,h}\neq 0 \mid \boldsymbol{g}_{i,j,h}\in \boldsymbol{g}_{i,j,*}\}\Rightarrow\\ \boldsymbol{X}_{\text{reserved}}=\{\boldsymbol{X}^o_{Z\max},\boldsymbol{X}^o_{Z\min}\mid \boldsymbol{X}^o_{Z\max},\boldsymbol{X}^o_{Z\min}\in \boldsymbol{g}_{i,j,*}\}\end{gathered} \tag{3-1}$$

（2）若$g_{i,j,k}$的状态为空闲，且$g_{i,j,k}$所对应$Z$方向上的其余栅格中不存在状态为占据的栅格，则可以合理地认为$g_{i,j,k}$所对应的垂直方向上无非地面目标。因此，$g_{i,j,k}$所对应$Z$方向上的所有栅格$g_{i,j,*}$中，只需要保留一个原始的地面点$X^g_i$即可。上述过程可以表示为

$$\{\exists \boldsymbol{g}_{i,j,k}=0\}\cap\{\forall \boldsymbol{g}_{i,j,h}\neq 1 \mid \boldsymbol{g}_{i,j,h}\in \boldsymbol{g}_{i,j,*}\}\Rightarrow \boldsymbol{X}_{\text{reserved}}=\{\boldsymbol{X}^g_i \mid \forall \boldsymbol{X}^g_i\in \boldsymbol{g}_{i,j,*}\} \tag{3-2}$$

（3）若$g_{i,j,k}$的状态为空闲，但是$g_{i,j,k}$所对应$Z$方向上的其余栅格中仍存在状态为占据的栅格，可以认为这些状态为占据的栅格为悬挂障碍，因此，$g_{i,j,k}$所对应$Z$方向上的所有栅格$g_{i,j,*}$中，需要保留3个点：一个原始的地面点$x^g_i$、$z$值最大的一个非地面点$X^o_{Z\max}$以及$z$值最小的一个非地面点$X^o_{Z\min}$。上述过程可以表示为

$$\begin{gathered}\{\exists \boldsymbol{g}_{i,j,k}=0\}\cap\{\exists \boldsymbol{g}_{i,j,h}=1 \mid \boldsymbol{g}_{i,j,h}\in \boldsymbol{g}_{i,j,*}\}\Rightarrow\\ \boldsymbol{X}_{\text{reserved}}=\{\boldsymbol{X}^o_{Z\max},\boldsymbol{X}^o_{Z\min},\boldsymbol{X}^g_i \mid \boldsymbol{X}^o_{Z\max},\boldsymbol{X}^o_{Z\min}\in \boldsymbol{g}_{i,j,*},\forall \boldsymbol{X}^g_i\in \boldsymbol{g}_{i,j,*}\}\end{gathered} \tag{3-3}$$

为了验证算法对不同环境的适应性，作者分别在城市环境及具有起伏的郊区道路环境下开展了实车验证。其中城市环境下的实验结果如图3-2所示，具有起伏的郊区道路环境下的实验结果如图3-3所示。图3-2（a）和图3-3（a）展示的是单帧点云数据所对应的真实环境，图3-2（b）和图3-3（b）展示的是对单帧点云数据降采样后的三维表示。根据图3-2和图3-3中实验结果与真实环境的对比，可以看出该方法不论是在城市环境还是具有起伏的郊区道路环境，都能够在有效保持主要属性的情况下，有效降低单帧数据量。因此该方法可作为后续融合序贯信息进行三维重建的基础。

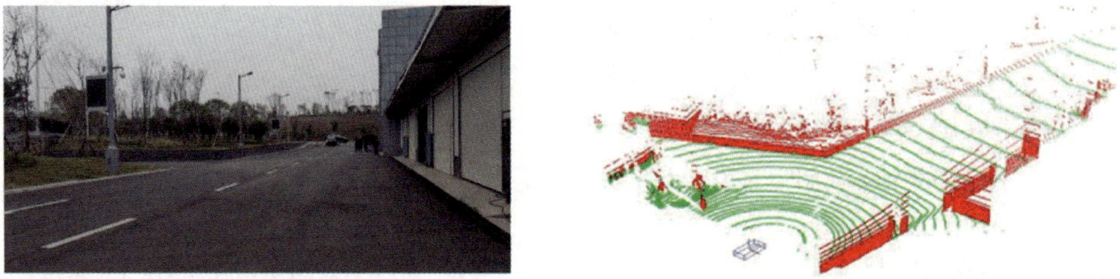

(a) 原始场景　　(b) 三维重建效果

图3-2　城市环境下单帧点云数据降采样表示效果

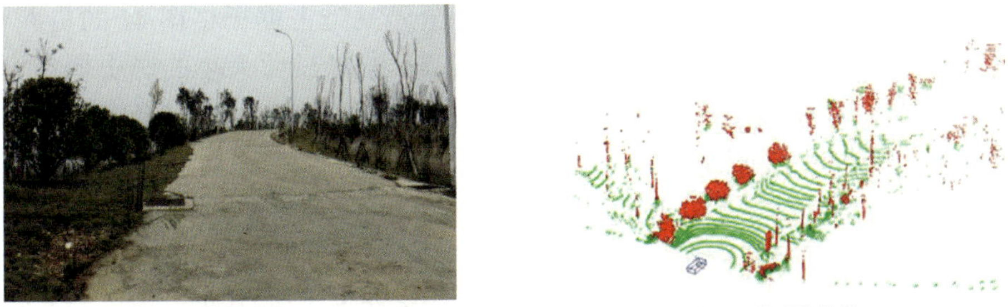

(a) 原始场景　　(b) 三维重建效果

图 3-3　具有起伏的郊区道路环境下单帧点云数据降采样表示效果

降采样前与降采样后的数据量大小对比如表 3-1 所列。

表 3-1　降采样前与降采样后的数据量大小对比

| 环境 | 降采样前带属性点的个数 | 降采样后带属性点的个数 | 降采样后数据量减少率 |
|---|---|---|---|
| 城市 | 38884 | 6540 | 83.18% |
| 郊区道路 | 25450 | 6865 | 73.03% |

### 2. 基于多帧信息融合的三维占据栅格图构建

完成对于单帧数据的降采样后，接下来便可以进行多帧信息融合。首先，需要定义一个尺寸大小比局部三维占据栅格子图 $\boldsymbol{m}$ 大许多的全局三维占据栅格图 $\boldsymbol{M}$。$\boldsymbol{M}$ 定义在世界坐标系 $\{W\}$ 下，其坐标轴方向与 $\{W\}$ 的坐标轴方向定义相同，并且不会随着地面无人平台的运动而改变。另外，令无人车的中心始终位于全局三维占据栅格图 $\boldsymbol{M}$ 的中心，这样随着地面无人平台的运动，全局三维占据栅格图 $\boldsymbol{M}$ 会不断进行更新，其更新过程如图 3-4 所示。

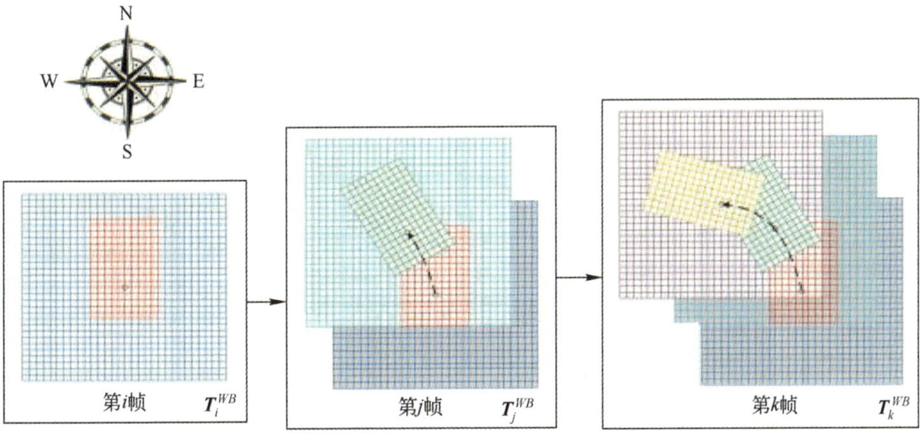


图 3-4　全局三维占据栅格图 $M$ 更新过程

图 3-4 中的矩形栅格图表示的是大小为 $X_m \times Y_m \times Z_m$ 的局部三维占据栅格子图 $\boldsymbol{m}$ 在二维平面上的投影，而正方形的栅格图表示的是大小为 $U_M \times V_M \times Z_M$ 的全局三维占据栅格图 $\boldsymbol{M}$ 在二维平面上的投影。图 3-4 中的左侧、中部及右侧分别表示在 $t_i$、$t_j$

及 $t_k$ 3 个时刻下，随着地面无人平台的运动，全局三维占据栅格图 $\boldsymbol{M}$ 的更新情况，可以看出地面无人平台始终保持在 $\boldsymbol{M}$ 的中心，超出 $\boldsymbol{M}$ 尺寸大小的历史栅格会被自动地清空（图中灰色的栅格），同时在地面无人平台的运动方向上会重新初始化与被清空栅格相同数量的栅格。

多帧信息融合就是将不同时刻下得到的局部三维占据栅格子图 $\boldsymbol{m}$ 中所包含的所有带属性的点经过降采样后所剩余的点进行变换并投影到全局三维占据栅格图 $\boldsymbol{M}$ 中的过程。其中，对于 $t_k$时刻的每个降采样后的带属性点 $X_i^B$，其坐标转换过程可以表示为

$$\boldsymbol{X}_i^W = \boldsymbol{T}_k^{WB} \cdot \boldsymbol{X}_i^B \tag{3-4}$$

式中：$\boldsymbol{X}_i^W$ 为点 $\boldsymbol{X}_i^B$ 在世界坐标系$\{W\}$下的坐标。然而，还需要进一步通过 $\boldsymbol{X}_i^W$ 来获取点 $\boldsymbol{X}_i^B$ 在全局三维占据栅格图 $\boldsymbol{M}$ 中所对应栅格的索引编号，才能真正实现将点 $\boldsymbol{X}_i^B$ 投影到 $\boldsymbol{M}$ 中。下面详细介绍在 $\boldsymbol{M}$ 中获取 $\boldsymbol{X}_i^W$ 所对应栅格索引编号的方法。

从图 3-4 所示全局三维占据栅格图 $\boldsymbol{M}$ 的更新过程可以看出，只要地面无人平台进行运动，就会同时有等量的栅格分别被清空及被重新初始化，但是总栅格数目的大小是不变的。在这种更新策略下，本节定义存储 $\boldsymbol{M}$ 的数据结构为 $U_M \times V_M$ 个一维数组，每个一维数组中又包含 $\boldsymbol{Z}_M$个元素，每个元素表示 $\boldsymbol{M}$ 中的一个栅格。另外，还定义了图 3-5 所示的两种坐标系来确保融合过程中能够快速找到需要索引的栅格编号。

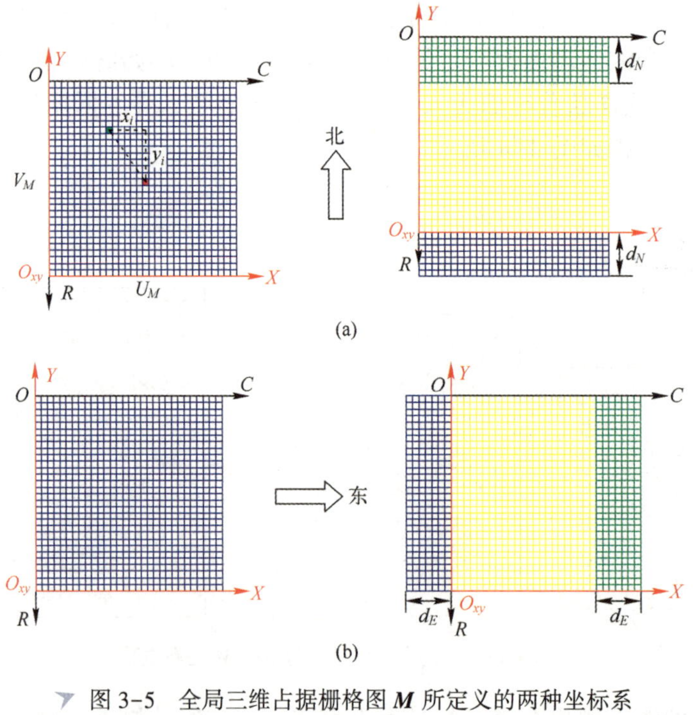


图 3-5　全局三维占据栅格图 $\boldsymbol{M}$ 所定义的两种坐标系

图 3-5 中的 $RC$ 坐标系类似于像素坐标系，表示全局三维占据栅格图 $\boldsymbol{M}$ 投影到二维平面后得到的二维栅格图（等价于上述的 $U_M \times V_M$ 个一维数组）所对应的坐标

系，$RC$ 坐标系下每个坐标$(r,c)$对应于一个二维栅格（$U_M \times V_M$ 个一维数组中的一个数组)，并且该二维栅格的索引编号 $I$ 可以根据式（3-5）计算得到。

$$I=r\times U_M+c \tag{3-5}$$

当全局三维占据栅格图 $\boldsymbol{M}$ 刚完成初始化且车辆未发生运动时［图 3-5（a）与（b）中左半侧所示情况］，对于通过式（3-4）转换到全局坐标系｛$W$｝下的当前点云数据中的一个观测点 $\boldsymbol{X}_i^W=(x_i,y_i,z_i)$（图中黄色栅格表示该点所在栅格，红色栅格表示车体中心所在栅格），可以根据式（3-6）计算出点 $\boldsymbol{X}_i^W$ 在 $RC$ 坐标系下的坐标$(r_i,c_i)$。

$$\begin{aligned} r_i &= \frac{V_M}{2}-\frac{y_i}{r_{Mx}} \\ c_i &= \frac{U_M}{2}-\frac{x_i}{r_{My}} \end{aligned} \tag{3-6}$$

式中：$r_{Mx}$、$r_{My}$分别为全局三维占据栅格图 $\boldsymbol{M}$ 中 $X$ 方向与 $Y$ 分辨率。

之后，结合式（3-5）和式（3-6）可以计算得到点 $\boldsymbol{X}_i^W$ 在二维栅格中的索引编号 $I$，0 再结合该点的 $z_i$ 值，即可确定点 $\boldsymbol{X}_i^W$ 所对应栅格是存储在第 $I$ 个一维数组中的第 $I_z=(z_i-z_{\min})/r_{Mz}$个元素（其中 $r_{Mz}$表示 $Z$ 方向上的栅格分辨率，$z_{\min}$表示 $\boldsymbol{M}$ 中 $Z$ 方向上最低栅格所对应的 $z$ 值大小)。经过上述过程便可以计算出点 $\boldsymbol{X}_i^W$在全局三维占据栅格图 $\boldsymbol{M}$ 中的索引编号$(I,I_z)$。

但是，当地面无人平台发生运动时，由于存在栅格的清空与重新初始化过程，为了减少计算量，本节直接利用被清空的栅格来保存需要重新初始化的栅格，因此，全局三维占据栅格图 $\boldsymbol{M}$ 中对于点 $\boldsymbol{X}_i^W$ 的编号索引计算方法会发生改变。图 3-5 分别展示了地面无人平台两种运动情况，图 3-5（a）的右侧表示地面无人平台向正北方运动了 $d_N$ 个栅格的距离，图 3-5（b）的右侧表示地面无人平台向正东方运动了 $d_E$ 个栅格的距离，灰色的栅格表示被清空的栅格，而绿色的栅格表示重新初始化的栅格。由于全局坐标系与栅格坐标系中坐标轴的方向始终不会发生改变，但是其原点 $O_{xy}$与 $O$ 须分别一直位于 $\boldsymbol{M}$ 的左下角和左上角，因此两个坐标系的位置均会随着地面无人平台的运动发生改变。但是，实际存储栅格的数据结构是一直不变的。

当地面无人平台向正北方向运动了 $d_N$个栅格的距离后，将原先存储灰色的栅格所对应的一维数组直接重新初始化，来存储绿色部分的栅格。例如，对于当前时刻（$c_i$,1）点处的栅格，其实际存储位置是之前存储（$c_i,V_M-d_N+1$）位置处所对应栅格的一维数组。于是，当前时刻一个世界坐标系｛$W$｝下的观测点 $\boldsymbol{X}_i^W$ 所对应的栅格若在绿色的栅格范围内，该栅格$(r_i,c_i)$实际对应的一维数组的索引编号可以表示为

$$I=(r_i-d_N+V_M)\times U_M+c_i \tag{3-7}$$

如果当前时刻观测点 $\boldsymbol{X}_i^W$所对应的栅格不在绿色的栅格范围内，该栅格$(r_i,c_i)$实际对应的一维数组的索引编号可以表示为

$$I=(r_i-d_N)\times U_M+c_i \tag{3-8}$$

当地面无人平台向正东方向运动了 $d_E$ 个栅格的距离后，同样将原先存储灰色部分栅格所对应的一维数组直接重新初始化，来存储绿色的栅格。于是，当前时刻一个世界坐标系 $\{W\}$ 下的观测点 $\boldsymbol{X}_i^W$ 所对应的栅格若在绿色的栅格范围内，该栅格 $(r_i,c_i)$ 实际对应的一维数组的索引编号可以表示为

$$I=r_i\times U_M+(c_i+d_E-U_M) \tag{3-9}$$

如果当前时刻观测点 $\boldsymbol{X}_i^W$ 所对应的栅格不在绿色的栅格范围内，该栅格 $(r_i,c_i)$ 实际对应的一维数组的索引编号可以表示为

$$I=r_i\times U_M+(c_i+d_E) \tag{3-10}$$

而地面无人平台向西或向北运动的情况与上述两种情况相反，这里不再进行赘述。将上述 4 种运动情况进行叠加后便可以包含地面无人平台在二维平面中的所有运动情形。另外，假设上述运动过程中地面无人平台在 $Z$ 方向上运动的距离为 $d_Z$，则可以进一步根据点 $\boldsymbol{X}_i^W$ 中的 $z_i$ 值来找到点 $\boldsymbol{X}_i^W$ 在第 $I$ 个一维数组中所对应的栅格索引编号 $I_Z$，即

$$I_Z=\frac{z_i+d_Z}{r_{MZ}} \tag{3-11}$$

综上所述，先根据式（3-6）计算出局部三维占据栅格子图 $m$ 中经过降采样后所得到的每个带属性点的栅格坐标，之后根据式（3-7）~式（3-10）以及未列出的其余两种情况所类似的计算公式计算出该点所对应的一维数组的索引编号，再进一步结合式（3-11），便可以在地面无人平台运动过程中迅速地找到每个带属性点所对应的栅格索引编号 $(I,I_Z)$。进而，将该带属性点投影到其在 $\boldsymbol{M}$ 中对应的栅格中。

最后，通过分别在具有地形起伏的校园环境与越野环境中利用本节所提出的方法进行三维环境重建，以对本节介绍方法的综合性能进行测试。校园动态环境与越野动态环境下的三维重建效果图分别如图 3-6 和图 3-7 所示。同样，图 3-6（a）与图 3-7（a）表示真实环境，图中立方体框表示地面无人平台所在位置，绿色的区域表示可通行区域，红色的区域表示不可通行区域。

(a) 原始校园场景

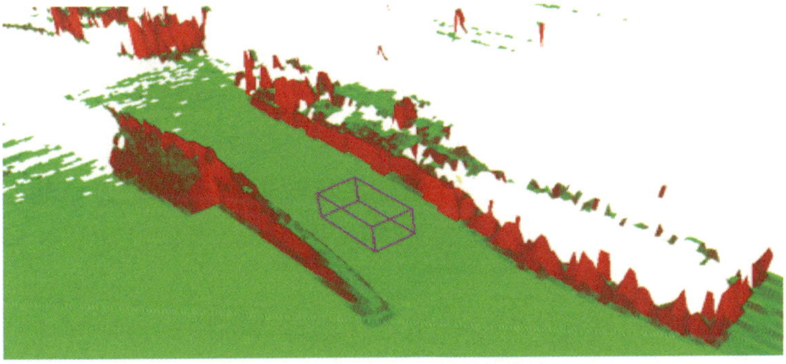

(b) 基于序贯信息重建得到的三维地形

图 3-6 校园动态场景下的三维重建效果

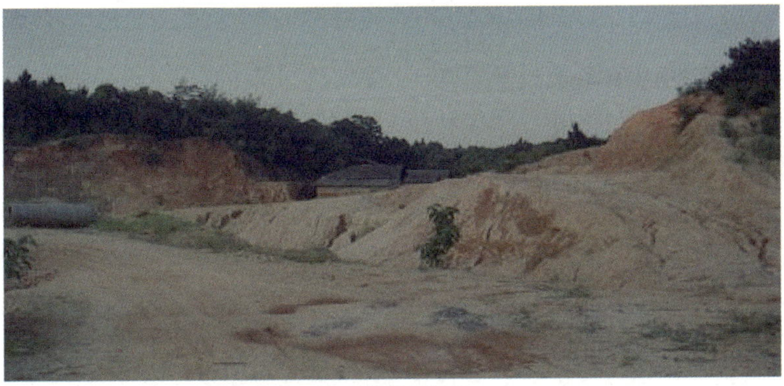

(a) 原始越野场景

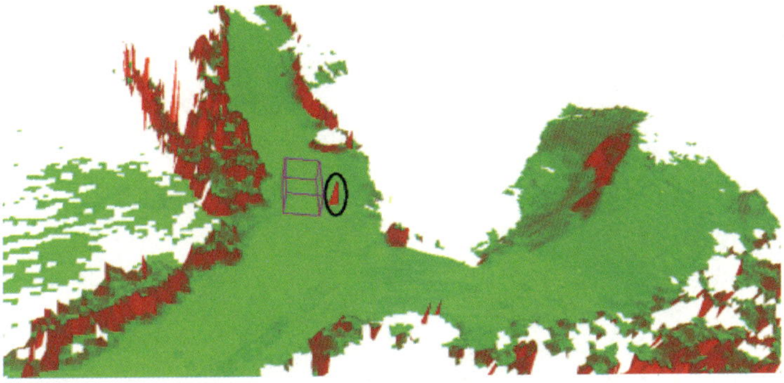

(b) 越野场景下基于序贯信息融合的三维重建效果

图 3-7 越野动态环境下的三维重建效果

## 3.1.2 地表材质分类技术

### 1. 地表纹理特征抽取方法

1) 颜色特征

计算机视觉的特征提取算法研究至关重要。在一些算法中，一个高复杂度特征的提取可能能够解决问题，但这将以处理更多数据、需要更多的处理时间为代价。而颜色特征无须进行大量计算，只需将数字图像中的像素值进行相应转换，表现为数值即可，因此颜色特征以其低复杂度成为一个较好的特征。

在图像处理中，可以将一个具体的像素点所呈现的颜色分多种方法分析，并提取出其颜色特征分类。例如，通过手工标记区域提取一个特定区域的颜色特征，用该区域在一个颜色空间 3 个分量各自的平均值表示，或者可以建立 3 个颜色直方图等方法。

颜色特征是一种全局特征[5]，它能够描述图像或图像区域所对应的景物的表面性质。颜色往往和图像中所包含的物体或场景十分相关。此外，与其他的视觉特征相比，颜色特征对图像本身的尺寸、方向、视角的依赖性较小，从而具有较高的健壮性。但是由于颜色对图像或图像区域的方向、大小等变化不敏感，因此颜色特征不能很好地捕捉图像中对象的局部特征。

颜色直方图是在许多图像检索系统中被广泛采用的颜色特征。Swain 和 Ballard 最先提出了应用颜色直方图进行图像特征提取的方法，首先利用颜色空间 3 个分类的剥离得到颜色直方图，之后通过观察实验数据发现将图像进行旋转变换、缩放变换、模糊变换后图像的颜色直方图改变不大，即图像颜色直方图对图像的物理变化是不敏感的[6]。因此常提取颜色特征并用颜色直方图应用于衡量和比较两幅图像的全局差。另外，如果图像可以分为多个区域，并且前景和背景颜色分布具有明显的差异性，那么颜色直方图会呈现出双峰形。

颜色直方图的优点在于能简单描述一幅图像中颜色的全局分布，即不同色彩在整幅图像中所占的比例，特别适用于描述那些难以自动分割的图像和不需要考虑物体空间位置的图像；其缺点在于由于颜色直方图是全局特征统计的结果，因此丢失了像素点的位置信息。可能有几幅图像具有相同或相近的颜色直方图，但其图像像素位置分布完全不同。因此，图像与颜色直方图的多对一关系使得颜色直方图在识别前景物体上不能获得很好的效果。

其函数表达式为

$$H(K)=\frac{n_k}{N}(K=0,1,\cdots,L-1) \tag{3-12}$$

式中：$K$ 为图像的特征取值；$L$ 为特征可取值个数；$n_k$ 为图像中具有特征值为 $K$ 的像素的个数；$N$ 为图像像素的总数。

颜色特征的表达涉及若干问题。首先，我们需要选择合适的颜色空间来描述颜色特征；其次，我们要采用一定的量化方法将颜色特征表达为向量形式；最后，还要定义一种相似度（距离）标准用来衡量图像之间在颜色上的相似性。最常用的颜色空间有 RGB 颜色空间、HSV 颜色空间。RGB 分别为图像红、绿、蓝三通道的亮度值。HSV 颜色空间是指颜色的色调、亮度及饱和度。

计算颜色直方图需要将颜色空间划分成若干个小的颜色空间，每个小区间称为直方图的一个 bin。这个过程称为颜色量化（color quantization）。然后，通过计算颜色落在每个小区间内的像素数量可以得到颜色直方图。颜色量化有很多方法，如向量量化、聚类方法或神经网络方法。最为常用的方法是将颜色空间的各个分量（维度）均匀地进行划分。相比之下，聚类方法则会考虑到图像颜色特征在整个空间的分布情况，从而避免出现某些 bin 中的像素数量非常稀疏的情况，使量化更为有效。另外，如果图像是 RGB 格式而颜色直方图是 HSV 颜色空间中的，我们可以预先建立从量化的 RGB 颜色空间到量化的 HSV 颜色空间之间的查找表，从而加快颜色直方图的计算过程。

上述的颜色量化方法会产生一定的问题。设想两幅图像的颜色直方图几乎相同，只是互相错开了一个 bin，这时如果采用 L1 距离或欧氏距离计算两者的相似度，会得到很小的相似度值。为了克服这个缺陷，需要考虑到相似但不相同的颜色之间的相似度。一种方法是采用二次式距离；另一种方法是对直方图事先进行平滑过滤，即每个 bin 中的像素对于相邻的几个 bin 也有贡献。这样，相似但不相同颜色之间的相似度对直方图的相似度也有所贡献。

选择合适的颜色小区间（直方图的 bin）数目和颜色量化方法与具体应用的性能和效率要求有关。一般来说，颜色小区间的数目越多，颜色直方图对颜色的分辨能力就越强。然而，bin 数目很大的颜色直方图不但会增加计算负担，而且不利于在大型图像库中建立索引。对于某些应用来说，使用非常精细的颜色空间划分方法并不一定能够提高检索效果，特别是对于不能容忍对相关图像错漏的一些应用。

2）颜色矩特征

Stricke 和 Orengo 等人提出另一种非常简单而有效的颜色特征：颜色矩（color moment）。这种方法与其他颜色特征相比，无须对颜色进行量化处理，同时降低了颜色特征的维数[7]。

这种方法的数学思想在于图像中任何的颜色分布均可以用它的矩来表示，且颜色分布信息主要集中在低阶矩中，因此仅采用颜色的一阶矩（mean）、二阶矩（variance）和三阶矩（skewness）就足以表达图像的颜色分布，其中一阶矩 $\mu$ 描述平均颜色，二阶矩 $\sigma$ 描述颜色方差，三阶矩 $s$ 描述颜色的偏移性。这种近似的方法能够十分有效地表征图像的颜色分布，从中可以看出颜色的差异（色差）。

颜色矩特征的 3 个低阶矩的数学表达式的形式为

$$\mu_i = \frac{1}{n}\sum_{j=1}^{n} h_{ij} \tag{3-13}$$

$$\sigma_i = \left(\frac{1}{n}\sum_{j=1}^{n} (h_{ij} - \mu_i)^2\right)^{1/2} \tag{3-14}$$

$$s_i = \left(\frac{1}{n}\sum_{j=1}^{n} (h_{ij} - \mu_i)^3\right)^{1/3} \tag{3-15}$$

式中：$h_{ij}$为第 $i$ 颜色通道中灰度为 $j$ 的像素出现的概率；$n$ 为灰度级数。

图像的颜色矩一共只有 9 个分量（3 个颜色通道，每个通道上 3 个低阶矩），与其他的颜色特征相比是非常简洁的。在实际应用中，为了避免低次矩较弱的分辨能力，颜色矩常和其他特征结合使用，而且一般在使用其他颜色特征前起到过滤缩小范围（narrow down）的作用。

3）LBP 特征

LBP（local binary pattern，局部二值模式）是 T. Ojala 于 1994 年提出的一种能较好描述图像局部纹理特征的算子。由于它计算简单并且效果也比较好，因此用处很广泛。

（1）经典的 LBP。

经典的 LBP 算子定义为在 3×3 的窗口内，以窗口中心像素为阈值，将相邻的 8 个像素的灰度值与其进行比较，若周围像素值大于中心像素值，则该像素点的位置被标记为 1，否则为 0。这样，3×3 邻域内的 8 个点经比较可产生 8 位二进制数（通常转换为十进制数即 LBP 码，共 256 种），即得到该窗口中心像素点的 LBP 值，并用这个值来反映该区域的纹理信息。

描述图像局部纹理特征的 $\mathrm{LBP}_{P,R}$ 算子[8]用下式表示：

$$\mathrm{LBP}_{P,R}=\sum_{p=0}^{P-1}s(g_p-g_c)2^p \tag{3-16}$$

式中：$s(g_p-g_c)=\begin{cases}1 & g_p\geqslant g_c\\ 0 & g_p<g_c\end{cases}$；$g_c$ 表示区域内中心位置$(x_c,y_c)$处的灰度值；$g_p$ 表示均匀分布在中心为$(x_c,y_c)$半径为 $R$ 圆周上的 $P$ 个点的灰度值。

经典的局部二值模式（LBP）如图 3-8 所示。

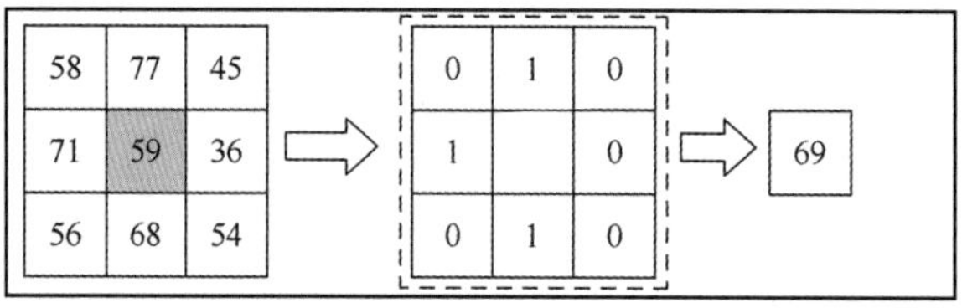


图 3-8　经典的局部二值模式（LBP）

（2）圆形 LBP。

经典的 LBP 算子的最大缺陷在于它只覆盖了一个固定半径范围内的小区域，这显然不能满足不同尺寸和频率纹理的需要。为了适应不同尺度的纹理特征，并达到灰度和旋转不变性的要求，Ojala 对 LBP 算子进行了改进，将 3×3 邻域扩展到任意邻域，并用圆形邻域代替了正方形邻域，改进后的 LBP 算子允许在半径为 $R$ 的圆形邻域内有任意多个像素点。从而得到了诸如半径为 $R$ 的圆形区域内含有 $P$ 个采样点的 LBP 算子。

圆形局部二值模式（LBP）如图 3-9 所示。

（3）LBP 旋转不变模式。

Maenpaa 等人将 LBP 算子进行了扩展，提出了具有旋转不变性的 LBP 算子，即不断旋转圆形邻域得到一系列初始定义的 LBP 值，取其最小值作为该邻域的 LBP 值[9]。

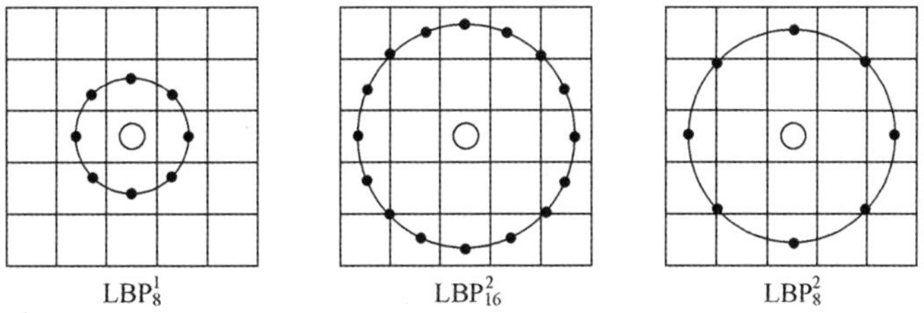


图 3-9 圆形局部二值模式（LBP）

图 3-10 给出了求旋转不变 LBP 的过程。图中算子下方的数字表示该算子对应的 LBP 值，图中所示的 8 种 LBP 模式，经过旋转不变的处理，最终得到的具有旋转不变性的 LBP 值为 15。即图中的 8 种 LBP 模式对应的旋转不变的 LBP 模式都是 00001111。

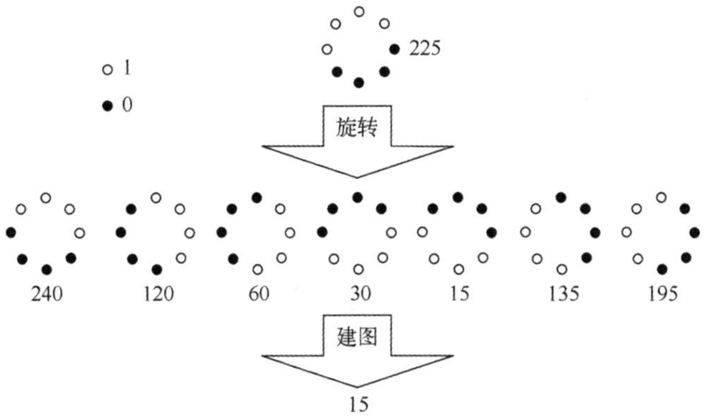


图 3-10 具有旋转不变性的局部二值模式（LBP）

（4）LBP 等价模式。

对于半径为 $R$ 的圆形区域内含有 $P$ 个采样点的 LBP 算子将会产生 $2P$ 种模式。随着邻域集内采样点数的增加，二进制模式的种类是急剧增加的。例如，5×5 邻域内有 20 个采样点，共有 $2^{20}=1048576$ 种二进制模式。过多的局部二值模式对于纹理的提取和分类识别是不利的。例如，将 LBP 算子用于纹理分类时，常采用 LBP 模式的统计直方图来表达图像的信息，而较多的模式种类将使得数据量过大，且直方图过于稀疏。因此，需要对原始 LBP 模式进行降维，使得数据量减少的情况下能更好地代表图像的信息。

为了解决二进制模式过多的问题，提高统计性，Ojala 提出了一种等价模式（uniform pattern）来对 LBP 算子的模式种类进行降维[10]。Ojala 等人认为，在实际图像中，绝大多数 LBP 模式最多只包含两次从 1 到 0 或从 0 到 1 的跳变。因此，Ojala 将等价模式定义为：当某个 LBP 所对应的循环二进制数从 0 到 1 或从 1 到 0 最多有两次跳变时，该 LBP 所对应的二进制就称为一个等价模式类。例如，00000000（0 次跳变）、00000111（只包含一次从 0 到 1 的跳变）、10001111（先从 1 跳变到 0，再由 0 跳变到 1，共两次跳变）都是等价模式类。除等价模式类之外的模式都归为另一类，称为混合模式类，如 10010111（共 4 次跳变）。

通过这样的改进，二进制模式的种类大大减少，而不会丢失任何信息。模式数量由原来的 $2P$ 种减少为 $P(P-1)+2$ 种，其中 $P$ 表示邻域集内的采样点数。对于 3×3 邻域内 8 个采样点来说，二进制模式由原来的 256 种减少为 58 种，这使得特征向量的维数更少，并且可以减少高频噪声带来的影响。

4） Gabor 特征

Gabor 于 1946 年将短时傅里叶变换的窗函数取为高斯函数，提出了 Gabor 变换，二维 Gabor 滤波器（函数）是由 Daugman 在 1985 年首次提出的。二维 Gabor 滤波器与哺乳动物视觉皮层简单细胞二维感受野剖面非常相似，Gabor 变换对于图像的边缘敏感，能够提供良好的方向选择和尺度选择特性，而且对于光照变换不敏感，能够提供对光照变换良好的适应性[11]。

在特征提取方面，Gabor 小波变换与其他方法相比[12]：一方面其处理的数据量较少，能满足系统的实时性要求；另一方面小波变换对光照变化不敏感，且能容忍一定程度的图像旋转和变形，当采用基于欧氏距离进行识别时，特征模式与待测特征不需要严格的对应，故能提高系统的健壮性。然而，大部分基于 Gabor 特征的识别算法中，只应用了 Gabor 幅值信息，而没有应用相位信息，主要原因是 Gabor 相位信息随着空间位置呈周期性变换，而幅值的变化相对平滑而稳定。

二维 Gabor 滤波器是一个带通滤波器，定义为一个用高斯函数调制的复指函数。

$$G(x_0,y_0,\theta,\omega_0)=\frac{1}{2\pi\sigma^2}\exp[-(x_0^2+y_0^2)/2\sigma^2]\cdot[\exp(\mathrm{j}\omega_0x_0)-\exp(-\omega_0^2\sigma^2/2)] \tag{3-17}$$

式中：$x_0=x\cos\theta+y\sin\theta,y_0=-x\sin\theta+y\cos\theta$，$x$、$y$ 表示空间域像素的位置；$\omega_0$ 为滤波器的中心频率；$\theta$ 为 Gabor 小波的方向；$\sigma$ 为高斯函数沿两个坐标轴的标准方差；$\exp(\mathrm{j}\omega_0x_0)$ 为交流成分。

所谓 Gabor 特征，就是将图像经过二维 Gabor 滤波器滤波后所获得的输出响应。在信号处理理论中，就是将图像与二维 Gabor 滤波器进行卷积，卷积的结果就是所提取的 Gabor 特征。

5） SIFT 特征

SIFT（scale-invariant feature transform）是由 D. G. Lowe 于 1999 年提出的，2004 年完善总结的一种检测局部特征的算法。该算法通过求一幅图中的极值点和它们的特征进行图像特征点匹配。SIFT 算法的实质是在不同的尺度空间上查找关键点（特征点），并计算出关键点的方向。SIFT 所查找到的关键点是一些十分突出、不会因光照、仿射变换和噪声等因素而变化的点，如角点、边缘点、暗区的亮点及亮区的暗点等。

（1） 高斯模糊。

SIFT 算法是在不同的尺度空间上查找关键点，其中尺度空间通过高斯模糊实现。高斯卷积核是实现尺度变换的唯一变换核，并且是唯一线性核。

假设二维模板大小为 $m\times n$，则模板上的元素 $(x,y)$ 对应的高斯计算公式为

$$G(x,y)=\frac{1}{2\pi\sigma^2}\exp\left\{-\frac{(x-m/2)^2+(y-n/2)^2}{2\sigma^2}\right\} \tag{3-18}$$

式中：$\sigma$ 为正态分布的标准差，$\sigma$ 值越大，图像越模糊。

将高斯模板矩阵与原图像做卷积，即可获得原图像的平滑（高斯模糊）图像。为了确保模板矩阵中的元素在 $[0,1]$ 区间，需要将模板矩阵归一化。

（2）尺度空间极值检测。

尺度空间使用高斯金字塔[13]表示。Tony Lindeberg 指出尺度规范化的 LoG（Laplacian of Gaussian）算子具有真正的尺度不变性，Lowe 在图像二维平面空间和 DoG（difference of Gaussian）尺度空间中同时检测局部极值以作为特征点，在尺度空间检测稳定的关键点，以使特征具备良好的独特性和稳定性。

尺度空间理论的基本思想是：在图像信息处理模型中引入一个被视为尺度的参数，通过连续变化尺度参数获得多尺度下的尺度空间表示序列，对这些序列进行尺度空间主轮廓的提取，并以该主轮廓作为一种特征向量，实现边缘、角点检测和不同分辨率上的特征提取等。尺度空间方法将传统的单尺度图像信息处理技术纳入尺度不断变化的动态分析框架中，更容易获取图像的本质特征。尺度空间中各尺度图像的模糊程度逐渐变大，能够模拟人在距离目标由近到远时目标在视网膜上的形成过程。

尺度空间满足视觉不变性。该不变性的视觉解释如下：当我们用眼睛观察物体时，一方面，当物体所处背景的光照条件变化时，视网膜感知图像的亮度水平和对比度是不同的，因此要求尺度空间算子对图像的分析不受图像的灰度水平和对比度变化的影响，即满足灰度不变性和对比度不变性；另一方面，相对于某一固定坐标系，当观察者和物体之间的相对位置变化时，视网膜所感知的图像的位置、大小、角度和形状是不同的，因此要求尺度空间算子对图像的分析和图像的位置、大小、角度及仿射变换无关，即满足平移不变性、尺度不变性、欧几里得不变性及仿射不变性。

一个图像的尺度空间 $L(x,y,\sigma)$ 定义为一个变化尺度的高斯函数 $G(x,y,\sigma)$ 与原图像 $I(x,y)$ 的卷积。

$$\begin{aligned}D(x,y,\sigma)&=(G(x,y,k\sigma)-G(x,y,\sigma))*I(x,y)\\&=L(x,y,k\sigma)-L(x,y,\sigma)\end{aligned} \tag{3-19}$$

差分金字塔由高斯金字塔得到，高斯金字塔的构建分为两部分：首先将图像金字塔每层的一张图像使用不同参数做高斯模糊，使得金字塔的每层含有多张高斯模糊图像，将金字塔每层多张图像合为一组（octave），金字塔每层只有一组图像，组数和金字塔层数相等；其次将高斯金字塔前一组图像的倒数第三张图像隔点采样得到该组的初始图像（图 3-11）。

为了求尺度无关的特征点，首先需要计算相邻尺度图像的差分，得到一系列图像并在该图像空间中求极值点，采用金字塔可以高效地计算高斯差分图像（图 3-12）。

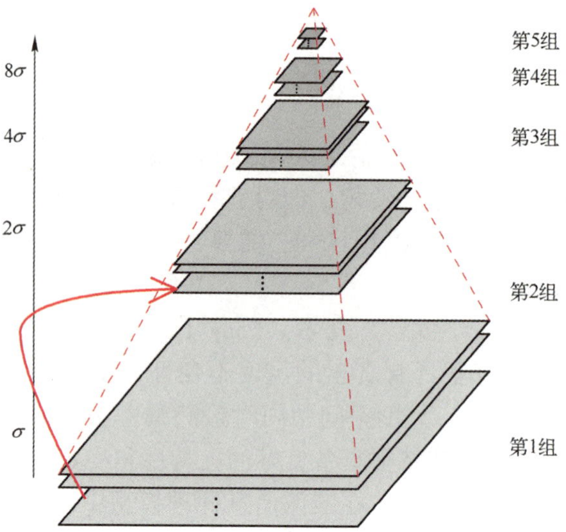


图 3-11　图像高斯金字塔

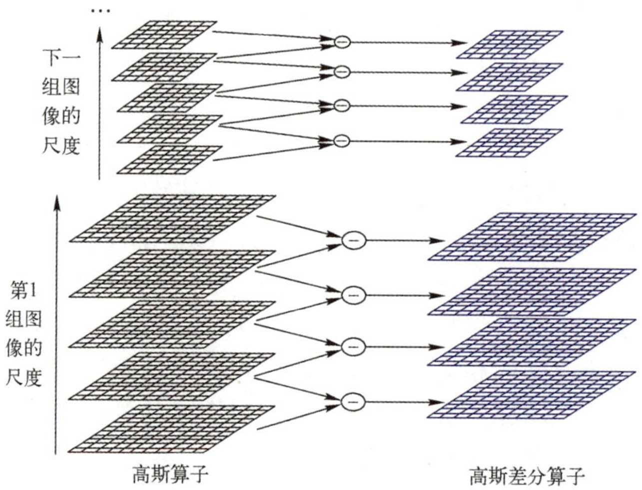


图 3-12　图像差分金字塔

为了寻找 DoG 函数的极值点，每个像素点要和它所有的相邻点比较，看其是否比它的图像域和尺度域的相邻点大或小[14]。如图 3-13 所示，中间的监测点和它同尺度的 8 个相邻点和上下相邻尺度对应的 9×2 个点共 26 个点比较，以确保在尺度空间和二维图像空间都检测到极值点。在相邻尺度进行比较，右侧每组含 4 层的高斯差分金字塔，只能在中间两层中进行两个尺度的极值点检测，其他尺度则只能在不同组中进行。为了在每组中检测 $S$ 个尺度的极值点，则 DoG 金字塔每组需 $S+2$ 层图像，而 DoG 金字塔由高斯金字塔相邻两层相减得到，则高斯金字塔每组需 $S+3$ 层图像，实际计算时 $S$ 在 3~5 范围。

(3) 关键点特征描述。

利用关键点领域像素的梯度方向分布特性为每个关键点指定方向参数，使算子具备旋转不变性。

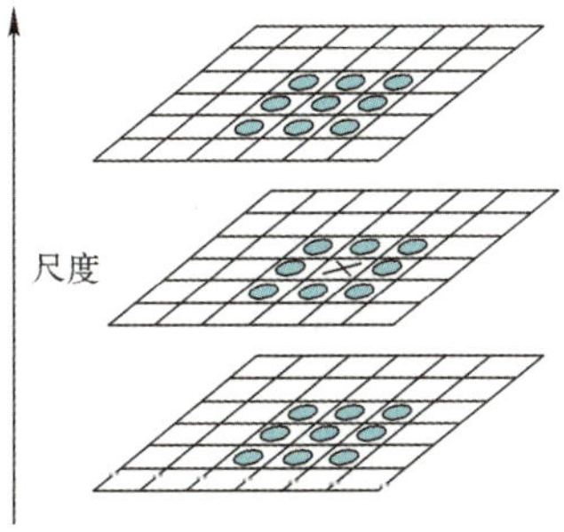


图 3-13 极值点检测

$$m(x,y)=\sqrt{(L(x+1,y)-L(x-1,y))^2+(L(x,y+1)-L(x,y-1))^2}$$

$$\theta(x,y)=\arctan\left(\frac{L(x,y+1)-L(x,y-1)}{L(x+1,y)-L(x-1,y)}\right)$$

以关键点为中心，划定一个领域，利用所有在此区域内的点的梯度形成一个方向直方图。直方图的横坐标是梯度方向，共 36 项，每项代表了 10°的范围。然后从直方图中选出纵坐标值最大的一项的方向作为该关键点的主方向。如果存在其他方向，且纵坐标的大小大于主方向纵坐标大小的 80%，也将其作为该关键点的方向，称为辅方向。特征点可以有多个方向，一个主方向，多个辅方向，这可以增强匹配的健壮性。另外，为了获得更好的稳定性，可以对关键点领域的梯度大小进行高斯加权。

在关键点周围取一个领域，并对其中点的梯度做高斯加权。这个领域分为 4 个子区域，每个子区域取 8 个方向，生成图 3-14 所示的相同形式的直方图。

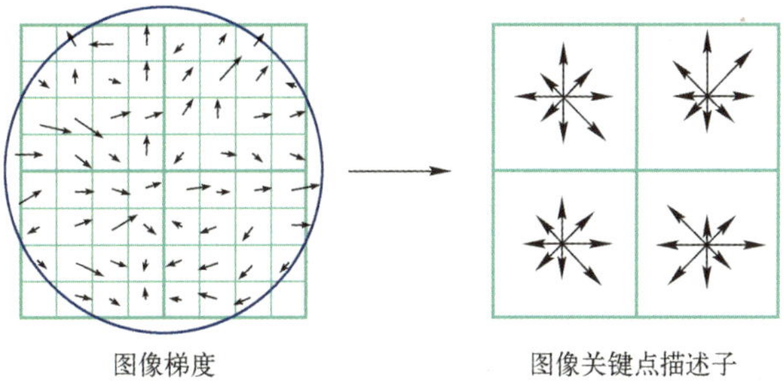


图 3-14 关键点描述子

实际上，在实验中使用了 16×16 的像素区域，并且领域划分为 4×4 的子区域。每个子区域生成一个描述子，一个描述子中涉及 8 个方向。所以每个关键点有 4×4×8=128 维[15]。我们把每个点都看作是特征点，并求取其 128 维特征，它的 SIFT 特征维数就是 $m\times n\times 128$。

6）多分辨率 8 向特征

多分辨率 8（MR8）向滤波器组包含 38 个滤波器，但是只有 8 种滤波器响应。

在所有的方向上记录最大响应来保证旋转不变形。其中 oriented edge 和 bar filtes 选择 3 个尺度，即

$$(\sigma_x,\sigma_y)=\{(1,3),(2,6),(4,12)\}$$

引入这些多分辨率（MR）滤波器组（图 3-15）的动机[16]有两方面：第一是克服传统旋转不变，滤波器不能提供较好的各向异性纹理特征的局限，另外 MR 滤波器组还记录了最大响应的角度信息，使得我们可以计算相位间高阶相关统计信息；第二是滤波器响应空间的低维性。

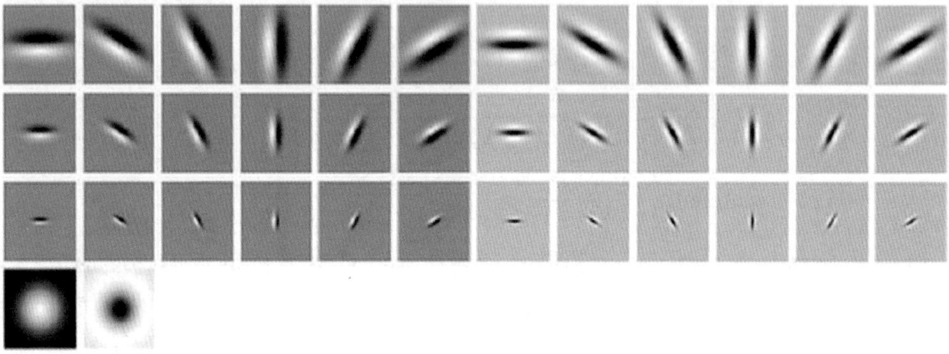

图 3-15　多分辨率（MR）滤波器组

7）方向梯度直方图（HOG）特征

方向梯度直方图（histogram of oriented gradient，HOG）特征是一种在计算机视觉和图像处理中用来进行物体检测的特征描述子。它通过计算和统计图像局部区域的梯度方向直方图来构成特征。其基本思想[17]是，即使没有图像相关梯度和边缘位置的精确信息，也能通过局部梯度大小和边缘信息将图像局部外观与形状特征化。

HOG 特征过程如下：首先对图像的颜色空间进行归一化，以减小光照因素的影响，将检测窗口划分成大小相同的单元格（cell），在每个单元格中分别提取相应的梯度直方图信息；然后将相邻的单元格组合成相互有重叠的块（block），以有效地利用重叠的边缘信息，统计整个块的直方图特征，并对每个块内的直方图进行归一化，进一步减少背景颜色和噪声的影响；最后对整个窗口收集所有块的 HOG 特征，并以特征向量的形式来表示整个目标窗口的 HOG。图 3-16 描述了方向梯度直方图特征提取的全部流程。

（1）颜色空间归一化。颜色空间归一化的作用就是通过对整幅图像的颜色信息做归一化，从而减小因光照和背景颜色带来的影响。

（2）梯度计算。由于梯度信息提取的是原始边缘特征信息，而复杂的模板如 Sobel 算子对边缘进行了平滑效果模糊了边缘，因此弱化了图像有效的边缘信息。一维中心对称模板是最能直接显示梯度边缘特征的，效果最好，而一维非中心对称模板在计算水平方向和垂直方向的梯度时有不同的中心，所以比对称中心模板的准确率低。

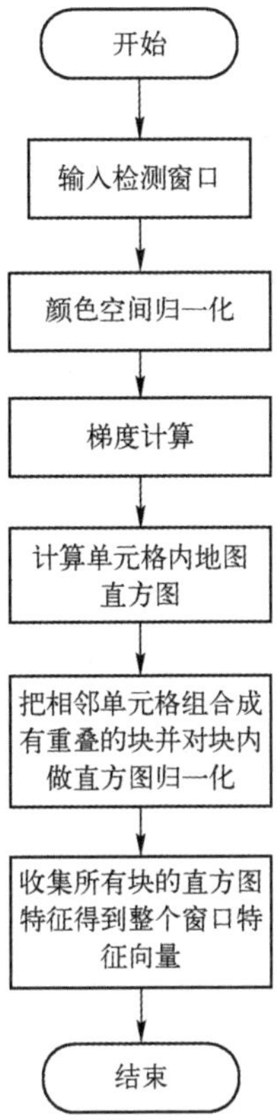


图 3-16 方向梯度直方图特征提取的全部流程

（3）计算单元格内梯度直方图。为了消除外形变化对检测结果的影响，我们需要计算单元格梯度直方图，这是梯度描述的非线性化过程。具体做法如下：将目标窗口分成大小相同的单元格，分别计算每个单元格内像素的梯度信息，包括大小和方向。每个像素的梯度大小对其方向贡献有不同的权重，然后这个权重累加到所有的梯度方向上。单元格的形式可以是矩形的或圆形的，梯度方向分为有符号的（0°~180°）和无符号的（0°~360°）。为了增加直方图的平滑性，使用相邻方向的位置和大小的双线形插值。

（4）重叠块直方图归一化。

梯度算子容易受到噪声如光照和背景对比度的影响，为了减少这种影响需要对局部单元格进行归一化处理，这对于准确的检测效果非常重要。归一化基本思想是将相邻的单元格组成一个更大的块，然后对每个块分别进行归一化处理，这里单元格和块的大小对结果会有很大的影响。每个块包含大小相同重叠的单元格，在相同单元格中的梯度信息会计算多次，并在不同的块中做归一化，计算虽然有些烦琐，但是这样做可以有效利用相邻像素的信息，对改进检测结果有很大的提高。

总之，Dalal 提出的 HOG 特征提取过程为：先把样本图像分割为若干个像素的单元（cell），把梯度方向平均划分为 9 个区间（bin）；然后在每个单元中对所有像素的梯度方向在各个方向区间进行直方图统计，得到一个 9 维的特征向量，每相邻的 4 个单元构成一个块（block），把一个块内的特征向量连起来得到 36 维的特征向量，用块对样本图像进行扫描，扫描步长为一个单元；最后将所有块的特征串联起来，就得到了图像特征。例如，对于 64×128 的图像而言，每 8×8 的像素组成一个单元，每 2×2 个单元组成一个块，因为每个单元有 9 个特征，所以每个块有 4×9=36 个特征，以 8 个像素为步长，那么水平方向将有 7 个扫描窗口，垂直方向将有 15 个扫描窗口。也就是说，64×128 的图像，总共有 36×7×15=3780 维特征。

8）WLD 特征

WLD 特征是受韦伯定理的启发，它有两个分量：差异激励 DE 和方向 $\theta$。其中 DE 和韦伯比成正比，其具体的计算采用当前像素和领域灰度值的差异与当前点灰度之间的比值来刻画；而 $\theta$ 是当前像素点梯度变化的方向。

对于一个给定图像，通过计算出 WLD 的两个组成部分，从而得到一个连续 WLD 直方图，以便达到提取 WLD 特征的目的。由于 WLD 的特征是逐点进行计算的，因此 WLD 是一个密集特征。

（1）韦伯定律。

相对于背景的激励变换比值是一个常数，由下式表示：

$$\frac{\Delta I}{I}=k \tag{3-20}$$

式中：$\Delta I$ 为相对于邻近像素的增量，也可以被认为是可以区分的差异；$I$ 为该激励的初始强度；$k$ 为该韦伯定律的比例常数；$\frac{\Delta I}{I}$被称为韦伯分数。

（2）差分激励。

由于无法从一幅图中知道某个像素点的灰度值随时间而变化的情况，一般采用当前点和其领域之间灰度值的差异来表示，通过这种方式，希望能够模拟人的感知来找到图像中的一些显著变化（salient variations）特性[18]。具体来说，当前点的差分激励 WLD 的计算如图 3-17 所示。图中 $I_c$ 表示当前像素点的灰度值，$I_i(i=0,1,\cdots,7)$ 表示 $I_c$ 的 $p$ 个领域灰度值，且 $p=8$。

| | | |
|---|---|---|
| $I_0$ | $I_1$ | $I_2$ |
| $I_3$ | $I_c$ | $I_4$ |
| $I_5$ | $I_6$ | $I_7$ |

图 3-17　WLD 差分激励计算

（3）方向。

WLD 的方向计算为

$$\theta(I_c)=\arctan\left(\frac{I_5-I_1}{I_3-I_7}\right) \tag{3-21}$$

式中：$I_1$、$I_3$、$I_5$ 和 $I_7$ 为当前像素点的 4 个领域。接下来 $\theta$ 的值被量化到 8 个主要的梯度方向 $\theta_i(i=0,1,2,\cdots,7)$ 上，如图 3-18 所示。

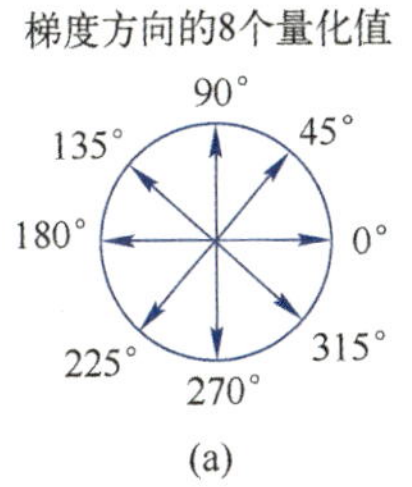


(a)

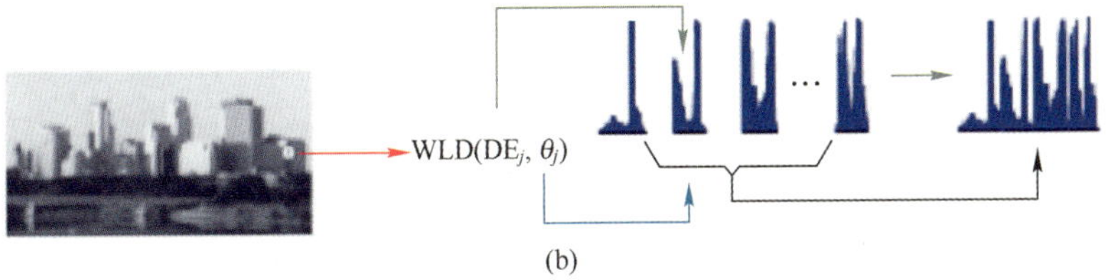


(b)

图 3-18 量化的梯度方向及提取 WLD 直方图的示意图

图 3-18（a）是 8 个主要量化的梯度方向；图 3-18（b）是从一幅图像中提取 WLD 直方图的示意图。

（4）特征融合。

借助直方图描述上述求得的差分激励和方向信息，进一步融合这两个 WLD 特征。一种方法是将 WLD 特征用一个二维直方图 $H_{ij}$ 来表示。$H_{ij}$ 表示待测图像中 WLD 特征的差分激励量化成 $\varphi_i$ 并且其梯度方向量化成 $\theta_j$ 的像素个数。因此，最后得到的特征向量的维数为 $k_1 \cdot k_2$。

上述方法所得的特征向量维数较大，增加了分类算法的复杂度。为了提高分类效率，在保证分类准确率的前提下，需要降低特征维数。首先同样求取 WLD 特征的差分激励直方图特征 $H_{1i}$ 和方向信息直方图特征 $H_{2j}$，$H_{1i}$ 表示差分激励量化成 $\varphi_i$ 的像素的个数，$H_{2j}$ 表示方向信息成分量化为 $\varphi_j$ 的像素个数。然后将两个直方图特征进行特征级融合，将得到的两个直方图特征向量分别进行加权，再连接起来，形成最终的 WLD 特征向量。显然，最终的 WLD 特征向量维数为 $k_1+k_2$。

**2. 分类器概述**

1）SVM 分类器

支持向量机（support vector machine，SVM）最早由 Vapnik 在 20 世纪 90 年代提出[19]，它是一种建立在统计学习理论基础上的机器学习方法，最大的特点是根据 Vapnik 结构风险最小化原则，即在函数复杂性和样本复杂性之间进行折中，尽量提高学习的泛化能力，具有优良的分类性能。

以最简单的二分线性分类（图 3-19）为例，SVM 的最终目的是找到一条边界线能够很好地区分这两类并使分类间隔最大。如果训练数据是分布在二维平面上的点，它们按照其分类聚集在不同的区域。通过训练，找到这些分类之间的边界（直线的边界称为线性划分，曲线的边界称为非线性划分）。对于多维数据（如 $N$ 维），可以将它们视为 $N$ 维空间中的点，而分类边界就是 $N$ 维空间中的面，称为超平面（超平面比 $N$ 维空间少一维）。线性分类器使用超平面类型的边界，非线性分类器使用超平面。

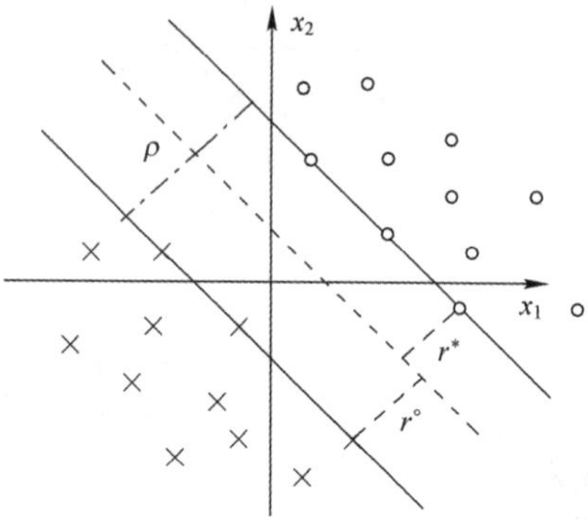


图 3-19　SVM 二分线性分类

图 3-19 中，最优分类面为 $\boldsymbol{w}^{\mathrm{T}}x+\boldsymbol{b}=0$，令 $\boldsymbol{w}$、$\boldsymbol{b}$ 分别表示需要学习的权重向量和偏差向量，对应的超平面可以表示为 $(\boldsymbol{w}x)+\boldsymbol{b}=0$。点 $x$ 到超平面的几何距离为[20] $r=\dfrac{g(x)}{\|\boldsymbol{w}\|}$，其中 $g(x)=\boldsymbol{w}^{\mathrm{T}}x+\boldsymbol{b}$。

SVM 就是通过学习 $\boldsymbol{w}$、$\boldsymbol{b}$ 来最大化两类最小的 $r^*$，因此 SVM 也被称为最大间隔分类器。给定训练样本集 $\{x_i,y_i\}_{i=1}^{n}\in\mathbf{R}^m\times\{\pm1\}$，如果我们令函数间隔为 1，那么

$$\begin{cases}(\boldsymbol{w}^{\mathrm{T}}\cdot x_i)+\boldsymbol{b}\geqslant 1, & y_i=1\\(\boldsymbol{w}^{\mathrm{T}}\cdot x_i)+\boldsymbol{b}\leqslant -1, & y_i=-1\end{cases}\tag{3-22}$$

满足式（3-22）的点称为支持向量（support vector），这些点也是离超平面最近的点[21]，所以支持向量 $\boldsymbol{r}^*$ 到超平面的几何距离。

$$\boldsymbol{r}^*=\frac{g(x^*)}{\|\boldsymbol{w}\|}=\begin{cases}\dfrac{1}{\|\boldsymbol{w}\|}, & y^*=1\\-\dfrac{1}{\|\boldsymbol{w}\|}, & y^*=-1\end{cases}\tag{3-23}$$

SVM 通过最大化 $\rho=2\boldsymbol{r}^*=\dfrac{2}{\|\boldsymbol{w}\|}$ 来保证找到最大间隔超平面。该最优化问题也可以表示为

$$\begin{gathered}\min_{\boldsymbol{w},\boldsymbol{b}}\ \frac{1}{2}\|\boldsymbol{w}\|^2\\y_i((\boldsymbol{w}\cdot x_i)+\boldsymbol{b})\geqslant 1,\quad i=1,2,\cdots,n\end{gathered}\tag{3-24}$$

其中的约束是要求各数据点到分类面的距离大于等于 1。根据拉格朗日乘子法，构建拉格朗日函数为

$$L(\boldsymbol{w},\boldsymbol{b},a)=\frac{1}{2}\boldsymbol{w}^{\mathrm{T}}w-\sum_{i=1}^{n}a_i[y_i(\boldsymbol{w}^{\mathrm{T}}x_i+\boldsymbol{b})-1]\tag{3-25}$$

式中：$a_i$ 为第 $i$ 个拉格朗日乘子。分别对 $\boldsymbol{w}$ 和 $\boldsymbol{b}$ 求偏导得到

$$\begin{cases}\dfrac{\partial L(\boldsymbol{w},\boldsymbol{b},a)}{\partial \boldsymbol{w}}=0\\\dfrac{\partial L(\boldsymbol{w},\boldsymbol{b},a)}{\partial \boldsymbol{b}}=0\end{cases}$$

可得

$$\begin{cases}\boldsymbol{w}=\sum\limits_{i=1}^{n}a_iy_ix_i\\\sum\limits_{i=1}^{n}a_iy_i=0\end{cases}\tag{3-26}$$

据此求出 $a^*$ 后：$\boldsymbol{w}^*=\sum\limits_{i=1}^{l}y_i\alpha_i^*x_i$，$b^*=1-\boldsymbol{w}^{*\mathrm{T}}x_s$，$y_s=1$。

SVM 是一种典型的两类分类器，即它只回答属于正类还是负类的问题。而现实中要解决的问题往往是多类的问题，在这部分中也是需要解决多类的问题。如何由两类分类器得到多类分类器，就是一个值得研究的问题[22]。

解决方法一是得到多个超平面，这些超平面把空间划分为多个区域，每个区域对应一个类别给定一个样本，看它落在哪个区域就知道了它的分类。通过实验可以发现这种算法由于一次性求解的计算量太大，因此无法实用。

解决方法二是利用所谓的“一类对其余”的方法，即每次仍然解一个两类分类的问题。例如，我们有 5 个类别，第一次就把类别 1 的样本定为正样本，其余 2~5 的样本合起来定为负样本，这样得到一个两类分类器，它能够指出一个样本是还是不是第一类的；第二次我们把类别 2 的样本定为正样本，把 1、3、4、5 的样本合起来定为负样本，得到一个分类器，如此下去，我们可以得到 5 个这样的两类分类器（总是和类别的数目一致）。到了有新样本需要分类的时候，我们就用这些分类器预测这个样本，如果某个分类器属于某类，则得到了这个样本属于哪一类。这种方法的好处是每个优化问题的规模比较小，而且分类的时候速度很快（只需要调用 5 个分类器就知道了结果）。但有时也会出现两种很尴尬的情况，如每个分类器都预测它是属于它那一类的，或者每个分类器都预测它不是属于它那一类的，前者称为分类重叠现象，后者称为不可分类现象。分类重叠现象时可计算这个样本到各个超平面的距离，哪个远就判给哪个。不可分类现象时可以将它分到第 6 类，即不可分类别中。但实验发现第 6 类样本数总是数倍于正样本数目，这就人为地造成了“数据集偏斜”的问题。

解决方法三是解两类分类问题，还是每次选一个类的样本作为正类样本，而负类样本则变成只选一个类，称为“一对一”的方法，这就避免了偏斜。因此过程就是算出这样一些分类器，第一个只回答“是第 1 类还是第 2 类”，第二个只回答“是第 1 类还是第 3 类”，第三个只回答“是第 1 类还是第 4 类”，如此下去，可以马上得出，这样的分类器共有 5×4÷2=10 个（如果有 $k$ 个类别，那么总的两类分类器数目为 $k(k-1)/2$）。虽然分类器的数目多了，但是在训练阶段（也就是算出这些

分类器的分类平面时）所用的总时间比“一类对其余”方法少很多，在真正用来分类时，把一个样本通过所有分类器进行分类，第一个分类器会投票说它是“1”或“2”，第二个会说它是“1”或“3”，让每个分类器都投上自己的一票，最后统计票数，如果类别“1”得票最多，就判定这个样本是属于第1类的。这种方法显然也会有分类重叠现象，但不会有不可分类现象，因为总不可能所有类别的票数都是0。但这种方法中分类需要的分类器太多，每个样本都要用所有的分类器预测一遍。

2）线性判别分析（LDA）

线性判别分析（linear discriminant analysis，LDA）最早可以追溯到Fisher在1936年发表的经典论文。其基本思想是选取使得Fisher准则函数达到极值的向量作为最佳投影方向，从而使得样本在该方向上投影后，达到最大的类间离散度和最小的类内离散度[23-24]。1996年由Belhumeur[25]引入模式识别与人工智能领域。线性判别分析的原理是将带上标签的数据（点），通过投影的方法，投影到维度更低的空间中，使得投影后的点出现以下情况：相同类别的点，将会在投影后的空间中更接近；不同类别的点，投影后离得更远。线性判别分析是一种有效的特征抽取方法，它能够保证投影后模式样本在新的空间中有最佳的可分离性。

对于$K$-分类的一个分类问题，会有$K$个线性函数，即

$$y_k(x)=\boldsymbol{w}_k^{\mathrm{T}}x+w_{k0} \tag{3-27}$$

当满足条件：对于所有的$j$，都有$Y_k>Y_j$时，就说$x$属于类别$k$。对于每个分类，都有一个公式去算一个分值，在所有的公式得到的分值中，找一个最大的，就是所属的分类了。当$K=2$即二分类问题时，如图3-20所示。

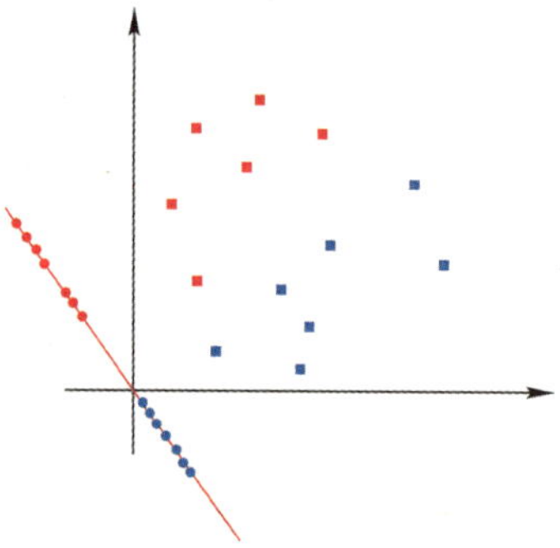

图3-20　LDA二分类问题

假设对于一个$\mathbf{R}^n$空间有$m$个样本，分别为$x_1,x_2,\cdots,x_m$，假设有$C$类，则$n_1+n_2+\cdots+n_C=m$。

类别$i$的原始中心点为（$D_i$表示属于类别$i$的点）

$$m_i=\frac{1}{n_i}\sum_{x\in D_i}x \tag{3-28}$$

式中：$n_i$表示属于第$i$类的样本个数。

类别 $i$ 投影后的中心点为

$$\widetilde{m}_i = \boldsymbol{w}^{\mathrm{T}} m_i \tag{3-29}$$

衡量类别 $i$ 投影后，类别点之间的分散程度（方差）为

$$\tilde{s}_i = \sum_{y \in Y_i} (y - \widetilde{m}_i)^2 \tag{3-30}$$

最终可以得到以下公式，表示 LDA 投影到 $w$ 后的损失函数：

$$J(w) = \frac{|\widetilde{m}_1 - \widetilde{m}_2|^2}{\tilde{s}_1^2 + \tilde{s}_2^2} \tag{3-31}$$

LDA 使得类别内的点距离越近越好（集中），类别间的点越远越好。式（3-31）中分母表示每个类别内的方差之和，方差越大表示一个类别内的点越分散，分子为两个类别各自的中心点的距离的平方，我们最大化 $J(w)$ 就可以求出最优的 $w$ 了。

我们定义一个投影前的各类别分散程度的矩阵 $\boldsymbol{S}_i$：

$$\boldsymbol{S}_i = \sum_{x \in D_i} (x - m_i)(x - m_i)^{\mathrm{T}} \tag{3-32}$$

代入 $\boldsymbol{S}_i$，将 $J(\boldsymbol{w})$ 分母化为

$$\tilde{s}_i = \sum_{x \in D_i} (\boldsymbol{w}^{\mathrm{T}} x - \boldsymbol{w}^{\mathrm{T}} m_i)^2 = \sum_{x \in D_i} \boldsymbol{w}^{\mathrm{T}} (x - m_i)(x - m_i)^{\mathrm{T}} w = \boldsymbol{w}^{\mathrm{T}} S_i w \tag{3-33}$$

$$\tilde{s}_1^2 + \tilde{s}_2^2 = \boldsymbol{w}^{\mathrm{T}} (S_1 + S_2) w = \boldsymbol{w}^{\mathrm{T}} S_w w \tag{3-34}$$

同样地将 $J(\boldsymbol{w})$ 分子化为

$$|\widetilde{m}_1 - \widetilde{m}_2|^2 = \boldsymbol{w}^{\mathrm{T}} (m_1 - m_2)(m_1 - m_2)^{\mathrm{T}} w = \boldsymbol{w}^{\mathrm{T}} S_B w \tag{3-35}$$

这样损失函数可以化为下面的形式：

$$J(\boldsymbol{w}) = \frac{\boldsymbol{w}^{\mathrm{T}} S_B w}{\boldsymbol{w}^{\mathrm{T}} S_w w} \tag{3-36}$$

使用拉格朗日乘子法得到

$$\begin{aligned} & c(w) = \boldsymbol{w}^{\mathrm{T}} S_B w - \lambda (\boldsymbol{w}^{\mathrm{T}} S_w w - 1) \\ & \frac{\mathrm{d}c}{\mathrm{d}w} = 2 S_B w - 2\lambda S_w w = 0 \\ & S_B w = \lambda S_w w \end{aligned} \tag{3-37}$$

通过求解特征值得到以下结论：

$$\begin{aligned} & S_w = \sum_{i=1}^{C} S_i \\ & S_B = \sum_{i=1}^{C} n_i (m_i - m)(m_i - m)^{\mathrm{T}} \\ & S_B w_i = \lambda S_w w_i \end{aligned} \tag{3-38}$$

3）随机森林

随机森林（random forest，RF）是由 Leo Breiman 于 2001 年提出的[26]。随机森林是一种组合分类器，构成随机森林的基础分类器称为决策树，如图 3-21 所示。决策树可视为一个树形预测模型，它是由节点和有向边组成的层次结构。数中包含

3 种节点：根节点、内部节点和叶子节点。决策树只有一个根节点，是全体训练数据的集合。数中的每个内部节点都是一个分裂问题，它将到达该节点的样本按某个特定的属性进行分割，可以将数据集合空间分割成两块或若干块。每个叶子节点都是带有标签的数据结合。常见的决策树算法主要基于信息熵理论，常见的度量由两种：信息增益[27]和基尼指数[28]。

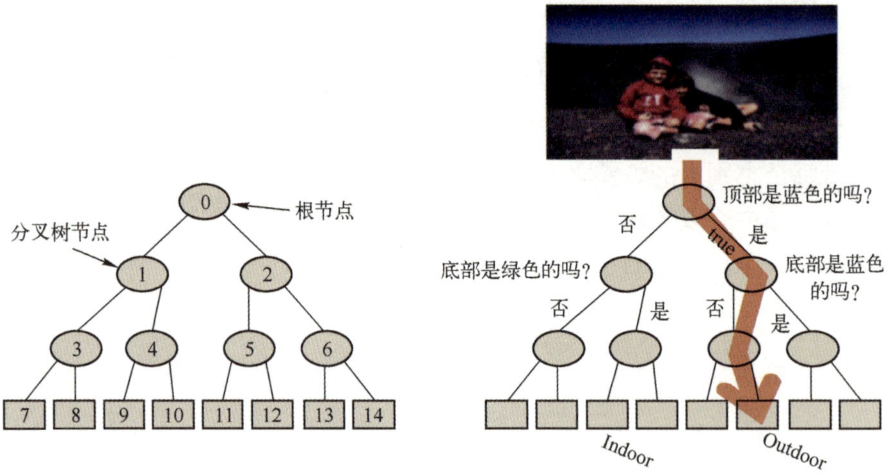


(a) 通用树结构　　(b) 决策树结构

图 3-21　随机森林算法

（1）信息增益。

任意样本分类的期望信息可以表示为

$$I(s_1,s_2,\cdots,s_m)=-\sum p_i\log_2(p_i),\quad i=1,2,\cdots,m \tag{3-39}$$

式中：数据集为 $S$，$m$ 为 $S$ 的样本类别个数；$p_i=s_i/s$，$p_i$ 为任意样本属于第 $i$ 类的概率，$s_i$ 为第 $i$ 类的样本数。$I(s_1,s_2,\cdots,s_m)$ 越小，$s_1,s_2,\cdots,s_m$ 就越有序（越纯），分类效果越好。

由属性 $A$ 划分为子集的熵：假设 $A$ 为某一个属性，具有 $V$ 个不同的取值（离散），数据集 $S$ 被 $A$ 划分为 $V$ 个子集 $s_1,s_2,\cdots,s_v$，$s_{ij}$ 是子集 $s_j$ 中第 $i$ 类的样本数。

$$E(A)=\left(\sum I(s_{1j},s_{2j},\cdots,s_{mj})/s\right)\cdot I(s_{1j},s_{2j},\cdots,s_{mj}) \tag{3-40}$$

信息增益为 $\mathrm{Gain}(A)=I(s_1,s_2,\cdots,s_m)-E(A)$，选择具有最大信息增益的属性为当前的分裂属性。

（2）基尼指数。

集合 $S$ 包含 $m$ 个类别的样本数据，那么其基尼指数为

$$\mathrm{Gini}(S)=1-\sum_{i=1}^{n}p_i^2 \tag{3-41}$$

式中：$p_i$ 为类别 $i$ 出现的频率。如果集合 $S$ 分成 $n$ 部分 $S_1,S_2,\cdots,S_n$，那么这个分割的基尼指数为

$$\mathrm{Gini}_{\mathrm{split}}(S)=\frac{S_1}{S}\mathrm{Gini}(S_1)+\cdots+\frac{S_n}{S}\mathrm{Gini}(S_n) \tag{3-42}$$

分裂属性选择规则是选择具有最小 $Gini_{split}(S)$ 的属性为分裂属性（对于每个属性都要遍历所有可能的分割方法）。

ID3 只能处理样本属性为离散值的情况，C4.5 在 ID3 的基础上进行改进，可以处理连续值的情况。CART 可以处理离散值和连续值两种情况。

单棵决策树可以按照一定精度分类，为了提高精度，就引进了随机森林的概念。为了得到随机森林，引入随机变量来控制每棵树的生长。通常，针对第 $k$ 棵树引进随机变量 $\theta_k$，它与前面 $k-1$ 个随机变量 $\theta_1,\cdots,\theta_{k-1}$ 独立同分布。利用训练集和 $\theta_k$ 来生成第 $k$ 棵 $h(X,\theta_k)$。在输入 $X$ 时，每棵树只投一票给它认为最合适的类，让所有树参加投票，选出最流行的分类。

构建随机森林的方式多种多样，常见的有以下几种。

① Bagging[29]。通过可放回重复采样的方法，每次从原始样本集中随机抽取 $N$ 个样本构建新的样本集，并在该样本集上构建随机森林。

② 更新权重构建随机森林的方法。基于该方法构建随机森林的方法有 3 种：Adaboost、Arcing 和 Arc-x4 算法。最常见的是 Adaboost 算法[30]，其目的是在前面分类器错误分类的基础上，为下一个分类器的输入选择训练集上的权重。每个分类器都可以利用一个训练集和一个加权训练集来改进。

③ 基于输入构建随机森林。该方法由 Breiman 提出，主要有两种：Forests-RI、Forests-RC[31]。

Forests-RI 是对于输入变量随机分组（每组变量的个数 $F$ 是一个定值），然后对于每组变量，利用 CART 方法生成一棵树，并让其充分成长，不进行剪枝。在每个节点上，对输入节点的变量重复前面的随机分组，再重复 CART 方法，直到所有节点均为叶子节点为止。一般 $F$ 有两种选择：首先是 $F=1$；其次 $F$ 为小于 $\log_2 M+1$ 的最大正整数，其中 $M$ 是输入变量的个数。

Forests-RC 是先将随机特征进行现行组合，再作为输入变量来构建随机森林的方法。随机选择 $L$ 个输入变量进行线形组合得到新的特征。

随机森林具有很多优势，具体如下。

① 随机森林能够有效处理大数据集。

② 根据大数定理，随机森林不会随着分类树的增加而产生过拟合，并且有一个有限的泛化误差值。

③ 随机森林是一种具有有效的估计缺失数据的方法，当数据中有大比例的数据缺失时仍可以保持精确度不变。

④ 随机森林的运行速度非常快并且不会产生过度拟合，可以根据需要生成任意多的树。

#### 3. 纹理特征方法与分类器结果比较

利用地表纹理数据库对上述纹理特征和分类器方法进行测试实验，得到结果如表 3-2 所示。

表 3-2　常用特征和分类器在数据库中的实验结果

| 特征 | 分类器 | | |
|---|---|---|---|
| | LDA | SVM | RF |
| 颜色 | 0.9294 | 0.8244 | 0.9313 |
| 颜色矩 | 0.9256 | 0.8488 | 0.9278 |
| LBP | 0.7813 | 0.7734 | 0.8174 |
| WLD | — | — | 0.7423 |
| SIFT | — | — | 0.8022 |
| Gabor | — | — | 0.4879 |
| HOG | — | — | 0.5746 |
| MR8 | — | — | 0.8073 |

通过表 3-2 中给出的实验结果可以发现以下情况。

（1）当特征一样时，RF 的分类性能比 LDA 和 SVM 好。

（2）不同的特征，它们的分类性能差别比较大。一方面是因为不同的特征有不同的参数要调试使之达到最佳分类性能。考虑到这个过程是繁琐的，我们没有调试每个特征的参数，使之达到最佳分类性能，选择最常用的参数，能大致体现它们的性能。另一方面是不同的特征在不同领域有着优势。例如，HOG 特征在处理运动物体检测方面，SIFT 特征在处理有旋转缩放时有很好的表现等。

（3）总体来说，颜色特征比其他纹理特征更能区分地表类别，但是颜色特征不够稳定，外部因素（如天气、光照、季节等）影响很大。

#### 4. 基于稀疏表示模型和字典学习的地表纹理覆盖物分类

近年来，对于信号稀疏表示的研究兴趣与日俱增。使用一个过完备的字典矩阵 $\boldsymbol{D}\in\mathbf{R}^{n\times K}$，$\boldsymbol{D}$ 中包含了 $K$ 列标准的信号原子 $\{d_j\}_{j=1}^{K}$，对于一个信号 $x\in\mathbf{R}^n$ 可以表示成这些信号原子的稀疏线形组合。对于 $x$ 的表示可以准确地写成 $x=\boldsymbol{D\partial}$，或者从近似的角度写成满足条件 $\|x-\boldsymbol{D\partial}\|_p\leqslant\varepsilon$ 下，$x\approx\boldsymbol{D\partial}$。向量 $\boldsymbol{\partial}\in\mathbf{R}^K$ 包含了 $x$ 在这种表示下的系数。在近似的表示方法中，$L^P$ 范数（$p$ 取 1、2、无穷）是一种典型的误差量度范数。这里只关注二范数（$p=2$）下的情况。

当 $n<K$ 且 $\boldsymbol{D}$ 是一个满秩矩阵时，这个表示问题有无穷多解，因此必须对解添加约束条件。考虑到所有求解方案中非零系数的个数越少越好，因此稀疏表示可以写成如下两式的求解。

$$(P_0)\min_{\partial}\|\boldsymbol{\partial}\|_0\ 且\ x=\boldsymbol{D\partial} \tag{3-43}$$

或

$$(P_0,\varepsilon)\quad \min_{\partial}\|\boldsymbol{\partial}\|_0\ 且\ \|x-\boldsymbol{D\partial}\|_p\leqslant\varepsilon \tag{3-44}$$

式中：$\|\cdot\|_0$为 L0 范数，也就是向量中非零元素的个数。由于同类样本之间具有高度

的相关性，因此，样本可以由同类样本构建的字典进行稀疏表示，基于这一思想，人们把稀疏模型引入了模式分类领域，取得了很好的效果。

1）稀疏表示模型用于分类的基础

在稀疏表示模型中，有一些基本概念，其定义如下。

稀疏度：稀疏度表示稀疏编码中非零系数的个数，它是稀疏表示模型的关键约束之一。

原子：原子即字典中的一列，也称为字典列，它是构建稀疏表示字典的基本单元。

字典的完备与过完备：如果字典 $D$ 中的原子恰能够张成 $n$ 维的欧氏空间，则字典 $D$ 是完备的。如果字典的列数 $m$ 远大于字典行数 $n$，则字典 $D$ 是冗余的，同时保证能张成 $n$ 维的欧氏空间，则字典 $D$ 是过完备的。一般用的字典都是过完备的，因为在过完备的字典下分解稀疏系数不唯一，这也恰恰为图像的自适应处理提供可能，我们可以根据自己处理的要求选择最合适的、最稀疏的系数。

由前述可知，稀疏表示模型主要用于压缩感知，它可以对一个原始信号进行压缩处理，使得在信号的重构误差较小的情况下，数据表示的维数降至满足稀疏度的约束。可是回到我们要解决的问题上来，如何把稀疏表示模型应用于分类呢？总结来说，稀疏表示模型应用于分类需要解决以下 3 个问题。

（1）如何求取信号在过完备字典下的稀疏表示系数。

稀疏编码是一个计算信号 $X$ 在给定字典 $D$ 下的表示系数 $A$ 的处理过程。这种处理又称为原子分解，需要对式（3-43）或式（3-44）进行求解，典型的求解方法是使用追踪方法来寻找一种近似的解[32]。

对于稀疏表示的精确求解已经被证明是一个不确定多项式难题，因此我们只能用近似解来代替，在过去的十几年里，人们也提出了一些高效率的追踪算法来得到这些近似解。最简单的莫过于匹配追踪算法和正交匹配追踪算法[33]，它们持续地顺序选择原子字典。这些方法很简单，涉及计算信号和字典列之间的内积与对一些最小二乘解的运用。通过改变算法的终止条件就可以很容易地求解出式（3-43）和式（3-44）的解。

第二种著名的追踪方法是基追踪。它通过将 L1 范数替换为 L0 范数而提出了式（3-43）和式（3-44）中待求问题的凸化。焦点欠定系统求解（FOCUSS）与这种方法很相似，只不过 FOCUSS 是将 $L^p$ 范数（$p \leqslant 1$）替换了 L0 范数。当然，这种方法对于真正的稀疏性度量是更好的，但是它会使总问题变得非凸，这样会引起局部极小而使解的寻找过程发生异常。拉格朗日乘子可以用来将约束条件变成一个处罚项，一种基于迭代重加权的最小二乘思想而派生来的新迭代法可以将 $L^p$ 范数当作重加权的 L1 范数来处理。

这些算法近年的拓展研究表明，当求解的系数足够稀疏时，这种方法能够很好地恢复出原始信号。未来可供研究的工作主要是考虑这些算法的近似版本，并让稀疏编码的重新恢复变得更加稳定。最新的前沿研究活动让这个问题重新回到概率论的背景，对追踪算法的性能和成功率进行更多的实际评价。字典 $D$ 的属性决定了系数向量的稀疏性，而后者关系到稀疏表示能否得到较好的结果。

（2）如何构建满足要求的过完备字典。

一个可用于稀疏表示的过完备字典 $D$ 可以由预先指定的函数序列得到，或者也可以基于给定的样本信号序列学习出与之相适应的字典。

给定字典。选择一个预先给定的某种变换矩阵构建字典比较吸引人，因为它非常简单。并且在多种情况下，可以得到稀疏表示数值求解问题简单快速的算法，如过完备小波、曲线波、轮廓波、可操纵小波滤波器、短时傅里叶变换等。人们往往优先选择那些可以轻易地被“转换”的紧框架。这类字典的成功应用在于它们非常适合所求问题中信号的稀疏表示。基于正交基函数的多尺度分析和平移不变性是这种框架结构中的准则。

学习字典。在稀疏表示模型中，我们也可以基于学习的方法从一个不同的路径来设计字典。其目标是要寻找到能够对训练信号进行稀疏表示的字典，并且相信这种字典比我们以前经常使用的预先字典在稀疏性方面表现得更好。随着计算机计算性能的与日俱增，对特殊类别信号的自适应字典设计算法的运算的重要性亚于其运用效果。

本设计将重点探讨基于样本的给定字典和基于 KSVD 字典设计方法的学习字典用于地表覆盖物分类实验效果。

（3）如何利用稀疏表示的系数对原始信号进行分类。

基于信号可以近似写为同类样本的稀疏表示这一先验知识，可以从稀疏表示系数的分布和大小特征中判断输入信号的类别，以此实现分类的目的。目前通常所用到的基本方法包括重构误差法、大系数法、平均系数法。

重构误差法利用每类稀疏表示系数对输入信号进行重构，重构误差最小的类即为输入信号所在的类。大系数法是寻找稀疏表示系数中最大系数所在的类，以此作为输入信号的类，平均系数法是依据每类系数的均值大小进行分类的。

2）直接利用样本构建字典用于稀疏分类（N_SRC）

稀疏表示是基于压缩感知领域的信号压缩和编码问题提出的，它首次应用于分类最初是由 J. Write 等人[34]引入，并由此提出了稀疏表示分类器（N_SRC）。稀疏表示分类器（N_SRC）的基本思想为：利用所有类的训练样本构建过完备字典，那么对于属于某一类的测试样本，可以由同类样本的字典原子进行稀疏表示，并且表示系数集中在同一类。如果测试样本不属于某一类，就表示系数不再稀疏，并且系数散布在多个类。

3）KSVD 学习字典用于稀疏分类（KSVD_SRC）

KSVD 字典学习方法是 M. Aharon 等人提出的一种过完备字典学习方法。它由 $K$ 均值算法泛化而来，KSVD 是一种迭代方法，每次迭代过程中交替进行测试数据在当前字典下的稀疏编码，并对更适合数据的字典原子进行更新处理。算法描述如下。

任务：通过求解下式，以稀疏分解来寻找最好的字典用来表示数据集$\{x_i\}_{i=1}^{N}$。

$$\min_{D,A}\{\|X-\boldsymbol{D}A\|_F^2\} \quad \text{s. t.} \quad \forall i, \|\boldsymbol{\partial}_i\|_0 \leqslant T_0 \tag{3-45}$$

步骤 1：设置字典矩阵$\boldsymbol{D}^{(0)} \in \mathbf{R}^{n\times K}$为 L2 范数下归一化的列，令$J=1$。重复以下步骤直到满足约束条件。

步骤 2：使用任意一种追踪算法来计算每个样本$x_i$的表示向量$\boldsymbol{\partial}_i$，来逼近下式的解。

$$\min_{\boldsymbol{\partial}_i}\{\|x_i-\boldsymbol{D}\boldsymbol{\partial}_i\|_2^2\}, \quad i=1,2,3\cdots,N, \quad \text{s. t} \ \|\boldsymbol{\partial}_i\|_0 \leqslant T_0 \tag{3-46}$$

步骤 3：更新码本。对于$D^{(J-1)}$中的每列，不失一般性假设为第$k$列，通过下式方法更新：

定义所有使用第$k$个原子列的样本构成一个集合，设为$\omega_k=\{i \mid 1\leqslant i\leqslant N, \partial_T^k(i)\neq 0\}$。通过下式，计算全局的表示误差矩阵$\boldsymbol{E}_k$，即

$$\boldsymbol{E}_k = X - \sum_{j\neq k}\boldsymbol{d}_j\boldsymbol{\partial}_T^j \tag{3-47}$$

通过只选择那些与$\omega_k$对应的列来限制$E_k$，从而得到$E_k^R$。

使用 SVD 分解，$E_k^R=U\Delta\boldsymbol{V}^{\mathrm{T}}$将$U$的第一列选择为$\widetilde{\boldsymbol{d}}_k$，将$V$的第一列乘上第一个奇异值作为系数向量$\boldsymbol{\partial}_R^{\mathrm{T}}$。

步骤 4：$J=J+1$。

由上述算法描述可以看出，KSVD 是一种迭代方法，每次迭代过程中交替进行测试数据在当前字典下的稀疏编码，并对更适合数据的字典原子进行更新处理。由于字典列的更新和稀疏表示的更新是结合起来的，因此可以加速收敛的过程。KSVD 算法很灵活，并且可以和任意的追踪方法一起使用，所以我们可以想象，字典可以改变以适合当前的应用。但是我们应该看到，字典列的更新可以使得学习的字典更好地满足稀疏度和重构误差，却丧失了原来字典原子的类标签信息，从而造成了分类信息的缺失。

为了解决这个问题，目前主要有两种思路：其一，为每类单独训练一个字典，然后把各个子类的字典合并在一起构成大字典作为过完备字典进行稀疏分类；其二，在字典学习的过程中引入类别标签信息，使得学习产生的字典具有鉴别能力。KSVD_SRC 分类器的思想正是基于前一种思路，而对于后一种思路的字典学习方法，将在下面进行详细讨论。

如图 3-22 所示，字典$\boldsymbol{D}$是由各个类的子字典（图中的不同颜色）构成的，这些字典原子本身就含有了类别信息，当测试样本在此过完备字典上进行稀疏表示以后，依次用各类的系数和字典原子对输入信号进行重构，重构误差最小的稀疏所在类，即可判别为测试样本的类别。

4）标签一致性 KSVD 字典学习方法用于分类（LCKSVD_SRC）

针对 KSVD 字典学习列的更新会损失原有样本字典原子的标签消息这一问题，上面提出了利用 KSVD 字典学习方法学习类别字典构建全局字典进行稀疏分类的解决方法。这里将介绍在全局字典的学习过程中引入类别标签信息的字典学习方法，

称为标签一致性 KSVD（label consistent KSVD，LCKSVD）[36]。

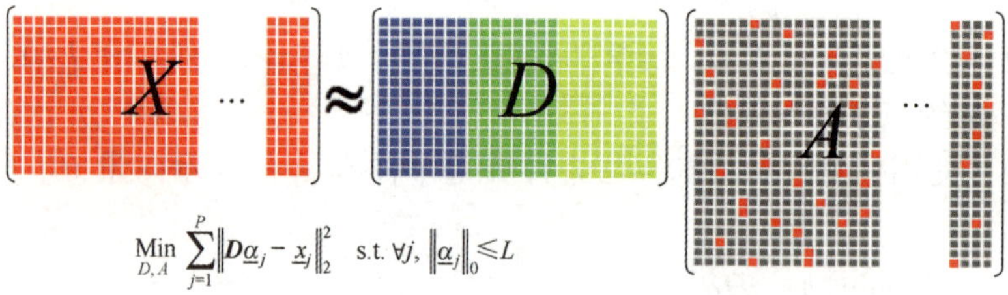


图 3-22　KSVD_SRC 分类器对测试信号进行稀疏表示

LCKSVD 字典学习方法的目标函数为

$$\langle \boldsymbol{D},W,A,\boldsymbol{X}\rangle=\arg\min_{D,W,A,X}\|Y-\boldsymbol{D}X\|_2^2+\alpha\|\boldsymbol{Q}-A\boldsymbol{X}\|^2+\beta\|\boldsymbol{H}-W\boldsymbol{X}\|_2^2\quad \text{s. t. }\forall i,\|x_i\|_0\leq T \tag{3-48}$$

式中：$\boldsymbol{D}$ 为待学习的字典；$Y$ 为输入的训练样本；$\boldsymbol{X}$ 为 $Y$ 所对应的稀疏系数矩阵；$\alpha$、$\beta$ 均为调节参数；$T$ 为稀疏度；$\boldsymbol{Q}$ 为训练样本的鉴别矩阵；$A$ 为训练样本的鉴别字典；$\boldsymbol{H}$ 为训练样本的类标签矩阵；$W$ 为正对稀疏系数的线性分类器。

通过对目标函数的分析可知，式（3-48）中的第一项为重构误差约束项，这是稀疏表示模型的核心，它使得字典 $\boldsymbol{D}$ 的学习过程朝向重构误差减小的方向进行。

引入的第二项是鉴别误差项，$\boldsymbol{Q}$ 是根据训练样本的结构而确定的鉴别目标矩阵。它的引入可以使得稀疏编码的系数具有鉴别性，进而通过约束稀疏编码的系数而把这种约束传递到字典 $\boldsymbol{D}$ 的更新过程中。关于矩阵 $\boldsymbol{Q}$ 的定义，可以举例说明。假设字典 $\boldsymbol{D}=[d_1\quad d_2\quad d_3\quad d_4\quad d_5\quad d_6]$，$\boldsymbol{Y}=[y_1\quad y_2\quad y_3\quad y_4\quad y_5\quad y_6]^{\mathrm{T}}$，其中下标 1、2 属于第一类，3、4 属于第二类，5、6 属于第三类，则矩阵 $\boldsymbol{Q}$ 定义为

$$\boldsymbol{Q}=\begin{bmatrix}1&1&0&0&0&0\\1&1&0&0&0&0\\0&0&1&1&0&0\\0&0&1&1&0&0\\0&0&0&0&1&1\\0&0&0&0&1&1\end{bmatrix} \tag{3-49}$$

由此可以看出，$\boldsymbol{Q}$ 的作用是通过给稀疏系数一个逼近目标，使得稀疏编码得到的系数在不同类别的样本之间彼此正交（不相关），而同一类的样本的稀疏系数则相似，这样就使得字典 $\boldsymbol{D}$ 的学习过程引入了字典原子的鉴别信息。参数 $\alpha$ 的作用在于调节鉴别误差项和其他两项的相对影响程度。

引入的第三项是分类错误惩罚项。它通过对稀疏编码的系数进行线性分类投影得到的类别信息和原始样本的分类信息 $\boldsymbol{H}$ 进行比较，来控制字典学习过程中的分类错误率，并由此在训练字典的同时得到与之相匹配的线性分类器 $W$。为了便于理解，这里给出上述训练样本实例下的 $\boldsymbol{H}$ 矩阵。

$$\boldsymbol{H}=\begin{bmatrix}1&0&0&0&0&0\\0&1&0&0&0&0\\0&0&1&0&0&0\\0&0&0&1&0&0\\0&0&0&0&1&0\\0&0&0&0&0&1\end{bmatrix} \tag{3-50}$$

$\boldsymbol{H}$ 的每列代表一个输入样本的类别信息，参数 $\beta$ 的作用在于调节分类误差项和其他两项的相对影响程度。第三项的引入使得最优化字典的学习和最优化线性分类器的学习可以同步进行，两者互相匹配可以实现优秀的分类效果。

对于 LCKSVD 目标函数的求解看起来比较复杂，其实不然。引入新的 $D$ 和 $Y$ 进行变量替换之后，原问题就变成了稀疏表示过完备字典设计的常见形式，而这种形式由上述内容可知，可以利用 KSVD 算法求解出优化后的结果（图 3-23）。

$$\langle D,W,A,X\rangle=\arg\min_{D,W,A,X}\left\|\begin{pmatrix}Y\\ \sqrt{\alpha}Q\\ \sqrt{\beta}H\end{pmatrix}-\begin{pmatrix}D\\ \sqrt{\alpha}A\\ \sqrt{\beta}W\end{pmatrix}X\right\|_2^2 \quad \text{s. t. } \forall i, \|x_i\|_0\leqslant T$$

由 $\quad D_{\text{new}}=(D^t,\sqrt{\alpha}A^t,\sqrt{\beta}W^t)^t, Y_{\text{new}}=(Y^t,\sqrt{\alpha}Q^t,\sqrt{\beta}H^t)^t$

优化后得

$$\langle D_{\text{new}},X\rangle=\arg\min_{D_{\text{new}},X}\{\|Y_{\text{new}}-D_{\text{new}}X\|_2^2\} \quad \text{s. t. } \forall i, \|x_i\|_0\leqslant T$$

图 3-23　LCKSVD 算法的优化

LCKSVD 的分类过程为：对于任意一个测试样本，首先在过完备字典上进行稀疏表示，即

$$x_i=\arg\min_{x_i}\{\|y_i-\hat{D}x_i\|_2^2\} \quad \text{s. t. } \|x_i\|_0\leqslant T \tag{3-51}$$

然后利用得到的稀疏系数进行分类器投影，选择投影所得标签信息中值最大的元素下标所在类为该测试样本的类别号，这样就完成了分类操作。

$$j=\arg\max_j(l=\hat{W}x_i) \tag{3-52}$$

LCKSVD 是一种标签一致性字典学习方法，它在学习最优化字典的同时学习出了一个与之匹配的线性分类器，使得稀疏表示模型和分类效果相结合，这会使得分类性能大幅提升。

5）实验结果

（1）单特征分类对比实验。

选择一组数据库包含 3 类，每类 100 个样本，样本为 64×64 的 RGB 彩色图，分别选择 9 维颜色矩（CM）、59 维局部二进制模式（LBP）、16 维灰度共生矩阵（GLCM）、48 维 Gabor 特征在 N_SRC、KSVD_SRC、KCKSVD_SRC 上进行分类实验，稀疏表示模型的参数设定为：稀疏度为 3，最多迭代 30 次，$\alpha=16,\beta=4$，得到的结

果如表 3-3 所列。

表 3-3　单特征分类对比实验

| 数据库 | 特征 | 分类 | 识别率 | 平均值 |
|---|---|---|---|---|
| NJUST_64 | CM | N_SRC | 0. 74444 | 0. 82222 |
| | | KSVD_SRC | 0. 74444 | |
| | | LCKSVD_SRC | 0. 97778 | |
| | LBP | N_SRC | 0. 53333 | 0. 644443 |
| | | KSVD_SRC | 0. 54444 | |
| | | LCKSVD_SRC | 0. 85556 | |
| | GLCM | N_SRC | 0. 65556 | 0. 674077 |
| | | KSVD_SRC | 0. 65556 | |
| | | LCKSVD_SRC | 0. 71111 | |
| | Gabor | N_SRC | 0. 42222 | 0. 555553 |
| | | KSVD_SRC | 0. 43333 | |
| | | LCKSVD_SRC | 0. 81111 | |

（2）全特征分类对比实验。

把 9 维颜色矩、59 维局部二进制模式、16 维灰度共生矩阵、48 维 Gabor 特征合并为 132 维的特征空间，其他参数设定和上述实验相同，得到的分类结果如表 3-4 所列。

表 3-4　所有数据库上的全特征分类对比实验

| 特征 132 | 数据库 | 分类 | 识别率 | 平均值 |
|---|---|---|---|---|
| CM：9<br>LBP：59<br>GLCM：16<br>Gabor：48 | NJUST_64 | N_SRC | 1 | 1 |
| | | KSVD_SRC | 1 | |
| | | LCKSVD_SRC | 1 | |
| | NJUST_32 | N_SRC | 0. 96389 | 0. 96389 |
| | | KSVD_SRC | 0. 96389 | |
| | | LCKSVD_SRC | 0. 964 | |
| | NJUST_16 | N_SRC | 0. 92083 | 0. 916647 |
| | | KSVD_SRC | 0. 91111 | |
| | | LCKSVD_SRC | 0. 918 | |
| | Outex_64 | N_SRC | 0. 96667 | 0. 94815 |
| | | KSVD_SRC | 0. 96667 | |
| | | LCKSVD_SRC | 0. 91111 | |
| | Outex_32 | N_SRC | 0. 96944 | 0. 963037 |
| | | KSVD_SRC | 0. 96667 | |
| | | LCKSVD_SRC | 0. 953 | |
| | Outex_16 | N_SRC | 0. 93125 | 0. 913397 |
| | | KSVD_SRC | 0. 93194 | |
| | | LCKSVD_SRC | 0. 877 | |

从实验结果可以看到有以下几种情况。

① 颜色特征在地表分类中贡献较大，灰度共生矩阵和局部二进制模式次之，Gabor 结果所提取出的均值和标准差特征表现最差。

② 描述地表特征的图像字块一般可分为 64×64、32×32、16×16，但是 64×64 子块更能完整地概括图像信息。

③ 由稀疏表示分类器的基本思想可知，同类样本之间相关性较强，样本可以由其同类样本进行稀疏表示，因此针对同一类的稀疏表示字典的学习和更新对分类正确率而言几乎没有效果，而字典学习的过程却耗费了大量时间，所以以后的研究可以忽略这种思路。

④ 在现有的参数设定条件下，LCKSVD_SRC 对于低维的样本分类效果显著，所有 9 维分类实验识别率都超过了 95%。

### 3.1.3 可通行区域分割技术

传统进行可通行区域识别，主要是利用视觉信息。因为视觉信息特征丰富，从视觉图像信息中可以提取出颜色、纹理等多种信息，因此具有较强的可分辨性。但是视觉图像信息处理也有一个弊端，即算法性能极容易受到光照变化的影响。不仅如此，视觉特征在不同的环境中变化的幅度较大。为了说明无人平台对可通行区域的识别能力体现出的是一种与环境无关的能力，本小节将介绍一种基于激光雷达点云的可通行区域分割技术。

具体地，本小节并不是直接通过处理激光雷达的三维点云数据进行可通行区域分割，而是先将三维点云数据转换成鸟瞰图（bird's eye vision，BEV），这样可以清晰地看到激光雷达的回波纹理随着地面高度的起伏而发生变化。这种变化为进一步利用神经网络模型分析地表的光滑程度提供了很好的数据支持。鸟瞰图可以避免陷入针对散乱三维点云的复杂算法处理中，而是可以用比较常用的处理结构化数据的工具，如针对图像的卷积神经网络对其进行处理。事实上，利用激光雷达点云回波特征进行可通行区域的检测识别，本质上是在利用区域表面的光滑程度对是否为可通行区域进行甄别。

本小节介绍的基于激光雷达三维点云数据的可通行区域识别的模型如图 3-24 所示。

图 3-24 利用 Mask-RCNN 这样一个实例分割网络模型来实现针对激光雷达鸟瞰图的可通行区域分割。图 3-24 是采用 Mask-RCNN 模型得到的基于单帧的可通行区域的分割结果。输入的数据是野外环境下有粉尘干扰的三维点云数据。图 3-25 中第一行各图片中均有一个用红圈标注的区域，这个标注出来的区域便是对应的粉尘数据。通常的基于三维点云的处理算法会将这些粉尘区域当作障碍点来处理，从而干扰了可通行区域的获取。从图 3-25 中可以看出，本节采用的算法能够不受到这些粉尘的干扰，获得比较准确的可通行区域的整体信息。

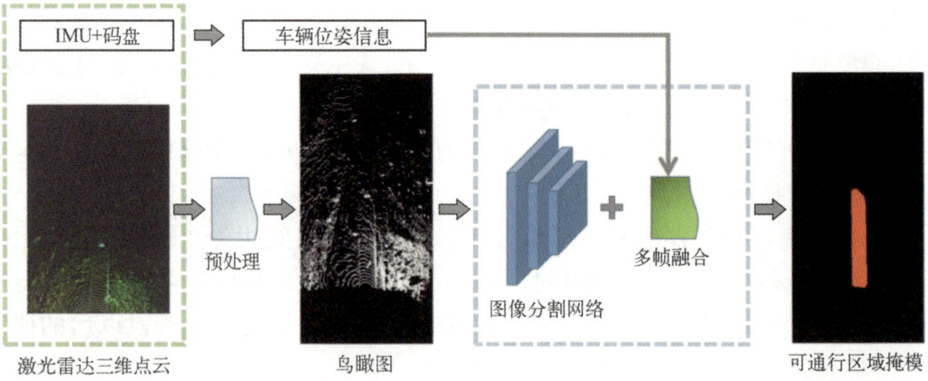


图 3-24　基于激光雷达三维点云数据的可通行区域识别的模型

但是，只要是模式识别算法，获得百分百的识别准确率是不现实的。因此，利用序贯信息的结果，通过多帧分割结果的融合，可以有效提高最终结果的准确性与可靠性。由于可通行区域是保证无人平台行车安全性的最后一道防线，因此准确可靠的分割结果对提升系统的可靠性具有重要意义。

图 3-26 所示为利用车载惯导和码盘信息融合多帧分割结果后，最终得到的分割结果。其中图 3-25 中第一行各图片为单帧分割结果。在这些单帧分割结果中，

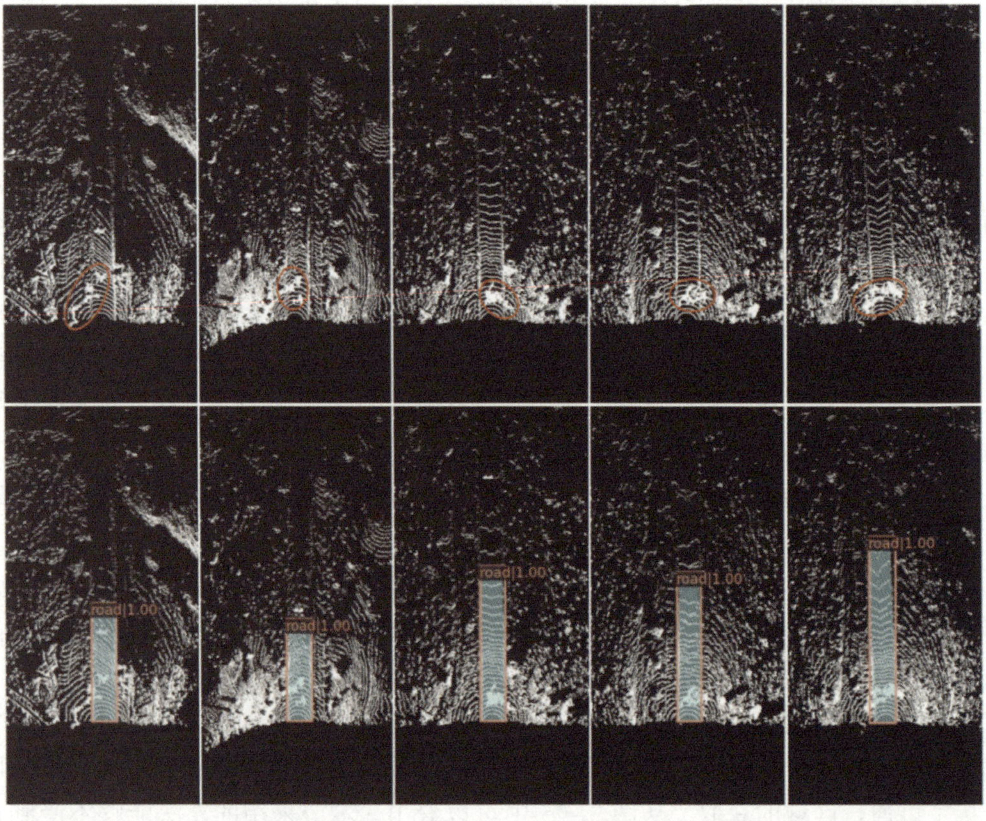


图 3-25　基于 Mask-RCNN 的可通行区域分割效果

用蓝色圆圈标注的区域为单帧判别结果有误的区域。但是这些有误的区域在经过多帧信息融合后，最终系统输出的可通行区域则已经将这些错误区域滤除了。图 3-26 中第二行各图片的绿色区域便是单帧有误，且在多帧融合结果中被滤除的区域。多帧融合后的结果为黄色区域。通过上下两行的对比，可以明显看出，融合后的可通行区域分割结果更准确、更稳定。

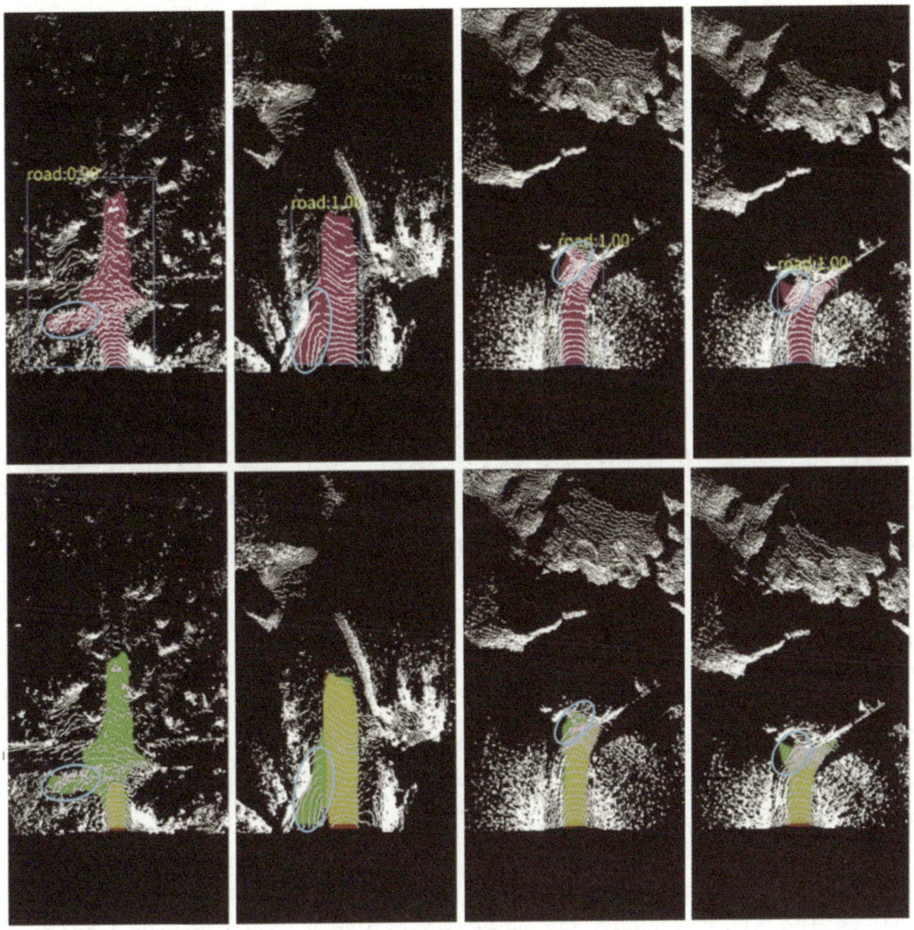


图 3-26　基于序贯信息融合的可通行区域分割结果

可通行区域的检测识别并不能解决地面无人平台导航中面临的所有问题。事实上，可通行区域只是为地面无人平台提供了一道最后的屏障。简单地说，它只是告诉无人平台哪些地方不要去。但是，这种信息对于无人平台而言是不够的。无人平台最终到达目的地，主要依靠的还是引导信息。但是，引导信息的生成其实是与环境任务相关的。按照前面的分析，这部分工作并不适合研发人员在研发环境中来做，而更适合利用研发人员提供的模型，在客户的使用环境中结合具体的任务由客户对无人平台进行赋能。基于单目视觉图像的引导点生成技术和基于激光雷达点云的引导点生成技术正是在这一指导思想下开展的工作。

## 3.2 地物检测与识别技术

路口是道路不同分支的交汇点，是路网结构中的关键节点。路口的种类和位置决定了路网结构中道路分支的分布特点。本部分研究内容聚焦于无人驾驶车辆的拓扑-度量混合地图实时构建任务，首先需要实时准确地识别无人驾驶车辆当前所处位置的路口类型。

现有点云数据的路口分类有两类方法：基于光束模型的方法和基于深度学习的方法。基于光束模型的方法是对光束二值的可透过性的刚性约束来进行路口分类的，但没有区分静态和动态障碍物。因此，动态障碍物的遮挡对路口识别会有干扰。一部分基于深度学习的方法将三维点云数据投影至二维平面，导致原始点云信息丢失。另一部分基于深度学习的方法仅在二维平面内处理点云数据，这会导致其路口分类能力较弱。

针对上述路口分类方法中存在的不足，本节提出一种基于图神经网络的路口分类算法——GC-ICNet。该算法引入图分类思想，首先实现了点云数据的图结构表示，然后设计了图读出机制和特征跳跃连接结构，最后构建了端到端的路口分类模型。GC-ICNet 分别采用 $K$ 近邻和球查询方法实现点云数据的图结构表示，因此产生了两种模型变体：对应 $K$ 近邻方法的 GC-ICNet KNN 模型和对应球查询方法的 GC-ICNet QueryBall 模型。

### 1. GC-ICNet 算法总体思路

下面重点研究城市道路场景下的路口分类问题。在城市道路场景下，不同种类的路口区域的激光雷达点云数据有其各自的显著特征。基于图分类思想，将不同区域的点云数据建模为图数据结构，通过图分类网络模型强大的图数据挖掘能力，能够有效实现路口分类。

#### 1) 路口的定义

路口是道路不同分支的交汇点。此处定义城市道路场景下常见的 5 种路口类型：T 型三岔路口、Y 型三岔路口、十字路口、直路和弯道。其中，三岔路口即常见的三分支类型的路口，具体包括 T 型和 Y 型。十字路口是四分支类型的路口。弯道包含圆弧弯道和直角弯道。需要特别指出的是，直路和弯道本属于路段，但是它们可以被视为具有两个分支的特殊路口类型，为了便于和其他路口类型统一表述，这里将它们也定义为路口类型。但是在其他章节中，直路和弯道仍属于路段，不属于路口。图 3-27 是此处定义的城市道路场景下 5 种常见路口类型。图中灰色表示路面，蓝色阴影区域表示每种路口周围的地物分布。

#### 2) 图分类

图分类是对图数据的分类，目标是预测图数据的类别标签。图分类任务类似于计算机视觉中的图像分类任务，两者都需要给定训练样本及每个样本对应的类别标

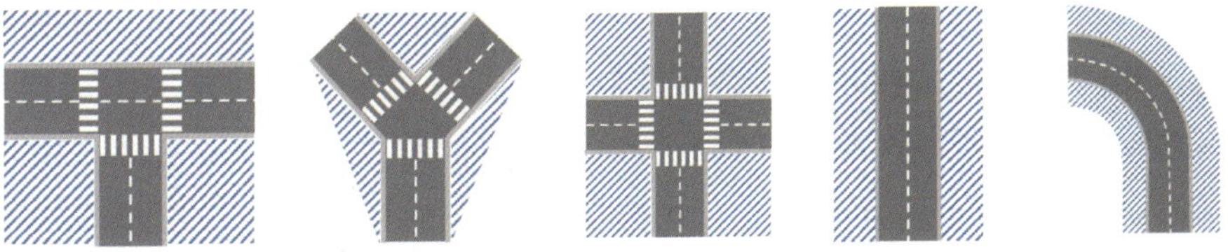


图 3-27　城市道路场景下 5 种常见路口类型

签，然后分类模型基于训练数据集和标签拟合出一种从每个训练集样本到对应类别标签的映射关系，并对测试样本进行分类预测。图分类是一类重要的图级别任务，也是一类基础的但颇具挑战性的任务，拥有广泛的应用前景。图分类的方法可以分为基于相似度的方法和基于图深度学习的方法[49]。基于相似度的方法的核心是图数据的相似性度量。基于图深度学习的方法借助图卷积神经网络处理图分类任务，这类方法要求图分类模型不仅要关注图中局部节点或某些边的结构与特征信息，还要从全图的角度出发，学习图的结构信息和全局特征，实现对图数据的分类。基于图卷积神经网络的图分类模型有两个关键模块：图卷积和图池化。其中，图卷积根据图数据的节点及其邻居和边的信息提取局部特征；图池化逐层汇聚由图卷积提取的图数据局部特征，逐步缩小图的规模，最终得到一个全图的表示向量，并完成图分类。

本节研究的目的是实现城市道路场景下点云数据的路口分类。激光雷达三维点云数据可以被视为一种非显式的图数据结构。GC-ICNet 算法的总体思路是：引入图分类思想，首先将城市道路场景下的点云数据建模为图数据结构；然后设计基于图卷积神经网络的图分类模型，借助其强大的图数据挖掘能力完成城市道路场景下点云数据的路口分类任务。

GC-ICNet 算法采用上述的图分类思路主要基于以下两点原因。

第一，激光雷达三维点云数据可以被视为一种非显式的图数据结构，能够被方便地表示为图数据。将城市道路场景下的点云数据建模为图数据结构，利用基于图卷积神经网络的图分类模型，可以同时捕捉点云局部特征并汇聚点云全局信息，更关键的是能够挖掘点云数据的结构特征，有效弥补了 PointNet[34] 和 PointNet++[35] 等方法存在的缺失点云局部特征或结构特征的不足。此外，图分类网络直接架构于由三维点云表示的图数据之上，无须进行体素化或投影操作，有效避免了基于体素和基于投影的方法普遍存在的丢失原始点云信息等问题，更有利于实现路口分类。

第二，城市道路场景下的地物主要包括建筑物和树木等固定物体，不同路口周围的地物呈现出不同的分布区域。例如，在图 3-27（a）中，T 型三岔路口周围的地物主要集中分布在上方和左下与右下侧区域；在图 3-27（c）中，十字路口周围的地物主要集中分布在 4 个角落区域。另外，地物以外的部分是路面。路面区域集中分布在较低的一个近似水平面附近，路面区域上方除少量的车辆和行人之外均为大量的空洞。地物区域的平均高度和密度明显大于路面区域，并且不同种类路口的路面区域的形状和位置分布也不同。综上所述，在不同种类路口的点云数据中，存在各异的密集的地物区域和空洞的路面区域，将这些点云数据建模为图数据，通过图分类网络模型挖掘特征，能够有效实现城市道路场景下点云数据的路口分类。

### 2. GC-ICNetKNN 模型

1）整体结构

GC-ICNetKNN 模型的整体结构如图 3-28 所示，主要包括图注意力卷积模块、图读出机制模块、特征跳跃连接结构和全连接模块等部分。其中，图注意力卷积模块由连续的 3 个图注意力卷积层组成，它们共同构成图特征金字塔结构。每个图注意力卷积层中包含了采用 $K$ 近邻方法的图结构表示模块、图注意力卷积算子和局部图池化算子。图读出机制模块分布在每个图注意力卷积层的输出端，故也呈现出 3 层的层次结构，共同完成每个图注意力卷积层全部输出节点的全局信息融合。特征跳跃连接结构实现每个图注意力卷积层经图读出机制模块获得的各层全局融合信息的拼接，获得全图的高维表示向量。全连接模块共包括 3 个全连接层，完成图分类预测标签的输出。

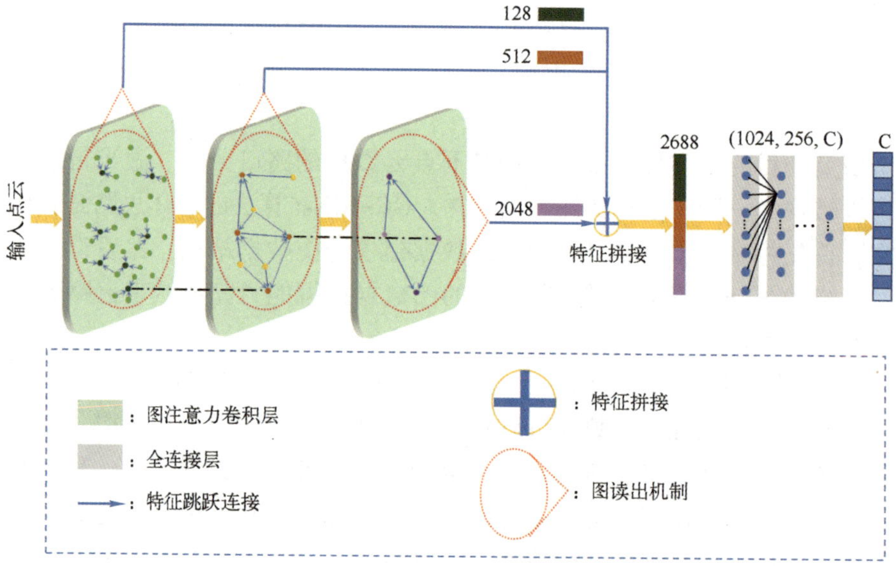


图 3-28　GC-ICNetKNN 模型的整体结构

GC-ICNetKNN 模型是一个端到端模型，从输入到输出的执行顺序是：输入城市道路场景下的一帧原始点云数据，连续经过 3 个图注意力卷积层。在每个图注意力卷积层内，对输入点云进行最远点采样获得中心节点，并且采用 $K$ 近邻方法获得图数据。对每个中心节点及其邻居节点计算注意力系数，执行加权求和并与偏置量相加，完成图注意力卷积。图注意力卷积的输出向量与对应中心节点及其邻居节点进行局部邻域图池化，并更新该中心节点的特征。所有特征更新后的中心节点作为该图注意力卷积层的输出节点输入到下一个图注意力卷积层。同时，每个图注意力卷积层输出的全部节点经过该层的图读出机制，得到该层的全局池化向量。连续经过

3 个图注意力卷积层，获得对应的 3 个全局池化向量，将其拼接后得到一个全图的高维表示向量，最后通过 3 个全连接层完成路口分类。

GC-ICNetKNN 算法的流程如算法 3.1 所示。

**算法 3.1 GC-ICNetKNN 算法**

```
输入：城市道路场景下的一帧激光雷达点云数据。
输出：路口种类预测标签。
当前图注意力卷积层编号 i = 1;
for i < 4:
//点云的图结构表示
对输入点云数据采用最远点采样方法选取中心节点；
对每个中心节点采用 K 近邻方法在输入点云中搜索 K 个最近邻居节点；
//图注意力卷积
计算邻居节点和中心节点之间的图注意力系数；
执行邻居节点和中心节点的加权求和并与偏置量相加，得到图注意力卷积的输出向量；
//局部图池化
将图注意力卷积的输出向量和对应的中心节点及其邻居节点进行局部邻域图池化，并更新该中心节点的特征；
所有特征更新后的中心节点作为该图注意力卷积层的输出节点输入到下一个图注意力卷积层；
//图读出
将该图注意力卷积层的全部输出节点进行全局池化，获得该层的全局池化向量。全局池化函数使用最大值池化和平均值池化函数；
当前图注意力卷积层编号 i= i + 1;
end
//特征跳跃连接
拼接 3 个图注意力卷积层对应的 3 个全局池化向量，获得全图表示向量；
//输出路口种类预测标签
全图表示向量经过全连接层输出路口种类预测标签；
return
```

2）图注意力卷积层

（1）图结构表示模块。

GC-ICNetKNN 模型的每层图注意力卷积层的图结构表示模块采用 $K$ 近邻方法，首先对输入点云通过最远点采样获得中心节点，然后采用 $K$ 近邻方法获得图数据。每个图注意力卷积层都具有图结构表示模块，都要将该层输入点云采用 $K$ 近邻方法重新表示为图数据，并且只根据节点的三维欧氏距离来搜索邻居节点。在图 3-28 中，第一个和第二个图注意力卷积层的 $K$ 近邻节点数设置为 3，第三个图注意力卷积层的 $K$ 近邻节点数设置为 2，图 3-28 中的 $K$ 近邻节点数值仅作示意，在实际城市道路场景下原始输入点云的点数规模较大，因此各图结构表示模块的 $K$ 近邻节点数值也会随之扩大，并且不同图注意力卷积层中设定的数值各不相同。

（2）图注意力卷积。

注意力机制是指对输入信息进行有侧重点地接收和处理，其核心是加权，权重来源于对输入信息中不同元素的重要性度量。图注意力卷积是指在图卷积神经网络中，根据中心节点及其全部邻居节点的三维坐标和其他维度特征等信息，判断每个邻居节点对于它的中心节点的重要性，即计算每个邻居节点的注意力系数（权重），然后通过全部邻居节点及其注意力系数的加权求和，获得图注意力卷积的输出特征。其中，每个邻居节点对应的注意力系数等价于该邻居节点与其所属中心节点之间边的权重。图 3-29 所示为一种图注意力卷积的示意图。

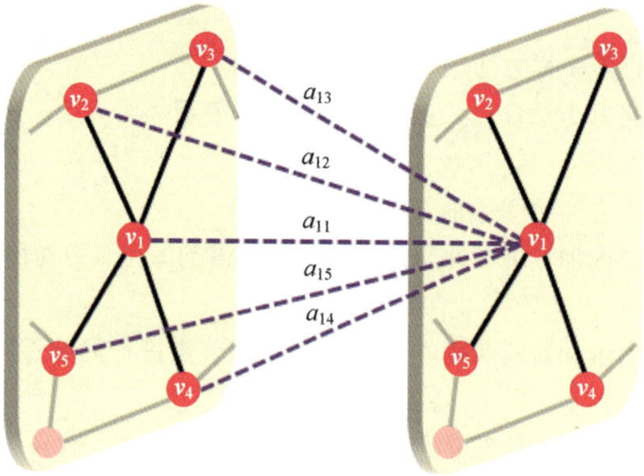


图 3-29　一种图注意力卷积的示意图

图中，节点 $v_1$ 表示中心节点，节点 $v_1 \sim v_5$ 表示邻居节点（中心节点的邻居节点包含其自身），$a_{1i}(i=1,2,\cdots,5)$ 表示每个邻居节点对应的注意力系数，每个注意力系数都是一个向量，注意力向量的维度等于邻居节点特征的维度，注意力向量的每个分量对应邻居节点每个维度的特征的注意力系数。中心节点 $v_1$ 经过图注意力卷积后输出的特征向量 $\boldsymbol{h}_1'$ 是全部邻居节点特征向量及其对应注意力系数的加权求和。$\boldsymbol{h}_1'$ 的计算方法为

$$\boldsymbol{h}_1' = \sum_{i=1}^{5} a_{1i} * h_i \tag{3-53}$$

式中：$h_i$ 为图注意力卷积之前的中心节点和邻居节点的特征向量；$*$ 为哈达玛积，即两个向量的对应元素相乘。

GC-ICNet 模型引入了 GACNet[43] 的图注意力卷积机制，如图 3-29 所示。图 3-29 给出了注意力向量的计算方法[43]。在这种图注意力卷积机制中，图注意力向量同时关注了中心节点和邻居节点之间的三维空间坐标之差与其他维度的特征之差两方面信息，即同时考虑了节点之间的三维空间距离和特征距离，并且注意力向量在每个特征通道上均进行了归一化处理。在图 3-30 中，$\Delta p_{1i}$表示中心节点 $v_1$ 和它的邻居节点 $v_i$ 之间的三维空间坐标之差，$\Delta h_{1i}$表示中心节点 $v_1$ 和它的邻居节点 $v_i$ 之间的其他维度特征之差。将 $\Delta p_{1i}$和 $\Delta h_{1i}$拼接之后，通过多层感知机（MLP）获得中心节点 $v_1$ 的每个邻居节点 $v_i$ 的 $K$ 维注意力向量 $a_{1i}'(i=1,2,\cdots,5)$。然后，在 $K$ 维注

意力向量的每个维度上进行归一化处理，最终得到中心节点 $v_1$ 的每个邻居节点 $v_i$ 的归一化的 $K$ 维注意力向量 $a_{1i}(i=1,2,\cdots,5)$。

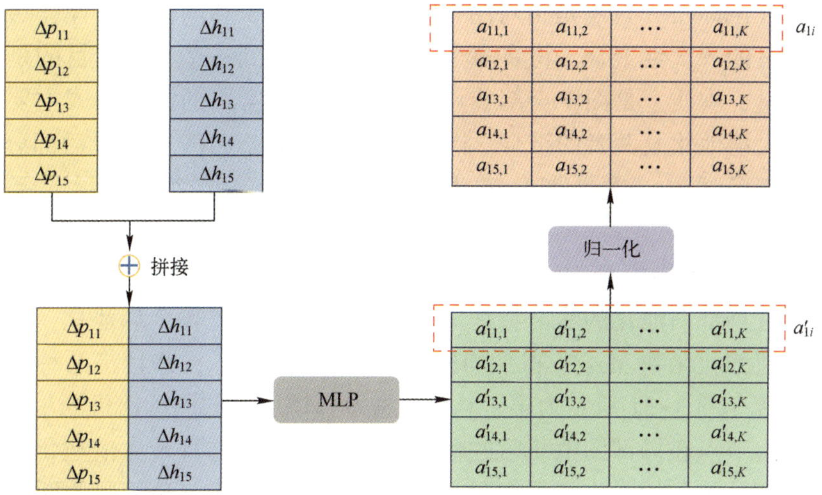


图 3-30 图注意力向量计算方法

得到中心节点 $v_1$ 的每个邻居节点 $v_i$ 的归一化的 $K$ 维注意力向量 $a_{1i}(i=1,2,\cdots,5)$后，根据式（3-1）计算可得中心节点 $v_1$ 经过图注意力卷积后输出的特征向量 $\boldsymbol{h}_1'$。此外，$\boldsymbol{h}_1'$ 还需要与一个可学习的偏置量相加用于微调。因此，GC-ICNet 模型的中心节点 $v_i$ 的特征向量 $\boldsymbol{h}_i$ 经过图注意力卷积后的最终输出形式为

$$\boldsymbol{h}_i' = \sum_{j\in N(i)} \boldsymbol{a}_{ij} * h_j + b_i \tag{3-54}$$

式中：$\boldsymbol{h}_i'$ 为中心节点 $v_i$ 的特征向量 $\boldsymbol{h}_i$ 经过图注意力卷积后的最终输出特征向量；$N(i)$为中心节点 $v_i$ 的邻居节点集合（包含中心节点 $v_i$ 自身）；$\boldsymbol{a}_{ij}$ 为邻居节点 $v_j$ 到中心节点 $v_i$ 的注意力向量；$b_i$ 为一个可学习的偏置量。

3）*局部图池化*

在完成图注意力卷积操作之后，在每个中心节点及其邻居节点的局部邻域内通过局部图池化算子进行局部池化，池化函数选择最大值池化函数 max{ }，即选取全部池化节点中每个特征通道的最大值组成池化输出向量。局部最大值池化的输出为

$$\text{MaxPooling}_{\text{local}} = \max\{\boldsymbol{h}_j \mid \forall v_j \in N(i)\} \tag{3-55}$$

式中：$\text{MaxPooling}_{\text{local}}$为局部最大值池化的输出；$N(i)$为中心节点 $v_i$ 的全部邻居节点集合（包含中心节点 $v_i$ 自身），以及中心节点 $v_i$ 的特征向量 $\boldsymbol{h}_i$ 经过图注意力卷积后的最终输出特征向量 $\boldsymbol{h}_i'$，即将 $\boldsymbol{h}_i'$ 视为一个新的虚拟邻居节点的特征向量；$\boldsymbol{h}_j$ 为 $N(i)$内邻居节点 $v_j$ 的特征向量。

用每个中心节点对应局部最大值池化的输出向量更新该中心节点的特征向量，并将每个中心节点在原始输入点云中的三维空间坐标和更新后的全部中心节点特征向量分别传递到下一个图注意力卷积层，作为其输入数据，如图 3-29 中相邻两个图注意力卷积层之间的黑色虚线所示。至此，就完成了一个图注意力卷积层的所有

操作。

4）图读出机制

图读出（readout）机制是指对图中经过多轮图卷积和图池化等操作后的全部节点的特征向量的一次性聚合，将有多个节点的图降维到一个节点，目的是获得图的全局表示向量，本质上是图中全部节点的全局池化。常用的池化方式主要包括平均值池化、最大值池化及两者的结合。图读出机制类似于 CNN 模型最后部分的全连接层，这两者都是通过一次性聚合来获得一个全局的高维表示向量，用于后续的分类。

在图 3-29 所示的模型中，图读出机制具体是指对每个图注意力卷积层中全部中心节点经过局部图池化的输出特征向量 $\mathrm{MaxPooling}_{\mathrm{local}}$ 进行全局池化，池化函数同时采用最大值池化函数 $\mathrm{Max}\{\}$ 和平均值池化函数 $\mathrm{Mean}\{\}$，并且将两种池化函数的输出进行拼接。图 3-31 所示为第 $i$ 个图注意力卷积层上的图读出机制示意图，对全部褐色的中心节点在局部图池化后的输出特征向量同时进行最大值池化和平均值池化，并拼接两种池化的输出特征向量，得到第 $i$ 个图注意力卷积层的图读出机制输出特征向量 $\mathrm{Readout}(i)$。

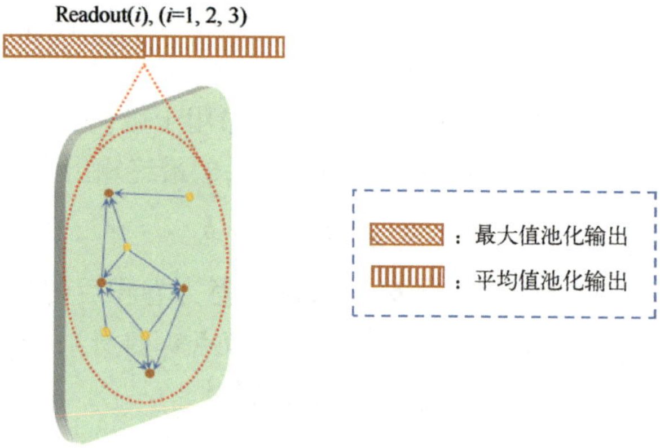


图 3-31　基于 $K$ 近邻图构造方法的路口分类模型的图读出机制

第 $i$ 个图注意力卷积层上的图读出机制输出特征向量 $\mathrm{Readout}(i)$ 为

$$\begin{cases}\mathrm{MaxPooling}(i)=\mathrm{Max}\{h_j \mid \forall v_j \in V_i\} \\ \mathrm{MeanPooling}(i)=\mathrm{Mean}\{h_j \mid \forall v_j \in V_i\} \\ \mathrm{Readout}(i)=\mathrm{MaxPooling}(i) \| \mathrm{MeanPooling}(i)\end{cases} \tag{3-56}$$

式中：$V_i$ 为该层的全部中心节点的集合；$h_j$ 为该层中心节点 $v_j$ 经过局部图池化后输出的特征向量；$\mathrm{MaxPooling}(i)$ 和 $\mathrm{MeanPooling}(i)$ 分别为该层全部的 $h_j$ 经过最大值池化和平均值池化的输出特征向量；$\|$ 表示特征向量的拼接操作。

5）特征跳跃连接结构

在图 3-29 中，图读出机制模块分布在每个图注意力卷积层的输出端，呈现出 3 层的层次结构，共同完成每个图注意力卷积层的全局信息融合，3 层图读出机制输出 3 种不同层次的特征向量，每种层次的特征向量对应不同大小的聚合半径。对这 3 种不同层次的特征向量进行拼接就构成了特征跳跃连接结构，如图 3-31 中的蓝色箭头线条所示。特征跳跃连接结构有利于改善图卷积神经网络模型存在的过平滑问题，提升模型的分类性能。特征跳跃连接结构的输出向量 Readout 为

$$\text{Readout}=\text{Readout}(1)\,\|\,\text{Readout}(2)\,\|\,\text{Readout}(3) \tag{3-57}$$

式中：Readout($i$)为第 $i$ 个图注意力卷积层上的图读出机制的输出特征向量，‖表示特征向量的拼接操作。

### 3. GC-ICNetQueryBall 模型

1）整体结构

GC-ICNetQueryBall 模型的整体结构如图 3-32 所示。与 GC-ICNetKNN 模型结构类似，该模型的整体结构主要包括图注意力卷积模块、图读出机制模块、特征跳跃连接结构和全连接模块等几个部分。与 GC-ICNetKNN 模型结构的主要区别在于 GC-ICNetQueryBall 模型图注意力卷积层的图结构表示模块中采用了球查询方法。该模型也是一个端到端模型，从输入到输出的执行顺序与 GC-ICNetKNN 模型类似。GC-ICNetQueryBall 算法的流程如算法 3.2 所示。

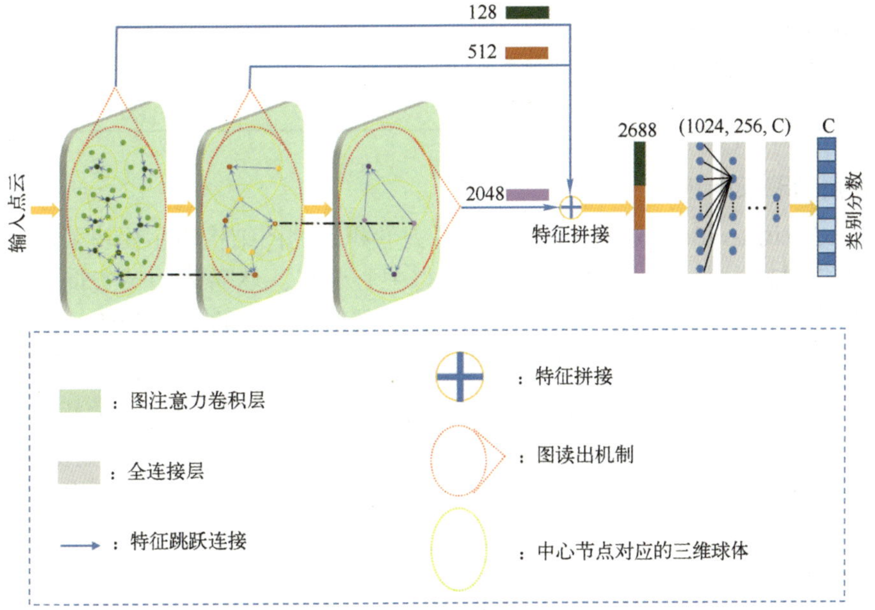


图 3-32 GC-ICNetQueryBall 模型的整体结构

| **算法 3.2 GC-ICNetQueryBall 算法** |
| --- |
| **输入**：城市道路场景下的一帧激光雷达点云数据。<br>**输出**：路口种类预测标签。<br>当前图注意力卷积层编号 $i$ = 1; |

```
for i < 4:
  //点云的图结构表示
  对输入点云数据采用最远点采样方法选取中心节点;
  对每个中心节点采用球查询方法在输入点云中搜索 K 个邻居节点;
  //图注意力卷积
  计算邻居节点和中心节点之间的图注意力系数;
  执行邻居节点和中心节点的加权求和并与偏置量相加，得到图注意力卷积的输出向量;
  //局部图池化
  将图注意力卷积的输出向量和对应的中心节点及其邻居节点进行局部邻域图池化，并更新该中心
节点的特征;
  所有特征更新后的中心节点作为该图注意力卷积层的输出节点输入到下一个图注意力卷积层;
  //图读出
  将该图注意力卷积层的全部输出节点进行全局池化，获得该层的全局池化向量。全局池化函数使
用最大值池化和平均值池化函数;
  当前图注意力卷积层编号 i = i + 1;
end
//特征跳跃连接
拼接 3 个图注意力卷积层对应的 3 个全局池化向量，获得全图表示向量;
//输出路口种类预测标签
全图表示向量经过全连接层输出路口种类预测标签;
return
```

2）图结构表示模块

GC-ICNetQueryBall 模型的每个图注意力卷积层的图结构表示模块采用了球查询方法，首先对输入点云通过最远点采样获得中心节点，然后采用球查询方法获得图数据。每个图注意力卷积层都具有图结构表示模块，都要将该层的输入点云采用球查询方法重新表示为图数据，并且只根据节点的三维欧氏距离来搜索邻居节点。图 3-32 中第一个图注意力卷积层的球内邻居节点数设置为 3，第二个和第三个图注意力卷积层的球内邻居节点数设置为 2，图 3-32 中的球内邻居节点数值仅作示意，在实际城市道路场景下原始输入点云的点数规模较大，因此各图结构表示模块设定的三维球体半径参数值也较大，球内邻居节点数值也会随之扩大，并且不同图注意力卷积层中设定的数值各不相同。

### 4. 两种模型结构对比

GC-ICNetKNN 模型和 GC-ICNetQueryBall 模型结构的主要区别在于图结构表示模块不同，如图 3-33 所示。GC-ICNetKNN 模型采用 $K$ 近邻方法，GC-ICNetQueryBall 模型采用球查询方法。这两种方法各有特点和优势。

### 5. 实验对比分析

本小节在 4 种数据集上通过多项定量实验对 GC-ICNetKNN 模型和 GC-ICNetQueryBall 模型的路口分类性能进行了评估，同时与几种代表性的对照模型的路

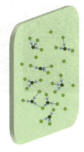

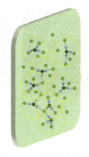

(a) GC-ICNetKNN的图结构表示模块　　(b) GC-ICNetQueryBall的图结构表示模块

图 3-33　GC-ICNetKNN 模型和 GC-ICNetQueryBall 模型结构对比

口分类性能进行了对比，并分析了实验结果。路口分类性能评价指标主要包括总体准确率（overall accuracy，OA）、各类别召回率（Recall）、各类别平均召回率（mRecall）、各类别精确率（Precision）和各类别 F1 分数。此外，本小节研究了本章模型在不同输入点数下的路口分类性能，并且通过实验分析了两种输入点云空间转换网络对本章模型的路口分类性能的影响。最后，通过消融实验验证了本章模型的特征跳跃连接结构的有效性。

图 3-34（a）所示为 KITTI Odometry Velodyne[48] 数据集中的一处典型的十字路口。需要特别说明的是，当直路或弯道两侧出现树林和草地等开阔区域，或者出现狭窄的通道时，仍属于本章定义的直路或弯道类型。图 3-34（b）所示为 KITTI Odometry Velodyne[48] 数据集中一个弯道的示例。虽然图 3-34（b）中道路右侧红色框内出现了开阔的树林区域，但是它对于无人驾驶车辆来说属于不可通行区域，因此仍属于弯道类型。

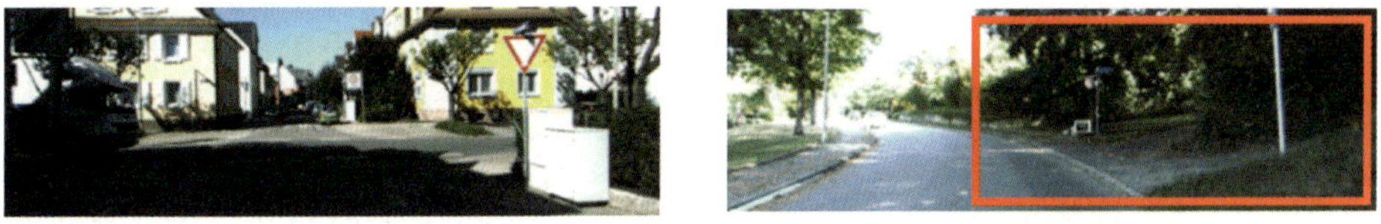

(a) 十字路口　　(b) 弯道

图 3-34　KITTI 激光雷达里程计[48] 数据集中的路口示例

本小节选取了 KITTI 激光雷达里程计[48] 数据集 Sequence 02 和 Sequence 07 中各种路口的点云数据作为训练集，选取 Sequence 00 各种路口的点云数据作为测试集。训练集和测试集数据分别来自不同的场景，充分保证了测试集和训练集数据的差异性，可以更加客观地评估两种模型在路口分类任务中的真实泛化能力。

本小节将所有数据标注为 3 种类别：路段（0 类）、十字路口（1 类）和三岔路口（2 类）。其中，路段（0 类）表示直路和弯道，三岔路口（2 类）包括 T 型三岔路口和 Y 型三岔路口。训练集共包含 2616 帧样本，其中有 0 类样本 1008 帧，1 类样本 524 帧，2 类样本 1084 帧；测试集共包含 994 帧样本，其中有 0 类样本 311 帧，1 类样本 378 帧，2 类样本 305 帧。数据集中各类别路口的俯视图如图 3-35 所示。

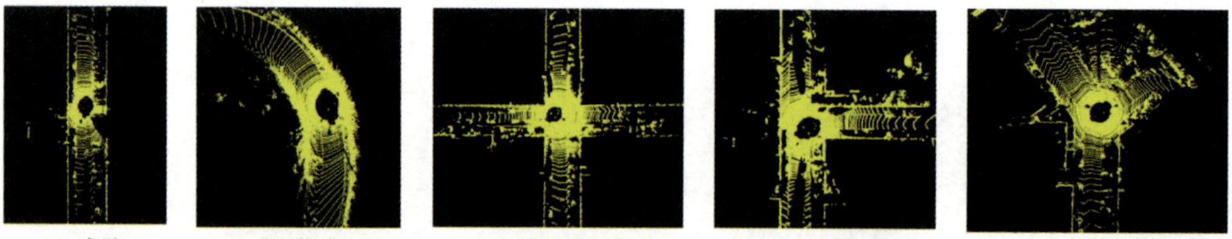

(a) 直路　(b) 弯道　(c) 十字路口　(d) T型三岔路口　(e) Y型三岔路口

图 3-35　数据集中各类别路口的俯视图

KITTI Odometry Velodyne 数据集中每帧原始点云的点数大约为 $10^5$ 数量级，每个点含有三维空间坐标和反射率共四维的初始特征。数据集的预处理过程为：将数据集中每帧原始点云分别随机下采样至 20000、15000、10000、5000 点，然后对下采样后的点云数据进行三维空间坐标和反射率的归一化。完成预处理的数据集中，每帧点云每个点包含四维初始特征：归一化的三维空间坐标（三维）和归一化的反射率（一维）。

分别输入 20000 点/帧的全部四维初始特征和三维空间坐标初始特征的数据，评估本章两种模型和其他几个对照模型的路口分类性能。表 3-5 所示为四维初始特征下的对照实验结果，表 3-6 所示为三维初始特征下的对照实验结果。其中，0 类表示路段，1 类表示十字路口，2 类表示三岔路口，OA 表示总体准确率，Recall 表示各类别召回率，mRecall 表示各类别平均召回率，Precision 表示各类别精确率，F1 表示各类别 F1 分数。DGCNN[36]模型的参数“$K$”表示该模型采用的 $K$ 近邻的点云数据图结构表示方法中设定的每个中心节点的最近邻居节点数量。

由表 3-5 可知，当输入四维初始特征时，GC-ICNetKNN 模型在 8 个指标都优于其他对照模型，GC-ICNetQueryBall 模型在三岔路口的召回率这个指标也优于其他对照模型。由表 3-6 可知，当输入三维初始特征时，GC-ICNetKNN 模型在 8 个指标都优于其他对照模型。上述 GC-ICNet 模型性能指标优于对照模型的主要原因是：与 PointNet[34]和 PointNet++[35]相比，GC-ICNet 模型将点云数据建模为图数据，进而通过图分类网络模型挖掘点云的结构特征，实现了更有效的路口分类。与 DGCNN[36]相比，GC-ICNet 模型汇聚了更大范围内邻居节点的信息，实现了更有效的路口分类。

表 3-5　KITTI 激光雷达里程计[48]数据集的对照实验结果

| 模型 | OA | mRecall | Recall | | | Precision | | | F1 | | |
|---|---|---|---|---|---|---|---|---|---|---|---|
| | | | 0 类 | 1 类 | 2 类 | 0 类 | 1 类 | 2 类 | 0 类 | 1 类 | 2 类 |
| PointNet[34] | 0.867 | 0.864 | 0.904 | 0.892 | 0.797 | 0.834 | 0.926 | 0.830 | 0.867 | 0.908 | 0.813 |
| PointNet++_ssg[35] | 0.728 | 0.733 | 0.897 | 0.643 | 0.658 | 0.830 | 0.821 | 0.551 | 0.862 | 0.721 | 0.600 |
| PointNet++_msg[35] | 0.829 | 0.831 | 0.952 | 0.791 | 0.749 | 0.866 | 0.890 | 0.722 | 0.907 | 0.838 | 0.735 |
| DGCNN($K$=5)[36] | 0.730 | 0.724 | 0.756 | 0.799 | 0.618 | 0.719 | 0.768 | 0.689 | 0.737 | 0.783 | 0.652 |
| DGCNN($K$=10)[36] | 0.746 | 0.736 | 0.752 | 0.870 | 0.586 | 0.760 | 0.753 | 0.718 | 0.756 | 0.807 | 0.645 |
| GC-ICNetQueryBall | 0.845 | 0.848 | 0.836 | 0.807 | 0.901 | 0.925 | 0.876 | 0.752 | 0.878 | 0.840 | 0.820 |
| GC-ICNetKNN | 0.911 | 0.905 | 0.897 | 0.989 | 0.828 | 0.949 | 0.866 | 0.944 | 0.922 | 0.923 | 0.882 |

注：四维初始特征。0 类表示路段，1 类表示十字路口，2 类表示三岔路口。

表 3-6 KITTI 激光雷达里程计[48]数据集的对照实验结果

| 模型 | OA | mRecall | Recall | | | Precision | | | F1 | | |
|---|---|---|---|---|---|---|---|---|---|---|---|
| | | | 0 类 | 1 类 | 2 类 | 0 类 | 1 类 | 2 类 | 0 类 | 1 类 | 2 类 |
| PointNet[34] | 0.852 | 0.844 | 0.910 | 0.923 | 0.698 | 0.858 | 0.860 | 0.831 | 0.883 | 0.890 | 0.759 |
| PointNet++_ssg[35] | 0.745 | 0.738 | 0.936 | 0.786 | 0.492 | 0.766 | 0.816 | 0.604 | 0.842 | 0.801 | 0.542 |
| PointNet++_msg[35] | 0.911 | 0.909 | 0.891 | 0.929 | 0.908 | 0.920 | 0.944 | 0.862 | 0.905 | 0.936 | 0.884 |
| DGCNN($K$=5)[36] | 0.761 | 0.771 | 0.878 | 0.616 | 0.820 | 0.776 | 0.917 | 0.644 | 0.824 | 0.737 | 0.722 |
| DGCNN($K$=10)[36] | 0.736 | 0.733 | 0.627 | 0.788 | 0.784 | 0.823 | 0.780 | 0.637 | 0.712 | 0.784 | 0.703 |
| GC-ICNetQueryBall | 0.761 | 0.754 | 0.910 | 0.831 | 0.521 | 0.773 | 0.770 | 0.725 | 0.836 | 0.799 | 0.607 |
| GC-ICNetKNN | 0.923 | 0.921 | 0.929 | 0.947 | 0.888 | 0.941 | 0.947 | 0.876 | 0.935 | 0.947 | 0.882 |

注：三维初始特征。0 类表示路段，1 类表示十字路口，2 类表示三岔路口。

值得注意的是，无论输入数据的初始特征是三维或四维，根据 OA 和 mRecall 这两个指标，GC-ICNetKNN 模型都比 GC-ICNetQueryBall 模型的路口分类性能更好。同时，对比表 3-5 和表 3-6 的最后两行可得两种模型路口分类性能的输入特征消融实验结果。可以清楚地看到，GC-ICNetQueryBall 模型在四维初始特征的条件下表现较好，这说明点云的反射率有助于 GC-ICNetQueryBall 模型的路口分类性能。GC-ICNetKNN 模型在三维初始特征的条件下表现较好，这说明点云的反射率对于 GC-ICNetKNN 模型的路口分类性能没有提升。

表 3-7 所示为两种模型与各对照模型的参数量对比和在 KITTI 激光雷达里程计数据集的计算量对比。参数量的单位为百万（M），计算量的单位为十亿（G）。由表 3-7 可知，尽管两种模型的参数量与计算量在同一数量级，并且与对照模型相比，两种模型的参数量较大，但是计算量较小。

表 3-7 模型的参数量与计算量对照结果

| 模型 | 参数量/M | 计算量/G |
|---|---|---|
| PointNet[34] | 3.466 | 8.754 |
| PointNet++_ssg[35] | 1.466 | 0.864 |
| PointNet++_msg[35] | 1.738 | 4.035 |
| DGCNN($K$=5)[36] | 2.607 | 23.793 |
| DGCNN($K$=10)[36] | 2.607 | 34.232 |
| GC-ICNetQueryBall | 4.995 | 1.220 |
| GC-ICNetKNN | 4.995 | 1.220 |

注：计算量对比时采用四维初始特征。

为了验证本章模型的路口分类性能，本小节使用四维初始特征和 20000 点/帧的数据集对 GC-ICNetQueryBall 模型进行测试，根据测试结果绘制归一化的混淆矩阵，如图 3-36 所示。混淆矩阵横轴的数字表示模型输出的各类别的预测标签，纵轴的数字表示测试集样本中各类别的真实标签。混淆矩阵中各元素区域的颜色越趋近于黑色，则代表对应元素的数值越接近于1。对混淆矩阵归一化是指对其按行做标准化处理，得到的每个位置的元素值是概率值，每行所有的元素值之和为1，如图3-36中红色数字所示。归一化后的混淆矩阵对角线元素值代表每个类别的召回率。在图3-36中，混淆矩阵每行中对角线位置的元素颜色都趋近于黑色，元素数值都接近于1，这表明GC-ICNetQueryBall模型在数据集的各类别都有较高的召回率，证明了其良好的路口分类性能。

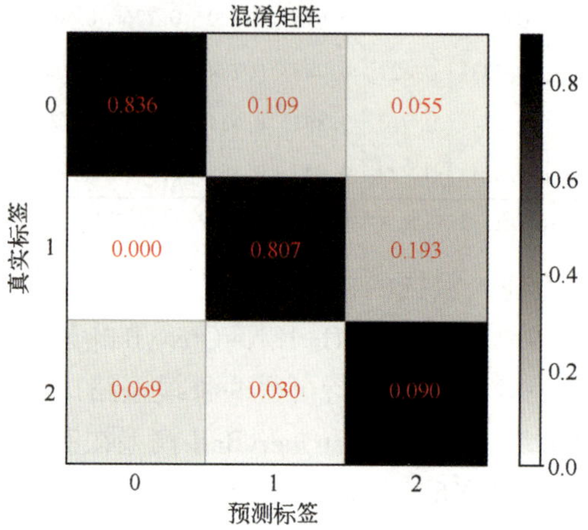


图3-36　混淆矩阵

为了进一步验证本章模型对路口分类任务的有效性，本节采用t-SNE（$t$-分布随机邻域嵌入）算法将GC-ICNetQueryBall模型在四维初始特征和20000点/帧的数据集上输出的Readout(3)特征向量降维至二维并可视化，如图3-37所示，每个点代表一个测试样本的Readout(3)特征向量经过t-SNE降维后的二维特征点，每种颜色分别代表测试样本的一个真实类别，0类表示路段，1类表示十字路口，2类表示三岔路口。图3-37证明经过连续3个图注意力卷积层的特征提取，GC-ICNetQuery-Ball模型能够有效区分不同类别测试样本，验证了其路口分类性能。

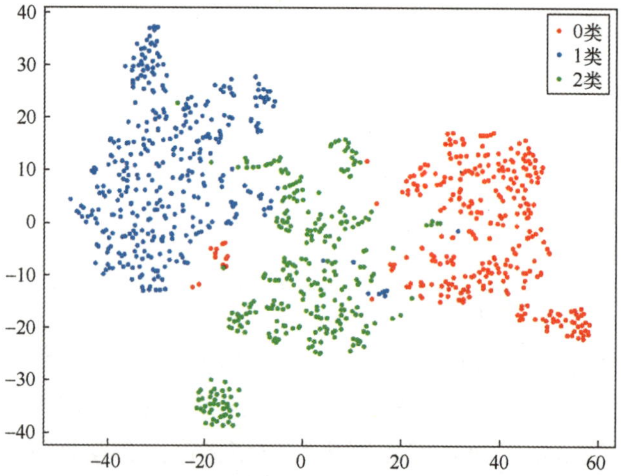


图3-37　t-SNE特征降维可视化

为了研究本章两种模型在不同输入点数下的分类性能，本小节分别在5000、10000、15000、20000点/帧的数据集上进行了对比实验，GC-ICNetKNN模型使用三维初始特征的测试数据，GC-ICNetQueryBall模型使用四维初始特征的测试数据，性能指标采用OA和mRecall，横轴表示输入点数，纵轴表示两种模型的OA或mRecall，如图3-38所示。

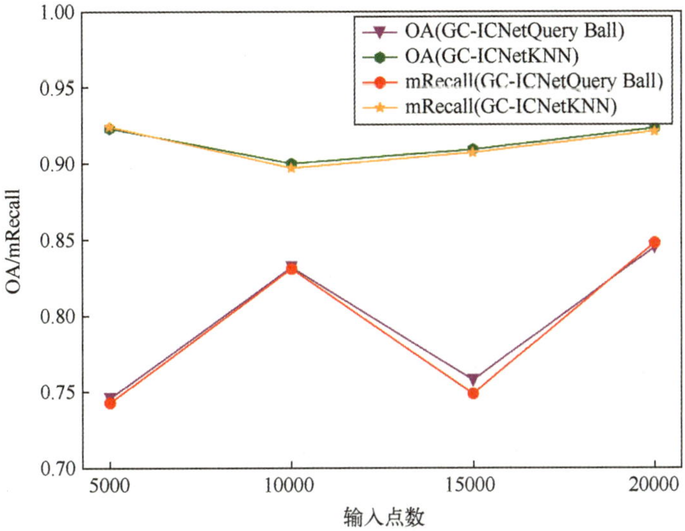


图3-38 不同输入点数下的路口分类性能

GC-ICNetKNN模型在输入5000点时的表现相对最好，输入10000点时的表现相对最差，该模型的性能总体上对输入点数的变化不太敏感。GC-ICNetQueryBall模型在输入20000点时的表现相对最好，输入5000点时的表现相对最差，该模型的性能对输入点数的变化比较敏感。

PointNet[34]和DGCNN[36]分别为点云分类模型设计了输入点云空间转换网络结构。为了研究这两种结构对本章模型路口分类性能的影响，本小节对两种模型分别采用这两种结构在20000点/帧的数据集上与本章的原模型进行对比实验，实验结果如表3-8所列，其中，STN表示DGCNN[36]的空间转换网络，STN1表示PointNet[34]的空间转换网络。性能指标0类、1类、2类分别表示对应类别的召回率。由表3-4可知，根据OA和mRecall指标，在输入三维初始特征时，STN1对GC-ICNetQueryBall模型有性能提升；在输入四维初始特征时，STN1对GC-ICNetKNN模型有微弱的性能提升。但是，总体来看，这两种输入点云空间转换网络对两种模型的路口分类性能没有显著提升，同时它们增加了计算代价，降低了推理速度。因此，两种模型均不采用这两种输入点云空间转换网络结构。

表 3-8 两种输入点云空间转换网络的对比实验结果

| 模型 | | 三维初始特征 | | | | | 四维初始特征 | | | | |
|---|---|---|---|---|---|---|---|---|---|---|---|
| | | OA | mRecall | 0 类 | 1 类 | 2 类 | OA | mRecall | 0 类 | 1 类 | 2 类 |
| GC-ICNetQueryBall | STN | 0. 617 | 0. 621 | 0. 403 | 0. 590 | 0. 869 | 0. 426 | 0. 457 | 0. 833 | 0. 000 | 0. 538 |
| | STN1 | 0. 864 | 0. 862 | 0. 945 | 0. 886 | 0. 753 | 0. 844 | 0. 839 | 0. 879 | 0. 896 | 0. 743 |
| | 无转换 | 0. 761 | 0. 754 | 0. 910 | 0. 831 | 0. 521 | 0. 845 | 0. 848 | 0. 836 | 0. 807 | 0. 901 |
| GC-ICNetKNN | STN | 0. 720 | 0. 728 | 0. 678 | 0. 623 | 0. 882 | 0. 841 | 0. 837 | 0. 855 | 0. 883 | 0. 774 |
| | STN1 | 0. 893 | 0. 893 | 0. 926 | 0. 891 | 0. 862 | 0. 912 | 0. 906 | 0. 987 | 0. 971 | 0. 761 |
| | 无转换 | 0. 923 | 0. 921 | 0. 929 | 0. 947 | 0. 888 | 0. 911 | 0. 905 | 0. 897 | 0. 989 | 0. 828 |

注：0 类表示路段，1 类表示十字路口，2 类表示三岔路口。

## 3.3 运动目标的跟踪与预测技术

### 3.3.1 单运动目标稳定检测与跟踪技术

本小节针对无人车进行班组保障时跟随特定行人这一任务进行研究，重点解决在无人车进行行人跟随的过程中，如何对一群身着相同服装且背对着摄像头的小队人员中的某个特定行人目标进行稳定跟踪的问题，以及在跟踪目标被遮挡或消失在视野中时，如何判断跟踪目标是否丢失或跟踪错误以及在出错后如何自动找回跟踪目标。若能解决上述问题，则有望在较大幅度上提高无人车行人跟随的可靠性。

**1. 鲁棒单目标跟踪框架**

单目标跟踪网络总体架构如图 3-39 所示。算法总体可以分为 4 个模块，依次是候选目标特征提取模块、目标候选关联模块、特征融合模块及预测头输出模块。在这些模块中，重点研究的内容为如何在特征融合模块中采用孪生网络架构，将模板帧集合和当前帧中裁剪得到的搜索区域这两个分支提取到的特征有效融合起来及预测头输出结构的设计，从而生成最终的目标预测框。

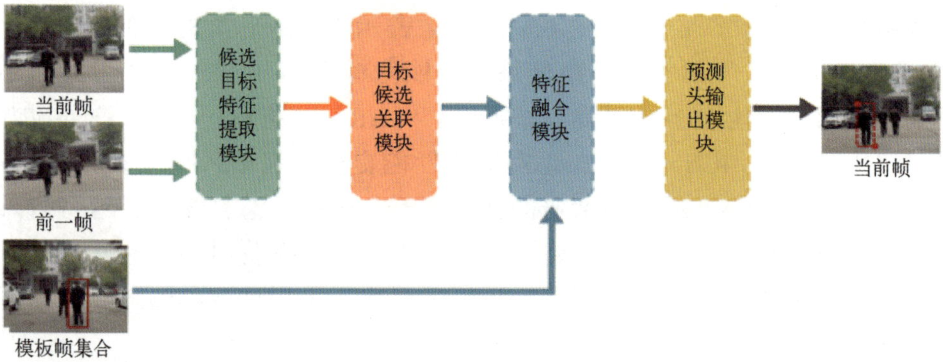


图 3-39 单目标跟踪网络总体框架

下面结合图 3-39，概括介绍一下跟踪算法的大致流程。

第一步：在候选目标特征提取模块中，本部分采用判别模型预测算法 DiMP 作为基础跟踪器，来预测视频序列中前一帧和当前帧的目标得分 $s$，并通过设计的两个约束条件在 $s$ 中找到目标得分较高的位置来选取候选目标，为每个候选目标提取一组特征：目标分类器得分 $S_i$、图像中的位置 $C_i$ 以及一个基于基础跟踪器骨干特征的外观线索 $F_i$。然后，将这组特征编码为每个候选目标的单个特征向量 $\boldsymbol{Z}_i$。

第二步：将前一帧和当前帧的特征向量 $z_i$ 一起输入到目标候选关联模块中，得到相邻两帧间干扰对象和目标的匹配关系，将目标在视频序列的相邻两帧间关联起来，从而推断出当前帧中的目标对象作为初始预测。

第三步：将初始预测结果的两倍大小裁剪下来作为搜索区域，与模板帧集合共同作为孪生网络架构里两个分支的输入，并采用参数共享的骨干网络来进行两个分支的特征提取。之后将两个分支提取出来的特征使用像素级相关模块进行融合。

第四步：对融合后的特征进行角点预测得到最终的跟踪边界框，完成跟踪任务。

近年来，主流的单目标跟踪算法框架仍然以基于相关滤波和孪生网络的方法为主，但当遇到背景复杂、目标遮挡和旋转及尺度变化等情况时，基于相关滤波的目标跟踪方法在模型更新过程中容易产生漂移，而一旦目标丢失将导致滤波器被污染。而基于孪生网络的目标跟踪方法因其端到端训练能力强、能够在精度和速度之间取得良好平衡而备受关注，但目前基于孪生网络的跟踪器也受到以下几个方面的严重限制。

首先，这些跟踪器一般采用特征模型描述目标的外观特征，它着重于目标本身的关键特征提取，忽略了背景外观信息的利用，因此预测模型目标和背景的可分辨性是有限的。

其次，通过离线学习的相似性度量对于未包含在离线训练集中的对象不一定是可靠的，从而导致没有泛化能力，也无法做到准确抑制背景中的干扰对象，就是说离线学习从本质上无法区分外观相似的目标，如行人、车辆的实例级区分。

最后，它没有一个合适的模型更新方式。然而，判别模型预测（DiMP）目标跟踪算法设计了一种端到端的跟踪体系架构，直接解决了上述的所有限制。DiMP 能够兼顾以孪生网络为代表的大规模数据离线训练方法和相关滤波的在线更新模式，将目标跟踪分解为用来定位目标的在线分类模块和获得准确跟踪框的离线尺度估计模块，可以在 40f/s 的速度下仍保持较高的准确率，成为深度单目标跟踪算法的重要框架之一。如图 3-40 所示，提出 DiMP 目标跟踪算法的作者在论文中展示出了在一系列与目标外观极其相似的干扰物存在时，基于孪生网络的跟踪器和 DiMP 跟踪器的目标得分图。从图 3-40 中可以看出，基于孪生网络的跟踪方法的一个关键限制是无法将背景区域和先前跟踪帧中的信息合并到模型预测中去，仅仅使用目标的外观信息，很难将目标与背景中的干扰对象区分开来。相比之下，DiMP 模型预测体系结构整合了背景的外观信息，提出了一种判别能力更强的损失函数，以指导网络学习更具健壮性的特征，并使用更强大的优化器以加快网络的收敛速度，从而大大提高了目标预测模型的判别能力。

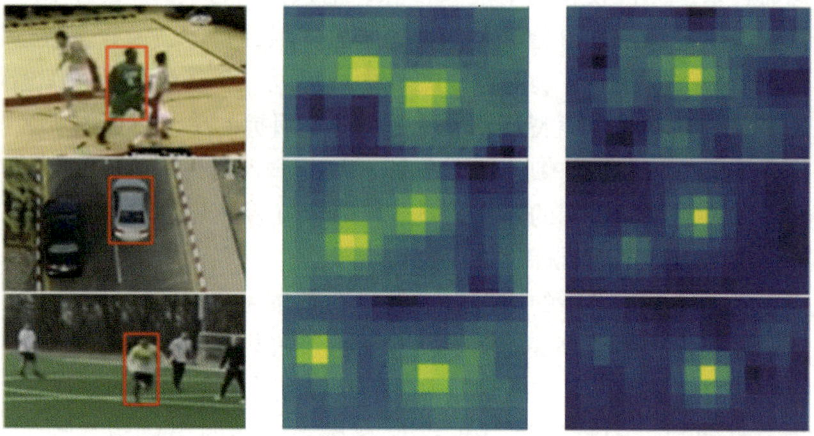

(a) 图像　(b) 基于孪生网络的目标得分　(c) 基于DiMP的目标得分

图 3-40　不同跟踪算法的目标得分图[39]

综合考虑跟踪的健壮性、准确度和实时性 3 个方面，对于本问题，适合选择判别模型预测 DiMP 算法作为基础跟踪器。

### 2. 在线目标分类模块的结构设计

跟踪系统结构中目标分类模块的网络结构图如图 3-41 所示。给定一组带目标框注释的训练样本作为输入，值得注意的是，输入的不只是一张图片，而是多张以目标框大小的 5 倍为标准，裁剪过后并重新调整到固定大小的图片。接着使用骨干网络来提取深度特征图，之后使用了一个附加的卷积块提取特定的分类特征。然后把这组特征图输入到由模型初始化器（model initializer）和模型优化器（model optimizer）模块组成的模型预测器 $D$ 中，生成目标分类器的权重 $\boldsymbol{f}$。最后通过把 $\boldsymbol{f}$ 应用于从测试帧中提取的特征图，以计算目标置信度得分来确定目标在测试帧中存在的位置。

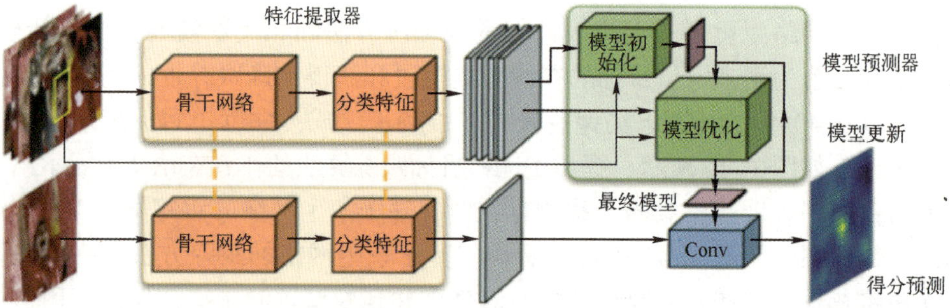


图 3-41　目标分类模块的网络结构图[39]

由图 3-41 可知，模型预测器 $D$ 包括一个用来提供初始预测模型 $\boldsymbol{f}(0)$ 的模型初始化器，这个模块由一个卷积层和一个自适应平均池化层（precise ROI pooling，PrRoI Pooling）组成，且该模块仅仅使用目标的外观信息，以及一个模型优化器，该模块同时考虑到目标和背景的外观信息，用来优化 $\boldsymbol{f}(0)$，在经过 $N_{\text{iter}}$ 次更新迭代后生成最终的预测模型 $\boldsymbol{f}$，也就是目标分类器的权重 $\boldsymbol{f}$。

首先将由特征提取器 $F$ 生成的深度特征图 $\boldsymbol{x}_j \in X$ 的训练集 $S_{\text{train}}=(\boldsymbol{x}_j;\boldsymbol{c}_j)n$ 输入到模型预测器 $D$ 中，$\boldsymbol{c}_j$ 为与每个深度特征图 $\boldsymbol{x}_j$ 相对应的目标中心坐标；然后生成一个最终的目标预测模型 $\boldsymbol{f}=D(S_{\text{train}})$。为了得到 $\boldsymbol{f}$，DiMP 算法提出了一个判别性学习损失函数来指导整个模型优化过程：

$$L(\boldsymbol{f}) = \frac{1}{|S_{\text{train}}|}\sum_{(\boldsymbol{x},\boldsymbol{c})\in S_{\text{train}}} \| r(\boldsymbol{x} * \boldsymbol{f}, \boldsymbol{c}) \|^2 + \|\lambda \boldsymbol{f}\|^2 \tag{3-58}$$

式中：$*$ 为卷积；$\lambda$ 为正则化因子；$r(s,\boldsymbol{c})$ 用来计算残差，其中 $s=\boldsymbol{x} * \boldsymbol{f}$ 计算的是目标置信度得分，$\boldsymbol{c}$ 为真实目标框的中心坐标。残差函数为

$$r(s,\boldsymbol{c})=v_c \cdot (m_c s+(1-m_c)\max(0,s)-y_c) \tag{3-59}$$

式中：$m_c$ 为介于$[0,1]$之间目标区域的一个掩膜，下标 $c$ 表示对目标中心位置的依赖性（图像中越靠近目标中心点的位置，$m_c$ 数值越大；反之，越靠近背景区域值越小）；$v_c$ 为对不同位置赋予相应权重的空间权重；$y_c$ 为目标的一个标签。在确定了模型预测器的损失函数后，就要考虑优化器的选取，因为普通的梯度下降法（gradient descent，GD）步长 $\alpha$ 为一个预先设定好的固定值，收敛速度较慢，所以 DiMP 算法选择梯度下降沿着最陡方向的最速下降法（steepest descent ，SD），如式（3-60）所示，这里步长 $\alpha$ 是一个变化的常数，每次迭代都需要重新计算。

$$\boldsymbol{f}^{(i+1)}=\boldsymbol{f}^{(i)}-\alpha \nabla L(\boldsymbol{f}^{(i)}) \tag{3-60}$$

在当前估计值 $\boldsymbol{f}^{(i)}$ 处用二次泰勒展开式来拟合损失函数，即

$$L(\boldsymbol{f}) \approx \widetilde{L}(\boldsymbol{f})=\frac{1}{2}(\boldsymbol{f}-\boldsymbol{f}^{(i)})^{\mathrm{T}}\boldsymbol{Q}^{(i)}(\boldsymbol{f}-\boldsymbol{f}^{(i)})+(\boldsymbol{f}-\boldsymbol{f}^{(i)})^{\mathrm{T}}\nabla L(\boldsymbol{f}^{(i)})+L(\boldsymbol{f}^{(i)}) \tag{3-61}$$

式中：滤波器变量 $\boldsymbol{f}$ 和 $\boldsymbol{f}^{(i)}$ 是向量；$\boldsymbol{Q}(i)$ 是正定方阵，定义 $\boldsymbol{Q}^{(i)}=(Ji)^{\mathrm{T}}\boldsymbol{Ji}$，其中 $\boldsymbol{Ji}$ 是 $\boldsymbol{f}^{(i)}$ 处残差的雅可比矩阵。在最速下降时，确定迭代方向为负梯度方向，利用式（3-62）计算在该方向上滤波器更新式（3-60）每次迭代需要的标量步长 $\alpha$：

$$\alpha=\frac{\nabla L(\boldsymbol{f}^{(i)})^{\mathrm{T}}\nabla L(\boldsymbol{f}^{(i)})}{\nabla L(\boldsymbol{f}^{(i)})^{\mathrm{T}}\boldsymbol{Q}^{(i)}\nabla L(\boldsymbol{f}^{(i)})} \tag{3-62}$$

综上所述，模型预测器 $D$ 部分的优化迭代方法可以描述为算法 3.3 所示过程。

**算法 3.3　目标模型预测器 $D$**

**输入**：样本集 $S_{\text{train}}=(x_j;c_j)_{j=1}^{n}$，迭代次数 $N_{\text{iter}}$

1 $\boldsymbol{f}^{(0)}$←ModelInit $\boldsymbol{f}=D(S_{\text{train}})$　　# 初始化模型预测器权值

2 **for** $i=0,\cdots,N_{\text{iter}}-1$ **do**

```
3    ∇L(f^(i))←FiltGrad(f^(i),S_train)
4    h←J^i ∇L(f^(i))
5    α←‖L(f^(i))‖²/‖h‖²
6    f^(i+1)←f^i-α∇L(f^(i))        # 更新模型预测器权值
7 end
```

在经过 $N_{\text{iter}}$ 次更新迭代后，生成一个最终的目标预测模型 $\boldsymbol{f}=D(S_{\text{train}})$，也就是目标分类器的权重 $\boldsymbol{f}$，然后就可以把 $\boldsymbol{f}$ 应用于从测试帧中提取的特征图，来计算目标置信度得分进而确定目标在测试帧中存在的位置。为了更好地区分目标和背景区域，本小节采用的分类损失函数为

$$\ell(s,z_c)=\begin{cases} s-z_c, & z_c>T \\ \max(0,s), & z_c\leqslant T \end{cases} \tag{3-63}$$

总的目标分类分支损失是在所有测试样本上计算平均平方误差得到的：

$$L_{\text{cls}}=\frac{1}{N_{\text{iter}}}\sum_{i=0}^{n_{\text{iter}}}\sum_{(x,c)\in S_{\text{train}}}\|l(x*\boldsymbol{f}^{(i)},z_c)\|^2 \tag{3-64}$$

从式（3-64）中可以看出，总的目标分类分支损失不仅用来评估最终的目标预测模型 $\boldsymbol{f}=D(S_{\text{train}})$，还将每次模型优化器得到的估计值 $\boldsymbol{f}^{(i)}$ 的损失平均化，这为目标预测模块引入了中间监督，有助于训练收敛。

**3. 离线尺度估计模块的结构设计及算法原理**

DiMP 跟踪算法结构中的目标估计模块其实就是在视频每帧中找到跟踪目标的完整状态，通常是用目标框来表示。在理想情况下，目标是刚性的，只是简单地在画面中平移，此时目标估计可以简化为寻找目标在二维图像中的位置，不需要和目标分类模块分开考虑。然而，在现实中，情况要复杂得多，物体的姿势和视角会发生根本性的变化，对目标框的准确估计也会变得复杂。受目标检测算法 IoU-Net 的启发，DiMP 跟踪算法单独训练一个目标估计模块，来预测“估计出来的目标候选框”和“真实目标框”之间的交并比（intersection over union，IoU），然后通过最大化 IoU 的预测来实现目标框的估计。接下来将分别从以下两个小节来介绍目标检测算法 IoU-Net 的相关理论和目标估计模块的结构框图及算法原理。

**4. 目标检测算法 IoU-Net 的相关理论**

在目标检测任务中，原始的 IoU-Net 为每类目标分别进行训练。然而，在跟踪任务中，目标一般是未知的。此外，要跟踪的目标通常不属于预先定义好的类别，也不出现在训练集中，所以相对于特定类别的 IoU 预测器，跟踪任务中更需要特定目标的 IoU 预测器，而特定目标是指视频参考帧（第一帧）中目标框中的对象。为了更好地描述目标估计模块，这里先来介绍一下 IoU-Net 的相关知识。

IoU-Net 作为一种基于深度学习的目标检测方法，主要关注如何提高目标检测任

务中物体检测框的质量，其核心思想是通过优化物体检测框的 IoU 来提高检测的精度。

IoU-Net 的网络结构类似于一般的卷积神经网络，由多个卷积层和池化层等基本组件构成，它将目标检测和 IoU 回归融合到了一个神经网络模型中，实现了物体检测框的自动优化和提高检测精度的目的。IoU-Net 的网络结构如图 3-42 中虚线框圈出来的部分所示。

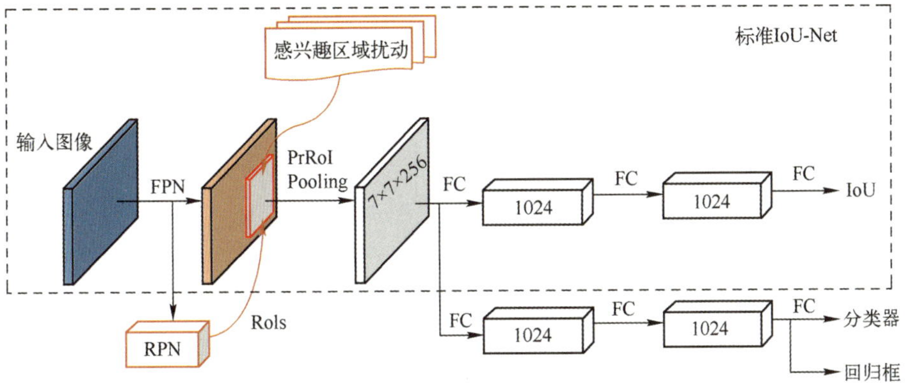


图 3-42　IoU-Net 的网络结构[37]

从图 3-42 中可以看到，图像首先输入到特征金字塔骨干网络（feature pyramid networks，FPN）中提取深度特征图 $X \in \mathrm{R}W \times H \times D$；然后值得注意的是，目标候选框不是由图 3-42 中虚线框外的区域候选网络（region proposal network，RPN）生成的，而是对真实目标框随机扰动，得到的一个目标候选框集合 $B_j \in \mathrm{R}4$（$j=1,2,3,\cdots$），删除掉这个集合中与真实目标框的 IoU 小于 0.5 的目标候选框，将深度特征图 $X$ 和剩下的目标候选框 $B$ 输入到 PrRoI Pooling 层，并依据 $B$ 的坐标值，对特征图 $X$ 中相对应的区域进行池化操作，得到指定大小的目标特征 $XB \in \mathrm{R}7 \times 7 \times 256$。然后将尺寸固定的特征 $XB$ 输入到 IoU 预测器中估计目标候选框 $B$ 和真实目标框之间的 IoU，并通过训练 IoU 预测器最大化 IoU 得分进而获得最终的目标框。

目标候选框优化的问题可以通过数学方法去定义：

$$c^* = \mathrm{argmin}\ \mathrm{crit}(\mathrm{transform}(\mathrm{boxdet}, c), \mathrm{boxgt}) \tag{3-65}$$

式中：boxdet 为根据 IoU 的大小筛选过后的目标候选框；boxgt 为目标框真值；transform 为以 $c$ 为参数对给定的目标框进行变换的目标框变换函数；crit 为衡量两个框 boxdet 和 boxgt 之间距离的标准，被定义为 $-\ln(\mathrm{IoU})$。

### 5. 目标估计模块的结构框图及算法原理

跟踪系统结构中目标估计模块的网络结构图如图 3-43 所示。网络有两个分支：参考分支和测试分支。有 4 个输入：参考帧（第一帧）的骨干网络特征 $x_0$；参考帧（第一帧）的初始目标框（目标框真值）$B_0$；当前帧的骨干网络特征 $x$；当前帧的目标候选框 $B$。

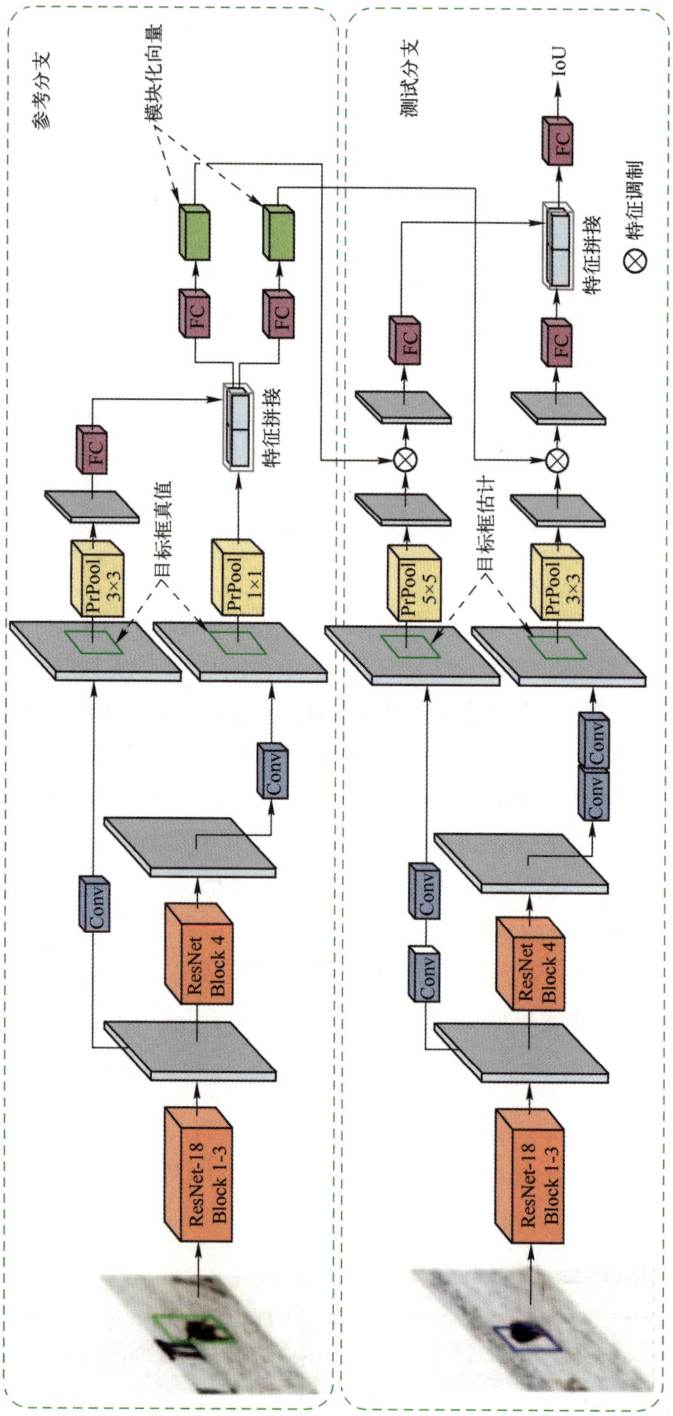


图 3-43 目标估计模块网络结构[38]

参考分支将第一帧图片输入到 ResNet- 18 的 Block3 和 Block4 骨干网络中提取深度特征图 $x_0$，然后把 $x_0$ 和初始目标框 $B_0$ 输入到 PrRoI Pooling 层，并依据 $B_0$ 的坐标值，将特征图 $x_0$ 中对应的区域池化到固定的大小，得到调制向量 $c(x_0,B_0)$，尺寸由 $1\times1\times Dz$ 的正系数组成。与参考分支相比，测试分支用来提取用于 IoU 预测的一般特征，这是一个更为复杂的任务，故在测试分支使用了更多的卷积层和更高分辨率的 PrRoI Pooling。测试分支将当前帧图片输入到与参考分支相同的骨干网络中提取深度特征图 $x$，在当前帧图片中以目标分类模块计算出的目标置信度得分最高处为目标框中心，以前一帧目标框的尺寸为参考随机生成 16 个候选框 $B$，然后将 $x$ 和目标候选框 $B$ 输入到 PrRoI Pooling 层，将 $x$ 中对应于候选框 $B$ 的区域池化到固定的大小得到特征向量 $z(x,B)$，尺寸为 $k\times k\times Dz$，其中 $k$ 是 PrRoI Pooling 层输出的空间尺寸。最后将特征向量 $\boldsymbol{z}(x,B)$ 与调制向量 $\boldsymbol{c}(x_0,B_0)$ 做通道上的乘法后得到的特征向量串联起来，再经过全连接层后得到 16 个 IoU，对目标候选框 $B$ 的 IoU 得分的预测为

$$\mathrm{IoU}(B)=g((c(x_0,B_0))\times(z(x,B))) \tag{3-66}$$

式中：$g$ 为 IoU 预测模块，由 3 个全连接层组成。通过最小化公式［式（3-66）］的预测误差来训练网络，而在跟踪过程中，根据目标候选框 $B$ 最大化 IoU 得分，获得最终的目标框。

### 3.3.2 多运动目标的检测与轨迹预测技术

具有复眼结构的果蝇等昆虫对运动非常敏感，神经生物学家研究的初级运动检测器理论模型初步解释了果蝇基本的运动检测机制，如图 3-44 所示。该模型由一对间距 $\Delta$ 的相邻感受器 $X_1$ 和 $X_2$ 组成。假设一个光点从 $X_1$ 运动到 $X_2$，$X_1$ 接收到信号后，延迟一段时间，使其与 $X_2$ 接收到的信号在时间轴上相遇，两信号相乘，信号达到峰值。若不能相遇，则信号为 0。在通常情况下，模型还存在另一个对称镜像臂，这样从 $X_2$ 到 $X_1$ 的运动则输出大小相等符号相反的信号。

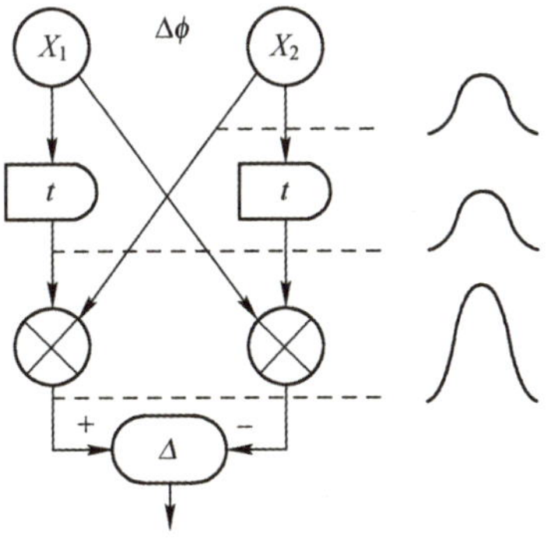


图 3-44 初级运动检测器模型

受此启发，本小节提出一种全新的基于生物启发的三维运动目标检测算法，将初级运动检测器思想拓展到三维空间应用中，并且将动物视觉神经环路与人脑认知

理论相结合，实现基于激光雷达点云数据的三维运动目标检测。本算法可以分为两个阶段：第一阶段，贴合昆虫视觉神经环路，采用由粗到精的策略计算场景中的运动区域；第二阶段，借助深度神经网络，模拟人脑对运动区域的认知，实现对运动目标的理解。

### 1. 由粗到精的运动检测

首先，对杂乱无序的雷达点云进行栅格化处理，此时每个栅格可视为复眼模型中的感受器。

在第一阶段中，为了快速计算每个栅格运动趋势，可以只采用水平和竖直方向的连接方式（图 3-45）。同时，根据栅格占据与否生成二值栅格地图作为输入信号，对输入信号进行高斯滤波处理，模拟飞行时的运动模糊。

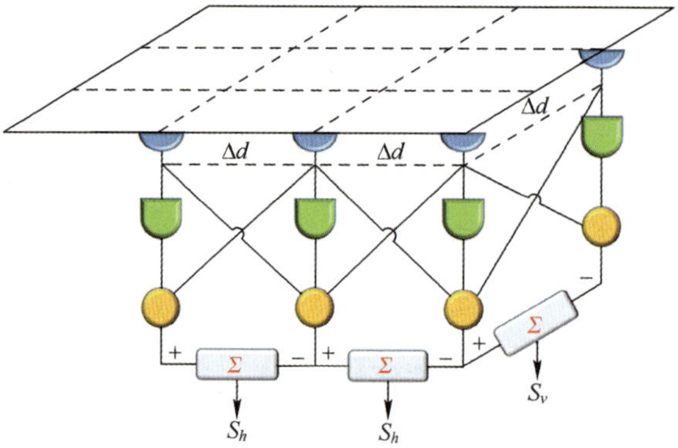


图 3-45　简单连接的 EMD 示意图

水平和竖直方向进行连接运算，可以检测到每个栅格水平和竖直两个方向的分运动，最后合成总运动即为每个栅格的大致运动方向。改变感受器之间的连接距离可以检测不同的运动速度。因此，定义一个以（$i$，$j$）栅格为中心，半径为 $R$ 的十字搜索空间，则水平和竖直运动得分可以由下式计算得到：

$$S_{hi,j}[x]=I^f_{i,j}(t)\cdot I^g_{i+x,j}(t)-I^g_{i,j}(t)\cdot I^f_{i+x,j}(t) \tag{3-67}$$

$$S_{vi,j}[y]=I^f_{i,j}(t)\cdot I^g_{i,j+y}(t)-I^g_{i,j}(t)\cdot I^f_{i,j+y}(t) \tag{3-68}$$

式中：$x$，$y\in[-R,R]$，$I^f_{i,j}(t)$ 为 $t$ 时刻（$i$，$j$）栅格的延时滤波结果；$I^g_{i,j}(t)$ 为 $t$ 时刻高斯滤波图；在搜索范围内；$S_{hi,j}$ 和 $S_{vi,j}$ 最大的得分所对应的连接半径 $x_{sm}$ 和 $y_{sm}$ 反映了每个栅格的大致运动方向，运动方向可以表示为（$x_{sm}$，$y_{sm}$）。与此同时，运动区域与非运动区域即可准确地划分开来。

在第二阶段中，根据上述初步计算结果，利用一个局部范围内的精确匹配算法准确计算每个栅格的运动信息。针对运动区域，定义一个局部直角扇形搜索空间 $\boldsymbol{S}$，以每个栅格（$i$，$j$）为原点，以（$x_{sm}$，$y_{sm}$）为角平分线，半径为 $R$，搜索空间内每个栅格的局部坐标记为（$x$，$y$）。我们充分利用栅格内点云的信息，输入信号包括 3 种模态：平均高度图 $I^h$、栅格占据图 $I$ 及占据栅格高斯滤波图 $I^g$。此阶段采用近似全连接的神经回路密集连接的方式，创造出更多更精细的速度模板，以精确计算运动信息。对于每个栅格（$i$，$j$），以 $m\times m$ 为大小的 patch 为操作单位，我们构造了一个能量函数来评价局部模板匹配算法。

$$E(x,y)=\boldsymbol{\omega}_1(1-E_1'(x,y))+\boldsymbol{\omega}_2(1-E_2'(x,y))+\boldsymbol{\omega}_3E_3'(x,y) \tag{3-69}$$

$$\boldsymbol{v}_{i,j}=(x',y')=\operatorname{argmin}_{x,y\in S}E(x,y) \tag{3-70}$$

式中：$\boldsymbol{\omega}$ 为权重参数；$E'$为归一化的能量函数，它描述了不同模态信号输入下对应的运动得分。每个栅格的运动向量 $\boldsymbol{v}_{i,j}$由能量最小化计算得到。不同的模态信号对应的能量函数定义为

$$E_1(x,y)=\sum_{a=1}^{m}\sum_{b=1}^{m}\left|I_{a,b}^{g}(t)\cdot I_{a+x,b+y}^{g}(t-1)\right| \tag{3-71}$$

$$E_2(x,y)=\sum_{a=1}^{m}\sum_{b=1}^{m}\left|I_{a,b}(t)\cdot I_{a+x,b+y}(t-1)\right| \tag{3-72}$$

$$E_3(x,y)=\sum_{a=1}^{m}\sum_{b=1}^{m}\left|I_{a,b}^{h}(t)-I_{a+x,b+y}^{h}(t-1)\right| \tag{3-73}$$

式中：$E_1$表示根据高斯滤波图计算得出的运动得分，匹配结果越好，得分越高；$E_2$表示占据栅格属性的得分，两个 patch 越相似，得分越高；$E_3$描述了 patch 间高度分布的相似性，越相似得分越低。这种由粗到精的检测策略在不损失检测精度的情况下，将计算量减少到暴力搜索计算的 1/3。

#### 2. 运动点云认知

基于运动检测的结果，将运动区域的点云进行聚类，形成物体候选区，并将候选区点云输入到三维目标检测网络中。检测网络将运动区域的点云进行语义分割，去除背景噪声点；然后进行坐标变换，将全局坐标转化为以该物体中心为原点的局部坐标；最后用预测网络进行点云的分类，并且估算出物体的三维框及位置坐标。该部分网络基 PointNet 工作，直接对原始点云进行处理，模拟人脑的功能，实现对运动点云的认知。

由于运动检测阶段的工作基础，识别网络并不需要高深复杂。本书作者设计了一个简单高效的小型三维运动目标检测网络。根据现阶段学者对神经网络的研究，浅层网络学出的特征是简单的低层次特征，主要包含的是结构信息；深层次网络学习出的特征是复杂高层特征，具有丰富的语义信息。借鉴特征复用的思想，将每层网络的特征都进行融合送入下一层。同时，减少神经网络的层数。这样，每层网络学习的特征都与前几层紧密相关，语义信息与结构信息充分融合。在不损失精度的前提下，网络模型规模极大地减小，模型训练时间、计算量显著下降。

为了验证该方法的有效性，本书作者在 KITTI 数据库上进行了充分的实验。实验中采用 3 个指标来评价运动检测算法性能：准确率（Precision，PRE）、召回率（Recall，REC）和 F1 分数（F1-Score）。下面分别从运动目标检测算法对比和特定方向运动检测两个方面进行实验说明。

1）运动目标检测对比实验

为了验证整体算法对运动目标检测的性能，本书作者将本算法与许多已经开源的先进算法进行对比实验。对比的方法有 triTrack、DSCMOD、SOF、DATMO 和 lidar-FMOD。其中 triTrack、DSCMOD 和 SOF 是基于光流、场景流的运动检测算法；DATMO 是基于雷达点云的方法；lidarFMOD 是融合雷达点云和图像的方法。运行平台为 Intel i7-7700HQ CPU 和单 NVIDIA GTX1050Ti GPU 笔记本电脑。在二维视角下统一评价各方法的性能。对比结果如表 3-9 所列。

从表 3-9 中可以看出，本方法在保持较低虚警率的同时，实现了较高的运动物体召回率。并且性能指标大幅领先对比的方法。在运行效率方面，该方法也是优于大部分方法。后续还可以通过并行计算 EMD 运动检测模块实现并行加速，从而进一步满足实时性要求。

表 3-9　运动目标检测对比实验

| 方法 | 准确率 | 召回率 | F1 分数 | 运行时间/s |
|---|---|---|---|---|
| triTrack+viso2 | 0.4617 | 0.4976 | 0.4790 | 0.451 |
| DSCMOD | 0.1273 | 0.4422 | 0.1977 | 20.046 |
| SOF | 0.4405 | 0.6851 | 0.5362 | 72 |
| DATMO（lidar） | 0.1803 | 0.6297 | 0.2804 | 6.833 |
| lidar FMOD | 0.4401 | 0.5719 | 0.4974 | 16.447 |
| 本方法 | 0.8523 | 0.9203 | 0.8850 | 0.502 |

2）特定运动目标检测实验

本方法不但可以检测场景中各种方向的运动物体，而且可以根据任务环境不同，选择性地检测指定运动方向和大小的运动物体。做到这一点，只需要简单地更改感受器间的连接方式和连接距离，就可以实现对特定方向运动的检测。例如，感受器之间只在水平方向进行连接，就可以实现水平方向运动物体的检测，结果如图 3-46 所示。

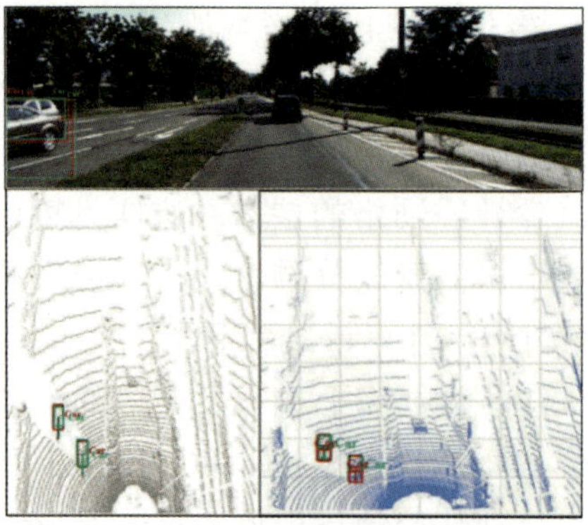

(a) 相向运动检测

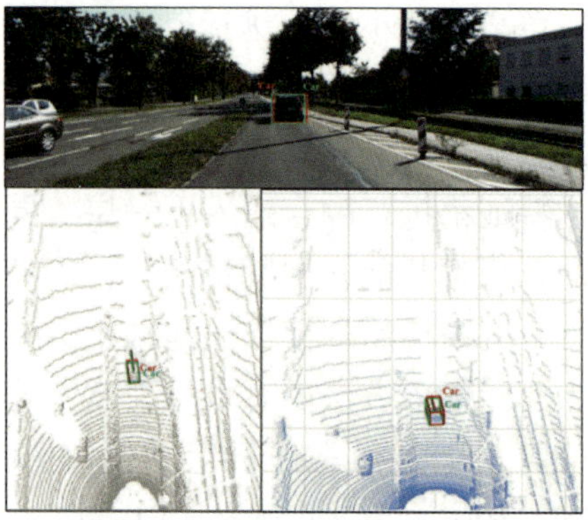

(b) 同向运动检测

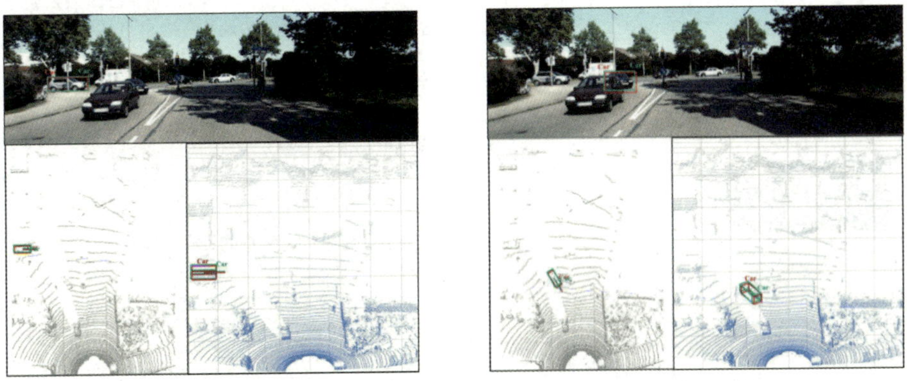

(c) 横向运动检测　　(d) 斜向运动检测

图 3-46　特定方向运动检测结果

## 3.4　无人机机载目标检测与识别

无人机具有机动灵活、移动便携等优点，被大量用于执行枯燥、恶劣、危险、纵深（dull、dirty、dangerous and deep，4D）任务。随着无人机技术的不断进步，机载感知技术在多个领域得到了广泛应用，并取得了显著的成果。无人机机载感知技术在军事领域的应用具有重要意义。通过提高无人机的侦察、监视、定位和打击能力，军事部门可以更加高效地完成各种作战任务。未来，军事领域对无人机机载感知技术的需求将继续增长，关键技术包括高精度定位、实时图像识别、战场态势感知等。目前承担的主要任务为情报、监视与侦察任务（ISR）。

近年来，随着深度学习技术的崛起，无人机机载图像目标检测与识别技术取得了显著的进步。传统的目标检测与识别方法主要依赖于手工设计的特征，但在复杂的环境下，这些方法的准确率往往无法满足需求。而深度学习，特别是卷积神经网络的引入，极大地提高了检测与识别的准确率。此外，多传感器融合技术的运用也为无人机机载图像目标检测与识别技术的发展带来了新的机遇。通过融合不同类型的传感器数据，无人机能够更全面、更准确地获取环境信息，从而提高目标检测与识别的可靠性。

### 3.4.1　基于视觉的单机目标检测与识别技术

视觉目标检测的发展经历了从传统的手工特征设计到基于数据驱动的深度学习方法。与传统检测器中使用的手工特征描述符相比，深度卷积神经网络能够从训练数据中自动学习并生成从基本像素到高级语义信息的分层特征表示，并在复杂的上下文背景中显示出更具辨别力的表达能力。目前基于深度学习的目标检测技术领域分类如图 3-47 所示。

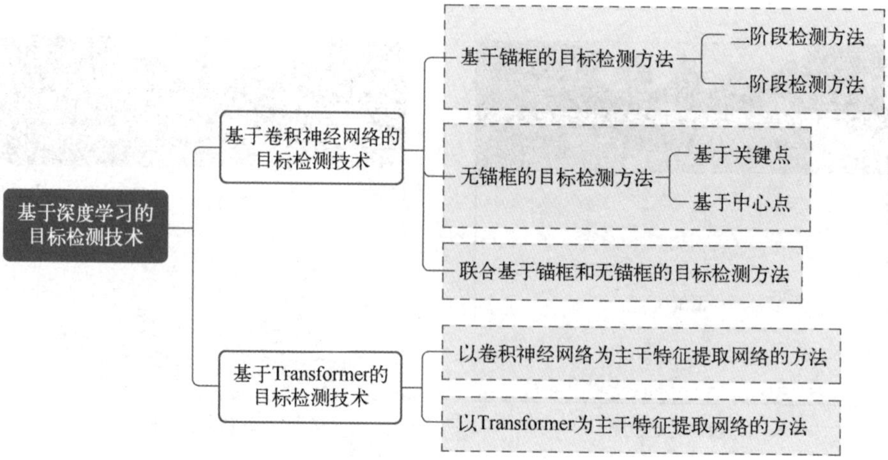


图 3-47　基于深度学习的目标检测技术领域分类

（1）基于锚框（anchor-based）的目标检测方法根据锚框生成的方式，可以分为二阶段（two-stage）检测方法和一阶段（one-stage）检测方法。二阶段目标检测方法首先在卷积神经网络计算得到的特征图上提取 $k$ 个类别无关的候选检测框，然后进一步对这些候选检测框进行分类和回归，生成最终的检测结果；一阶段目标检测方法取消了区域提议生成的单独阶段，将图像上的所有位置（每个位置设置多个锚框）视为潜在的目标，并将每个锚框分类为背景或目标。

（2）无锚框（anchor-free）的目标检测方法移除了预设锚框的步骤，直接预测目标的边界框。现有的无锚框目标检测方法可以大致分为两种：基于关键点（keypoint-based）的预测和基于中心点（center-based）的预测。基于关键点的方法将目标检测问题转化为关键点估计问题，模型预测能够表示目标的一系列关键点，然后转化为目标边界框；基于中心点的方法使用中心点表示目标，然后预测从中心点到物体 4 条边界的距离。

（3）联合基于锚框和无锚框的目标检测方法综合基于锚框及无锚框方法的优点进行目标检测。在现有的多尺度特征预测方法中，根据目标尺度大小为锚框分配预测对应特征图的策略不合理，特征金字塔的每层引入额外的两个卷积层分别用于预测无锚框的分类和回归结果，根据预测结果为每个锚框分配最好的特征层，得到综合基于锚框和无锚框目标检测方法的检测结果。

（4）以卷积神经网络为主干特征提取网络的方法，采用 CNN 作为主干网络来提取图像特征，但是不同于对预定义的锚框或特征图位置进行分类和回归，其将目标检测建模为集合预测问题，利用 Transformer 编码器中的自注意力机制建模物体实例之间的关系，利用 Transformer 解码器中的交叉注意力机制从编码器的输出中对特定物体实例的特征进行聚合。

（5）以 Transformer 为主干特征提取网络的方法与 CNN 主干网络不同，基于 Transformer 的主干网络是依赖关系和全局上下文信息进行建模的，而不是对局部和区域级别的关系进行建模的。

以上梳理了目前机器视觉领域内基于深度学习的目标检测方法现状，近几年基于深度学习的无人机图像目标检测方法主要借鉴了对自然图像进行目标检测的方法，但由于小型无人机平台飞行能力和成像采集条件的限制，存在观测视角特殊、背景复杂、目标分布不均匀、目标方向多样性及与目标成像尺寸小相关的问题。目前学术领域将无人机对地小目标检测识别问题解决思路主要分为两类：第一类是单尺度下小目标的检测识别；第二类是多尺度下小目标的检测识别，如图 3-48 所示。

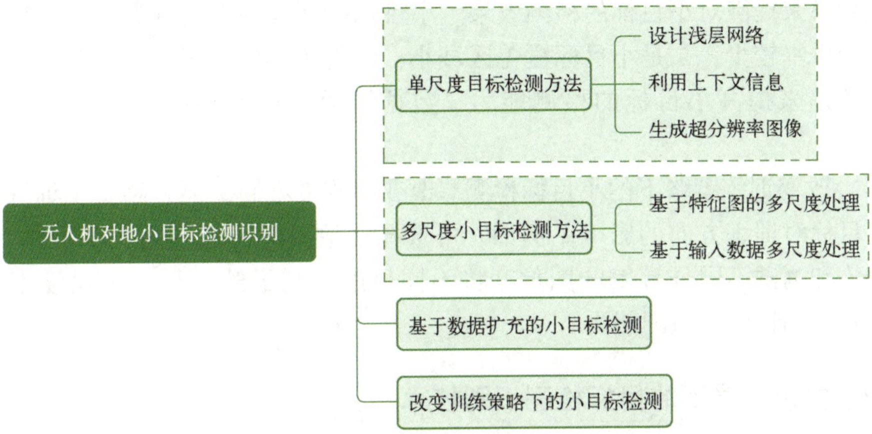


图 3-48 无人机对地小目标检测识别方法

（1）单尺度小目标检测方法。机载视野下小目标检测单尺度方法难点是目标像素点少，如何充分利用像素点的信息来检测小目标。目前解决思路如下。

① 设计浅层网络。小物体更容易被感受野较小的检测器预测，考虑到深层网络容易丢失小目标的细节信息，可以直接设计浅层网络检测小目标，既能节省计算资源，又能获得更有效的小目标的特征信息。

② 利用上下文信息。由于小目标特征信息少，因此可以利用无人机拍摄图像序列的上下文信息来帮助定位小目标。上下文信息包括局部上下文信息、全局上下文信息、上下文交互信息等。局部上下文学习目标周围的信息，如可把目标检测当成一个图结构推断问题，目标被当作图中的一个节点，不同目标的关系被当作边，改善了小目标检测的性能，这种方法从特征提取和特征组合两个部分进行改进。

③ 生成超分辨率图像。生成超分辨率图像的方法一般是通过生成对抗网络提高小目标的分辨率。基于生成对抗网络的方法是利用生成器用来增强小对象的分辨率，利用判别器判断生成图片的好坏并进行目标分类和回归，最后获得足够优秀的超分辨率图像生成器。例如，可把目标分为大小两类，用小目标训练生成器，用大目标训练判别器的感知分支，用所有目标一起训练判别器的对抗分支，最终达到一个最优的检测平衡点。

（2）小目标检测多尺度方法。小目标检测多尺度方法主要面临的任务对象是在图像中存在不同大小目标的情况，目前主要通过尺度化预处理小目标检测。多尺度检测是目前发展最为完善的一种方法，目的是提高多图像中不同尺度物体的检测能力。多尺度检测一般有两种解决思路：一种是对图片本身进行多尺度处理，在不同尺度的图片上分别进行检测，在图片上生成不同大小的检测框检测目标；另一种是对特征图上进行多尺度处理，利用不同层次的特征图检测不同尺寸目标，在特征图上生成不同尺寸的检测框检测目标。例如，可利用特征金字塔网络，该网络自顶向下融合不同层次的特征图，并且生成多个尺度的特征层检测不同尺寸的目标。

（3）基于数据扩充的小目标检测。数据扩充方法主要通过提高小目标在图像中的出现频率来提高对小目标的检测效果。小目标检测存在两个问题：一是数据集中小目标的样本较少；二是小目标覆盖区域小，缺乏多样性。因此，可利用采样和目标重复粘贴来提高小目标的检测能力，数据增强在目标检测的预处理阶段进行改进。

（4）改变训练策略下的小目标检测。改变训练策略的主要思路是在训练过程中提高小目标对训练方向的影响。例如，可选择性地反向传播不同大小物体的梯度，分别训练和测试不同分辨率的图像，将不同尺度的特征映射到一个尺度不变的空间，提高对小目标的检测能力。

## 3.4.2 复杂场景下的目标检测识别技术

考虑到在城市、野外等复杂环境中，目标对抗性行为（遮蔽、伪装等），相似光学特征及不良观测视角受限等因素都会造成检测识别失败，因此需要研究在非完全观测条件下的目标检测与识别技术。由于无人机运算能力有限且通信易受影响，常规的数据级信息融合方法不满足当前需求，因此本小节介绍了轻量化机载目标似物性检测方法和决策级信息融合方法，减少运算能力需求并提升识别精准程度。

基于常规学习的目标识别方法得益于 3 个基础驱动：大数据、复杂模型和高计算。无人机对地侦察所面对的场景为局部观测条件，目标除常规目标之外，还有遮挡目标与伪装目标，可获得样本数较少，属于小样本问题，需要利用数据扩充手段增加样本，并使用迁移学习对后续检测算法进行训练。考虑到机载条件下进行目标识别时，算力较低且运算时间有限，不满足常规学习方法需求及作战应用需求，因此需要设计轻量化检测识别方法。对通用 YOLO 检测算法进行轻量化改进，本小节提出 USYOLO（UAV small object detection based YOLO）算法检测图像中的小目标。USYOLO 通过设计数据扩充方法减少目标检测算法对数据集的依赖以提高检测算法的适应性，通过修改网络框架设计速度更快、精度更高的适用于小目标的检测算法，通过修改损失函数的计算方法获得更好的检测效果。最后通过实验给出几种不同改进方法的精度和速度对比数据，证明这些方法确实提高了小目标检测算法的性能。

### 1. 针对小样本问题的数据扩充

无人机在高空中飞行，为了保证飞行安全，每次飞行前都需要做好充足的准备，无人机的飞行场地和飞行时间都受到极大的限制，因此获得充分的无人机训练集是较为困难的一件事情。但是，目前的目标检测算法又依赖于训练集的好坏，训练集越丰富，覆盖的场景范围越多，目标检测的性能就越好。针对无人机侦察图像较难获得、局部观测条件下目标特征有限、实际环境背景复杂等情况考虑，认为现有的样本无法满足需求，需要对样本进行处理，以增强检测模型的泛化能力。

在训练检测模型的过程中，为了避免检测模型过拟合训练图像，提高检测模型的适应性，在训练图像送入模型训练之前，会进行图像预处理。图像预处理过程就是通过预处理图像，改变图像的原始状态，提高数据集的丰富性，因此又被称为数据扩充。在目标检测算法中，常见的数据扩充方法包括旋转、裁剪、图像翻转、饱和度变化、Cutout、Cutmix 等算法，算法的呈现效果如图 3-49 所示。

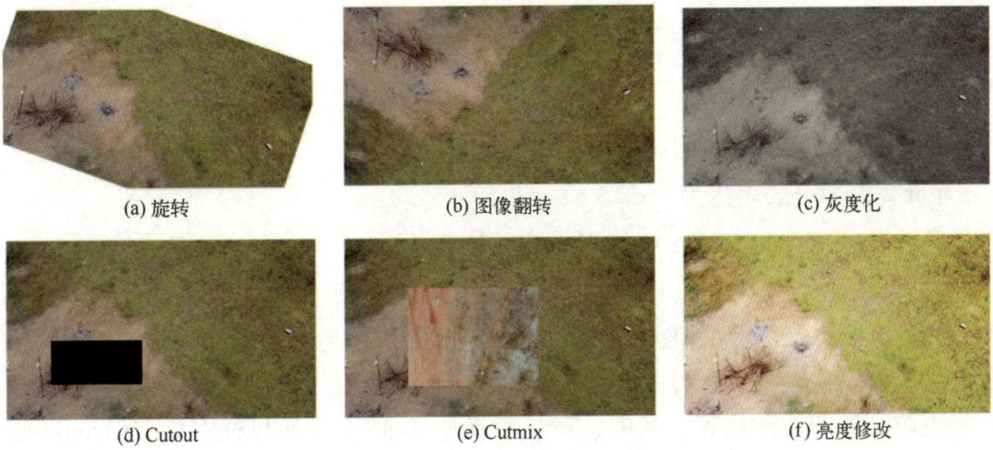
(a) 旋转　(b) 图像翻转　(c) 灰度化
(d) Cutout　(e) Cutmix　(f) 亮度修改

图 3-49　常见的数据扩充方法

除了常见的数据扩充方法，本小节还提出了 3 种数据扩充的方法：一是基于背景替换的数据扩充，可模拟实际复杂的现实环境；二是基于目标加噪的数据扩充，在包含目标的边界框中随机增加噪声来增加目标多样性；三是基于生成对抗网络的数据扩充，利用神经网络扩充图像样本。

1）基于背景替换的数据扩充

为了解决无人机拍摄的侦察图像无法体现实现环境的复杂性问题，首要思路是增加训练集图像中背景的多样性。为了增加训练集中背景的多样性，需要从不在训练集和测试集中的图片引入背景信息，因此本书构建了一个不包含目标的背景数据库，用于增加训练图像的背景多样性。目标检测算法在训练时需要分批将图片送入检测模型，在训练图片被送入检测模型之前，随机从背景数据库中挑选一张图片，并随机对背景图片进行裁剪，然后将其覆盖到训练图片不包括目标的区域中。不覆盖目标是因为训练集中的目标信息本就不多，所以尽可能不损失目标信息，以获得更好的训练效果。背景替换的示意图如图 3-50 所示。

本方法与 Cutmix 相似，但是 Cutmix 是将训练集中的两张图片混合到一起，不会增加训练集中背景的多样性，只会增加一张图片中的目标数量，从而提高训练的效率。

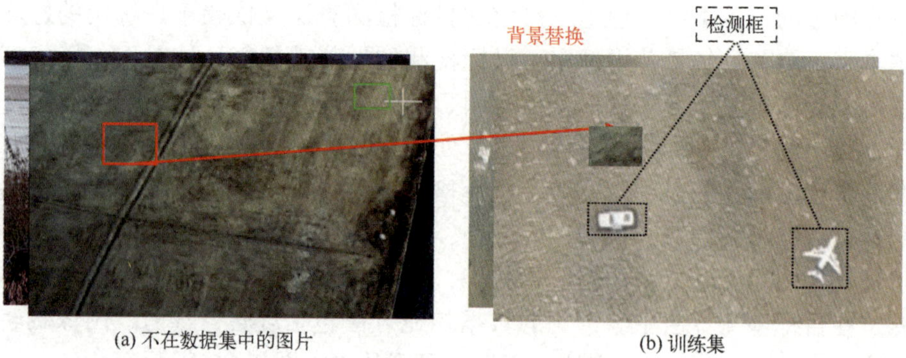


图 3-50　背景替换的示意图

Cutmix 的公式表达为

$$\begin{aligned}\tilde{x}&=M\odot x_A+(1-M)\odot x_B\\ \tilde{y}&=\lambda y_A+(1-\lambda)y_B\end{aligned}\tag{3-74}$$

背景替换的公式表达为

$$\begin{aligned}\tilde{x}&=M\odot x_A+(1-M)\odot z_B\\ \tilde{y}&=y_A\end{aligned}\tag{3-75}$$

式中：$M\in\{0,1\}^{W\times H}$，为图像中需要被填充的部分；$\odot$为逐像素相乘；$x_A$ 和 $x_B$ 为训练集中的两个样本；$y_A$ 和 $y_B$ 为训练样本对应的标签；$z_B$ 为背景数据库中的图像；$\tilde{x}$ 和$\tilde{y}$为更改后的图像和标签。其中，背景替换中的 $M$ 不包括目标图像，Cutmix 则没有限制。

背景替换可以增加负样本的多样性，使模型排除无关因素的干扰，更加准确地识别目标。

2）基于目标加噪的数据扩充

为了解决无人机拍摄的侦察图像中目标位置没有改变导致模型过拟合的问题，需要随机替换目标附近的背景。一般而言，无效信息会出现在矩形框的边缘位置，因此在图片送入训练模型之前，随机从图像中抽取像素点，并覆盖包含目标的矩形框内部靠近矩形框边缘的位置，通过在目标附近随机增加噪声来改变目标附近的场景，以提高检测模型的适应性。目标加噪的示意图如图 3-51 所示。

目标加噪的公式为

$$\begin{aligned}\tilde{x}&=x_A-M\odot x_A+M\odot(x_A+P)\\ M&\in(b_A-t_A)\\ \tilde{y}&=y_A\end{aligned}\tag{3-76}$$

式中：$P$ 为图像的随机移动方向；$b_A$ 为检测框的位置；$t_A$ 为目标的位置。

3）基于生成对抗网络的数据扩充

针对无人机视角下目标检测任务，采用生成对抗网络对样本进行扩增，提高识别模型的准确度。与其他方法相比，生成对抗网络方法生成样本的运行时间更小，

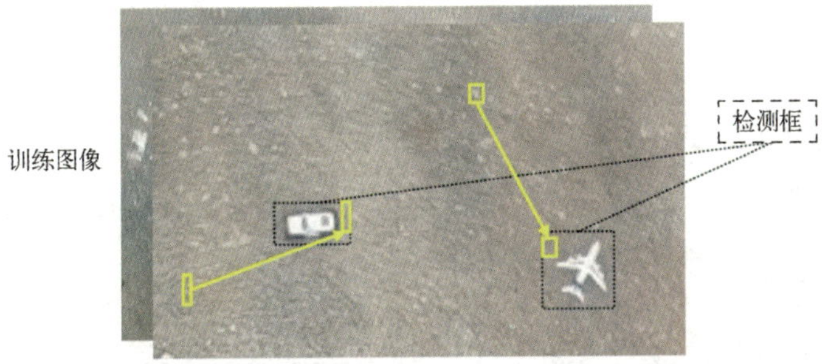


图 3-51 目标加噪的示意图

可以一次性生成且没有变化的下限，也没有棘手的分区函数。生成对抗网络主要有两种结构：生成结构和对抗结构。生成结构可以生成与原本样本相似的结果，对抗结构有效地保证了生成样本的相似一致性。生成对抗网络主要模块包括生成器和判别器两部分。生成器为一个特定的神经网络结构，输入为随机噪声 $z$，输出为生成图像，生成图像与真实样本图像共同输入至判别器，根据判别器的输出不断更新网络参数，实现生成的样本图像更加真实的结果；判别器的作用为分辨输入图像是否为真实图像，根据与真实值的偏差构造误差，实现自身参数训练。生成对抗网络算法流程如下。

首先，从噪声 $z$ 中选择 $m$ 项，从真实数据中选择真实样本数据 $m$ 项，使用随机梯度下降的方法：

$$\nabla_{\theta_d} = \frac{1}{m}\sum_{i=1}^{m}\left[\log(1 - D(G(z^{(i)})))\right] \tag{3-77}$$

其次，按照梯度的方向对辨别器的参数进行更新，重复上述的步骤直至达到每回合的最大训练步数，并使用 $m$ 项噪声样本按照梯度的反方向对生成器的参数进行更新，直至回合结束。

判定标准为

$$\min_G \max_D V(D,G) = E_{x\sim P_{\text{data}}(x)}[\log D(x)] + E_{z\sim P_z(z)}[\log(1-D(G(z)))] \tag{3-78}$$

式中：$\max_D$ 为按照梯度方向更新 $D(x)$，使得 $V(D,G)$ 取极大值；$\min_G$ 为按照梯度的负方向更新 $G(z)$，使得 $V(D,G)$ 取极小值。在判别器训练一定回合后，判别器具有一定的判别能力，使得生成样本更加符合真实样本的特征。对样本数据进行增强时，卷积神经网络常常出现过拟合的现象，造成卷积神经网络分类效果不佳。因此通过增加样本的方式，防止卷积神经网络过拟合现象的发生。

### 2. 基于 USYOLO 网络的似物性检测

由于无人机可携带的处理器重量有限，目前无人机的大部分检测算法都使用单步检测器。单步检测器中最新的 YOLOv4 算法融合了目标检测领域的各种经典思想，工作速度和精度达到了较好的平衡。因此，这里选择 YOLOv4 为基础，设计小目标检测算法 USYOLO，并将 USYOLO 和 YOLOv4 算法进行对比。

YOLOv4 的网络框架简图如图 3-52 所示。YOLOv4 主要由三部分组成：用于提

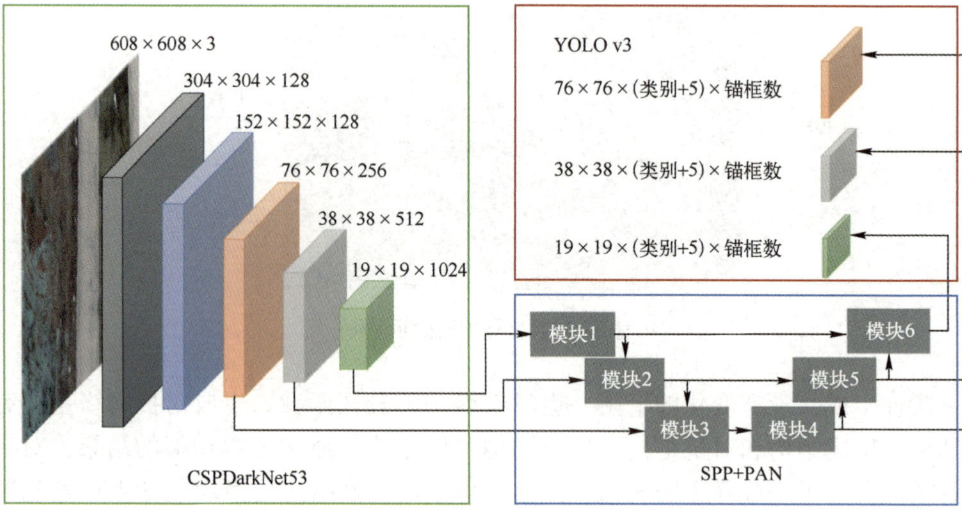


图 3-52 YOLOv4 的网络框架简图

取图像特征的 CSPDarkNet53、用于组合特征检测不同尺度物体的 SPP 和 PAN 网络以及最后用来计算目标位置和类别的 YOLOv3 中的检测层。

CSPDarkNet53 是一个下采样的特征提取网络，共分为 5 个模块。每经过一个模块，特征图的长宽分辨率就会缩小一半，但是深度会不断增加。CSPDarkNet53 每个模块都会通过一个密集模块，直接将本层数据传递到下一个模块，从而使梯度组合更加丰富。SPP 模块放在 CSPDarkNet53 最后一层之后，将特征图进行不同尺寸的最大池化之后组合起来，有效地增加了特征提取网络的感受野。PAN 网络将 CSPDarkNet53 最后 3 个模块的输出特征进行双向融合，先自顶向下融合，再自底向上融合，通过双向融合可以较好地利用不同特征图的特征，取得更好的检测结果。

CSPDarkNet53 的详细结构如图 3-53 所示。图 3-53 中每个网络层的具体参数，包括卷积数量、输出大小等，在表 3-10 和表 3-11 中进行详细描述。表 3-10 描述图 3-53 中 5 个浅绿色的跳跃层的参数。表 3-11 描述图 3-53 中的主干结构，即 5 个跳跃层下面网络结构的参数，将其简称直连层参数。

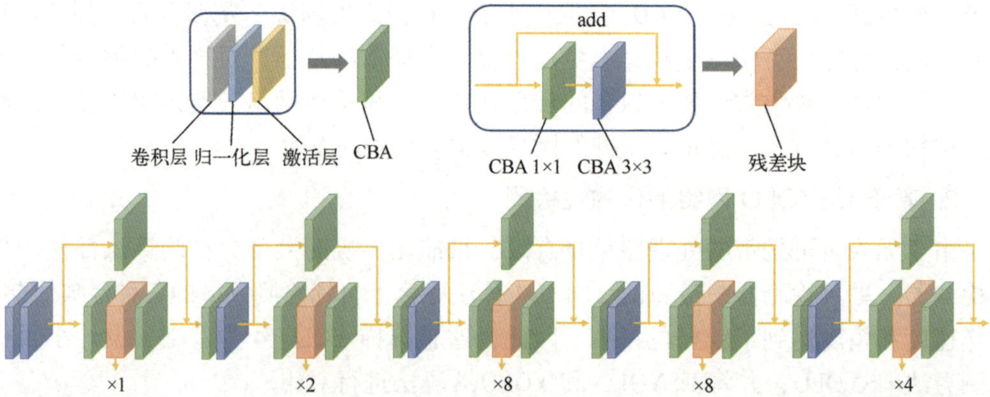


图 3-53 CSPDarkNet53 的详细结构

表 3-10　跳跃层参数

| 类型 | 卷积数 | 输出大小 | | 数量 |
|---|---|---|---|---|
| CBA1×1 | 64 | 304 | 304 | 1 |
| CBA1×1 | 64 | 152 | 152 | 1 |
| CBA1×1 | 128 | 76 | 76 | 1 |
| CBA1×1 | 256 | 38 | 38 | 1 |
| CBA1×1 | 512 | 19 | 19 | 1 |

表 3-11　直连层参数

| 类型 | 卷积数 | 输出大小 | | 数量 |
|---|---|---|---|---|
| CBA3×3 | 32 | 608 | 608 | 1 |
| CBA3×3 | 64 | 608 | 608 | 1 |
| CBA1×1 | 64 | 304 | 304 | 1 |
| Res | 32 | 304 | 304 | 1 |
| | 64 | 304 | 304 | 1 |
| CBA1×1 | 64 | 304 | 304 | 2 |
| CBA3×3 | 128 | 152 | 152 | 1 |
| CBA1×1 | 64 | 152 | 152 | 1 |
| Res | 64 | 152 | 152 | 2 |
| CBA1×1 | 64 | 152 | 152 | 1 |
| CBA1×1 | 128 | 152 | 152 | 1 |
| CBA3×3 | 256 | 76 | 76 | 1 |
| CBA1×1 | 128 | 76 | 76 | 1 |
| Res | 128 | 76 | 76 | 8 |
| CBA1×1 | 128 | 76 | 76 | 1 |
| CBA1×1 | 256 | 76 | 76 | 1 |
| CBA3×3 | 512 | 38 | 38 | 1 |
| CBA1×1 | 256 | 38 | 38 | 1 |
| Res | 256 | 38 | 38 | 8 |
| CBA1×1 | 256 | 38 | 38 | 1 |
| CBA1×1 | 512 | 38 | 38 | 1 |
| CBA3×3 | 1024 | 19 | 19 | 1 |
| CBA1×1 | 512 | 19 | 19 | 1 |
| Res | 512 | 19 | 19 | 4 |
| CBA1×1 | 512 | 19 | 19 | 1 |

随着网络层数的加深，特征图的长宽会变小，长宽维度上的每个特征点对应的感受野也会随之增加，如果原特征图的感受野大小为 $x \times x$，原特征图每个特征点之

间的距离为 $z$，将要经过的网络层的卷积大小为 $a\times a$，步长为 $b$，那么经过该网络层后的新特征图的感受野的大小为

$$(x+(z\times(a-1)))\times(x+(z\times(a-1))) \tag{3-79}$$

新特征图的特征点之间的距离为

$$z\times b \tag{3-80}$$

由表 3-11 可知，CSPDarkNet53 共有 29 个尺寸为 3×3 的卷积层。当网络层参数的输出大小发生变化时，说明该网络层的步长为 2，CSPDarkNet53 共有 5 个步长为 2 的网络层。根据以上计算公式，CSPDarkNet53 最后输出的特征图的感受野大小为 725×725。

SSP 模块在 CSPDarkNet53 最后一个模块之后，它采用 4 个步长为 1，尺寸分别为 1、5、9、13 四个尺寸的最大池化层获得多个分辨率的特征图，再将不同尺度的特征图进行连接，获得多分辨率的特征图，如图 3-54 所示。

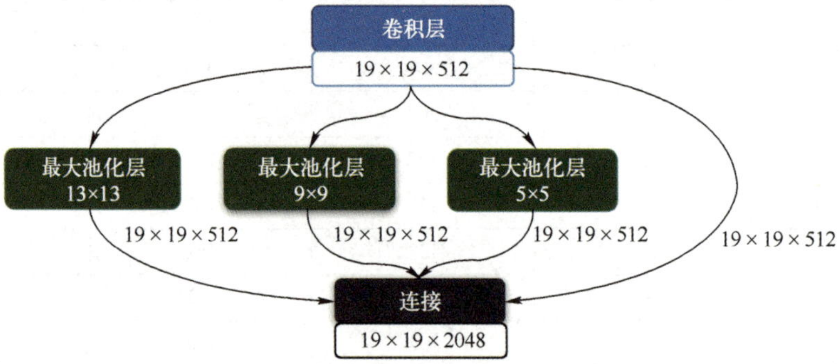


图 3-54　SSP 模块

PAN 的连接结构如图 3-52 所示。经过 SPP 和 PAN 网络，最终会获得不同长宽的 3 个特征图，用于检测大中小 3 种尺寸的物体。YOLOv3 在特征图长宽面的每个点都设置 3 个尺寸、长宽比均不同的检测框。第一层（图 3-52 中 PAN 模块 6 的输出层）的检测框大小分别为 [142，110]、[192，243]、[459，401]，第二层的检测框大小分别为 [36，75]、[76，55]、[72，146]，第三层的检测框大小分别为 [12，16]、[19，36]、[40，28]。YOLOv4 通过卷积层在每个点的每个检测框上预测目标位置、目标置信度以及目标类别。

基于深度学习的目标检测算法在检测目标时，为了加快计算速度一般会将图片压缩，压缩后目标在图像中的像素点数量会更少。此外，军事目标可能出现在任意地方，周围环境对于军事目标检测的帮助并不大。在这种情况下，过深的网络层次和过大的感受野并不有利于小目标的检测，还有可能因为感受野过大损失较多的细节信息，不利于小目标的检测。针对小目标检测，主要对特征提取框架做了两个改进。本节提出的两个改进和原特征提取网络的区别如图 3-55 所示。DCSPDarknet 是针对小目标检测的浅层网络，ADCSPDarknet 是一个增加下采样的网络层。

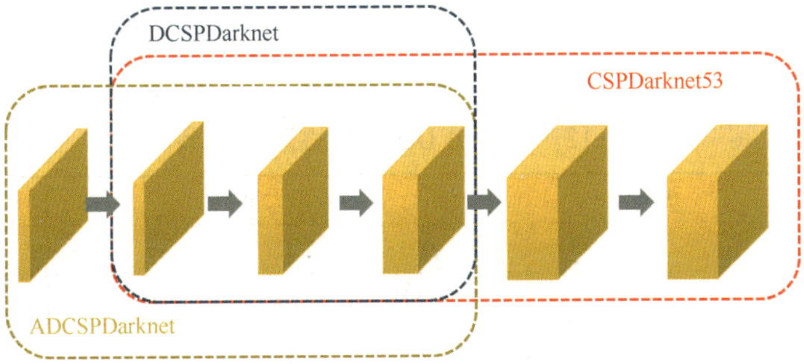


图 3-55　框架修正前后对比图

根据感受野的计算公式，YOLOv4 第三个模块输出特征图的感受野为 165×165，第四个模块输出特征图的感受野为 437×437，最后一个模块输出特征图的感受野为 725×725，分别用来检测小目标、中目标和大目标。参考感受野的大小和 YOLO 用于检测物体的锚框大小，删除了 CSPDarknet53 中用于检测中目标和大目标的网络层，将网络深度降低了一半，修改后的网络称为 DCSPDarknet。YOLO 中的 SPP 和 PAN 主要是针对深层网络进行设计，对小目标检测的作用不大，因此不再使用。

为了降低深度学习的计算复杂度，输入图像会进行下采样。小目标所占像素点原本就不多，下采样之后的像素数变少，更难进行正确的分类定位。如果直接输入较高分辨率的图片，就会极高地提升网络计算速度。因此在 DCSPDarknet 的基础上，在网络最前端增加一块网络，网络步长设置为 2，用于下采样较高分辨率的图片，在牺牲少量计算速度的前提下大规模提高检测精度。增加下采样模块的网络被称为 ADCSPDarknet，详细结构如图 3-56 所示。相比于原网络，修改后的网络在不增加计算复杂度的前提下降低了感受野并提高了输入图像分辨率。

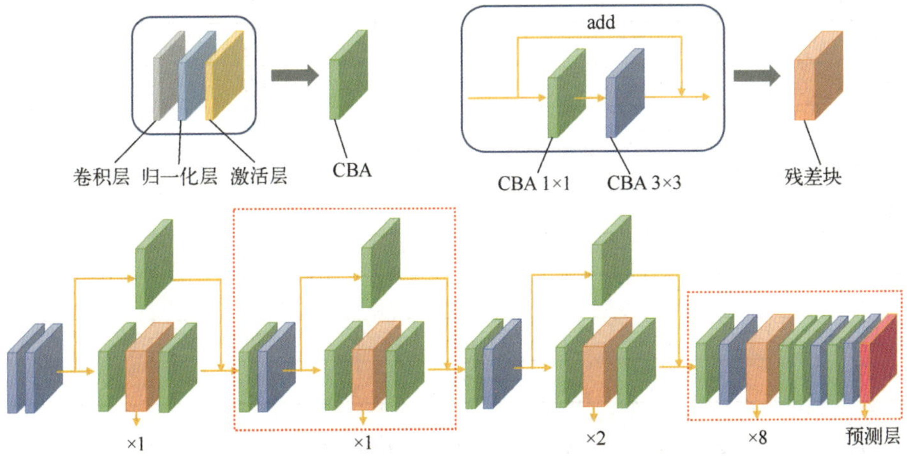


图 3-56　ADCSPDarknet 详细结构

ADCSPDarknet 的网络参数如表 3-12 和表 3-13 所列。在网络前端增加一块层数较少的网络层，可以在快速降低数据量的同时提取较多信息。在网络最后增加一个 1×1 和 3×3 的卷积层，对特征进行进一步调整并获得较大的感受野来指导目标检测。DCSPDarknet 网络最终的感受野为 213×213，ADCSPDarknet 网络最终的感受野为 429×429。

表 3-12　ADCSPDarknet 的跳跃层参数

| 类型 | 卷积数 | 输出大小 | | 数量 |
|---|---|---|---|---|
| CBA1×1 | 64 | 1216 | 1216 | 1 |
| CBA1×1 | 64 | 304 | 304 | 1 |
| CBA1×1 | 64 | 152 | 152 | 1 |

表 3-13　ADCSPDarknet 的直连层参数

| 类型 | 卷积数 | 输出大小 | | 数量 |
|---|---|---|---|---|
| CBA3×3 | 32 | 1216 | 1216 | 1 |
| CBA3×3 | 64 | 608 | 608 | 1 |
| CBA1×1 | 64 | 608 | 608 | 1 |
| Res | 32 | 608 | 608 | 1 |
| | 64 | 608 | 608 | 1 |
| CBA1×1 | 64 | 608 | 608 | 2 |
| CBA3×3 | 64 | 304 | 304 | 1 |
| CBA1×1 | 64 | 304 | 304 | 1 |
| Res | 32 | 304 | 304 | 1 |
| | 64 | 304 | 304 | 1 |
| CBA1×1 | 64 | 304 | 304 | 2 |
| CBA3×3 | 128 | 152 | 152 | 1 |
| CBA1×1 | 64 | 152 | 152 | 1 |
| Res | 64 | 152 | 152 | 2 |
| CBA1×1 | 64 | 152 | 152 | 1 |
| CBA1×1 | 128 | 152 | 152 | 1 |
| CBA3×3 | 256 | 76 | 76 | 1 |
| CBA1×1 | 128 | 76 | 76 | 1 |
| Res | 128 | 76 | 76 | 8 |
| CBA1×1 | 128 | 76 | 76 | 1 |
| CBA1×1<br>CBA3×3 | 128 | 76 | 76 | 3 |
| | 256 | 76 | 76 | |

USYOLO 基于 YOLOv4 进行改进，设计更适用于对小目标的检测。USYOLO 通过数据扩充、框架修改、损失值计算 3 个方面进行设计。首先针对无人机对地小目标检测设计了背景替换和目标加噪两种数据扩充方法，提高小目标在训练集中的丰富性；然后基于 YOLOv4 检测框架设计适用于小目标的特征提取框架 ADCSPDarknet，YOLOv4 中的 SPP 和 PAN 模块主要是用于多尺度检测的，在小目标

检测中可以删除这两个模块，用于分类定位的 3 层检测框只需要保留最小尺度的一层检测框，其他尺度的检测框可以删除；最后对正样本选取和定义方法进行改进，使代表目标的正样本数量更多，更能体现目标检测。USYOLO 的算法训练过程框架如图 3-57 所示。测试过程不需要数据扩充算法，也不需要计算损失值。

图 3-57　USYOLO 的算法训练过程框架

在只修改网络框架的基础上，对网络框架为 CSPDarknet53、DCSPDarknet 和 ADCSPDarknet 的算法分别进行训练，并比对结果。所用的指标有召回率（Recall）、准确率（Precision）、平均精度（average precision，AP）、各类别 AP 的均值（mean Average Precision（mAP））。

Recall 代表检测算法检测出的正确目标数量占所有正确目标数量的比例，Precision 代表检测算法检测出的正确目标数量占所有预测出的目标数量的比例。AP 值为以 Precision 和 Recall 为横纵坐标，在不同 IoU 阈值下画出曲线的面积。在 COCO 数据集的定义中，AP50 代表检测目标和真实目标 IoU 等于 50%的时候认为检测正确。mAP 值代表如果有多个类别的检测目标，对所有目标的 AP 值取平均值。

修改网络前后训练结果如图 3-58 所示。图中蓝色线代表原始网络的训练结果，红色线代表 DCSPDarknet 的训练结果，绿色线代表 ADCSPDarknet 的训练结果。可以发现，修改网络框架之后，不仅检测的精准度提高了，训练过程的稳定性也获得了较大的提高。

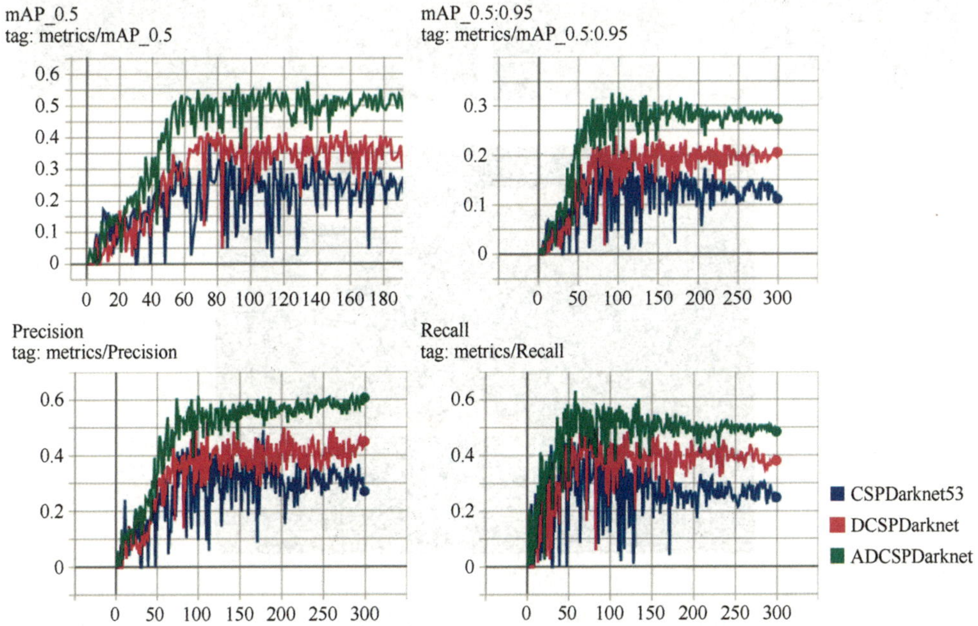


图 3-58　修改网络框架前后训练结果

3 种网络框架的实验结果数据如表 3-14 所列。通过对比可以发现，在 ADCSP-Darknet 和 DCSPDarknet 结构下，目标检测的 mAP 值不仅没有降低，还获得了一定程度的提高。这说明深层网络不仅没有对小目标检测起到积极作用，在引入较大的感受野之后还会增加无效信息，对小目标检测产生不良影响，删除深层网络可获得更好的效果。另外，mAP50 值提高较多，说明浅层特征更有利于对小目标的精准定位。DCSPDarknet 相比于 CSPDarknet53，FPS 提高了一倍多，极大地提高了小目标检测的效率。而 ADCSPDarknet 的检测速度没有明显提升，但是可以获得最高的检测精度。这也证明用检测速度换取检测精度的可行性，可以在不同要求的平台中适当进行选择。

表 3-14　3 种网络框架的实验结果数据

| 框架 | 输入图像尺寸 | FPS | mAP50 | mAP |
|---|---|---|---|---|
| CSPDarknet53 | 608×352 | 71 | 39. 6% | 21. 7% |
| DCSPDarknet | 608×352 | 166 | 42. 9% | 23. 9% |
| ADCSPDarknet | 1216×704 | 77 | 57. 6% | 32. 7% |

目标检测结果如图 3-59 所示。

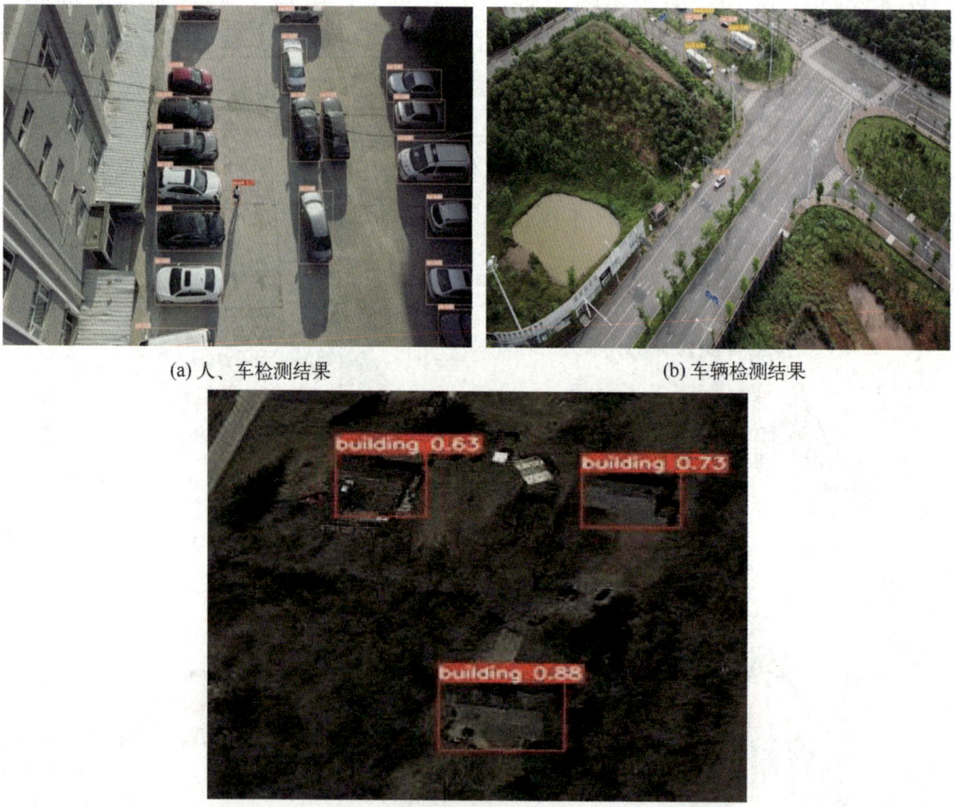


(a) 人、车检测结果

(b) 车辆检测结果

(c) 建筑检测结果

图 3-59　目标检测结果

# 第4章 无人系统的多源智能信息融合

## 4.1 异质传感器信息融合

### 4.1.1 可见光图像与激光雷达点云的信息融合

在自动驾驶领域，研究人员通常将车辆运动或传感器运动建模为刚体运动，可用旋转和平移矩阵描述。同样，由于激光雷达和相机为刚性连接，因此也可以通过旋转和平移来描述它们之间的关系，如图 4-1（a）所示。激光雷达和相机的标定是一个非线性问题，标定目标函数不是全局凸的，这将导致标定结果经常收敛到局部最小值。因此，外参数的初始化及优化方法至关重要。

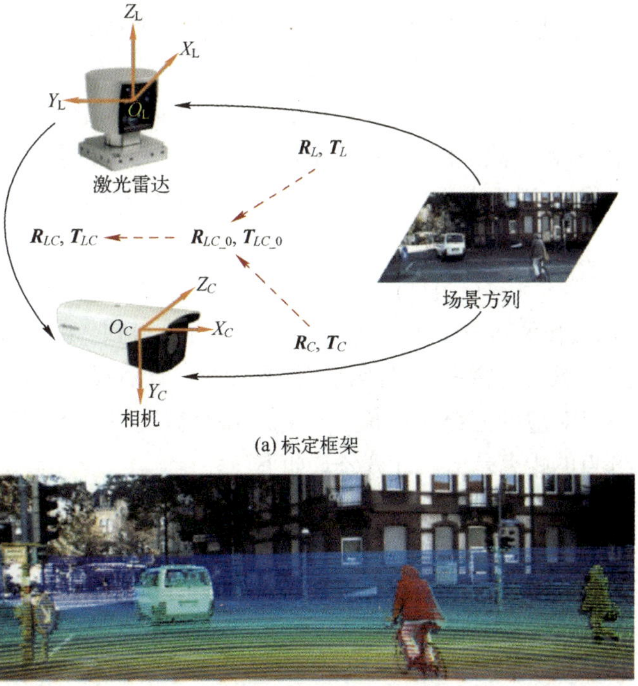

(a) 标定框架

(b) 标定效果

图 4-1 标定任务示意图

本节将详细介绍一种自然场景下单目相机——激光雷达外参数。

自动标定算法。该算法首先利用运动信息准确地进行外参数初始化，然后基于初始化参数将三维点云投影到二维图像平面。在图像和雷达投影图中，分别搜索物体的边缘并计算待匹配的 SIFT 特征。根据特征点的分布和置信度，筛选一部分 SIFT 特征点并将其添加到目标函数中。最后，结合 Levenberg-Marquardt 算法和全局优化算法来获得最优外参数。

为了获得精确的初始化参数，我们将车辆运动中的观测数据用于初始化计算。该方法的核心思想是利用不同传感器在相同运动中的信息相关性进行初始化。车辆的运动可以通过三维点云前后帧匹配来估计。匹配方法选用迭代最近点（iterative Closest point，ICP）算法。激光雷达的旋转矩阵 $\boldsymbol{R}_L$ 和平移向量 $\boldsymbol{T}_L$ 可表示为

$$(\boldsymbol{R}_L,\boldsymbol{T}_L)=f_L(P_t,P_{t+1}) \tag{4-1}$$

式中：$f_L$ 为 ICP 算法；$P_t$ 和 $P_{t+1}$ 分别为 $t$ 时刻和 $t+1$ 时刻的点云。

与激光雷达相比，单目相机只能获取二维图像。运动恢复结构（structure from motion，SfM）技术可以根据局部运动信息，从二维图像恢复三维结构，同时估计相机的运动。输入连续帧图像 $I_t$ 和 $I_{t+1}$，使用 SfM 算法 $f_C$，相机运动可表示为

$$(\boldsymbol{R}_C,\boldsymbol{T}_C)=f_C(I,I_{t+1}) \tag{4-2}$$

与激光雷达的平移向量 $\boldsymbol{T}_L$ 不同，式（4-2）中的 $\boldsymbol{T}_C$ 并不是相机平移的真实距离，而是归一化的结果，其 L2 范数为 1，即 $\|T_C\|^2=1$。对于相同的运动，相机和激光雷达的真实平移向量的 L2 范数理应相等，因此相机平移向量的尺度因子 $S_T$ 等于激光雷达平移向量的 L2 范数，即 $S_T=\|T_L\|^2$。因此，相机的真实平移矢量 $\boldsymbol{T}'_C$ 满足下式：

$$\boldsymbol{T}'_C=\boldsymbol{T}_C\cdot S_T \tag{4-3}$$

基于相机运动信息 $\boldsymbol{R}_C$ 和 $\boldsymbol{T}'_C$，SfM 算法可以计算出前后帧图像中所有匹配点的三维坐标，记为 $P_C$。由 SfM 算法从图像中恢复的三维场景和来自 $t$ 时刻的雷达点云对应于同一场景，因此可以将 $P_C$ 视为由雷达点云的旋转和平移后生成的三维点，其满足下式：

$$\begin{bmatrix} P_C \\ 1 \end{bmatrix}=\begin{bmatrix} \boldsymbol{R}_{LC\_0} & \boldsymbol{T}_{LC\_0} \\ 0 & 1 \end{bmatrix}\cdot\begin{bmatrix} P_t \\ 1 \end{bmatrix} \tag{4-4}$$

式中：旋转矩阵 $\boldsymbol{R}_{LC\_0}$ 和平移向量 $\boldsymbol{T}_{LC\_0}$ 通过 ICP 算法计算得到，即为外参数初始化结果。

根据初始化外参数，将雷达点投影到图像平面中，计算投影平面中的物体边缘。具体而言，基于投影点对应的三维坐标值，首先对每个雷达投影点进行行邻域均值滤波，然后逐行计算相邻点的距离差值，计算公式如下：

$$D_{X_p}^i = \text{abs}\left(\sum_{i-a}^{i+a} X_p^i/(2a+1) - \sum_{j-a}^{j+a} X_p^j/(2a+1)\right) \tag{4-5}$$

式中：$X_p$ 为雷达投影点；$a$ 为常数，表示滤波邻域的范围；$j=i+1$，表示相邻点。采用行邻域均值滤波能有效消除边缘噪声。当 $D_{X_p}^i$ 大于一定阈值时，该点被标记为雷达物体边缘点。

图像中物体边缘计算分为两个步骤：首先，在灰度图像中逐像素计算八邻域内灰度差值的最大绝对值，得到边缘图像 $E_{\text{img}}$；然后，对边缘图进行逆距离变换（inverse distance transform）得到 $I_{IDT}$。逆距离变换类似于对边缘图的高斯模糊滤波，用于评估匹配代价。

基于雷达边缘图和图像边缘图，使用SIFT描述子表示边缘图特征。对两个边缘图进行特征点匹配，匹配点将用于优化函数的损失值计算。

匹配特征点的分布将在很大程度上影响最终的优化结果。因为雷达点从三维空间投影到二维图像平面会导致深度信息丢失，若匹配点集中在图像平面的某个区域，则会导致外参数收敛到局部最小值。如图4-2所示，可以看到中间部分匹配良好，其他区域匹配效果不佳。这是匹配特征点的不均匀分布导致优化函数陷入局部最优解的。

图4-2　特征点非均匀分布下的标定效果

因此，根据特征点的分布，本节设计了一个特征点筛选机制，均匀地选择匹配点来计算优化函数损失。具体而言，以100个水平像素为一组，将图像平面纵向划分为若干组，分别统计每个组中匹配点的数量，并根据匹配置信度对匹配点进行排序。按照中心对称的原则，剔除对称组别中排序靠后的匹配点，使对称组保持特征点数量的平衡。该筛选机制能够确保特征点均匀分布在图像中，图4-3显示了SIFT点筛选的效果。观察图4-3（a）和（c）的蓝色直方图，可以发现特征点筛选之前，SIFT点分布非常不均匀；图4-3（b）和（c）的黄色直方图显示，筛选后的特征点基本服从均匀对称分布。

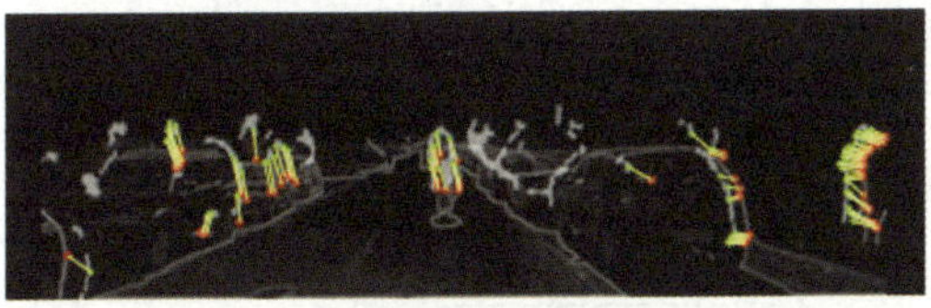

(a) 筛选前的SIFT特征点分布

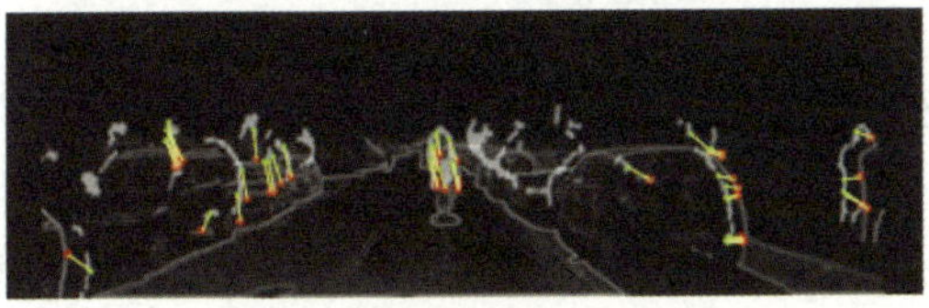

(b) 筛选后的SIFT特征点分布

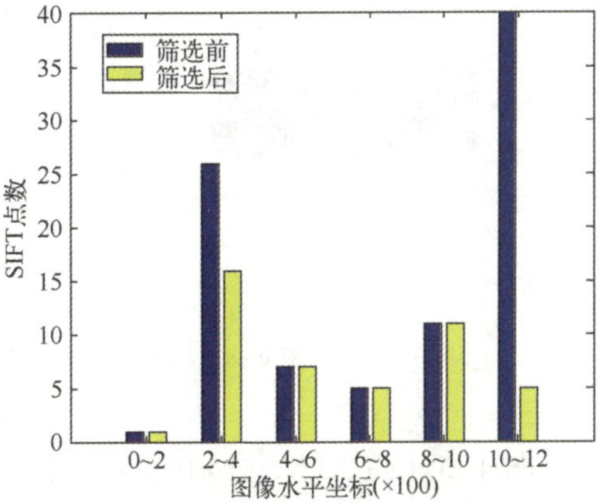


(c) SIFT特征点分布统计直方图

图4-3　匹配SIFT点筛选效果对比图

给定 $n$ 个筛选后的匹配雷达点 $P_M=\{P_M^1, P_M^2, \cdots, P_M^n\}$ 和对应的匹配像素点 $I_M=\{I_M^1, I_M^2, \cdots, I_M^n\}$，基于旋转平移矩阵，匹配的雷达点可以投影到图像平面。投影的雷达点和对应像素之间的欧氏距离能够反映外参数的精准度。我们将待优化的相机-激光雷达外参数定义为 $X=(R_{\text{pitch}}, R_{\text{yaw}}, R_{\text{roll}}, x, y, z)$，其中$(R_{\text{pitch}}, R_{\text{yaw}}, R_{\text{roll}})$反映了旋转量，$(x, y, z)$表示平移量。目标优化函数设计如下：

$$\hat{X}=\arg\min_X \sum_{i=1}^{n}(\|P'^i_M - I^i_M\| + f_{\text{IDT}}(P'^i_M)) \tag{4-6}$$

式中：$P'^i_M=f_{\text{prj}}(X;P^i_M)$为雷达点基于外参数 $X$ 到图像平面的投影，$\|P'^i_M-I^i_M\|$表示投影雷达点与匹配像素点的欧氏距离，$f_{\text{IDT}}(P'^i_M)=1-\text{elogIIDT}(P'^i_M)^2$ 为基于逆距离变换的函数，用于奖励靠近图像边缘的投影雷达点，其越靠近图像中的物体边缘，其响应值越小。

由于目标函数是非凸函数，任何局部优化方法都会使其收敛于局部极小值。许多特殊的非线性非凸目标损失函数优化算法可以获得最佳的优化结果，但计算效率很低。因此，我们提出了一种基于局部和全局优化算法的组合优化方法。首先，使用局部优化算法 LM（Levenberg-Marquardt）算法[156]快速逼近最优解。然后基于 LM 算法结果生成适当的全局优化计算范围，使用贪婪的枚举法迭代范围内的所有参数组合并求解最优参数。该组合优化方法可以高效地求解外参数最优值。

标定算法的过程可以概括为算法 3.1。首先利用运动信息实现精确的外参数初始化。然后计算图像和雷达投影图中的物体边缘，计算并筛选匹配的 SIFT 特征点参与目标优化函数的计算。最后，我们设计了一种快速的局部和全局组合的优化方法，以避免结果收敛到局部极小值。

在实现了激光雷达与图像信息对齐的基础上，本节提出一种鲁棒的可见光图像与激光雷达信息融合的多目标算法，其流程图如图 4-4 所示。

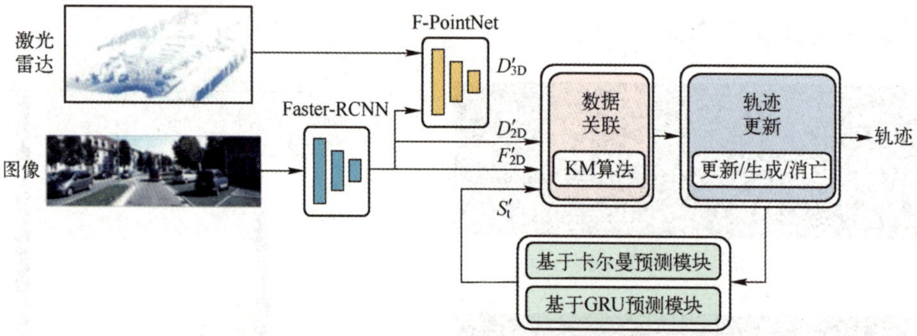


图 4-4　可见光图像与激光雷达信息融合的多目标框架图

图 4-5（a）、（b）分别展示了动静态目标检测在图像和雷达鸟瞰视角下的融合结果，其中红色框为运动物体，绿色框为静态物体。

假设 $t$ 时刻检测到物体数目为 $N$，则二维图像检测结果可以表示为

(a) 动静态目标检测融合结果(二维)

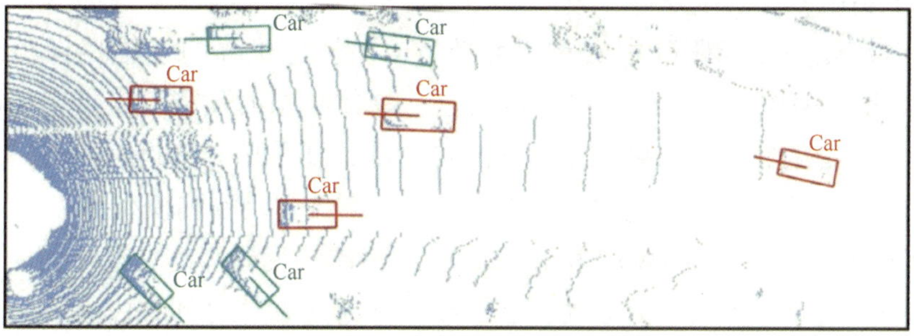


(b) 动静态目标检测融合结果(BEV)

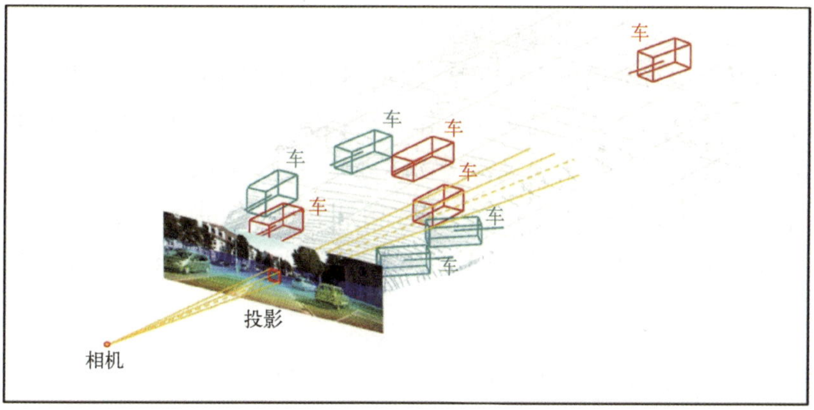


(c) 图像-激光雷达相互投影

图 4-5　基于图像-激光雷达融合的目标检测

$D_{2D}^{t}=\{b_{i}^{t}\mid i\in[1,N]\}$，$b_{i}^{t}=\{u,v,h_{2D},w_{2D}\}$，其中 $b_{i}^{t}$表示检测到的第 $i$ 个物体的包络框信息，$(u,v)$ 表示物体二维包络框的左上角坐标，$(h_{2D},w_{2D})$ 表示包络框的高度和宽度；三维物体检测结果可以表示为 $D_{3D}^{t}=\{B_{i}^{t}\mid i\in[1,N]\}$，$B_{i}^{t}=\{x,y,z,h_{3D},w_{3D},l_{3D},\theta\}$，其中 $B_{i}^{t}$代表第 $i$ 个物体的三维包络框信息，$(x,y,z)$表示物体中心的位置坐标，$(h_{3D},w_{3D},l_{3D})$分别表示物体的高度、宽度和长度，$\theta$ 表示目标的朝向角。

图像中的颜色、纹理等显著特征，是数据关联过程衡量两个物体相似度的重要信息。本节采用 FasterRCNN 网络对图像进行二维物体检测，同时根据卷积网络的计算结果提取物体的表观特征。二维目标检测网络的骨干网络是预训练的 ResNet18 卷积网络。输入 $t$ 时刻 RGB 图像，经过主干网络 5 层卷积模块后，生成富含高层语义信息的特征图。

对于运动物体，将三维检测结果投影到二维图像中，作为感兴趣区域

(region of interest, ROI)，直接根据原始图像上的位置信息计算其在特征图对应的区域。将该区域的特征送入感兴趣区域池化层 (ROI pooling layer)，生成固定大小的特征向量，作为表观特征。与有先验检测结果的动态物体不同，静态物体需要将特征图输入区域生成网络 (region proposal network) 生成目标候选区域，然后经过感兴趣池化层生成固定维度的特征向量。根据最终的网络输出结果，查询对应的特征向量，作为静态物体的表观特征。基于图像的物体表观特征记为 $F_{2D}^{t}=\{f_1^t,\cdots,f_N^t\}$ 。

运动预测是多目标跟踪中的重要环节。当前性能优异的三维目标跟踪的方法 AB3DMOT 和 P3DMOT 采用卡尔曼滤波器进行物体状态的预测，但是它们的预测模型存在两个不足之处：①忽略了无人车的自运动；②采用匀速运动模型。针对这两个不足，本节设计了一种改进的基于卡尔曼滤波器的运动预测模型。

由于现有的方法 AB3DMOT 和 P3DMOT 对物体的观测都建立在当前时刻激光雷达坐标系下，忽略了无人车自运动，这导致相邻时刻物体之间并没有在三维空间建立绝对的位置关系，其运动预测不是物体在真实世界中的运动，而是与自运动杂糅的混合运动。这样的运动预测健壮性较差。

针对此问题，本节利用无人车惯导信息，将历史时刻的三维物体观测值投影到当前时刻激光雷达坐标系，准确建立相邻时刻物体在三维空间中的相对关系，消除无人车自运动的影响，从而实现真实的物体运动预测。定义三维物体状态为 $S_t=(x, y, z, h_{3D}, w_{3D}, l_{3D}, v_x, v_y, v_z, \theta)$。由于绝大多数场景中的物体的运动分量主要集中在 $x$-$y$ 平面上，因此本节仅关注沿 $X$ 轴和 $Y$ 轴的速度变化，即 $(v_x, v_y)$。其状态转移可以写为

$$\begin{bmatrix} \hat{x}_t \\ \hat{y}_t \\ \hat{z}_t \\ \hat{h}_{\mathrm{BD}_t} \\ \hat{w}_{\mathrm{BD}_t} \\ \hat{l}_{\mathrm{BD}_t} \\ \hat{v}_{x_t} \\ \hat{v}_{y_t} \\ \hat{\theta}_t \end{bmatrix} = \begin{bmatrix} 1&0&0&0&0&0&1&0&0 \\ 0&1&0&0&0&0&0&1&0 \\ 0&0&1&0&0&0&0&0&0 \\ 0&0&0&1&0&0&0&0&0 \\ 0&0&0&0&1&0&0&0&0 \\ 0&0&0&0&0&1&0&0&0 \\ 0&0&0&0&0&0&1&0&0 \\ 0&0&0&0&0&0&0&1&0 \\ 0&0&0&0&0&0&0&0&1 \end{bmatrix} \cdot \begin{bmatrix} x_{t-1} \\ y_{t-1} \\ z_{t-1} \\ h_{3\mathrm{D}_{t-1}} \\ w_{3\mathrm{D}_{t-1}} \\ l_{3\mathrm{D}_{t-1}} \\ v_{x_{t-1}} \\ v_{y_{t-1}} \\ \theta_{t-1} \end{bmatrix} \tag{4-7}$$

卡尔曼滤波器可以根据上一时刻的状态 $s_{t-1}$ 来预测的当前时刻的物体状态 $\hat{s}_t$，并根据观测量 $o_t$ 进行状态更新。其预测步骤和更新步骤分别表示为

$$\begin{cases}\hat{\boldsymbol{s}}_t=\boldsymbol{F}\cdot\boldsymbol{s}_{t-1},\\ \hat{\boldsymbol{P}}_t=\boldsymbol{F}\cdot\boldsymbol{P}_{t-1}\cdot\boldsymbol{F}^{\mathrm{T}}+Q,\end{cases}\tag{4-8}$$

$$\begin{cases}K_t=\boldsymbol{P}_t+\boldsymbol{H}^{\mathrm{T}}\cdot(\boldsymbol{H}\cdot\hat{\boldsymbol{P}}_t\cdot\boldsymbol{H}^{\mathrm{T}}+R)^{-1},\\ \boldsymbol{s}_t=\hat{\boldsymbol{s}}_t+K_t\cdot(\boldsymbol{o}_t-\boldsymbol{H}\cdot\hat{\boldsymbol{s}}_t),\\ \boldsymbol{P}_t=(\boldsymbol{I}-K_t\cdot\boldsymbol{H})\cdot\hat{\boldsymbol{P}}_t\end{cases}\tag{4-9}$$

式中：$\boldsymbol{F}$ 为状态转移矩阵；$\boldsymbol{P}$ 为状态协方差矩阵；$\boldsymbol{H}$ 为状态量到观测量的转换矩阵；$K$ 为系统增益；$Q$ 和 $R$ 分别表示系统噪声和观测噪声。与现有的方法 AB3DMOT 和 P3DMOT 不同，本节给出的滤波算法可以直接获得运动速度 $v_x$ 和 $v_y$，其余静态物体的速度分量为 0。因此，转换矩阵 $\boldsymbol{H}$ 为单位阵，即 $\boldsymbol{H}=[\boldsymbol{I}]$。注意，公式中的运动速度指相邻两帧时间间隔内的位移，并非标准绝对速度。

根据式（4-8）卡尔曼滤波器的预测步骤，可以推理得到预测值 $\hat{s}_t=(\hat{x}_t,\hat{y}_t,\hat{z}_t,\hat{h}_{3\mathrm{D}_t},\hat{w}_{3\mathrm{D}_t},\hat{l}_{3\mathrm{D}_t},\hat{v}_{x_t},\hat{v}_{y_t},\hat{\theta}_t)$，即可进行帧间目标关联代价的计算。

在多目标关联问题中，准确地建模目标间的相似性度量至关重要。本节利用物体检测包络框、位置信息以及物体表观特征等高层语义特征来评价物体间的相似性，以精准计算关联代价。

通过基于改进滤波的运动预测方法，可以将跟踪列表中的目标进行三维空间下的运动预测，推理出 $t-1$ 时刻跟踪列表中的物体在当前时刻的位置以及各种状态，与当前时刻检测到的目标进行匹配。定义跟踪列表中的目标预测状态为

$$\hat{S}_{T_i}^t=\{\hat{x}'_t,\hat{y}'_t,\hat{z}'_t,\hat{h}_{3\mathrm{D}_t},\hat{w}_{3\mathrm{D}_t},\hat{l}_{3\mathrm{D}_t},\hat{u}'_{\min\_t},\hat{v}'_{\min\_t},\hat{u}'_{\max\_t},\hat{v}'_{\max\_t},f_i^{t-1}\}\tag{4-10}$$

式中：$(\hat{x}'_t,\hat{y}'_t,\hat{z}'_t)$ 为预测当前时刻雷达坐标系下物体中心位置；$(\hat{h}'_{3\mathrm{D}_t},\hat{w}'_{3\mathrm{D}_t}\hat{l}'_{3\mathrm{D}_t})$ 为预测当前时刻雷达坐标系下物体三维尺寸；$(\hat{u}'_{\min\_t},\hat{v}'_{\min\_t})$ 为预测的三维物体包络框投影到图像框的左上顶点和右下顶点坐标；$f_i^{t-1}$ 为物体表观特征。以同样的方式，定义检测列表中的目标状态为

$$S_{D_j}^t=\{x_t,y_t,z_t,h_{3\mathrm{D}_t},w_{3\mathrm{D}_t},l_{3\mathrm{D}_t},u_{\min\_t},v_{\min\_t},u_{\max\_t},v_{\max\_t},f_j^t\}\tag{4-11}$$

将待跟踪目标 $T_i$ 和候选检测目标 $D_j$ 之间的关联亲和度矩阵 $\boldsymbol{A}(T_i, D_j)$ 定义为它们之间包络框、中心坐标距离和表观特征相似性的联合概率。包络框的交并比反映了物体的重合程度，重合率越大，则匹配度越高。根据待跟踪目标在三维场景中的预测状态值计算得到的三维框交并比和物体中心点欧氏距离，它们是衡量匹配度的重要指标，能够在一定程度上克服遮挡问题。同时，考虑到三维目标检测器存在一定的不稳定性，因此计算图像域中的二维框交并比增加匹配度的健壮性。此外，目标的表观特征也是一个匹配度度量的重要指标，计算表观特征的余弦距离用于衡量物体外表的相似性。因此，亲和度计算如下。

$$A_{3\mathrm{D}}(T_i,D_j)=\frac{\hat{B}_{T_i}^{3\mathrm{D}}\cap B_{D_j}^{3\mathrm{D}}}{\hat{B}_{T_i}^{3\mathrm{D}}\cap B_{D_j}^{3\mathrm{D}}}\tag{4-12}$$

$$A_{2D}(T_i,D_j)=\frac{\hat{B}_{T_i}^{2D}\cap B_{D_j}^{2D}}{\hat{B}_{T_i}^{2D}\cup B_{D_j}^{2D}} \tag{4-13}$$

$$A_{dis}(T_i,D_j)=e^{-\|\hat{P}_{T_i}^c,P_{D_j}^c\|_2} \tag{4-14}$$

$$A_{app}(T_i,D_j)=\frac{f_{T_i}\cdot f_{D_i}}{\|f_{T_i}\|\times\|f_{D_i}\|} \tag{4-15}$$

式中：$A_{3D}$、$A_{2D}$、$A_{dis}$和$A_{app}$分别为三维框交并比、二维框交并比、目标中心点距离和目标表观特征相似度；$B^{3D}=(x,y,z,h_{3D},w_{3D},l_{3D})$为物体三维框参数，$B^{2D}=(u_{min},v_{min},u_{max},v_{max})$为物体二维框参数；$P^c=(x,y,z)$为目标中心点坐标；$f$为目标表观特征；“ ˆ ”表示跟踪物体预测的状态值。

$$A(T_i,D_j)=w_{3D}A_{3D}(T_i,D_j)+w_{2D}A_{2D}(T_i,D_j)+w_{dis}A_{dis}(T_i,D_j)+w_{app}A_{app}(T_i,D_j) \tag{4-16}$$

式中：$w_{3D}$、$w_{2D}$、$w_{dis}$和$w_{app}$分别为相应亲和度的权重参数，满足$w_{3D}+w_{2D}+w_{dis}+w_{app}=1$。从计算公式可以看出，亲和度得分越接近于1，表示目标间的相似性越大。

这里将在线多目标跟踪的数据关联建模为求解二分图匹配的问题。定义无向图$G=(V;E)$，节点$V$为跟踪列表Trat-1和目标检测列表Dett，其交集为空，边$E$表示两个集合中节点的对应关系。大部分在线多跟踪方法采用匈牙利算法求解二分图最大匹配。然而，二分图最大匹配在某些情况下并非目标关联的正确解。例如，拥挤的环境中，物体间相互遮挡，包络框存在重叠区域，为了实现最大匹配，匈牙利算法可能会将物体匹配错误。正确的多目标关联应基于目标相似度得分进行匹配，相似度得分高的目标优先匹配。因此，本节采用加权二分图匹配算法（Kuhn-Munkres算法）实现多目标关联。该算法是对匈牙利算法的一种贪心扩展算法，能够实现二分图最佳完美匹配，具体流程见算法4.1。注意，亲和度矩阵即为二分图中每条边的权重，因此基于亲和度矩阵，利用加权二分图匹配算法可求得最优目标关联解。

**算法4.1 Kuhn-Munkres算法**

**输入**：二分图 $G$=((Trat-1,Dett),$E$)；各边的权重（亲和度矩阵）$\boldsymbol{A}$

**输出**：图 $G$ 的最佳完美匹配

```
1：初始化可行定标值；
2：  while 未找到相等子图的完备匹配 do
3：  用匈牙利算法寻找相等子图的完备匹配；
4：  If 未找到增广路 then
5：      修改可行定标值；
6：   end if
7：end while
8：return 图 G 的最佳完美匹配
```

由于场景中不断地有新目标进入观察视野，也有目标离开视野，因此需要根据目标匹配结果和检测结果对跟踪列表进行更新检查，以确定一条轨迹是否符合它的生成和消亡。考虑到目标检测器存在错误检测结果，包括假阳性和假阴性。通过设置新目标准入阈值 $T_{\text{min\_det}}$ 和历史目标消亡阈值 $T_{\text{max\_miss}}$ 来维持跟踪器的稳定性，$T_{\text{min\_det}}$ 和 $T_{\text{max\_miss}}$ 分别表示候选目标检测帧数和丢失目标消失帧数。

轨迹状态更新：对于关联成功的目标，仅需将跟踪列表中相应目标的状态更新为当前时刻观测的目标状态。

新轨迹生成准则：对于未能成功关联的当前检测目标，都视为潜在进入场景的新目标，跟踪器不会立即为其创立 ID 标识。只有当连续检测次数超过准入阈值 $T_{\text{min\_det}}$，则确定其为新目标，并为其创立轨迹 ID。该生成准则在一定程度上可以消除检测器误检测（假阳性）的影响。

历史轨迹消亡准则：对于未能成功关联的跟踪列表中的目标，都视为潜在离开场景的历史目标，跟踪列表也不会立即删除其 ID。当连续消失帧数超过消亡阈值 $T_{\text{min\_det}}$，则确定其已离开场景，删除其在跟踪列表中的轨迹。该消亡准则在一定程度上解决了物体遮挡后又重新出现以及检测器假阴性的问题。

本节提出的多目标跟踪方法实现了图像和雷达点云融合的多目标跟踪，方法流程如算法 4.2 所示。该方法融合图像和点云信息，实现目标检测和有效特征提取；基于改进的卡尔曼滤波器预测模型实现了准确的三维空间运动预测，进而计算出关联亲和度矩阵；通过 Kuhn-Munkres 算法最终实现多目标关联跟踪。

**算法 4.2 基于相机-激光雷达融合的多目标跟踪算法**

**输入：** RGB 图像 $I$，激光雷达点云 $P$，相机-雷达外参数 $R$、$T$

**输出：** 多目标轨迹

1：基于图像和激光雷达进行二维和三维目标检测 $D_{2D}^{t}$，$D_{3D}^{t}$，并提取目标表观特征 $F_{2D}^{t}$；

2：基于改进的卡尔曼滤波器预测模型，对跟踪列表目标 $T_i^t$ 进行三维空间运动预测推理 $\hat{S}_{T_i}^{t}$；

3：计算关联亲和度矩阵 $\mathbf{A}$；

4：基于 Kuhn-Munkres 算法实现数据关联；

5：轨迹更新检查；

6：return 多目标轨迹

为了验证多目标跟踪算法的性能，本节利用公开的 KITTI 多目标跟踪数据集进行相关实验。该数据集包含 21 个训练数据序列和 29 个测试序列，每个序列提供了图像、激光雷达和惯导数据，其中训练集还提供了标注真值。与目标检测数据集标注真值不同的是，它还标注了物体的 ID 号，以表示数据关联信息。

KITTI 遵循 CLEARMOT 中提出的评价指标，包括跟踪准确率（MOTA）、跟踪精度（MOTP）、同一目标 ID 切换数（IDS）、最大关联率（MT）、最大失联率（ML）和轨迹割裂数（FRAG）。跟踪准确率（MOTA）考虑漏检率、误检率及 ID 切换率，是一个综合性指标，计算公式如下。

$$\text{MOTA} = 1 - \frac{\sum_t (m_t + f_{p_t} + mme_t)}{\sum_t N_{g_t}} \tag{4-17}$$

式中：$m_t$、$f_{p_t}$、$mme_t$和$N_{g_t}$分别为$t$时刻目标漏检数（假阴性）、错检数（假阳性）、ID 切换数和真实目标数目。

跟踪精度（MOTP）反映了关联框与真值的重合程度，计算如下。

$$\text{MOTP} = 1 - \frac{\sum_t \sum_i^{c_t} (d_t^i)}{\sum_t c_t} \tag{4-18}$$

式中：$c_t$表示$t$时刻匹配成功的数量；$d_t^i$表示目标$i$与真值的度量距离，即匹配误差。

MT 反映了跟踪轨迹与真值重合率大于 80% 的比例，数值越大意味着关联轨迹完整性越好；ML 表示跟踪轨迹与真值重合率小于 20% 的比例，数值越小意味着关联轨迹性能越好；ID-switches 表示同一目标被标记为不同 ID 识别码的数量，FRAG 表示跟踪过程的中断次数，这两个指标越小证明跟踪性能越好。

上述 MOTA 和 MOTP 计算过程中，没有考虑置信度，仅在单阈值下进行评估计算。AB3DMOT 证明了检测置信度会影响 MOT 系统的性能，提出了 AMOTA 和 AMOTP 指标，将检测阈值因素考虑进去，计算如下。

$$\text{AMOTA} = \frac{1}{L} \sum_{r \in \left\{\frac{1}{L}, \cdots, 1\right\}} \text{MOTA}_r \tag{4-19}$$

式中：$r$为特定的置信度阈值；$L$为阈值的数量。AMOTP 计算与之类似。为了使 AMOTA 的值范围从 0% 到 100% 分布，它将通过以下方式缩放 $\text{MOTA}_r$ 的范围：

$$\text{sAMOTA}_r = \max\left(0, \frac{1}{r}\text{MOTA}_r\right) \tag{4-20}$$

通过上式计算平均值可以得到 sAMOTA 指标。本节多目标跟踪实验采用上述指标进行评估。

为验证多目标跟踪方法的有效性，并选取最优参数，我们从 3 个方面进行消融实验：①运动预测方法对比实验；②相关性表示特征对比实验；③多目标跟踪方法对比实验。

**运动预测方法对比实验**：与现有方法在局部坐标系下进行三维运动预测不同，本节设计了两种全局坐标系下的三维运动预测方法。局部坐标系下三维卡尔曼滤波器的运动预测方法与 AB3DMOT 相同，作为对比基准方法，命名为 3DKalman_Local；本节提出的基于卡尔曼滤波器的预测方法记为 3DKalman_Global。

实验结果如表 4-1 所列。由表 4-1 可以看出，基于全局坐标系的预测性能明显优于局部坐标系的预测方法。这是因为基于局部坐标系的预测方法忽略了无人车自运动的影响，而全局坐标系下可以计算各物体的绝对速度，以更准确地进行运动推理。

表 4-1 不同运动预测方法对比实验

| 方法 | sAMOTA | AMOTA | AMOTP | MOTA | MOTP | MT | IDS |
|---|---|---|---|---|---|---|---|
| 3DKalman_Local | 0.9201 | 0.4442 | 0.7750 | 0.8353 | 0.7857 | 0.7135 | 13 |
| 3DKalman_Global | 0.9304 | 0.4562 | 0.7775 | 0.8545 | 0.7832 | 0.7622 | 0 |

激光雷达点云投影图如图 4-6 所示。

(a) 基于真值的雷达点云投影

(b) 基于本章方法标定值的雷达点云投影

图 4-6 激光雷达点云投影图

激光雷达与图像的联合标定算法的定性结果如图 4-7 所示。

(a) 投影效果

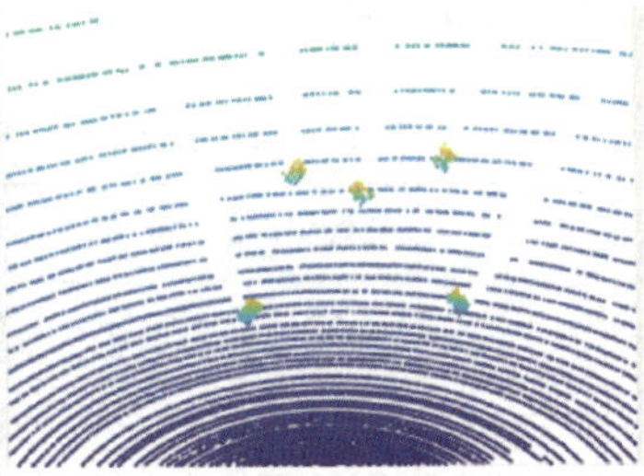

(b) 雷达点云

图 4-7 激光雷达与图像的联合标定算法的定性结果

**相关性表示特征对比实验**：为了分析不同相关性表示特征对跟踪性能的影响，本节选择不同特征计算关联亲和度矩阵。实验结果记录在表 4-2 中。从实验 1~3 可以看出，三维框的交并比最能准确反映目标的相似性；由于存在遮挡等情况图像二维框交并比可能会导致关联的失败。实验 4~7 证明随着相关性表示特征的增加，在一定程度上会增加描述目标相似度的健壮性。

表 4-2 相关性特征对目标跟踪的影响

| 序号 | $A_{3D}$ | $A_{2D}$ | $A_{dis}$ | $A_{app}$ | sAMOTA | AMOTA | AMOTP | MOTA | MOTP |
|---|---|---|---|---|---|---|---|---|---|
| 1 | ✓ | | | | 0.9304 | 0.4562 | 0.7775 | 0.8545 | 0.7832 |
| 2 | | ✓ | | | 0.9276 | 0.4511 | 0.7823 | 0.8611 | 0.7919 |
| 3 | | | ✓ | | 0.9279 | 0.4504 | 0.7825 | 0.8561 | 0.7920 |
| 4 | ✓ | | | ✓ | 0.9316 | 0.4571 | 0.7769 | 0.8641 | 0.7831 |
| 5 | ✓ | | ✓ | ✓ | 0.9317 | 0.4528 | 0.7744 | 0.8582 | 0.7846 |
| 6 | ✓ | ✓ | | ✓ | 0.9295 | 0.4558 | 0.7844 | 0.8625 | 0.7895 |
| 7 | ✓ | ✓ | ✓ | ✓ | 0.9319 | 0.4570 | 0.7761 | 0.8659 | 0.7819 |

**多目标跟踪方法对比实验**：在 KITTI MOT 任务测试集上与其他主流方法进行了对比，结果如表 4-3 所列。从表 4-3 中可以看出，我们的算法整体性能位于前列，与三维相关的跟踪方法（包括激光雷达、立体视觉和单目相机三维估计）相比，本节方法展现了较强的竞争力。从 ID 切换次数（IDS）和轨迹中断次数（FRAG）指标上可以看出，本节的跟踪方法 ID 切换、轨迹中断次数少，跟踪性能稳定，这证明了本节方法三维运动推理准确性高、帧间目标相关性特征计算合理。此外，从表中不难发现，最先进的方法是基于二维图像的跟踪方法。通过分析发现，基于二维图像的跟踪方法最大的优势在于准确的目标检测和表观特征提取，这也是三维目标跟踪方法需要努力的方向。图 4-8 展示了本节方法部分场景的跟踪结果。从图 4-8 中可以看出，本节方法可以准确跟踪多个目标，对短暂遮挡的目标，也可以实现稳定的跟踪。如图 4-8（a）中，车辆 101（绿色框）和车辆 104（黄色框）被短暂遮挡后，本节的方法依然能准确关联；在图 4-8（b）所示的密集车流下，本节的跟踪器展现了良好的健壮性。

表 4-3 本书方法与主流方法在 KITTI 数据集上的对比实验（car 类别）

| 方法 | 2D/3D | MOTA | MOTP | MT | ML | IDS | FRAG | Time |
|---|---|---|---|---|---|---|---|---|
| CenterTrack | 2D | 89.44% | 85.05% | 82.31% | 2.31% | 116 | 334 | 0.045 |
| TrackMPNN | 2D | 87.74% | 84.55% | 84.77% | 1.85% | 404 | 607 | 0.05 |
| QuasiDense | 2D | 85.76% | 85.01% | 69.08% | 3.08% | 93 | 617 | 0.07 |
| JRMOT | 3D | 85.70% | 85.48% | 71.85% | 4.00% | 98 | 372 | 0.07 |
| MOTSFusion | 3D | 84.83% | 85.21% | 73.08% | 2.77% | 275 | 759 | 0.44 |
| mmMOT | 3D | 84.77% | 85.21% | 73.23% | 2.77% | 284 | 753 | 0.02 |
| FANTrack | 3D | 77.72% | 82.33% | 62.62% | 8.77% | 150 | 812 | 0.04 |
| 本节算法 | 3D | 85.20% | 84.89% | 71.54% | 7.08% | 100 | 318 | 0.04 |

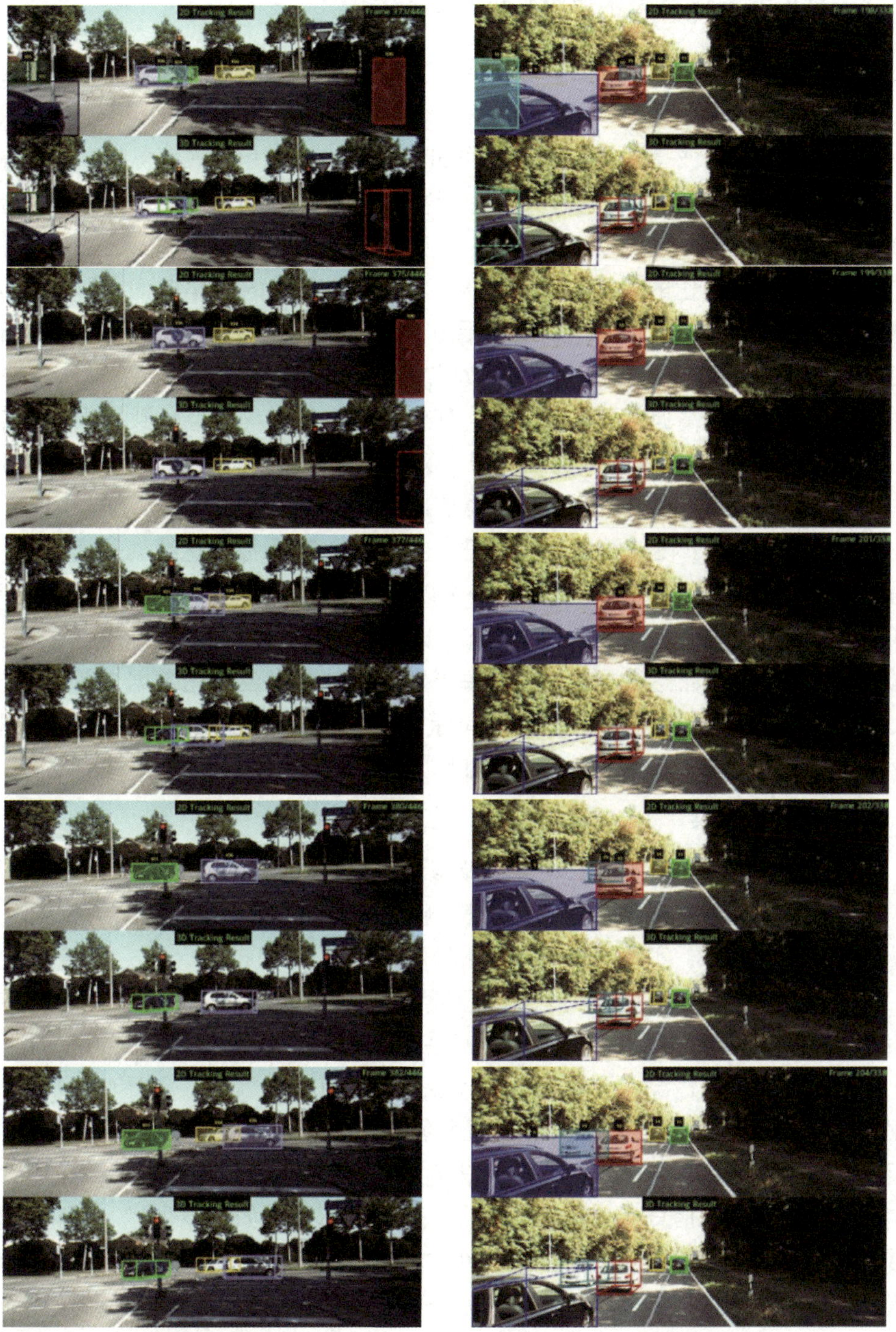

(a) 场景序列1　　　　(b) 场景序列2

图 4-8　多目标跟踪算法在 KITTI 数据上的定性展示

### 4.1.2 可见光图像与毫米波雷达的信息融合

本节将重点介绍如何采用目标级融合，实现可见光图像信息和毫米波雷达信息融合下的车辆目标检测。

本节使用的毫米波雷达是德尔福的 ESR 雷达，该雷达是一款高频电子扫描雷达，发射波段为 76~77GHz，同时具有中距离和远距离的扫描能力。摄像机是基于 ov10650 芯片自主研发的一款高清摄像机。

德尔福毫米波雷达的采样频率为 20Hz，即每帧数据的采集时间间隔为 50ms，每秒采集 20 帧雷达数据，本节使用的摄像机的采样频率是 50Hz，即每帧数据的采集时间间隔为 20ms，每秒采集 50 帧图像数据。

在自动驾驶汽车高速行驶的状况下，即使小的时间差异也会导致周围环境信息产生较大变化。因此，构建时间配准模型，以减小甚至去除不同传感器采集数据的时间差，完成对不同传感器数据的同步采集是必不可少的一步。

在该融合模型中，设计数据处理线程（主线程）、毫米波雷达数据采集线程和图像采集线程等 3 个程序，每帧数据给定一个以系统时间为准的标签。将数据传输到缓冲区队列。在数据采集主程序中，启动毫米波雷达数据采集线程和图像采集线程，以采样频率低的毫米波雷达数据为基准，每采集到一帧毫米波雷达数据，即触发图像采集线程，从缓冲区队列中选取相同时间标签的图像数据，以实现数据的同步采集和存储。相机与毫米波雷达的融合模型如图 4-9 所示。

#### 1. 算法整体框架

在数据采集完成后，分别处理毫米波雷达数据、图像数据，然后进行目标级别的匹配融合。完成静态道路护栏、边沿检测以预测道路走向和动态车辆位置校正、运动方向判断的任务，实现对道路场景的理解。

在毫米波雷达数据处理模块中，由于毫米波雷达本身工作原理的特点，会导致虚假目标或错误目标出现，加之车辆本身在行驶过程中，尤其在路况稍差的路上，会出现颠簸或晃动等情况，导致出现空目标或无效目标。因此，需要对毫米波雷达数据进行预处理，去掉错误目标和没有用的目标信息，同时保留准确的目标信息。然后根据毫米波雷达测到的目标的相对速度信息和自身的速度信息，求取前方目标的实际速度，根据此信息，初步将毫米波雷达的目标分为如道路护栏、道路边沿绿化带、树木等为主的静态障碍物目标和以前方车辆为主的动态障碍物目标。对静态障碍物，通过对毫米波雷达目标的主成分分析方法，得出道路护栏和道路边沿的连续信息，实现预测道路走向的功能。对动态目标，应用卡尔曼滤波方法进行跟踪，实现对有效目标的一致性检验和对目标位置的最优估计。图像数据处理采用多尺度下快速目标检测的车辆检测算法，该网络首次针对不同特征层设计不同的检测器来解决车辆检测的多尺度问题，具有较好的检测效果。

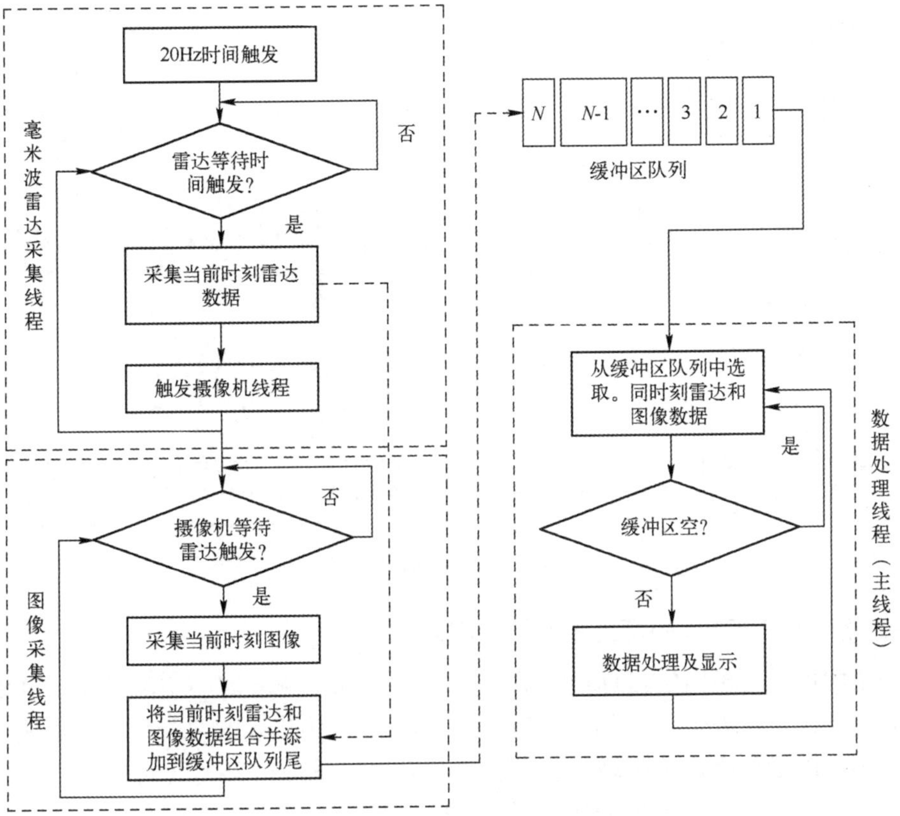


图 4-9　相机与毫米波雷达时间配准流程

在数据融合处理模块中，在毫米波雷达和相机完成标定和空间对齐后，二者的数据采集结果依然会存在系统误差，因此首先需要统计二者之间的系统误差。具体方法为：针对前方某个目标车辆，分别得到图像算法的目标检测框的底部中点像素值（$u_1$，$v_1$）和毫米波雷达检测结果在图像上投影的像素值（$u_2$，$v_2$），统计了35组数据的 $u$ 方向上的差值 $\Delta u$ 和 $v$ 方向上的差值 $\Delta v$，以及两个像素值之间的距离差值 $d_{u,v}$。求其均值，得出两个传感器之间的系统误差为 $u$ 方向为 10.1 像素，$v$ 方向为 9.48 像素，距离差值为 18.9 像素。将毫米波雷达数据和车辆检测结果进行目标级别的匹配，以图像检测框的底部中点为圆心，寻找与该点最近的 3 个毫米波雷达点，并根据目标车辆远近的不同，设定自适应的阈值作为半径，取该半径范围内，距离圆心最近的毫米波雷达点作为图像检测框的最佳匹配结果。采用卡尔曼滤波算法，获得毫米波雷达点的最优位置估计的方法，显著提高了二者目标的匹配效果。由此，得到了带有距离、速度和角度信息的目标车辆检测结果。利用毫米波雷达准确的距离信息和图像准确的角度信息，实现对动态车辆位置的有效校正。在此基础上，引入多帧毫米波雷达数据，通过前后帧之间的数据关联，判断前方目标车辆的行驶方向。算法整体框架如图 4-10 所示。

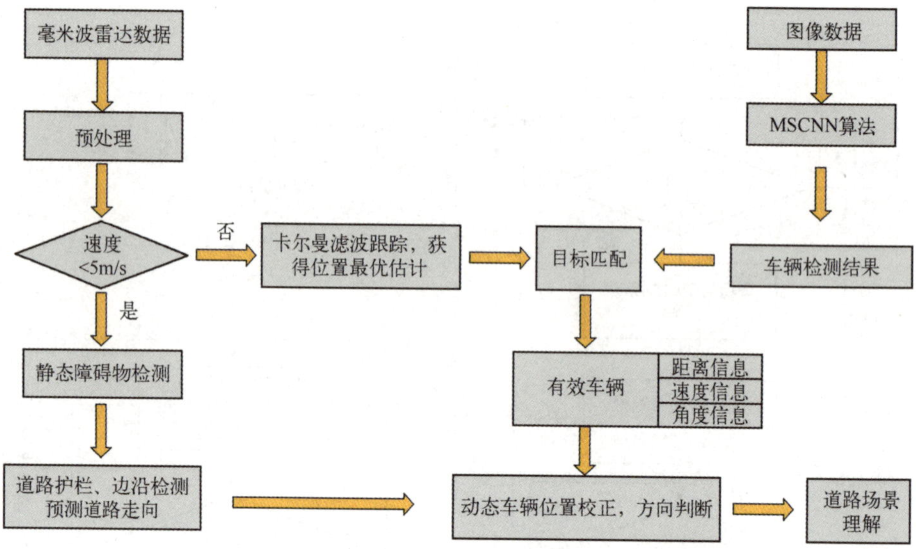


图 4-10 算法整体框架

## 2. 基于 MS-CNN 的可见光目标检测算法

基于深度学习模型的目标检测算法是目前目标检测领域的主流算法，根据模型的不同，将其分为两类：一类是以 Fast R-CNN[11] 等为代表的两阶段检测算法，在目标检测第一阶段产生候选区域，第二阶段对候选区域进行分类及对目标位置进行更加准确的修正；另一类是以 YOLO 为代表的一步检测算法，直接产生目标的类别概率和位置坐标值。本部分采用的目标检测算法称为多尺度下快速目标检测算法，简称 MS-CNN，它属于第一类检测算法，相比于其他算法，它的优势主要在于它考虑了多尺度同时存在时的检测问题，该算法的运行速度较快，比较适合对道路上不同尺度的车辆目标的检测，同时又能满足对实时性的要求。MS-CNN 是由蔡兆伟等人于 2016 年提出的一种多尺度卷积神经网络方法。MS-CNN 网络由两部分构成，第一个网络是多尺度目标候选框提取网络（multi-scale object proposal network），如图 4-11 所示。这一网络利用不同的检测分支来提取输入图像中不同尺度目标的候选框，由于不同的特征层具有不同的特性，如层数较低的特征层感知野较小，对小物体的检测效果相对较好，而较高特征层感知野大，信息丰富，可对大物体精确检测。该网络首次针对不同特征层设计不同尺度的检测器来解决车辆检测的多尺度问题，具有较好的检测效果。

但图 4-11 的候选框提取网络作为一个目标检测器，它的定位精度还不够，因此加入一个目标检测网络（object detection network）用于准确定位目标的位置，如图 4-12 所示。该部分网络使用了特征图的去卷积网络来代替输入图像的上采样操作，可以大大减少内存占用，同时提升检测的速度和精度。

通过在自己构建的图像数据集上的训练，该算法对目标车辆的检测效果如图 4-13 所示。

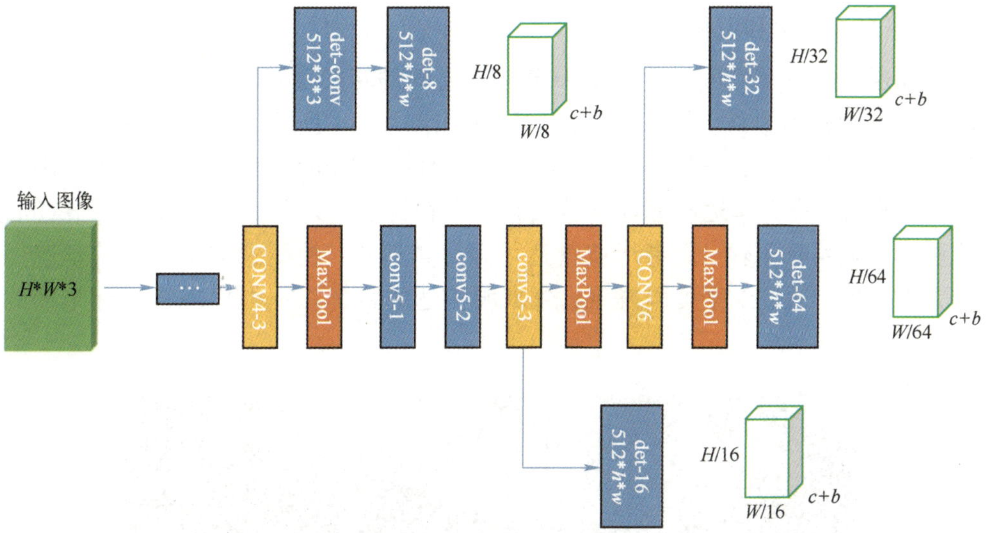


图 4-11 多尺度目标候选框提取网络

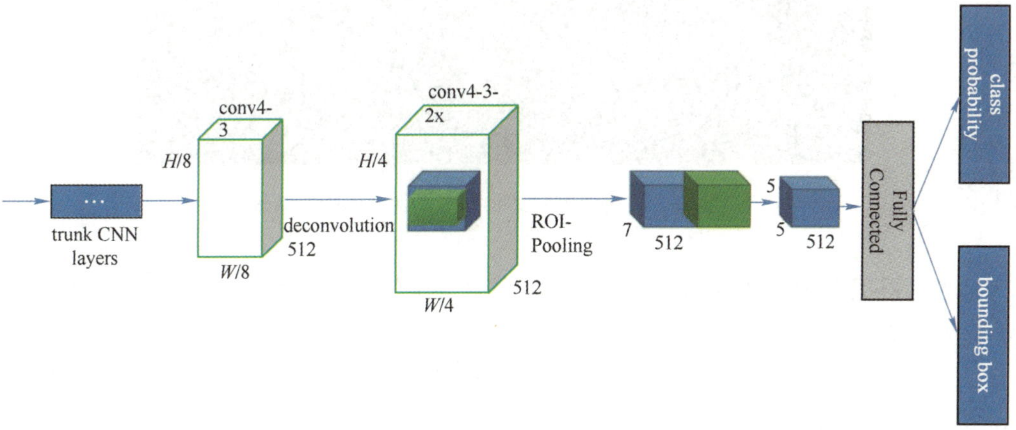


图 4-12 目标检测网络

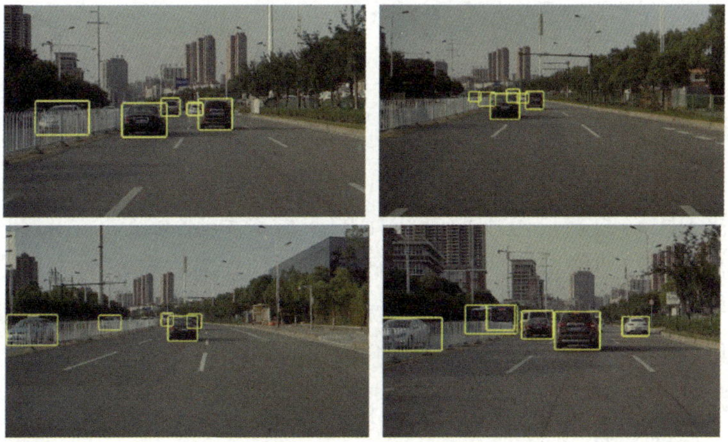

图 4-13 MS-CNN 检测效果

### 3. 毫米波雷达和图像的匹配

首先通过传感器空间融合模型中坐标系之间的转换关系，将毫米波雷达坐标系下的目标点投影到像素坐标系下。投影结果如图 4-14 所示，图中黄色点表示的是毫米波雷达的目标点，从图 4-14 中可以看出，除去两边投在护栏和其他静态障碍物上的目标点外，在本车道和邻近车道共有 4 个目标点。其中，图像因为遮挡的问题，只能看到三辆目标车辆，而毫米波雷达可以穿透遮挡，检测到被本车道的车遮挡住的前方的车辆。通过观察可以发现，毫米波雷达的目标点一般出现在目标车辆的正下方。

图 4-14　毫米波雷达目标在图像上的投影结果

然后根据图像检测的结果，以图像检测框的底部中点为圆心，以 $r$ 为半径，$r$ 的计算公式为

$$r=c\times 0.5\times \max(L,W) \tag{4-21}$$

式中：$c$ 为一个松弛系数，这里取 1.2，$L$ 和 $W$ 分别代表图像检测框的长和宽，即以检测框中长和宽最大值的一半的 $c$ 倍作为半径，在这个圆的范围内，寻找与圆心最近的毫米波雷达点。这样做主要考虑的是车辆距离远近带来的尺度变化问题。

### 4. 实验结果与分析

图 4-14 是较为典型的匹配结果，红色的点为毫米波雷达的目标点，黄色的检测框为深度学习算法的检测结果。通过观察可以发现，毫米波雷达点对于远处的两侧目标是没有匹配点的，而对于近处的两侧目标是有目标点的，这主要是由毫米波雷达远距离和中距离的扫描范围能力决定的。考虑到毫米波雷达的扫描能力范围，在计算毫米波雷达和图像检测的目标匹配率时，本节选取自车前方一定角度范围内的检测结果和匹配结果。通过选取 5 组数据，每组数据有 100 帧毫米波雷达数据和图像数据，共 500 帧数据。分别统计每组数据的图像检测框的总数和与框匹配的毫米波雷达目标点的数据。

定义匹配准确率为

匹配准确率=(匹配点的总数/检测框的总数)×100%

实验结果如表4-4所列。结果表明，视觉与毫米波雷达融合后目标检测匹配准确率超过了90%。

表4-4 视觉与毫米波信息融合后的目标匹配情况统计

| 类型 | 1 | 2 | 3 | 4 | 5 | 合计 |
|---|---|---|---|---|---|---|
| 检测框的总数 | 295 | 340 | 446 | 249 | 386 | 1716 |
| 匹配点的总数 | 240 | 333 | 384 | 228 | 371 | 1556 |
| 匹配准确率 | 81.4% | 97.9% | 86.1% | 91.6% | 96.1% | 90.7% |

## 4.2 跨平台/跨视角信息融合

### 4.2.1 融合车载激光雷达与卫星图片的匹配定位技术

激光点云反射率信息主要由物体表面对近红外线的反射能力决定，可以一定程度上反映道路灰度的分布特征。卫星影像灰度图中也能涵盖较多的道路灰度分布信息，整体特征的健壮性较高。对于某些灰度特征比较显著的道路场景（如存在道路斑马线、车道线较为丰富的道路场景），可以利用反射率分布来构建卫星影像与激光点云数据间更为精细化的匹配观测。

**1. 基于互信息的精细化配准方法**

互信息是信息论中一种有用的度量，可以反映出一个随机变量随另一个随机变量的已知程度而减少的不确定性，多用于医学图像的图像配准。两个随机变量 $X$、$Y$ 的互信息通常由其联合概率分布和独立分布乘积的相对熵定义：

$$\begin{aligned} I(X,Y) &= D(P(X,Y)\|P(X)P(Y)) \\ &= \sum_{x,y} p(x,y)\log\frac{p(x,y)}{p(x)p(y)} \end{aligned} \tag{4-22}$$

对于两幅图像 $M_1$、$M_2$，二者的互信息 MI 可计算如下：

$$\mathrm{MI}(M_1,M_2)=H(M_1)+H(M_2)-H(M_1,M_2) \tag{4-23}$$

式中：$H(M_1)$、$H(M_2)$ 分别为图像 $M_1$、$M_2$ 的熵，即二者所包含信息量的平均值。$H(M_1,M_2)$ 表示两图像的联合熵，其具体可由下式计算：

$$H(M_1,M_2)=-\sum_{i=1}^{m_1}\sum_{j=1}^{m_2}p(m_i,m_j)\log p(m_i,m_j) \tag{4-24}$$

对于两幅图像，当其所含信息量的相似度越高时，图像间的联合熵越小，互信息越大。其中 $H(M_1|M_2)$、$H(M_2|M_1)$ 表示两图像的条件熵。

基于互信息的配准方法由于对图像之间的灰度差异不敏感，多数情况下可以在配准时呈现出较强的健壮性。但当两个待配准图像的重叠区域过少或模板地图上存在有较多相似的子区域时，互信息的健壮性会迅速降低。为解决上述问题，Studholme 在互信息的基础上提出了归一化互信息 NMI，进一步提高了配准的健壮性：

$$\mathrm{NMI}(M_1, M_2) = \frac{H(M_1) + H(M_2)}{H(M_1, M_2)} \tag{4-25}$$

本节即利用基于归一化互信息的配准方法，对激光点云反射率和卫星影像灰度地图进行配准实验，以探究二者间进行精细化匹配的可行性。

### 2. 点云反射率与卫星影像灰度信息的融合实验

在构建点云反射率信息与卫星影像灰度信息的精细化匹配策略上，如图 4-15 所示，本节首先建立 40m×40m、分辨率为 20cm 的点云反射率栅格地图，然后利用多帧信息融合进一步增强点云反射率特征的健壮性。

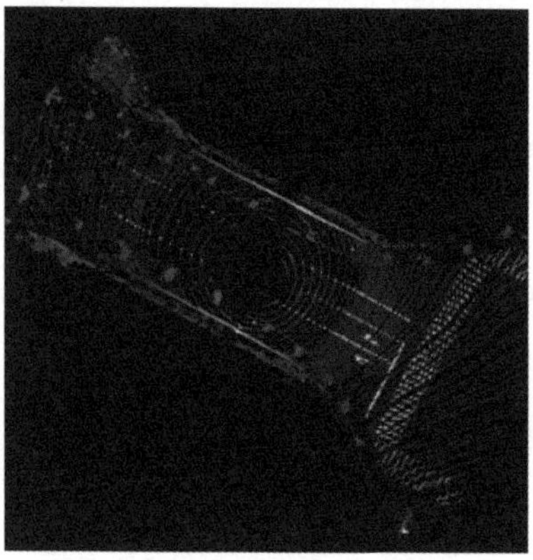

(a) 单帧反射率地图

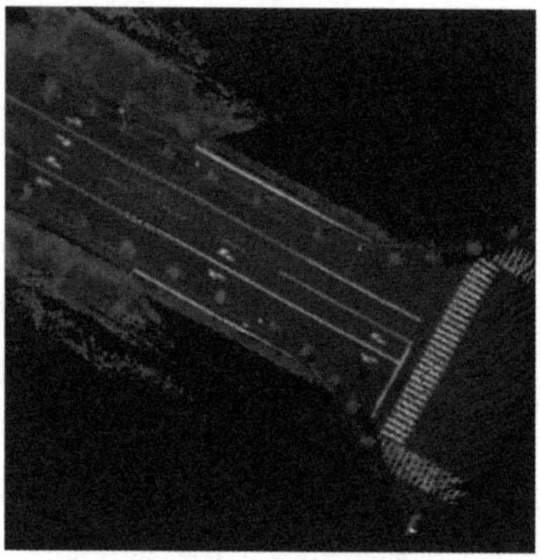

(b) 多帧融合下的反射率地图

图 4-15　点云反射率地图构建

对于如图 4-16 所示不同道路场景下卫星影像的处理，首先将 RGB 影像转化同分辨率下的灰度图像。其次，由于互信息每次计算的是整个图像含有的灰度信息量，而相对于点云位置，卫星影像存在很多的附加区域，计算这些区域的灰度信息将会降低图像整体互信息的健壮性。为减小上述干扰，当进行基于反射率信息的模板匹配时，只保留卫星影像上存在点云投影的位置处的灰度信息，其过程如图 4-17 所示。

对图 4-16 的三种道路场景下的卫星影像灰度图和点云反射率地图进行模板匹配，并以归一化互信息为图像配准指标进行衡量，其结果如图 4-18 所示。其中，图 4-18（a）、（d）、（g）为点云反射率地图，图 4-18（b）、（e）、（h）为点云反射率地图与其对应的卫星影像模板匹配的权重分布，图 4-18（c）、（f）、（i）为将点云反射率地图投影在其在卫星影像模板上权重得分最高的位置所得结果。从匹配的结果来看，基于反射率信息的配准方式在图像配准上更易收敛。即使在面临如图 4-18（a）所示直路段场景，其沿道路纵向上的互信息也表现出一定的差异性，且这种差异在面临三岔路口、十字路口场景时体现得更为显著。

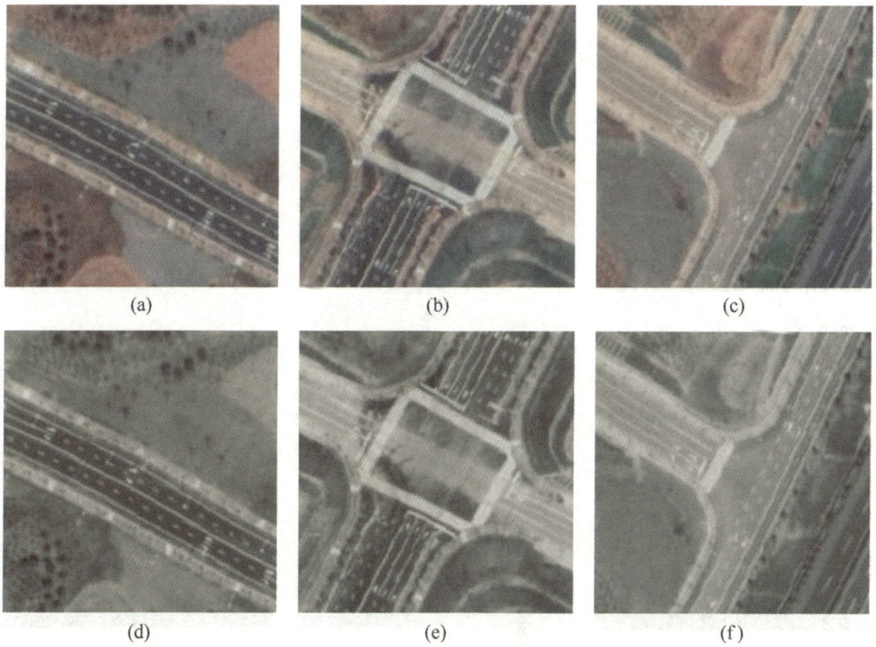


图 4-16 不同道路场景下卫星影像预处理示意图

(a) 点云反射率地图　(b) 原始卫星影像子模板　(c) 卫星影像二次处理

图 4-17 卫星影像附加区域消除示意图

为进一步探究基于点云反射率归一化互信息的精细化匹配在无人车定位中的作用，本节在城市环境下进行了相关的数据融合实验，其结果如图 4-19 所示。其中，红线为位姿真值在卫星影像灰度图像上的投影轨迹，黄线为以每帧处的点云子图与卫星影像模板匹配所得最大似然位置的结果集合；紫色点和蓝色点分别为车辆起始位置和终点位置。

实验表明，基于反射率归一化互信息的匹配定位在灰度特征过度单一的道路场景下健壮性不足，但对于道路灰度特征显著的路段具有较强的健壮性，故该方法可以作为卫星影像与激光点云融合定位系统中的一种补充观测信息。

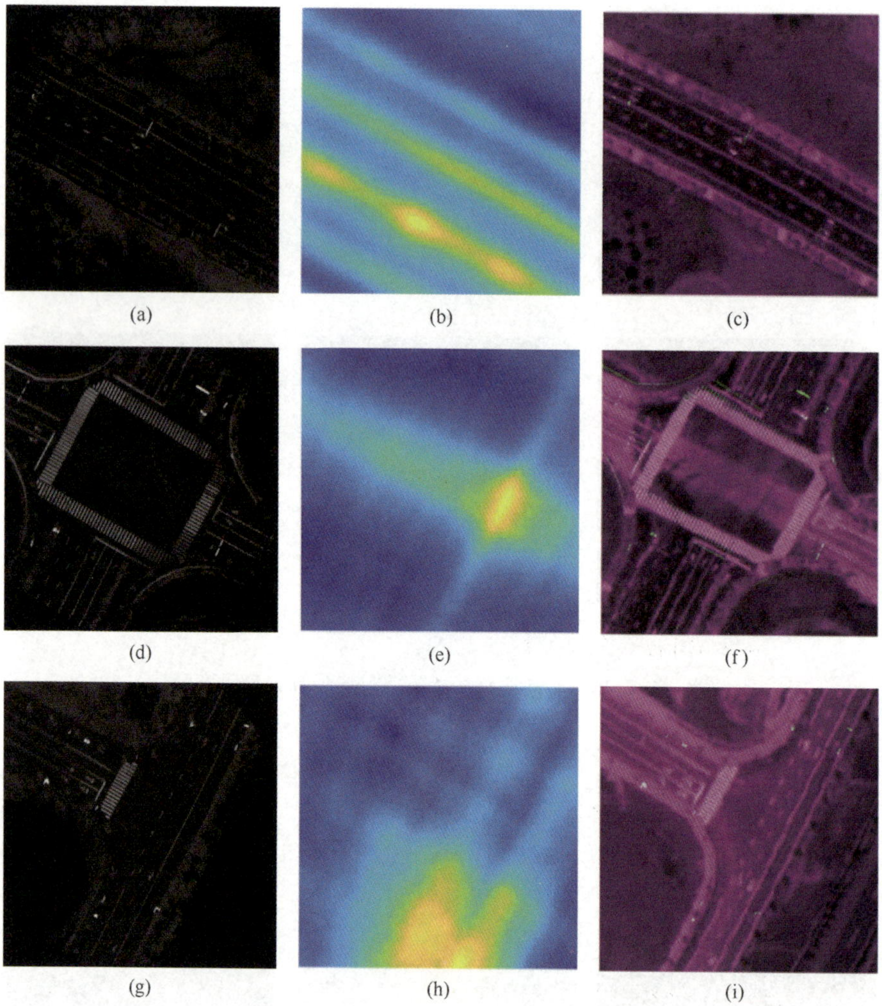


图 4-18 不同场景下基于 NMI 的卫星影像与点云反射率配准结果

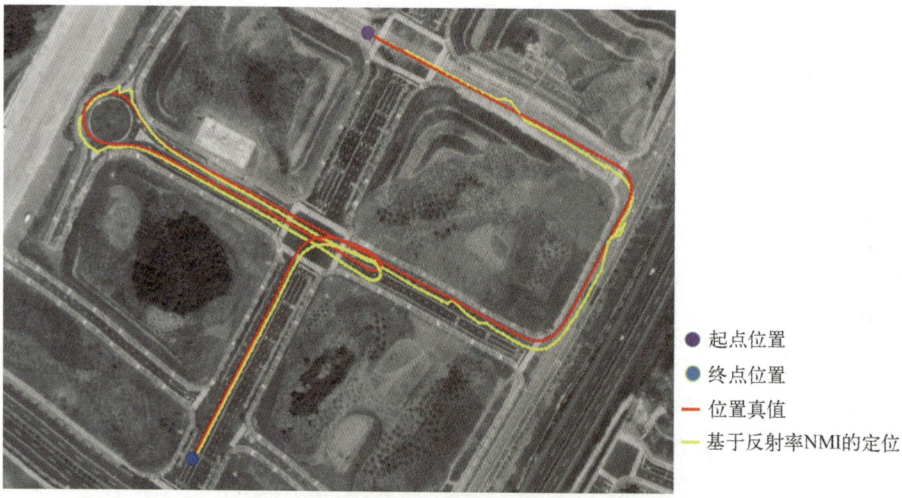


图 4-19 点云反射率与卫星影像灰度信息的数据融合实验

## 4.2.2 融合前视图像与俯视地图信息的类人导航技术

利用前视图像与俯视地图信息，可以生成无人车未来一段距离内参考路径点。这些路径点可以理解为是全局路径规划投影到可通行区域后的结果。该算法既考虑了全局路径所蕴含的车辆行进方向信息，又能够克服无人车自身定位偏差和全局路径参考点的偏差，使得无人车的定位精度即便较低，全局路径参考点即便不在可通行区域内，也能够利用该技术将全局路径参考点约束在可通行区域内，从而实现既不依赖高精度定位，也不依赖于高精度地图的导航，这里称为类人导航。

本节融合前视图像和俯视地图信息，给出参考路径点列的基本架构如图 4-20 所示。其输入信息为车辆前视图像与车辆当前所处位置的局部导航地图，算法总体可以分为 4 个模块，分别为特征提取模块、特征融合模块、输出头模块及后处理优化模块。在这些模块中，本节重点研究的是基于神经网络的特征融合策略设计、输出头结构设计以及算法后处理优化方案设计等。

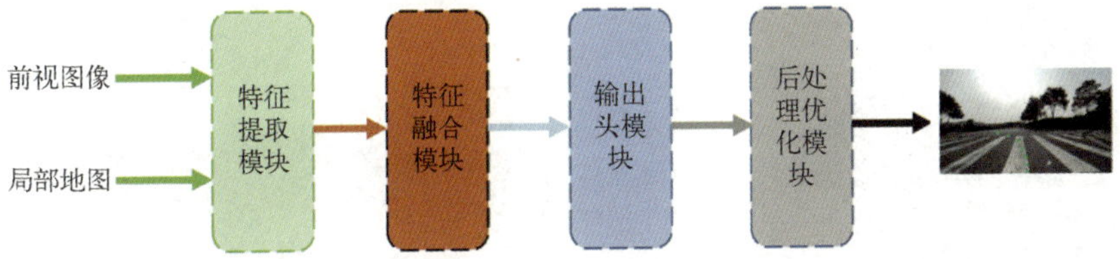


图 4-20　融合前视图和俯视地图的导引点生成算法框架

### 1. 输出头结构设计

对于路径导引点的输出结构头，本节提出了一种基于热力图的回归模型。将路径导引点视为离散孤立的目标点，通过全连接网络直接回归每个路径导引点的坐标，路径导引点之间不建立显式联系。

热力图回归是关键点检测任务中较常用的一种输出结构。基于热力图进行预测可以让网络使用全卷积结构，避免使用全连接层，从而一定程度上防止过拟合。同时，使用热力图可以使模型具有更好的空间泛化性。因此，同时也开展了基于热力图回归的路径导引点生成算法研究。

本节设计的基于热力图回归的模型如图 4-21 所示。由于基于热力图回归的算法采用全卷积的网络结构，不包含全连接层，因此对于特征图无须进行全局池化及特征向量化操作。得到 4 倍下采样的局部导航地图特征图后，改变特征图的形状，使其与前视图像 16 倍下采样的特征图尺寸保持一致。得到尺寸一致的特征图后，在通道上对两种特征图进行融合，得到 512 维的融合特征图，再将其送入 ResNet18 网络的最后一层进行 32 倍下采样。这里在 16 倍下采样处进行通道拼接，主要是考虑到可以利用最后一层卷积网络对拼接特征进行融合。为了得到最终热力图，采用反卷积结构对 32 倍下采样的特征图进行上采样，最终得到 4 倍下采样的热力图。

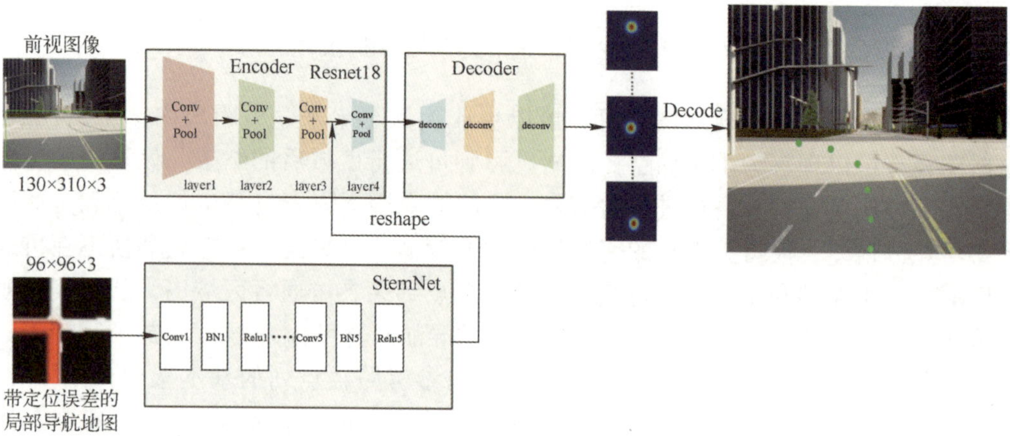


图 4-21 基于热力图回归的模型

基于热力图的导引点预测结果示例如图 4-22 所示。

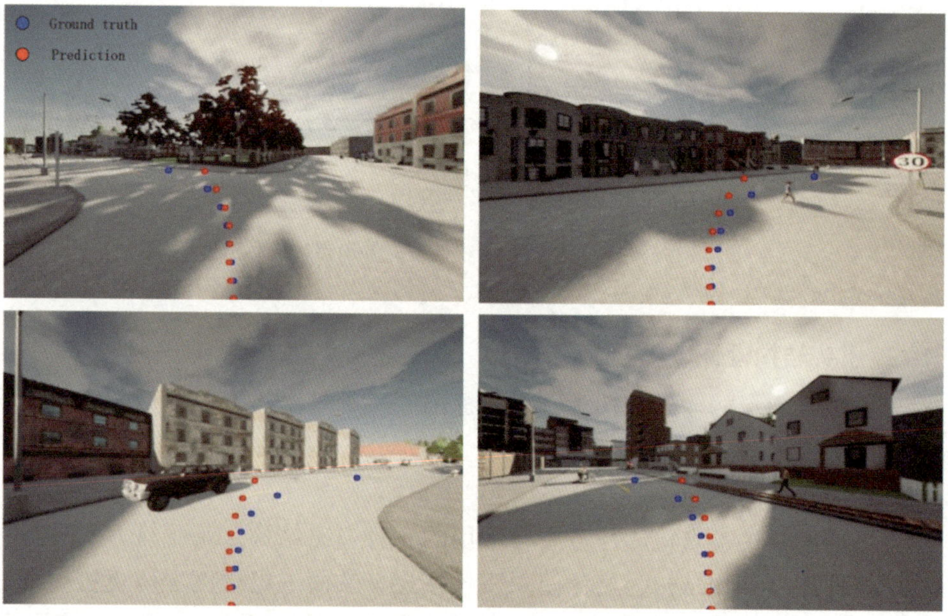


图 4-22 基于热力图的导引点预测结果示例

## 2. 基于 Transformer 的特征融合策略设计

Transformer 网络在多模态信息融合任务上的优异表现，本节也考虑引入 Transformer 结构来实现前视图像信息与局部导航地图信息的特征层融合。引入 Transformer 结构后的导引点生成模型如图 4-23 所示。

该模型主要包含卷积特征提取网络、特征块线性处理单元、位置编码单元、Transformer Encoder 以及多层感知机输出头等。融合算法期望从前视图像中获取丰富的场景信息表示，从局部导航地图中获得粗略导航方向信息，最后将两种信息融合之后实现对路径导引点的预测。

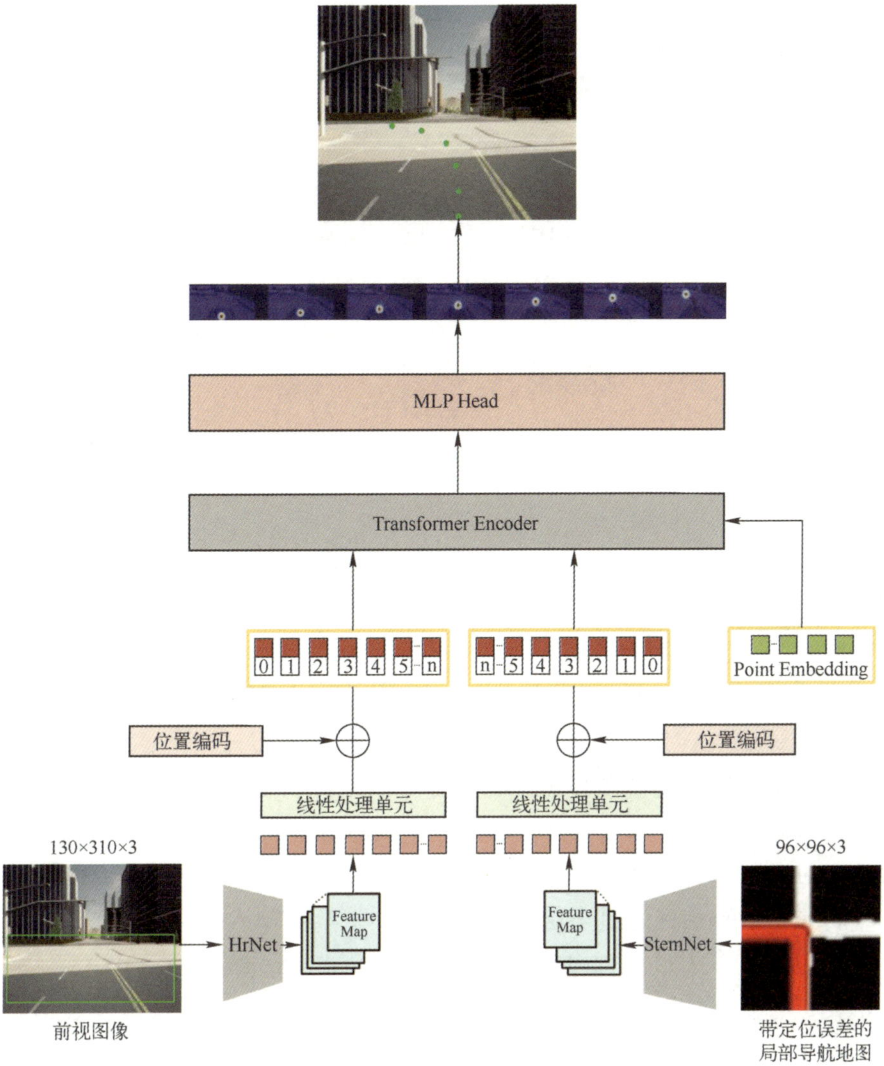


图 4-23　基于 Transformer 网络的导引点生成模型结构

考虑到前视图像数据与局部导航地图数据的信息丰富程度不一样，本节使用了 HrNet 对前视图像进行特征提取。HrNet 在特征提取过程中可以使特征图始终保持较高分辨率，最终得到 4 倍下采样的特征图。同时，使用 StemNet 对局部导航地图进行特征提取，尽可能减小网络计算量。对于提取出的特征，将特征图进行切块操作，随后送入线性处理单元中进行维度压缩，将压缩后的特征与相同维度的位置编码向量进行相加，再送入 Transformer Encoder 网络中。

Transformer 网络中的 QKV 矩阵计算过程如图 4-24 所示。

通过输入向量在自注意力模块中并行运算，计算输入向量彼此之间的相关性。在计算相关性的过程中，并没有考虑向量在原始图像中的位置关系，而位置关系对于图像语义描述又极其重要，因此本节考虑通过加入位置编码来维持向量间的位置关系。本实验中，采用正弦位置编码，位置编码计算原理为

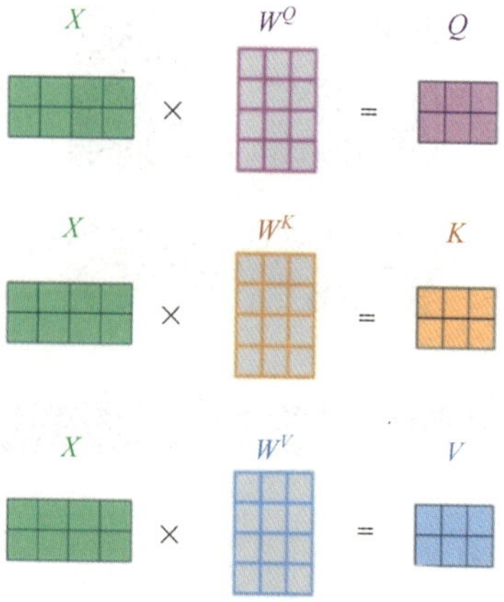


图 4-24　Transformer 网络中的 QKV 矩阵计算过程

$$\mathrm{PE}(\mathrm{pos},2i)=\sin\left(\frac{\mathrm{pos}}{10000\,\frac{2i}{d_{\mathrm{model}}}}\right) \tag{4-26}$$

$$\mathrm{PE}(\mathrm{pos},2i+1)=\cos\left(\frac{\mathrm{pos}}{10000\,\frac{2i}{d_{\mathrm{model}}}}\right) \tag{4-27}$$

加入位置编码后的前视图像特征、局部导航地图特征及随机初始化的路径导引点编码向量可以表示为 $F=([\mathrm{front}],[\mathrm{map}],[\mathrm{waypoint}])$，将 3 个输入进行拼接，送入 Transformer 模块中进行融合。

Transformer 编码结构通过多层堆叠的子模块来学习输入信息的特征表示，其中，每个子模块包含了多头自注意力机制（multi-headed self-attention，MSA）、多层感知机及标准化层，子模块结构如图 4-25 所示。利用 Transformer 做多模态信息融合，

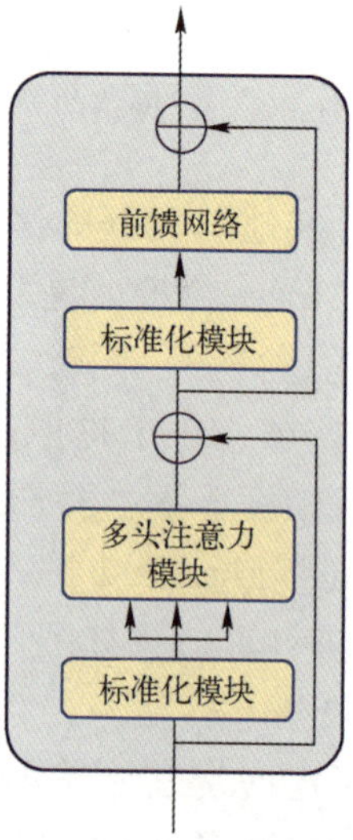


图 4-25　Transformer 子模块结构

主要是基于其结构中的自注意力模块，期望该模块可以找到不同模态输入信息的相关性。其中，自注意力机制（SA）计算公式为

$$\mathrm{SA}(\boldsymbol{F}^{l-1})=\mathrm{softmax}\left(\frac{\boldsymbol{F}^{l-1}\boldsymbol{W}_Q(\boldsymbol{T}^{l-1}\boldsymbol{W}_K)^{\mathrm{T}}}{\sqrt{\boldsymbol{d}_h}}\right)(\boldsymbol{F}^{l-1}\boldsymbol{W}_V) \tag{4-28}$$

式中：$\boldsymbol{W}_Q$、$\boldsymbol{W}_K$、$\boldsymbol{W}_V\in\mathbf{R}^{d\times d}$均为可学习的参数；$\boldsymbol{T}^{l-1}$为 $l-1$ 层输出；$\boldsymbol{d}$ 为特征纬度。多头自注意力机制为自注意力的扩充，引入多头自注意力机制主要是由于特征之间存在多种不同的相关性。

其中，$\boldsymbol{W}_P$为可学习的参数。

$$\mathrm{MSA}(\boldsymbol{T})=[\mathrm{SA}_1(\boldsymbol{T});\mathrm{SA}_2(T);\cdots;\mathrm{SA}_h(\boldsymbol{T})]\boldsymbol{W}_P \tag{4-29}$$

利用 Transformer 模块进行融合之后，再通过多层感知机网络回归出 $N$（$N$ 为路径导引点数目）个热力图结果，最后从热力图解码就得到需要预测的路径导引点坐标。

在实际应用中，路径导引点会出现错误预测，从而导致规划出错。通过热力图进行预测可以一定程度上优化该问题。在使用热力图进行预测时，在得到关键点坐标信息的同时，获得坐标对应的热力图激活值，该激活值很大程度上能反应预测结果的可信度，进而可以利用该激活值对路径导引点进行筛选。热力图表示的预测结果如图 4-26 所示。图中左侧为预测路径导引点，右侧为路径导引点对应热力图。在热力图中，激活区域颜色较浅代表该点置信度低，算法应用中通过设置合理阈值排除较低置信度路径导引点。

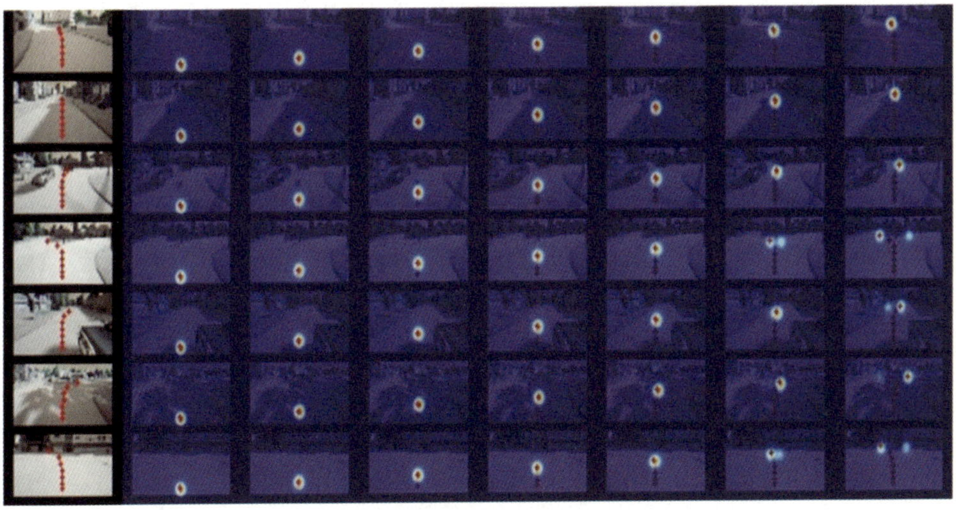

图 4-26　基于热力图的预测结果

在损失函数设计上，这里依旧使用 MSE 损失来评估预测值与标签间的误差。由于热力图不可微，因此在计算损失时计算对象不是原始坐标点，而是计算热力图中所有像素的平均误差。

在基于热力图回归的视觉任务中，为了降低计算量，热力图的大小通常设置为

原图的1/4。所以在进行热力图标签制作时，需要将原始关键点进行4倍下采样，再通过高斯模糊生成热力图标签，这一过程为热力图的编码操作。在预测出热力图后，需要从热力图中恢复关键点坐标，进一步将关键点坐标还原到原始尺寸，这一过程称为热力图的解码操作。

在本节中，热力图的解码操作通常为求热力图上的峰值所在坐标作为关键点坐标，计算过程如下。

$$\hat{\boldsymbol{k}}_q=(\hat{m}_q,\hat{n}_q)=\mathrm{argmax}(\hat{\mathcal{H}}) \tag{4-30}$$

$$\hat{m}_q=\begin{cases}\mathcal{F}(m), & m-\mathcal{F}(m)<0.5\\ \mathcal{C}(m), & \text{其他}\end{cases} \tag{4-31}$$

式中：$\hat{\mathcal{H}}$为热力图；$\hat{m}_q$、$\hat{n}_q$为峰值坐标；$m$为对应的浮点数坐标；$\mathcal{F}$，$\mathcal{C}$为取整操作。由于关键点坐标在编码时进行了降采样操作，所以得到的热力图中心实际为浮点数，在使用式（4-30）进行解码操作时，将利用式（4-31）对浮点坐标进行四舍五入。上述浮点数四舍五入操作导致热力图解码过程出现固有误差，如表4-5所列。这种固有误差的数学期望是0.25。

表4-5 解码固有误差数学期望表

| 小数部分可能取值 | 0.1 | 0.2 | 0.3 | 0.4 | 0.5 |
|---|---|---|---|---|---|
| 取值概率 | 1/6 | 1/6 | 1/6 | 1/6 | 1/6 |
| 数学期望 | 0.25 | | | | |

由于直接由峰值坐标得到关键点坐标存在0.25个像素的固有偏差，本项目引入基于全局分布信息的解码方法（distribution-aware coordinate representation for human pose estimation，DARK）来消除上述偏差。

假设预测热力图与标签热力图一样满足高斯分布，如式（4-32），其中，$x$是预测热力图的一个像素，$\mu$是对应关键点的平均值。为了减小近似难度，利用对数变换将原始的指数形式转换为对数形式，如式（4-33）。整个计算的目标是估算$\mu$，$\mu$为高斯分布的一个极值点，其一阶导数满足式（4-34）。进一步，利用泰勒级数（二次形式）来近似表示$P(\mu)$，利用热力图最大激活$n$来近似估计$\mu$，如式（4-35）。

$$\mathcal{G}(\boldsymbol{x};\boldsymbol{\mu},\Sigma)=\frac{1}{(2\pi)|\Sigma|^{\frac{1}{2}}}\exp\left(-\frac{1}{2}(\boldsymbol{x}-\boldsymbol{\mu})^{\mathrm{T}}\Sigma^{-1}(\boldsymbol{x}-\boldsymbol{\mu}\right) \tag{4-32}$$

$$\begin{aligned}\mathcal{P}(\boldsymbol{x};\boldsymbol{\mu},\Sigma)&=\ln(\mathcal{G})=-\ln(2\pi)-\frac{1}{2}\ln(|\Sigma|)\\&=\frac{1}{2}(\boldsymbol{x}-\boldsymbol{\mu})^{\mathrm{T}}\Sigma^{-1}(\boldsymbol{x}-\boldsymbol{\mu})\end{aligned} \tag{4-33}$$

$$\mathcal{D}'(\boldsymbol{x})\big|_{x=\mu}=\frac{\partial\mathcal{P}^{\mathrm{T}}}{\partial\boldsymbol{x}}\bigg|_{x=\mu}=-\Sigma^{-1}(\boldsymbol{x}-\boldsymbol{\mu})\big|_{x-\mu}=0 \tag{4-34}$$

$$\mathcal{P}(\boldsymbol{\mu})=\mathcal{P}(\boldsymbol{m})+\mathcal{D}'(\boldsymbol{m})(\boldsymbol{\mu}-\boldsymbol{m})+\frac{1}{2}(\boldsymbol{\mu}-\boldsymbol{m})^{\mathrm{T}}\mathcal{D}'(\boldsymbol{m})(\boldsymbol{\mu}-\boldsymbol{m}) \tag{4-35}$$

式中：$D''(m)$为在 $m$ 处计算的 $p$ 的二阶导数，表示为式（4-36）。最终将式（4-34）~式（4-36）联合，得到 $\boldsymbol{\mu}$ 的最终表达式为式（4-37）。通过最终表达式可以很明显地观察到，只需计算热力图中最大激活值处的一阶导数及二阶导数，即可估算出最终的 $\boldsymbol{\mu}$ 值。

$$\mathcal{D}'(m)=\mathcal{D}''(\boldsymbol{x})\big|_{x=m}=-\Sigma^{-1} \tag{4-36}$$

$$\boldsymbol{\mu}=m-(\mathcal{D}''(m))^{-1}\mathcal{D}'(m) \tag{4-37}$$

在上述计算过程中，默认预测热力图满足高斯分布，但实际推理时，往往不能得到严格满足高斯分布的热力图结果，结果中可能会存在多个峰值。因此，在进行上述计算之前，需要先对热力图进行调整。具体地说，利用与训练数据具有相同变化的高斯核 $K$ 来平滑热力图 $h$ 中的多个峰值，计算公式为

$$\boldsymbol{h}'=K\otimes\boldsymbol{h} \tag{4-38}$$

式中：“$\otimes$”代表卷积操作，$h'$为新生成的热力图。同时，为了保持原始热力图的峰值大小，利用式（4-39）进行转换：

$$h'=\frac{h'-\min(h')}{\max(h')-\min(h')}*\max(h) \tag{4-39}$$

该解码方法充分利用了热图的分布统计特性，以便更准确地揭示潜在的最大值。图 4-27 所示为实验过程中使用原始解码方法及上述解码方法的对比效果。

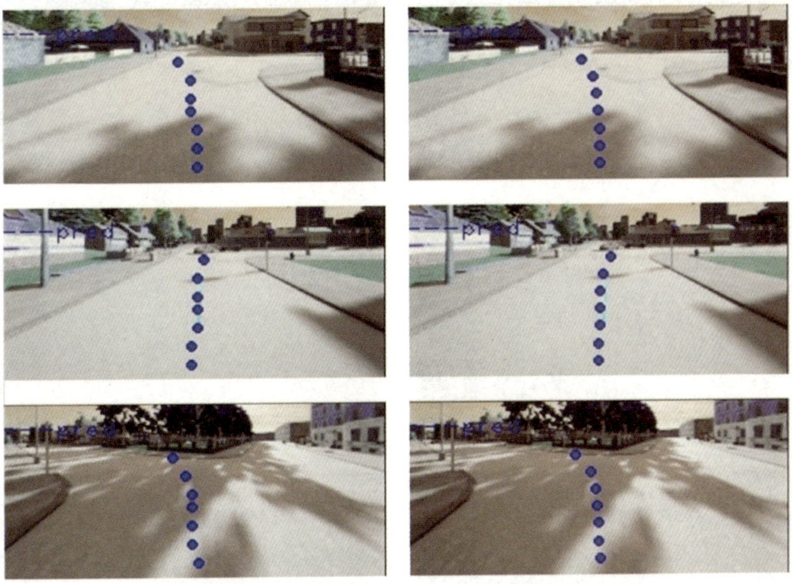

(a) 未使用DARK　　(b) 使用DARK

图 4-27　采用 DARK 技术对热力图进行后处理前后的导引点生成结果对比

图 4-27（a）为原始解码方法得到路径导引点，图 4-27（b）为引入 DARK 技术后得到的路径导引点。原始解码操作得到的路径导引点有较大的偏差（原始标签为平滑路径导引点），具体表现为路径导引点会随机往上下左右偏移，最终得到不

平滑的轨迹。而在引入 DARK 技术后，最终生成的导引点明显具有更好的平滑特性。

### 3. 仿真环境下的算法性能测试

本节利用仿真环境考察动态环境下导引点生成模型的各项性能。这些测试包括融合局部导航地图的性能表现、不同天气状况下的泛化性能表现以及车辆极端朝向状况下（极端朝向定义为车辆倾斜朝向路沿的状态）的性能表现等。

首先开展的是地图性能测试实验。在这个实验中，本节设计了两组对比实验，分别为“相同局部导航地图+不同前视图像”与“相同前视图像+不同局部导航地图”。

图 4-28 展示了“相同局部导航地图在不同前视图像”条件下的算法输出。在该测试中，共设置了三组不同的局部导航地图（分别是左转、右转和直行），如每幅子图的右下角所示。当地图结合不同前视图像时，模型会有不一样的输出，且输出与前视图像描述的环境相关。以图 4-28 中的子图（a1）、（a2）所示，车辆分别处在直路以及路口处，此时局部导航地图规划的全局路径朝左。当显示直路的前视图像结合朝左的局部导航地图时，算法的输出仍然为朝前的正确路径导引点。当显示路口的前视图像结合朝左的局部导航地图时，算法的输出则变为朝左转向的路径导引点。

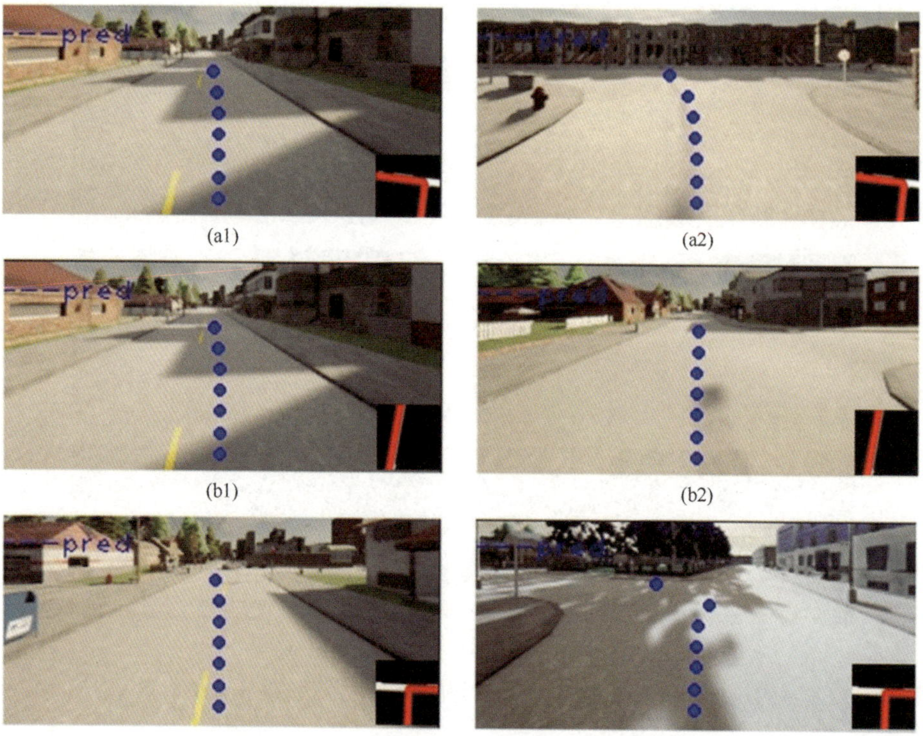

(a1) (a2) (b1) (b2) (c1) (c2)

图 4-28　固定局部地图时算法表现

以上表现存在两种可能性：第一，算法充分理解了当前的输入信息，可以结合两个模态的信息输出正确结果；第二，算法对图像这一单一模态的信息过拟合，地图信息在融合过程中其实并没有发挥多大的作用。

为了验证是否可能是第二种情况，可进一步设计第二组对比试验，如图 4-29 所示。该图展示了“相同前视图像与不同局部导航地图组合”条件下算法输出。从图中可以发现，当同一幅前视图像与不同的局部导航地图相结合时，算法会有不同的输出，且输出与地图描述的信息一致。如图 4-29 中的子图（a1）、（a2）所示。当前视图像显示为路口时，局部导航地图分别引入了朝左拐和朝右拐的全局路径，此时算法输出了与局部导航地图中全局路径指向一致的路径导引点。

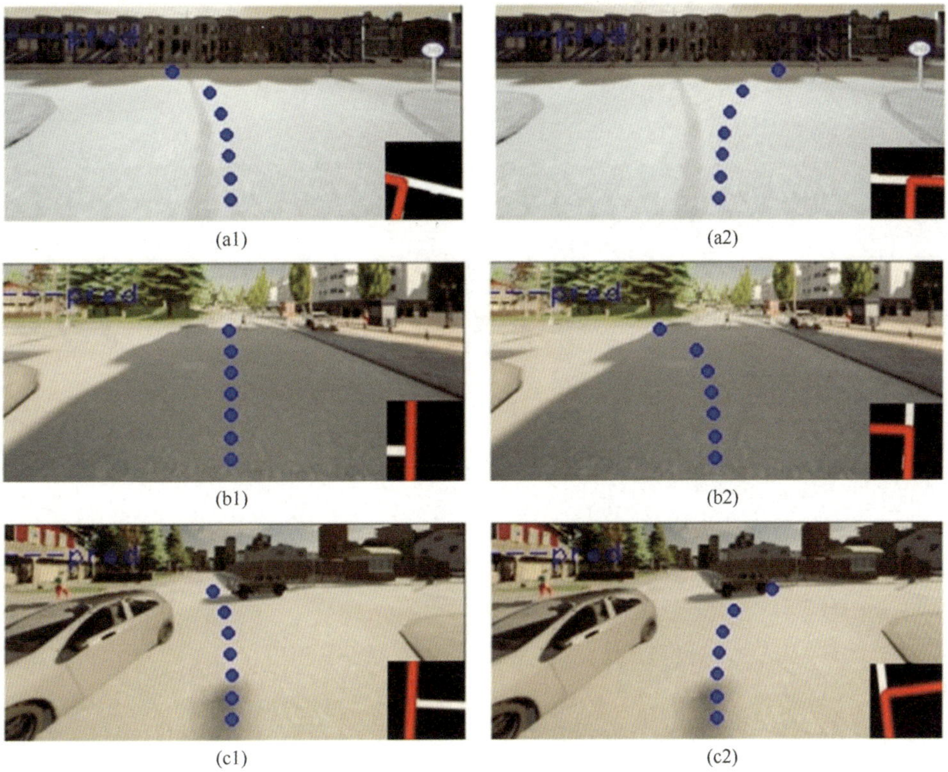

图 4-29 固定前视图像时算法表现

结合上述两组实验结果，可以得到结论：本节提出的多模态融合算法能够有效融合不同视角的图像信息，进而做出正确的导引点预测。

第二部分

# 2

# 智能协同导航

# 第5章 地空无人平台惯性基自主导航

在复杂对抗条件下，地空无人平台在高楼林立的城市街道、室内、地下空间、茂密丛林等典型环境，卫星导航定位精度急剧下降甚至不可用，导致常规惯性/卫星组合导航系统难以满足典型无人车、无人机、机器人等无人平台的导航需求。因此，以惯性导航为基础，综合偏振光定向、地磁定向、视觉、激光雷达、里程计、气压高度计等多源异质导航信息，设计惯性基自主导航体系架构，研究基于微陀螺模态交换/偏振光的组合定向技术，阐述惯性基自主导航系统方法与典型应用。

## 5.1 地空无人平台惯性基自主导航系统总体设计

### 5.1.1 惯性基自主导航系统体系架构

针对典型无人车、无人机等地空无人平台自主导航的需求，研究建立基于“航向约束+环境感知+学习推断”机制的惯性基自主组合导航框架，重点研究基于微陀螺模态交换/偏振光的组合定向、基于多模态导航经验知识的异构柔性导航方法和惯性基自主导航系统等技术，构建惯性基自主导航系统体系架构总体方案，开展车载和无人机搭载实验。

将惯性测量单元、偏振光传感器、三轴磁强计、视觉传感器、气压高度计等构成惯性基组合导航系统，总体方案如图 5-1 所示。系统的左边部分为传感器层，包括惯性测量单元、偏振光传感器、三轴磁强计、视觉传感器、气压高度计及其他导航传感器。“航向约束+环境感知+学习推断”模式架构主要包括航向角解算、基于视觉的环境感知、基于模型+学习的组合导航算法等模块，还包括惯性导航解算、高度计算、组合导航误差建模等。通过接收惯性测量的比力、角速度信息实现惯性导航解算，组合导航算法模块接收惯性导航解算结果、环境感知的定位信息、地磁/偏振光组合定向信息、气压高度计得到的高度信息，通过模型+学习的智能导航融合，获得系统导航参数及各种误差状态的最优估计，如果融合过程中对陀螺、加速度计的零偏进行了估计，可对其进行反馈校正。

以远距离无人车遂行任务为背景，借鉴生物导航机理，研究惯性基智能导航系统体系架构设计，建立基于“航向约束+环境感知+学习推断”机制的惯性基智能导

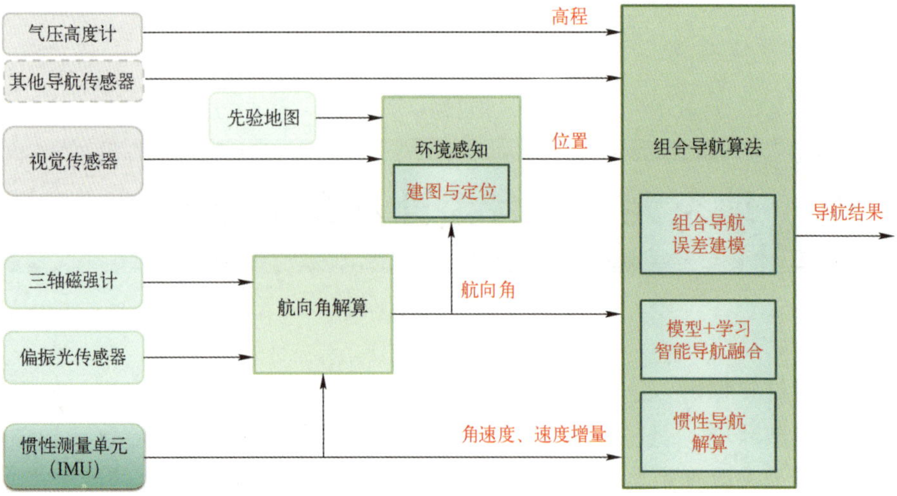


图 5-1　惯性基自主导航系统体系架构总体方案

航架构，如图 5-2 所示，利用高精度惯导系统自主定向、位置信息和多源视觉信息感知的相对位置信息，实现航向约束和位置约束；同时，根据航向角、水平姿态角等辅助信息，采用多源视觉信息实现环境感知与理解，实现无人车相对环境的定位感知；基于“模型+学习”的智能导航算法将惯性测量信息、环境感知建图与定位、里程计等信息融合，得到优化后的位置、速度、姿态角等导航结果。无人车基于导航定位结果，利用逻辑推理实现离线和在线的路径规划，控制引导无人车依次经过沿途节点，实现基于节点环境感知的导航误差修正。

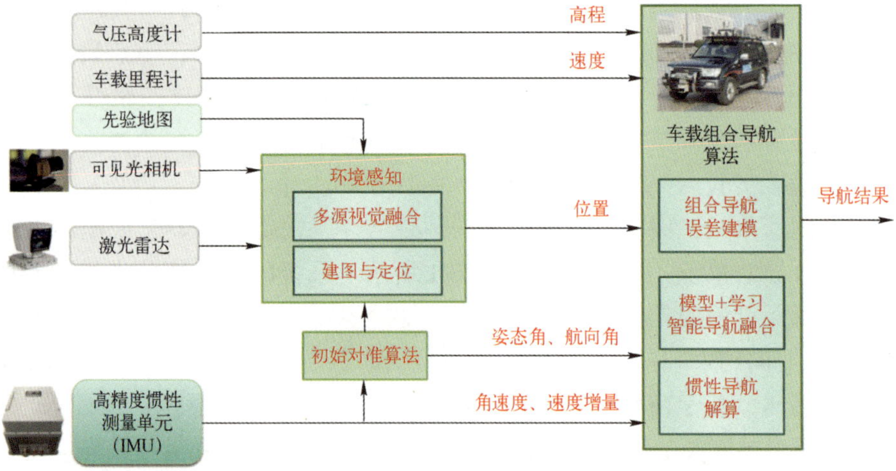


图 5-2　无人车惯性基智能导航系统体系架构框图

组合导航系统包含多种导航传感器，实际系统的时间同步是高精度组合导航的前提和基础。在组合导航系统架构中，使用时间同步板的高精度晶振引出的同步信号对多传感器进行时间一致性对齐，在使用的时候要尽量使各个传感器都是使用外触发工作模式，时间同步精度优于 1ms。

### 5.1.2 惯性基智能导航算法

传统的组合导航模式主要是基于卡尔曼滤波器等进行信息融合，目前已广泛应用，存在不足主要是组合导航的精度非常依赖传感器测量模型的准确性。而大自然中许多动物所具备的高超导航能力表明，候鸟等鸟类和人类是难以采用卡尔曼滤波这类模式实现自主导航的。因此，基于动物大脑位置和网格细胞的定位机理，研究动物采用视觉、惯性、偏振光等传感器实现自主导航的仿生导航新模式是导航领域的学科交叉和研究前沿。通过多年的研究积累，所提出的“航向约束+环境感知+学习推断”仿生导航模式，通过借鉴候鸟等动物所具备的高超导航手段与机理，实现不依赖于卫星导航/无线电导航的全自主、全天候、高精度、智能化的导航，已成为导航技术的主要发展趋势之一。

以无人机惯性基智能导航为例，研究“航向约束+环境感知+学习推断”的仿生导航模式，参考候鸟等动物导航模式，基于导航经验知识构建导航拓扑图，利用视觉、惯性等传感器对周围环境进行测量和感知，与导航拓扑图进行匹配、节点识别，实现定位，即环境感知实现位置约束；模拟鸟类和昆虫的偏振光、地磁测量方式，研究基于微陀螺模态交换/偏振光的组合定向方法，实现航向约束；模拟动物导航过程中的学习认知能力，结合导航经验知识，采用“模型+学习”推理实现无人机的自主导航方法。无人机惯性基智能导航算法框架如图 5-3 所示。

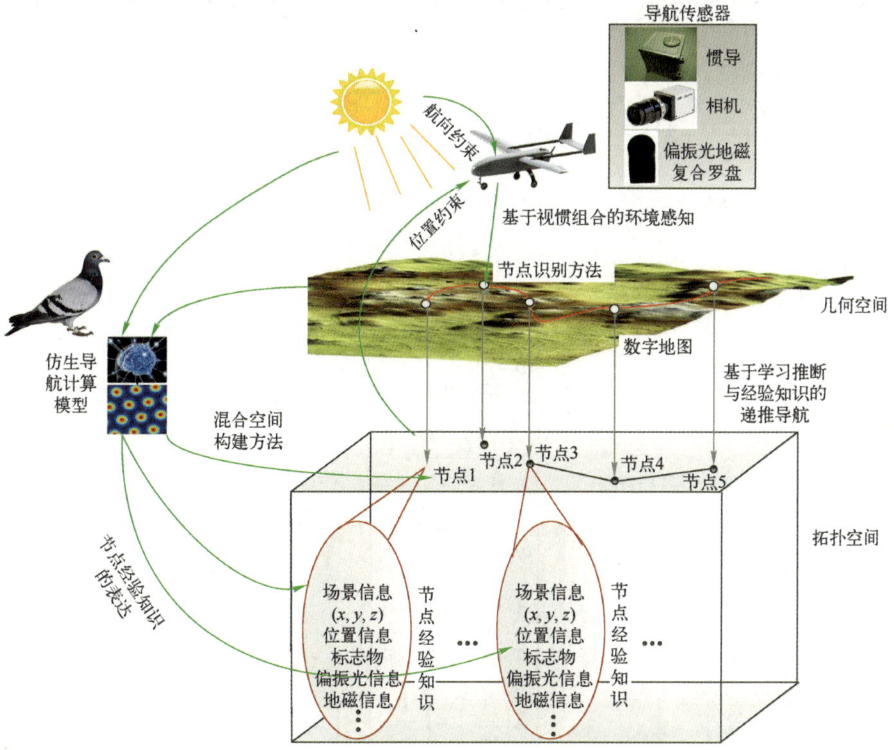


图 5-3 无人机惯性基智能导航算法框架

## 5.2 微陀螺模态交换/偏振光组合定向技术

### 5.2.1 基于微陀螺模态交换的自寻北方法

模态交换技术是近年来提出的一种新型误差在线自补偿技术，适用于具有回转对称结构 MEMS 振动陀螺，该技术可以有效在线补偿 MEMS 陀螺中由于阻尼不对称引起的零偏，从而提升零偏稳定性和零偏重复性。嵌套环 MEMS 谐振陀螺两自由度振动简化模型如图 5-4 所示。

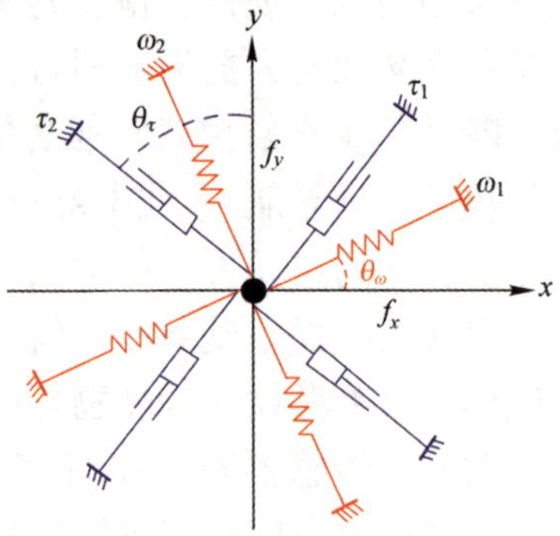


图 5-4 嵌套环 MEMS 谐振陀螺两自由度振动简化模型

下面从理论上分析模态交换技术的物理机理。首先，建立嵌套环 MEMS 谐振陀螺在模态交换模式下的动力学模型，并深入分析其补偿机理；然后，利用仿真平台对控制方法进行验证，为模态交换的技术攻关奠定坚实的理论基础。嵌套环 MEMS 谐振陀螺的动力学模型可以通过“平均法”表示为两自由度振动模型：

$$\begin{cases}\ddot{x}-k(2\Omega\dot{y}+\dot{\Omega}y)+\dfrac{2}{\tau}\dot{x}+\Delta\left(\dfrac{1}{\tau}\right)(\dot{y}\sin(2\theta_{\tau})+\dot{x}\cos(2\theta_{\tau}))+(\omega^{2}-k'\Omega^{2})x-\omega\Delta\omega(x\cos(2\theta_{\omega})+\\ y\sin(2\theta_{\omega}))=f_{x}+\gamma_{x}g_{x}\\ \ddot{y}+k(2\Omega\dot{x}+\dot{\Omega}x)+\dfrac{2}{\tau}\dot{y}-\Delta\left(\dfrac{1}{\tau}\right)(\dot{y}\cos(2\theta_{\tau})-\dot{x}\sin(2\theta_{\tau}))+(\omega^{2}-k'\Omega^{2})y+\omega\Delta\omega(y\cos(2\theta_{\omega})-\\ x\sin(2\theta_{\omega}))=f_{y}+\gamma_{y}g_{y}\end{cases} \tag{5-1}$$

式（5-1）满足：

$$\begin{cases}\omega=\sqrt{\dfrac{K}{m}}\\ \omega^{2}=\dfrac{\omega_{1}^{2}+\omega_{2}^{2}}{2}\\ \omega\Delta\omega=\dfrac{\omega_{1}^{2}-\omega_{2}^{2}}{2}\\ \dfrac{1}{\tau}=\dfrac{1}{2}\left(\dfrac{1}{\tau_{1}}+\dfrac{1}{\tau_{2}}\right)\\ \Delta\left(\dfrac{1}{\tau}\right)=\left(\dfrac{1}{\tau_{1}}-\dfrac{1}{\tau_{2}}\right)\end{cases} \tag{5-2}$$

式中：$x$、$y$ 分别为陀螺谐振结构上某一质点沿 $x$、$y$ 轴的位移；$\Omega$ 为该质点在惯性参考系下的外界角速度输入；$k$、$k'$分别为角速度增益系数和离心力增益系数；$\omega$ 为该质点振动的平均固有频率，$\omega_1$、$\omega_2$ 分别为该质点沿两个刚度主轴振动的固有频率；$\tau$ 为该质点振动的平均衰减时间常数；$\tau_1$、$\tau_2$ 分别为该质点沿两个阻尼主轴振动的衰减时间常数；$\Delta$ 表示差值；$\theta_\omega$、$\theta_\tau$ 分别为该质点的刚度方位角和阻尼方位角；$f_x$、$f_y$ 分别为外界静电力对该质点沿 $x$、$y$ 轴的分量；$g_x$、$g_y$ 分别为该质点在惯性参考系下外界线性加速度沿 $x$、$y$ 轴的分量；$\gamma_x$、$\gamma_y$ 分别为线性加速度沿 $x$、$y$ 轴的增益系数；$K$ 为该质点的平均刚度系数；$m$ 为该质点的质量。忽略外界惯性角加速度和线性加速度输入对陀螺的影响时，式（5-1）可以简化为

$$\begin{cases}\ddot{x}-2k\Omega\dot{y}+\dfrac{2}{\tau}\dot{x}+\Delta\left(\dfrac{1}{\tau}\right)(\dot{y}\sin(2\theta_\tau)+\dot{x}\cos(2\theta_\tau))+\omega^2x-\omega\Delta\omega(x\cos(2\theta_\omega)+y\sin(2\theta_\omega))=f_x\\ \ddot{y}+2k\Omega\dot{x}+\dfrac{2}{\tau}\dot{y}-\Delta\left(\dfrac{1}{\tau}\right)(\dot{y}\cos(2\theta_\tau)-\dot{x}\sin(2\theta_\tau))+\omega^2y+\omega\Delta\omega(y\cos(2\theta_\omega)-x\sin(2\theta_\omega))=f_y\end{cases} \tag{5-3}$$

假设 $x$、$y$ 轴分别为陀螺的驱动轴和检测轴，陀螺在工作条件下，驱动轴会通过幅值控制和相位控制保持恒定幅值振动，假设该质点沿驱动轴的位移满足

$$x=x_0\cos(\omega_x t) \tag{5-4}$$

将式（5-4）代入式（5-3）检测轴方程中，得到

$$\ddot{y}-2k\Omega\omega_x x_0\sin(\omega_x t)+\frac{2}{\tau}\dot{y}-\Delta\left(\frac{1}{\tau}\right)(\dot{y}\cos(2\theta_\tau)+\omega_x x_0\sin(\omega_x t)\sin(2\theta_\tau))+\omega^2y+\omega\Delta\omega(y\cos(2\theta_\omega)-x_0\cos(\omega_x)t\sin(2\theta_\omega))=f_y \tag{5-5}$$

陀螺在力反馈工作模式下，满足

$$\begin{cases}y=0\\ \dot{y}=0\\ \ddot{y}=0\end{cases} \tag{5-6}$$

式（5-5）可以简化为

$$f_y=-2k\Omega\omega_x x_0\sin(\omega_x t)-\Delta\left(\frac{1}{\tau}\right)\omega_x x_0\sin(2\theta_\tau)\sin(\omega_x t)-\omega\Delta\omega x_0\sin(2\theta_\omega)\cos(\omega_x t) \tag{5-7}$$

式（5-7）中第一项为外界输入角速度引起的反馈力，第二项为阻尼不均匀误差引起的反馈力误差和零偏，第三项为刚度不均匀误差引起的反馈力误差和漂移。此时，如果将陀螺的驱动和检测轴进行角度为 $\varphi$ 的逆时针旋转，那么式（5-7）将转化为

$$f_y(\varphi)=-2k\Omega\omega_x x_0\sin(\omega_x t)-\Delta\left(\frac{1}{\tau}\right)\omega_x x_0\sin(2\varphi-2\theta_\tau)\sin(\omega_x t)-\omega\Delta\omega x_0\sin(2\varphi-2\theta_\omega)\cos(\omega_x t) \tag{5-8}$$

当 $\varphi=0°$ 和 $90°$ 时：

$$\begin{cases} f_y(0°) = -2k\Omega\omega_x x_0\sin(\omega_x t) + \Delta\left(\dfrac{1}{\tau}\right)\omega_x x_0\sin(2\theta_\tau)\sin(\omega_x t) + \omega\Delta\omega x_0\sin(2\theta_\omega)\cos(\omega_x t) \\ f_y(90°) = -2k\Omega\omega_x x_0\sin(\omega_x t) - \Delta\left(\dfrac{1}{\tau}\right)\omega_x x_0\sin(2\theta_\tau)\sin(\omega_x t) - \omega\Delta\omega x_0\sin(2\theta_\omega)\cos(\omega_x t) \end{cases} \tag{5-9}$$

由式（5-9）可知，当陀螺的驱动轴和检测轴互换时，外界输入角速度引起的反馈力不发生变化，但是阻尼不均匀和刚度不均匀误差引起的反馈力误差和偏移大小相等，方向相反。如果将陀螺的驱动轴和检测轴周期地相互交换，就可将阻尼不均匀和刚度不均匀误差引起的反馈力误差和偏移实时辨识和补偿。

通过对技术原理的充分理解，设计实现了 MEMS 陀螺的模态交换技术。嵌套环 MEMS 谐振陀螺的模态交换控制系统主要包括驱动控制回路、力平衡控制回路、模态交换开关、零偏估算器等，如图 5-5 所示。驱动控制回路用于控制陀螺的驱动模态，目的是使陀螺的驱动模态保持稳定的恒幅振动；力平衡控制回路用于固定陀螺的振型，力平衡控制回路的反馈力大小正比于外界角速度输入；模态交换开关通过 FPGA 数字电路实现，内置于驱动控制回路和力平衡控制回路，通过交换驱动电极信号和检测电极信号的方式控制模态交换；零偏估算器用于实时在线计算并输出零偏补偿信号，对陀螺的零偏进行在线自补偿。

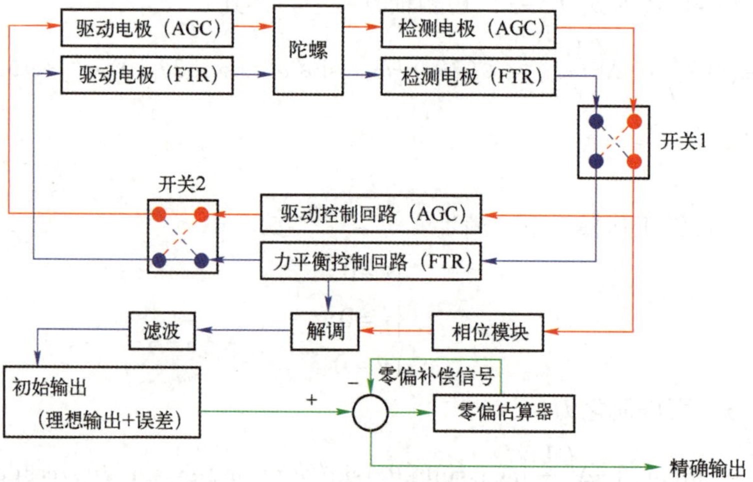


图 5-5　嵌套环 MEMS 谐振陀螺的模态交换控制系统

嵌套环 MEMS 陀螺在模态交换过程中，需要进行分段控制，如图 5-6 所示，即驱动、检测两个工作模态周期性的起振、衰减，交替更迭。由于陀螺仪的品质因数较高，难以直接进行两个工作模态的直接对调。为了不影响各个控制环路的正常有序工作，采用时序配置、分段控制的手段。即先让模态 1 的振动进行衰减，当衰减到较小的幅值时，再令模态 2 起振。如此周期往复，实现了模态交换的时序配置。其中，从模态 1 衰减到模态 2 起振稳定的这段时间为模态交换的过渡稳定时间 $T$，目前设置为 1~4min。

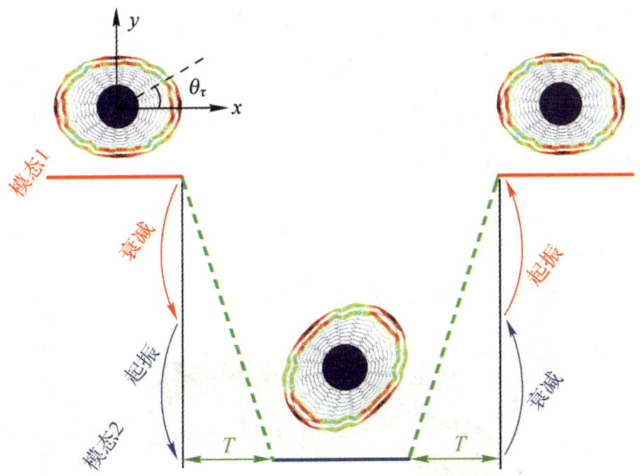


图 5-6 嵌套环 MEMS 谐振陀螺模态交换技术时序原理图

为了验证模态交换技术对于嵌套环 MEMS 谐振陀螺零偏的补偿效果，设置的对照实验，对陀螺在变温下的零偏情况分别进行测试，测试结果如图 5-7 所示，分别为不采用模态交换技术和采用模态交换技术下的变温实验结果。温度变化范围为 0～60℃，变温速度为 1℃/min。零偏变化量从 160.1°/h 减小至 20.7°/h，零偏稳定性从 57.9°/h 提升至 1.85°/h（1$\sigma$ 标准差）。

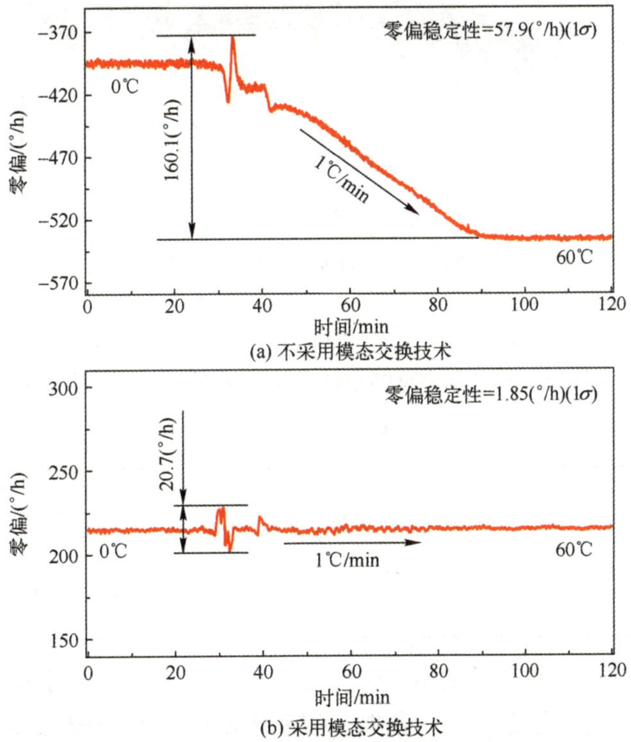


图 5-7 变温下零偏稳定性对比测试结果

下面开展陀螺启动阶段的零偏对照实验，对陀螺在常温下启动阶段的零偏分别进行测试，测试结果如图 5-8 所示，分别为不采用模态交换技术和采用模态交换技术下的常温启动阶段实验结果。每种条件下测试次数为 5 次，两次测试间隔为 30min，在启动 20min 后去 10min 的数据进行零偏重复性的计算。零偏重复性从 1.68°/h 减小至 0.08°/h（1$\sigma$ 标准差）。

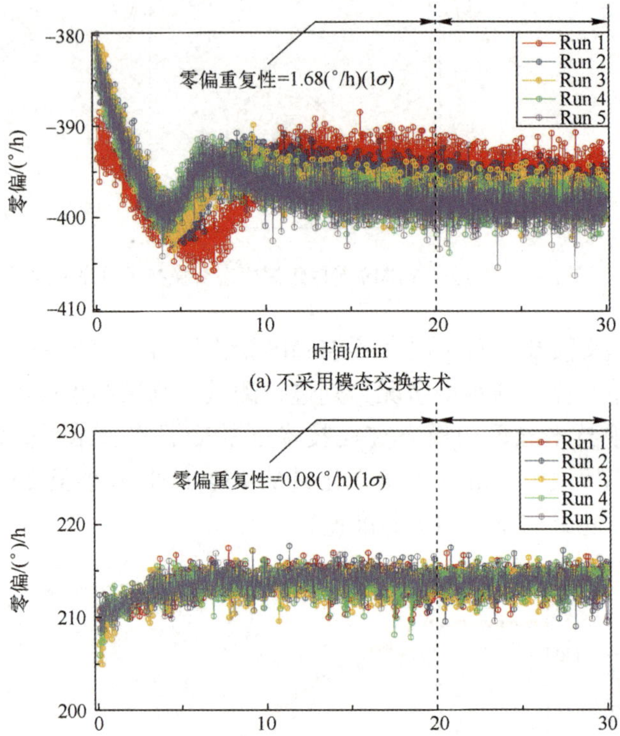


(a) 不采用模态交换技术

(b) 采用模态交换技术

图 5-8　启动阶段零偏比测试结果

表 5-1 所示为对比实验结果汇总。通过对比实验的结果可知，应用模态交换技术可以大幅度提升 MEMS 嵌套环振动陀螺的零偏稳定性和零偏重复性。

表 5-1　性能对比结果

| 实验条件 | 性能 | | |
|---|---|---|---|
| | 零偏重复性 | 零偏变化量（0~60℃） | 零偏稳定性（0~60℃） |
| 不采用模态交换技术 | 1.68 °/h（1$\sigma$） | 160.1 °/h | 57.9 °/h（1$\sigma$） |
| 采用模态交换技术 | 0.08 °/h（1$\sigma$） | 20.7 °/h | 1.85 °/h（1$\sigma$） |

图 5-9 为基于单芯双陀螺的微惯性寻北技术实现方案。基于单芯双陀螺的一体化设计，不仅可以增强陀螺工艺一致性，抑制 MEMS 振动陀螺的漂移；还可以进一步实现 MIMU 的小型化。同时，将人工智能技术与微惯性技术融合，可以有效解决微惯性传感器复杂度高、随机性强、难以预测的问题等，进一步提升 MIMU 的精度和稳定性。

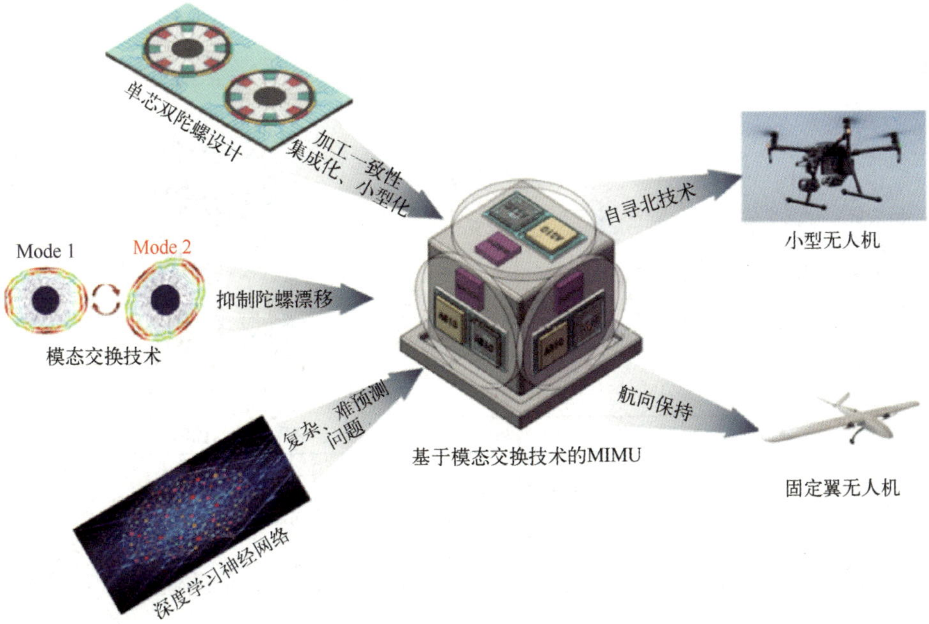


图 5-9 单芯双陀螺的微惯性寻北技术实现方案

## 5.2.2 基于大气偏振光场的抗差定向方法

多重散射产生的本质是不同波段的光与不同尺度的粒子群发生作用并且叠加，其对定向误差作用主要体现在测量点偏振信息、光散射信息以及偏振光定向信息之间的几何解析关系上，如何定量描述并引入定向模型构建是关键。在单粒子瑞利散射下，由群粒子作用而产生的多重散射影响几乎为零，此时测量的偏振矢量与太阳矢量满足狭义正交约束，通过对太阳矢量的估计，结合太阳星历与载体水平姿态从而实现定向，但存在群粒子散射作用时，由于不同波段光所发生的散射情况不一，对应的偏振光矢量方向也各不相同，并不完全满足正交约束关系，从而导致定向估计不准确。因此将利用光的偏振物理属性与大气偏振模式分布特性，建立广义正交坐标系，分析群粒子散射下不同波段光散射与偏振光定向的误差作用机理，通过偏振矢量的广义正交分解而将群粒子散射影响定量引入定向模型构建，实现多重散射对偏振光定向误差的定量分析，并建立满足不同波段光散射作用的偏振光定向模型，以提高复杂天气下偏振光定向理论完备性，技术方案如图 5-10 所示。

传统的定向算法在恶劣天气下精度不高的一个原因是不加区分地使用了所有的像素点。因此，区分和筛选像素点，并使用选定的“内点”（可靠性高的点）进行计算，将有助于在恶劣天气下进行定向。偏振度 DOP 是一个天然的权重矩阵，DOP 越高的区域作为定向的信息源就越可靠。因此，将根据 DOP 值选择第一组内点。首先根据 DOP 的大小从高到低对所有像素进行排序。然后根据排序结果，结合天气情况，选取一定比例的像素点，形成内点集，完成第一步的选点。在此基础上，提出了一种鲁棒的定向方法。该方法的流程如图 5-11 所示。

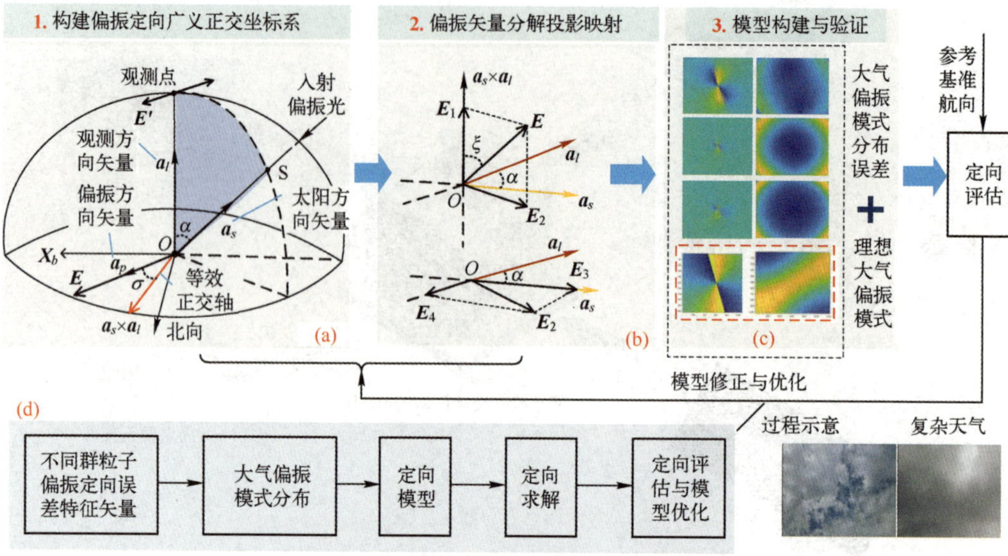


图 5-10 群粒子散射下单点观测的广义正交分解定向模型构建

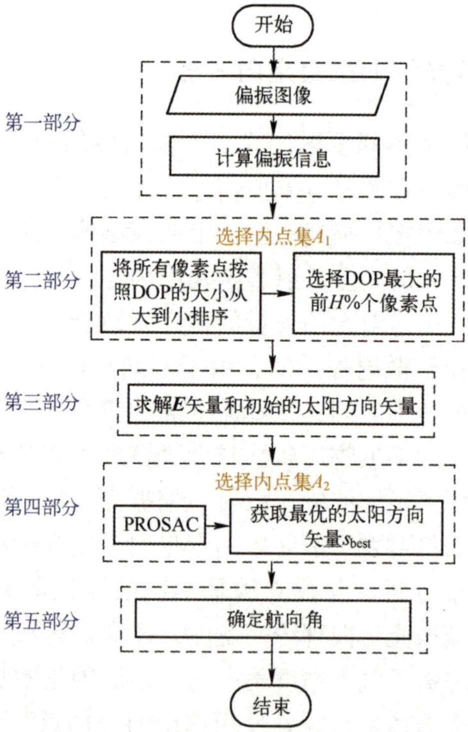


图 5-11 基于模型一致性的定向方法流程

该方法主要分为 5 个部分。

第一部分是获得 4 个方向（0°，45°，90°，135°）的图像信息，用于计算偏振信息。

第二部分是将所有像素按 DOP 从大到小的顺序排列，并选择 DOP 最大的前 $N\%$ 的像素点，其中 $N$ 受天气影响，稍后将进行分析。

第三部分是计算初始 $\boldsymbol{E}$ 矢量和太阳方向矢量。大气偏振模式是太阳光在大气中传输时，由于大气的散射、辐射和吸收而产生的偏振光所形成的特定偏振态分布，可用晴天的瑞利散射模型来解释。偏振模式与偏振光的 $\boldsymbol{E}$ 矢量分布有关，一个显著的特征是 $\boldsymbol{E}$ 矢量垂直于散射平面，如图 5-12 所示。

$$\boldsymbol{e}=\boldsymbol{v}\times\boldsymbol{s} \tag{5-10}$$

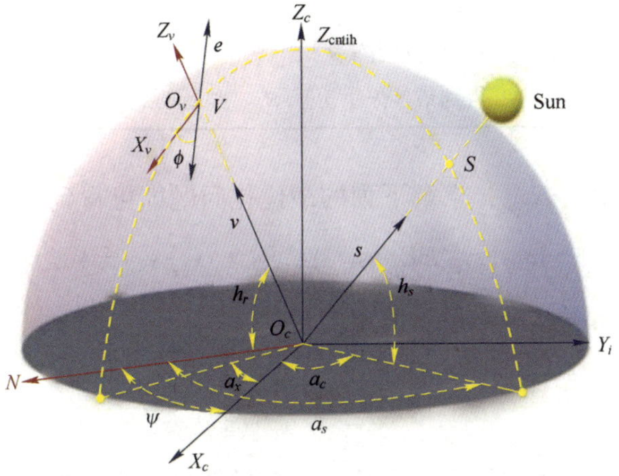


图 5-12　散射瑞利模型的描述

由式（5-10）可知，$\boldsymbol{E}$ 矢量也垂直于太阳矢量，即

$$\boldsymbol{e}^{\mathrm{T}}\boldsymbol{s}=\boldsymbol{0} \tag{5-11}$$

此处

$$\boldsymbol{e}=[\cos\phi \quad \sin\phi \quad 0]^{\mathrm{T}} \tag{5-12}$$

$$\boldsymbol{s}_n=[\cos h_s\cos\alpha_s \quad -\cos h_s\sin\alpha_s \quad -\sin h_s]^{\mathrm{T}} \tag{5-13}$$

根据第二部分，确定了 $N\%$，其中 $N\in[0,100]$。假设偏振图片中的像素总数为 $M$，则第二部分之后的剩余像素点数为

$$m=N\%M \tag{5-14}$$

所以式（5-11）可以进一步写成

$$\boldsymbol{E}_{\mathrm{initial}}^{\mathrm{T}}\boldsymbol{s}_{\mathrm{initial}}=\boldsymbol{0} \tag{5-15}$$

此处 $\boldsymbol{E}_{\mathrm{initial}}=[e_1\cdots e_m]$。

第四部分是基于渐进样本一致性算法（PROSAC）获取最佳太阳方向矢量。定义偏振模式一致性误差如下。

$$\delta=\|\boldsymbol{e}^{\mathrm{T}}\boldsymbol{s}\| \tag{5-16}$$

其中，$\delta$ 在理想情况下应为零，但在多云天气下不成立。因此，将通过 $\delta$ 来优化定向模型。具体算法流程见算法 5.1。

**算法 5.1　算法流程**

**输入：** 最大迭代次数 $I_{max}$，偏振模式一致性误差阈值 $\varepsilon$，步骤二获取的点集 $A_1$，内点个数阈值 $Q$，迭代次数 $I$，初始的矢量矩阵 $\boldsymbol{E}_{initial}$

**输出：** 包含最佳 $\boldsymbol{E}$ 矢量的矩阵 $\boldsymbol{E}_{best}$

**步骤 1：** 将点集 $A_1$ 中的点按照偏振度大小从大到小排序。

**步骤 2：** 计算每个点的偏振模式一致性误差 $r$。

**步骤 3：** 比较 $r$ 与 $\theta$，如果 $r<\theta$，该点就被划分为内点，归入点集 $A_2$。

**步骤 4：** 计算 $A_2$ 内的元素个数，并将其与 $Q$ 比较。如果 $|A_2|>Q$，那么将内点个数阈值更新为 $|A_2|$，否则，迭代次数加 1 并重复步骤 1~4。

**步骤 5：** 利用更新的内点集 $A_2$ 重新计算矩阵 $\boldsymbol{E}_{initial}$。

**步骤 6：** 如果迭代次数 $I<I_{max}$，得到最佳矢量矩阵 $\boldsymbol{E}_{best}$ 和新的点集，否则就找不到最佳矢量矩阵

基于上述方法求出 $\boldsymbol{E}_{best}$，求解下列的最优化问题即可得到 $\boldsymbol{s}_{best}$：

$$\min_{s}(\boldsymbol{s}_{best}^{T}\boldsymbol{E}\boldsymbol{E}_{best}^{T}\boldsymbol{s}_{best}),\quad \text{s. t.}\ \boldsymbol{s}_{best}^{T}\boldsymbol{s}_{best}=1 \tag{5-17}$$

由此可得太阳在载体坐标系下的定向角：

$$\alpha_s=\arctan\frac{\boldsymbol{s}_{best}(2)}{\boldsymbol{s}_{best}(1)} \tag{5-18}$$

将时间和位置输入太阳星历得到的太阳在导航坐标系下的定向角 $\alpha_n$，结合第四部分得到的太阳在载体坐标系下的定向角 $\alpha_s$，即可获取载体的航向角。

$$\psi=\alpha_s-\alpha_c \tag{5-19}$$

3 种典型天气下内点的选择如图 5-13 所示。

针对非水平状态下偏振光罗盘获取的航向信息具有较大的误差这一难点，建立非水平条件下偏振光/微惯性/地磁组合定向模型，将偏振光定向扩展到载体的三维运动中，建立三维的偏振光定向模型，采用滤波方法进行姿态估计，获取载体的三维姿态信息。为了使传感器在载体三维运动时仍能观测到具有对称特征的大气偏振模式。将偏振光传感器光轴方向所对应的天空观测点视为伪天顶点，倾斜姿态下传感器坐标系的大气偏振模式如图 5-14 所示。建立适当坐标系，分析倾斜状态的三维偏振模型，建立太阳方向矢量与偏振信息的关系，即可实现倾斜状态下的偏振定姿。

太阳、载体以及观测位置的天球中心可以构建导航三角形。通过最大 $\boldsymbol{E}$ 矢量法或霍夫变换方法，可以求解太阳方向矢量在载体（相机）坐标系下的方位角，利用地磁或高精度惯导，可以得到载体相对于真北的方位角，二者作差可以解得太阳相对于真北的方位角，利用大气偏振模式对偏振图像进行三维偏振度模型构建，利用太阳附近偏振度为 0 的特性，通过 K-means 聚类或模糊 $C$ 均值聚类的方法，选取偏振度接近于零的数据点作为聚类的对象，求取类中心即为太阳所在的位置，加上太阳方位角的约束，从而解算出太阳高度角。

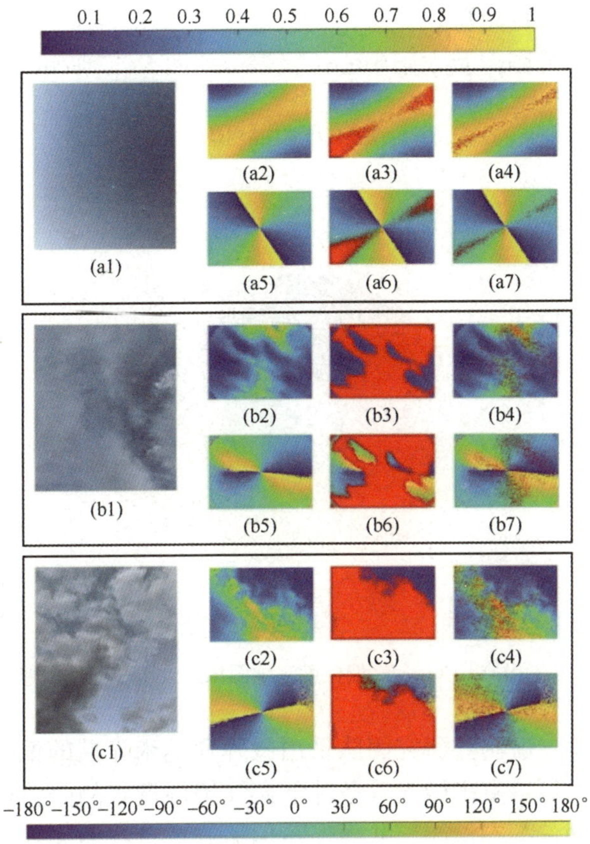


图 5-13 3 种典型天气条件下内点的选择

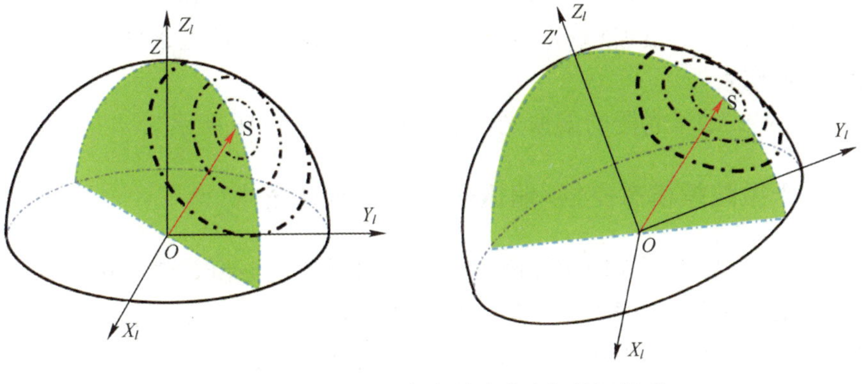


图 5-14 水平与倾斜状态的大气偏振模型

$$\begin{cases}\cos A_s=\dfrac{\sin\delta-\sin h_s\sin\varphi}{\cos h_s\cos\varphi}\\ \sin h_s=\sin\varphi\sin\delta+\cos\varphi\cos\delta\cos T\end{cases}\tag{5-20}$$

已知时间，通过太阳年历可得出赤纬；已获得赤纬、太阳高度角及方位角后，则可通过上式方程求解出当地纬度及太阳时角；通过太阳时角 $T$ 可求出当地经度，即可实现单帧偏振图像定位。

大气偏振度三维图像及太阳中心位置聚类如图 5-15 所示。

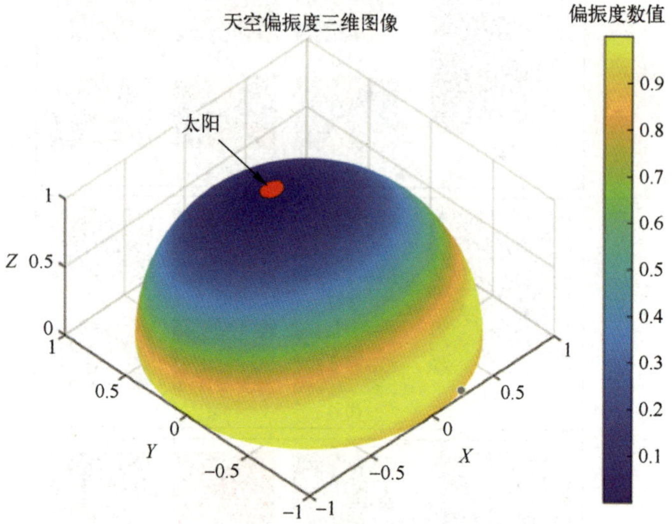


图 5-15 大气偏振度三维图像及太阳中心位置聚类

国防科技大学导航制导研究团队采用微阵列纳米光栅的偏振视觉传感结构，通过偏振解耦测量，可以实现微光等条件下大气偏振模式的分波段准确测量和表征以及复杂光照下的弱偏振态检测，从而保障偏振光罗盘在微光、复杂光照等环境下的定向需求。建立偏振信息测量模型，在高动态范围感知芯片上按照所设计的光栅阵列进行纳米刻蚀，在进行纳米级对齐的基础上，采用现有的芯片封装工艺，实现微阵列纳米光栅与高动态范围感知的一体化制备，从而实现月光条件、复杂光照条件偏振信息实时测量。

基于微阵列式纳米光栅的偏振光传感器技术如图 5-16 所示。

### 5.2.3 基于微陀螺模态交换/偏振光的组合定向技术

针对复杂天气条件下天空偏振散射扰动导致天空偏振模式受干扰难题，研究基于微惯性/地磁的偏振光紧耦合算法，补偿由于散射扰动导致的偏振定向误差。同时，将偏振光定向结果作为航向观测，不断优化估计微惯性的零偏，提高微惯性传感器的解算精度。

偏振模型偏振光/微惯性组合模型如图 5-17 所示。

为实时获取全天域复杂天气的姿态与航向信息，开展偏振光/微惯性一体化罗盘设计，完成硬件设计实现与软件算法集成，实现罗盘采集信息处理后可实时输出载体姿态。

图 5-18 为微陀螺模态交换/偏振光组合定向的信息处理流程，在初始化阶段，偏振光采集的偏振信息可以得到载体的概略航向角，传输给陀螺寻北模块，可以加

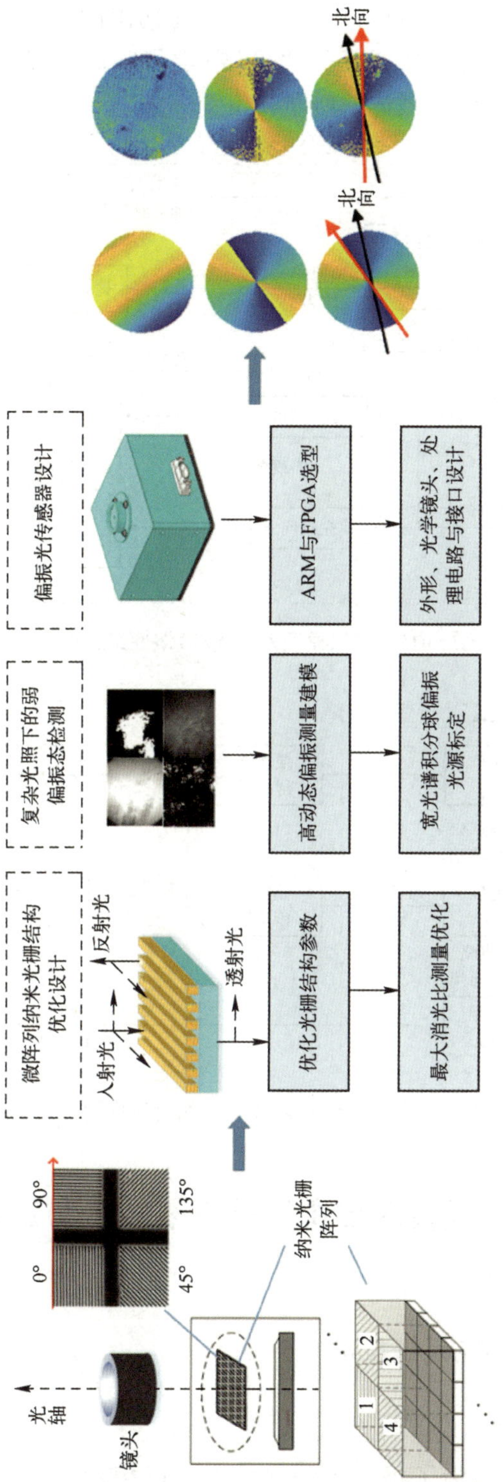


图 5-16　基于微阵列式纳米光栅的偏振光传感器技术

快陀螺寻北的速度与精度。陀螺完成寻北后，可以获取高精度的航向信息，传输给偏振光的误差估计与模型补偿模块，与当前偏振光输出的航向可以得到偏振光误差补偿参数。接下来在使用过程中，基于“模型+学习”的智能定位定向算法可以不断学习新的修正参数，并输出载体的航向与位置信息。

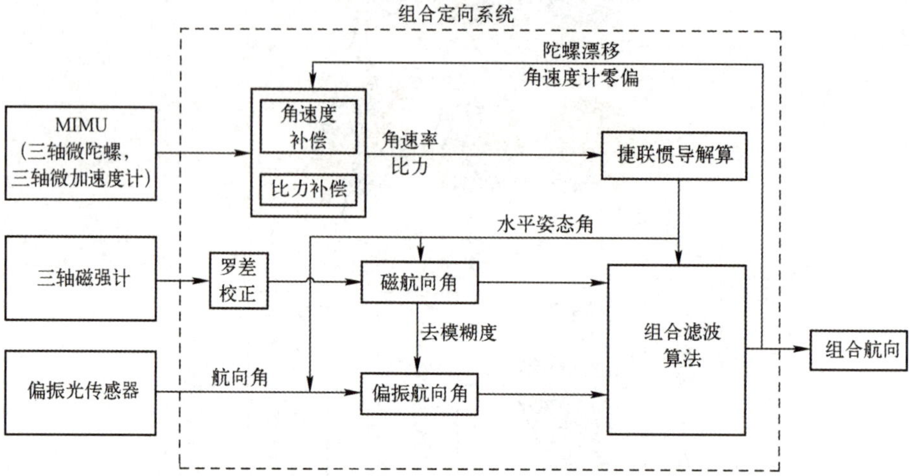


图 5-17　偏振模型偏振光/微惯性组合模型

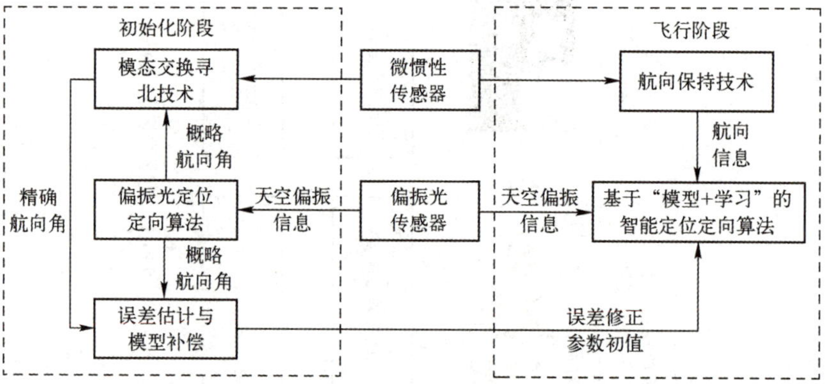


图 5-18　微陀螺模态交换/偏振光组合定向信息处理流程

## 5.3　惯性基自主导航系统技术与应用

### 5.3.1　惯性基自主导航系统技术

#### 1. 系统一体化设计

针对组合导航系统，为了提高系统集成度、可用性和可测试性，分析惯性导航、视觉信息处理、地磁/偏振光组合定向、组合导航等模块间的信息交联关系，设计系统软硬件协同机制和一体化实现方案。研究视觉信息处理、惯性测量数据处理等模块的信息共享与处理的多核实现技术，满足视觉信息处理、惯性导航计算、地磁/偏振光定向、组合导航计算和通信管理的资源要求，解决多个处理器模块之间多任务的实时调度处理。

1）系统体系结构优化技术

为了实现小型化、高度集成的组合系统样机，提高系统的总体性能，根据总体技术指标分析视觉景象匹配、惯性导航、组合导航、组合定向等模块的功能构成及模块间的信息交联关系，确定出模块间的信息流、更新率和时间同步机制，通过软硬件配合实现高精度时间同步，减少模块间传输延时，确保系统功能实现的前提下性能最优。系统采用模块化设计思想，主要组件包括惯性测量单元及数据采集专用电路模块、视觉信息处理模块、惯导解算与组合滤波模块等。

2）多核信息处理实现技术

根据惯性测量数据处理、视觉信息处理、组合滤波器等模块的算法及模型，采用 GPU 以及嵌入式处理器相结合的方法设计相应的多核信息处理方法。

**2. 系统集成**

研究组合导航系统的多传感器、机械结构与电路一体化集成技术，包括主要传感器的合理布设、小型化实现、电磁兼容性设计等。采用自研的电路板和 GPU/CPU 处理器一体化集成，再与传感器进行系统集成。无人机惯性基自主导航系统集成示意图如图 5-19 所示。

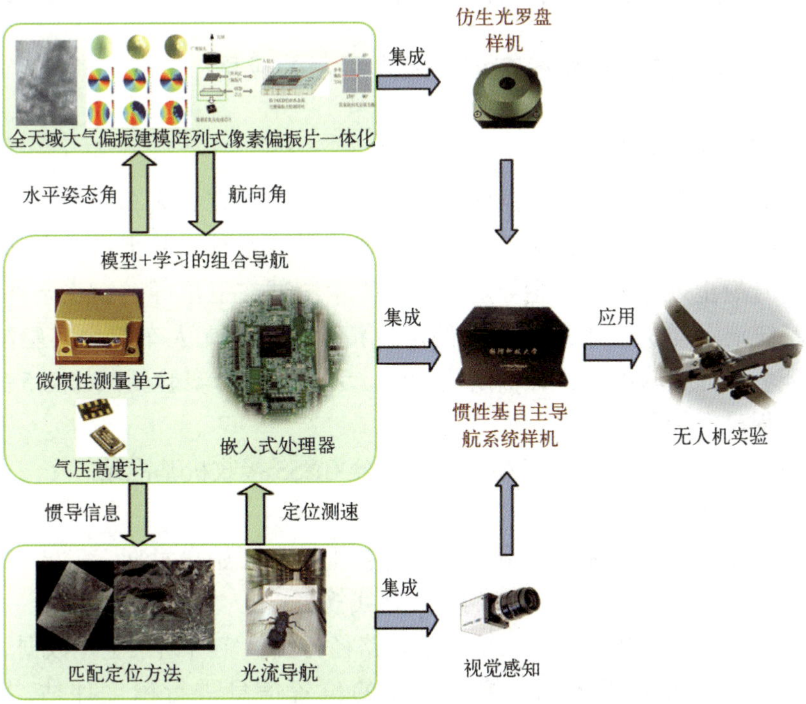


图 5-19　无人机惯性基自主导航系统集成示意图

仿生光罗盘使用CCD/CMOS传感器成像并敏感大气偏振模式，形成视频流，由参数配置模块可将设计好的CCD/CMOS传感器参数在线配置。FPGA模块进行视频流的预处理，以提高数据处理效率，降低ARM的计算负担。偏振/惯性信息组合滤波模块主要由ARM完成，实现偏振定向解算与微惯性/偏振光融合。外同步信号通过外同步模块为罗盘提供时间基准，同步偏振信息与惯性信息。罗盘控制信号使用RS-232标准传输，经过串口指令解码模块形成控制信号，实现罗盘的模式切换。整个样机通过USB端口进行供电和数据传输，具有小型化、集成化和接口标准的优点。

将微惯性测量单元、三轴磁强计、气压高度计、多核高性能处理器等构成一体化的惯性基自主导航系统样机。系统样机分为两部分，一部分为传感器，包括惯性测量单元、三轴磁强计、气压高度计；另一部分为多源导航信息处理，主要包括惯性导航解算、环境感知与节点识别、地磁/偏振光组合定向、高度计算、组合导航滤波算法等。通过接收惯性测量的比力、角速度信息实现惯性导航解算，组合导航滤波模块接收惯性导航解算的结果、环境感知与节点识别的定位信息、地磁/偏振光组合定向信息、气压高度计得到的高度信息，通过最优估计滤波算法，获得系统导航参数及各种误差状态的最优估计，并对陀螺、加速度计的零偏估计值进行反馈校正。这类系统样机适用于中小型无人机与小型无人车及地面机器人。对于中大型无人车，如果采用高精度捷联惯导系统，那么只需要在此样机基础上，增加高精度捷联惯性测量单元的数据接口，多源导航信息处理部分增加惯导自对准模块。

### 5.3.2 惯性基自主导航系统在地空无人平台的应用

#### 1. 地面无人车应用

根据地面无人平台自主导航总体设计方案，基于现有无人车平台，研制惯性基自主导航系统演示样机，构建无人车惯性基智能导航系统实验平台，实现无人车在卫星导航信号拒止条件下的自主导航定位。为了测试在卫星导航拒止条件下惯性基自主导航系统演示样机应用于无人车的定位精度，设计无人车综合实验测试方法，完成典型环境下的实验测试，评估定位精度。无人车综合实验测试如图5-20所示。

试验流程设定如下。

（1）在车辆出发点附近实验场内设立差分GNSS接收机基准站。

（2）车辆上电自检。

（3）车辆静止，惯性基自主导航系统样机上电，开始自对准。

（4）设置实验的结束地点，车辆完成路线规划。

（5）3分钟后车辆开始行驶，按照规划路径行驶，实时记录定位数据。

（6）车辆行驶到目的地后，将无人车的位置信息进行精度评估，考核定位精度。

为验证长航时车载自主定位性能，车辆从北京行驶至河北，每次行驶时长总计

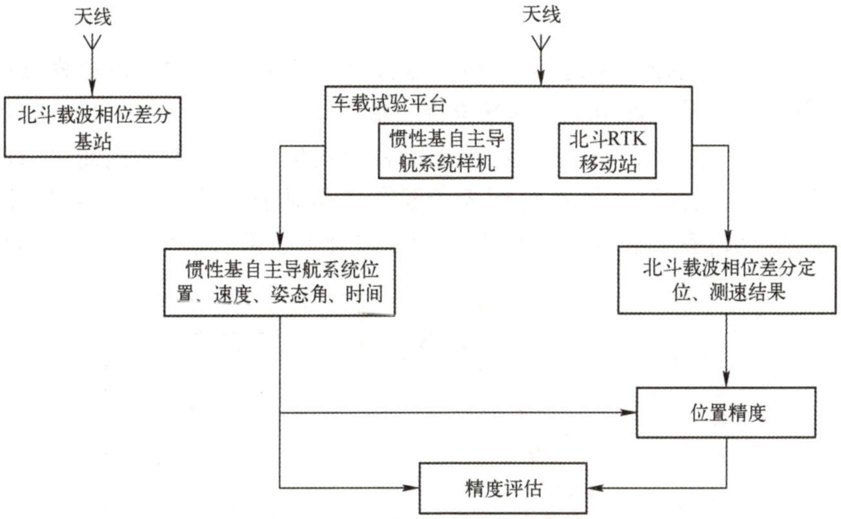


图 5-20 无人车综合实验测试

7h，单程大约3.5h，每次实验行驶里程为489.88km，实验开展了2次。车辆行驶环境包括高楼林立、车辆拥堵的城市道路，路况良好的高速通道，路况较为复杂的野外道路。图5-21为远距离长航时车载运动轨迹图。当长距离车载时，惯性基自主导航系统主要依靠高精度惯导/里程计组合导航进行定位，这是自主导航必须具备的基本功能。

图 5-21 远距离长航时车载运动轨迹图

车辆配备了导航级的高精度惯性测量单元IMU和比例因子为53$p/m$的轮式里程计。IMU的输出频率为200Hz，陀螺零偏稳定性优于0.01°/h，角度随机游走为0.002°/h；加速度计零偏稳定性为50μ$g$，速度随机游走10μ$g/\sqrt{\text{Hz}}$。在每次跑车实验中，初始对准180s。

1）第一组实验

图 5-22 为基于状态变换扩展卡尔曼滤波（ST-EKF）的惯性/里程计组合导航算法解算得到的水平位置相对于基准位置的水平定位误差随时间变化而产生的变化趋势；图 5-23 为该算法的水平定位误差的百分比情况随行驶里程变化而产生的变化趋势；图 5-24 为该算法解算得到 3 个姿态角相对于基准姿态角的误差随时间变化而产生的变化趋势。基准位置由惯性/卫星组合导航事后平滑算法解算得到。

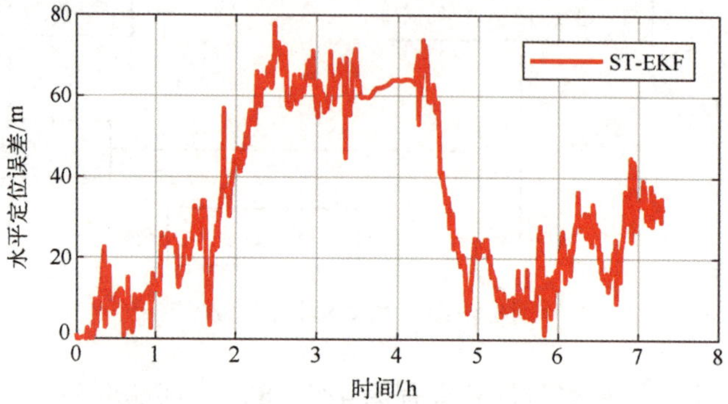


图 5-22 车辆水平定位误差（第一组）

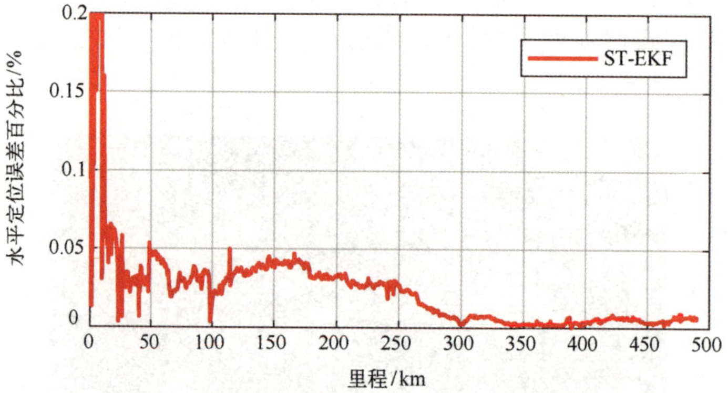


图 5-23 车辆水平定位误差百分比（第一组）

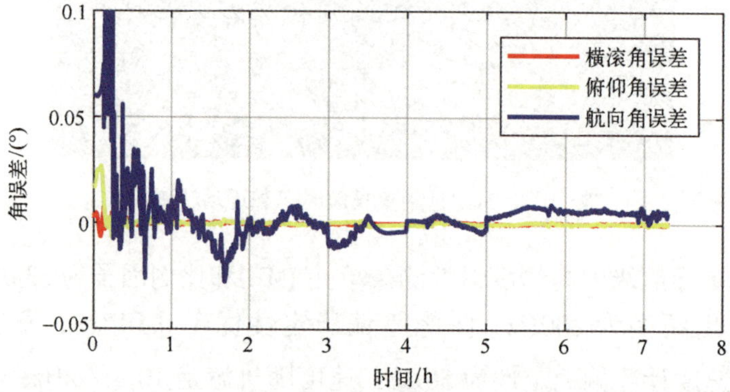


图 5-24 车辆姿态角误差（第一组）

由图 5-22~图 5-24 可知，基于 ST-EKF 的惯性/里程计组合导航算法对水平定位误差有较好的抑制效果，误差曲线较为平滑，水平定位精度优于行驶里程的 0.05%。该算法同时具有良好的姿态定向精度，特别是容易受外界影响的航向角误差，能保持在 0.06°以内。

2）第二组实验

图 5-25~图 5-27 分别为第二组车载实验的水平定位误差、水平定位误差百分比、姿态误差角随时间与里程的变化趋势。

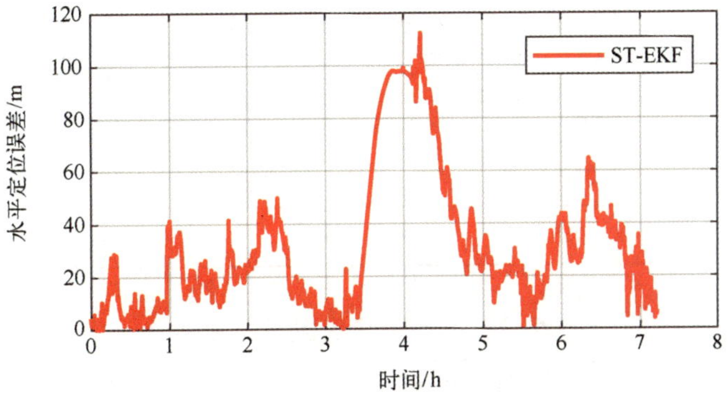


图 5-25　车辆水平定位误差（第二组）

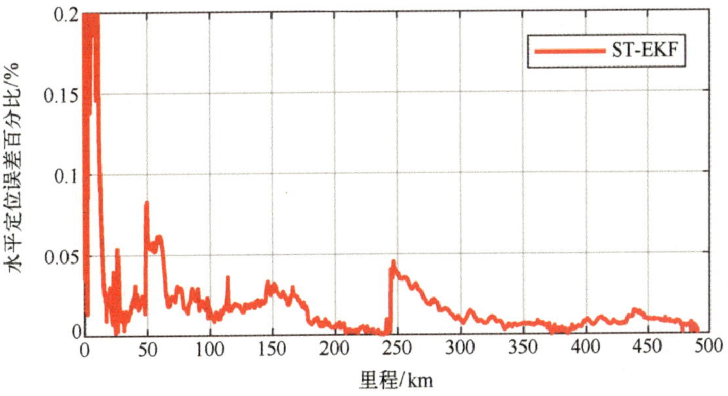


图 5-26　车辆水平定位误差百分比（第二组）

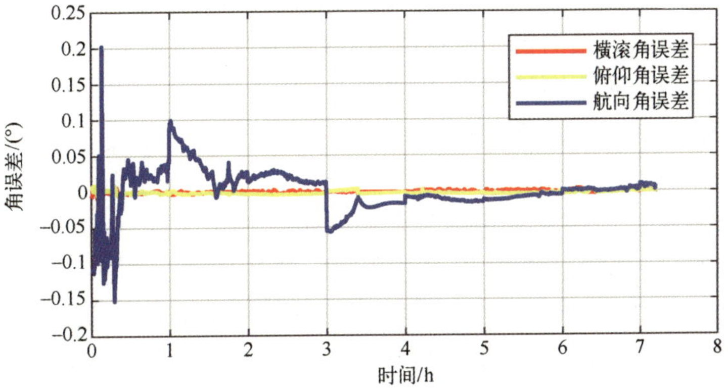


图 5-27　车辆姿态角误差（第二组）

由图 5-25～图 5-27 可知，基于 ST-EKF 的惯性/里程计算法解算第二组实验结果与第一组相当，验证了样机的工程应用价值。

为了更直观地证明该算法的位置、姿态解算精度，计算并记录了两组实验数据的水平定位结果与姿态定向结果。同时，考虑到车载实验是沿着公路往返行驶，如果只考虑全程的水平定位误差与姿态定向误差，可能部分误差会相互抵消从而影响实验结果的准确性，因此，为了更客观的评价该算法的定位与定向精度，表 5-2 和表 5-3 统计了单程（去程）和全程两种情况下的水平定位结果与姿态定向结果。

表 5-2　水平定位误差结果统计

| 实验组号 | RMSE/m | | 位置误差百分比/% | |
|---|---|---|---|---|
| | 半程 | 全程 | 半程 | 全程 |
| 第一组 | 43.0579 | 40.5425 | 0.0177 | 0.0083 |
| 第二组 | 20.4065 | 40.4275 | 0.0083 | 0.0082 |

表 5-3　姿态定向误差角结果统计

| 误差角 | 第一组 RMSE/(°) | | 第二组 RMSE/(°) | |
|---|---|---|---|---|
| | 半程 | 全程 | 半程 | 全程 |
| 横滚角 | 0.0007 | 0.0007 | 0.0010 | 0.0015 |
| 俯仰角 | 0.0031 | 0.0031 | 0.0018 | 0.0026 |
| 航向角 | 0.0177 | 0.0180 | 0.0290 | 0.0299 |

由表 5-2、表 5-3 可知，从对同一路线的两组车辆数据的处理结果来看，基于 ST-EKF 的惯性/里程计组合导航算法的水平定位精度优于行程的 0.01%；该算法的姿态定向精度方面，对于最易受外界干扰影响的航向角 RMSE 小于 0.03°。

### 2. 无人机应用

1）实验系统构建

将自研的惯性基自主导航系统样机搭载至大疆 M600Pro 无人机平台下方。由无人机飞行平台、无人机地面指挥控制站和 GNSS 差分系统形成测试基准参考系统。

机载测试系统原理框图如图 5-28 所示。

无人机实验装置如图 5-29 所示。

2）实验方案设计

为了对机载平台上系统算法进行实验验证，在封闭测试区的空域进行机载实验，飞行测试环境的俯视图如图 5-30 所示。

使用无人机搭载的 GNSS 系统的位置输出作为位置精度评估的基准值。设计三组飞行路线，覆盖/部分覆盖地图匹配区域，以此来验证地图匹配对于系统算法的影响，三组飞行路线的 GNSS 基准轨迹图如图 5-31 所示。

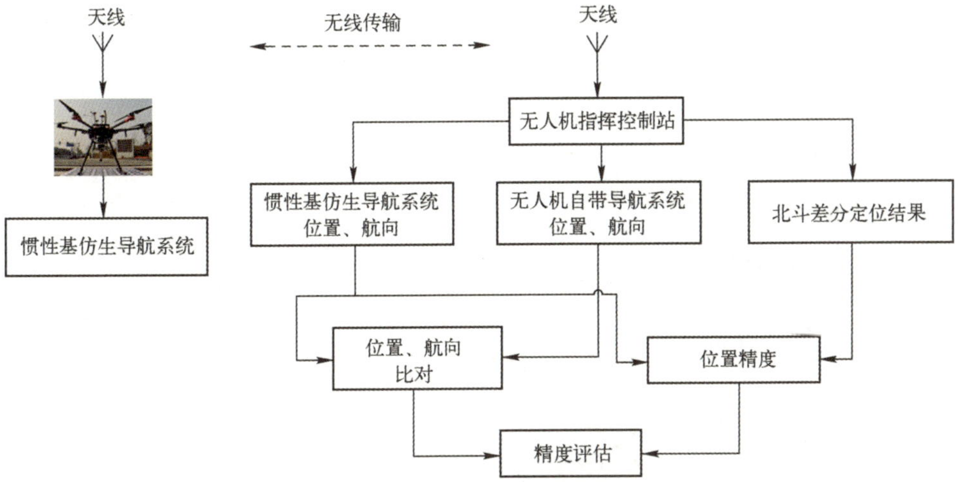


图 5-28 机载测试系统原理图

图 5-29 无人机实验装置

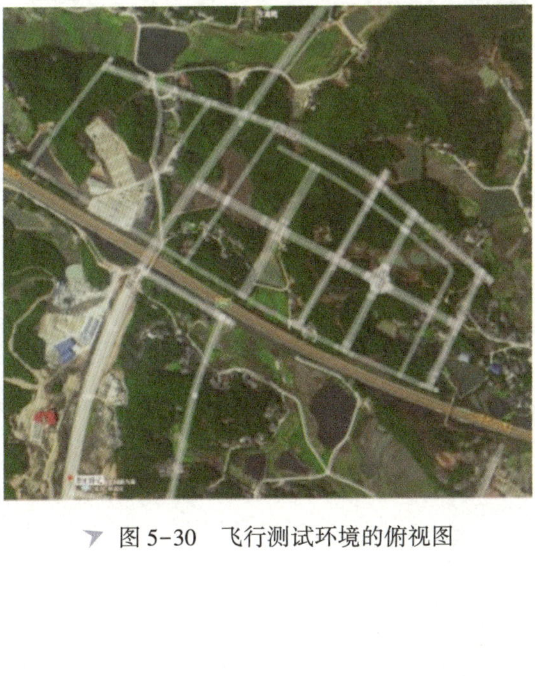

图 5-30 飞行测试环境的俯视图

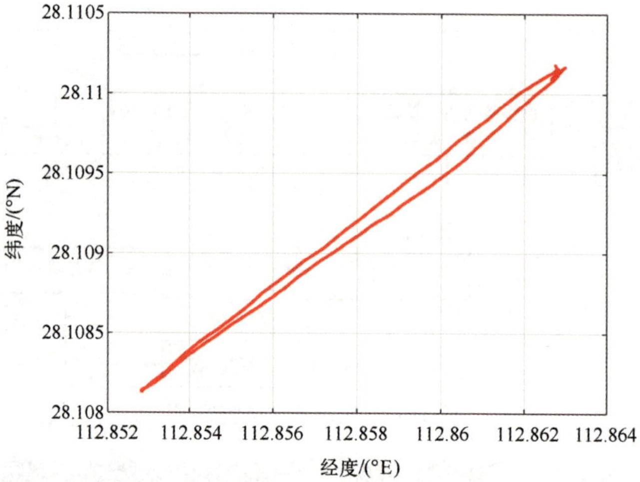
28.1105
28.11
28.1095
28.109
28.1085
28.108
纬度/(°N)
112.852 112.854 112.856 112.858 112.86 112.862 112.864
经度/(°E)

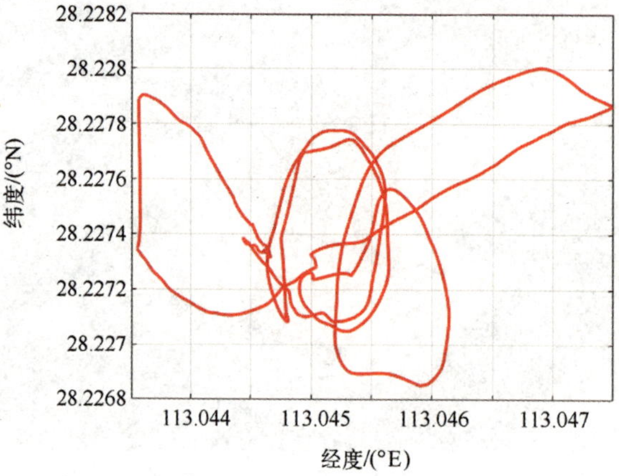
28.2282
28.228
28.2278
28.2276
28.2274
28.2272
28.227
28.2268
纬度/(°N)
113.044 113.045 113.046 113.047
经度/(°E)

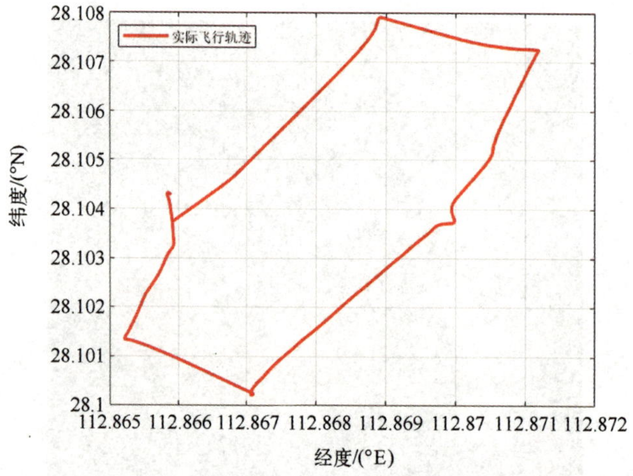
实际飞行轨迹
28.108
28.107
28.106
28.105
28.104
28.103
28.102
28.101
28.1
纬度/(°N)
112.865 112.866 112.867 112.868 112.869 112.87 112.871 112.872
经度/(°E)

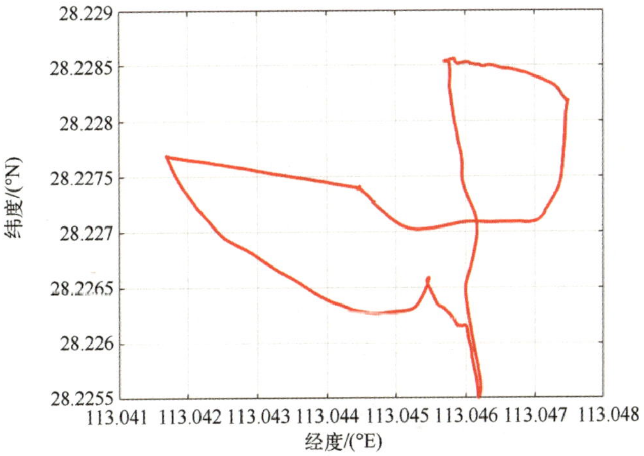


图 5-31　飞行路线的 GNSS 基准轨迹图

按照如下实验流程开展测试。

(1) 依据场地条件规划飞行航线。

(2) 系统展开、加电，系统自检，样机对准，完成仿生导航系统初始化。

(3) 对无人机上电，等待无人机系统完成初始化，无人机具备起飞条件。

(4) 无人机起飞，无人机按照操作员操作完成爬升至不低于 300m 高度、巡航、转弯、降高和返回过程。

(5) 无人机回收后，读取样机上导航数据，并与微惯性/卫星组合导航算法输出的定位结果进行对比。

3) 实验结果评估

通过系统初始对准后，将导航样机输出的定位数据转换为站心坐标系定位数据，并与初始定位值对比，计算各节点处各方向的定位误差：

$$\begin{cases}\Delta N_i = N_i - N_{0i} \\ \Delta E_i = E_i - E_{0i}\end{cases} \tag{5-21}$$

式中：$\Delta N_i$、$\Delta E_i$ 分别为第 $i$ 次实时定位数据的 N、E 方向的定位误差 ($i=1,2,\cdots,n$)(m)；$N_i$、$E_i$ 分别为第 $i$ 次实时定位数据的 N、E 方向分量 (m)；$N_{0i}$、$E_{0i}$ 分别为第 $i$ 次实时定位的标准点坐标 N、E 方向分量 (m)。

$$\begin{cases}\sigma_{\mathrm{N}} = \sqrt{\dfrac{1}{n}\sum\limits_{i=1}^{n}(\Delta N_i)^2} \\ \sigma_{\mathrm{E}} = \sqrt{\dfrac{1}{n}\sum\limits_{i=1}^{n}(\Delta E_i)^2} \\ \sigma_{\mathrm{H}} = \sqrt{\sigma_{\mathrm{N}}^2 + \sigma_{\mathrm{E}}^2}\end{cases} \tag{5-22}$$

式中：$\sigma_{\mathrm{N}}$、$\sigma_{\mathrm{E}}$ 分别为定位误差的标准差在 N、E 方向的分量 (m)；$\sigma_{\mathrm{H}}$ 为定位误差的标准差在水平方向的分量 (m)。分别计算各方向上定位误差的均方根误差，然后求出二维定位误差，最后得到定位结果如图 5-32 所示。

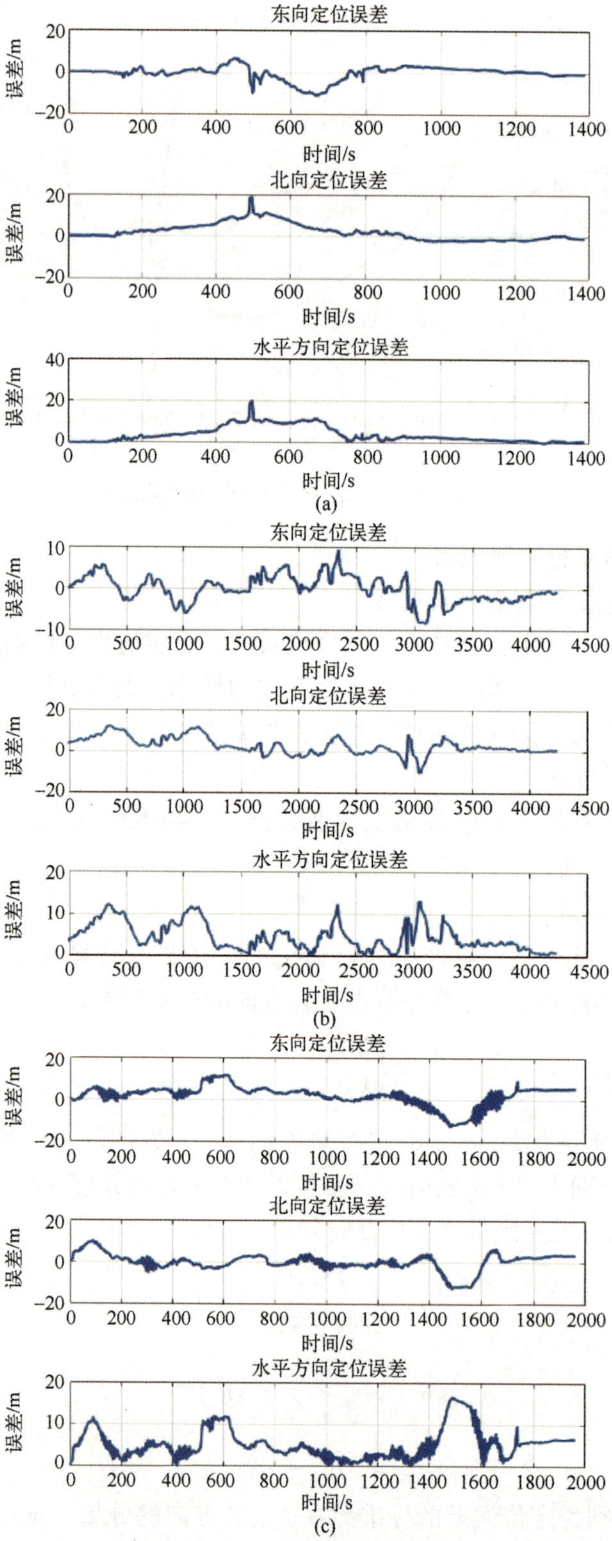


图 5-32 飞行定位误差曲线

以上三组飞行实验的定位精度汇总如表 5-4 所列。

表 5-4　无人机定位误差

| 实验 | 定位误差 RMSE/m |
|---|---|
| 实验一 | 5.45 |
| 实验二 | 5.59 |
| 实验三 | 6.43 |
| 平均值 | 5.82 |

从表 5-4 中可得无人机在卫星导航拒止条件下飞行实验的定位精度优于 10m，可满足自主导航要求。

# 第6章 基于跨域集群节点相对观测的协同导航

利用无线电设备、光电设备等对节点间的相对距离、相对方位、相对位置等进行测量，这些相对测量信息可以用于校正集群的导航参数，实现协同后导航精度提升的作用。本章将从协同导航相对观测方法、基于相对观测时空一致性标定方法和协同导航算法 3 个方面介绍基于相对观测的协同导航技术。

## 6.1 协同导航相对观测方法

### 6.1.1 基于相对测距的定位方法

集群间的相对距离可以为提供位置约束，当集群中的节点由于导航系统的位置误差，导致相对距离发生漂移时，可通过量测的相对距离对位置进行校正。

目前，常用的测距手段为超宽带（ultra-wide band，UWB）测距。UWB 测距可以使用不同的方法：到达时间（TOA）测距、到达时间差（TDOA）测距和双向测距（TWR）。目前常用的是 TWR，它通过发送和接收数据包来测量两个收发器之间的距离。虽然 TWR 由于共享 UWB 信道，支持的节点数量有限，但是可以在设备间没有硬件同步的情况下使用，使得该协议得到了广泛的应用。由于没有考虑数百个无人机同时通信导致的信道堵塞，因此选择 TWR 来避免时间硬同步的问题。UWB 模块的测距测量建模为

$$\hat{d}=d+b_d+e \tag{6-1}$$

式中：$\hat{d}$为超宽带测量值；$d$ 为真实距离；$b_d$为距离测量的系统偏差；$e$ 为遵循高斯分布 $N(0,\sigma^2)$的测量误差。可以利用高斯噪声模型和具有真实值的数据来预先校准 $b_d$，那么模型可以简化为

$$\hat{d}=d+e \tag{6-2}$$

其测距原理如图 6-1 所示。

假设无人机群由 $N$ 个无人机构成，无人机群的三维空间坐标信息用矩阵 $\boldsymbol{P}=[\boldsymbol{p}_1,\boldsymbol{p}_2,\cdots,\boldsymbol{p}_L]$表示，其中 $\boldsymbol{p}_i=[x_i,y_i,z_i]^{\mathrm{T}}$ 表示无人机 $i$ 的实际三维空间位置。无人机 $i$ 利用通信模块，可以获得其他无人机的位置坐标信息，进而可以计算求得与其

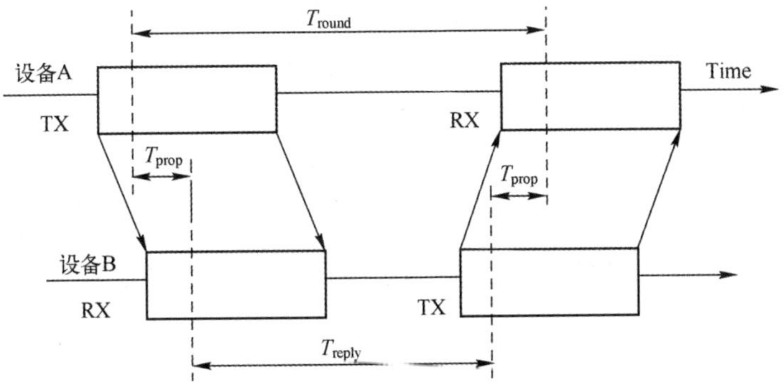


图 6-1 UWB 测距原理

他无人机的相对距离信息 $d_{i,j}^{\text{cal}} i,j=1,2,\cdots,N(j\neq i)$：

$$d_{i,j}^{\text{cal}}=\|\boldsymbol{p}_i-\boldsymbol{p}_j\|=\sqrt{(x_i-x_j)^2+(y_i-y_j)^2+(z_i-z_j)^2} \tag{6-3}$$

无人机 $i$ 利用相对测距模块，也可以测得与其他无人机的相对距离 $d_{i,j}^{\text{mea}} i,j=1,2,\cdots,N(j\neq i)$，则可以通过比较 $d_{i,j}^{\text{cal}}$ 与 $d_{i,j}^{\text{mea}}$ 之间关系来评估无人机 $i$ 与其他无人机的相对位置误差。无人机 $i$ 与其他无人机的相对位置信息用矩阵 $\boldsymbol{Z}_i=[z_{i,1},z_{i,2},\cdots,z_{i,n}]^{\text{T}}$ 表示，其中 $z_{i,n}$ 表示以无人机 $i$ 为基准、无人机 $n$ 的相对坐标。为了使总体的相对位置误差最小，可以利用 $d_{i,j}^{\text{cal}}$ 与 $d_{i,j}^{\text{mea}}$ 的信息来优化相对位置矩阵 $\boldsymbol{Z}_i$，则 $\boldsymbol{Z}_i$ 的求解可以转换为非线性优化问题：

$$\boldsymbol{Z}_i=\underset{Z_i'}{\operatorname{argmin}}\sum_{i<j}(d_{i,j}^{\text{cal}}-d_{i,j}^{\text{mea}})^2, i,j=1,2,\cdots,N \tag{6-4}$$

根据最小二乘原理，可采用特征值分解的方法求解上述优化问题，具体的步骤如下。

第一步，构造半正定对称矩阵 $\boldsymbol{B}$ 如下：

$$\boldsymbol{B}=-\frac{1}{2}\boldsymbol{J}\boldsymbol{D}\odot\boldsymbol{D}\boldsymbol{J} \tag{6-5}$$

式中：$\odot$ 为方阵之间的点乘运算；$\boldsymbol{D}=[d_{i,j}^{\text{mea}}]\in\mathbf{R}^{N\times N}$，$\boldsymbol{J}$ 可通过如下方式构造：

$$\boldsymbol{J}=\boldsymbol{I}_N-\frac{1}{N}\textbf{ones}_{N\times N} \tag{6-6}$$

式中：$\boldsymbol{I}_N$ 为对角线元素全为 1、纬度为 $N$ 的对角矩阵；$\textbf{ones}_{N\times N}$ 为 $N$ 维方阵，方阵中的元素全为 1。对 $\boldsymbol{B}$ 进行特征值分解：

$$\boldsymbol{B}=\boldsymbol{Q}\boldsymbol{\Lambda}\boldsymbol{Q}^{\text{T}} \tag{6-7}$$

式中：$\boldsymbol{\Lambda}=\text{diag}(\lambda_1,\lambda_2,\cdots,\lambda_N)$ 为特征值矩阵，且满足 $\lambda_1\geqslant\lambda_2\geqslant\cdots\geqslant\lambda_N$；$\boldsymbol{Q}$ 为与特征值对应的特征向量矩阵。最后，选取 3 个最大的特征值，得到优化后无人机群相对位置矩阵 $\boldsymbol{Z}_i^*$ 为

$$\boldsymbol{Z}_i^*=\boldsymbol{Q}_3\boldsymbol{\Lambda}_3^{\odot\frac{1}{2}} \tag{6-8}$$

式中：$\boldsymbol{\Lambda}_3$ 为最大的 3 个特征值组成的矩阵；$\boldsymbol{Q}_3$ 为对应的 3 个特征向量。

无人机群中有少量配备高精度 IMU 的无人机，定义为 A 型无人机，其余无人机

配备较低精度的低成本 IMU，定义为 B 型无人机。A 型无人机的绝对位置矩阵为 $\boldsymbol{P}_{\mathrm{A}}=[\boldsymbol{p}_1,\boldsymbol{p}_2,\cdots,\boldsymbol{p}_L]$，其中 $\boldsymbol{p}_i^{\mathrm{A}}(i=1,2,\cdots,L)$ 表示第 $i$ 个 A 型无人机的三维空间位置。从优化后的相对位置矩阵 $\boldsymbol{Z}_i^*$ 中提取出 A 型无人机对应的相对位置，定义为 $\boldsymbol{Z}_{i,\mathrm{A}}^*$。则利用 A 型无人机的绝对位置矩阵 $\boldsymbol{P}_{\mathrm{A}}$、A 型无人机对应的相对位置 $\boldsymbol{Z}_{i,\mathrm{A}}^*$ 和无人机群优化后的相对位置矩阵 $\boldsymbol{Z}_i^*$，可以解算得到无人机 $i$ 协同优化后的位置信息 $\boldsymbol{p}_i^{\mathrm{coo}}$。计算方法首先分别对矩阵 $\boldsymbol{P}_{\mathrm{A}}$ 和矩阵 $\boldsymbol{Z}_{i,\mathrm{A}}^*$ 进行去中心化处理，如下式所示：

$$\overline{\boldsymbol{P}_{\mathrm{A}}}=\boldsymbol{P}_{\mathrm{A}}-\boldsymbol{\mu}_{\mathrm{P}},\quad \overline{\boldsymbol{Z}_{i,\mathrm{A}}^*}=\boldsymbol{Z}_{i,\mathrm{A}}^*-\boldsymbol{\mu}_{\mathrm{Y}} \tag{6-9}$$

式中：$\boldsymbol{\mu}_{\mathrm{P}}$ 和 $\boldsymbol{\mu}_{\mathrm{Y}}$ 分别为 $\boldsymbol{P}_{\mathrm{A}}$ 和 $\boldsymbol{Z}_{i,\mathrm{A}}^*$ 的均值。

第二步，对 $\overline{\boldsymbol{P}_{\mathrm{A}}}\,\overline{\boldsymbol{Z}_{i,\mathrm{A}}^*}$ 进行奇异值分解：

$$\overline{\boldsymbol{P}_{\mathrm{A}}}\,\overline{\boldsymbol{Z}_{i,\mathrm{A}}^*}=\boldsymbol{U\Sigma V}^{\mathrm{T}} \tag{6-10}$$

式中：$\boldsymbol{\Sigma}=\mathrm{diag}(\sigma_1,\sigma_2,\sigma_3)$ 为对角奇异值矩阵；$\boldsymbol{U}$ 和 $\boldsymbol{V}$ 为对应的酉矩阵。

第三步，旋转矩阵 $\boldsymbol{R}$ 和平移向量 $\boldsymbol{t}$ 计算为

$$\boldsymbol{R}=\boldsymbol{UV}^{\mathrm{T}},\quad \boldsymbol{t}=\boldsymbol{\mu}_{\mathrm{Y}}-\boldsymbol{R\mu}_i \tag{6-11}$$

式中：$\boldsymbol{\mu}_i$ 为 $\boldsymbol{Z}_i^*$ 的均值。求得旋转矩阵 $\boldsymbol{R}$ 和平移矢量 $\boldsymbol{t}$ 之后，可以将相对坐标矩阵 $\boldsymbol{Z}_i^*$ 转换为三维空间绝对位置坐标 $\boldsymbol{P}_i$：

$$\boldsymbol{P}_i=\boldsymbol{RZ}_i^*+\boldsymbol{t} \tag{6-12}$$

$\boldsymbol{P}_i$ 为协同优化后无人机集群的绝对位置信息，可以从 $\boldsymbol{P}_i$ 中提取出无人机 $i$ 协同优化后的位置信息 $\boldsymbol{p}_i^{\mathrm{coo}}$。

### 6.1.2 跨域交叉视图相对定位

在实际战场环境中，无人机和无人车对目标进行观测时，由于观测视角不同，观测到的目标特征存在遮挡或变形，同时自身存在定位误差，因此交叉视图联合定位的方法需要结合环境图像的特点进行选择，可采用视图映射法或特征匹配法进行交叉视图联合定位。

在全景图像或鸟瞰图像包含较少明显特征的区域，如道路交叉口或某一视角有孤立树木、建筑等场景，可以采用图像映射的方法进行空地交叉视图映射。

用 $P$ 表示无人车的宽视场全景图像，用 $T$ 表示无人机的鸟瞰图像，空地交叉视图映射实现的是 $P\rightarrow T$ 的映射过程。用 $S$ 表示卫星图像，维度为 $m\times n$，$T$ 可以看作 $S$ 的子集。将无人车拍摄的全景图像进行扭曲来与同场景无人机拍摄的鸟瞰图像进行匹配，扭曲函数由 $W:P\rightarrow T$ 定义。

首先建立鸟瞰图像的对应关系，对于鸟瞰图 $T$ 中的每个像素，可以使用反向扭曲来匹配全景图中相应像素的位置，然后使用双线性插值从全景像素中获得地面对应位置的颜色，得到对应的映射关系，如图 6-2 所示。

其次构建图像描述子，每得到一个无人车拍摄的全景图像 $P$，就形成一个映射关系，得到一个鸟瞰图 $T$ 的图像描述子 $q_T$，也可看作是一个检测图像的检测子。通过引入检测子 $q_T$，可以减少图像匹配过程的计算量。将卫星图像 $S$ 分割成均匀的矩

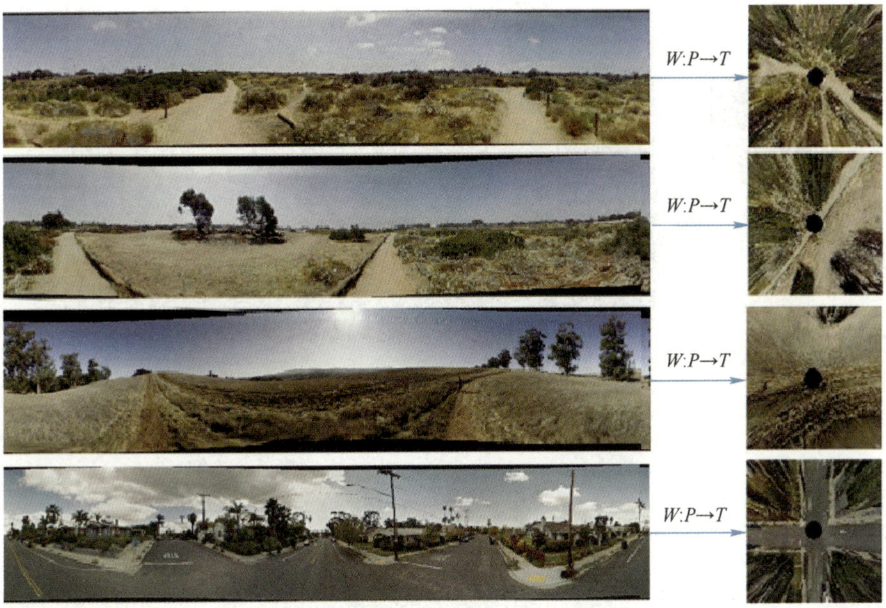


图 6-2 空地交叉视图映射

形网格 $L=\{l_1,l_2,\cdots,l_n\in S\}$，以 $S$ 上的每个位置 $l_i$ 为中心提取一个子区域，共有 $m$ 组，以此计算整个图像中各个描述子 $q_{l_i}$。对于每个位置 $l_i\in L$，描述子都保存在数据库 $D_S$ 中，针对不同的特征检测算法进行训练。对 $m$ 组描述子分别执行上述过程，即可完成图像描述子的构建。

最后是图像描述符匹配，将检测子 $q_T$ 与包含全部描述子的数据库 $D_S$ 进行匹配，找到最相似的匹配子，如图 6-3 所示，子区域半径 10m，蓝色点表示与检测子 $q_T$ 匹配的描述子 $q_{l_i}$，绿色表示在无人车全景图像 $P$ 范围内的匹配子，当检测子 $q_T$ 匹配的描述子 $q_{l_i}$ 的 L2 范数最小时，形成一个成功的匹配，图中所示形成 3 个最佳匹配。最佳匹配的数目定义为

$$h_k=\{c_k(i)\mid k=1,2,3,\cdots,K;i=1,2,\cdots,n\} \tag{6-13}$$

其中

$$c_k(i)=c_k(i)+1,\quad 如果\ \arg\min\|q_{l_i}-q_T\|_2^2\leqslant\delta \tag{6-14}$$

$\delta$ 定义为最佳匹配点与无人车位置的阈值。

在全景图像或鸟瞰图像包含较多重复特征的区域，如城市作战环境中，可以采用特征匹配的方法进行空地交叉视图映射，如图 6-4 所示。

在城市作战环境中，无人机和无人车拍摄的图像包含高度重复和自相似的结构，如图 6-5 所示，可以通过人工视图生成算法，引入特定的空地几何形状，对无人机和无人车的图像进行匹配。

基于人工视图生成的特征匹配的思路是，首先在执行任务前，对标记图像进行离线计算，在这个阶段，将地理标记图像 $I=\{I_1,I_2,\cdots,I_n\}$ 转换为基于图像特征的表示 $F_i$ 并保存在数据库 $D_T$ 中。接下来，对于每个航拍图像 $I_a$，进行人工视图生成和

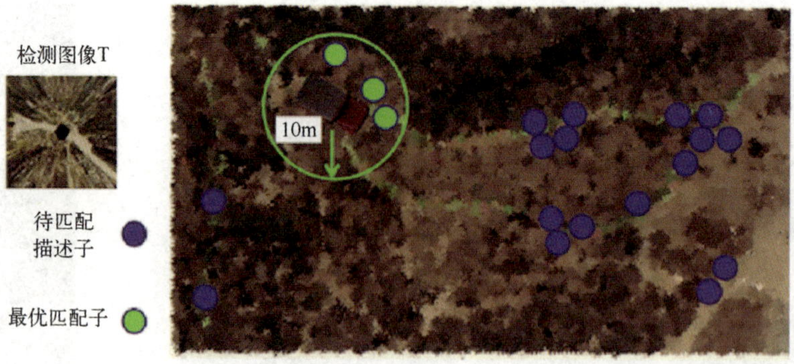


图 6-3 检测子匹配过程

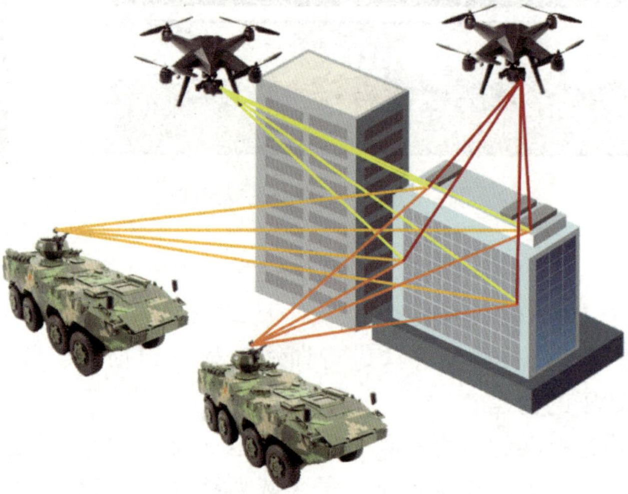

图 6-4 交叉视图特征匹配定位示意图

图 6-5 包含高度重复和自相似的结构的城市环境

特征提取，在数据库 $D_T$ 中搜索提取的特征 $F_a$，使用假定匹配选择方法选择有限数量的地面图像。最后，并行运行更精细的图像相似性测试，以获得与空中图像 $I_a$ 的最佳匹配街景图像。

当完成交叉视图匹配后，可根据交叉视图间的特征匹配关系进行相对位姿解算。基于已知的特征在无人机 $i$ 中的三维位置，以及无人机 $j$ 图像中的二维观测值，进行 PnP 检验。如图 6-6（d）所示，在剔除离群值后，将这些匹配作为正确的匹配，进行回环或协同优化。

(a) 无人机$i$中已知位置特征点（左）无人机$j$中提取的1000个特征（右）

(b) BRIEF描述符直接匹配

(c) 2D-2D离群点剔除的结果

(d) 3D-2D离群点剔除的结果

图 6-6 图像匹配离群点剔除

进行特征匹配和离群点剔除后，得到匹配正确的回环或共视的两关键帧。接下来是进行两帧之间的相对位姿估计，该问题可描述为：已知 $N$ 个三维空间点以及它们在图像中的投影位置时，如何求解当前相机的位置和姿态。将用到由三维与二维点对恢复运动的 PnP（perspective-n-point）算法。在单目视觉里程计中，一般使用运动中恢复结构（SfM）估计特征点位置后才能使用 PnP。如果已知特征点的三维坐标，那么估计相机位姿最少需要 3 个点对，用 3 对点估计位姿的方法被称为 P3P 算法，如图 6-7 所示。

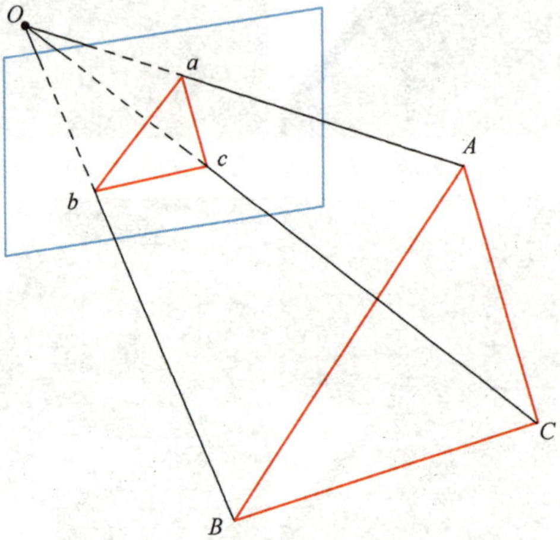


图 6-7　P3P 问题示意图

该算法另外需要不少于一个额外点用于验证结果。除此之外，PnP 问题有很多种求解方法，如 EPnP（efficient PnP）。前文中用到了 PnP 中的直接线性变换（direct linear transform，DLT）解法。

已知参数为世界坐标系中的某个空间点的齐次坐标 $P=[x^w,y^w,z^w,1]^{\mathrm{T}}$，其投影到相机坐标下的特征点的归一化平面齐次坐标 $\boldsymbol{X}^c=[x_c,y_c,1]^{\mathrm{T}}$，待估参数为相机的位姿 $\boldsymbol{R}_w^c,\boldsymbol{T}_w^c$，则定义包含旋转与平移信息的增广矩阵 $\boldsymbol{T}=[\boldsymbol{R}_w^c\,|\,\boldsymbol{T}_w^c]_{3\times4}$，其展开形式列写如下。

$$s\begin{bmatrix}x_c\\y_c\\1\end{bmatrix}=\begin{bmatrix}t_1&t_2&t_3&t_4\\t_5&t_6&t_7&t_8\\t_9&t_{10}&t_{11}&t_{12}\end{bmatrix}\begin{bmatrix}x^w\\y^w\\z^w\\1\end{bmatrix}\tag{6-15}$$

用最后一行把 $s$ 消去，得到两个约束：

$$x_c=\frac{t_1x^w+t_2y^w+t_3z^w+t_4}{t_9x^w+t_{10}y^w+t_{11}z^w+t_{12}},y_c=\frac{t_5x^w+t_6y^w+t_7z^w+t_8}{t_9x^w+t_{10}y^w+t_{11}z^w+t_{12}}\tag{6-16}$$

以 $\boldsymbol{T}^i$ 表示矩阵 $\boldsymbol{T}$ 的第 $i$ 行，则得到以下约束关系：

$$\begin{aligned}(x_c\boldsymbol{T}^3-\boldsymbol{T}^1)\boldsymbol{P}=0\\(y_c\boldsymbol{T}^3-\boldsymbol{T}^2)\boldsymbol{P}=0\end{aligned}\tag{6-17}$$

可以看到，一个特征点可以推导出两个关于 $\boldsymbol{T}$ 的线性约束。假设一共有 $N$ 个特征点对，可以列出线性方程组：

$$\begin{bmatrix} \boldsymbol{P}_1^{\mathrm{T}} & 0 & -x_{c1}\boldsymbol{P}_1^{\mathrm{T}} \\ 0 & \boldsymbol{P}_1^{\mathrm{T}} & -x_{c1}\boldsymbol{P}_1^{\mathrm{T}} \\ \vdots & \vdots & \vdots \\ \boldsymbol{P}_N^{\mathrm{T}} & 0 & -x_{cN}\boldsymbol{P}_N^{\mathrm{T}} \\ 0 & \boldsymbol{P}_N^{\mathrm{T}} & -x_{cN}\boldsymbol{P}_N^{\mathrm{T}} \end{bmatrix} \begin{bmatrix} \boldsymbol{T}^1 \\ \boldsymbol{T}^2 \\ \boldsymbol{T}^3 \end{bmatrix} = 0 \tag{6-18}$$

$\boldsymbol{T}$ 一共有 12 未知数，因此最少需要 6 对匹配点，才可实现矩阵 $\boldsymbol{T}$ 的线性求解，从而得到相机位姿。使用奇异值分解（SVD）等方法求匹配点个数大于 6 对时的最小二乘解，得到相机位姿。

以上都是线性求解的方法，还有非线性优化的方法，该方法把相机位姿和空间点位置放在一起进行优化。在 SLAM 中，相机位姿通常是先使用线性方法求解，然后构建如图 6-8 重投影误差最小的优化问题得到最优估计值，也就是捆集调整（bundle adjustment，BA）。

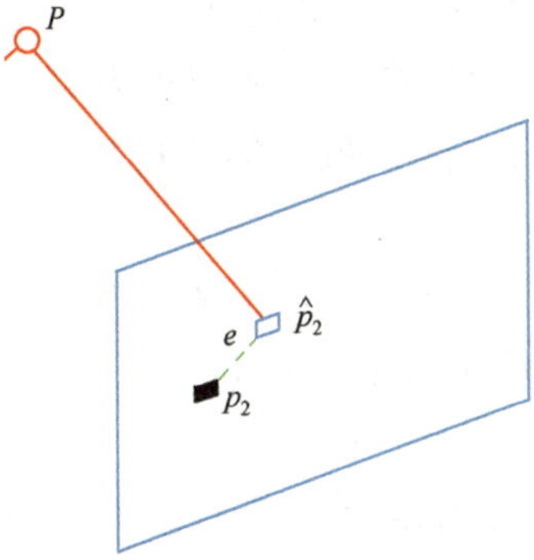


图 6-8 重投影误差示意图

经过特征匹配、离群点剔除和 PnP 算法得到了当前关键帧的位置和姿态，接下来需要估计两个相似关键帧（回环或共视）之间的相对位姿，如图 6-9 所示。

假设第 $i$ 个节点的局部世界坐标系为$[\ ]^{w_i}$，载体坐标系为$[\ ]^{b_i}$，相机坐标系为$[\ ]^{c_i}$，全局一致的坐标系为$[\ ]^{w}$。

已知 $i$ 节点的位姿为 $\boldsymbol{R}_{b_i}^{w_i},\boldsymbol{P}_{b_i}^{w_i}$，相机坐标系 $c_i$ 和载体坐标系 $b_i$ 转换关系为$(\boldsymbol{r}_{c_i}^{b_i},\boldsymbol{t}_{c_i}^{b_i})$，则得到相机坐标系到局部世界坐标系 $w_i$ 的关系为

$$\begin{cases} \boldsymbol{R}_{c_i}^{w_i} = \boldsymbol{R}_{b_i}^{w_i}\boldsymbol{r}_{c_i}^{b_i} \\ \boldsymbol{T}_{c_i}^{w_i} = \boldsymbol{T}_{b_i}^{w_i} + \boldsymbol{R}_{b_i}^{w_i}\boldsymbol{t}_{c_i}^{b_i} \end{cases} \tag{6-19}$$

由此得到局部坐标系 $w_i$ 到相机坐标系为

$$\begin{cases} \boldsymbol{R}_{w_i}^{c_i} = (\boldsymbol{R}_{c_i}^{w_i})^{\mathrm{T}} \\ \boldsymbol{T}_{w_i}^{c_i} = -\boldsymbol{R}_{w_i}^{c_i}\boldsymbol{T}_{c_i}^{W_i} \end{cases} \tag{6-20}$$

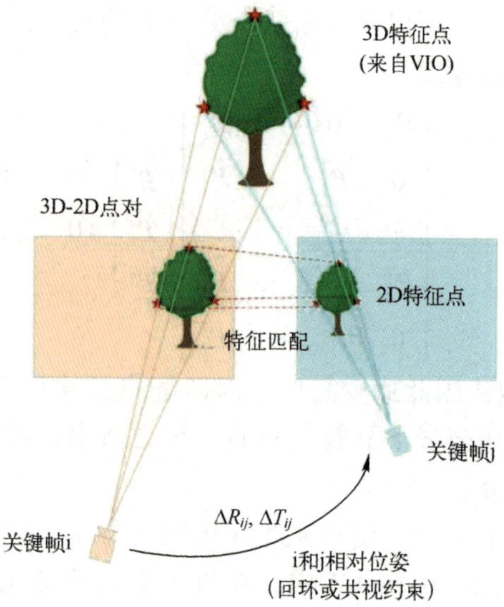


图 6-9 计算两个相似关键帧之间的相对位姿图示

两帧之间观测有相同的特征点，由视觉惯性里程计（Visual Inertial Odometry，VIO）得到特征点在局部世界坐标系 $w_i$ 下的位置为 $\boldsymbol{P}^{w_i}$，在第 $j$ 帧相机坐标系的归一化平面齐次观测值坐标为 $\boldsymbol{X}^{c_j}$，且第 $j$ 帧可能来自其他无人机传输而来的关键帧，则有如下关系：

$$\boldsymbol{X}^{c_j}=[\boldsymbol{R}_{w_i}^{c_j} \mid \boldsymbol{T}_{w_i}^{c_j}]\boldsymbol{P}^{w_i} \tag{6-21}$$

式中：$[\boldsymbol{R}_{w_i}^{c_j} | \boldsymbol{T}_{w_i}^{c_j}]$ 为第 $j$ 帧相对坐标系 $w_i$ 的位姿，由前述 PnP 问题的解法可以求解得到。

由此得到 j 帧相机坐标系到坐标系 $w_i$ 的转换关系为

$$\begin{cases} \boldsymbol{R}_{c_j}^{w_i}=(\boldsymbol{R}_{w_i}^{c_j})^{\mathrm{T}} \\ \boldsymbol{T}_{c_j}^{w_i}=\boldsymbol{R}_{c_i}^{w_j}(-\boldsymbol{T}_{w_i}^{c_j}) \end{cases} \tag{6-22}$$

已知第 $j$ 帧的相机坐标系 $c_j$ 和载体坐标系 $b_j$ 转换关系为 $(\boldsymbol{r}_{c_j}^{b_j},\boldsymbol{t}_{c_j}^{b_j})$，则得到转换关系为

$$\begin{cases} \boldsymbol{R}_{b_j}^{w_i}=\boldsymbol{R}_{c_j}^{w_i}(\boldsymbol{r}_{c_j}^{b_j})^{\mathrm{T}} \\ \boldsymbol{T}_{b_j}^{w_i}=\boldsymbol{T}_{c_j}^{w_i}-\boldsymbol{R}_{b_j}^{w_i}\boldsymbol{t}_{c_j}^{b_j} \end{cases} \tag{6-23}$$

从而得到两帧之间的相对位姿为

$$\begin{cases} \Delta\boldsymbol{R}_{b_i}^{b_j}=(\boldsymbol{R}_{b_j}^{w_i})^{\mathrm{T}}\boldsymbol{R}_{b_i}^{w_i} \\ \Delta\boldsymbol{T}_{b_i}^{b_j}=(\boldsymbol{R}_{b_j}^{w_i})^{\mathrm{T}}(\boldsymbol{T}_{b_i}^{w_i}-\boldsymbol{T}_{b_j}^{w_i}) \end{cases} \tag{6-24}$$

此相对位姿可用于下一节中的位姿图优化。

在协同过程中，假设 $i$、$j$ 无人机间有共视区域，由上述方法得到两者的相对位姿$(\Delta\boldsymbol{R}_{b_i}^{b_j},\Delta\boldsymbol{T}_{b_i}^{b_j})$，由各自 VIO 得到相对于各自局部坐标系的位姿估计值$(\boldsymbol{R}_{b_i}^{w_i},\boldsymbol{T}_{b_i}^{w_i})$，

$(\boldsymbol{R}_{b_j}^{w_j}, \boldsymbol{T}_{b_j}^{w_j})$，则得到

$$\begin{cases} \boldsymbol{R}_{b_j}^{w_i} = \boldsymbol{R}_{b_i}^{w_i}(\Delta \boldsymbol{R}_{b_i}^{b_j})^{\mathrm{T}} \\ \boldsymbol{T}_{b_j}^{w_i} = -\boldsymbol{R}_{b_i}^{w_i}(\Delta \boldsymbol{R}_{b_i}^{b_j})^{\mathrm{T}} \Delta \boldsymbol{T}_{b_i}^{b_j} + \boldsymbol{T}_{b_i}^{w_i} \end{cases} \tag{6-25}$$

从而得到两局部坐标系的转换关系为

$$\begin{cases} \boldsymbol{R}_{w_j}^{w_i} = \boldsymbol{R}_{b_j}^{w_i}(\boldsymbol{R}_{b_j}^{w_j})^{\mathrm{T}} \\ \boldsymbol{T}_{w_j}^{w_i} = \boldsymbol{T}_{b_j}^{w_i} - \boldsymbol{R}_{b_j}^{w_i}(\boldsymbol{R}_{b_j}^{w_j})^{\mathrm{T}} \boldsymbol{T}_{b_j}^{w_j} \end{cases} \tag{6-26}$$

若 $i=1$，即将局部坐标系 $w_i$ 当做全局世界坐标系 $w$，则根据上述转换关系将第 $j$ 个无人机转换到全局一致的坐标系中。在第 $j$ 个无人机已经转换到全局坐标系中后，与该无人机有共视区域的其他无人机，也可根据上述算法统一到全局坐标系中。以此递推，直到将协同系统中所有无人机都统一到全局坐标系中。

## 6.2 跨域集群时空一致性标定方法

### 6.2.1 基于自组网系统的集群时间标定方法

在发射节点 A，测距伪码与基带信号扩频后进行载波调制，通过天线发射出去，接收节点 B 在收到该信号后先进行射频前端处理和下变频，接收的测距码带有相位延迟，同时本地伪码产生器能够产生和发射节点相同的伪码序列，经过捕获、跟踪运算后得出发射伪码相位与接收信号伪码相位差 $\Delta\varphi$，根据相位差和单个码片持续时间 $T_c$ 得到信号传输时延 $T_{\mathrm{of}}$ 及传播距离 $D$，计算公式为

$$T_{\mathrm{of}} = \left(\frac{\Delta\varphi}{2\pi}\right) T_c \tag{6-27}$$

$$D = \frac{\Delta\phi}{2\pi} T_c \cdot c \tag{6-28}$$

从上述计算过程可以看出，最大的伪码时延 $T_{\mathrm{of\_Max}}$ 为整个伪码周期，因此伪码测距最大测距距离 $D_{\mathrm{Max}}$ 为整个伪码序列周期对应的距离，$D_{\mathrm{Max}}$ 也被称为无模糊距离，计算方式为

$$D_{\mathrm{Max}} = N_{\mathrm{PN}} T_c \cdot c \tag{6-29}$$

式中：$N_{\mathrm{PN}}$ 为伪码长度。因此如果需要设计测距距离很远的伪码测距系统，就要求伪码周期足够长，这在实现起来有难度。解决办法有两种：一种是引入对码周期的计数、秒计数，这样在伪码周期不够长的情况下也可以表示更大的测距范围；另一种是使用复合码的方式来扩大测距范围，同时减小捕获时间。

伪码时延测量分为粗测和精测两部分，如图 6-10 所示，假设测得的伪码序列码片整数计数为 $N$，一个伪码码片时间为 $T_c$，则粗测值就是 $NT_c$。精测表示测量值精确到在一个伪码码元内的相位差，如果用 $\Delta\varphi_{\mathrm{fine}}$ 表示一个伪码码元内的精测相位差

值，则测得的伪码时延可表示为

$$T_{\text{fine}}=\left(N+\frac{\Delta\varphi_{\text{fine}}}{2\pi}\right)T_c \tag{6-30}$$

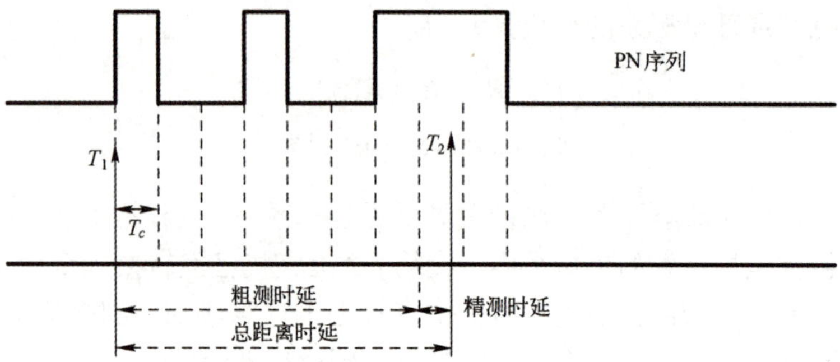


图 6-10　伪码粗测和精测示意图

### 6.2.2　基于测距的集群空间分布标定方法

多机器人集群在执行任务前需要校准所有节点在当地地理系下的坐标（以任意一个节点所在位置为原点）。通常高度上的估计可以通过气压计给出，因此建立通信的节点之间的相对高度是已知量。因此，三维空间中的位置校准问题转换为了二维平面上的位置校准问题。

在一个二维平面中的一个机器人集群，将其视为无大小的质点，节点个数为 $n$ ($n\geqslant 3$)，用 $V=\{1,2,3,\cdots,n\}$ 表示，节点真实位置 $p_i=(x_i,y_i)(i,j\in V)$，$p_i$ 与 $p_j$ 的测得距离记为$\bar{d}_{ij}$：

$$d_{ij}=\bar{d}_{ij}+v_{ij}(i,j\in V,i\neq j) \tag{6-31}$$

式中：$d_{ij}$为真实距离；$v_{ij}$为测距噪声。

由测得距离构建距离矩阵记为 $\boldsymbol{D}$

$$D_{ij}=\begin{cases}\bar{d}_{ij}, & \text{如果}\bar{d}_{ij}\text{存在且 } i\neq j\\ 0, & \text{如果 } i=j\\ -1, & \text{如果}\bar{d}_{ij}\text{不存在}\end{cases} \tag{6-32}$$

式中：$D_{ij}$为距离矩阵 $\boldsymbol{D}$ 第 $i$ 行、第 $j$ 列元素。

集群完全静止下的测距只能够校准其几何构型，要在地理坐标系下确定所有节点坐标还需要去除方向上的歧义性（旋转歧义性与翻转歧义性）。因此，需要通过移动节点来增加约束。

标定方法可分为两个阶段：初始静止阶段和运动阶段。

在初始静止阶段，集群中 $n$ 个节点保持静止一段时间，节点间进行测距，取这段时间内测距平均值作为$\bar{d}_{ij}$并构建距离矩阵 $\boldsymbol{D}_1$。

在运动阶段，移动节点利用组合寻北手段获取初始航向，中心节点快速移动一段距离并保持静止，进行第二次测距并构建距离矩阵 $\boldsymbol{D}_2$，并解算运动阶段的航迹，由于纯惯导解算出来的位置不准确，仅使用解算出来的航迹角。

在运动阶段 II，中心节点朝某方向移动一段距离，只需要知道其运动的粗略方向（节点移动后位于运动阶段 I 中起点与终点连线的左侧还是右侧），保持静止一小短时间，进行第三次测距并构建稠密测距矩阵 $\boldsymbol{D}_3$。

中心节点移动了两次，将两次移动后的节点视为虚拟节点，记为 $p_{n+1}$、$p_{n+2}$。将 3 个距离矩阵 $\boldsymbol{D}_1$、$\boldsymbol{D}_2$、$\boldsymbol{D}_3$ 融合为一个$(n+2)$行$(n+2)$列的距离矩阵 $\boldsymbol{D}_4$：

$$\boldsymbol{D}_4=\begin{bmatrix} 0 & \cdots & d_{1n} & \bar{d}_{1(n+1)} & \bar{d}_{1(n+2)} \\ \vdots & \ddots & \vdots & \vdots & \vdots \\ \bar{d}_{n1} & \cdots & 0 & -1 & -1 \\ \bar{d}_{(n+1)1} & \cdots & -1 & 0 & -1 \\ \bar{d}_{(n+2)1} & \cdots & -1 & -1 & 0 \end{bmatrix} \tag{6-33}$$

建立无约束的非线性最小二乘问题，距离为-1 的不添加残差项。目标函数定义为

$$\min_{p_i,p_j} \frac{1}{2} \sum_{i=1}^{n+1} \sum_{j=i+1}^{n+2} \| f(p_i,p_j) \|^2 \tag{6-34}$$

式中：$\|\cdot\|$ 为欧几里得范数。$f(p_i,p_j)$定义如下：

$$f(p_i,p_j)=\begin{cases} \sqrt{(\hat{x}_i-\hat{x}_j)^2-(\hat{y}_i-\hat{y}_j)^2}-\bar{d}_{ij},\bar{d}_{ij}>0 \\ 0,\bar{d}_{ij}=-1 \end{cases} \tag{6-35}$$

式中：$p_i=(\hat{x}_i,\hat{y}_i)(i=2,3,\cdots,n+2)$，为待优化变量，并记 $p_n=(0,0)$。

节点随机赋予初始位置，采用 Levenberg-Marquardt 算法进行迭代优化。

## 6.3 基于惯性/视觉/测距多源观测的导航

集群的每个节点可根据惯性/视觉多传感器组合导航系统进行递推导航。由于递推导航具有累积误差，导航系统的精度会逐渐下降。基于多源观测的协同导航系统则可以利用测距观测和交叉视图观测校正导航系统累积误差，实现协同增强的作用。

### 6.3.1 单节点导航系统非线性建模方法

基于关键帧的单目视觉/惯性里程计可以实现对无人机姿态、速度、IMU 零偏和环境特征点的精确估计，这是典型的非线性优化问题。为了降低 VIO 的计算量，提高算法的实时性，这里采用了滑动窗口方法[51]。滑动窗口中的完整状态向量定义为

$$
\begin{gathered}
\mathcal{X}=[\boldsymbol{x}_0,\boldsymbol{x}_1,\cdots,\boldsymbol{x}_n,\boldsymbol{x}_c^b,\lambda_0,\lambda_1,\cdots,\lambda_m] \\
\boldsymbol{x}_k=[\boldsymbol{p}_{b_k}^w,\boldsymbol{v}_{b_k}^w,\boldsymbol{q}_{b_k}^w,\boldsymbol{b}_a,\boldsymbol{b}_g],k\in[0,n] \\
\boldsymbol{x}_c^b=[\boldsymbol{p}_c^b,\boldsymbol{q}_c^b]
\end{gathered}
\tag{6-36}
$$

式中：$\boldsymbol{x}_k$是 IMU 的第 $k$ 个状态输出，包括局部坐标系位置$\boldsymbol{p}_{b_k}^w$、速度$\boldsymbol{v}_{b_k}^w$和姿态四元数$\boldsymbol{q}_{b_k}^w$，以及加速度计的零偏$\boldsymbol{b}_a$和陀螺仪的零偏$\boldsymbol{b}_g$；$n$ 是要优化的状态总数，$m$ 是滑动窗口中的特征总数；$\lambda_l$是第一次观察到第 $l$ 个特征的逆深度。通过最小化先验残差和各种测量的残差的范数之和，从而获得状态向量的最大后验估计：

$$
\min\left\{\|\boldsymbol{r}_p-\boldsymbol{H}_p\boldsymbol{X}\|^2+\sum_{k\in\mathcal{B}}\|\boldsymbol{r}_{\mathcal{B}}(\hat{\boldsymbol{z}}_{b_{k+1}}^{b_k},\boldsymbol{x})\|_{\boldsymbol{P}_{b_{k+1}}^{b_k}}^2+\sum_{(l,i)\in\mathcal{C}}\rho(\|\boldsymbol{r}_{\mathcal{C}}(\hat{\boldsymbol{z}}_l^{c_j},\boldsymbol{x})\|_{\boldsymbol{P}_l^{c_j}}^2)\right\}
\tag{6-37}
$$

Huber 范数定义为

$$
\rho(s)=\begin{cases} s & s\leqslant 1 \\ 2\sqrt{s}-1 & s>1 \end{cases}
\tag{6-38}
$$

式中：$\boldsymbol{r}_{\mathcal{B}}(\hat{\boldsymbol{z}}_{b_{k+1}}^{b_k},\boldsymbol{x})$及$\boldsymbol{r}_{\mathcal{C}}(\hat{\boldsymbol{z}}_l^{c_j},\boldsymbol{x})$分别为 IMU 测量和视觉测量的残差项；$\mathcal{B}$为所有 IMU 测量值的集合；$\mathcal{C}$为在当前滑动窗口中至少被观察到两次的特征点集合；$\{\boldsymbol{r}_p-\boldsymbol{H}_p\boldsymbol{x}\}$为边缘化后的先验信息。

IMU 测量是单目视觉里程计的关键。通过两个连续的图像帧之间的 IMU 测量值预积分，解决 IMU 的频率通常高于相机图像帧率的问题。为避免重复进行 IMU 积分，预积分技术将最后一个图像帧对应的载体坐标系作为参考坐标系进行 IMU 积分，减少优化过程中的计算量。Forster 等人将这种方法扩展到旋转组 SO3 的流形结构，以获得更高的精度和健壮性[54]。采用四元数的表达形式，则 $b_k$ 和 $b_{k+1}$ 的两个连续帧之间的 IMU 预积分量可以表示为

$$
\begin{cases}
\boldsymbol{\alpha}_{b_{k+1}}^{b_k}=\iint_{t\in[t_k,t_{k+1}]}\boldsymbol{R}_t^{b_k}(\hat{\boldsymbol{a}}_t-\boldsymbol{b}_{a_t})\mathrm{d}t^2 \\
\boldsymbol{\beta}_{b_{k+1}}^{b_k}=\int_{t\in[t_k,t_{k+1}]}\boldsymbol{R}_t^{b_k}(\hat{\boldsymbol{a}}_t-\boldsymbol{b}_{a_t})\mathrm{d}t \\
\boldsymbol{\gamma}_{b_{k+1}}^{b_k}=\int_{t\in[t_k,t_{k+1}]}\frac{1}{2}\boldsymbol{\Omega}(\hat{\boldsymbol{\omega}}_t-\boldsymbol{b}_{w_t})\gamma_t^{b_k}\mathrm{d}t
\end{cases}
\tag{6-39}
$$

$$
\boldsymbol{\Omega}(\boldsymbol{\omega})=\begin{bmatrix}-[\boldsymbol{\omega}]_\times & \boldsymbol{\omega} \\ -\boldsymbol{\omega}^{\mathrm{T}} & 0\end{bmatrix},[\boldsymbol{\omega}]_\times=\begin{bmatrix}0 & -\omega_z & \omega_y \\ \omega_z & 0 & -\omega_x \\ -\omega_y & \omega_x & 0\end{bmatrix}
$$

式中：$\hat{\boldsymbol{a}}_t$和$\hat{\boldsymbol{\omega}}_t$分别为加速度计和陀螺仪的测量矢量。这 3 个公式对应的是相对于 $b_k$ 局部载体坐标系的位置、速度和方向的运动变化。

载体坐标系下递推的运动参数和 IMU 预积分结果之间的残差模型为

$$\boldsymbol{r}_{\mathcal{B}}(\hat{z}_{b_{k+1}}^{b_k},\boldsymbol{\mathcal{X}})=\begin{bmatrix}\delta\boldsymbol{\alpha}_{b_{k+1}}^{b_k}\\\delta\boldsymbol{\beta}_{b_{k+1}}^{b_k}\\\delta\boldsymbol{\theta}_{b_{k+1}}^{b_k}\\\delta\boldsymbol{b}_a\\\delta\boldsymbol{b}_g\end{bmatrix}=\begin{bmatrix}\boldsymbol{p}^{b_k}-\hat{\boldsymbol{\alpha}}_{b_{k+1}}^{b_k}\\\boldsymbol{v}^{b_k}-\hat{\boldsymbol{\beta}}_{b_{k+1}}^{b_k}\\\boldsymbol{\theta}^{b_k}\otimes(\hat{\boldsymbol{\gamma}}_{b_{k+1}}^{b_k})^{-1}\\\boldsymbol{b}_a^{b_{k+1}}-\boldsymbol{b}_a^{b_k}\\\boldsymbol{b}_g^{b_{k+1}}-\boldsymbol{b}_g^{b_k}\end{bmatrix}\tag{6-40}$$

其中，$\boldsymbol{p}^{b_k}=\boldsymbol{R}_w^{b_k}(\boldsymbol{p}_{b_{k+1}}^w-\boldsymbol{p}_{b_k}^w+\frac{1}{2}\boldsymbol{g}^w\Delta t_k^2-\boldsymbol{v}_{b_k}^w\Delta t_k)$、$\boldsymbol{v}^{b_k}=\boldsymbol{R}_w^{b_k}(\boldsymbol{v}_{b_{k+1}}^w+\boldsymbol{g}^w\Delta t_k-\boldsymbol{v}_{b_k}^w)$、$\boldsymbol{\theta}^{b_k}=\boldsymbol{q}_w^{b_k}\otimes\boldsymbol{q}_{b_{k+1}}^w$分别为在 $b_k$局部载体坐标系下估计的位置矢量、速度矢量和姿态四元数。加速度计和陀螺仪偏差也包含在在线校正的残差项中。

视觉残差由跟踪提取的特征重投影残差组成。将当前帧中所有特征的重投影与它们的首次观测值进行比较。根据视觉成像模型，视觉残差定义为

$$\boldsymbol{r}_{\mathcal{C}}(\hat{z}_l^{c_j},\boldsymbol{\mathcal{X}})=\|\boldsymbol{u}_{l_k}^{c_j}-\pi(\boldsymbol{R}_{c_i}^{c_j},\boldsymbol{T}_{c_i}^{c_j},\boldsymbol{P}_{l_k}^{c_i})\|\tag{6-41}$$

$\boldsymbol{u}_{l_k}^{c_j}$为特征点 $l_k$在图像帧 $c_j$相机坐标下的像素坐标；$\pi(\,)$是将齐次坐标转换成图像上像素坐标的投影函数；$\boldsymbol{R}_{c_i}^{c_j}$、$\boldsymbol{T}_{c_i}^{c_j}$代表图像帧 $c_i$到 $c_j$的坐标系转换矩阵（旋转和平移），可以由状态向量中的位姿矢量推断得到。$\boldsymbol{P}_{l_k}^{c_i}$表示第 $k$ 个特征点的三维位置，且该特征在第 $i$ 帧第一次被观测到。视觉残差遍历在待估计状态下的所有帧和所有跟踪的特征点。

## 6.3.2 集群相对测距观测建模

集群节点携带单目相机、IMU 和 UWB 模块 3 种传感器，分别对应视觉、惯性、距离（visual，inertial，ranging，VIR）3 种物理量，并在三维环境中移动，如图 6-11 所示。一个 UWB 锚点被放置在环境中，且初始位置未知，不同传感器的测量值用不同的线显示。无人机位姿与相机和 IMU 测量属于短滑动窗口。所有与 UWB 测距到锚点相关的位姿都保留在长滑动窗口中。锚点的位置用 $\boldsymbol{P}_A^{w_i}$表示在无人机世界坐标系中。因为距离是标量测量，所以没有定义 UWB 传感器坐标系。通过标定 UWB 天线与载体的安装关系，将 UWB 测距量表示在载体坐标系中。

视觉/惯性里程计的漂移仍然难以避免，闭环位姿图优化成为修正累积误差的唯一途径。针对精确定位系统，避免全部依赖闭环修正，这里提出一种双层滑动窗口 SLAM 优化方法，该方法充分利用了以下几个优势：VIO 短时间内的高精度相对位姿估计、精度较低但有绝对测量值的 UWB 值。

算法包含两个滑动窗口，涉及 3 种变量，如图 6-12 所示。一个短窗口 $\Psi$，与经典的视觉 SLAM 滑动窗口相同，大小为 $n$。此窗口中的变量包括 $\boldsymbol{x}_k$和$[l_0,l_1,\cdots,l_m]$。系统的改进之处在于增加了另一个长滑动窗口 $\Omega$，它包括状态 $\boldsymbol{w}_t$，如式（6-42）所示。长滑动窗口的大小为 $s$，远远大于 $n$，该窗口中的状态仅包含无人机 $i$ 的位

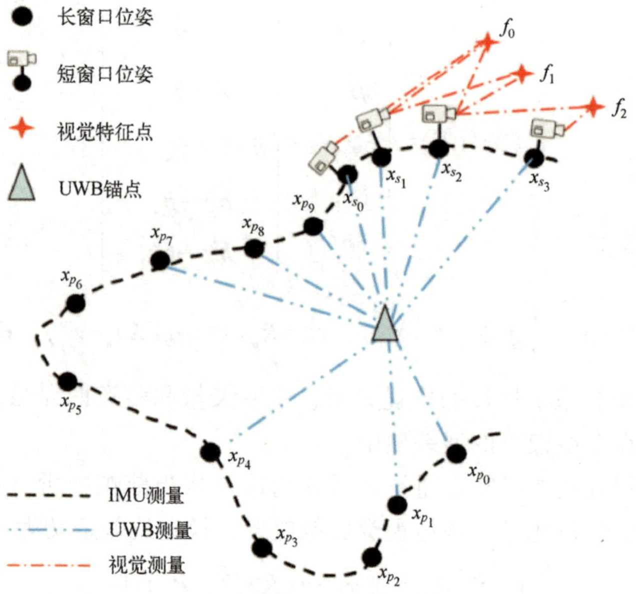


图 6-11　带 UWB 锚点的单无人机 SLAM 场景

置 $\boldsymbol{p}_{b_t}^{w_i}$。

$$\begin{cases}\mathcal{X}=[\boldsymbol{w}_0,\boldsymbol{w}_1,\cdots,\boldsymbol{w}_s,\boldsymbol{x}_0,\boldsymbol{x}_1,\cdots,\boldsymbol{x}_n,l_0,l_1,\cdots,l_m] \\ \boldsymbol{x}_k=[\boldsymbol{p}_{b_k}^{w_i},\boldsymbol{v}_{b_k}^{w_i},\boldsymbol{q}_{b_k}^{w_i},\boldsymbol{b}_{a_k}^{b_i},\boldsymbol{b}_{w_k}^{b_i}], & k\in\Psi[0,n] \\ \boldsymbol{w}_t=[\boldsymbol{p}_{b_t}^{w_i}], & t\in\Omega[0,s]\end{cases} \tag{6-42}$$

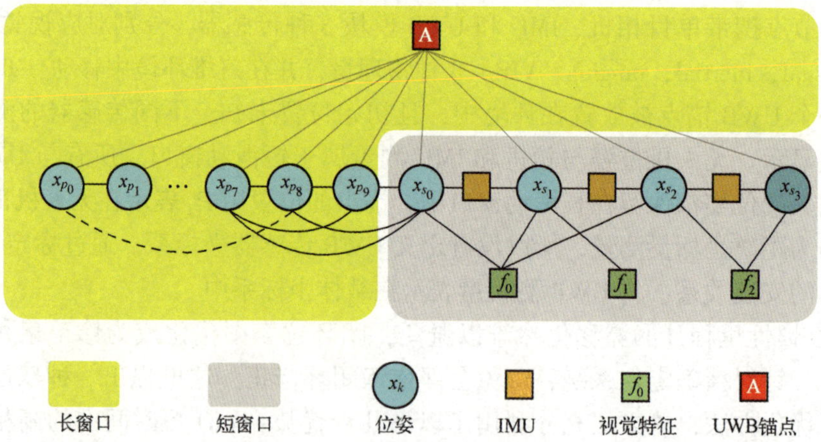


图 6-12　滑动窗口因子图

图 6-12 显示了方法的因子图，对应于图 6-11 的场景。灰色的短窗口区域包括相机和 IMU 测量的状态。橙色的长窗口区域包含来自 UWB 测量的状态。根据状态定义，将该非线性优化问题表示为

$$\min_{\mathcal{X}}\Big\{\|\boldsymbol{r}_p-\boldsymbol{H}_p\boldsymbol{\mathcal{X}}\|^2+\underbrace{\sum_{t\in\Omega}\rho(\|\boldsymbol{r}_{\mathcal{U}}(\hat{z}_t,\boldsymbol{\mathcal{X}})\|^2_{\boldsymbol{P}^{w_i}_{b_t}})}_{\text{UWB残差}}+\underbrace{\sum_{k\in\Psi}\|\boldsymbol{r}_{\mathcal{B}}(\hat{z}^{b_k}_{b_{k+1}},\boldsymbol{\mathcal{X}})\|^2_{\boldsymbol{P}^{b_k}_{b_{k+1}}}}_{\text{IMU残差}}+\underbrace{\sum_{(l,j)\in\mathcal{C}}\rho(\|\boldsymbol{r}_{\mathcal{C}}(\hat{z}^{c_j}_l,\boldsymbol{\mathcal{X}})\|^2_{\boldsymbol{P}^{c_j}_l})}_{\text{视觉残差}}\Big\} \tag{6-43}$$

这个非线性优化问题考虑了 3 种残差，分别对应于 UWB 残差、IMU 残差和视觉残差。UWB 残差在长滑动窗口 $\Omega$ 中计算，而 IMU 和视觉残差在短滑动窗口 $\Psi$ 中计算。$\rho(\cdot)$ 是定义为 $\rho(q)=\delta^2(\sqrt{1+(q/\delta)^2}-1)$ 的伪 Huber 代价函数。

UWB 测距可以利用高斯噪声模型和具有真实值的数据来预先校准 $b_d$，那么模型可以简化为

$$\hat{d}=d+e \tag{6-44}$$

UWB 的频率可明显高于关键帧频率，即在两帧之间有许多无效的距离测量值，实际上应为图 6-13 所示，但出于简化的需要，并没有画出所有的测距约束。在时间对齐后，每个关键帧的位姿都可能有对应的 UWB 测距值。利用简化的 UWB 模型，定义 UWB 因子为

$$\boldsymbol{r}_u(\hat{z}_t,\mathcal{X})=\gamma_r\cdot(\|\boldsymbol{P}^{w_i}_t-\boldsymbol{P}^{w_i}_{\mathrm{A}}\|-\hat{d}_t) \tag{6-45}$$

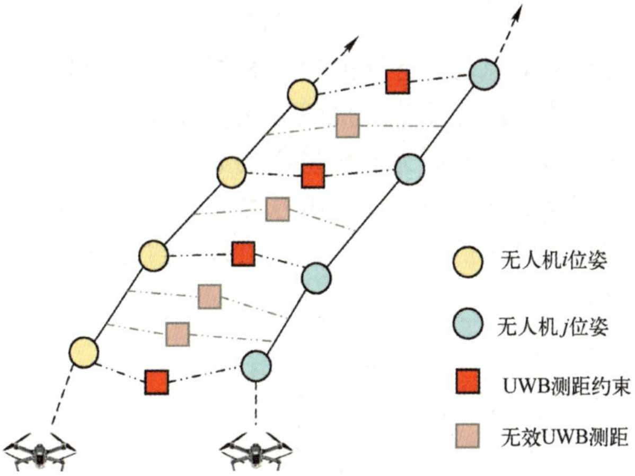


图 6-13　UWB 测距约束

上述 UWB 因子包括距离测量残差，$\gamma_r$是残差的权重；$\hat{d}_t$是超宽带测距测量值，它与世界坐标系中无人机 $i$、$j$ 之间的第 $t$ 帧和第 $k$ 帧的距离预测值相比较。

UWB 测距残差只跟状态中的 $\boldsymbol{P}^{w_i}_t$、$\boldsymbol{P}^{w_j}_k$ 相关，故相对于位置的雅可比可以直接获得

$$\begin{aligned}\boldsymbol{J}^{\text{uwb}}_{\boldsymbol{P}^w_t}&=\frac{\delta\boldsymbol{r}_{\mathcal{U}}(\hat{z}_t,\boldsymbol{\mathcal{X}})}{\delta\boldsymbol{P}^w_t}=\frac{(\boldsymbol{P}^w_t-\boldsymbol{P}^w_k)^{\mathrm{T}}}{\|\boldsymbol{P}^{w_i}_t-\boldsymbol{P}^{w_j}_k\|}\\ \boldsymbol{J}^{\text{uwb}}_{\boldsymbol{P}^w_k}&=\frac{\delta\boldsymbol{r}_{\mathcal{U}}(\hat{z}_t,\boldsymbol{\mathcal{X}})}{\delta\boldsymbol{P}^w_k}=-\frac{(\boldsymbol{P}^w_t-\boldsymbol{P}^w_k)^{\mathrm{T}}}{\|\boldsymbol{P}^w_t-\boldsymbol{P}^w_k\|}\end{aligned} \tag{6-46}$$

### 6.3.3 集群相对视觉观测建模

通过求解 PnP 问题和坐标系转换，可以得到两帧之间的相对位姿。则回环约束残差为

$$r_C(\hat{z},\mathcal{X})=\|\hat{\boldsymbol{T}}_j^i\oplus(\boldsymbol{T}_{w_{k_i}}\boldsymbol{x}_i)^{-1}\boldsymbol{T}_{w_{k_j}}\boldsymbol{x}_j\|^2 \tag{6-47}$$

式中：$i$，$j$ 为有回环约束的两帧，$\hat{\boldsymbol{T}}_j^i=[\Delta\boldsymbol{R}_j^i\mid\Delta\boldsymbol{P}_j^i]$ 是两帧的相对位姿；$\boldsymbol{x}_i=[\boldsymbol{p}_i^{w_k}\mid\boldsymbol{q}_i^{w_k}]$ 为各帧位姿；$\boldsymbol{T}_{w_{k_i}}$ 表示第 $i$ 帧所在的第 $k$ 个局部坐标系到全局坐标系的变换状态矩阵；符号$\oplus$表示位置残差和姿态残差之和。

直观地说，组内的回环边用于校正一个无人机的累积漂移。不同组之间的回环边用于将不同的局部坐标系对齐到全局坐标系，这样就可以保持全局一致的坐标。除此之外还可以更加充分地利用不同无人机之间的信息，从而得到精确性更高、健壮性更强的定位和建图结果。在实践中，将第一个无人机的第一帧局部坐标系视为全局坐标系（$\boldsymbol{T}_{w_1}=\boldsymbol{I}$），也就是将其他无人机的局部坐标系与第一个无人机的坐标系对齐。

### 6.3.4 基于多源观测的协同导航状态优化

协同定位算法综合各节点递推导航的参数和相对观测信息进行协同导航状态优化，优化算法采用基于位姿图的非线性优化方法。位姿图优化是对单个无人机工作的扩展，特别考虑了同时处理不同无人机采集的数据。当中央服务器接收到关键帧消息时，关键帧消息根据其无人机的序列编号被添加到不同的组。如图 6-14 所示，每个关键帧位姿充当位姿图中的一个顶点，它可以通过以下不同类型的边与其他顶点连接。

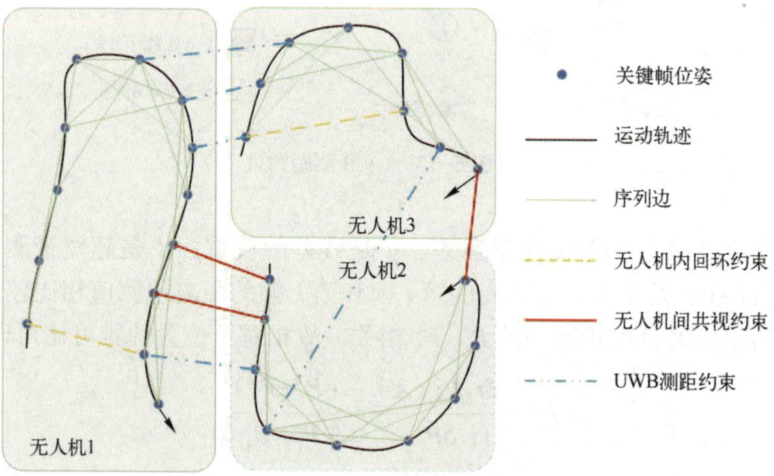


图 6-14 位姿图优化

**序列边：** 此边仅存在于一个组内。关键帧为同一组中的前几个关键帧建立几条连续的边（本文系统使用的为 4 条边）。两个相邻关键帧之间相对变换关系用序列边表示。关键帧 $i$ 与其在第 $k$ 组中的先前关键帧 $j$，两帧之间的相对位姿可以推导为 $\hat{\boldsymbol{T}}_j^i=(\boldsymbol{T}_i^{w_i})^{-1}\boldsymbol{T}_j^{w_i}$。

**同一无人机内回环边：** 此边单独存在于每个无人机的各自位姿图序列中，即同一组内。如果关键帧具有回环约束，那么通过位姿图中的回环约束边连接具备回环关键帧。类似地，回环约束边表示两个相似帧之间的相对位姿。

**不同无人机间共视边：** 此边存在于不同组之间。如果关键帧在不同组之间具有共视约束连接，那么它通过位姿图中的回环边连接共视约束帧。相对位姿可以像相同组中的回环边一样获得。

**UWB 测距约束边：** 此边存在于不同组之间，其测量值来自 UWB 测距模块，在时间对齐后，通过位姿图中的 UWB 测距约束边连接具有测距的两个位姿节点。

位姿图优化示意图如图 6-14 所示。顶点为每个关键帧的位姿。同一组中的序列边连接相邻顶点，回环边连接检测到回环或共视的两帧。回环边可以在同一个组内，也可以在不同组之间。

位姿图中的待优化变量为

$$
\begin{gathered}
\boldsymbol{\mathcal{X}}=[\boldsymbol{T}_0,\boldsymbol{T}_1,\cdots,\boldsymbol{T}_n,\boldsymbol{x}_0,\boldsymbol{x}_1,\cdots,\boldsymbol{x}_s] \\
\boldsymbol{T}_{w_k}=[\boldsymbol{R}_{w_k}^w,\boldsymbol{T}_{w_k}^w],\quad k\in\Psi[0,n] \\
\boldsymbol{x}_t=[\boldsymbol{p}_{b_t}^{w_k},\boldsymbol{q}_{b_t}^{w_k}],\quad t\in\Omega[0,s]
\end{gathered}
\tag{6-48}
$$

式中：$\boldsymbol{T}_{w_k}\in \mathrm{SE}(3)$表示从第 $k$ 个局部坐标系到全局坐标系的变换状态向量，隐含从旋转矩阵和平移矩阵到欧氏群 SE(3) 的变换；$\boldsymbol{x}_t$表示第 $t$ 个关键帧的位姿，包括其在局部世界坐标系中表示的位置 $\boldsymbol{p}_{b_t}^{w_k}$和以四元数 $\boldsymbol{q}_{b_t}^{w_k}$表示的姿态；$n$ 是系统中包含的无人机个数，$s$ 是位姿图中关键帧最大编号。

则位姿图优化的代价函数为

$$
\min_{\mathcal{X}}\left\{\sum_{k=1}^{n}\sum_{(m,n)\in\mathcal{S}_k}\|\boldsymbol{r}_{m,n}\|^2+\sum_{(i,j)\in\mathcal{L}}\rho(\|\boldsymbol{r}_{\mathcal{C}}(\hat{z}_{i,j},\boldsymbol{\mathcal{X}})\|_{\boldsymbol{P}_{i,j}^w}^2)+\sum_{t\in\Omega}\rho(\|\boldsymbol{r}_{\mathcal{U}}(\hat{z}_t,\boldsymbol{\mathcal{X}})\|_{\boldsymbol{P}_t^w}^2)\right\}
\tag{6-49}
$$

这个非线性优化问题考虑了 3 种残差，分别对应于序列运动残差、回环或共视约束残差和 UWB 测距约束残差。其中$\mathcal{S}_k$是第 $k$ 组的所有序列边的集合，$\mathcal{L}$是所有组内回环边和组间共视边的集合，$\Omega$ 是所有 UWB 测距的集合。

## 6.4 基于相对观测的协同导航系统技术及应用案例

案例中使用三架无人机节点，案例在大约 300m×200m 的城市路网环境中进行实验，具有道路和树木等环境特征，如图 6-15 所示。

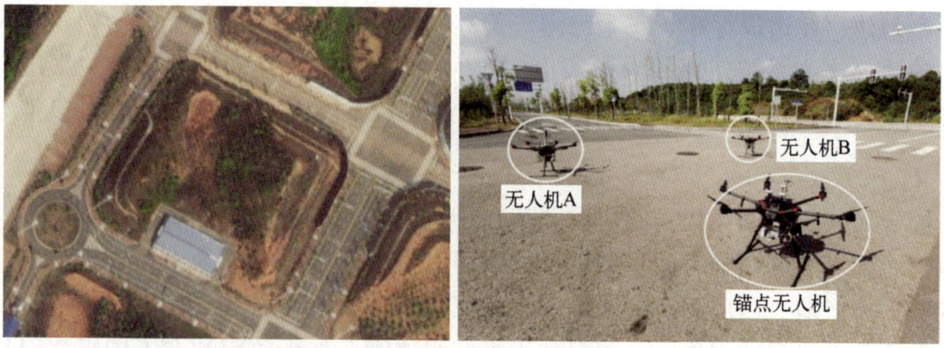


图 6-15 实验场地与实验使用的三架无人机

三架大疆 Matrice600Pro 无人机平台收集实验数据，如图 6-16 所示，包括飞行器及搭载设备、遥控器和配套使用的 DJI GoApp。该无人机的最大起飞质量达 15.5kg，其优秀的负载能力和飞行性能满足实验的平台需求。

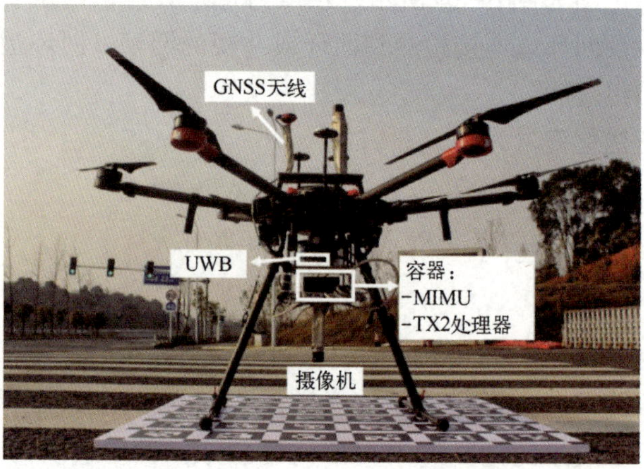


图 6-16 无人机协同 SLAM 实验平台

无人机搭载根据实验需求定制的整套实验设备，包括 TX2 处理器、单目相机、MIMU、UBLOX 卫星接收机、UWB 模块等，外接时间同步板，通过外触发信号同步不同传感器，并通过离线标定获得传感器之间的安装关系。机载设备通过定制的搭载板安装在无人机上。

无人机协同实验在天气晴朗且光照充足的环境中展开，无人机的飞行轨迹如图 6-17（a）所示，其中画圈部分为无人机 A 跟随无人机 B 的区域，目的是创造共视区域。图 6-17（b）为从无人机 A 中观测到的场景。其中，无人机 A 飞行距离约 271m，飞行时间 282s；无人机 B 飞行距离约 321m，飞行时间 300s。

实验中虽然经过了相同的区域，但是无人机可以以不同的方式经过该区域，如前飞、侧飞等，而这里提取图像特征点得到的 BRIFE 描述符不具有旋转不变性，故无法通过特征描述符直接匹配得到正确的共视约束。通过描述符的直接匹配如图 6-18 所示，所有匹配结果都是错误匹配，将会在用 RANSAC 算法剔除三维-二维离群点时全部剔除，如图 6-19 所示。

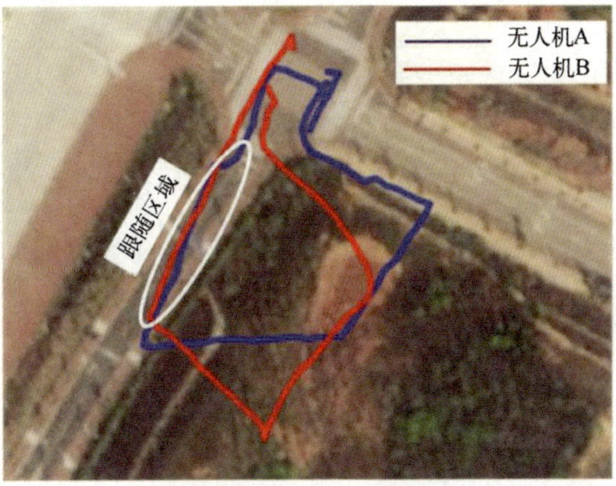


(a) 无人机飞行GNSS轨迹

(b) 无人机A观测图像

图 6-17　无人机协同实验

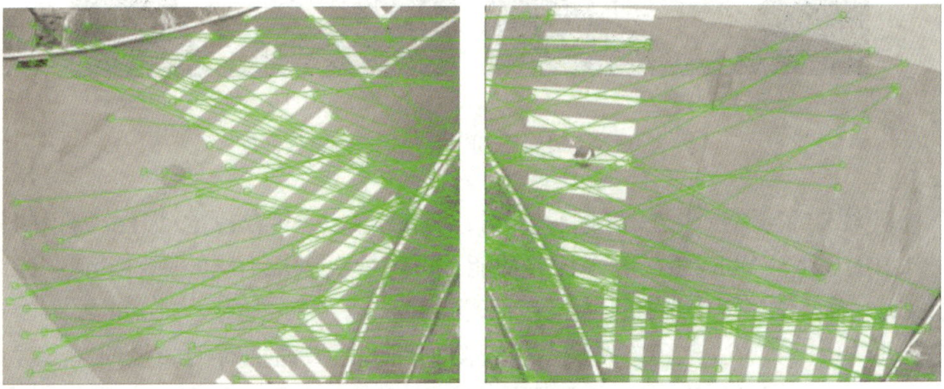

(a) 无人机A　　(b) 无人机B

图 6-18　BRIFE 描述符的直接匹配

为了解决 BRIFE 描述符不具有旋转不变性而导致的图像特征错误匹配的问题，

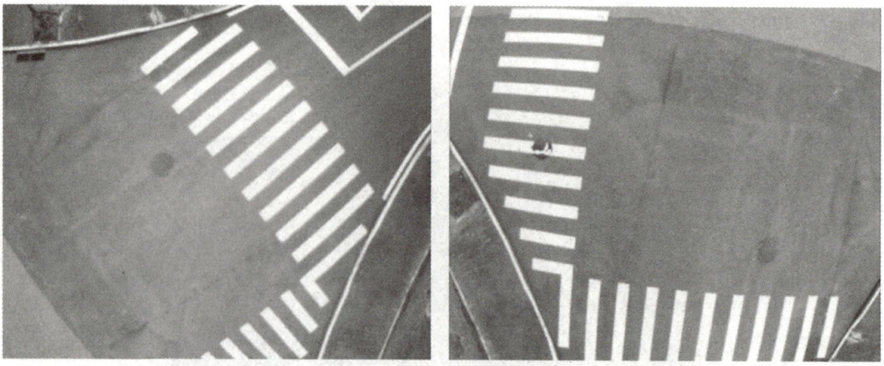

(a) 无人机A　　(b) 无人机B

图 6-19　三维-二维 RANSAC 离群点剔除的结果

这里将充分利用航向信息，对图片进行旋转。其中航向信息来自无人机载有的三轴磁强计。图 6-20 为旋转观测图像后的特征点描述符直接匹配结果。可以看到，同一区域不同无人机观测视角对特征点描述符的影响被剔除，再经过 RANSAC 算法剔除三维-二维离群点后则得到正确的匹配结果，如图 6-21 所示。最终通过求解 PnP 得到正确的共视约束。

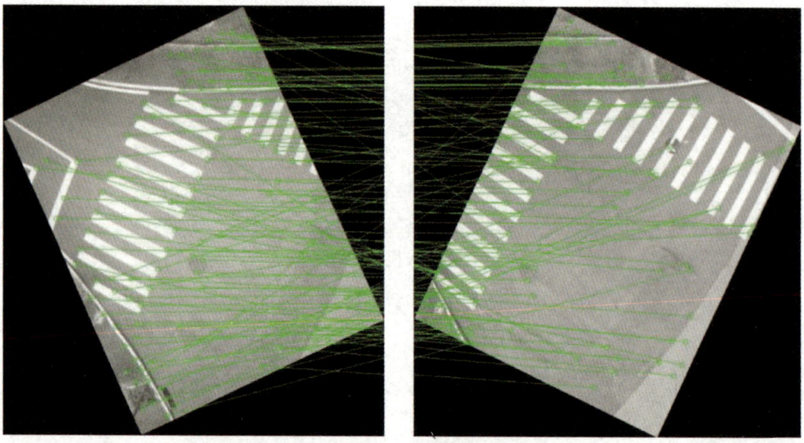

(a) 无人机A　　(b) 无人机B

图 6-20　旋转后 BRIFE 描述符的直接匹配

每架无人机与锚点也进行测距，即可以同时运行紧耦合视觉/惯性/测距的里程计。开源的 VINS-Mono 也具有多任务功能，可为依次运行不同的序列得到结果。如图 6-22 所示，位姿图中包括无人机内回环约束，以及共视约束、UWB 测距约束的无人机间约束。其中，红色连线表示由观测到同一区域而拥有的共视约束，黄色连线表示无人机内回环约束，UWB 测距约束由蓝色虚线表示。

实践中，UWB 测距约束并不能与关键帧频率相同，原因如图 6-23 所示，与仿真场景相比，UWB 测距信号易丢失，因为受到如无人机遥控信号、电机电磁效应等干扰，使得测距异常点急剧增多。但在 UWB 测量噪声大或不稳定时，仍旧能够提

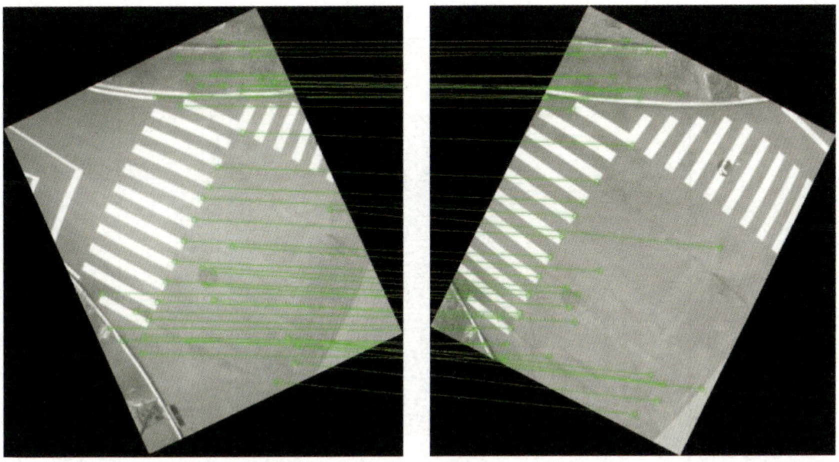

(a) 无人机A　　　　(b) 无人机B

图 6-21　旋转后三维-二维 RANSAC 离群点剔除的结果

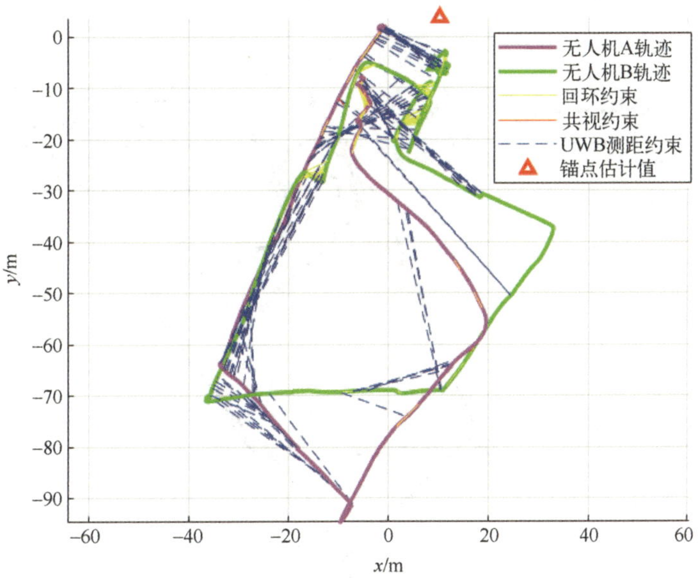


图 6-22　无人机位姿图中的约束

高协同定位精度，证明了本节所建系统的健壮性。

以 GNSS 定位结果为参考，与 VINS-Mono 的定位结果进行对比，使用 Umeyama 算法对齐后定位结果如图 6-24 所示，其中锚点位置为在线估计值。

图 6-24 中报告了运行结束时所有无人机的定位误差。误差值是通过将估计的轨迹与 GNSS 定位结果对齐后求均方根误差（RMSE）得到的。表 6-1 分别对比了无任何协同的 VINS-Mono、无人机间仅 UWB 约束而无共视约束（C2VIR-SLAM Without Co-Visual）和利用无人机间包括共视约束在内的所有约束（C2VIR-SLAM With Co-Visual）的定位精度。可以看到，无人机间协作将会提高无人机的定位精度，且协同方法的增加即信息交互越多，对精度提升越明显。在所有无人机的定位结果中，

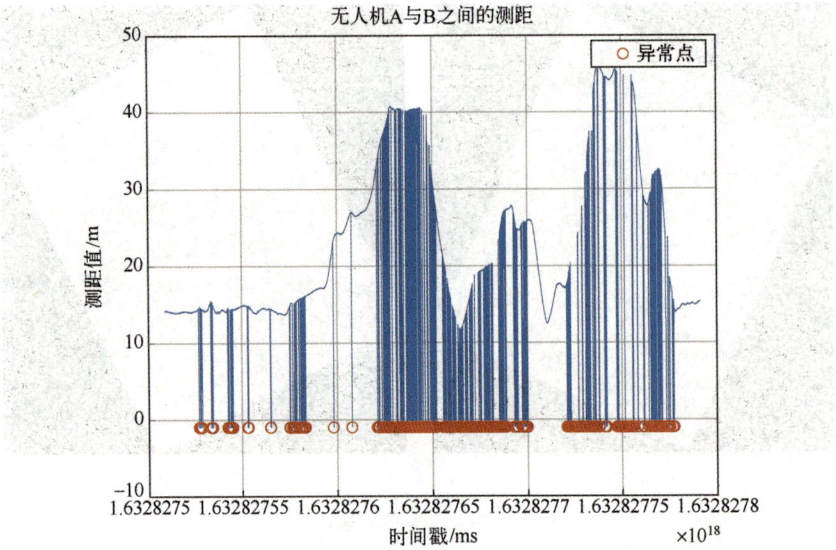


图 6-23　无人机 A 与 B 之间的测距值

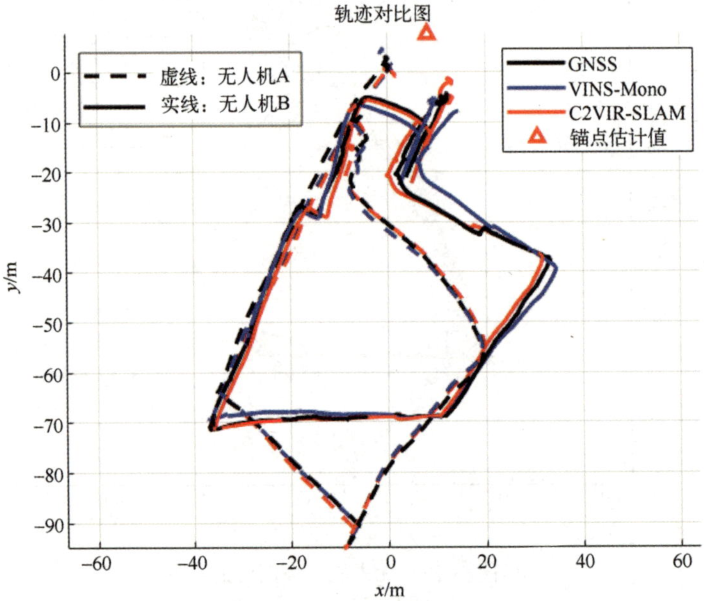


图 6-24　无人机轨迹对比图

C2VIR-SLAM 系统的性能始终优于 VINS-Mono，最终定位精度提升了 40%以上。

表 6-1　实验一：定位误差表（单位/m）

| | VINS-Mono | C2VIR-SLAM Without Co-Visual | C2VIR-SLAM With Co-Visual | 提高百分比 |
|---|---|---|---|---|
| 无人机 A | 2.2645（0.8356 %） | 1.6098（0.5940 %） | **1.2822（0.4731 %）** | 43.3782% |
| 无人机 B | 2.5737（0.8018 %） | 1.8699（0.5825 %） | **1.3162（0.4100 %）** | 48.8596% |

注：括号内为定位误差相对运动轨迹长度的百分比。

# 第7章 基于环境认知的多源智能协同导航

本章面向巷道、室内、地下等狭窄、遮挡或封闭的卫星拒止条件下多无人平台导航定位难题，利用多维视觉环境感知和空间认知实现异构无人集群空地协同导航，研究导航场景退化条件下协同感知与联合建图、轻量化神经网络的多模态导航信息融合环境理解、基于多节点稀疏信息联合优化的无人集群协同定位等内容，分析如何提升多无人系统在复杂位置环境下的协同导航能力。

## 7.1 基于环境认知的多源智能协同导航总体设计

本节面向卫星拒止环境下无人平台全场景、高精度协同导航的任务需求，开展基于环境认知的多源智能协同导航技术研究，构建“**时空一致基准—环境感知理解—协同自主导航**”的技术路线，开展导航场景退化条件下协同感知与联合建图、基于轻量化神经网络的多模态导航信息融合环境理解、基于多节点稀疏信息联合优化的无人协同定位等研究内容，实现无人平台在极端环境下的分域分时分层协同导航，为有人-无人协同作战提供导航支撑，如图 7-1 所示。

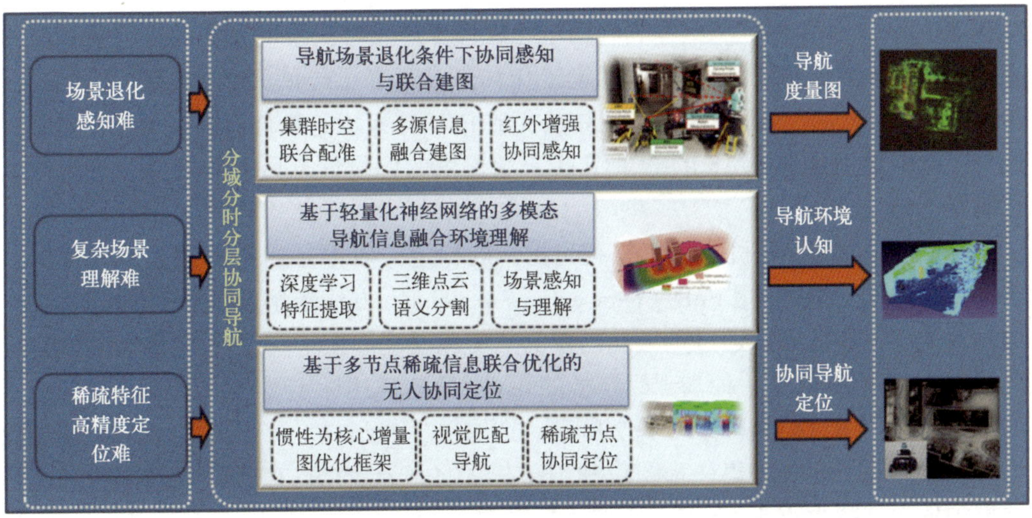


图 7-1 基于环境认知的多源智能协同导航技术框图

## 7.2 导航场景退化条件下协同感知与联合建图

本节面向多无人平台在未知导航环境中的协同感知和建图需求，在卫星信号强拒止以及黑暗、遮蔽、低纹理等视觉场景退化条件下，研究多源视觉自主协同感知与联合建图方法。针对复杂光照变化下的视觉成像不清晰与特征提取难的问题，以视觉、惯性、激光雷达为核心，引入红外、偏振光等多源视觉传感器，增强视觉成像与感知，拓展导航系统感知能力。针对弱通信条件下协同建图难题，探索基于稀疏节点因子图和单体自主定位的协同建图算法，实现多节点异步信息的全局一致联合建图，支撑卫星拒止条件下的自主导航。

### 7.2.1 基于多传感器的无人集群时空联合配准技术

为解决无人集群时空一致性问题，采用联合标定算法对无人集群进行标定初始化，利用平台自身携带的惯性、视觉、激光雷达传感器对集群位姿进行初始对准与标定，同时利用原子钟与无线电对无人集群进行统一授时，实现无人集群时空一致配准。

#### 1. 多传感器联合标定

1）单平台传感器多源标定

由于 IMU 集成在激光雷达内部，IMU 与激光雷达之间的外参关系已经通过生产厂商的精密测量获取，故单平台多源标定只需获取 IMU-相机和激光雷达-相机的外参关系。

（1）IMU-相机。相机模型可分为针孔相机、广角相机与鱼眼相机。采用的 FLIR 相机属于针孔相机模型，其利用小孔成像原理，将三维世界中的点映射到二维平面图像中。对于 IMU 与相机的标定工作，许多学者已经展开了比较深入的研究，本章选择 Ubuntu 系统下的 Kalibr 工具箱完成 IMU 与相机的联合标定。对于标定板的选择，选取精度最高的 Aprilgrid 标定板，它提供的序号信息可以有效防止计算时姿态跳跃的情况发生。

（2）激光雷达-相机。相机与激光雷达的标定一般都是通过检测多个相应的三维-二维角点，然后利用 PnP（perspective-n-point）方法求解激光雷达和相机之间的相对姿态，因此必须通过点云和图像的几何和纹理约束精确地找到相应的特征。

Livox 公司提供了一种基于标定板的相机-激光雷达标定方法，因此选择标定板的 4 个角点作为目标物，如图 7-2 所示。选取至少 10 个左右不同的角度和距离摆放目标物，在每个位置采集一张图像和 10s 左右的点云数据。在所采集的图像和点云数据中依次选择角点 1、2、3、4 的坐标数据，角点在图像中的数据格式为$(x,y)$，角点在点云中的数据格式为$(x,y,z)$。然后就可以通过式（7-1）计算激光雷达与相机的外参关系。

$$\boldsymbol{T}_{\mathrm{LiDAR}}^{\mathrm{Camera}} = \underset{T_L^C}{\operatorname{argmin}} \sum_{(u_i,v_i) \in P^{L2C}} \left( \| x_i - u_i(T_L^C) \| + \| y_i - v_i(T_L^C) \| \right) \tag{7-1}$$

式中：$\boldsymbol{T}_{\mathrm{LiDAR}}^{\mathrm{Camera}}$为激光雷达坐标系到相机坐标系的坐标转换矩阵；$(u_i, v_i)^{\mathrm{T}} \in P^{L2C}$为从激光点云投影至图像平面的角点坐标；$(x_i, y_i)^{\mathrm{T}} \in P^C$为图像检测到的角点坐标。

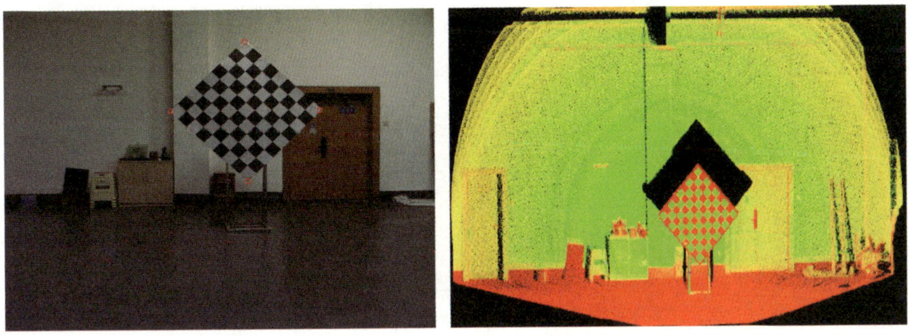

图 7-2　相机-激光雷达标定场景

2）多平台激光雷达联合标定方法

现有的 EKF 算法通常在中央计算机上运行单个实例，若选择并行地运行多个 EKF 实例，即构建分布式扩展卡尔曼滤波器，每个单平台上运行一个 EKF 实例，即可实现分布式多平台激光雷达联合标定。单个实例通常运行在各自的 LiDAR 专用计算资源上，负责处理 LiDAR 数据。

（1）单平台模型构建。将无人平台看作刚体，其位姿可以用参考坐标系表示。使用 4×4 矩阵 $\boldsymbol{T}$ 表示 6 个自由度（DoF）中的位姿和刚体变换：

$$\boldsymbol{T} = \begin{bmatrix} \boldsymbol{R} & \boldsymbol{t} \\ \boldsymbol{0} & 1 \end{bmatrix} \in \mathrm{SE}(3) \tag{7-2}$$

式中：$\boldsymbol{R}$ 为 3×3 旋转矩阵；$\boldsymbol{t}$ 为 3×1 平移矩阵。

此外，使用恒定速度模型对无人平台的 6 自由度运动进行建模。记在 $k$ 时刻下，状态量 $\boldsymbol{x}_k^c = [\boldsymbol{r}_k^c, \boldsymbol{t}_k^c, \boldsymbol{\omega}_k^c, \boldsymbol{v}_k^c]^{\mathrm{T}}$，其中 $\boldsymbol{r}_k^c$ 为无人平台姿态，$\boldsymbol{t}_k^c$ 为平移量，$\boldsymbol{\omega}_k^c$ 为角速度，$\boldsymbol{v}_k^c$ 为线速度，则常速模型状态方程为

$$\begin{aligned} \boldsymbol{r}_{k+1}^c &= \boldsymbol{r}(\boldsymbol{R}(\boldsymbol{r}_k^c)\exp(\hat{\boldsymbol{\omega}}_k^c \cdot \Delta t)) \\ \boldsymbol{t}_{k+1}^c &= \boldsymbol{t}_k^c + \boldsymbol{v}_k^c \cdot \Delta t \\ \boldsymbol{\omega}_{k+1}^{\varepsilon} &= \boldsymbol{\omega}_k^c + \boldsymbol{\epsilon}_{\omega} \\ \boldsymbol{v}_{k+1}^c &= \boldsymbol{v}_k^c + \boldsymbol{\epsilon}_{\mathrm{v}} \end{aligned} \tag{7-3}$$

式中：$\Delta t$ 为 $t_k$ 到 $t_{k+1}$ 更新的时间差 $\Delta t = t_{t+1} - t_k$；$\boldsymbol{\epsilon}_{\omega}$ 和 $\boldsymbol{\epsilon}_{\mathrm{v}}$ 为作用在无人平台上的力和力矩冲量，它们通常被建模为零均值的高斯噪声：

$$w = [\boldsymbol{\epsilon}_{\omega}, \boldsymbol{\epsilon}_{\mathrm{v}}]^{\mathrm{T}} \sim \mathcal{N}(0, \Sigma_w) \tag{7-4}$$

式（7-3）的状态模型可写为如下函数形式：

$$\boldsymbol{x}_{k+1}^c = \boldsymbol{f}(\boldsymbol{x}_k^c, \boldsymbol{w}; \Delta t) \in \mathbf{R}^{12} \tag{7-5}$$

（2）多平台分布式卡尔曼滤波器。

① 状态预测。如图 7-3 所示，每个平台上运行的 EKF 实例从信息池中读取全状态模型：

$$\boldsymbol{x}=[\boldsymbol{x}^{c}\quad \boldsymbol{x}^{e1}\quad \boldsymbol{x}^{e2}\quad \cdots\quad \boldsymbol{x}^{eN}]^{\mathrm{T}} \tag{7-6}$$

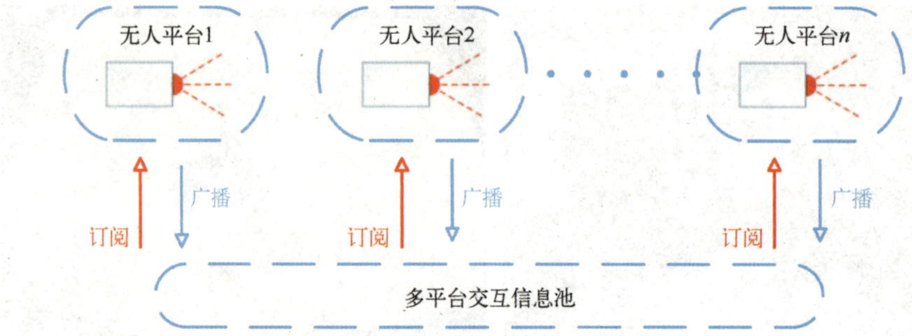


图 7-3 分布式激光雷达联合标定框架

通过订阅信息池中其余 LiDAR 的数据进行更新，并将更新后的状态发布到网络供其他平台的 EKF 实例使用。

激光雷达 $i$ 在 $t_{k+1}$ 时刻进行一次扫描，获得由激光雷达 $j$ 在 $t_k$ 时刻发布的状态更新量 $\breve{\boldsymbol{x}}_k$ 和相关协方差 $\breve{\boldsymbol{\Sigma}}_k$：

$$\breve{\boldsymbol{x}}_k=[\breve{\boldsymbol{x}}_k^{c}\quad \breve{\boldsymbol{x}}_k^{e1}\quad \breve{\boldsymbol{x}}_k^{e2}\quad \cdots\quad \breve{\boldsymbol{x}}_k^{eN}]^{\mathrm{T}} \tag{7-7}$$

按照标准 EKF 进行预测，得到预测的全状态模型：

$$\bar{\boldsymbol{x}}_{k+1}=[\bar{\boldsymbol{x}}_{k+1}^{c}\quad \bar{\boldsymbol{x}}_{k+1}^{e1}\quad \bar{\boldsymbol{x}}_{k+1}^{e2}\quad \cdots\quad \bar{\boldsymbol{x}}_{k+1}^{eN}]^{\mathrm{T}} \tag{7-8}$$

则有预测的状态模型为

$$\begin{aligned}\bar{\boldsymbol{x}}_{k+1}^{c}&=\boldsymbol{f}(\breve{\boldsymbol{x}}_k^{c},\boldsymbol{0};\Delta t)\\ \bar{\boldsymbol{x}}_{k+1}^{e1}&=\breve{\boldsymbol{x}}_k^{e1}\\ &\vdots\\ \bar{\boldsymbol{x}}_{k+1}^{eN}&=\breve{\boldsymbol{x}}_k^{eN}\end{aligned} \tag{7-9}$$

式中，$\Delta t=t_{k+1}-t_k$。与预测状态 $\breve{\boldsymbol{x}}_{k+1}$ 相关的协方差矩阵为

$$\bar{\boldsymbol{\Sigma}}_{k+1}=\boldsymbol{F}\breve{\boldsymbol{\Sigma}}_k\boldsymbol{F}^{\mathrm{T}}+\boldsymbol{G}\boldsymbol{\Sigma}_w\boldsymbol{G}^{\mathrm{T}} \tag{7-10}$$

式中：$\boldsymbol{F}\in\mathbf{R}^{(12+6N)\times(12+6N)}$，$\boldsymbol{G}\in\mathbf{R}^{(12+6N)\times 6}$，有

$$\boldsymbol{F}=\begin{bmatrix}\dfrac{\partial\boldsymbol{f}(\boldsymbol{x}_k^{c},\boldsymbol{0};\Delta t)}{\partial\boldsymbol{x}_k^{c}} & \boldsymbol{0}\\ \boldsymbol{0} & \boldsymbol{I}_{6N}\end{bmatrix},\quad \boldsymbol{G}=\frac{\partial\boldsymbol{f}(\breve{\boldsymbol{x}}_k^{c},\boldsymbol{w};\Delta t)}{\partial\boldsymbol{w}} \tag{7-11}$$

进而可以预测 $t_{k+1}$ 时刻激光雷达 $i$ 的位姿为

$$\bar{\boldsymbol{T}}_{k+1}^{i}=\boldsymbol{T}(\bar{\boldsymbol{x}}_{k+1}^{c})\ \boldsymbol{T}(\bar{\boldsymbol{x}}_{k+1}^{\theta i}) \tag{7-12}$$

式中：$T(\bar{x}_{k+1}^{c})=(r_{k+1}^{c},t_{k+1})$ 为对姿态 $\boldsymbol{T}_{k+1}^{c}$ 的最小参数化。

② 测量更新。分布式 EKF 在其专用计算设备上为每个激光雷达运行 LOAM 算

法。以第 $i$ 个 LiDAR 为例，LOAM 通过最小化当前扫描与局部地图的边缘特征 $\boldsymbol{r}_{p2e}$ 和平面特征 $\boldsymbol{r}_{p2p}$ 的距离来求解第 $i$ 个 LiDAR 在 $t_{k+1}$ 时刻的位姿（$\boldsymbol{T}^i_{k+1}$）：

$$\min_{\boldsymbol{T}^i_{k+1}\in SE(3)}\left(\sum \boldsymbol{r}_{p2e}+\sum \boldsymbol{r}_{p2p}\right) \tag{7-13}$$

为加速优化过程，通常将式（7-12）得到的第 $i$ 个 LiDAR 位姿 $\overline{\boldsymbol{T}}^i_{k+1}$ 作为初始估计，并由此求解误差位姿，即

$$\boldsymbol{T}^i_{k+1}=\overline{\boldsymbol{T}}^i_{k+1}\boldsymbol{T}(\delta\boldsymbol{x}^i_{k+1}) \tag{7-14}$$

代入式（7-13），可得

$$\delta\hat{\boldsymbol{x}}^i_{k+1}=\underset{\delta\boldsymbol{x}^i_{k+1}\in\mathbf{R}^6}{\operatorname{argmin}}\left(\sum \boldsymbol{r}_{p2e}+\sum \boldsymbol{r}_{p2p}\right) \tag{7-15}$$

假设式（7-15）在收敛时的 Hessian 矩阵为 $\hat{\boldsymbol{\Sigma}}^{-1}_{\delta}$，则 $\hat{\boldsymbol{\Sigma}}_{\delta}$ 为与 $\delta\hat{\boldsymbol{x}}^i_{k+1}$ 测量相关的协方差矩阵，即测量模型为

$$\delta\hat{\boldsymbol{x}}^i_{k+1}=\delta\boldsymbol{x}^i_{k+1}+\boldsymbol{v} \tag{7-16}$$

式中：$\boldsymbol{v}\sim\mathcal{N}(\mathbf{0},\hat{\boldsymbol{\Sigma}}_{\delta})$ 且 $\delta\boldsymbol{x}^i_{k+1}$ 由式（7-14）求解而得

$$\delta\boldsymbol{x}^i_{k+1}=\boldsymbol{x}((\overline{\boldsymbol{T}}^i_{k+1})^{-1}\boldsymbol{T}(\boldsymbol{x}^c_k)\boldsymbol{T}(\boldsymbol{x}^{ei}_k)) \tag{7-17}$$

注意，$\delta\hat{\boldsymbol{x}}^i_{k+1}=0$。

需要注意到，预测状态模型（7-9）涉及 $N$ 个外参，而由式（7-15）点配置得到的测量值 $\delta\hat{\boldsymbol{x}}^i_{k+1}$，系统不可观测也不可检测，将导致 EKF 发散。要解决该问题，通常通过在 $N$ 个激光雷达中的任意一个激光雷达上建立参考框架，以去除该激光雷达的外参估计。然而，当参考 LiDAR 失效时，必须再确定另一个参考 LiDAR。

为了避免这种情况，选择所有 LiDAR 的中心作为参考框架，即

$$\boldsymbol{t}^c_k=\frac{1}{N}\sum_{i=1}^{N}\boldsymbol{t}^i_k;\ \forall k=0,1,2,\cdots \tag{7-18}$$

假设有 $N$ 个携带激光雷达的无人平台，$\boldsymbol{T}^{ei}=(\boldsymbol{r}^{ei},\boldsymbol{t}^{ei})$ 为第 $i$ 个 LiDAR 帧相对于参考帧的外参，则第 $i$ 个 LiDAR 在时刻 $k$ 的位姿为

$$\boldsymbol{T}^i_k=\boldsymbol{T}^c_k\boldsymbol{T}^{ei}_k=\begin{bmatrix}\boldsymbol{R}^c_k\boldsymbol{R}^{ei} & \boldsymbol{R}^c_k\boldsymbol{t}^{ei}+\boldsymbol{t}^c_k\\ \mathbf{0} & 1\end{bmatrix} \tag{7-19}$$

将式（7-18）代入式（7-19），得

$$\sum_{i=1}^{N}\boldsymbol{t}^{ei}=\mathbf{0} \tag{7-20}$$

除了位置外，参考坐标系 $R^c_k$ 的姿态也是依此定义：

$$\sum_{i=1}^{N}\boldsymbol{r}((\boldsymbol{R}^c_k)^{\mathrm{T}}\boldsymbol{R}^i_k)=\mathbf{0} \tag{7-21}$$

进而有

$$\sum_{i=1}^{N}\boldsymbol{r}^{ei}=\mathbf{0} \tag{7-22}$$

因此，除了式（7-16）中的测量 $\delta\hat{\boldsymbol{x}}^i_{k+1}$ 外，还应该增加两个新的测量 $\mathbf{0}_{3\times1}$，总的测量矩阵为

$$\boldsymbol{y}_m = [\delta\hat{\boldsymbol{x}}_{k+1}^i, \boldsymbol{0}, \boldsymbol{0}]^{\mathrm{T}} \tag{7-23}$$

以及各自的输出函数：

$$\boldsymbol{r}_{re} = \sum_{i=1}^{N} \boldsymbol{r}^{ei}, \quad \boldsymbol{t}_{re} = \sum_{i=1}^{N} \boldsymbol{t}^{ei} \tag{7-24}$$

残差矩阵 $z$ 和相关联的协方差 $\boldsymbol{\Sigma}_z$ 为

$$z = [\delta\hat{\boldsymbol{x}}_{k+1}^i \quad -\bar{\boldsymbol{r}}_{re} \quad -\bar{\boldsymbol{t}}_{re}] \in \mathbf{R}^{12}$$

$$\boldsymbol{\Sigma}_z = \begin{bmatrix} \hat{\boldsymbol{\Sigma}}_\delta & \boldsymbol{0} \\ \boldsymbol{0} & s\boldsymbol{I} \end{bmatrix} \in \mathbf{R}^{12\times 12} \tag{7-25}$$

式中：$s$ 为防止 EKF 奇异的（此处设置为 1）的一个小值；$\bar{\boldsymbol{r}}_{re}$和$\bar{\boldsymbol{t}}_{re}$分别为式（7-23）中预测的外参旋转、平移之和。

因此，卡尔曼增益为

$$\boldsymbol{K} = \bar{\boldsymbol{\Sigma}}_{k+1}\boldsymbol{H}^{\mathrm{T}}(\boldsymbol{H}\bar{\boldsymbol{\Sigma}}_{k+1}\boldsymbol{H}^{\mathrm{T}} + \boldsymbol{\Sigma}_z)^{-1} \in \mathbf{R}^{(12+6N)\times 12} \tag{7-26}$$

式中：$\boldsymbol{H} \in \mathbf{R}^{12\times(12+6N)}$，为

$$\boldsymbol{H} = \begin{bmatrix} \dfrac{\partial(\delta\boldsymbol{x}_{k+1}^i)}{\partial\boldsymbol{x}_k^c} & \boldsymbol{0} & \cdots & \dfrac{\partial(\delta\boldsymbol{x}_{k+1}^i)}{\partial\boldsymbol{x}^{ei}} & \cdots & \boldsymbol{0} \\ \boldsymbol{0} & \dfrac{\partial\boldsymbol{r}_{re}}{\partial\boldsymbol{x}^{e1}} & \cdots & \dfrac{\partial\boldsymbol{r}_{re}}{\partial\boldsymbol{x}^{ei}} & \cdots & \dfrac{\partial\boldsymbol{r}_{re}}{\partial\boldsymbol{x}^{eN}} \\ \boldsymbol{0} & \dfrac{\partial\boldsymbol{t}_{re}}{\partial\boldsymbol{x}^{e1}} & \cdots & \dfrac{\partial\boldsymbol{t}_{re}}{\partial\boldsymbol{x}^{ei}} & \cdots & \dfrac{\partial\boldsymbol{t}_{re}}{\partial\boldsymbol{x}^{eN}} \end{bmatrix} \tag{7-27}$$

最后，进行如下的测量更新：

$$\begin{aligned} \breve{\boldsymbol{x}}_{k+1} &= \bar{\boldsymbol{x}}_{k+1} + \boldsymbol{K}z \\ \breve{\boldsymbol{\Sigma}}_{k+1} &= (\boldsymbol{I} - \boldsymbol{K}\boldsymbol{H})\bar{\boldsymbol{\Sigma}}_{k+1} \end{aligned} \tag{7-28}$$

将更新后的完整状态广播到信息池中，以供其他 EKF 实例使用。

### 2. 多传感器时间偏移估计

针对无人集群时空联合配准问题中视觉惯性里程计（visual-inertial odometry, VIO）系统的视觉测量和惯性测量之间时间偏移问题，现给出一种在线估计时间偏移的标定补偿方法。该方法借助特征在图像平面内的匀速运动模型，将时间偏移引入重投影误差项中，从而将其增广到系统状态向量中并进行在线估计，并将估计出的时间偏移量代入 VIO 系统中，减小在线标定位姿误差。

设相机和 IMU 的时间偏移为常值 $t_d$，将相机时间戳移动 $t_d$ 后，相机和 IMU 数据流在时间上达到一致。具体地，当相机时间戳序列延迟于 IMU 时间戳序列时，$t_d$ 为负值；反之 $t_d$ 为正值，即

$$t_d = t_{\mathrm{IMU}} - t_{\mathrm{cam}} \tag{7-29}$$

式中：$t_{\mathrm{IMU}}$和 $t_{\mathrm{cam}}$分别为同一数据帧对应的 IMU 时间戳和相机时间戳。

设 $I_k$ 和 $I_{k+1}$ 为两个相邻时刻 $t_k$ 和 $t_{k+1}$ 的图像帧，考虑 $t_k$ 时刻 $I_k$ 帧的某一特征点 $l$，设其观测值像素坐标为 $\boldsymbol{z}_l^k=[u_l^k,v_l^k]^{\mathrm{T}}$。由于时间偏移的存在，$\boldsymbol{z}_l^k$ 和对齐 IMU 时间戳时刻的特征点像素坐标不相等，下面用时间偏移估计量 $t_d$ 修正该偏差。

关键假设为：在几毫秒量级的短时间 $t_d$ 内，相机的运动可视为匀速运动，则该时间内特征点在图像平面中做匀速运动。该假设下，特征点在像素平面内的运动速度 $\boldsymbol{V}_l^k$ 可由下式计算：

$$\boldsymbol{V}_l^k=\left(\begin{bmatrix}u_l^{k+1}\\v_l^{k+1}\end{bmatrix}-\begin{bmatrix}u_l^k\\v_l^k\end{bmatrix}\right)/(t_{k+1}-t_k) \tag{7-30}$$

式中：$[u_l^{k+1},v_l^{k+1}]$ 为特征 $l$ 在 $I_{k+1}$ 帧的像素坐标。以匀速运动模型计算补偿 $t_d$ 时间内特征点的位移，可得修正的特征点的像素坐标：

$$\boldsymbol{z}_l^k(t_d)=\begin{bmatrix}u_l^k\\v_l^k\end{bmatrix}+\boldsymbol{V}_l^k t_d \tag{7-31}$$

下一步可使用由式（7-31）定义的修正后的像素坐标来计算视觉重投影误差 $\boldsymbol{e}_l^k$，从而实现对 $t_d$ 的在线估计和更新。

具体地，设 $(\cdot)^w$ 表示世界坐标系，$(\cdot)^c$ 表示相机坐标系，$(\boldsymbol{R}_{c_k}^w,\boldsymbol{p}_{c_k}^w)$ 表示世界坐标系下第 $k$ 帧时刻的相机位姿，即特征从相机坐标系转换到世界坐标系的坐标变换，根据特征的参数化表示方法的选择不同，若特征参数化为位置坐标，即将特征 $l$ 表示为其在世界坐标系中的三维位置 $\boldsymbol{P}_l=[x_l,y_l,z_l]^{\mathrm{T}}$，则世界坐标反投影为像素坐标后与观测值作差，即为重投影误差：

$$\boldsymbol{e}_l^k=\boldsymbol{z}_l^k-\pi(\boldsymbol{R}_{c_k}^{w\mathrm{T}}(\boldsymbol{P}_l-\boldsymbol{p}_{c_k}^w)) \tag{7-32}$$

式中：$\boldsymbol{e}_l^k$ 为特征 $l$ 在第 $k$ 帧的重投影误差；$\pi(\cdot)$ 为相机投影模型。使用由式（7-31）定义的像素坐标作为观测值，得到引入时间偏移 $t_d$ 的重投影误差计算式：

$$\boldsymbol{e}_l^k=\boldsymbol{z}_l^k(t_d)-\pi(\boldsymbol{R}_{c_k}^{w\mathrm{T}}(\boldsymbol{P}_l-\boldsymbol{p}_{c_k}^w)) \tag{7-33}$$

同理，若特征参数化为（逆）深度，即将第 $i$ 帧的特征 $l$ 表示为其在相机坐标系中的深度 $\lambda_i$，则第 $i$ 帧特征点先投影到世界坐标系，再反投影到第 $j$ 帧相机坐标系为像素坐标，与第 $j$ 帧特征观测值作差，即为重投影误差：

$$\boldsymbol{e}_l^j=\boldsymbol{z}_l^j-\pi\left(\boldsymbol{R}_{c_j}^{w\mathrm{T}}\left(\boldsymbol{R}_{c_i}^w\lambda_i\begin{bmatrix}\boldsymbol{z}_l^i\\1\end{bmatrix}+\boldsymbol{p}_{c_i}^w-\boldsymbol{p}_{c_j}^w\right)\right) \tag{7-34}$$

式中：$i$ 和 $j$ 为时间先后的两帧；$\boldsymbol{e}_l^j$ 为特征 $l$ 在后帧第 $j$ 帧的重投影误差。同样使用由式（7-31）定义的像素坐标作为观测值，得到引入时间偏移 $t_d$ 的重投影误差计算式：

$$\boldsymbol{e}_l^j=\boldsymbol{z}_l^j(t_d)-\pi\left(\boldsymbol{R}_{c_j}^{w\mathrm{T}}\left(\boldsymbol{R}_{c_i}^w\lambda_i\begin{bmatrix}\boldsymbol{z}_l^i(t_d)\\1\end{bmatrix}+\boldsymbol{p}_{c_i}^w-\boldsymbol{p}_{c_j}^w\right)\right) \tag{7-35}$$

至此，利用上述引入时间偏移 $t_d$ 的重投影误差定义，可将 $t_d$ 作为待估计状态添加到视觉惯性里程计的优化框架中，系统的全状态向量增广为

$$\chi=[\boldsymbol{x}_0,\boldsymbol{x}_1,\cdots,\boldsymbol{x}_n,\boldsymbol{P}_0,\boldsymbol{P}_1,\cdots,\boldsymbol{P}_l,t_d]$$
$$\boldsymbol{x}_k=[\boldsymbol{p}_k^w,\boldsymbol{v}_k^w,\boldsymbol{R}_k^w,\boldsymbol{b}_a,\boldsymbol{b}_g],k=0,1,\cdots,n \tag{7-36}$$

式中：$\boldsymbol{x}_k$ 为第 $k$ 个 IMU 状态变量，包括位置 $\boldsymbol{p}_k^w$、速度 $\boldsymbol{v}_k^w$、姿态 $\boldsymbol{R}_k^w$、加速度计零偏 $\boldsymbol{b}_a$ 和陀螺零偏 $\boldsymbol{b}_g$；$\boldsymbol{P}_i(i=1,\cdots,l)$ 一般性地表示在各图像帧中参数化表示的特征点。

考虑以 VINS-Mono 为例的典型紧耦合非线性优化目标函数，即如下形式的代价函数：

$$\min_{\chi}\{\text{prior factor}+\text{IMU propagation factor}+\text{vision factor}\}$$

其中，视觉重投影误差项（vision factor）采用本方法引入了时间偏移 $t_d$，从而实现对时间偏移进行在线估计。

在每次优化之后，利用时间偏移估计值对后续相机数据流的时间戳进行移动修正，即

$$t'_{\text{cam}}=t_{\text{cam}}+t_d \tag{7-37}$$

式中：$t_{\text{cam}}$ 为原相机时间戳；$t'_{\text{cam}}$ 为补偿后的相机时间戳。此后，系统将继续估计本次补偿后的视觉测量和惯性测量之间的残留时间偏移，最后，在逐次迭代的估计和修正过程中，时间偏移将收敛至零。

## 7.2.2 基于多节点共视关联的联合建图

考虑光照变化、运动模糊、黑暗夜间等视觉退化环境的挑战，本章提出了一种基于多节点共视关联的联合建图算法，通过多机器人之间地图信息的协作共享与共视特征的数据关联，实现未知环境下准确、高效地构建全局一致性环境地图。

### 1. 算法原理分析

系统的整体架构如图 7-4 所示。在每个单体机器人上运行一个 VIO（视觉惯性里程计）或 LVIO（激光雷达视觉惯性里程计）前端来维护一张有限大小的本地地图，保证了每个节点的基本自主导航能力。同时，将全局地图维护和计算量大的过程转移到功能更强大的服务器上。在代理端和服务器端，分别部署了通信模块。通信模块建立点对点（peer-to-peer，P2P）连接，允许服务器运行在本地部署的计算机上以及远程云服务上。服务器核心模块为地图管理器，控制着对系统中存在的全局地图数据的访问。它在一张或多张地图中维护这些地图数据，以及用于高效地点识别的关键帧数据库。位置识别模块处理所有从代理传入的关键帧，以检测重新访问的环境部分之间的视觉重叠。为了提高算法的通用性，不区分不同的位置识别模块进行回环或地图融合，因此一个关键帧（key frame，KF）的单一地点识别查询同时触发两个事件，减少了工作量和系统复杂度。

此外，建图服务器还提供了优化算法，即位姿图优化（pose-graph optimization，PGO）和全局捆绑调整（global bundle adjustment，GBA）。在具体实现中，实施一种定期执行位姿图优化（PGO）的优化策略，同时执行全局捆绑调整（GBA）来进一步减少地图细化的频率，以更好地平衡由于持续优化而受限制的地图访问，并期望

获得较高的地图精度。

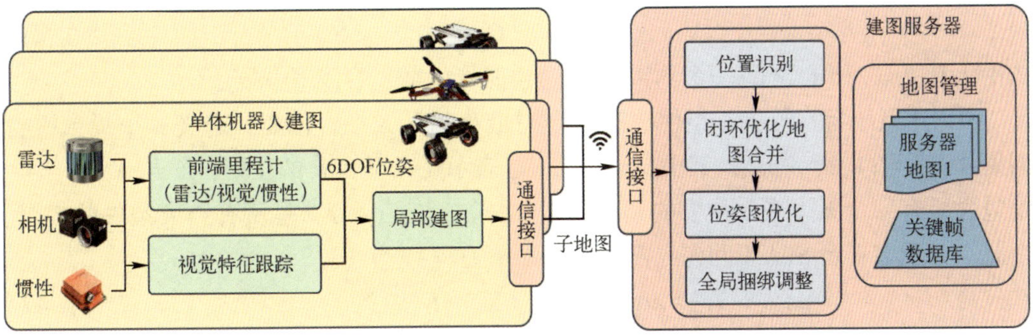


图 7-4 基于多节点共视关联的联合建图系统的整体框架

其中需要重点描述的是分布式多平台激光雷达/惯性协同 SLAM 系统，其框架如图 7-5 所示。按照图 7-5 所示的架构，一旦系统接收到激光雷达扫描，本地 SLAM 线程和特征提取线程同时被激活。采用 LIO-SAM 作为无人平台本地 SLAM 框架，并在没有紧耦合激光雷达惯性数据的情况下使用 LeGO- LOAM 方法。然后，各无人平台交换全局描述子特征并进行扫描匹配，一旦检测到潜在的平台间闭环候选特征，执行增量式成对一致测量集最大化（PCM），以剔除异常离群点。最后，将剔除异常点后的闭环特征送入分布式后端优化模块，进行两阶段优化。

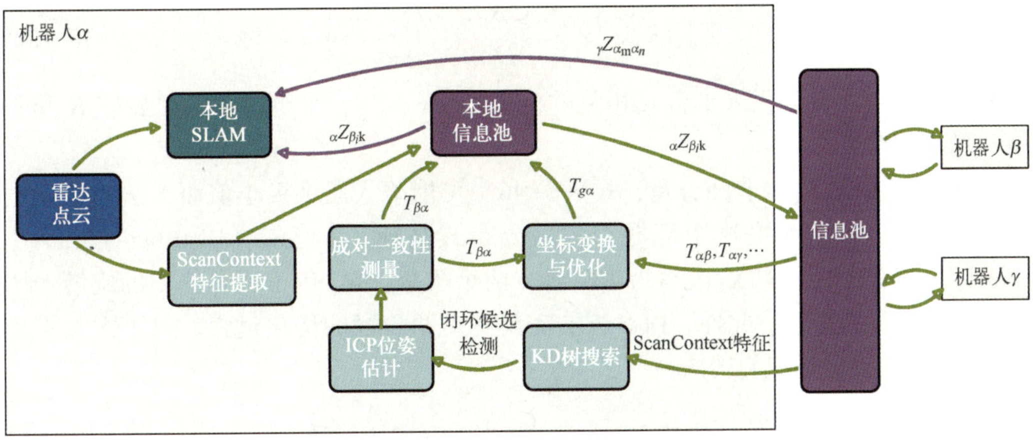


图 7-5 分布式多平台 SLAM 系统框架

设 $\boldsymbol{X}=\{x_0,\cdots,x_t\}$ 是从时间 0 到时间 $t$ 的无人平台 6DoF 位姿集合，其中 $\boldsymbol{X}\subset \mathrm{SE}(3)$。$\mathcal{C}$ 包含无人平台位姿之间的所有约束，对于定义约束 $\langle i,j\rangle\in\mathcal{C}$ 的每对姿态，定义观测变换 $z_{ij}\in \mathrm{SE}(3)$ 与期望变换 $z_{ij}$ 之间的误差为

$$e_{ij}(x_i,x_j,z_{ij})=z_{ij}-\hat{z}_{ij}(x_i,x_j) \tag{7-38}$$

$$\hat{z}_{ij}(\boldsymbol{x}_i,\boldsymbol{x}_j)=\boldsymbol{x}_i^{\mathrm{T}}\boldsymbol{x}_j \tag{7-39}$$

单平台 SLAM 问题可以表示为非线性最小二乘问题：

$$\boldsymbol{X}^{*}=\underset{X}{\operatorname{argmin}}\sum_{\langle i,j\rangle\in\mathcal{C}}\boldsymbol{F}_{ij} \tag{7-40}$$

$$\boldsymbol{F}_{ij}=e_{ij}^{\mathrm{T}}\boldsymbol{\Omega}_{ij}e_{ij} \tag{7-41}$$

式中：$\boldsymbol{F}_{ij}$为$\boldsymbol{x}_i$和$\boldsymbol{x}_j$之间一个约束的负对数似然函数；$\boldsymbol{\Omega}_{ij}$为协方差。

SLAM 系统旨在寻找一组使总观测误差最小的无人平台位姿。定义 $n$ 个无人平台的集合：$\mathcal{N}=\{1,2,\cdots,n\}$，其中$\forall\alpha\in\mathcal{N}$，$X_\alpha$ 表示无人平台 $\alpha$ 的位姿，$\mathbb{X}=\{\boldsymbol{X}_\alpha|\alpha\in\mathcal{N}\}$是包含所有 $n$ 个无人平台位姿的集合，$\mathbb{C}=\{\langle i,j\rangle|x_i,x_j\in\mathbb{X}\}$是所有约束条件的集合。由此，对于多平台 SLAM 问题，需要解算如下方程：

$$\mathbb{X}^{*}=\underset{\mathbb{X}}{\operatorname{argmin}}\{\boldsymbol{F}_{\text{intra}}(\mathbb{X})+\boldsymbol{F}_{\text{inter}}(\mathbb{X})\} \tag{7-42}$$

代价函数由两部分组成：无人平台内项和无人平台间项。设 $\mathcal{C}_\alpha\subset\mathbb{C}$ 表示无人平台 $\alpha$ 各个位姿之间的内约束集合，$\mathcal{C}_{\alpha\beta}\subset\mathbb{C}$ 表示无人平台 $\alpha$ 和无人平台 $\beta$ 位姿之间的约束，则有

$$\boldsymbol{F}_{\text{intra}}(\mathbb{X})=\sum_{\alpha\in\mathcal{N}}\sum_{\langle i,j\rangle\in\mathcal{C}_\alpha}\boldsymbol{F}_{ij} \tag{7-43}$$

$$\boldsymbol{F}_{\text{inter}}(\mathbb{X})=\sum_{\alpha,\beta\in\mathcal{N},\alpha\neq\beta}\sum_{\langle i,j\rangle\in\mathcal{C}_{\alpha\beta}}\boldsymbol{F}_{ij} \tag{7-44}$$

在分布式情况下，每个无人平台优化自身对目标的贡献。对于无人平台 $\alpha$，有

$$\mathbb{X}_\alpha^{*}=\underset{\mathbb{X}_\alpha}{\operatorname{argmin}}\left(\overbrace{\sum_{\langle i,j\rangle\in\mathcal{C}_\alpha}\boldsymbol{F}_{ij}}^{F_{\text{intra}}}+\overbrace{\sum_{\beta\in\mathcal{N},\alpha\neq\beta}\sum_{\langle i,j\rangle\in\mathcal{C}_{\alpha\beta}}\boldsymbol{F}_{ij}}^{F_{\text{inter}}}\right) \tag{7-45}$$

$$\mathbb{X}_\alpha=X_\alpha\cup\left\{x_j\left|\begin{array}{c}x_j\in X_\beta,\langle i,j\rangle\in\mathcal{C}_{\alpha\beta}\\ \forall\beta\in\mathcal{N},\beta\neq\alpha\end{array}\right.\right\} \tag{7-46}$$

其中：$\mathbb{X}_\alpha$包含所有与无人平台 $\alpha$ 相关的位姿，$\forall x\in\mathbb{X}_\alpha$，平台位姿 $x$ 由旋转 $\boldsymbol{R}$ 和平移 $t$ 两部分组成。

由于 $\boldsymbol{R}\in\mathrm{SO}(3)$为非凸分量，式（7-46）可能陷入局部极小值而无法收敛到全局极小值解。为了解决这个问题，使用分布式高斯-赛德尔（Distributed Gauss-Seidel，DGS）方法，将$\mathbb{X}_\alpha$改写为 $\mathcal{R}_\alpha$ 与$\sqcup_\alpha$ 两个子集：$\mathcal{R}_\alpha$ 包含所有位姿的旋转；$\sqcup_\alpha$ 包含所有位姿的平移。此外，DGS 方法需要一个两阶段的优化过程。对于无人平台 $\alpha$，DGS 方法首先近似旋转 $\mathcal{R}_\alpha$：

$$\mathcal{R}_\alpha^{*}=\underset{\mathcal{R}_\alpha}{\operatorname{argmin}}\left(\sum_{\langle i,j\rangle\in\mathcal{C}_\alpha}\boldsymbol{G}_{ij}+\sum_{\beta\in\mathcal{N},\alpha\neq\beta}\sum_{\langle i,j\rangle\in\mathcal{C}_{\alpha\beta}}\boldsymbol{G}_{ij}\right) \tag{7-47}$$

$\boldsymbol{G}_{ij}$是只考虑无人平台旋转变化的负对数似然函数：

$$\boldsymbol{G}_{ij}=[C_{ij}-\hat{C}_{ij}(R_i,R_j)]^{\mathrm{T}}\boldsymbol{\omega}_R[C_{ij}-\hat{C}_{ij}(R_i,R_j)] \tag{7-48}$$

与 $z_{ij}$和$\hat{z}_{ij}$类似，$C_{ij}$和$\hat{C}_{ij}$是 $R_i$ 和 $R_j$ 之间观测到的和期望的相对旋转。将 $\boldsymbol{\Omega}_{ij}$改写为$\begin{bmatrix}\omega_R & 0\\ 0 & \omega_t\end{bmatrix}$，其中 $\omega_R$ 是 $\boldsymbol{\Omega}_{ij}$的旋转块。接着，该方法通过高斯-牛顿法进行全状态图优化，并利用优化后的旋转猜测 $\mathcal{R}_\alpha^{*}$ 求解式（7-40）。

全状态优化步骤需要良好的旋转近似，但第一步仍然是求解一个非凸问题。因

此，DGS 方法可能需要较长时间才能收敛，且初始猜测较差。实验使用两阶段图优化方法可以解决这个问题。

两阶段位姿优化方法首先建立全局到局部的坐标变换，为后续的局部位姿图优化提供信息，再进行平台间的坐标变换以进一步优化。初始的全局优化步骤解决无人平台之间的转换问题。在全局步骤中，无人平台之间的坐标变换被视为一个测量值，如式（7-47）所示，只优化从局部到全局坐标框架的转换。这些测量值的协方差矩阵与时间戳线性相关，因为每个无人平台的航位推算误差随着时间的积累而增长。

对于任意成对的分离机位姿$\langle \alpha_i,\beta_j \rangle \in \mathcal{C}_{\alpha\beta}$，有$\boldsymbol{x}_{\alpha_i} \in \boldsymbol{X}_\alpha$，$\boldsymbol{x}_{\beta_i} \in \boldsymbol{X}_\beta$，定义无人平台$\alpha$的局部框架为$\underrightarrow{\mathcal{F}}_\alpha$。令${}_\alpha\boldsymbol{x}_{\alpha_i}$为无人平台$\alpha$在自身坐标系下第$i$时刻的位姿，${}_\beta\boldsymbol{x}_{\alpha_i}$为无人平台$\alpha$在无人平台$\beta$坐标系下的坐标$\boldsymbol{x}_{\alpha_i}$，存在转换矩阵$\boldsymbol{T}_{\beta\alpha}$使${}_\alpha\boldsymbol{x}_{\alpha_i}$转换为${}_\beta\boldsymbol{x}_{\alpha_i}$，即

$$ {}_\beta\boldsymbol{x}_{\alpha_i} = \boldsymbol{T}_{\beta\alpha} \cdot {}_\alpha\boldsymbol{x}_{\alpha_i} = {}_\beta\boldsymbol{x}_{\beta_j} \cdot {}_\beta\boldsymbol{z}_{\beta_j\alpha_i} \tag{7-49} $$

$$ \boldsymbol{T}_{\beta\alpha} = {}_\beta\boldsymbol{x}_{\beta_j} \cdot {}_\beta\boldsymbol{z}_{\beta_j\alpha_i} \cdot ({}_\alpha\boldsymbol{x}_{\alpha_i})^{\mathrm{T}} \tag{7-50} $$

一旦无人平台$\beta$和无人平台$\alpha$之间存在平台间闭环，即可确定$\boldsymbol{T}_{\beta\alpha}$。由$m$个无人平台闭环检测得到估计$\boldsymbol{T}_{\beta\alpha}$的集合为$\mathbb{T}_{\beta\alpha} = \{\boldsymbol{T}_{\beta\alpha}^{(1)},\cdots,\boldsymbol{T}_{\beta\alpha}^{(m)}\}$。假设全局框架$\underrightarrow{\mathcal{F}}_g$与第一个无人平台的局部框架$\underrightarrow{\mathcal{F}}_1$对齐，设$\mathbb{T}$是从任意无人平台框架到全局框架的变换集合：

$$ \mathbb{T} = \{\boldsymbol{T}_{g\alpha} \mid \forall \alpha \in \mathcal{N}, \alpha \neq g\} \tag{7-51} $$

通过 Levenberg-Marquardt 方法最小化局部无人平台框架之间的总转换误差：

$$ \mathbb{T}^* = \underset{\mathbb{T}}{\operatorname{argmin}} \sum_{\alpha,\beta \in \mathcal{N}} \boldsymbol{e}_{\beta\alpha}^{\mathrm{T}} \boldsymbol{\Omega}_{\beta\alpha} \boldsymbol{e}_{\beta\alpha} \tag{7-52} $$

$\boldsymbol{e}_{\beta\alpha}$为一次变换的误差，且$\forall \boldsymbol{T}_{\beta\alpha}^{(i)} \in \mathbb{T}_{\beta\alpha}$：

$$ \boldsymbol{e}_{\beta\alpha}(\boldsymbol{T}_{g\beta},\boldsymbol{T}_{g\alpha}) = \boldsymbol{T}_{\beta\alpha}^{(i)} - \hat{\boldsymbol{T}}_{\beta\alpha}^{(i)}(\boldsymbol{T}_{g\beta},\boldsymbol{T}_{g\alpha}) \tag{7-53} $$

在全局优化后，根据最新的坐标变换矩阵，将来自其他无人平台的所有分离机位姿变换到局部坐标系。然后，执行基于欧氏距离的半径搜索来寻找最近的平台间约束。在半径搜索过程中，丢弃时间戳与当前时间戳过于接近的分离器位姿。当前分离机位姿${}_\alpha\boldsymbol{x}_{\beta_j}$和最近分离机位姿${}_\alpha\boldsymbol{x}_k$转换为虚拟无人平台内环闭合：

$$ {}_\alpha\boldsymbol{z}_{\beta_j k} = {}_\alpha\boldsymbol{x}_{\beta_j}^{\mathrm{T}} \cdot {}_\alpha\boldsymbol{x}_k \tag{7-54} $$

将虚拟观测值添加到局部位姿图中，并对局部位姿图进行优化。假设无人平台$\alpha$和无人平台$\beta$之间存在平台间约束，为了对无人平台$\alpha$进行局部优化，需要将无人平台$\beta$的分离器位姿转化为局部坐标。因此，对于$\forall \boldsymbol{x}_{\beta_j} \in \boldsymbol{X}_\beta \cup \mathbb{X}_\alpha$，有

$$ {}_\alpha\boldsymbol{x}_{\beta_j} = \hat{\boldsymbol{T}}_{g\alpha}^{\mathrm{T}} \cdot \hat{\boldsymbol{T}}_{g\beta} \cdot \boldsymbol{x}_{\beta_j} \tag{7-55} $$

最后，将${}_\alpha\mathbb{X}_\alpha$作为分离器位姿的初始值。对于任意两组分离机位姿$\langle \alpha_i,\beta_j \rangle$、$\langle \alpha_k,\gamma_l \rangle$，由式（7-55）可以计算出一个虚拟的无人平台闭环${}_\alpha\boldsymbol{Z}_{\beta_j\gamma_l}$。使用 Levenberg-Marquardt 方法对式（7-53）进行位姿图优化，并修改平台间项$\boldsymbol{F}_{\text{inter}}$：

$$\boldsymbol{F}_{\text{inter}} = \sum_{\substack{\alpha,\beta,\gamma \in \mathcal{N}, \quad \langle \alpha_i,\beta_j \rangle \in \mathcal{C}_{\alpha\beta}, \\ \alpha \neq \beta, \alpha \neq \gamma \quad \langle \alpha_k,\gamma_l \rangle \in \mathcal{C}_{\alpha\gamma}}} \boldsymbol{e}_{\text{vir}}^{\text{T}} \boldsymbol{\Omega}_{\text{vir}} \boldsymbol{e}_{\text{vir}} \tag{7-56}$$

$$\boldsymbol{e}_{\text{vir}} = \boldsymbol{z}_{\alpha_i\beta_j} \cdot {}_{\alpha}\boldsymbol{z}_{\beta_j\gamma_l} \cdot (\boldsymbol{z}_{\alpha_k\gamma_l})^{\text{T}} - \hat{\boldsymbol{z}}_{\alpha_i\alpha_k}(\boldsymbol{x}_{\alpha_i}, \boldsymbol{x}_{\alpha_k}) \tag{7-57}$$

这种两阶段全局和局部优化保证了局部优化伊始时拥有高质量的初始猜测，从而可以更快收敛。此外，局部框架的引入有助于单个无人平台的估计值和误差协方差的数值稳定性和一致性。单平台 SLAM 系统仅处理由里程计漂移引起的微小位姿数值变化，这更有利于在主动 SLAM、路径规划和探索中的应用。

### 2. 联合建图的实验验证

基于 EuRoc 与 S3E 公开数据集测分别实验验证 5 台无人机与 3 台无人车基于共视关联的联合建图算法，验证协同建图算法的有效性。协同建图结果如图 7-6 所示。从实验结果可以看到，系统在开始时各个节点分别初始化在一个独立的局部地图坐标系。随着地图空间的不断探索，当节点间检测到具有相同的视觉重叠区域时，能够计算节点间地图坐标系的位姿变化，并将其对齐至全局坐标系下，从而获得全局一致的协同建图结果。

(a) 3台无人车室外实验场地

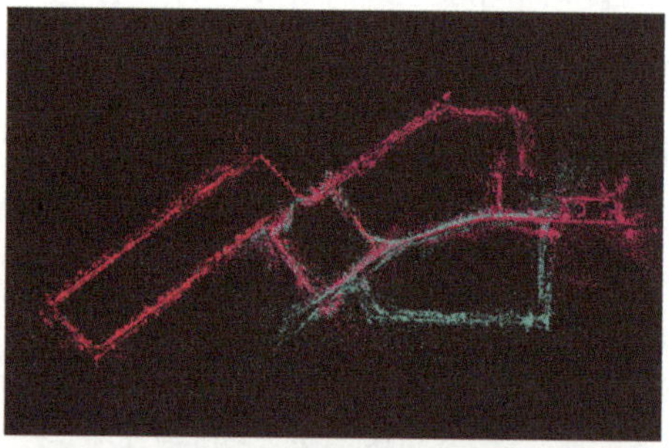

(b) S3E 3台无人车联合建图

(c) 5台无人机室内实验场地

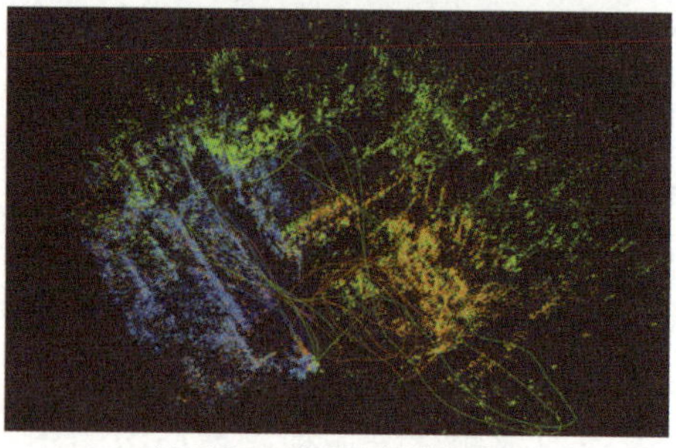

(d) EuRoc 5台无人机联合建图

图 7-6　基于公开数据集 EuRoc 与 S3E 联合建图算法测试

通过公开数据集，初步验证了在良好感知条件下的多无人平台基于共视关联的联合建图能力。

本节采用了来自 KITTI Vision Benchmark 原始数据序列 08 的前两个数据集，将序列 08 修改为合成的双机器人数据集，其中时间因子已经调整为包含重叠和交会。图 7-7

给出了基于激光雷达/惯性融合联合建图效果，初步验证了多无人平台多源异构传感器具备联合建图与定位能力。

图 7-7 基于激光雷达/惯性融合的联合建图效果

针对移动机器人在昏暗或低纹理的环境中，视觉传感器感知性能下降导致建图定位失效的问题，提出一种基于红外增强的多源 SLAM 算法。采用图像融合方法来实现可见光图像与红外图像特征级融合，从而提高视觉惯性 SLAM 算法前端特征点与激光雷达惯性 SLAM 的三维点云数据的关联效果。

## 7.3 基于 Mask2Former 的视觉语义监督激光雷达点云语义分割算法

对激光点云语义分割训练语义分割模型之前，需要制作激光雷达点云训练集和测试集，制作的过程就是对激光雷达点云进行手动语义分割。这是一项非常繁琐的工作，如果需要对大量的点云进行手动语义分割，更是需要消耗大量的人力。因此，如何自动对大批量的点云进行标注是我们要考虑的问题。

在点云语义分割开展研究之前，图像语义分割算法的研究已经持续了多年，并已经趋近于成熟。图像语义分割算法有很多事先训练好的语义分割模型，方便我们直接使用这些模型对自己采集的图像进行语义分割。于是我们想到借助成熟的图像语义分割算法对三维点云进行标注，以实现对大量激光雷达点云的自动化标注。具体做法是将采集点云数据的激光雷达和采集图像数据的相机固联起来，同时采集点云数据和图像数据，建立两种数据的映射关系。然后对图像数据进行语义分割，将图像语义分割后的标签传递给点云，就达到了视觉语义监督激光点云语义分割的目的。

### 1. Mask2Former 图像语义分割算法

本小节提出了一种基于带掩膜注意力机制的转换解码器，该算法可以在图像语义分割任务中取得优于以前工作的效果。

该算法构建了一个简单的元模型，该模型由主特征提取器、像素解码器和转换解码器组成，并做出了关键改进，以实现更好的结果和高效的训练。首先，在转换解码器中使用了掩膜注意力机制，其次，使用多尺度高分辨率特征来帮助模型分割小型区域，最后，提出了一些优化改进，如切换自我和交叉注意力机制的顺序。算法流程如图 7-8 所示。

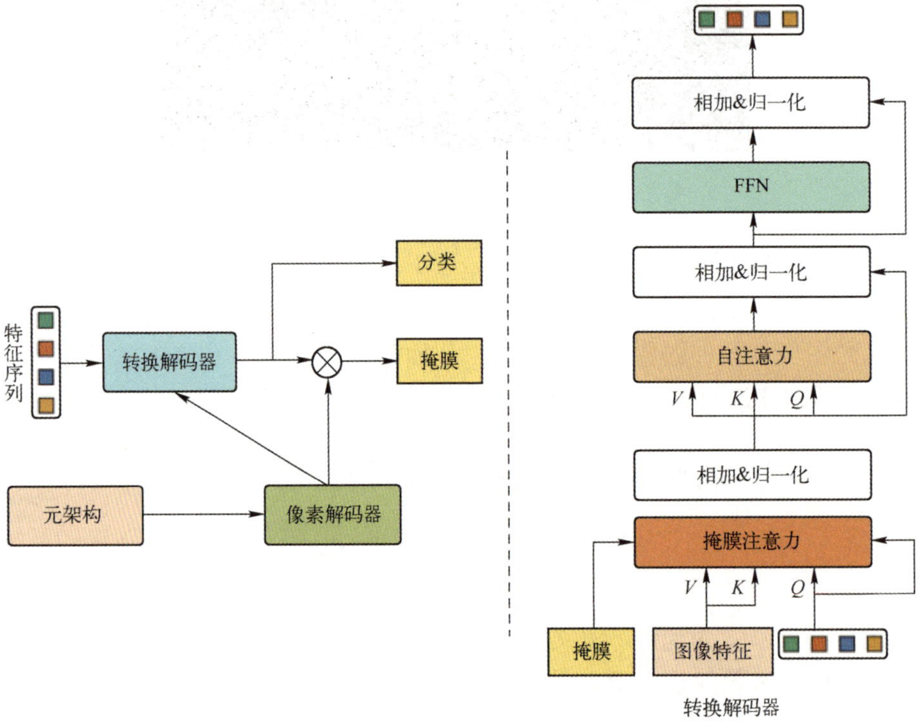


图 7-8　Mask2Former 算法流程

#### 1）掩膜分类准备

掩膜分类模型通过预测二进制掩码以及对应的类别标签，将像素分组为对应分割结果。掩膜分类具有足够的通用性，可以通过将不同的语义（如类别或实例）分配给不同的分割来处理任何分割任务。

一个简单的元模型由三部分组成。一是从图像中提取低分辨率特征的主特征提取器；二是像素解码器，它从主干输出中逐渐对低分辨率特征进行采样，以生成单像素高分辨率嵌入层；三是转换解码器，它操作图像特征以进行物体搜寻。最终的二进制掩码预测是借助单像素嵌入层在物体搜寻中解码的。

2）使用掩膜注意力机制的转换解码器

本算法采用了上述元模型。这里提出了一种新解码器取代了标准解码器。该解码器的关键组成部分包括一个掩膜注意力算子，其通过将交叉注意力机制约束在每个预测掩膜而不是整个特征图来提取局部特征。为了处理小型对象，提出了一种有效的多尺度策略来利用高分辨率特征，它以循环方式将像素解码器的特征金字塔中的连续特征映射馈送到连续的转换器解码器层中。最后，提出了优化改进，在不引入额外计算的情况下提高了模型性能。

掩膜注意力机制使用了自注意力机制。这里提到了自注意力机制和转换解码器两种机制，首先对这两种机制进行简单介绍，然后再介绍本节使用的掩膜注意力机制的转换解码器。

（1）前期准备。

① 自注意力机制。转换解码器的核心是自注意力机制，而自注意力的精髓则在于“自”上面，因为它描述的是数据各元素之间的相关性，也就是数据本身的内在关联。自注意力机制需要提取数据元素之间的相关性。为了增强信息提取的能力，自注意力编码过程可以并行重复多次，多次编码的结果叠加到一起得到最终的输出。这种结构称为多头注意力，其本质其实就是多个单头注意力的组合。

以上是自注意力机制的核心部分，这个过程并不复杂。自注意力的任务就是对输入数据编码，也就是提取特征。自注意力机制之外的其他特征提取方式，无论是在深度学习流行之前的手工特征提取方式，如 SIFT、Gabor、HOG 等，还是深度学习采用卷积核来提取数据特征，这些特征提取方法的作用域都是固定的，提取的模板也是固定的。这样的特征提取方法方便提取局部特征，如果放大到提取全局特征，那么通常是一些概况式的描述，丢失了局部细节的信息。与这些特征提取方式相比，自注意力机制每个元素的特征提取都用到数据中所有的元素，所以理论上说这是一种全局的特征提取。但是，这种全局特征提取采用的是加权求和方法，权重则是元素之间相关性，是动态计算得到的。也就是说，相关性较低的元素在特征提取的过程中产生的作用是比较小的。这就使得特征提取过程有一定的聚焦性，不会丢失掉重要的局部信息。所以，自注意力机制可以同时兼顾特征提取的全局性和局部性，通过数据和任务驱动的方式来自主地确定特征提取应该关注的焦点。

② 转换解码器。转换（transformer）解码器是一个编码、解码的结构，原始的转换解码器结构如图 7-9 所示，下面简单介绍它的工作流程。

首先，输入数据中的每个元素都要经过一个特征提取的过程。这一步主要是与具体的任务相关的，比如说图像块转换为像素向量，点云转换成点云向量。假设输入数据包含 $M$ 个像素，每个像素的特征向量维度是 $d$，则输入的数据的维度就是 $Md$。

其次，自注意力的计算没有考虑元素的位置信息，而这个信息对于后续任务通常是很重要的，所以转换解码器在输入特征上附加了位置编码特征。位置编码的计

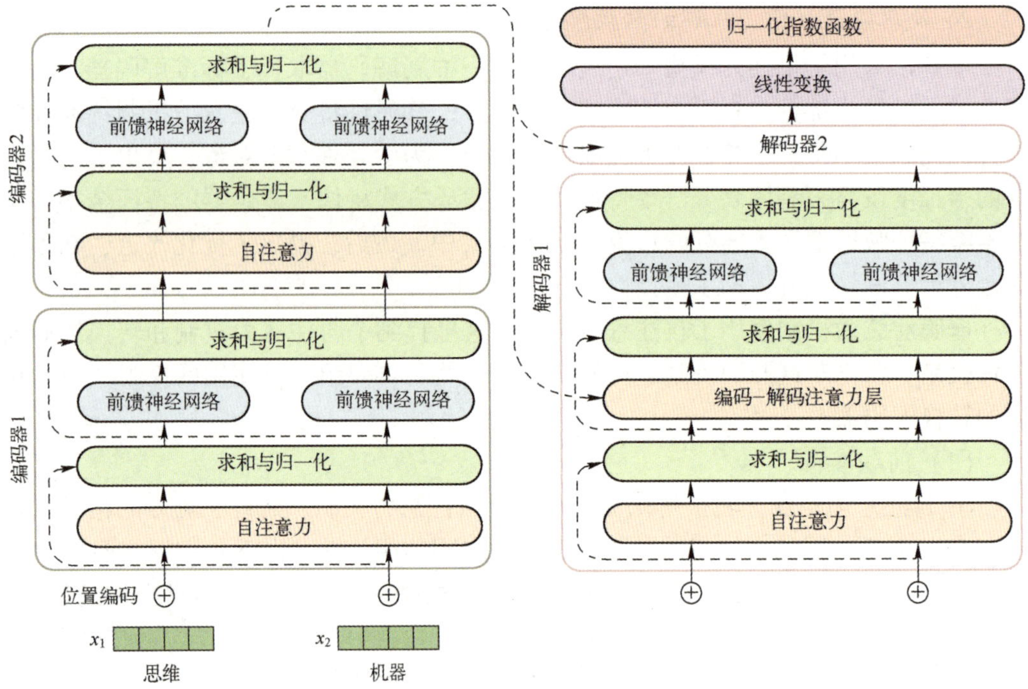


图 7-9 原始的转换解码器结构

算公式如下，以生成的位置特征和输入特征具有相同的维度 $d$，与输入特征相加后得到作为编码器的输入，其维度也是 $Md$。

$$\mathrm{PE}_{(\mathrm{pos},2i)}=\sin(\mathrm{pos}/10000^{2i/d_{\mathrm{model}}}) \tag{7-58}$$

$$\mathrm{PE}_{(\mathrm{pos},2i+1)}=\cos(\mathrm{pos}/10000^{2i/d_{\mathrm{model}}}) \tag{7-59}$$

编码器由两部分构成：一是多头注意力机制（自注意力）；二是全连接层（前馈神经网络）。这两个部分都包括了残差连接（求和）和归一化。多头注意力在前文已经介绍过，而全连接层是为了对编码后的元素做进一步的特征提取。多头注意力和全连接层作为一个模块在编码器中重复 6 次，用来提取具有更多语义信息的高层次特征。

解码器和编码器非常类似，都是多头注意力和全连接层，且重复 6 次。区别在于，解码器有两个输入，一个是编码器的输出，经过处理以后作为 key 和 value，另一个是当前要解码的数据经过多头注意力模块处理后的特征，作为 query。因此，这是一个编码-解码的交叉注意力，其中 query 来自解码器，而 key 和 value 来自编码器。在解码的过程中，key 和 value 是不变的。经过如上的编码器和解码器结构，输出点云中提取的特征。

（2）掩膜注意力机制。为了加速基于转换器的模型的收敛，这里提出了掩膜注意力机制，这是一种交叉注意力机制的变体，只出现在每个搜寻的预测掩膜的前景区域内。

标准交叉注意力机制的计算：

$$X_l=\text{softmax}(Q_lK_l^{\mathrm{T}})V_l+X_{l-1} \tag{7-60}$$

这里，$l$ 是层索引，$X_l\in\mathbf{R}^{N\times C}$ 代表 $N$ 个在第 $l$ 层的 $C$ 维搜寻特征，且 $Q_l=f_Q(X_{l-1})\in\mathbf{R}^{N\times C}$。$X_0$ 代表向转换解码器输入的搜寻特征。$K_l,V_l\in\mathbf{R}^{H_lW_l\times C}$ 分别是转换关系 $f_K(\cdot)$ 和 $f_V(\cdot)$ 的图像特征，$H_l$ 和 $W_l$ 是下一步介绍的图像特征的空间分辨率，$f_Q$、$f_K$ 和 $f_V$ 都是线性变换。

本节提出的掩膜注意力机制为

$$X_l=\text{softmax}(\mathcal{M}_{l-1}+Q_lK_l^{\mathrm{T}})V_l+X_{l-1} \tag{7-61}$$

更多地，局部特征 $(x,y)$ 的注意力掩膜 $\mathcal{M}_{l-1}$ 为

$$\mathcal{M}_{l-1}(x,y)=\begin{cases}0, & 如果\mathcal{M}_{l-1}(x,y)=1\\-\infty, & 其他\end{cases} \tag{7-62}$$

这里，$\mathcal{M}_{l-1}\in\{0,1\}^{N\times H_lW_l}$ 是第 $l-1$ 层转换器解码器的掩膜预测二值化输出（阈值 0.5）。其调整为 $K_l$ 的分辨率。$\mathcal{M}_0$ 是由 $X_0$ 得到的二值化掩膜。

（3）高分辨率特征。较高的分辨率特征虽然能提高模型性能，但会增大计算量。因此，这里提出了一种有效的多尺度策略，以在控制计算量的同时引入高分辨率特征。这里使用由低分辨率和高分辨率特征组成的特征金字塔，并将多尺度特征的一个分辨率一次提供给一个转换解码器层。

（4）优化改进。为了优化转换解码器设计，进行了以下三项改进。首先，切换自我注意力机制和新提出的掩膜注意力机制，以使计算更有效。其次，使搜寻特征也可以深度学习，并在可学习搜寻特征用于转换解码器掩膜之前被直接监督。最后，消除了解码器中的一些多余部分。

### 2. 建立语义分割图像与激光雷达点云的映射

在对图像完成语义分割之后，这里建立图像像素点与激光点云点之间的映射。将相机与激光雷达之间的位置关系进行标定，确定二者之间的位置关系。以相机和激光雷达为原点各自建立图像像素点和激光点云点的坐标系，确立从激光雷达点云点到相机像素点的映射公式是

$$y=P_{\text{rect}}R_{\text{rect}}T_L^c x \tag{7-63}$$

这里，$x$ 是点云坐标，$y$ 是图像像素坐标，$T_L^c$ 是点云坐标系到相机坐标系转换矩阵，$R_{\text{rect}}$ 是相机修正旋转矩阵，目的是使相机和图像共面，$P_{\text{rect}}$ 是包含了相机内参的相机投影矩阵。

建立映射关系后，图像语义分割的标签就可以映射给激光雷达点云。注意此时的激光雷达点云是单帧激光雷达点云，需要使用激光雷达惯性建图算法建立带语义标签的完整激光雷达点云。

## 7.4 基于多节点稀疏信息联合优化的无人协同定位

针对地空无人机集群多节点以及稀疏信息下的协同定位需求，在无人平台协同

感知和建图与环境理解的基础上，提出基于多节点稀疏信息联合优化的无人集群协同定位方法，实现未知多变环境和运动状态下多无人平台高精度定位。对于地空协同系统而言，空中无人机等飞行节点受设备体积与重量限制所能携带的传感器与计算平台性能较为有限，而地面平台则可装备更高精度的传感器与更高性能的计算单元。基于多节点稀疏信息联合优化的无人协同定位，可以在服务器端收集各移动智能体构建的子地图对齐并进行优化，进而构建全局一致地图。

### 1. 系统总体结构

基于视觉语义与共视图的联合位姿优化算法系统结构如图 7-10 所示，其主要包括装备有视觉惯性里程计的多个智能体和一个中央服务器。系统无须对智能体的初始化参数进行先验假设。单个智能体都在自身的里程计坐标系下运行，原点位于载体的出发点。单个智能体受计算资源限制，只在自身平台在线运行一个视觉惯性里程计前端来确保自身运动的自主性。同时，全局地图维护与繁重计算的进程会传送到计算性能更高的服务器上进行处理。智能体与服务器端都使用了一个通信模块进行数据交换，中央服务器与每个智能体之间可以通过无线网络进行通信。通信模块建立起了 P2P（peer-to-peer）网络连接的方式，使得服务器可以像云端服务一样运行在本地部署的计算机上。系统采用通用的通信接口，使其可以适用于任何基于关键帧的视觉惯性里程计前端，从而增强了系统对多源异构平台的适应性。服务器的核心是地图管理模块，用于控制系统中全局地图数据的读取。其维护了一个或多个地图和关键帧数据集以进行高效的位置识别。另外，其提供了对重复到达位置识别的功能以对重复关键帧进行删除。位置识别模块对所有来自智能体的关键帧进行处理来对环境中重复访问区域进行识别，以进行回环校正与地图融合。另外，服务器端运行位姿图优化算法与全局优化算法分别对智能体位姿与全局地图进行进一步优化处理。同时，服务器端还提供了用户与系统交互的接口。系统的状态变量 $\boldsymbol{\theta}$ 包括关键帧 $k$ 所对应的姿态 $\boldsymbol{R}$ 与位置 $\boldsymbol{t}$、路标点位置 $\boldsymbol{l}$、速度 $\boldsymbol{v}$ 与 IMU 偏置 $\boldsymbol{b}$：

$$\boldsymbol{\theta}:=\{\underbrace{\boldsymbol{R}_{WS}^{k},\boldsymbol{t}_{WS}^{k},{}_{W}\boldsymbol{v}^{k},\boldsymbol{b}^{k}}_{\mathrm{KF}_k},{}_{W}\boldsymbol{l}^{i}\},\ \forall k\in V,\ \forall i\in L \tag{7-64}$$

式中：集合 $V$ 与 $L$ 分别为关键帧与路标点的集合。

### 2. 地图管理模块

系统服务器后端的地图管理模块主要用于维持协同估计线程的数据。服务器地图是一个 SLAM 图，主要以关键帧的集合 $V_x$ 和路标点的集合 $L_x$ 作为顶点，两关键帧之间的 IMU 预积分约束和地图点与关键帧之间的观测作为边。所有的智能体都会让服务器构建一个地图。在所有地图都能够被协同定位之后，服务器中的地图则会进行融合。共享的地图点观测建立起关键帧与多智能体之间的观测，IMU 约束因子则会加入由同一个智能体创建的相邻两关键帧中。

系统变量因子图如图 7-11 所示。

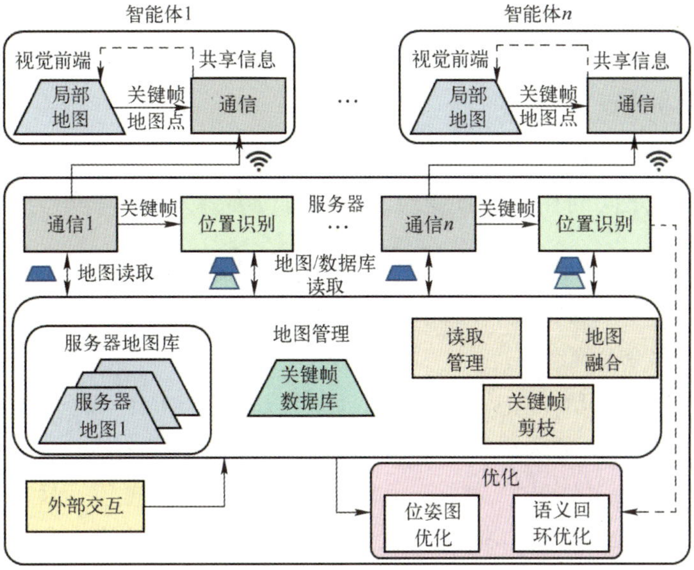


图 7-10 基于视觉语义与共视图的联合位姿优化算法系统结构

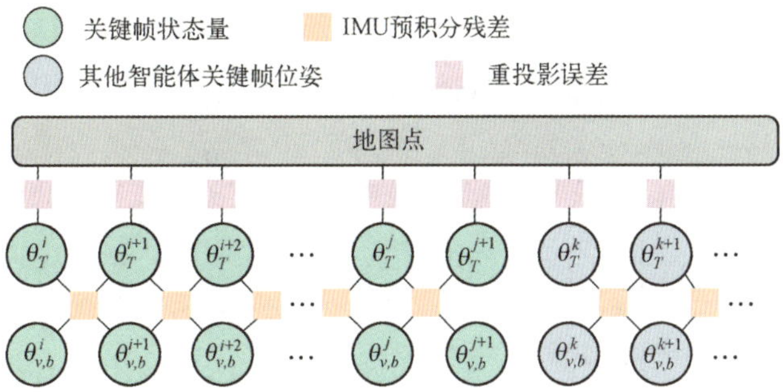


图 7-11 系统变量因子图

### 3. 误差残差方程

基于关键帧的视觉惯性里程计系统状态变量的优化问题可以建模成为一个加权非线性最小二乘问题。每个残差 $\boldsymbol{e}_i$ 都可以表示为当前测量方程计算的观测量与真实测量值 $z_i$ 之间的差：

$$\boldsymbol{e}_i=\boldsymbol{z}_i-h_i(\boldsymbol{X}_i) \tag{7-65}$$

式中：$\boldsymbol{X}_i$ 为与测量 $z_i$ 相应的系统状态变量 $\boldsymbol{\theta}_j$ 的集合；$h_i(\cdot)$ 为测量方程。对系统的残差项进行加和后可以得到系统的优化目标函数：

$$\boldsymbol{\theta}^* = \underset{s}{\operatorname{argmin}}\left\{\sum_i \|\boldsymbol{z}_i - h_i(\boldsymbol{X}_i)\|_{\boldsymbol{W}_i}^2\right\} \tag{7-66}$$

式中：$\|\boldsymbol{x}\|_W^2=\boldsymbol{x}^{\mathrm{T}}\boldsymbol{W}\boldsymbol{x}$ 为与信息矩阵 $\boldsymbol{W}$ 相关的马氏距离的平方。系统中包含 3 种不同类型的残差：重投影误差 $\boldsymbol{e}_r$，相对位姿残差 $\boldsymbol{e}_{\Delta T}$和 IMU 预积分残差 $\boldsymbol{e}_{\mathrm{IMU}}$。

1）重投影误差

重投影误差是与路标点 $j$、其位置 ${}_W\boldsymbol{l}^j$ 和相对应的二维关键帧 $k$ 之间的观测 $\boldsymbol{z}^{k,j}$之

间的误差，可以表示为

$$e_r^{k,j}:=z^{k,j}-\pi(T_{\mathrm{CS}}^k(T_{\mathrm{WS}}^k)_W^{-1}I^j) \tag{7-67}$$

2）相对位姿残差

相对位姿残差被用来表示两个位姿 $T_i(T_{\mathrm{RI}})$ 与 $T_j(T_{\mathrm{RJ}})$ 之间的误差。测量值 $\Delta T_{ij}$ 表示图像帧 $i$ 与 $j$ 之间的相对位置变换，则相对位姿残差可以表示为

$$e_{\Delta T}:=[\log(\Delta R_{ij}R_j^{\mathrm{T}}R_i)^{\mathrm{T}}(\Delta t_{ij}+R_j^{\mathrm{T}}t_j-t_i)^{\mathrm{T}}]^{\mathrm{T}} \tag{7-68}$$

式中：$\log(R)$在三维旋转到其相应正切空间的映射。

3）IMU 预积分残差

给定两关键帧之间的 IMU 数据序列，则可以通过对 IMU 测量值进行积分来确定两关键帧之间的相对位姿约束。但是这些 IMU 测量值受到未知的偏置噪声影响，因而积分结果也会受到其影响。为了避免优化过程中 IMU 偏置值变换对所有 IMU 测量值积分所带来的不必要的计算损耗，系统的预积分算法采用了单次积分与 IMU 偏置线性化的策略，因此 IMU 预积分残差项可以表示为

$$e_{\Delta R}^{k-1,k}=\log\left(\left(\Delta\widetilde{R}_{k-1,k}(\bar{b}_g^{k-1})\exp\left(\frac{\partial\Delta\bar{R}_{k-1,k}}{\partial b_g}\delta b_g\right)\right)^{\mathrm{T}}R_{\mathrm{WS}}^{k-1^{\mathrm{T}}}R_{\mathrm{WS}}^k\right) \tag{7-69}$$

$$\begin{aligned}e_{\Delta v}^{k-1,k}=&\Delta R_{\mathrm{WS}}^{k-1^{\mathrm{T}}}(Wv^k-Wv^{k-1}-Wg\Delta t_{k-1,k})\\&-\left(\Delta\widetilde{v}_{k-1,k}(\bar{b})+\frac{\partial\Delta\bar{v}_{k-1,k}}{\partial b_a}\delta b_a+\frac{\partial\Delta\bar{v}_{k-1,k}}{\partial b_g}\right)\end{aligned} \tag{7-70}$$

$$\begin{aligned}e_{\Delta t}^{k-1,k}=&R_{WS}^{k-11^{\mathrm{T}}}\left(\Delta t_{WS}^k-t_{WS}^{k-1}-W_W v^{k-1}\Delta t_{k-1,k}-\frac{1}{2}g\Delta t_{k-1,k}^2\right)\\&-\left(\Delta\tilde{t}_{k-1,k}(\bar{b}^{k-1})+\frac{\partial\Delta\bar{t}_{k-1,k}}{\partial b_a}\delta b_a+\frac{\partial\Delta\bar{t}_{k-1,k}}{\partial b_g}\delta b_g\right)\end{aligned} \tag{7-71}$$

式中：$\bar{\cdot}$为在预积分时带有 IMU 预积分偏置$\bar{b}$的变量；$\widetilde{\cdot}$为利用当前状态变量计算得到的变量；标量值 $\Delta t_{k-1,k}$为两关键帧之间的时间间隔，则 IMU 预积分残差向量可以表示为

$$e_{\mathrm{IMU}}^{k-1,k}:=[e_{\Delta R}^{k-1,k^T}\quad e_{\Delta v}^{k-1,k^T}\quad e_{\Delta t}^{k-1,kT}]^{\mathrm{T}} \tag{7-72}$$

### 4. 视觉惯性里程计前端

基于视觉语义与共视图的联合位姿优化算法可以通过基于关键帧的视觉惯性里程计前端获得协同全局数据。为了使智能体、服务器之间的地图信息相互之间能够共享，算法提供了服务器后端与前端结合的通信接口。为了处理全局优化中的惯性数据，算法使用度量尺度的估计以及 IMU 偏置和视觉惯性里程计的速度作为初始化点。

### 5. 通信

通信模块采用的是基于 TCP 协议的 Soket 编程实现，并采用 Cereal 库对消息进

行序列化。这使得服务器可以类似于云端那样在当地计算平台上运行。服务器端的通信模块监听智能体传入连接请求的预定义端口，允许它们在任务期间动态加入，而无须事先说明参与智能体的数量。智能体端的通用通信接口则是通过共享库的方式实现的，使得现有的视觉惯性里程计系统使用预定义的关键帧和路标点消息与服务器后端共享地图数据。

1）智能体到服务器通信

为了将智能体构建的地图信息共享到服务器中，算法采用了的高效消息传递方案，该方案利用关键帧和路标点的静态部分，如提取的二维特征关键点和相关描述符。并确保该信息不被重复发送，以减小所需的网络带宽。通信方案区分了所谓的“完整”消息，包括关键帧和路标点的所有相关信息，包括静态测量（如二维关键点）和更小的更新消息，其中只传输状态的变化（如修改的关键帧位姿）。所有要与服务器共享的映射数据都在短时间窗口内积累起来，并以固定的频率分批传输到服务器。服务器端的通信对应地将传输的地图信息集成到协同SLAM 估计中。

2）服务器到智能体通信

算法的通信接口支持智能体和服务器之间的双向通信，用于估计智能体的视觉惯性里程计的漂移。在服务器上，漂移可以通过回环检测和随后的基于优化的地图更新在全局范围内进行优化。为了使智能体也能够消除这种漂移，服务器定期与该智能体共享最近创建的关键帧的位姿估计。将来自服务器的漂移校正姿态估计与局部地图中关键帧的估计姿态进行比较，可以得到智能体上的局部里程计位姿变换 $T_{\text{odom}}$，消除当前位姿估计中的漂移。在该方案中，局部里程计中的地图并不会被修改，从而不会影响视觉惯性里程计位姿估计的光滑度。

### 6. 多地图管理

地图管理器维护着由所有智能体所提供的地图数据组成的。当有新的智能体加入时，系统则会开辟出一个新的地图。一旦位置识别检测到两个不同地图之间的重叠，地图管理器的地图融合进程就会被触发。另外，地图管理器保存并维护有效的位置识别所需的关键帧数据库。除了提供冗余关键帧删除和图像压缩的进程，地图管理器还负责控制对服务器地图和关键帧数据库的访问以确保全局一致性。在系统中存储所有地图的核心，各个模块请求访问读取或修改特定地图，便于协调来自不同系统模块的地图访问以保持地图一致性，如当多个智能体共享同一个服务器地图信息时，或者限制地图访问以执行地图融合或优化时。

### 7. 地图优化

1）位姿图优化

当有新的关键帧加入到地图中并回环检测成功后，系统则会启动位姿图优化来添加两关键帧之间的约束。服务器地图中对所有关键帧进行的位姿图优化的目标函数可以表示为

$$J_{\mathrm{PGO}}(\boldsymbol{\theta}):=\sum_{i\in V}\sum_{j\in V}x(i,j)\cdot\|\boldsymbol{e}_{\Delta T}^{i,j}\|_{\boldsymbol{W}_{\Delta T}}^{2} \tag{7-73}$$

式中：$x(i,j)$表示为

$$x(i,j)=\begin{cases}1, & 若\ i<j\\ 0, & 其他\end{cases} \tag{7-74}$$

式中：$\boldsymbol{e}_{\Delta T}$为相对位置残差；$\boldsymbol{W}_{\Delta T}$为相对位姿约束的信息矩阵。经过位姿图优化后，所有路标点的位置都会根据优化后的关键帧位姿进行重新计算。

2）全局优化

在任务完成时，系统可在智能体不再向服务器发送信息后进行全局优化。这创建了一个高度精确的估计，可以以多任务范式重复用于以后的协同 SLAM 任务。对于特定的服务器地图，在执行全局优化时考虑了地图中的所有的关键帧和路标点，使用以下目标优化函数：

$$J_{\mathrm{GBA}}(\boldsymbol{\theta}):=\|\boldsymbol{e}_{p}^{c}\|_{\boldsymbol{W}_{p}^{c}}^{2}+\sum_{k\in V}\sum_{j\in L(k)}\delta(\|\boldsymbol{e}_{r}^{k,j}\|_{\boldsymbol{W}_{r}^{k,j}}^{2})+\sum_{k-1,k\in V}(\|\boldsymbol{e}_{\mathrm{IMU}}^{k-1,k}\|_{\boldsymbol{W}_{\mathrm{IMU}}^{k-1,k}}^{2}+\|\boldsymbol{e}_{b}^{k-1,k}\|_{\boldsymbol{W}_{b}^{k-1,k}}^{2}) \tag{7-75}$$

式中：第一项表示添加到第一个关键帧的先验，以去除测量自由度；$L(k)$表示通过关键帧 $k$ 观测到的地图点集合；函数 $\delta(\cdot)$表示使用一个健壮代价函数来减少离群值观测的影响；残差项 $\boldsymbol{e}_r$ 与 $\boldsymbol{e}_{IMU}$分别表示重投影误差与 IMU 预积分残差；残差项 $\boldsymbol{e}_{b}^{k-1,k}$ 表示两连续关键帧之间的 IMU 偏置惩罚项。优化后，具有较大重投影残差的离群值将会从地图中删除。

3）节点稀疏

大规模关键帧有助于视觉惯性里程计达到较好的健壮性与精度，但是对于全局位姿优化而言会造成大量的运算开销。因而在大规模的协同定位与建图中，对关键帧节点仅进行稀疏化处理可提升系统的建图范围与能力。因此，系统采用场景结构启发式的节点稀疏策略来对冗余关键帧进行剔除。该启发式的基本假设是，随着特定路标点在不同关键帧中的观测数增加，单个观测获得的信息减少。因此，用 $\mathrm{obs}(\mathrm{LM}_i)$表示第 $i$ 个路标点 $\mathrm{LM}_i$ 的观测次数，函数 $\tau(x):\mathbb{N}^0\to[0,1]$根据每个 LM 的观测数给每个 LM 分配一个值，随着编码数的增加，该路标点的单个观测的冗余度增加。利用第 $k$ 帧关键帧观测到的路标点的集合 $L(k)$，可以计算出地图中每个关键帧的冗余值

$$\phi(\mathrm{KF}_k)=\frac{1}{|\mathcal{L}(k)|}\sum_{i\in L(k)}\tau(\mathrm{obs}(\mathrm{LM}_i)) \tag{7-76}$$

通过这种方式给每个关键帧赋予一个值，估计其对全局位姿优化贡献的信息，就可以从估计中去除最多冗余的关键帧。另外路标点的剪枝是隐式处理的，每当一个路标点的被观测不足时，无论是通过移除离群观测值还是通过移除关键帧，这个路标点都会从地图中移除。

# 7.5 基于环境认知的多源智能协同导航系统技术及应用

## 7.5.1 多源智能协同导航系统技术

多源智能协同导航系统技术支持卫星拒止环境下地空无人平台的自主导航，支持跨域异构无人集群的地空协同导航；同时具备面向不同地空无人平台的多源传感器适配能力，支持不少于 5 种导航信息源的多源组合导航。

具体参数指标包括：小型无人平台微机电组合导航系统初始定向精度优于 0.2°/5min；卫星拒止条件下，空中无人平台定位精度优于 20m，地面无人平台定位精度优于 10m。

## 7.5.2 多源智能协同导航系统在智能无人集群中的应用

针对 GNSS 信号拒止环境，开展了包含 1 个地面无人平台、2 个无人机的空地协同导航仿真验证实验，如图 7-12 所示。在千米级范围内，采用视觉/惯性协同自主导航方法，无人机相对定位精度优于 2m，如图 7-13 所示。

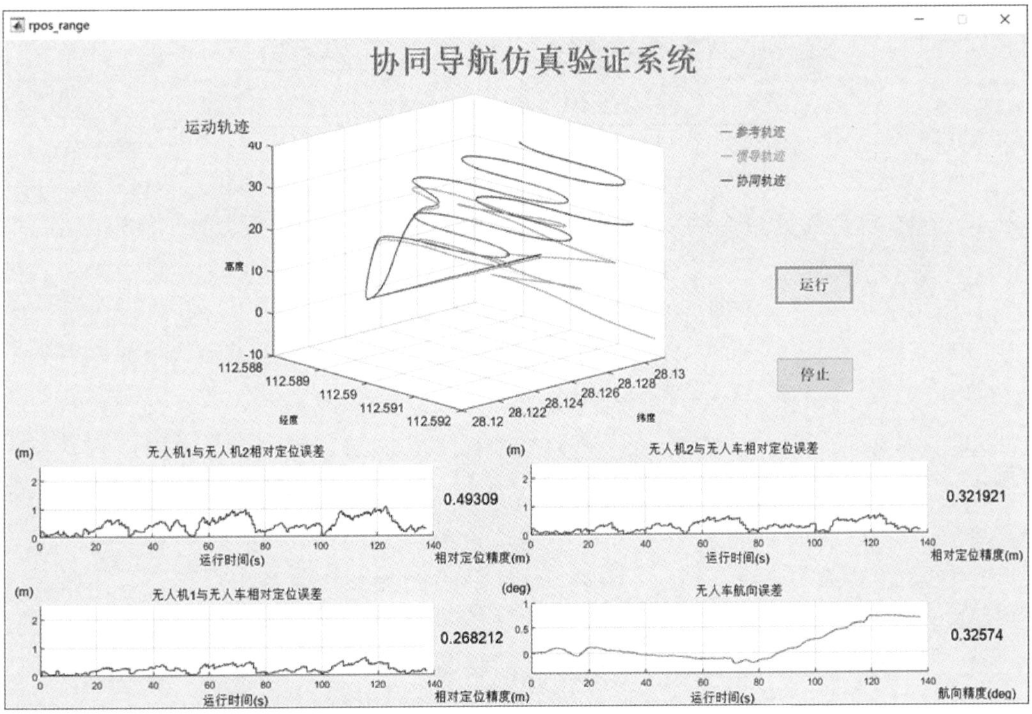


图 7-12 空地协同导航仿真验证系统

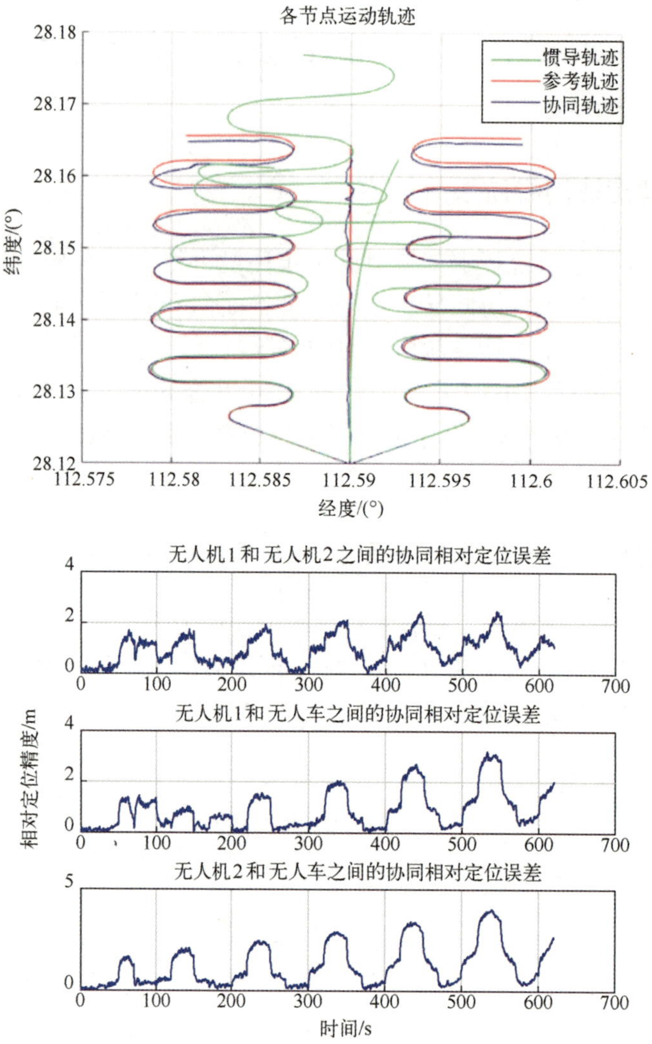


图 7-13　运动轨迹与协同相对定位误差曲线

第三部分

3

# 智能规划与决策

# 第8章 智能规划与决策概述

## 8.1 智能规划与决策的基本概念

规划与决策历来是人类智慧的重要体现。随着现代科技与社会的发展，人类面对的一些问题越来越复杂，要素越来越多，时间要求越来越紧迫，单靠人力无法再完成。因此，需要研究运用新技术辅助人解决复杂的规划决策问题，我们称之为智能规划与决策。

### 8.1.1 规划的概念

（1）不同的词典和网络百科对规划词有不同的定义：

商务印书馆出版的《现代汉语词典（第七版）》中规划的定义为：比较全面的长远的发展计划。

百度百科中规划的定义为：为将要完成的事务进行仔细考虑并明确如何去做。

《朗文当代高级英语词典》中对规划的定义为：为完成某个目标需要执行的一系列经过仔细考量且细化的行动。

本书中所指的智能规划（intelligent planning）是指从某个特定的问题状态出发，寻求一系列行为动作，并建立一个操作序列，直到求得目标状态为止。

（2）从科学研究的角度，不同学科领域对规划相关问题所关注的侧重点有所不同。

人工智能领域主要关注离散空间的问题，将规划问题看作是所有可能行动构成的集合，从而将解定义为一个行动序列，涵盖经典规划、不确定推理、博弈游戏和最优计划等内容。如围棋、星际争霸游戏等（图 8-1），以及分层任务规划（图 8-2）。

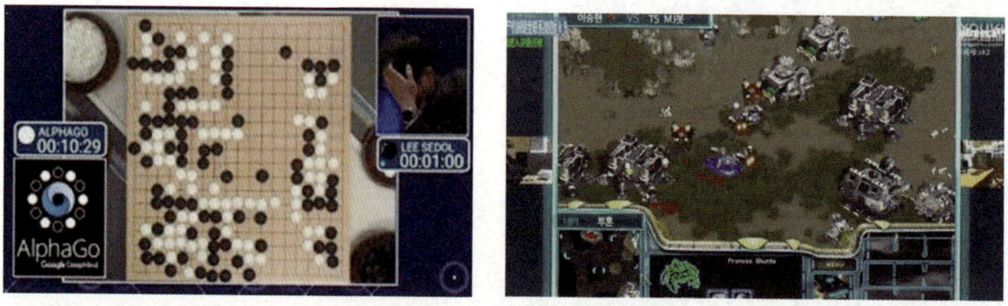


图 8-1　人工智能领域的规划

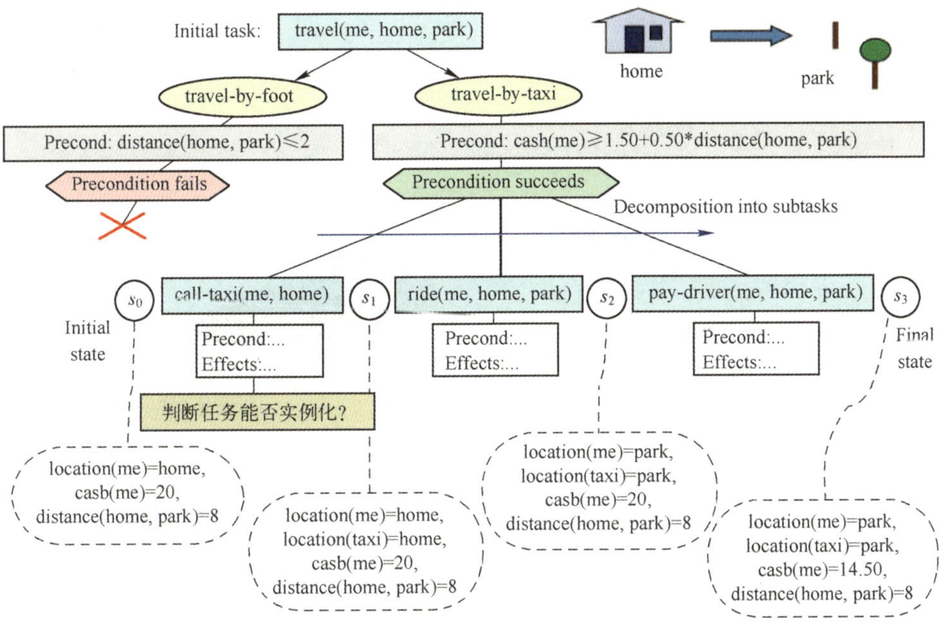


图 8-2 分层任务规划

机器人学领域和控制学领域主要关注运动规划，机器人学领域将运动规划定义为：产生算法将高层任务指标转化为运动的底层描述，需要考虑运动学微分约束、不确定性和最优性等，如钢琴搬运问题（图 8-3），假设给出人搬钢琴的精确的计算机辅助设计模型作为算法的输入，算法必须确定在不碰到任何物体的情况下如何将一台钢琴从一个房间移到另一个房间。

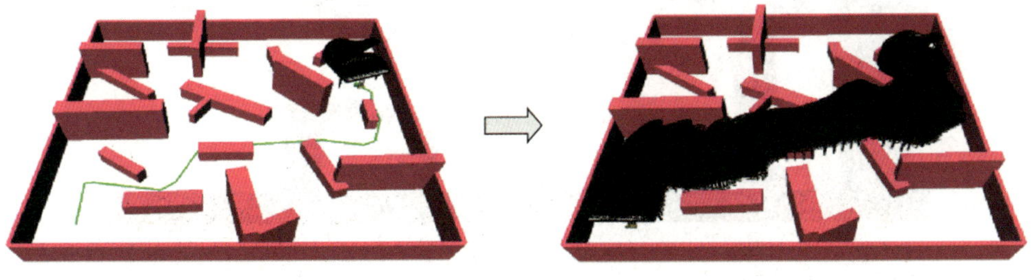

图 8-3 搬钢琴问题的运动规划

控制学领域中的运动规划是指构建一个非线性动力系统的输入，驱动系统从开始状态运动到指定的目标状态，需要考虑稳定性、不确定性和最优性等。例如，控制一个滑翔弹，从当前位置运动经历助推、滑翔和下压 3 个阶段，到达目标位置（图 8-4）；控制一个四旋翼无人机，在复杂环境中，从当前位置飞行到目标位置，并保证与周围的环境无碰撞（图 8-5）。

一般来说，规划的概念模型包括 3 个部分，如图 8-6 所示。

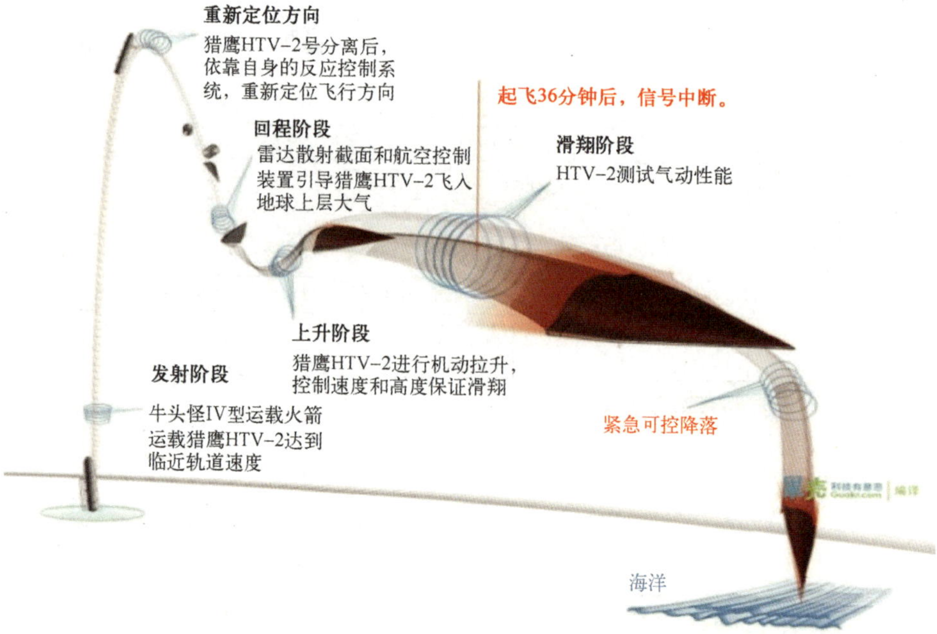


图 8-4　滑翔弹的运动规划

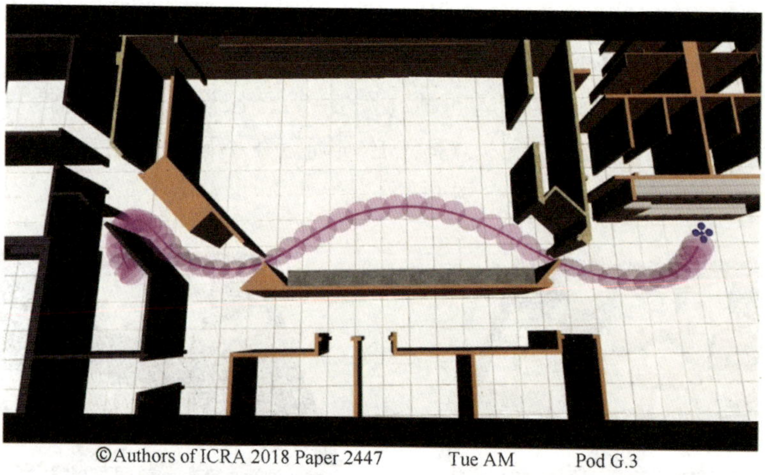


图 8-5　四旋翼无人机的运动规划（在办公室环境下的仿真）

（1）状态转移系统：外部事件和动作引发系统的演化，其演化规则取决于状态转移函数。

（2）控制器：给定系统的初始状态，控制器将根据规划器产生的计划生成作用于系统的动作。

（3）规划器：给定系统的描述、初始状态及目标，为控制器生成满足给定目标的计划。其中，规划器是概念模型的核心：规划器的输入为规划问题，包含了对规划器所作用的系统描述、系统的初始状态和规划目标；规划器的输出是一个用于解决规划问题的计划。

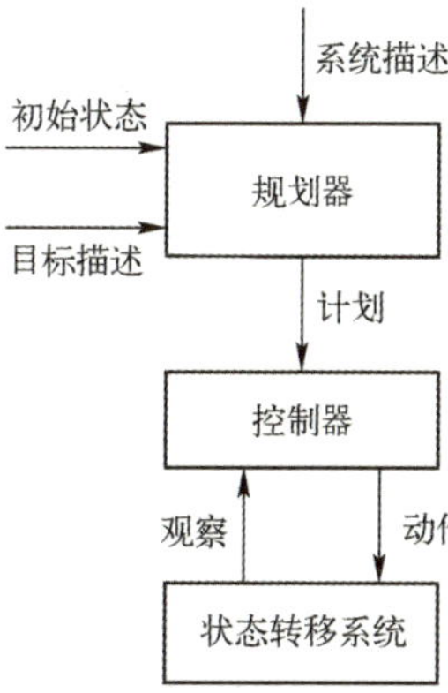


图 8-6 规划的概念模型

军事领域的规划包括 3 个方面，即军事力量运用规划、军事力量建设规划、作战任务规划等。

军事力量运用规划（operational planning）：从总司令官到最底层的作战单元各司其职，决定了美军如何打仗。

军事力量建设规划（force planning）：由国防部、各军兵种和特种作战司令部完成，决定了美军如何建设。

作战任务规划：基于可信的模型和数据，按照标准化作业流程，运用数学工具和现代计算技术，对作战要素进行全面分析，实现优化配置各类作战资源，整体协调各类兵力兵器的行动计划，可根据战场态势的变化进行实时动态调整，确保以最优或近似最优的方法达成作战目标的作战指挥决策活动。作战任务规划是军事科技的一个综合性应用领域，包括但不限于以下几种。

（1）动员规划：兵力动员、预备役动员、物资动员组织、国防力量协调等。

（2）兵力部署/重部署规划：兵力部署、空中重部署、空中机动规划、海上运输规划、航母部署与机动规划等。

（3）兵力运用规划：兵力兵器选择、任务分配、战斗规划、作战效果预测、行动方案推演、作战管理等。

（4）后勤规划：弹量消耗预算、物资需求分析、补给规划、运算规划等。

### 8.1.2 决策的概念

决策可以理解为决定策略或办法，或者决定的策略或办法（《现代汉语词典》（第 7 版），商务出版社）；也可以定义成：为最优地达到目标，对若干个备选的行动方案进行的选择（《中国大百科全书 · 自动控制与系统工程卷》，中国大百科全书）。通俗地讲，决策是决策者为了按预期目的去完成某项任务或解决某个问题，运用各种方法，在系统地分析了主客观条件之后，考虑到未来状态，根据决策准则，对提出的多种可行方案进行优选评比，选择合理方案的一种分析过程。在机器人学领域，行为决策可以定义为：结合当前场景、局部环境、任务、安全性、平滑性等指标，从可选择的行为集合中选择最优的行为。现代管理学领域中对决策的理解可以分为 3 种：一是把决策看作从几种备选方案中做出最终抉择，是决策者的拍板定案（狭义理解）；二是认为决策是对不确定条件下发生的偶然事件所做的处理决定，这类事件既无先例，又没有可遵循的规律，做出选择要冒一定的风险（狭义理解）；三是把决策看成是一个包括提出问题、确立目标、设计和选择方案的过程。

决策问题可以形式化为由状态集、行动集、后果集和信息集组成的四元组 $G=\{Q,A,C,X\}$，又称为决策域：

状态集 $Q$：所有可能出现的状态集合。

行动集 $A$（方案集）：所有可能采用的行动的集合。

后果集 $C$：所有行动在所有状态下产生的后果集合。

信息集 $X$（样本空间）。

决策的典型流程如图 8-7 所示。

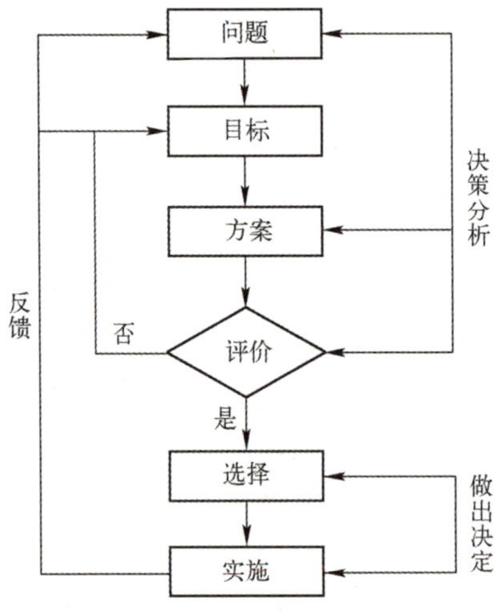


图 8-7　决策的典型流程

决策的过程涉及界定所需解决的问题、收集信息、制订备选方案、选择方案、执行方案并利用反馈信息进行控制等诸多步骤。

决策研究包括 3 个方面的问题：做出什么决策？如何做出决策？决策做得如何？按照决策过程将解决上述三方面问题的过程归结为 5 个阶段，即提出决策问题—确定决策目标—拟订备选方案—选择行动方案—决策实施与反馈。

### 8.1.3　规划与决策的关系

有观点认为，狭义的规划为广义的决策提供方案选择的依据和支撑，狭义的决策为广义的规划提供分支选择的依据和支撑。

此外，一个理性的决策通常可以表示为选择预期的效用最大化（或代价最小）的策略。为此，需要预测一系列动作措施将会产生怎样的结果，并根据这些预测来调整优化自己将要采取的措施，这个过程就是规划过程。

因此，在一定程度上可以认为，规划是制订方案的过程，决策是方案选择的过程和不确定条件下的应对与处理；智能规划与决策可以看作是基于人工智能、控制论、机器人学、运筹学中的理论方法，解决无人装备运用的一些规划决策问题。

### 8.1.4 作战任务规划

在军事上，作战任务规划是指以指挥员为中心，以优化、调度、人工智能等为技术支撑，以人机结合开展指挥决策与行动规划为主要内涵，通过“精算”“细算”“深算”“快算”，将作战筹划、作战计划、作战实施过程中的临机规划融合联动的精确型方案计划制订方式。可以发现，作战任务规划是规划与决策综合的问题。

作战任务规划按层次可分为战略、战役、战术3个层级，如图8-8所示。

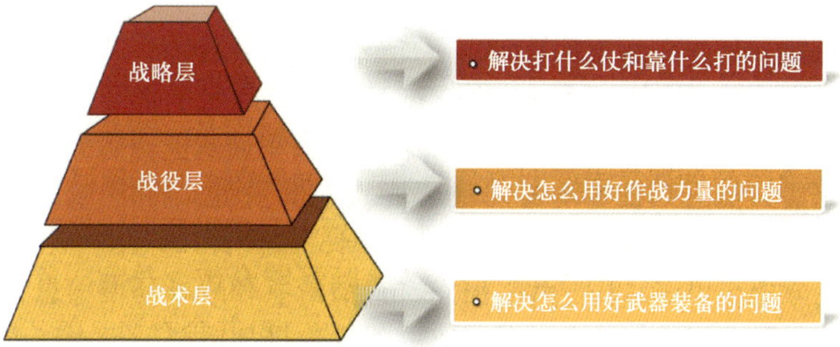


图8-8 作战任务规划

战略规划，是作战指导和作战能力的规划，重点解决打什么仗和靠什么打的问题，看重的是达成战略目的的代价，回答的是“为什么打”“能不能打”的问题。

战役规划，是作战行动的规划，重点解决怎么用好作战力量的问题，看重的是作战过程的协同和组织，回答的是“打什么”“什么时间打”“由谁来打”的问题。

战术规划，是战术过程的规划，重点解决怎么用好武器装备的问题，看重的是战术行动的合理性，回答的是“武器怎么用”“怎么打效率高”的问题。

其中，战术层对指战人员的智慧依赖程度最低，最容易实现自动化和智能化。

针对飞行器任务规划，智能规划可分为以下4个层级。

轨迹规划（trajectory planning）：从当前时刻开始，计算一条连接当前状态到目标状态，且不与环境发生碰撞，时间连续的状态轨迹。考虑平台的运动学约束、动力学约束和控制约束等。

路径规划（path planning）：计算一条连接起始状态到目标状态，且不与障碍物发生碰撞的几何路径。主要考虑空间关系约束，如最小转弯半径、禁飞区、避飞区/

障碍物等。

运动规划（motion planning）：包括路径规划和轨迹规划。

行为规划（behavior planning）：根据初始状态和目标状态，推理获得达成目标的相互连贯的一系列动作序列的过程。

在联合作战任务规划中，参谋团队通常会制订多套作战方案供指挥员选择，评估团队则通过精算细算对每套作战方案进行优选评估，提出兵力兵器选择、弹药使用时机和数量等优化调整建议，最终实现充分发挥每种兵力、每类武器的最大作战效能的目的。例如，针对同一目标实施精确打击，可采取潜射、舰射、空射、陆基等不同方式，也可选择巡航导弹、弹道导弹等不同弹型，还可选择单/多方向、高/低弹道、单/多发突击等不同打击模式，通过精算细算合理组合搭配使用，既可节省兵力、武器弹药，又可有效提升对目标的打击成功率。

### 8.1.5 智能规划技术的作用意义

（1）智能规划技术正在重构影响军事作战过程的各环节，知识、信息、数据是这个引擎的原始燃料。例如，通过数据挖掘寻找战场的未来走向、通过大数据分析海量数据内在的联系、通过机器学习预测未来对手的行动等。

（2）未来，智能规划技术随着现代智能技术的发展，将进入蓬勃发展的新时期。智能规划技术可利用知识/规则库、大数据、云计算、人工智能等新技术进行战场态势智能分析与预测，获取敌情信息、我情信息和战场环境信息，包括部队部署、作战态势、活动规律等信息，对获取的战场数据加以智能分析和数据挖掘，从中挖掘出深层次的信息和特征，为决策提供支撑。

## 8.2 智能规划与决策的发展历程

根据参与研究的主体、成果应用的方向、面向的背景需求不同，智能规划技术的发展主线可划分为理论探索、应用研究、工程实现 3 个层次。各层次发展各有侧重，最终目的均为规划与决策系统的产品实现提供具体支撑。

规划与决策相关理论技术的发展主线如下。

（1）理论探索：以运筹学、控制理论、优化算法、人工智能等数学和计算机科学相关理论为代表的一系列理论，为任务规划提供了有力的理论支撑。

（2）应用研究：为具体任务规划问题提供模型、算法，形成支撑工程实现的技术方法。

（3）工程实现：当应用研究逐步走向成熟后通过工程实现直接支撑各层级规划产品实现。

### 8.2.1 理论探索发展历程

规划与决策相关理论发展脉络如图 8-9 所示，主要经历了 3 个阶段。

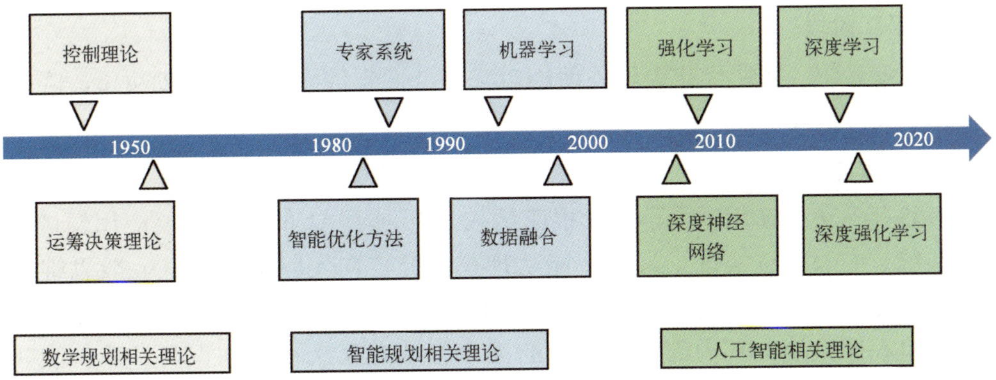


图 8-9 规划与决策相关理论发展脉络

### 1. 第一阶段

以军事运筹学、控制理论等相关理论为基础，主要目标是实现辅助计算。

1）军事运筹

运筹学诞生于第二次世界大战初期，用来解决稀少战争资源更有效分配的问题。国内军事运筹学研究开展较早，1958 年，钱学森在国防部第五研究院成立作战研究处，翻译苏联和美国的相关专著；1984 年，我军成立军事运筹学学会，主要研究线性规划、动态规划、整数规划等理论，广泛应用到任务规划系统的研究中。

2）经典控制理论

经典控制理论主要用于解决反馈控制系统中控制器的分析与设计问题，以传递函数为基础，主要研究单输入-单输出系统。以炉温控制为例，受控对象为炉子；输出变量为实际的炉子温度；输入变量为给定常值温度，一般用电压表示。给定温度和实际炉温两者的差值经过放大后用来驱动相应的执行机构进行控制。

3）现代控制理论

20 世纪 60 年代产生的现代控制理论是以状态变量概念为基础，利用现代数学方法和计算机来分析、综合复杂控制系统的新理论，适用于多输入、多输出，时变的或非线性系统。

飞行器及其控制系统正是这样的系统。从 20 世纪 60 年代“阿波罗”号飞船登月，20 世纪 70 年代“阿波罗”号飞船与“联盟”号飞船的对接，直到 20 世纪 80 年代航天飞机的成功飞行，都是与现代控制理论和计算机的应用分不开的。

现代控制理论以状态空间分析法为基础，主要分析和研究多输入-多输出、时变、非线性系统。

经过几十年的发展，国内在飞行器控制领域已经取得了丰硕成果；随着无人飞行器，尤其是微小型无人飞行器在军事领域的广泛使用，以一致性理论为代表的多机协同控制理论必将在任务规划与决策系统中得到更广泛的应用。

### 2. 第二阶段

以专家系统、智能优化等相关理论为基础，主要目标是实现辅助决策，降低人的工作负荷。

1）专家系统

1965年，美国斯坦福大学的费根鲍姆教授开创了AI的一个重要应用领域——专家系统。专家系统实现了人工智能从理论研究走向实际应用，从一般思维规律探讨走向专门知识运用的重大突破，是AI发展史上的一次重要转折。其是一个智能计算机程序系统，其内部含有大量的某个领域专家水平的知识与经验，能够利用人类专家的知识和解决问题的方法来处理该领域的问题。也就是说，专家系统是应用人工智能技术和计算机技术，根据某领域一个或多个专家提供的知识和经验，进行推理和判断，模拟人类专家的决策过程，以便解决那些需要人类专家处理的复杂问题。简而言之，专家系统是一种模拟人类专家解决领域问题的计算机程序系统。

20世纪80年代中后期，专家系统的研究遇到困难：知识获取的瓶颈问题。其不足主要是应用领域狭窄、缺乏常识性知识、知识获取困难、推理方法单一，开发周期长且昂贵等。

2）智能优化

智能优化是一个近年来发展起来的非常活跃的研究领域，典型算法包括以下几种。

（1）遗传算法：模仿生物种群中优胜劣汰的选择机制实现优化。

（2）禁忌搜索算法：引入记忆功能，通过设置禁忌区阻止搜索过程中的重复。

（3）模拟退火算法：模拟热力学中退火过程引导搜索，增强算法的全局搜索能力。

（4）蚁群优化算法：借鉴蚂蚁群体利用信息素相互传递信息来实现路径优化的机理。

智能优化方法在各个专业和领域中被广泛用来解决各类优化问题。智能规划与决策研究智能体如何规划与决策以达成任务目标，并使得效能最优，实质上也是一类优化问题，可以使用智能优化方法进行求解。

3）数据融合

智能规划与决策离不开各类数据资源，针对多域多源数据，需要进行数据的智能处理与融合。其中，数据融合技术是指利用计算机对按时序获得的若干观测信息，在一定准则下加以自动分析、综合，以完成所需的决策和评估任务而进行的信息处理技术。主要包括对各种信息源给出的有用信息的采集、传输、综合、过滤、相关及合成，以便辅助人们进行态势/环境判定、规划、探测、验证、诊断。

### 3. 第三阶段

以深度学习、数据挖掘等人工智能领域的最新理论成果为基础，主要目标是实现决策的自主化和智能化。主要以深度学习、强化学习等理论为代表。

未来智能规划技术必将结合人工智能领域的最新成果，从浅层计算到深度神经推理、从单纯依赖数据驱动的模型到数据驱动与知识引导相结合、从领域任务驱动智能到更为通用条件下的强人工智能（从经验中学习）；人工智能、大数据等技术改变了计算本身，也促使智能规划技术从自主化进一步向智能化发展。

## 8.2.2 应用研究发展历程

规划与决策技术随着人工智能技术的发展，经历了从计算智能到人机融合式增强智能的发展过程，如图 8-10 所示。

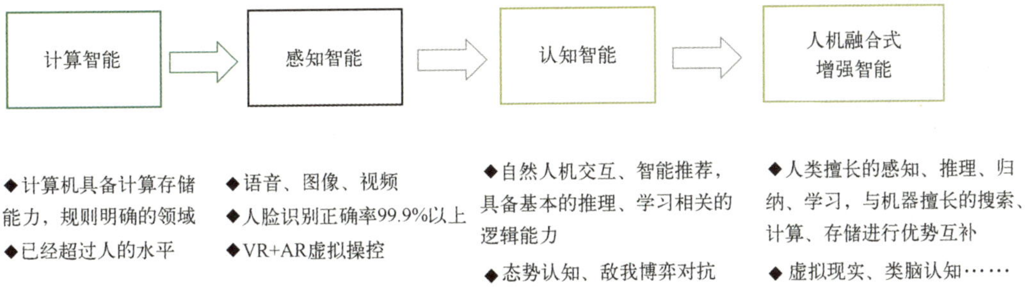


图 8-10　规划与决策应用研究发展脉络

（1）计算智能。突破计算能力和存储空间的限制，实现近乎实时的计算和存储能力。云计算已经将人类稳稳地送上了第一级台阶。

（2）感知智能。机器能够听得懂、看得清、辨得真，并与人直接交流对话。以大数据为基础的自然语言理解、图像图形认知、生物特征识别技术，让人类走上了第二级台阶。

（3）认知智能。机器能够理解人类的思维，像人类一样进行思考、推理、判断与决策。以深度学习算法为驱动的知识挖掘、知识图谱、人工神经网络、决策树技术，让人类努力向第三级台阶迈进。

（4）人机融合式增强智能。将人类擅长的感知、推理、归纳、学习，与机器擅长的搜索、计算、存储进行优势互补、双向闭环互动。虚拟现实增强技术、类脑认知技术、类脑神经网络技术，正在探索人类如何迈向第四级台阶。

## 8.2.3 工程实现发展历程

规划与决策的工程实现可以配合装备研制，催生任务规划系统。规划与决策最早的工程实现是在无人飞行器领域，近些年随着高新装备的发展，其配套的任务规划与决策系统也纷纷开始研制。经过多年的发展，实现了从单平台到多平台协同联合、预案规划到全程作战筹划控制的跨越，构建了相对完整的任务规划与决策技术工程应用体系。

我国在规划与决策工程实现层技术能力的发展路线如图 8-11 所示，主要包括平台类、模型类、数据类三类技术。平台类技术研究的重点是满足网络化、服务化、国产化、自主可控的需求。模型类技术研究的重点是通用化，且支持多领域模型快速积累和复用。数据类技术研究的重点是种类完备且具有标准的数据保障规范体系。

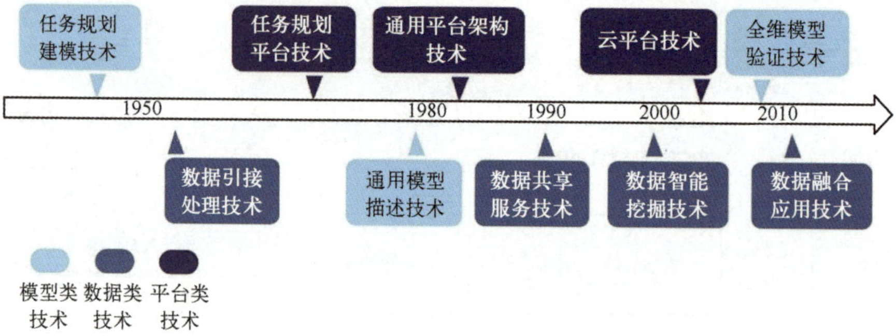


图 8-11　智能规划技术的工程实现发展历程

## 8.3　智能规划与决策主要方法及研究现状

智能规划与决策从可扩展性和适用性角度，包括仿生学方法、人工势场法、几何学方法、经典搜索法和进化学习法等。

### 8.3.1　仿生学方法

仿生群体智能算法是一类最适用于机器人集群规划与决策的方法，一直是群体智能领域的研究热点，它受自然界社会型生物行为启发，如蚁群、鱼群、鸽群、萤火虫、粒子群及蝙蝠等，这些生物基于邻近个体间的直接交互，或者所有个体内的共识主动性来实现信息交换，通过个体间自组织协作实现复杂行为的智能涌现，具有分布式、自组织、可扩展等天然优势。大量研究人员通过模拟上述生物行为，设计了各种群体智能算法，如蚁群算法、鱼群算法、鸽群算法、萤火虫算法等。

#### 1. 蚁群算法

蚁群优化（ant colony optimization，ACO）算法受蚂蚁觅食行为启发，它是启发式方法与蚂蚁环境交互行为相结合的产物，属于非线性优化的元启发式算法，其使用群体智能模型来模拟蚂蚁寻找食物最短路径行为。蚂蚁表现出复杂社会行为——共识主动性，该现象是在著名的双桥实验中观察到的：当选择短路径和长路径食物源时，蚂蚁在一段时间后始终会找到最短路径。

尽管 ACO 算法易于获得近似最优解，但很难找到最优解，文献［3］提出一种蚁群规划与决策算法，可获得更高质量的全局最优路径，且可在满意解和迭代次数之间进行灵活的权衡。文献［4］提出一种基于蚁群优化的动态环境下机器人集群规划与决策算法。为了避免 ACO 算法易陷入局部僵局和停滞问题，文献［5］将自组织协作机制引入集群规划与决策中，通过局域信息交换，增强局部范围内机器人之间通信协作，避免死锁。当某个机器人进入死锁区域时，与周围其他个体共享死锁区域位置，主动改变蚁群停留在死锁范围内的信息素，以便其他机器人绕过死锁范围，继续寻找最短路径。不过由于蚂蚁运动具有一定随机性，当种群规模较大时，很难在短时间内找到更优路径，仍是大规模集群面临的难题。

**2. 鱼群算法**

人工鱼群（artificial fish swarm，AFS）算法模仿鱼群交互行为，找到最高密度食物源。建模的鱼群具有 4 种基本行为：①觅食：趋向于高食物浓度区域；②聚集：游到高食物浓度区域而不会过分聚集在食物中心；③追尾：追尾食物浓度高的个体，但不会聚集在其周围；④随机：自由游动，不断扩大其搜索范围。该算法模拟真实鱼类的尾迹和活动，利用自下而上优化模型实现全局优化，具有全局性、快速收敛性、搜索空间自适应性、参数健壮性以及可追溯性等优点。不过，该算法也存在缺陷，即早期收敛速度明显快于后期、参数选择会影响收敛速度和解的精确性、鱼群数量越多优化时间越长、过宽的优化范围和小的变化可能导致收敛速度变慢等问题。

同蚁群算法类似，AFS 算法易陷入局部最优，文献［6］提出一种混合改进人工鱼群算法，首先利用 $A^*$ 算法确定次优路径，然后基于惯性权重因子改进 AFS 算法的自适应行为，引入衰减函数来改善鱼的视觉范围和移动步长，用于平衡全局和局部规划与决策，提高收敛速度和质量。该算法在避免局部最优、收敛速度和精度方面得到了改进，不过当鱼群规模过大时，算法需大量计算并占用更多存储空间；而当鱼群数量太少时，鱼群局部优化、早熟且易于落入局部极值。针对经典 AFS 算法最优解不精确和收敛效率低的问题，文献［7］提出一种自适应增强猎食行为和分段自适应鱼视距与步长的鱼群算法，称其为混合自适应人工鱼群算法。自适应增强猎食行为用于改进鱼的猎食过程，设计分段自适应策略用于改造鱼的视野和步长。

**3. 鸽群算法**

鸽群优化（pigeon-inspired optimization，PIO）算法受自然界中鸽子归巢行为启发，模仿鸽子在寻找目标的不同阶段使用不同导航工具这一机制，包括两种不同算子模型：首先是地图和指南针算子，使用磁性物体感知地磁场，然后在头脑中形成地图，它们把太阳高度作为指南针来调整飞行方向，当接近目的地时，对太阳和磁性物体的依赖性便减小；其次是地标算子，模拟导航工具中地标对鸽子的影响，当飞近目的地时，将更多依赖附近地标。如果鸽子对地标熟悉，将直接飞向目的地。

否则，将跟随那些对地标熟悉的鸽子飞行。

#### 4. 萤火虫算法

萤火虫算法[9]是基于萤火虫闪烁行为的群体智能算法，它能够产生生物发光化学反应，通过不同强度的持续发光或闪烁来吸引其他萤火虫，亮度可随环境改变，吸引力则与亮度成正比。对于集群规划与决策问题，萤火虫算法具有自动细分群体和处理多模态的能力。首先，吸引力随距离减小，这导致整个群体可以自动细分为子群，且每个群体可以围绕每种模态或局部最优进行群集；其次，如果种群大小高于模态的规模，这种细分允许萤火虫能够同时找到所有最佳集群[10]。

文献［11］提出一种基于路径选择的全局规划与决策方法，首先利用萤火虫群优化算法（Glowworm Swarm Optimizaton，GSO）算法覆盖多个局部最优解的能力，一次生成多条路径；然后，针对多条路径提出两种选择算法：在通过路径交叉点时，对交叉路径进行重新评估并选择较优路径，最终达到路径最优；通过启发式搜索快速选择到适当路径，它重用了原搜索结果，从而避免了二次规划。文献［12］提出一种基于 FA 的机器人集群规划与决策方法，将萤火虫社会行为用来优化群体行为。考虑到规划与决策问题是一个 NP 复杂度问题，多目标进化算法是求解该问题的一种有效方法，为此，文献［11］提出一种多目标萤火虫算法用于解决机器人规划与决策问题的路径安全性、路径长度和路径光滑性等问题。

### 8.3.2 人工势场函数法

人工势场函数（artificial potential functions，APF）方法[13]将机器人工作空间定义为势场，势能是机器人导航过程中为避免碰撞障碍物而产生的力量，目标所在的低势能位置吸引机器人，障碍物所在的高势能位置则排斥机器人，这种通过施加障碍物虚拟斥力和目标的吸引力来计算势能仅需简单计算，它在机器人规划与决策中极具吸引力，特别是在实时和动态环境应用中。APF 适用于集群规划与决策问题。首先，APF 的计算速度很快，因为群体中每个机器人合力仅取决于附近障碍物、目标以及与相邻机器人的有限交互；其次是具有可扩展性，当群体增加新机器人时通常只需计算来自障碍物的排斥力、来自目标的吸引力以及与邻近机器人的有限交互所产生的力。设计避免或最小化机器人陷入局部最小值概率的人工势场函数是一个具有挑战性的问题[14]。此外，充满复杂几何形状的多障碍环境中的机器人集群规划与决策方法实际上目前仍不存在。

文献［15］运用 APF 来获得流线型路径，将其用于复杂形状建筑的城市环境中无人机集群规划与决策和协作目标跟踪问题。为提高集群规划与决策效率，文献［16］将概率路标图与势场法相结合提出一种组合路标图与势场集群规划与决策（combined roadmaps and potentials for swarms，CRoPS）算法，使集群有效移动到期望目的地，同时避免相互碰撞以及同静态障碍物碰撞。CRoPS 不使用概率路标图来规划群体整条路径，而是生成一系列中间目标，这些目标充当吸引势，以引导群体朝向期望的目的地运动；人工势场则为机器人提供局部反应式行为，这些行为旨在使群体保持内聚并远离障碍物。通过存在大量障碍物和狭窄通道的复杂环境仿真验证了 CRoPS 的有效性和可扩展性。文献［17］进一步对 CRoPS 算法进行扩展，提出一种可规避动态障碍物的组合路标图与势场集群规划与决策（combined roadmaps and potentials for swarms for dynamic obstacles，dCRoPS）算法。首先，dCRoPS 改进了 CRoPS 算法，使集群能够快速响应向其靠近的动态障碍物；其次，当机器人由于动态障碍物的干扰而无法到达计划的中间目标时，dCRoPS 为群体中机器人提供了目标的替代引导。文献［18］通过设计优先级选择机制并改进两种人工势场函数 SWARM 和 SPREAD，从而实时实现集群分布式规划与决策。通过在群组移动人工势场函数 SWARM 和不同优先级人工势场函数 SPREAD 中增加新的势场因子，使势场函数可用于机器人集群路径避障协调阶段，同时解决人工势场法的局部最小问题。

### 8.3.3 几何学方法

除了从路径寻优角度研究机器人集群规划与决策方法，也有不少研究侧重于使用 B 样条曲线、Bezier 曲线、Dubins 曲线、毕达哥拉斯曲线等二维平面或三维空间几何方法来生成或平滑路径。

#### 1. 杜宾斯曲线法

杜宾斯（Dubins）曲线是在满足曲率约束和规定始/末端切线方向的条件下，连接两个二维平面的最短路径。对于规划与决策问题，主要考虑路径表示的简易性、路径曲率长度的计算复杂度以及改变路径长度的容易度 3 个问题，Dubins 路径由圆弧和它们的切线的连接表示其推导非常简单，广泛应用于机器人规划与决策问题。文献［19］研究了三维空间无人机集群协调规划与决策方法，解决无人机安全飞行路径的同时到达问题。无人机同时到达由等长路径保证，考虑了无人机曲率的最大界限、无人机之间的最小间隔距离以及沿着飞行路径保证相等长度的路径非交叉等约束。通过测量路径之间的距离并通过找到路径交叉点来验证安全约束。

#### 2. 贝塞尔曲线法

贝塞尔（Bezier）曲线依据 4 个位置任意的点坐标绘制出一条光滑曲线，常用于非完整机器人集群规划与决策。大多数非完整机器人具有最小转弯半径约束，须在最小转弯半径约束和连续性约束下改进路径。文献［20］提出一种基于 Bezier 曲线的平滑方法，用于非完整机器人集群规划与决策。算法包括全局规划与决策、局部运动规划和优化规划 3 个阶段：第一阶段，全局规划与决策器在自由空间的 Voronoi 图分割中规划路径；第二阶段，运动规划器是基于 Memetic 算法的遗传算法；第三阶段，导航点被视为贝塞尔曲线控制点，可获得具有最小转弯半径约束的最优路径。由于提出的算法还考虑了避碰问题，因此每个机器人始终沿规划路径与其他机器人保持最小安全距离。

3. 毕达哥拉斯曲线法

毕达哥拉斯（Pythagorean Hodograph）曲线[21]具有以下特点：①曲线上点均匀分布；②在计算路径长度时消除数值求积；③参数速度是其参数的多项式函数；④曲率和偏移曲线是有理形式。Shanmugavel 等证明毕达哥拉斯曲线可用于自由空间以及有障碍区域的规划与决策问题[22]。文献［23］重点研究无人机规划与决策，使用毕达哥拉斯规划与决策用于跟踪、检测和模拟污染云的形状。

## 8.3.4 经典搜索法

上述 3 种方法在机器人集群规划与决策应用上都具有天然的自组织、分布式等特点，但是在经典搜索领域，也存在不少有效研究。

1. 概率路标图

概率路标图（probabilistic roadmap techniques，PRM）算法[24]通过从机器人位形空间（简称 C-空间）随机采样点，保留满足特定可行性要求的点（例如，须对应于可移动物体的无碰撞位形），使用一些简单规划方法来连接这些点以形成路标图，在搜索路径过程中，采用标准图搜索技术从路标图中提取连接其起始位形至目标位形的路径。文献［18］提出一种可规避动态障碍物的组合路标图和势场集群规划与决策算法，其集群路径是通过构建和搜索无碰撞路标图得到的，当群体由于动态障碍物干扰而偏离或无法达到计划的中间目标时，则再次搜索路标图以获得备选路径。虽然概率路标图算法可有效避免局部最小值问题，但在处理大规模机器人集群问题时其可扩展性仍然会出现问题。由于集群位形空间由每个机器人的各个位形空间的笛卡儿积组成，因此生成无冲突位形并通过无冲突路径连接相邻位形变得极具挑战性。目前，尽管存在大量的模拟群体行为的方法，但这些方法通常只能提供简单的导航和规划能力。为实现更复杂群体行为，文献［25］提出一种路标图规划与决策和群体智能相结合的方法。它使用概率路标图的一种变体，即中轴概率路标图，不在 C-空间随机均匀地生成节点，而在中轴或附近生成，非常适合于群体行为；另外，它将行为规则嵌入个体成员和路标图中，根据成员位置和状态来修改路标图边缘权重，实现了归巢、覆盖、搜索、穿越狭窄区域和放牧等群体行为。

2. 经典搜索法

迪杰斯特拉（Dijkstra）算法是从一个顶点到其余各顶点的最短路径寻优算法，解决有向图中最短路径问题，作为最经典路径寻优算法被广泛应用于机器人规划与决策问题。针对无人机集群协同规划与决策问题，文献［24］提出一种自上而下的分层控制策略，群体首先使用 Voronoi 图和 Dijkstra 算法规划群体最优或次优路径，接着在底层设计自组织协调运动策略来引导无人机运动。著名的快速搜索随机树（rapid-exploration random tree，RRT）是一种树形数据存储结构和算法，但 RRT 算法并不适用于机器人集群，文献［26］针对磁性微型机器人引导药物至瘤细胞问题提出了一种障碍加权快速搜索随机树，它将微型机器人引导至自由空间中轴区域附近以减小管壁对微型机器人集群的干扰，并采用分而治之策略通过离散区域转换执行群体聚合。

3. 启发式搜索

高计算成本、陷入局部极小值是造成大多数经典搜索规划与决策方法失败的原因。其中，启发式策略被认为是解决这些问题的方法之一，启发式基于短时间间隔内结果的可用性，这对于 NP 完全问题是有效的[4]。文献［27］提出一种三维环境下无人机集群规划与决策方法，采用 A* 启发式算法为每架无人机规划趋向于目标的路径，采用三维空间欧几里得距离作为启发式代价，并考虑减少整个集群路径长度的最佳组合，以最小化“总路径长度”为优化目标，计算所有飞机到达所有目标的可行路径长度，再分布式协商实现目标最优组合。文献［28］研究了机器人集群动态规划与决策问题，要求群体中至少有一个机器人访问区域内次要目标或检查点，同时须避开静态和动态障碍物，它采用 D* lite 算法用于动态规划与决策，并设计分布式集群自组织规划策略用于遍历检查点，仿真验证了算法适用于不同规模机器人和不同障碍数量的规划与决策问题。

### 8.3.5 进化学习法

可以看出，无论是经典搜索法、人工势场法，还是仿生学方法，大多存在路径适应性差、计算复杂度高、搜索时间长、收敛精度低、容易陷入局部最优等问题。为克服这些缺点，研究人员一直尝试不同技术，其中机器学习方法最受关注。通常，机器学习方法可分为 3 类[29]：监督学习、进化方法和强化学习。在机器人集群规划与决策技术领域，都有运用这 3 类方法开展研究的案例。

1. 监督学习

机器人领域的监督学习将神经网络引入经典搜索方法中，使算法既具备探索世界又具有存储经验的能力。通过学习，机器人能够将所呈现的问题与已知问题和适当的解决方案进行比较，并且如果关于解的知识存储在经验中就快速响应。文献［30］提出一种集成群体智能与神经网络的障碍环境规划与决策算法，称为蚁群交配算法。它通过将 ACO 与自适应共振理论神经网络结合，展现出良好的优化特性，能够针对不同环境在不到 100 代的时间内得到解。不过，该方法仍然存在缺点：适应度函数的参数调节十分烦琐，而且 ART-1 的警戒参数对网络的粒度具有显著影响。

2. 进化方法

在机器人领域，进化方法的应用大多基于遗传算法。遗传算法是一种并行随机搜索优化方法。文献［31］提出一种基于遗传算法的水下机器人集群规划与决策方法，为每个机器人生成最短避碰路径。机器人行进路径的笛卡儿坐标是随机生成的，它们被编码到染色体中，其适应度由位移总和来定义。通过仿真验证该算法能够为机器人集群规划安全无碰撞路径，增加更多机器人，方法仍然能够获得最优路径。

### 3. 强化学习

强化学习是一种目标导向的机器学习方法。与监督学习不同，强化学习所需的训练信息是评价而非指导，其主要目的是研究从状态到行动的最佳映射，以得到最大化回报。强化学习在移动机器人的规划与决策、运动控制等方面具有普遍适用性。文献［32］研究如何将经典 Q-学习方法应用于机器人集群规划与决策问题，利用蚁群算法的信息素机制解决了强化学习系统中的信息共享问题，对 Q-Learning 存在的问题进行了一些改进，并在 Player/Stage 群体智能体仿真平台上进行了仿真验证，相比经典 PSO 算法，该方法在群体机器人规划与决策中具有更高的效率。

针对陌生场景和任务，让机器人自己学会规划，只需要告诉机器人任务，不需要规划运动过程。谷歌的人工智能子公司 DeepMind 探讨了如何使用“强化学习”的方法来教导 AI，使它能在不熟悉或复杂的环境里自主导航运动路线。棒状机器人会根据特殊地形完成不同的动作，包括跳跃、转向、蹲伏等[22]。而这些动作并不需要编写特定的计算机程序，在身体与环境交互的过程中，棒状机器人能够逐渐建立最佳的行为模式，最终，在没有特殊指示的情况下发展出了复杂技能。这一方法可应用于训练系统中多个不同的仿真智能体。

图 8-12 所示为基于强化学习的具身智能体运动规划。

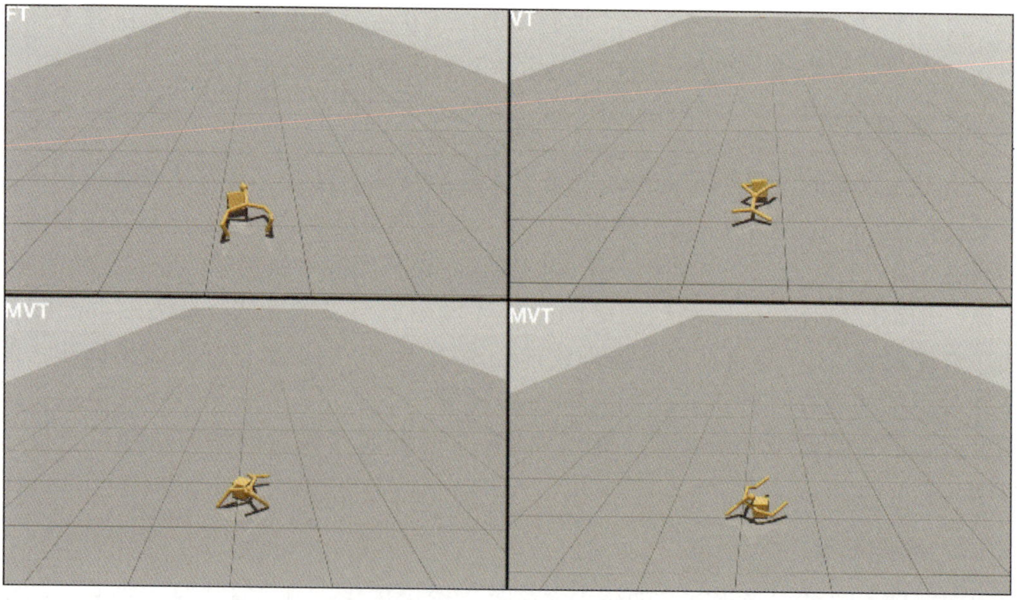


图 8-12　基于强化学习的具身智能体运动规划

#### 4. 深度学习

早在1989年，卡内基梅隆大学就做了端到端的研究和实验，虽然那时候还没有明确的端到端的概念。ALVINN则是首辆运用神经网络控制的陆地自动驾驶汽车。在还没有CNN的时代，用了一个三层的比较浅的反向传播神经全连接网络，1217个输入单元、29个隐含层单元、46个输出层单元。使用1200幅模拟道路图进行训练后，根据输入单目相机和雷达数据，能够输出方向使得车辆一直沿着道路行驶。ALVINN初步证明了端到端学习有形成一个自动驾驶系统的能力[21]。图8-13所示为端到端运动规划求解方法。

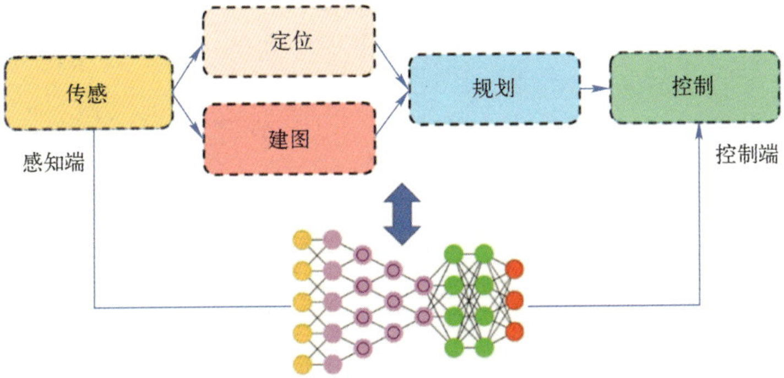


图8-13 端到端运动规划求解方法

目前，基于深度学习的运动规划可以实现机器人野外避障，通过双目相机采集数据，基于卷积网络完成端到端有监督学习。具体训练方式为：在各种地形、天气条件、照明条件和障碍物类型下收集训练运行期间人类驾驶员提供的转向角。将原始输入图像映射到转向角。它在监督模式下进行训练。系统的主要优势是对野外环境中的各种情况具有健壮性，不需要手工标定、校正和参数调整，也不需要进行特征选择和检测。

#### 5. 大语言模型

基于大语言模型的智能规划与决策方法主要包括规划语言学习方法、思维推理类方法、反馈优化方法、流程自动化等。其中规划语言学习方法是通过将大模型与外部规划器相结合，利用传统规划器高效的搜索算法，并通过多次迭代优化，快速生成正确甚至最佳的规划结果。该方法有效解决了大语言模型在规划方面的准确性和有效性低的问题，同时通过利用大模型优秀的自然语言处理能力，降低了规划领域的专业难度，使得普通用户也能方便地输入规划领域知识进行智能规划。思维推理类方法是通过引入思维链使得大语言模型可以模仿人类思考的过程，将一个多步问题分解为多个可以被单独解答的中间步骤，给出逐步解决问题的依据，并推导出最终的答案。

#### 6. 其他方法

基于教学-学习的优化（teaching-learning-based optimization，TLBO）算法[33-34]

模拟教学现象。该算法凭借其收敛速度快、精度高，非常适合解决机器人规划与决策问题，为全局规划与决策提供了一种新解决方案。文献［35］提出了一种改进TLBO机器人全局规划与决策方法，称为非线性惯性加权改进教学-学习优化（NIWTLBO）算法，它在TLBO中引入非线性惯性加权因子来控制学习者的记忆率，并使用动态惯性加权因子代替教师阶段和学习者阶段的原始随机数。NIWTLBO不仅具有更快的收敛速度，而且与TLBO相比，计算精度更高。仿真实验表明该方法比TLBO和其他算法具有更快的收敛速度和更高的搜索路径精度。

# 第9章 无人机集群规划与决策

无人机集群规划与决策是无人机集群分布式执行任务的关键，规划与决策效率的高低直接决定着无人机集群任务性能的高低。本章将围绕无人机集群规划与决策的关键理论与技术展开。首先介绍集群规划与决策的内涵和研究现状（9.1节），而后从集群的典型任务剖面出发，分别介绍集群区域覆盖搜索规划方法（9.2节）、集群自组织任务规划方法（9.3节）和集群分布式机载航路自主重规划方法等内容。

## 9.1 无人机集群规划与决策的内涵及挑战

### 9.1.1 无人机集群规划与决策的内涵

无人机集群规划与决策技术是实现无人机集群目标分配、任务调度、时序协调、航路规划、冲突消解等功能的环节关键，内涵是“在线实时为集群内每架无人机分配合适的目标和任务，并生成从其起始位置到目标位置的飞行航路，并要求集群航路的路径总代价最低（较低），能够实现集群内无人机相互避碰，且避免与环境碰撞”。一方面，这给规划与决策技术带来了极大挑战，由于集群通常由大量无人机组成，以及底层位形空间的高维度，规划与决策变得具有挑战性；另一方面，规划与决策是PSPACE完整的，寻求一个精确解的规划算法（如果存在，或者不存在就报告无解）仅限于在低维系统可行；再者，通常在数学上规模很大且计算复杂，特别是对特定最优性提出要求的话，使其变成计算复杂度很高的问题，对问题维度是指数依赖的，即使是离线都难以求解。

针对无人机集群协同执行典型搜索和侦察任务，可以构建如图9-1所示的规划与决策框架。从纵向角度（“OODA”环节），无人机集群规划与决策属于无人机自主“感知-判断-决策-行动”的“决策”环节，具体包括集群自主决策环节和集群自主规划环节；从横向角度（任务剖面），无人机集群规划与决策适用于集群区域侦察（覆盖）搜索、集群目标跟踪任务调度、集群目标抵近跟踪引导控制、集群分布式规划与决策等子任务环节。

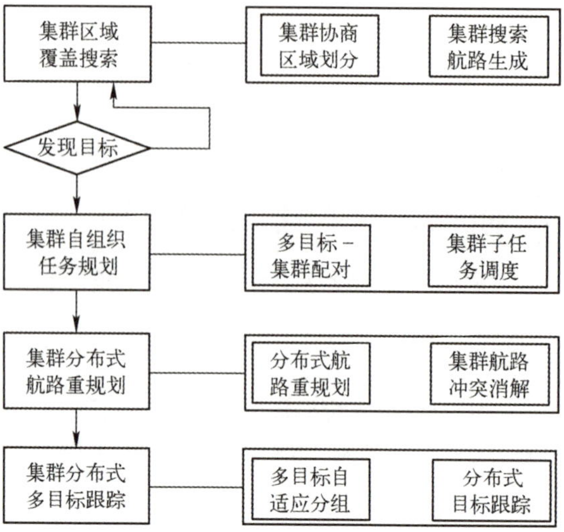


图 9-1　集群规划与决策框架

## 9.1.2　无人机集群规划与决策的主要挑战

寻求复杂环境中高效率和可扩展性的规划与决策算法成为集群领域的热点问题。为适应瞬息万变的复杂动态环境，如何实现兼顾优化性和快速性的动态决策和任务/航迹重规划，仍然还是挑战性的问题。其挑战主要包括以下几个方面。

### 1. 任务时变和耦合给集群决策和规划带来的挑战

集群通常以并行方式同时遂行多重任务，但是各子任务往往具有时变性和不确定性，且彼此耦合。例如，在集群协同区域侦察和目标抵近跟踪的典型任务中，侦察和跟踪任务耦合，地面目标数量/运动状态不断变化（动态出现/被遮蔽，且不规则运动等），无人机数量不断变化（部分损毁/部分返航补充燃料/部分通信失联等）、环境区域复杂（山区环境，通常为不规则的非凸构型）等，导致集群各任务不断变化。故而，一方面，任务耦合使得集群规划与决策通常不具有闭式的全局优化解；另一方面，任务时变又要求集群不断进行在线求解和优化，然而，分布式决策和规划通常只能得到局部的优化解。

### 2. 局部信息不一致给集群决策和规划带来的挑战

集群采用分布式感知/通信和邻域协作方式执行任务。一方面，各架无人机得到的信息通常并不一致。例如，多架无人机对同一个地面目标的定位，各无人机基于自身携带的传感器对其定位信息并不一致；即使各无人机基于通信进行目标关联和信息融合，但是由于机间的信息传递步长有限，集群中各无人机间的信息并不一致，更进一步加剧了各无人机决策和规划优化的难度。进一步，各无人机基于自身和局部信息进行规划与决策，得到的执行结果可能不一致，甚至是冲突的。例如，多架无人机决策哪一架跟踪某一个地面目标时，基于不一致状态信息，可能有两架或者多架无人机认为自己执行跟踪任务；也可能没有一架无人机认为自己执行跟踪任务（均认为应该由其他无人机执行该任务）。故而，信息不一致，一方面加剧了决策和规划取得优化解的难度，另一方面容易造成规划与决策结果的冲突。

### 3. 维数爆炸集群决策和规划带来的挑战

集群通常由大量个体组成，同时具有底层空间的高维度特性，导致维度巨大且计算复杂。无人机集群的数量众多，考虑个体和群体之间的交互变量，集群规划与决策的变量随数量规模指数增加。通常，规划与决策需要考虑多平台空间约束、时间约束、任务耦合约束、航迹防撞约束以及约束间的大量错综复杂的耦合交联关系。故而，任务的复杂性/多样性和集群数量导致规划与决策空间急剧膨胀和高度耦合，使得集群规划与决策问题建模困难，求解困难。另外，维数的增加必然带来规划与决策时间性能的降低，对于时敏性任务，必须在算法最优性和时间性能之间权衡。规划算法对问题维度是指数依赖。例如，规划与决策通常是在多项式空间（PSPACE）完整的。在高维度空间中，精确求解可行路径在数学上规模很大且计算复杂；如果考虑最优性，计算复杂度进一步增加，即使是离线计算都难以承受。故而很多常见的规划算法仅在低维空间可行。进一步，与地面机器人相比，无人机速度更快，动力学系统更复杂，机载计算能力更有限。故而，无人机规划与决策算法必须尽可能降低计算量，且须具有更强的实时性。

综上，无人机集群的任务耦合、局部信息不一致、维数爆炸等特点使得集群无人机的协同决策和规划非常具有挑战性。

## 9.2 无人机集群区域覆盖搜索规划方法

无人机集群区域覆盖主要解决如何通过大规模无人机进行指定区域的覆盖，从而达到集群系统的最佳性能，如覆盖时间最短、覆盖率最高等。无人机集群覆盖具有十分广泛的应用，如地理测绘、搜索救援、灾情监视等。尽管指定覆盖区域可能在形状和大小上有所不同，也可能充满各种障碍，但利用无人机进行区域覆盖主要包括以下几个流程。首先，无人机感知环境信息后，利用一些区域分割方法对指定区域进行划分[36-37]，这是无人机行为决策的基础。其次，无人机执行任务规划和航迹规划进程[38-39]。最后，无人机的控制器和执行器完成规划好的任务流程[40]。在这些步骤中，区域分割和行为决策是最为基础和重要的，然而它们本质上是多无人机集群的区域覆盖任务规划。

早期覆盖规划的研究主要针对单机覆盖指定区域的方法研究，如扫描方式[41-42]、区域分割[43-44]和进程规划[45]。随后，研究者更加侧重多无人机协同区域覆盖，因为多无人机协同区域覆盖比单无人机区域覆盖具有更好的效果，如覆盖时间更短、覆盖率更高等。集群区域覆盖规划主要有两种方法：一是集中式规划；二是分布式规划。前者基于全局信息能够获得更好地部署配置，但其扩展性因它的指数增长计算量而受到限制[46-47]。后者具有更好的灵活性和扩展性，因为它能够通过局部信息和邻间通信无须获取全局信息而适应更多变化的内外部环境，但可能比较难得到最佳覆盖部署[48-50]。对于分布式决策，可由不同类型的简单无人机构成无人机集群，通过局部信息的交互实现群集智能行为，达到集群系统的较优状态，这种自组织、自治、分布式的方式在近些年来越来越受到关注[51]。因此，随着集群智能的发展，许多项目如 SAGA、Project Wing、LOCUST、OFFSET 和 Perdix，无一不体现着这种自组织、自治的集群精神。

分布式集群覆盖方法可分为分区决策型和直接决策型两类，前者通过分割算法对区域进行划分随后基于分区进行规划；后者无须分区直接进行规划。分区决策型方法有许多类型，如 Voronoi 分割法[52]、Boustrophedon 分割法[53]、Delaunay 分割法[54]等，其中最为常用且最具有代表性的算法为 Voronoi 分割法[55]。例如，文献［55-58］应用 Voronoi 分割法将总区域划分为各个子区域，随后无人机基于 Voronoi 子区域进行覆盖的规划与决策。基于 Voronoi 分割法的覆盖规划，是无人机集群内个体通过自身和邻近间的无人机的位置关系以及自身负责的 Voronoi 子格进行行为决策，从而实现集群分布式覆盖。但基于 Voronoi 分割法的覆盖规划这类分区决策型方法，并未考虑邻近无人机的速度以及机间的互惠性，这可能导致无人机运动时的震荡问题。直接决策型方法包含势场法、神经网络法、启发式法和虚拟力法等，其中最具代表性的算法是虚拟力法。文献［59］中运用了势场法，将无人机群构建为一个虚拟粒子群，通过虚拟粒子群之间的吸引和排斥作用，以及虚拟粒子与障碍的排斥作用来实现无人机群覆盖整个未知环境以及规避避障的无碰撞行为。文献［60-61］运用神经网络方法，通过神经网络将群体以及环境进行工作空间的建模，并利用动态网络方法进行多无人机的导航决策。文献［62］利用启发式方法，通过计算无人机局部最佳位置信息来得到全局的最佳覆盖位置部署，从而达到覆盖区域的最大化目的。文献［63-65］中，均将虚拟力法运用在了移动传感机器人集群上，通过虚拟的吸引和排斥的合力效果实现集群覆盖部署，其更加侧重覆盖区域的重叠性和保证机器间的双向联通性。

目前，大多数集群覆盖方法均在位形空间上进行的行为决策，且均没有考虑无人机之间的互惠性。此外，一些模型的最优参数需要大量的重复试验获得，这对于像每架无人机感知范围随着高度变化的异构无人机集群很难得到最佳参数设置。这些集群覆盖规划算法都具有较好的效果，但利用互惠思想和直接在速度空间内进行建模优化可进一步提高运算速度、覆盖效果和无人机轨迹平滑度。无人机集群区域覆盖任务的互惠决策方法基于速度空间优化模型，考虑无人机集群内邻近个体间的互惠行为，直接在速度域内构建出最佳覆盖速度空间。同时，构建的最佳覆盖速度空间也被证明为无碰撞空间，即选择此空间内的速度均有利于集群覆盖任务的完成，同时能够避免与其他无人机或障碍之间的碰撞。此外，针对构建的最佳覆盖速度空间形态未定且可能不可达的问题，设计了一种基于蒙特卡洛的随机概率方法搜索最佳覆盖速度。通过大规模群体仿真实验以及基于机器人操作系统的集群覆盖仿真实验，验证了方法的有效性，较 Voronoi 分割法这类分区决策型代表算法和虚拟力法这类直接决策型代表算法具有更高的覆盖率、更快的收敛速度和计算速度。

### 9.2.1 面向集群区域覆盖搜索的速度域建模

无人机集群自组织覆盖是利用大规模无人机群以自组织分布式的方式对指定区域进行覆盖的问题，无人机具有的良好机动性能和传感能力能够应付变化环境下的不确定性干扰。无人机集群自组织覆盖问题的目标是寻找最佳的覆盖方案，通过机载计算机运行分布式覆盖算法，将一定的无人机资源部署在指定的感兴趣区域内，使得无人机间覆盖重叠面积尽可能地少，以获取最大覆盖范围。通常，在该问题中，将无人机的覆盖范围视为一个以无人机当前位置为圆形、覆盖能力范围为半径的圆形区域。集群内无人机通过局部信息进行决策规划，通过最优化局部函数使得全局覆盖问题尽可能地靠近最优解。

将无人机的形状、感知范围和通信范围均构建为圆形，其半径大小分别标记为 $r$、$R$ 和 $CR$。此外，每架无人机 A 均有它自己的最大速度 $v_{\mathrm{A}}^{\max}$、最大计算圆形区域半径 $R_{\mathrm{A}}^{\max}$、最大邻间计算数量 $n_{\mathrm{A}}^{\max}\in\mathbb{N}$ 以及预测时间间隔 $\boldsymbol{\tau}$。无人机的位置用符号 $\boldsymbol{p}$ 表示，速度用 $\boldsymbol{v}$ 表示。无人机随机分布的矩形区域为 $\Omega_{\mathrm{e}}$，其边长均为 $l_{\mathrm{e}}$。$C(\boldsymbol{p},R)$ 表示圆心位置在 $\boldsymbol{p}$ 且半径为 $R$ 的一个开环圆形区域内的所有点，其数学表达式为

$$C(\boldsymbol{m},R)=\{\boldsymbol{w}\mid\|\boldsymbol{w}-\boldsymbol{m}\|<R\} \tag{9-1}$$

集合 $I_n=\{i\mid i\leqslant n,\forall i,n\in\mathbb{N}\}$ 表示无人机的编号集合，无人机 $i$ 的运动控制输入为 $\boldsymbol{u}_i\in\mathbb{N}, i\in I_n$，有以下无人机运动离散模型：

$$\boldsymbol{x}_i^{k+1}=\boldsymbol{x}_i^k+\boldsymbol{u}_i,\quad \boldsymbol{u}_i,\quad \boldsymbol{x}_i\in\mathbf{R}^{2n},\quad i\in I_n \tag{9-2}$$

式中：上标 $k$ 表示时刻，$k=0,1,2,\cdots$。

对于多边形区域 $H\in\mathbf{R}^2$，用符号 $\partial H$ 表示其边界，则多边形区域 $H$ 可完全用其边界 $\partial H$ 的顶点表示 $h_j, j\in I_{N(H)}$，其中 $N(H)$ 是区域 $H$ 的顶点数。从数学角度来描述，对于任意多边形区域 $H$，其面积函数可定义为

$$\Theta(H)=\frac{1}{2}\left\|\sum_{j\in I_{N(H)}}(h_j\times h_{j+1})\right\| \tag{9-3}$$

式中：符号×表示两个向量的叉乘；顶点 $h_j$ 以顺时针方式计数并且 $h_{N(H)+1}\equiv h_1$。

用向量 $\boldsymbol{X}=(x_1^{\mathrm{T}},x_2^{\mathrm{T}},\cdots,x_n^{\mathrm{T}})^{\mathrm{T}}$ 表示所有无人机的位置坐标，$\boldsymbol{X}\in\mathbf{R}^{2n}$。无人机需在指定的感兴趣区域 $\Omega$ 内，即 $\forall i\in I_n, x_i\in\Omega$，其可用线性约束的方式 $\boldsymbol{AX}\leqslant\boldsymbol{B}$ 进行表示，其中矩阵 $\boldsymbol{A}$ 和矩阵 $\boldsymbol{B}$ 由区域 $\Omega$ 的顶点 $\omega_j$ 确定，$j\in I_{N(\Omega)}$。因此，全局覆盖优化问题用集中式方法求解可以用以下数学优化模型表示。

$$\begin{gathered}\text{find}\quad \boldsymbol{X}:\quad \text{maximize}\quad \Theta\Big(\Omega\cap\bigcup_{i\in I_n}C_i\Big)\\ \text{s.t.}\ \boldsymbol{AX}\leqslant\boldsymbol{B}\end{gathered} \tag{9-4}$$

由于集中式优化的方法是一个计算密集型方法，即其受无人机数量的影响较大，若无人机数量规模大则容易导致计算爆炸问题，并且集中式优化方法需要对每架无人机进行一一指派，这对指派中心的稳定可靠性要求很高，不允许出现问题，同时若某架无人机发生问题则需重新计算。此外，这种为无人机预先规划路径的集中式覆盖方法仍还需考虑无人机进行覆盖运动时的实时避碰避障问题。这种不灵活不鲁棒的集中式方法虽然较分布式方法能够获取更好的覆盖方案，但没有分布式方法具有的计算量小、能够自愈、实时性高的优势。于是，目前无人机集群覆盖的解决方法研究更多的是分布式方法，每架无人机无须知道全局信息，仅通过自身的局部信息进行规划与决策，从而获得全局较优覆盖方案。这种滚动式的分布式优化方法更能适应实时变化的覆盖环境要求。

对于两个具有有限覆盖能力的无人机 A 和 B，它们一开始十分接近彼此但无碰撞，且它们的起始速度均为 0。因此，如果它们需要通过减少两个无人机间的覆盖重叠率来增加总的覆盖区域面积，那么它们需要选择对彼此有利的新速度。假设无人机 A 在时间间隔 $\boldsymbol{\tau}$ 内采用了相对 B 的速度 $\boldsymbol{v}$，而如果继续采用这个速度不利于增加总区域覆盖面积，本章将其称为“弱覆盖速度”。

集合 $\mathrm{WCV}^{\tau}_{\mathrm{A}\mid\mathrm{B}}$定义为弱覆盖速度空间，是一个包含了所有无人机 A 相对于无人机 B 弱覆盖速度的速度矢量空间，具体的数学表示为

$$\mathrm{WCV}^{\tau}_{\mathrm{A}\mid\mathrm{B}}=\{\boldsymbol{v}\mid\exists t\in[0,\tau]::t\boldsymbol{v}\in C(\boldsymbol{p}_{\mathrm{B}}-\boldsymbol{p}_{\mathrm{A}},\|\boldsymbol{p}_{\mathrm{B}}-\boldsymbol{p}_{\mathrm{A}}\|)\} \tag{9-5}$$

与弱覆盖速度空间 $\mathrm{WCV}^{\tau}_{\mathrm{A}\mid\mathrm{B}}$相对应的另一空间，称为强覆盖速度空间，用符号 $\mathrm{OCV}^{\tau}_{\mathrm{A}\mid\mathrm{B}}$表示。其具体含义为：无人机 A 在时间间隔 $\tau$ 内选择相对于无人机 B 的利于总覆盖区域增加的速度空间，具体的数学表示为

$$\mathrm{OCV}^{\tau}_{\mathrm{A}\mid\mathrm{B}}=\{\boldsymbol{v}\mid\boldsymbol{v}\notin\mathrm{WCV}^{\tau}_{\mathrm{A}\mid\mathrm{B}}\} \tag{9-6}$$

图 9-2 所示为无人机 A 的弱覆盖速度集合 $\mathrm{WCV}^{\tau}_{\mathrm{A}\mid\mathrm{B}}$的图形化表示，可以很容易发现集合 $\mathrm{WCV}^{\tau}_{\mathrm{A}\mid\mathrm{B}}$和 $\mathrm{WCV}^{\tau}_{\mathrm{B}\mid\mathrm{A}}$是关于原点对称的。在图 9-2（a）中，一个简易例子呈现无人机 A 和 B 在位形空间上的图形化表示，其中无人机 A 和 B 中心为 $\boldsymbol{p}_{\mathrm{A}}$和 $\boldsymbol{p}_{\mathrm{B}}$，且它们具有不同的形状半径（$r_{\mathrm{A}}$和 $r_{\mathrm{B}}$）和覆盖半径（$R_{\mathrm{A}}$和 $R_{\mathrm{B}}$）。图 9-2（b）为无人机 A 的弱覆盖速度集合 $\mathrm{WCV}^{\tau}_{\mathrm{A}\mid\mathrm{B}}$的速度域下的图形化表示，其在速度空间内表示为中心在$(\boldsymbol{p}_{\mathrm{B}}-\boldsymbol{p}_{\mathrm{A}})/\tau$，半径为 $R_{\tau}=\|\boldsymbol{p}_{\mathrm{B}}-\boldsymbol{p}_{\mathrm{A}}\|/\tau$ 的圆，其中 $\tau$ 是预测时间间隔，在此图中仅呈现 $\tau=1$ 和 $\tau=2$ 的情况。$\mathrm{WCVL}^{\tau}_{\mathrm{A}\mid\mathrm{B}}$是一条将弱覆盖速度集合 $\mathrm{WCV}^{\tau}_{\mathrm{A}\mid\mathrm{B}}$和强覆盖速度集合 $\mathrm{OCV}^{\tau}_{A\mid B}$完全分开的分割线。

此外，我们都知道无人机 B 很难在时间间隔 $\tau$ 内以固定的速度 $\boldsymbol{v}_{\mathrm{B}}$运动，因此如果无人机 B 速度在一个范围波动，即 $\boldsymbol{v}_{\mathrm{B}}\in V_{\mathrm{B}}$，那么无人机 A 也应该选择一个基于无人机 B 速度波动范围的强覆盖速度集合 $\mathrm{OCV}^{\tau}_{\mathrm{A}\mid\mathrm{B}}(V_{\mathrm{B}})$。也就是说，无人机 A 需通过使其相对于无人机 B 的速度，不在无人机 B 速度波动范围内的弱覆盖速度集，也即不在其闵可夫斯基集合 $\mathrm{WCV}^{\tau}_{\mathrm{A}\mid\mathrm{B}}\oplus V_{\mathrm{B}}$中，具体数学化描述为

$$\mathrm{OCV}^{\tau}_{\mathrm{A}\mid\mathrm{B}}(V_{\mathrm{B}})=\{\boldsymbol{v}\mid\boldsymbol{v}\notin\mathrm{WCV}^{\tau}_{\mathrm{A}\mid\mathrm{B}}\oplus V_{\mathrm{B}}\} \tag{9-7}$$

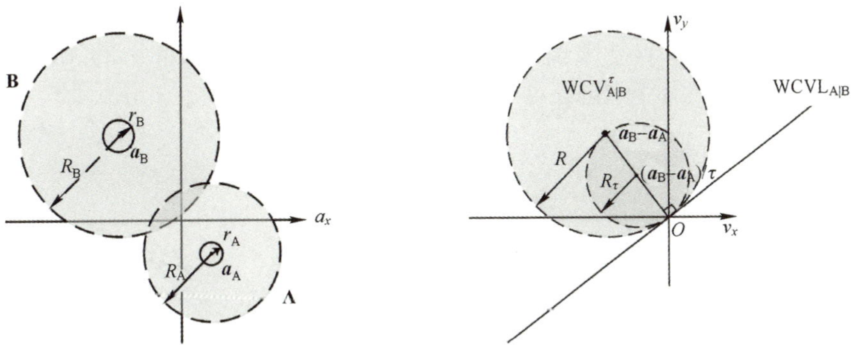


(a) 双机位形情况　　(b) 无人机A弱覆盖速度空间

图 9-2　无人机 A 和 B 覆盖问题求解在速度域内的描述

图 9-3 所示为无人机 A 基于无人机 B 速度波动范围内的强覆盖速度域图像化表示。

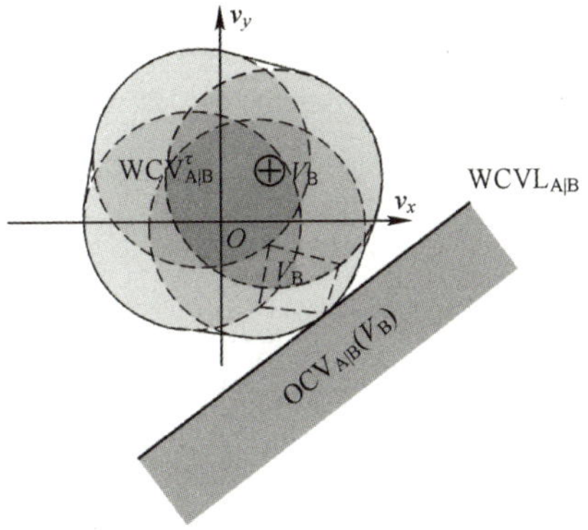


图 9-3　无人机 A 基于闵可夫斯基集合的强覆盖速度域

## 9.2.2　基于相对互惠模型的集群覆盖搜索优化方法

集群区域覆盖总的流程如下：在每个时间间隔 $\Delta t$ 内，无人机 A 都会进行感知、决策和执行动作。在每个周期内，无人机 A 获取自身及其相邻的无人机的当前位置、速度和覆盖半径。对于无人机 A，它只需要考虑其范围内相邻的最近 $n_A^{\max}$ 架无人机 B，即 $B \in \{B_j \mid \underset{j=1:n_A^{\max}}{\operatorname{argmin}} \|\boldsymbol{p}_A - \boldsymbol{p}_{B_j}\| \leq D_A^{\max}\}$。本章使用 KD 树方法，用于无人机 A 对其所有相邻无人机 B 的搜索。随后，无人机 A 推断出相对于所有无人机 B 的最佳覆盖速度域$\mathrm{ORCV}^{\tau}_{A|B}$，则 $\mathrm{ORCV}^{\tau}_{A}$为无人机 A 在欧几里得空间内离其最近的 $n_A^{\max}$架无人机 B 所构成 $\mathrm{ORCV}^{\tau}_{A|B}$的交集，即 $\mathrm{ORCV}^{\tau}_{A} = \bigcap_{B \neq A} \mathrm{ORCV}^{\tau}_{A|B}$。此外，由于无人机 A 还受其最大飞行速度 $v_A^{\max}$的限制，因此无人机 A 的最佳速度域为

$$\mathrm{ORCV}^{\tau}_{A} = C(\mathbf{0}, \boldsymbol{v}_A^{\max}) \cap \bigcap_{B \neq A} \mathrm{ORCV}^{\tau}_{A|B} \tag{9-8}$$

图 9-4 为无人机 A 的最佳覆盖速度域 $ORCV_A^\tau$ 几何示意图。其中，图 9-4（a）为位形空间下的多机位置和速度情况，图 9-4（b）为速度空间下的无人机 A 最佳覆盖速度域 $ORCV_A^\tau$ 的示意图。

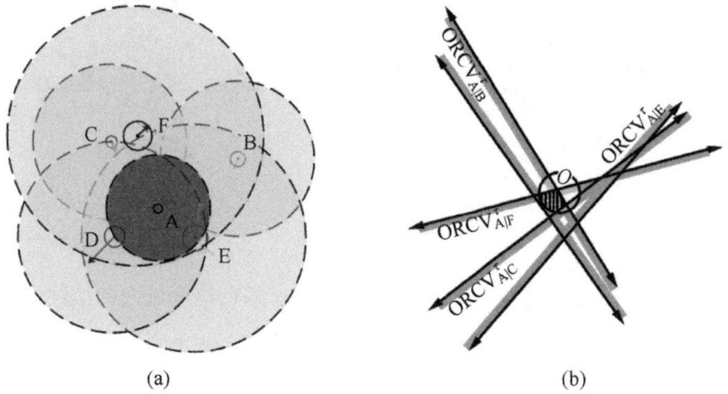


图 9-4　无人机 A 的最佳覆盖速度域 $ORCV_A^\tau$ 几何示意图

随后，无人机 A 从其最佳覆盖速度空间 $ORCV_A^\tau$ 中选择一个最优速度。在本章中选择最佳覆盖速度空间 $ORCV_A^\tau$ 的中心，使得无人机 A 对其所有邻近无人机的覆盖互惠性尽可能相同。

$$\boldsymbol{v}_A^{new}=\underset{v\in ORCV_A^\tau}{\operatorname{argmin}}\left\|\boldsymbol{v}-\boldsymbol{v}_A^{opt}\right\| \tag{9-9}$$

最后，无人机 A 执行决策速度 $\boldsymbol{v}_A^{new}$，到达它的新位置：

$$\boldsymbol{p}_A^{new}=\boldsymbol{p}_A+\boldsymbol{v}_A^{new}\Delta t \tag{9-10}$$

式（9-9）和式（9-10）是计算无人机 A 的新决策速度 $\boldsymbol{v}_A^{new}$ 的重要部分，可通过线性规划有效完成。尽管无人机 A 的新决策速度 $\boldsymbol{v}_A^{new}$ 仍受其最大速度的限制，但这并不会对其算法的计算复杂度有很大的改变。此外，无人机 A 的最佳覆盖速度空间 $ORCV_A^\tau$ 是一个凸区域，可以通过随机添加线性约束的方式有效地对该凸区域进行限定。因此，算法的运行时间取决于约束的数量 $n$，等同于无人机 A 的最大邻间计算数量 $n_A^{max}$，因此算法计算复杂度为 $O(n)$。

此外，图 9-5 所示为无人机 A 的最佳覆盖速度空间 $ORCV_A^\tau$ 的两种情况，其中图 9-5（a）及其对应的图 9-5（b）为可行集情况，图 9-5（c）及其对应的图 9-5（d）为空集情况。这需要采取不同的优化策略。

接下来设计一种基于蒙特卡洛的最优速度搜索方法，该方法较其他传统遍历方法有着更高的搜寻效率。

**1. 随机概率法**

一般而言，传统的搜索方法必须确定搜索空间的确切区域，然而最优覆盖速度空间因为具有较强的不确定性，所以一般很难获取确定的形态，且遍历最优覆盖速度空间内的所有可能值显得不大可能。因此，一种基于蒙特卡洛的随机概率方法在本小节中提出，用于最优覆盖速度空间的最佳速度搜索确定。

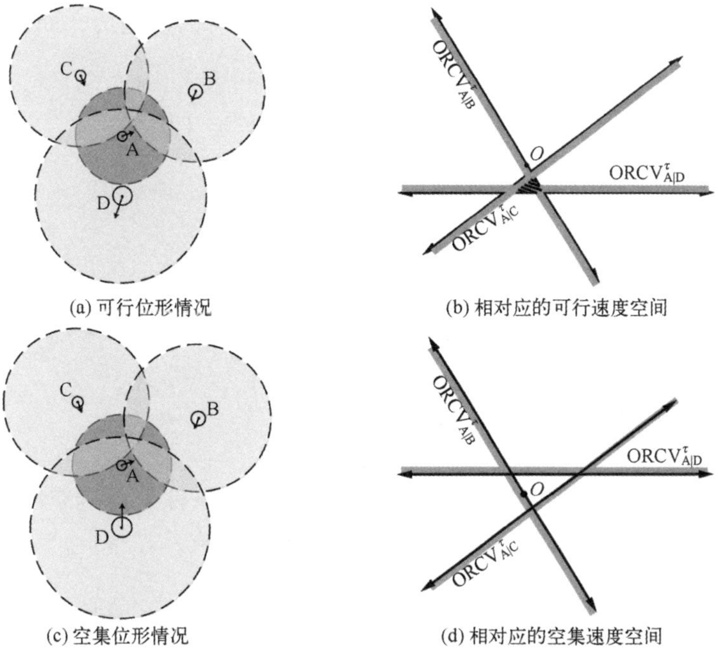


图 9-5 两种最优速度空间情况

基于蒙特卡洛的随机概率方法利用概率性收敛的思想，通过在最优覆盖速度空间内随机撒点，则当采样数量足够多时，可以认为所有采样点的中心即为最佳覆盖速度空间的中心，而这并不需要知道确切的最佳覆盖速度空间的具体形状。

为了方便推导和交流，本节中运用的符号如表 9-1 所列。

表 9-1 部分符号及其说明

| 符号 | 描述 |
|---|---|
| $\boldsymbol{v}_{\mathrm{opt}}$ | 最佳速度决策 |
| PR | 未知形状的最优覆盖速度空间 |
| Square($x$) | 中心在原点 $O$，边长均为 $x$ 的区域 |
| RV($S$) | 集合 $S$ 内的随机速度 |
| AVE($G$) | 集合 $G$ 的欧几里得中心 |
| IdleVel( ) | 速度 |
| NUM($S$) | 集合 $S$ 的元素数量 |

随机概率法的核心思想如下。

推论 1：在最优覆盖速度区域 PR 中，随机抽取大量随机速度 $\boldsymbol{v}_{\mathrm{rand}}$，即 $\boldsymbol{v}_{\mathrm{rand}} \in$ PR，并由所有随机速度 $\boldsymbol{v}_{\mathrm{rand}}$ 构成随机速度集合 $G$，则有

$$\mathrm{AVE}(G) \rightarrow \boldsymbol{v}_{\mathrm{opt}} \tag{9-11}$$

证明：假设最优覆盖速度区域 PR 内的所有速度均已被遍历，而区域 PR 的中心是本文设定的最佳速度，则具有以下公式成立：

$$v_{opt} = \sum v_i / \text{Num}(\text{PR}), \quad v_i \in \text{PR} \tag{9-12}$$

此外，随机速度集合 $G$ 的中心为

$$\text{AVE}(G) = \sum_{i=1}^{n} v_i / n, \quad v_i \in G \tag{9-13}$$

当采用的速度点数 $n$ 足够大时，根据伯努利大数定理，有以下式子成立。

$$\lim_{n \to \infty} p\{|\text{AVE}(G) - v_{opt}| < \varepsilon\} = 1, \quad \forall \varepsilon > 0 \tag{9-14}$$

### 2. 优化空间

最优覆盖速度空间的构建可能会出现两种情况：一种是可达空间，另一种是不可达空间，不同空间情况需要的最佳速度搜索算法如下。

1) 可达空间

当最优覆盖速度空间是可达时，最佳速度搜索如算法 9.1 所示。算法 9.1 能够有效地确定最佳覆盖速度，并使其与真实的最佳覆盖速度十分接近。

---

**算法 9.1** 最优速度搜索算法输入 $\text{UAV}_A$ 最大速度，临近节点 UAV 常数 $v_A^{opt}$

**输入**：UAV A maximal velocity $v_A^{max}$, constrains of neighbor UAVs $\text{ORCV}_{A|*}^{\tau}$

**输出**：The optimal velocity decision $v_A^{opt}$

1: Computational Rectangle Domain: RandVelRange = Square($\|v_A^{max}\|$)
2: Random Velocity: $v_{rand}$ = RV(RandVelRange)
3: Set the Accuracy: AN = 1000
4: Initialization: N = 1, FN = 0, FD = $\Phi$
5: **while** N ≤ AN **do**
6:     **if** $\|v_{rand}\| \leq \|v_A^{max}\|$ **then**
7:        **if** $v_{rand} \subset \text{ORCV}_{A|*}^{\tau}$ **then**
8:           $v_{rand} \to \text{FD}$
9:           FN = FN + 1
10:        **end if**
11:     **end if**
12:     N = N + 1
13: **end while**
14: Output $v_A^{opt}$ = AVE(FD) ▷ The optimal velocity has been explored.
15: **return**

---

2) 不可达空间

当最优覆盖速度空间是空集时，最佳速度搜索如算法 9.2 所示。

**算法 9.2 不可达空间情况下的最佳速度搜索算法**

```
输入: UAV A maximal velocity v_A^max, constrains of neighbor UAVs ORCV^τ_{A|*}.
输出: The optimal velocity decision v_A^opt
Process 1~13 is same as 算法 1
14: if FN=0
15: Output v_A^opt =IdleVel() ▷ Adopt idle velocity.
16: end if
17: return.
```

## 9.3 无人机集群自组织任务规划方法

无人机集群任务调度面向多无人机协同监测，解决任务排序、时序协调与计划生成问题。若要对问题进行求解，则需要满足实时性要求、机动响应性要求(例如突发状况要调度飞机去观测新目标)、信息在线分发的 QoS 要求等，这都给优化求解提出了特殊的要求。因此为了能够快速有效地得到最优解，需要选择一种高性能算法来实现这一目的，本章设计了局部迭代搜索优化算法对其求解。针对原始算法中插值策略和移除策略对时间处理的手段相同导致的成功率较低的问题，对移除策略进行优化改进，并根据初步获得的结果对启发式策略流程进行改进。将所设计算法对带时间窗的团队定向问题（team orienteering problem with time windows, TOPTW）模型进行求解，并通过大量的测试集验证算法的有效性和性能。

### 9.3.1 网络化条件下集群自组织任务规划问题建模

#### 1. 建模要素及特性分析

网络条件下多无人机任务调度需要解决多无人机任务系统中的网络资源优化分配和无人机调度问题。对多无人机任务调度建模应该简单而完整地描述要解决的问题。建立的模型应该能涵盖网络环境下多无人机任务规划问题的关键因素，将任务服务质量体系有机结合，同时要避免考虑过多次要因素增加求解难度甚至无法求解。因此，本节内容从网络环境出发，描述多无人机执行任务的过程，对多无人机执行任务的关键因素进行分析，从中精炼提取出任务调度的模型。

设监测环境 E 为一个 $L_X * L_Y$的有界矩形区域，M 架无人机在同一时刻从控制中心进入监测区域中执行任务。在区域内分布着 $P$ 个 3G 基站和 $N$ 个任务点，分别用集合 $\mathbf{W}=\{1,\cdots,P\}$ 和 $\mathbf{V}=\{1,\cdots,N\}$ 表示，集合 $\mathbf{V}$ 中节点 1 表示无人机的出发点，节点 $N$ 表示无人机的回收点，出发点和回收点没有任务收益。图 9-6 所示便是一个典型的多无人机环保监测任务想定。给定无向网络 $G=(V,E,M)$，$\mathbf{W}$ 表示网络节点集合即任务点集合，每个任务点都有其任务时间窗，**E** 表示网络边集合，**W** 表示任务点属性集合，分别有时延、抖动、吞吐量、可用带宽等服务质量参数。监测点 1 为起始点，监测点 $N$ 为回收点。监测点 $i$ 和监测点 $j$ 最短距离的飞行时间为 $t_{ij}$。$O_{iwm}$ 和 $C_{iwm}$ 表示第 $m$ 架无人机的任务序列中，监测点 $i$ 的第 $w$ 个时间窗的开始时间和结束时间。$e_{imz}$ 表示第 $m$ 架无人机任务序列中，监测点 $i$ 的 $z$ 属性值。$E_z$ 则是属性 $z$ 的用户服务质量要求。$e_{imt}$、$e_{imq}$、$e_{imu}$、$e_{imc}$ 表示监测点 $i$ 在无人机 $m$ 的序列中的传输时延、抖动、吞吐量、可用带宽。$E_t$、$E_q$、$E_u$、$E_c$ 分别表示用户在传输时延、抖动、吞吐量、可用带宽等方面的服务质量要求。

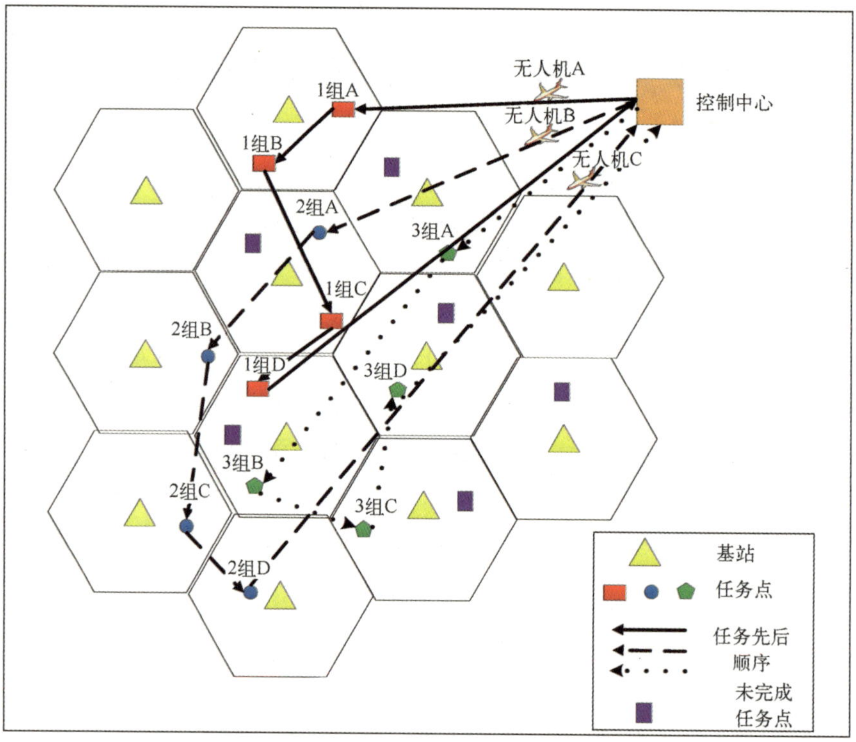


图 9-6　多无人机环保监测任务调度想定

2. **任务调度模型**

每个监测任务因任务等级、任务紧迫程度不同，导致执行后获得的收益不同。这里用无人机执行任务获得的任务总收益来评价任务调度方案的优劣，满足

$$\max \sum_{d=1}^{M} \sum_{i=2}^{N-1} S_i y_{id} \tag{9-15}$$

式中：$S_i$ 为监测点 $i$ 的目标收益，初始点和回收点并不包括在监测点之内。

$M$ 架无人机协同并各自对不同的监测点进行监测，要求满足下列约束条件。

（1）无人机从初始点出发，执行完所有监测点的任务后最终回到回收点，如下式：

$$\sum_{d=1}^{M}\sum_{j=2}^{N}x_{1j}^{d}=\sum_{d=1}^{M}\sum_{i=1}^{N-1}x_{iN}^{d}=M \tag{9-16}$$

式中：$d$ 为第 $d$ 架无人机；$i$、$j$ 分别为第 $i$ 和第 $j$ 个监测点。决策变量的含义如下。

$$x_{ij}^{d}=\begin{cases}1,\text{如果无人机 } d \text{ 从监测点 } i \text{ 飞行到监测点 } j\\0,\text{其他}\end{cases}$$

$$y_{j}^{d}=\begin{cases}1,\text{如果无人机 } d \text{ 对监测点 } j \text{ 进行监测}\\0,\text{其他}\end{cases}$$

式中：$x_{ij}^{d}$用于判断无人机是否从 $i$ 飞到 $j$；$y_{i}^{d}$用于判断无人机是否对监测点 $i$ 进行监测。即使无人机从 $i$ 飞行到 $j$，但未对 $j$ 进行监测，仍然不能获得该点任务收益。

（2）无人机对任务点进行监测，则要满足监测路线的连通性。若无人机要对监测点 $o$ 进行监测，则必须从前一个监测点 $i$ 飞到监测点 $o$ 再对其监测，监测完毕后再飞向下一个监测点 $j$，如下式：

$$\sum_{i=1}^{N-1}x_{io}^{d}=\sum_{j=2}^{N}x_{oj}^{d}=\sum_{w=1}^{W}y_{ow}^{d},\quad o=2,3,\cdots,N-1;\quad d=1,2,\cdots,M \tag{9-17}$$

式中：每个任务点有 $W$ 个时间窗，$y_{ow}^{d}$ 为监测点 $o$ 处的第 $w$ 时间窗的决策变量。

也就是说，若无人机从监测点 $i$ 飞到监测点 $j$ 并对其执行监测任务，则无人机到达监测点 $j$ 的时间要早于开始执行任务的时间，如下式：

$$s_{id}+T_{i}+c_{ij}-s_{jd}\leqslant P(1-x_{ij}^{d}),\quad i,j=1,2,\cdots,N;\quad d=1,2,\cdots,M \tag{9-18}$$

式中：左式代表无人机 $d$ 到达监测点 $j$ 的时间，利用上一个监测点 $i$ 的开始执行任务时间 $s_{id}$、监测点 $i$ 的任务时间 $T_i$、从 $i$ 到 $j$ 的飞行时间 $c_{ij}$ 来获得。$P$ 为一个足够大的常数。

（3）为了合理利用无人机资源，将其公平分配到所有监测点，要求对每个监测点最多只能监测一次，如下式：

$$\sum_{d=1}^{M}y_{id}\leqslant 1,\quad i=2,3,\cdots,N-1 \tag{9-19}$$

（4）为了满足每个任务点的服务质量要求，对每个任务点的传输时延、抖动、吞吐量、可用带宽作了约束，为了使约束形式统一，对不同约束性质的参数进行转换，降低模型难度和计算复杂度。其中时延、抖动属于负属性参数，即越小越好，吞吐量、可用带宽属于正属性参数，即越大越好。于是对吞吐量和带宽参数作如下处理。

吞吐量参数：$E_u=\dfrac{1}{E'_u}$，其中 $E'_u$是用户对吞吐量的服务要求，$E_u$是模型所使用的吞吐量要求参数。$e_{ju}^{d}=\dfrac{1}{e_{ju}^{d'}}$，其中 $e_{ju}^{d'}$是任务点 $j$ 在无人机 $d$ 的任务序列中的吞吐量属性，$e_{ut}^{d}$则是模型中所使用的属性表达式。

带宽参数：$E_c=\dfrac{1}{E'_c}$，其中 $E'_c$是用户对实时带宽的服务要求，$E_c$是模型中所使用的带宽要求参数。$e_{jc}^{d}=\dfrac{1}{e_{jc}^{d'}}$，其中 $e_{jc}^{d'}$是任务点 $j$ 在无人机 $d$ 的任务序列中的带宽属性，

$e_{jc}^{d}$则是模型中所使用的属性表达式。于是约束可以表示为

$$\sum_{d=1}^{M}\sum_{j=1}^{N} e_{jz}^{d} y_{jd} \leqslant E_z, \quad z = t,q,u,c \tag{9-20}$$

（5）如前所述，无人机需要在监测点所处基站区域的网络闲时进行数据传输，即传输时间满足时间窗约束：

$$O_{iwd} \leqslant s_{id} \leqslant C_{iwd}, \quad i=1,2,\cdots,N; \quad d=1,2,\cdots,M; \quad \exists w \in \{1,2,\cdots,W\} \tag{9-21}$$

式中：每个任务点有 $W$ 个时间窗，$O_{iwd}$为任务点 $i$ 的时间窗 $w$ 在无人机 $d$ 的起始时间；$C_{iwd}$为任务点 $i$ 的时间窗 $w$ 在无人机 $d$ 的终止时间。

（6）受监测站的人员和飞机工作时间的限制，无人机也应在工作时间内执行监测任务，即

$$\sum_{i=1}^{N-1}\left[T_i y_{id} + w_{id} + \sum_{j=2,j\neq i}^{N} c_{ij} x_{ij}^{d}\right] \leqslant T_{\max}, \quad d = 1,\cdots,M \tag{9-22}$$

式中：$T_i$为对监测点 $i$ 执行监测任务所需时间；$w_{id}$为在监测点 $i$ 处因时间窗而等待的时间，若无人机在监测点 $i$ 的时间窗范围内到达，则 $w_{id}=0$，故 $w_{jd}=\max\{0,O_j-(s_{id}+T_i+c_{ij})\}$，其中，$c_{ij}$为从监测点 $i$ 飞到监测点 $j$ 所需时间，本式表示无人机 $d$ 任务途中对监测点的监测时间、飞行时间、等待时间的总和不超过总时间约束 $T_{\max}$。

综上所述，考虑网络忙闲时约束的多无人机任务调度模型归纳如下。

$$\max \sum_{d=1}^{M}\sum_{i=2}^{N-1} S_i y_{id}$$

s. t.

$$\begin{cases}
\sum_{d=1}^{M}\sum_{j=2}^{N} x_{1j}^{d} = \sum_{d=1}^{M}\sum_{i=1}^{N-1} x_{iN}^{d} = M \\
\sum_{i=1}^{N-1} x_{io}^{d} = \sum_{j=2}^{N} x_{oj}^{d} = \sum_{w=1}^{W} y_{ow}^{d}, \quad o = 2,3,\cdots,N-1; \quad d = 1,2,\cdots,M \\
s_{id} + T_i + c_{ij} - s_{jd} \leqslant P(1 - x_{ij}^{d}), \quad i,j = 1,2,\cdots,N; \quad d = 1,2,\cdots,M \\
\sum_{d=1}^{M} y_{id} \leqslant 1, \quad i = 2,3,\cdots,N-1 \\
\sum_{d=1}^{M}\sum_{j=1}^{N} e_{jz}^{d} y_{jd} \leqslant E_z; \quad z = t,q,u,c \\
\exists w \in \{1,\cdots,W\}: O_{iwd} \leqslant s_{id} \leqslant C_{iwd}, \quad i = 1,2,\cdots,N; \quad d = 1,2,\cdots,M \\
\sum_{i=1}^{N-1}\left[T_i y_{id} + w_{id} + \sum_{j=2,j\neq i}^{N} c_{ij} x_{ij}^{d}\right] \leqslant T_{\max}; \quad d = 1,2,\cdots,M \\
w_{jd} = \max\{0, O_j - (s_{id} + T_i + c_{ij})\} \\
x_{ij}^{d}, y_{id} \in \{0,1\}, \quad i,j = 1,2,\cdots,N; \quad d = 1,2,\cdots,M
\end{cases}$$

在无人机实际执行任务过程中，由于网络瞬息多变，往往在一天中分有多个忙闲时段，如果不能在网络闲时段对目标执行监测并实时传回数据，任务执行的时效性会大打折扣，因此要求无人机能够在网络闲时将监测数据进行传输。在本章的应用背景中，无人机的数目是比较有限的，其数目是否足以支持监测全部的目标，在调度之前是难以确定的。而在本问题中，无人机执行任务的时间不仅有时间窗限制，而且执行任务的总时间由于无人机油耗以及操作人员的工作时间等限制不能超过规定的时间总长，这就增加了问题求解的难度。

## 9.3.2 基于团队定向问题的集群自组织任务规划方法

### 1. 面向网络环境中多无人机任务调度优化求解问题分析

网络环境中多无人机任务调度问题是一个多约束的 NP 难问题，难以对其求解。为了提高任务调度对突发状况的响应能力，需要在较短的时间内获得高质量的结果。在网络环境中多无人机任务调度中，可能存在距离远的任务点收益高的情况，或者服务质量低的任务点收益高，这就意味着一味为了寻求高收益可能会导致不能满足任务时间约束，以及服务质量参数的约束。这样使得求解过程中难以选择任务点作为解序列中的值。因此，简单的构建解以及改进的启发式算法，可能导致计算过程中朝着不满足约束的方向发展。这些方法不能充分检查解中的任务点约束是否满足，或者不能成功地纠正错误决策。而且任务时间窗和多个服务质量约束使得求解过程更为复杂。而在应对很多求解困难的优化问题时，元启发式方法是唯一可用的方法。基于这些考虑，本章提出了一种简单而快速的局部迭代搜索（iterated local search，ILS）算法，并且在可用的测试集上有很好的执行效果。

1）ILS 算法的基本原理

由于元启发式方法比较复杂，不适用于实时性问题，通常需要将领域知识纳入元启发式方法的设计中。然而，这使得启发式和元启发式方法之间的界限模糊，并且可能会失去元启发式方法的简单性和通用性的优点。为了解决这一问题，可以将元启发式方法模块化，将它划分为几个部分，每个部分都有自己的特殊性。特别是，需要一个完全通用的部分，尽管任何特定领域的问题构建到元启发式方法时将会受限于另一部分。最后，因为元启发式方法潜在的复杂性，要求它可以作为一个“黑盒”过程。局部迭代搜索算法便提供了一个简单的方法来满足这些需求。

简而言之，局部迭代搜索启发式方法的本质是通过嵌入的启发式过程来生成一组解，局部迭代搜索启发式方法迭代构建这一组解从而生成比启发式重复随机实验更好的解。这个简单的想法有着悠久的历史，并且由很多学者重新发现并重新命名，如迭代后裔、大步马尔可夫链、Lin-Kernighan 迭代等。对于局部迭代搜索而言，有两个要点：①必须有一个简单的可跟随链；②在简化的空间内寻找更优解的搜索过程是由一个“黑盒”启发式得到的输出来定义的。

假设给出了一个特定问题的算法，并将其当作局部搜索算法，即使实际上它并非是局部搜索算法。那么就有一个问题，这种算法能通过迭代的过程来得以优化吗？答案是肯定的。令 $C$ 作为组合优化问题的代价方程，目标是使 $C$ 最小化。将候选解记为 $s$，并且所有的 $s$ 属于集合 $S$。最后，为了能有高性能表现，假设局部搜索过程是确定的。对于给定的输入 $s$，其输出为 $s^*$，且 $C(S^*)\leqslant C(S)$。局部搜索便定义成从集合 $S$ 映射到集合 $S^*$ 的过程。局部搜索是一种顺序化的搜索方式，搜索路径形成一个轨迹，针对当前解，试图从其邻域找到一个更好的解来代替当前解，如果找不到停止搜索过程。

通过局部搜索来提高解的质量的最简单方法是反复改变初始搜索点来进行搜索。于是每个 $s^*$ 的产生都是独立的，而大量的测试使得存在解处于 $C$ 较小的分布中。虽然这种随机重新开始产生独立采样的方法在某些时候是一种有效的策略，但是当测试集合很大时，这种方法并不能很好地跟踪代价减小的分布。因此，在大规模数据集的搜索中，随机采样很难找到最佳解。

为了解决上文提到的大数据量造成的问题，需要重新考虑局部搜索算法：从集合 $S$ 中搜索更好的解放到 $S^*$ 中，其中 $C(S^*)\leqslant C(S)$。下一步便是采取迭代的方式：使用局部搜索从解集合 $S^*$ 到更小的解集合 $S^{**}$，其中 $S^{**}$ 的平均约束的值要更小。算法的执行过程便是局部搜索嵌入迭代的过程。这样的结构，可以进行尽可能多次数的迭代，形成层次嵌套的局部搜索。但是通过进一步审查，可以看到算法存在的问题，即如何制定超越最低层次水平的局部搜索：局部搜索需要一个邻域结构，而这并不能先验地给出。最重要的难题是如何在解集 $S^*$ 中定义邻域，从而能有效地枚举和获取邻域。

进一步考虑，如下讨论的是 $S^*$ 中较好的邻域结构。首先，根据上文，$S$ 集合中的邻域结构导致了 $S$ 子集合中的典型邻域结构：两个子集合是最近邻域，当且仅当它们包含的解为最近邻域。然后，这些子集合将吸引 $s^*$ 向代价变小方向发展。然后给出 $S^*$ 集合的邻域概念，这个概念可以表示为：$s_1^*$ 和 $s_2^*$ 是 $S^*$ 中的邻域，当 $s_1^*$ 和 $s_2^*$ 的吸引域有公共部分，例如在集合 $S$ 中包含最近邻域解。然而这个定义有个重要的不足，那就是在实践中不能将 $s^*$ 的所有邻域一一列出，因为足以用来计算的方法可以找到 $s^*$ 的吸引域中的所有解 $s$。尽管如此，也可以随机地产生最近邻域。从 $s^*$ 开始，在 $S$ 中创造一组随机路径，$s_1,s_2,\cdots,s_i$，其中 $s_j+1$ 是 $s_j$ 的一个最近邻域。确定这条路径中的第一个 $s_j$ 属于一个不同的吸引域，因此在 $s_j$ 中应用局部搜索可以有 $s^{*\prime}\neq s^*$。那么 $s^{*\prime}$ 就是 $s^*$ 的一个最近邻域。

给出这一过程，便可在 $S^*$ 中执行局部搜索。递归地拓展参数，可以看到一个算法可以实现嵌套搜索，用递归的方式在 $S$、$S^*$、$S^{**}$ 中执行局部搜索。然而，在 $S^*$ 级别的最近邻域搜索计算代价高昂，因为在找到一个新的吸引方向前需要执行多次局部搜索。因为，需要放弃在 $S^*$ 中随机搜索最近邻域的方式，而使用一种较弱的接近概念，从而允许在 $S^*$ 中快速随机搜索。这种结构导致在 $S^*$ 中有偏向的取样，如果能够找到一种从 $s^*$ 搜索到下一个合适的计算方式，这种取样将比随机取样更好。

2）ILS 算法优化分析

本小节主要说明如何优化一个 ILS 算法并使其获得高性能。其中有 4 个组成部分需要考虑：获取初始解、局部搜索、扰动、接受准则。在提出一个算法之前，需要先设计一个比较基础的 ILS。需要做的是：①该算法能够从一个随机解开始或者由贪婪启发式构造并返回解；②对于大多数问题，局部搜索算法是可行的；③对于扰动而言，在邻域上的高阶随机扰动比使用局部搜索算法更为有效；④接受准则的合理性是要使代价减小。这种基础 ILS 算法的执行通常比随机重新开始的方法表现更好。然后可以通过运行这个基本的 ILS 算法来构建解，并通过改进 4 个模块来提高整个算法的性能。如果可以考虑特异性的组合优化问题，这应该特别有效。在实践中，这种协调方法在 ILS 中比其他方法使用的模块元启发更少。原因可能在于减少模块使 ILS 的复杂性降低，使得每个组件的功能相对容易理解。最后需要考虑的是 ILS 算法的整体优化，事实上不同的组件彼此影响，所以有必要了解它们之间的相互作用。但是，由于这些相互作用是相互关联的问题，所以还需要讨论到全局优化。

### 2. ILS 算法的改进和设计

算法中包括两个重要步骤：插值和移除。插值策略是初始解的建立，根据总任务时间约束和时间窗约束求得初始解；移除策略则是将固定数量的任务点从初始解中删除的过程。算法的启发式策略是一个迭代的过程，通过对初始解的反复迭代移除和插值两个过程获得，直到最后获得的解序列经过多次迭代不再有改进为止。下面对插值和移除这两个过程分别进行描述。

1）插值策略

插值是往解序列中一个接一个地插入监测点的过程。插值流程如图 9-7 所示。

在往现有的解序列中插入新的监测点前，需要验证新的解序列在插值之后仍然能满足序列中所有监测点的时间窗。而一个个验证解序列中所有监测点的可行性需要很长时间，这一过程可通过记录现有解序列中每个监测点的 MaxShift 和 Wait 来解决。Wait 定义为无人机到达监测点后时间窗开始之前的等待时间。如果无人机在监测点的时间窗范围内到达，那么 Wait 为零。MaxShift 定义为某个给定监测点在不影响解序列中其他监测点的可行性前提下能完成监测任务的最长时间范围：

$$\mathrm{Wait}_i=\max[0,O_i-a_i] \tag{9-23}$$

$$\mathrm{MaxShift}_i=\min[C_i-s_i,\mathrm{Wait}_{i+1}+\mathrm{MaxShift}_{i+1}] \tag{9-24}$$

在现有的解序列中的 $i$ 和 $k$ 之间插入 $j$ 将会产生时间损耗，对此如下定义：

$$\mathrm{Shift}_j=c_{ij}+\mathrm{Wait}_j+T_j+c_{jk}-c_{ik} \tag{9-25}$$

为了保证新的解序列的可行性，$\mathrm{Shift}_j$ 需要满足如下条件：

$$\mathrm{Shift}_j=c_{ij}+\mathrm{Wait}_j+T_j+c_{jk}-c_{ik}\leqslant \mathrm{Wait}_k+\mathrm{MaxShift}_k \tag{9-26}$$

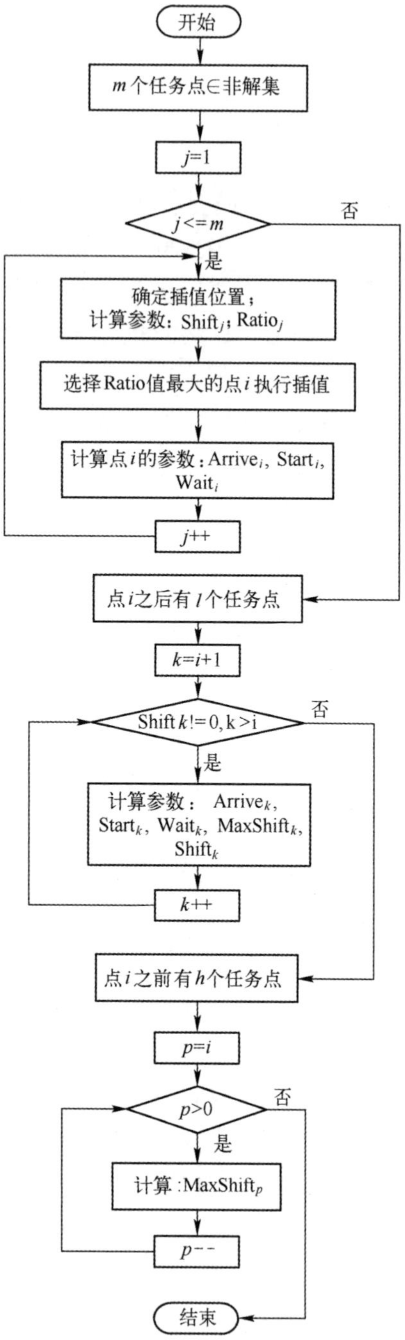


图 9-7　插值策略流程

同样地，无人机对监测点 $i$ 执行任务时需要满足它的时间窗。对每个未在解序列中的监测点而言，$\text{Shift}_i$ 越小则越有可能选为插值点。为了选择新的监测点插入到解序列中，定义新变量 Ratio 来决定插入值。

$$\text{Ratio}_i = (S_i)^2 / \text{Shift}_i \tag{9-27}$$

计算每个待插入的监测点的 Ratio 值，选择该值最大的监测点作为插值点。

每执行一次插值后，路径中所有其他监测点的相关参数因此产生改变，需要更新相关参数，插入点之后的序列需要更新等待时间（Wait）、到达时间（$a$）、开始监测时间（$s$）和 MaxShift。

下面几个公式则是插入点为之后的监测点需要更新的参数，例如，在 $i$ 和 $k$ 之间插入 $j$：

$$\text{Shift}_j = c_{ij} + \text{Wait}_j + T_j + c_{jk} - c_{ik} \tag{9-28}$$

$$\text{Wait}_{k^*} = \max[0, \text{Wait}_k - \text{Shift}_j] \tag{9-29}$$

$$a_{k^*} = a_k + \text{Shift}_j \tag{9-30}$$

$$\text{Shift}_k = \max[0, \text{Shift}_j - \text{Wait}_k] \tag{9-31}$$

$$s_{k^*} = s_k + \text{Shift}_k \tag{9-32}$$

$$\text{MaxShift}_{k^*} = \text{MaxShift}_k - \text{Shift}_k \tag{9-33}$$

监测点 $k$ 之后的监测点序列同样按照上述公式进行更新，直到 Shift 减少到零。其中带星号 * 的参数表示更新后的值。

插入点之前的监测点序列则需要更新 MaxShift 的值。

下面用一个简单的插值示例来描述插值过程。如图 9-8 所示，在监测点 0 和监测点 5 之间插入点 2，根据时间窗的不同，插值可能成功也可能失败。

图 9-8（a）：从初始点出发直接到达监测点 5，在监测点 5 的时间窗开始之前到达，需要等待一段时间 $\text{Wait}_5$。

图 9-8（b）：在图 9-8（a）的序列初始点和监测点 5 之间插入监测点 2，监测点 2 的插入需要经过从起始点到监测点 2 的飞行时间 $C_{12}$、在监测点 2 的时间窗开始 $O_2$之前的等待时间 $\text{Wait}_2$，以及在监测点 2 的任务时间 $T_2$。在经过这段时间后，依然满足监测点 5 的时间窗且不对监测点 5 的任务造成影响，故监测点 2 的插入是可行的。$T_5'$和 $\text{Wait}_5'$是插值后到达监测点 5 的时间和等待时间。

图 9-8（c）：监测点 2 的插入使得监测点 5 的任务时间推后，而且任务完成时时间窗已结束，监测点 5 的任务不能完成。其中 $T_2'$是到达监测点 2 的时间，图 9-8（c）中可看到，到达监测点 5 的时间已经接近监测点 5 的任务时间窗关闭时间，剩余时间不足以完成任务，故监测点 2 的插入是不可行的。

2）移除策略

插值的过程能够较快地构造出很好的解，但是它可能会导致算法陷入局部最优解。基于这一考虑，采用如下方式来避免局部最优：移除最终解序列中的一个或多个监测点。这一过程如图 9-9 所示。

在这个过程中，需要给定两个变量：连续移除多少个监测点（$R_d$）、从哪个监测点开始移除（$S_d$）。如果移除的序列太长导致中途就到达了终点，那么返回起始点继续该操作直到 $R_d$个监测点被移除。移除完 $R_d$个监测点后，这之后的监测点顺序前移补位，以避免不必要的等待时间。如果因时间窗后续监测点不能前移，那么移除位置后的序列保持不变。与上一节插值操作类似，这些监测点同样要更新相关参数。移除位置之前的监测点只需要更新 MaxShift。

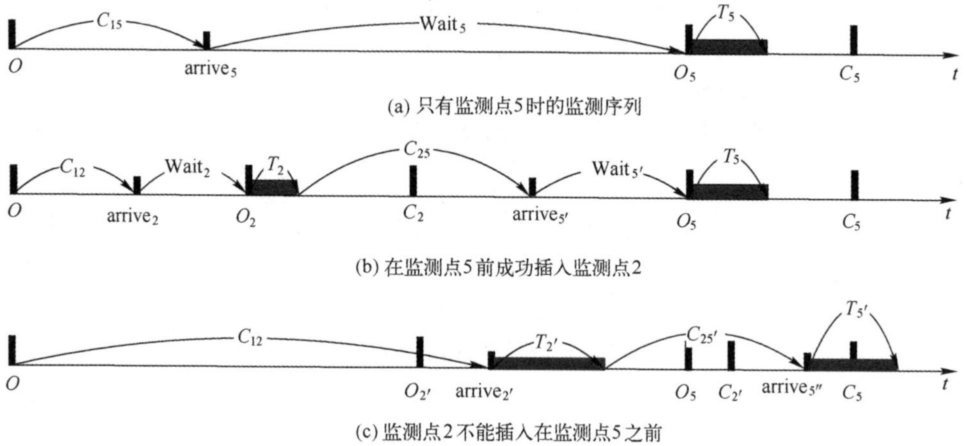


图 9-8　插值示例

与插值部分更新参数类似，但是移除过程中的 Shift 与插值过程中对应的含义不同。在插值过程中，插入 $j$ 点后，$j$ 点后的解序列其相应的到达时间、任务开始时间会因 $j$ 点的插入而推迟。移除一段序列后，例如移除从第 $i$ 点到第 $j$ 点这一段序列，$j$ 点后的解序列其相应的到达时间、任务开始时间会因此提前。因此，移除步骤中的更新公式与插值步骤中有所差异。

（1）若移除序列长度不超过 $S_d$ 后的序列长度，则删除解序列中间一段。

$$\text{Shift}_{S_d \to S_d+R_d} = c_{S_d-1,S_d} + \sum_{i=S_d}^{S_d+R_d} \text{Wait}_i + \sum_{i=S_d}^{S_d+R_d} T_i + \sum_{i=S_d}^{S_d+R_d-1} c_{i,i+1} - c_{S_d+R_d,S_d+R_d+1} \tag{9-34}$$

$$a_{k^*} = a_k - \text{Shift}_j \tag{9-35}$$

$$\begin{cases} \text{Wait}_k = 0, & \text{Shift}_k = \min[s_k - O_k, \text{Shift}] \\ \text{Wait}_k > 0, & \text{Shift}_k = 0 \end{cases} \tag{9-36}$$

$$\begin{cases} \text{Wait}_k > 0, & \text{Wait}_{k^*} = \text{Wait}_k + \text{Shift}_j \\ \text{Wait}_k = 0, & \text{Wait}_{k^*} = \min[0, O_k - a_{k^*}] \end{cases} \tag{9-37}$$

Wait 的值会影响到 Shift，故先计算 Shift 的更新值，再计算 Wait。

$$s_{k^*} = s_k - \text{Shift}_k \tag{9-38}$$

$$\text{MaxShift}_{k^*} = \text{MaxShift}_k + \text{Shift}_k \tag{9-39}$$

（2）移除序列长度超过 $S_d$ 后的序列长度，则移除完 $S_d$ 后的所有解序列后，再接着从序列首部开始继续移除，直到移除序列数达到 $R_d$，即删除一头一尾，首部删除 $R_d+S_d-N-1$ 个，尾部删除 $N-S_d+1$ 个，其中 $N$ 是第 $m$ 条解序列中的点个数，除了 Shift，其他与原算法求解一样。例如，$N=6$，$S_d=4$，$R_d=5$ 时，从第 4 个点开始删除，删除 4、5、6 点，共 $N-S_d+1=3$ 个点，再从首部开始删除 $R_d-(N-S_d+1)=R_d+S_d-N-1=2$ 个点。

$$\text{Shift}_{1 \to S_d+R_d-N-1} = \sum_{i=1}^{S_d+R_d-N-1} \text{Wait}_i + \sum_{i=1}^{S_d+R_d-N-1} T_i + \sum_{i=1}^{S_d+R_d-N-1} c_{i,i+1} \tag{9-40}$$

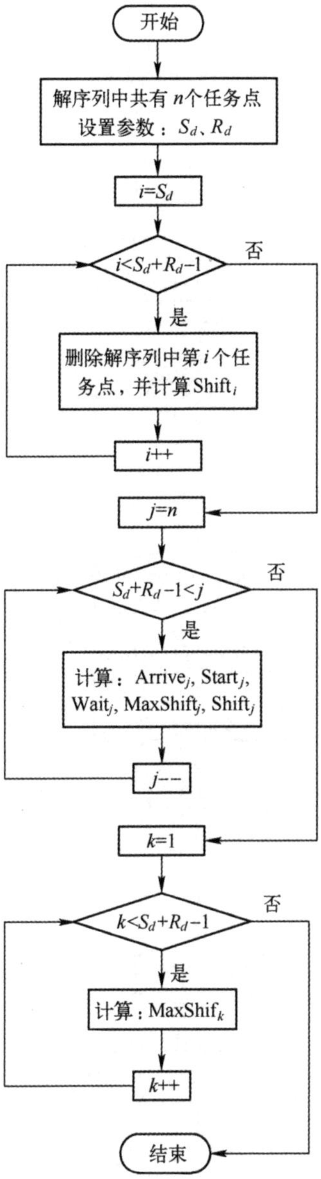


图 9-9　移除策略流程

$$a_{k^{\cdot}}=a_k-\text{Shift}_j \tag{9-41}$$

$$\begin{cases}\text{Wait}_k=0, & \text{Shift}_k=\min[s_k-O_k,\text{Shift}]\\ \text{Wait}_k>0, & \text{Shift}_k=0\end{cases} \tag{9-42}$$

$$\begin{cases}\text{Wait}_k>0, & \text{Wait}_{k^{\cdot}}=\text{Wait}_k+\text{Shift}_j\\ \text{Wait}_k=0, & \text{Wait}_{k^{\cdot}}=\min[0,O_k-a_{k^{\cdot}}]\end{cases} \tag{9-43}$$

$$s_{k^{\cdot}}=s_k-\text{Shift}_k \tag{9-44}$$

$$\text{MaxShift}_{k^{\cdot}}=\text{MaxShift}_k+\text{Shift}_k \tag{9-45}$$

3）启发式策略

将前两节所述子过程结合到算法整体流程中，便是局部迭代搜索算法，算法流程如图 9-10 所示。

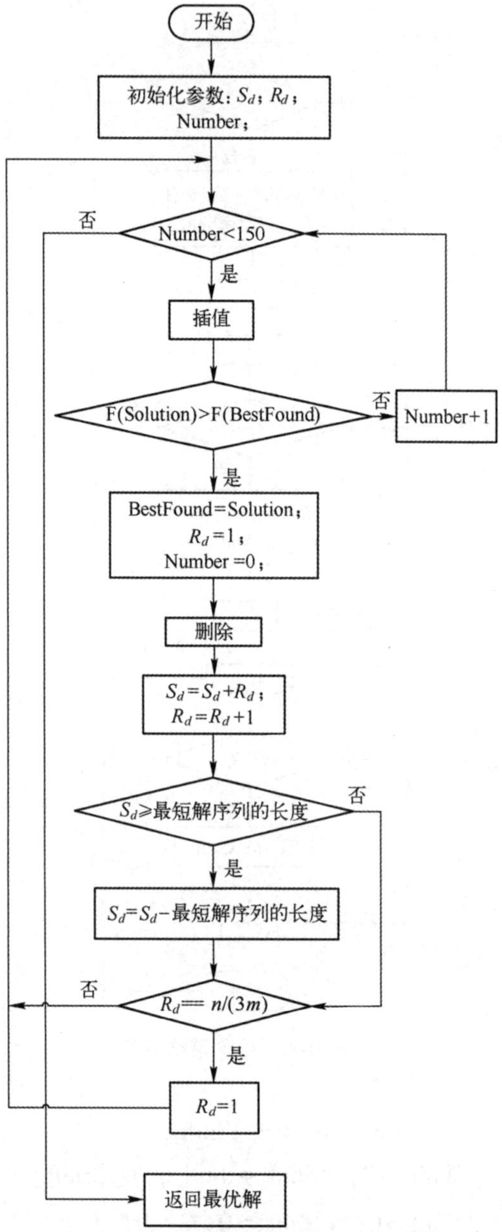


图 9-10　局部迭代搜索算法流程

本算法的初始状态是一组空的解序列，并将移除策略的参数设为 1。首先，对初始解执行插值操作，直到经过一定次数的循环之后当前解不再改进。如果当前解比已记录的最优解更好，那么记录下这个解并将 $R_d$ 初始化为 1。然后对当前解使用移除策略，每经过一个移除之后，$S_d$的值都更新为$S_d+R_d$，$R_d$的值则增加1。如果$S_d$的值大于或等于最短路径长度，那么该路径长度作为新的移除位置。若$R_d$等于$n/(3m)$，则将$R_d$重置为1。

这种启发式算法称为局部迭代搜索。通过使用前文所述的移除策略，每次移除中都会有一定数量的监测点从解序列中移除，在整个流程中，几乎所有的监测点被移除了至少一次。通过这一步骤，就可以快速有效地消去次优解。由于本算法总是从当前解中继续搜索，这使得算法更为快速，在求解的过程中它不会返回到原来的最优解再继续搜索。这个过程称为基于随机验收标准的局部迭代搜索。

求解开始前，最大移除数量$[n/(3m)]$和最大迭代次数（150）是需要事先定义好的参数。在实验中，改变最大移除数，从$n/m$到$n/(5m)$改变这个比值，若数值太大可能超过解序列长度，数值太小则并没有显著的提高解的质量或减少计算时间。进一步增大迭代次数也不会显著提高获得的解，只会增加计算时间。因此，最大移除数和最大迭代次数的初始值分别定义为$n/(3m)$和150，在实验过程中再根据解序列的长度对最大移除数进行更改使其不超过解序列长度。

## 9.4 无人机集群分布式机载航路自主重规划方法

无人机集群分布式机载航路自主重规划是无人机自主根据全局态势和感知的周遭局部态势实时在线形成飞行航线。航线既需要考虑全局的任务目标，又要考虑局部的避开障碍和规避威胁的能力，从而在最大限度地降低被威胁/目标探测概率或杀伤概率的同时，仍能引导无人机趋向于最终目标。与此同时，机载航电系统分配给自主系统组件的计算和存储资源是有限的，如何在性能约束条件下实时高效地动态生成航路，是制约系统可用性的关键。全局态势的大范围和局部态势的高精度都会对存储和计算带来不可避免的负担，有效解决两者之间的矛盾是该领域亟待解决的关键技术之一。

本节提出一种基于多分辨率小波分解在线态势建图的改进标签实时航路重规划方法。首先采用多分辨率压缩进行态势建图，通过分析无人机（或其他机器人）任务区域的态势分布特征和强弱对抗程度，以若干临界距离为依据将全局态势进行多分辨率划分。在靠近无人机的区域进行高分辨率态势建图，无人机能够进行精细的飞行控制；在远离无人机的区域进行低分辨率态势建图，使得无人机能够进行更粗略的方向引导。这种态势建图方法既能确保后续航路规划的全局特性，克服了经典滚动时域控制思想无法满足收敛性的缺点，又能确保无人机能够进行精确的避障和规避等飞行控制。在多分辨率态势建图的基础上，将带多约束的最低风险航路优化问题描述为权值约束最短路径问题，并提出改进标签设置法。该方法可以在线生成油耗、航时等多约束下的最低探测/毁伤风险航路，避免了无法采用变分法求解规划问题解析解的缺点。

### 9.4.1 基于多分辨率小波分解在线态势建图的改进标签实时航路重规划方法

假设一个世界环境 $W\subset\mathbf{R}^2$ 包括障碍物空间 $O\subset W$ 和无障碍配置空间 $F=W-O$。采用小波变换对 $W$ 进行多分辨率分解。通过基本初等函数 $\phi_{J,k}$ 和 $\psi_{J,k}$ 的线性组合来构造函数 $f\in L^2(\mathbf{R})$：

$$f(x)=\sum_{k\in\mathbf{Z}}a_{J,k}\cdot\phi_{J,k}(x)+\sum_{j\geqslant J}\sum_{k\in\mathbf{Z}}d_{j,k}\cdot\psi_{j,k}(x) \tag{9-46}$$

式中：$\phi_{J,k}(x)=2^{J/2}\phi(2^Jx-k)$，$\psi_{j,k}=2^{j/2}\psi(2^jx-k)$。$J$ 的选择取决于低分辨率或 $f$ 的粗略近似。$L^2(\mathbf{R})$ 的其余部分被小波函数 $\psi_{j,k}(x)$ 描述，提供更高或更精细分辨率的函数细节。换句话说，当在最粗层次（低分辨率）分析函数 $f$ 时，则只有最突出的特征将显现出来。加入更精细的层次（高分辨率）意味着增加函数 $f$ 越来越多的细节。从而在不同层次的分辨率揭示 $f$ 的特性。另外在理想的情况下，尺度函数和小波函数都具有连续的支持，也就是说，它们仅在有限的时间间隔是非零的。这允许小波捕获函数 $f$ 的局部特征。

扩展到二维情况，给定一个函数 $f\in L^2(\mathbf{R}^2)$，可以得到

$$f(x,y)=\sum_{k,\ell\in\mathbf{Z}}a_{J,k,\ell}\cdot\Phi_{j,k,\ell}(x,y)+\sum_{i=1}^{3}\sum_{j\geqslant J}\sum_{k,\ell\in\mathbf{Z}}d^i_{j,k,\ell}\cdot\Psi^i_{j,k,\ell}(x,y) \tag{9-47}$$

其中，对于正交子波的情况，逼近系数由下式给出：

$$a_{j,k,\ell}=\int_{-\infty}^{\infty}\int_{-\infty}^{\infty}f(x,y)\cdot\Phi_{j,k,\ell}(x,y)\,\mathrm{d}x\mathrm{d}y \tag{9-48}$$

细节系数为

$$d^i_{j,k,\ell}=\int_{-\infty}^{\infty}\int_{-\infty}^{\infty}f(x,y)\cdot\Psi^i_{j,k,\ell}(x,y)\,\mathrm{d}x\mathrm{d}y \tag{9-49}$$

尺度函数为

$$\phi(x)=\begin{cases}1, & \text{if}\quad x\in[0,1)\\ 0, & \text{其他}\end{cases} \tag{9-50}$$

小波函数为

$$\psi(x)=\begin{cases}1, & \text{if}\quad x\in[0,1/2)\\ -1, & \text{if}\quad x\in[1/2,1)\\ 0, & \text{其他}\end{cases} \tag{9-51}$$

该函数在 $[0,1]$ 上连续，那么，尺度函数 $\phi(x)$ 和小波函数 $\psi(x)$ 在长度为 $1/2^j$ 的区间 $I_{j,k}\triangleq[k/2^j,(k+1)/2^j]$ 内也连续。类似地，二维尺度函数 $\Phi_{J,k,\ell}$ 和具有矩形单元 $c^j_{k,\ell}\triangleq I_{j,k}\times I_{j,\ell}$ 的小波函数 $\Psi^i_{j,k,\ell}(i=1,2,3)$ 同样满足。

快速提升小波变换提供了函数在不同分辨率层次的快速分解，是经典小波变换速度的两倍。它直接在时域中建立小波，从而避免了傅里叶分析过程。此外，快速提升小波变换整数运算可以极大地降低计算成本。这使得快速提升小波变换特别适合用于在低功耗微控制器中处理数据。使用快速提升小波变换还具有允许相邻单元

格直接通过小波系数关联的特性，从而不再需要四叉树分解。

在快速提升小波分解中，如图 9-11 所示。在第一块分割原始信号 $a_n$ 为两个含有奇数和偶数索引样本的不相交样本集。由于奇数和偶数子集局部地彼此相关，每个信号通过相应的算子 $P$ 和 $U$ 后由相反的信号提升（双重和原始提升或预测和更新）。最后，结果归一化为常数 $k_a$ 和 $k_d$，分别得到逼近系数和细节系数 $a_{n-1}$ 和 $d_{n-1}$。

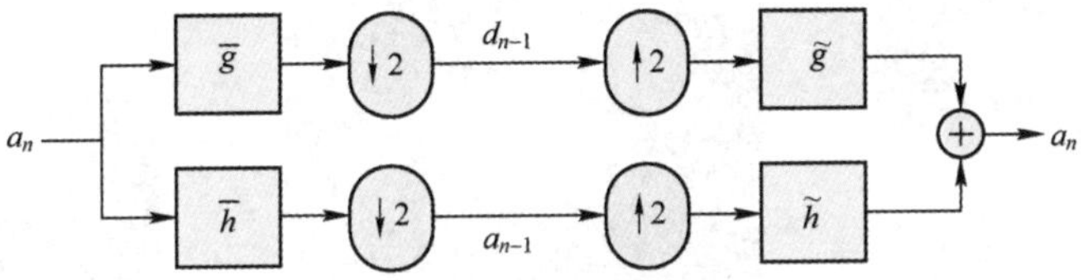


图 9-11　采用小波提升方案的一步分解

快速提升小波有许多优点，如更快的计算速度（是通常离散小波变换的两倍）、原位计算系数（节省了内存）、即时反变换、拓展不规则问题的一般性等。特别地，提升方案适用于输入数据为整数样本的许多应用。

假定 $\boldsymbol{W}=[0,1]\times[0,1]$，使用 $2^N\times2^N$ 的分离网格描述。最精细水平的分辨率 $J_{\max}$ 以 $N$ 为界。该小波在分辨率层次 $J\geqslant J_{\min}$ 分解，如下所示：

$$f(x,y)=\sum_{k,\ell=0}^{2^J-1}a_{J,k,\ell}\boldsymbol{\Phi}_{J,k,\ell}(x,y)+\sum_{i=1}^{3}\sum_{j=J}^{N-1}\sum_{k,\ell=0}^{2^j-1}d_{j,k,\ell}^{i}\boldsymbol{\Psi}_{j,k,\ell}^{i}(x,y) \tag{9-52}$$

那么用一个函数 $\mathrm{rm}:W\mapsto M$，表示 $x=(x,y)$ 处的风险度量，其中 $M$ 是整数 $m$ 不同风险度量水平的集合，定义如下：

$$M\triangleq\{M_i:M_1<M_2<\cdots<M_m\} \tag{9-53}$$

障碍物空间 $O$ 定义为风险度量值超过特定阈值 $\overline{M}$ 的空间：

$$O=\{x\in W\mid \mathrm{rm}(x)>\overline{M},\overline{M}\in M\} \tag{9-54}$$

对于 $x\in F$，考虑 $\mathrm{rm}(x)$ 作为智能体到障碍物的空间接近度，或者概率 $x\in O$。

在分辨率的不同层次 $J_{\min}\leqslant j\leqslant J_{\max}$ 构造 $W$ 的近似，在这个意义上，$j$ 用于内部的所有点：

$$N(x_0,r_j)\triangleq\{x\in W:\|x-x_0\|_\infty\leqslant r_j\} \tag{9-55}$$

式中：$r_{J_{\max}}\leqslant r_j\leqslant r_{J_{\min}}$。由此，意味着更高的分辨率被用于接近当前位置的点，不同层次较粗糙的分辨率根据与当前点的距离在别处使用。因此，距离当前位置越远，$W$ 的表示越粗糙，图 9-12 展示了这种情况。$J_{\max}$ 的选择是由此层次的所有单元可被解析为自由或单元障碍单元的要求来确定的。$J_{\min}$ 以及窗口跨度 $r_j$ 的选择是由机载计算资源决定的。

在 $W$ 上多分辨率单元分解如下。

$$C_d=\Delta C_d^{J_{\min}}\oplus\cdots\oplus\Delta C_d^{J_{\max}} \tag{9-56}$$

式中：$\Delta C_d^J$ 为 $1/2^j\times1/2^j$ 维度的单元 $c_{k,\ell}^{j}$ 的并集。

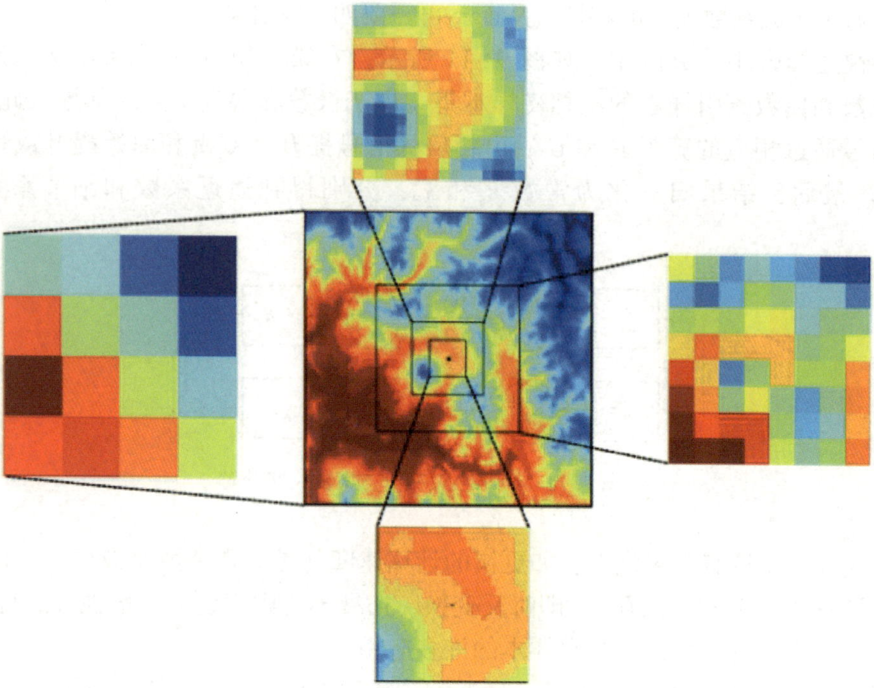

图 9-12　根据智能体当前位置的距离进行多分辨率环境表征

为多分辨率单元分解 $C_d$ 分配一个拓扑图 $G=(V,E)$。属于集合 $V$ 的节点代表 $C_d$ 中的单元 $c^j_{k,\ell}$，集合 $E$ 中的边缘表示这些节点之间的连通性关系。图 $G$ 的连通性可以直接从小波系数来构建。等价地，直接从快速提升小波获得的小波系数来计算 $G$ 的邻接表。

因为二维小波的尺度函数 $\Phi_{J,k,\ell}$ 和小波函数 $\Psi^i_{j,k,\ell}(i=1,2,3)$ 与方形单元相关联，是相应的逼近和非零细节系数编码相关的单元几何体（尺寸和位置）的必要信息。逼近系数是单元风险度量的平均值，细节系数确定各单元的大小。更具体地说，考虑一个在 $j_0$ 层次的单元 $c^{j_0}_{k,\ell}$，维度为 $1/2^{j_0}\times1/2^{j_0}$，位置为 $(k,\ell)$。如果单元与一个非零逼近系数 $a_{j_0,k,\ell}$ 相关联，同时在范围 $j_0\leqslant j\leqslant J_{\max}$ 相应的细节系数 $d^i_{j,k,\ell}(i=1,2,3)$ 都为零，该单元被称为独立单元。否则，该单元被标记为亲本单元，并又在 $j_0+1$ 层次被分成 4 个子单元。如果子单元不能被进一步细分，那么被分类为独立的单元。如图 9-13 所示，最上面的亲本单元在 $j_0+1$ 层次划分为 3 个独立的单元，在象限Ⅰ、Ⅱ、Ⅲ各有非零逼近系数。对于象限Ⅳ，该单元在 $j_0+2$ 层次被进一步细分为 4 个独立的子单元。

假设给出了小波变换的风险度量函数 rm 达到 $J_{\min}$ 层次。单元维度的最粗糙层次设置为 $J_{\min}$。在图 9-14 中，最初的粗糙网格被描绘在左侧。智能体位于 $x=(x,y)$，高分辨率由 $r$ 给出。从粗糙单元 $c^{j_0}_{k,\ell}$ 开始，通过确定单元部分相交或全部属于集合 $N(x,r)$ 来区分不同分辨率层次的单元。该单元很容易地通过选择标志如 $(k,\ell)\in(K(j_0),L(j_0))$ 来确定满足该性质。如果单元需要被细分为更高分辨率单元，首先在当前单元（本地重建）上进行反向快速提升小波变换，以便恢复在 $j_0+1$ 层次的 4 个逼近系数和相应细节系数。然后，采用光栅扫描法（Z 字形搜索：Ⅰ→Ⅱ→Ⅲ→Ⅳ）检查每个单元在本单元格内的重叠。此过程被递归重复进行，直到达到最高分辨率层次 $J_{\max}$。图 9-14 示出了递归光栅扫描检索。一旦单元被识别为独立的，在图 G 中分配一个节点，该节点成本为代表单元中平均风险度量的逼近系数。此外，与当前单元相关的细节系数都设置为零，这将提供单元之间必要的连通性信息。

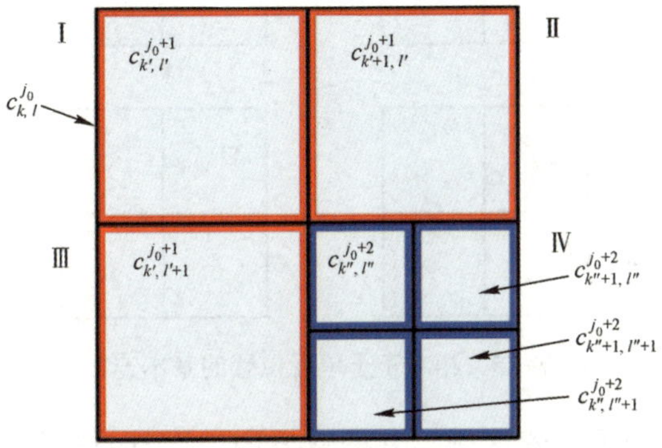


图 9-13　不同层次的多分辨率单元细分

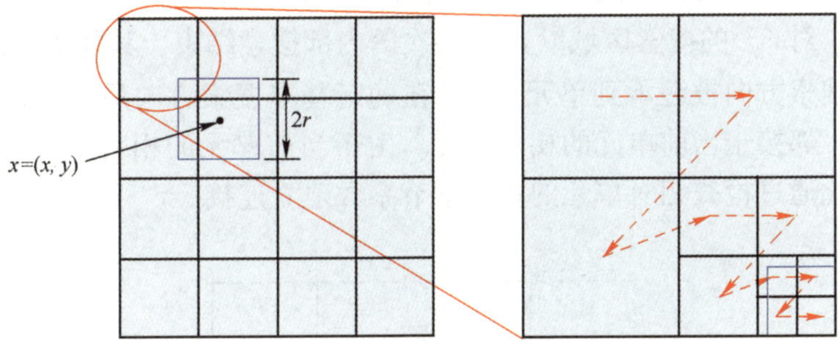


图 9-14　用于识别独立单元的递归光栅扫描法

在一个单元被确定为独立单元之后，搜索相邻单元以建立与当前单元的邻接关系。两个单元 $c_i$ 和 $c_j$ 是邻接的，如果 $\partial c_i \cap \partial c_j \neq \varnothing$，$i \neq j$，其中 $\partial c_i$ 表示单元 $c_i$ 的边界。对于方形单元的情况，这暗示两个单元仅沿着以下 8 个方向邻接：左、上、右、下和 4 个对角方向。紧接着用单元识别的递归栅格搜索，邻接搜索要求在被确定为独立单元的两个单元之间建立联系。回顾从左到右、从上到下（曲折前进）的栅格搜索过程，如图 9-14 所示，限制邻接搜索的方向：当前单元的左、左上、上和右上。通过此举，给予一半的链路（8 个连接）与当前单元连接，剩余的链路作为递归光栅扫描前进到下一个单元与当前单元连接。另外，由于处理不同维度的单元，需要设计出一种通用的方法来查找单元之间的邻接关系。

图 9-15 示出了本单元内各子单元的基本搜索方向。朝向外部搜索区域的虚线

箭头点，即相邻单元可以超出本单元，而朝向内部搜索区域的实线箭头点则属于本单元。在每个搜索中，隐含假设相邻单元的层次可以从亲本单元变化到 $J_{max}$（外部连接），或者从当前单元到 $J_{max}$（内部连接）。

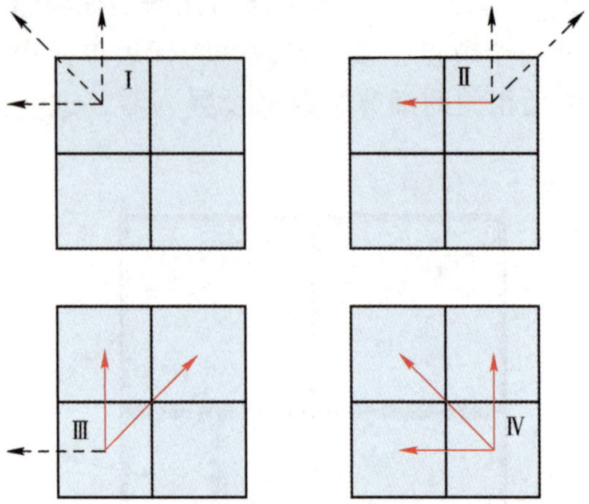


图 9-15　相对于子单元位置的基本连接属性

子单元从本单元继承搜索区域，其搜索方向以图 9-15 中的实线箭头之一结束。图 9-16 示出了这种继承属性。在图 9-16 中当前单元选择为 $c_{\mathrm{I}}^{j_0+2}$。该单元是亲本单元 $c_{\mathrm{IV}}^{j_0+1}$的子单元，还成为最顶端本单元 $c_{k,l}^{j_0}$的子单元。单元 $c_{\mathrm{IV}}^{j_0+1}$位于最上方本单元 $c_{k,l}^{j_0}$第四象限内，对 $c_{\mathrm{IV}}^{j_0+1}$的搜索区域以 $j_0+1$ 层次的内部搜索结束，其邻接搜索属性在左，左上和顶部搜索方向被继承到单元 $c_{\mathrm{I}}^{j_0+2}$。在确定基本搜索方向后，优化相邻搜索以寻找独立的、邻接于当前单元的相对单元。由于当前单元的相对单元可以具有不同的维度，因此通过检查相对单元的相关细节系数建立连接。

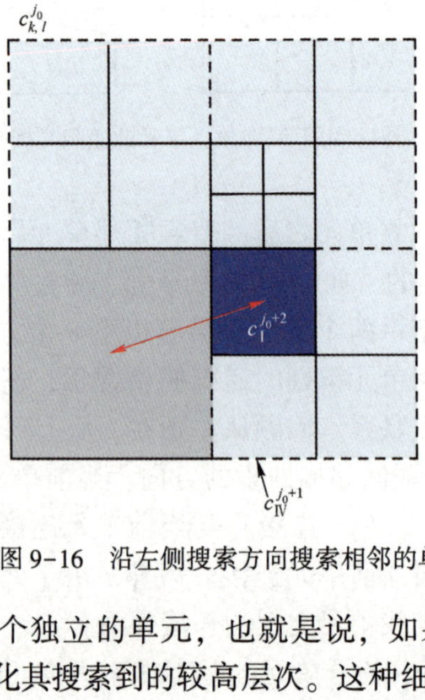


图 9-16　沿左侧搜索方向搜索相邻的单元

如果相对单元不是一个独立的单元，也就是说，如果它是由更细的单元组成的，那么邻接搜索算法细化其搜索到的较高层次。这种细化随后强制搜索更细的维度（层次）。随后，相对单元的细节系数被检查以寻找邻接于当前单元的下一个更细的单元。对于 $c_{\mathrm{I}}^{j_0+2}$ 左上方的搜索方向，如图 9-17（a）所示，搜索过程最初通过相应的细节系数检查位于当前单元的左上方单元 $c_{\mathrm{I}}^{j_0+1}$。假如与单元 $c_{\mathrm{I}}^{j_0+1}$ 相关联的细节系数取非零值，所述单元不是一个独立的单元。随后，单元 $c_{\mathrm{I}}^{j_0+1}$ 被分割，相对单元到当前单元成为独立的邻接单元时搜索过程在 $j_0+2$ 层次重复。在图 9-17（a）中，由于沿左上方向除阴影 1 外不存在其他独立单元，因此双向连接在当前和相对单元之间建立。

同样地，对于顶端的搜索方向，两个 $j_0+3$ 层次和一个 $j_0+2$ 层次单元被认为是独立的且邻接于当前单元。双向连接被相应地从当前单元 $c_{\mathrm{I}}^{j_0+2}$ 连接到这些邻接单元。图 9-17（b）描述了这种情况。最后，图 9-18 表示从与小波系数相关联的多分辨率单元分解中得到图形结构的例子。不失一般性，节点位于每个单元的中心。实线表示单元之间的连接关系。

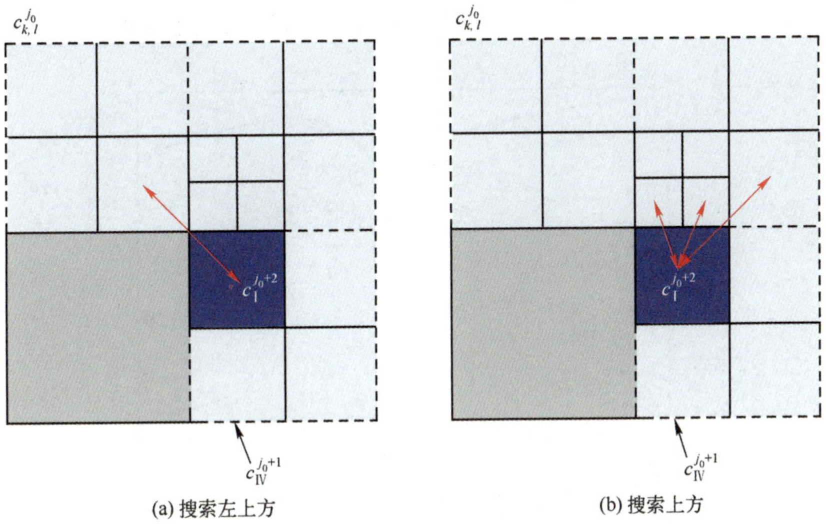


图 9-17　细化的邻接搜索算法

该方法在满足航线距离（油耗）约束的同时，得到最优规避威胁航线规划的一般方法，具体而言，侧重于与雷达探测相关的风险。图 9-19 和图 9-20 分别为在两个雷达的情况下，无约束的最佳轨迹和长度约束下的最佳轨迹。这些图中的曲线对应于接近雷达领域最大值的风险水平集。当飞机离开雷达时风险下降，当飞机接近雷达时风险上升。

为了制订优化风险路径的方案，有以下假设。

（1）水平飞机模型，即飞机的位置被认为只在一个水平面上。

（2）飞机的雷达探测不依赖飞机的航向和爬升角度。

（3）旋转角度不依赖轨道位置。

（4）飞机轨迹的可容许域假设为所有雷达装置的一个探测区域。也就是说，飞机到每个雷达装置的距离不大于雷达的最大探测距离。

图 9-18　3 个层次的多分辨率单元分解构建的连接关系

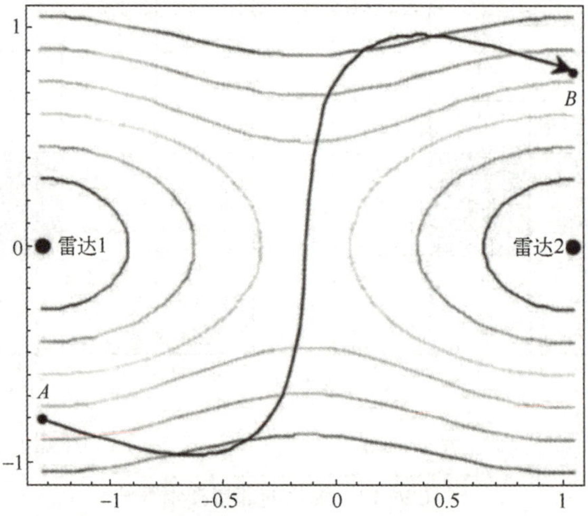


图 9-19　飞机从 $A$ 点飞到 $B$ 点尽量避开两个雷达：无长度限制时的最佳风险路径

（5）就任何特定飞机位置每单位长度的风险指数而言，风险是量化的。简化的威胁模型假设风险指数 $r$ 与风险因子 $\sigma$ 成正比，与飞机位置到雷达位置距离的平方呈倒数关系。风险因子 $\sigma$ 取决于雷达的技术特性，如最大检测范围、最小可检测信号、天线的发射功率、天线增益和雷达能量的波长。可以认为所有的雷达技术特性保持不变，因此在这样的风险因子假设下，对雷达而言 $\sigma_i$ 是恒定的。假如 $d_i = \sqrt{(x-a_i)^2+(y-b_i)^2}$ 是飞机位置 $(x,y)$ 到雷达位置 $(a_i,b_i)$ 的距离，轨迹点 $(x,y)$ 的风险指数 $r_i$ 由 $r_i(x,y)=\sigma_i d_i^{-2}$ 给出。虽然在方法中我们认为风险是距离平方的倒数，但这种假设对开发方法的应用并非至关重要的。例如，风险指数可以表示为 $r_i(x,y)=$

$\sigma_i d_i^{-4}$，其对应于从飞机反射信号的雷达探测模型。在这种情况下，风险因子 $\sigma_i$ 定义了飞机的雷达反射截面（RCS）。

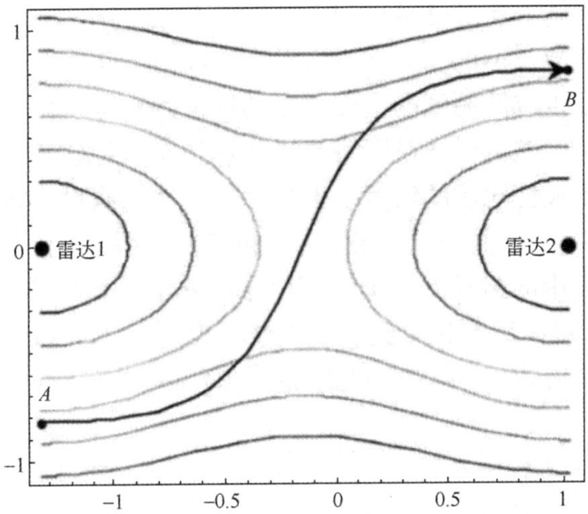


图 9-20　飞机从 A 点飞到 B 点尽量避开两个雷达：有长度限制时的最佳风险路径

（6）在容许偏差域的每一点，N 个雷达装置的累积风险被评估为每个雷达的风险总和，如 $r=\sum_{i=1}^{N} r_i=\sum_{i=1}^{N}\sigma_i d_i^{-2}$。

（7）飞机速度被假定为常数，因此时间增量 $\mathrm{d}t$ 和单位长度 $\mathrm{d}s$ 线性相关：$\mathrm{d}s=V_0\mathrm{d}t$。

（8）对于任何特定的飞机位置 $(x,y)$，每单位长度 $\mathrm{d}s$ 的风险计算为风险指数和单位长度的乘积，如 $r\mathrm{d}s=\sum_{i=1}^{N}\sigma_i d_i^{-2}\mathrm{d}s$。

（9）沿路径 $P$ 的风险累积 $R$ 由表达式 $R(P)=\int_P r\mathrm{d}s$ 呈现。

基于模型假设（1）—（9），路径长度约束时的优化问题以下面的方式阐述。$N$ 表示雷达的数量，$(a_i,b_i)$ 表示雷达的位置，其中 $i=\overline{1,N}$。飞机的出发地和目的地分别为 $A(x_1,y_1)$ 和 $B(x_2,y_2)$。从 $A$ 到 $B$ 的路径 $P$ 与综合风险 $R(P)$ 以及总长度 $l(P)$ 相关联。最佳路径 $P_*$ 应最大限度地减少长度约束 $l(P)\leqslant l_*$。优化问题在下式呈现：

$$\begin{aligned}&\min_P R(P)\\&\text{s.t. } l(P)\leqslant l_*\end{aligned}\tag{9-57}$$

其中，$R(P)$ 和 $l(P)$ 由以下表达式定义：

$$R(P)=\int_A^B\sum_{i=1}^{N}\sigma_i d_i^{-2}\mathrm{d}s\tag{9-58}$$

$$l(P)=\int_{A}^{B}\mathrm{d}s \tag{9-59}$$

为了解决上述问题，应考虑解析和离散优化方法。

在考虑任意雷达数量情况下，本方法提出的离散优化方法能够解决在长度约束时降低最优风险路径生成问题到网格无向图的权值约束最短路径问题。网格无向图的权值约束最短路径问题可以通过网络流优化算法有效地求解。然而这些算法的计算时间与预先设定的最佳轨迹的精度呈指数关系。我们假设飞机轨迹的允许偏差域是一个无向图 $G=(V,A)$，其中 $V=\{1,\cdots,n\}$ 包含 $n$ 个节点，$A$ 是一组无向弧。轨迹 $(x(.),y(.))$ 由图 $G$ 中的路径 $P$ 近似，其中路径 $P$ 由一系列节点 $\langle j_0,j_1,\cdots,j_p\rangle$ 定义，例如，$j_0=A,j_p=B$ 和对于所有从 1 到 $p$ 的 $k$ 值，满足 $\langle j_{k-1},j_k\rangle\in A$。为了配置为网络优化问题，我们分别为式（9-58）和式（9-59）使用离散近似确定其风险和轨迹长度。

$$\int_{A}^{B}\left(\sum_{i=1}^{N}\sigma_i d_i^{-2}\right)\mathrm{d}s=\sum_{k=1}^{p}\sum_{i=1}^{N}\sigma_i r_{i,j_{k-1}j_k}\Delta s_{j_{k-1}j_k} \tag{9-60}$$

$$\int_{A}^{B}\mathrm{d}s=\sum_{k=1}^{p}\Delta s_{j_{k-1}j_k} \tag{9-61}$$

式中：$\Delta s_{j_{k-1}j_k}$ 为弧 $\langle j_{k-1},j_k\rangle$ 的长度；$r_{i,j_{k-1}j_k}$ 为弧 $\langle j_{k-1},j_k\rangle$ 的风险指数。假如 $x(j_k)$ 和 $y(j_k)$ 是节点 $j_k$ 的 $x$ 和 $y$ 坐标，弧长 $\Delta s_{j_{k-1}j_k}$ 被以下表达式定义。

$$\Delta s_{j_{k-1}j_k}=\sqrt{(x(j_k)-x(j_{k-1}))^2+(y(j_k)-y(j_{k-1}))^2} \tag{9-62}$$

风险指数被确定为

$$r_{i,j_{k-1}j_k}=\frac{\theta_{i,j_{k-1}j_k}}{\sin\theta_{i,j_{k-1}j_k}}\|r_{i,j_{k-1}}\|^{-1}\cdot\|r_{i,j_k}\|^{-1} \tag{9-63}$$

当 $\theta_{i,j_{k-1}j_k}$ 趋近于零，风险指数具有限值 $\|r_{i,j_{k-1}}\|^{-1}\cdot\|r_{i,j_k}\|^{-1}$。在极限情况下，$\Delta s_{j_{k-1}j_k}\to 0$，例如 $j_{k-1}\to j_k$，有 $\theta_{i,j_{k-1}j_k}\to 0,\|r_{i,j_{k-1}}\|\to\|r_{i,j_k}\|$，式（9-63）在点 $j_k$ 与风险指数的定义一致。

图 9-21 说明了解决风险最小化问题的网络流例子。两个雷达时，粗折线是该地区的一条路径，$\langle j_{k-1},j_k\rangle$ 是这条路径的一个弧。两节点 $j_{k-1}$ 和 $j_k$ 之间的距离为弧长 $\Delta s_{j_{k-1}j_k}$。$\|r_{i,j_{k-1}}\|$ 和 $\|r_{i,j_k}\|$ 分别定义了雷达 1 到节点 $j_{k-1}$ 和 $j_k$ 的距离。

$$c_{j_{k-1}j_k}=\sum_{i=1}^{N}\sigma_i r_{i,j_{k-1}j_k}\Delta s_{j_{k-1}j_k} \tag{9-64}$$

值 $R(P)$ 和 $l(P)$ 被重新整理

$$R(P)=\sum_{k=1}^{p}c_{j_{k-1}j_k} \tag{9-65}$$

$$l(P)=\sum_{k=1}^{p}\Delta s_{j_{k-1}j_k} \tag{9-66}$$

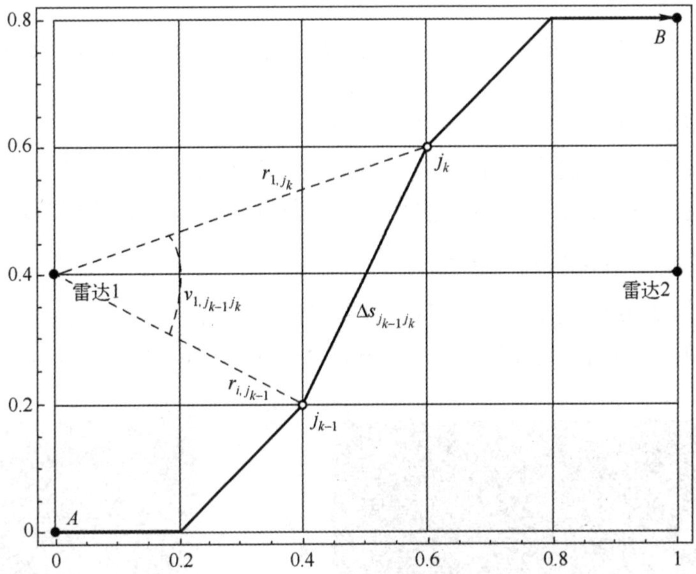


图 9-21 解决风险最小化问题的网络流例子：
粗折线 *AB* 是飞机的路径

因此，每一段弧 $\langle j_{k-1}, j_k \rangle \in A$ 都与它的长度 $\Delta s_{j_{k-1}j_k}$ 和非负成本 $c_{j_{k-1}j_k}$ 相关，在式（9-62）和式（9-64）中分别定义。考虑到值 $\Delta s_{j_{k-1}j_k}$ 作为弧的权值，我们用 $R(P)$ 表示路径 $P$ 的成本，$l(P)$ 表示沿路径 $P$ 累积的总权值。假如总权值 $l(P)$ 最大为 $l_*$，即 $l(P) \leqslant l_*$，则路径 $P$ 是权值可行的。

权值约束最短路径问题以下列方法表述。要求找到一条从 $A$ 点到 $B$ 点的可行路径 $P$，使成本 $R(P)$ 最小。

$$\min_P \sum_{k=1}^{p} c_{j_{k-1}j_k}$$

$$\text{s.t.} \sum_{k=1}^{p} \Delta s_{j_{k-1}j_k} \leqslant l_* \tag{9-67}$$

式（9-67）与时间窗最短路径问题与资源约束最短路径问题密切相关，使用权值或资源的矢量，而不是标量。这些问题在用于时间窗飞机路径问题的纵队生成方法和长途飞机路径问题中被解决。用于解决权值约束最短路径问题的算法分为三大类：基于动态编程方法的标签设定算法、缩放算法和基于拉格朗日松弛方法的算法。在权值为正的情况下，标签设定算法是最有效的。梯度优化和切割平面方法是拉格朗日松弛算法的核心，在一种资源的情况下对解决权值约束最短路径问题的拉格朗日对偶问题是有效的。缩放算法对于权值约束最短路径问题使用基于成本的缩放和舍入的两个完全多项式近似方案。第一种方案是几何对分搜索，而第二种方案是迭代地延伸路径。为了解决权值约束最短路径问题，由式（9-67）所定义，我们使用配有预处理过程的改进标签设置法。

### 9.4.2 基于 X-Plane 的分布式机载航路重规划半实物仿真实验

半实物仿真验证采用单机半实物仿真环境。在此环境中，对本节提出的航线重规划算法进行测试。通过不断地增加威胁、变换起点位置、变换终点位置 3 种操作，重复操作预设的实验步骤，记录每次任务重规划算法所需的必要时间。

#### 1. 突发威胁下机载任务重规划

当无人机沿着默认的航线飞行时，在地面站上，操作人员突然在当前航线的某个位置设置威胁，开启重规划算法并记录算法时间，如图 9-22 所示。

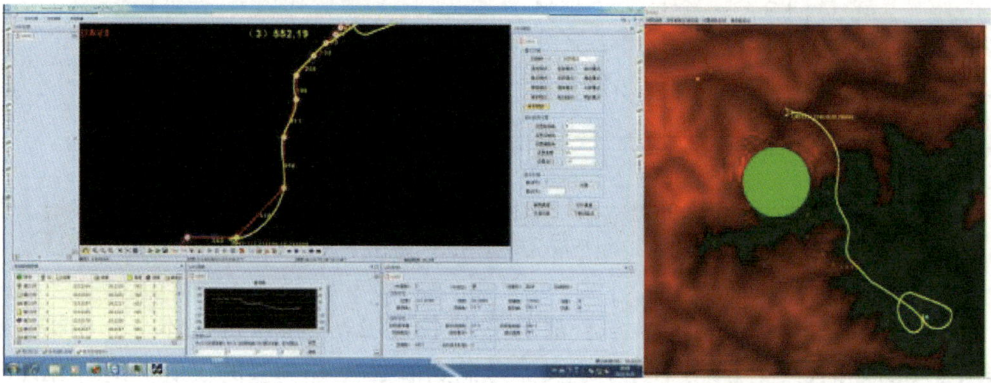

图 9-22 增加威胁

增加障碍物，算法所耗时间如表 9-2 所列。

表 9-2 增加障碍物，算法所耗时间

| 起点 $x$ | 起点 $y$ | 障碍物 $x$ | 障碍物 $y$ | 半径 | 终点 $x$ | 终点 $y$ | 构建搜索图/s | 标签搜索/s |
|---|---|---|---|---|---|---|---|---|
| 850 | 850 | 279 | 559 | 50 | 160 | 160 | 0.308344 | 0.023521 |
| 830 | 830 | 284 | 564 | 50 | 160 | 160 | 0.308371 | 0.020898 |
| 810 | 810 | 289 | 569 | 50 | 160 | 160 | 0.308245 | 0.020844 |
| 790 | 790 | 294 | 574 | 50 | 160 | 160 | 0.308666 | 0.021231 |
| 770 | 770 | 299 | 579 | 50 | 160 | 160 | 0.310041 | 0.022328 |
| 750 | 750 | 304 | 584 | 50 | 160 | 160 | 0.312677 | 0.030552 |
| 730 | 730 | 309 | 589 | 50 | 160 | 160 | 0.308945 | 0.030063 |
| 710 | 710 | 314 | 594 | 50 | 160 | 160 | 0.309328 | 0.030354 |
| 690 | 690 | 319 | 599 | 50 | 160 | 160 | 0.309227 | 0.029927 |
| 670 | 670 | 324 | 604 | 50 | 160 | 160 | 0.309076 | 0.027898 |
| 650 | 650 | 329 | 609 | 50 | 160 | 160 | 0.310988 | 0.027542 |
| 630 | 630 | 334 | 614 | 50 | 160 | 160 | 0.309332 | 0.027089 |
| 610 | 610 | 339 | 619 | 50 | 160 | 160 | 0.309238 | 0.029369 |

续表

| 起点 $x$ | 起点 $y$ | 障碍物 $x$ | 障碍物 $y$ | 半径 | 终点 $x$ | 终点 $y$ | 构建搜索图/s | 标签搜索/s |
|---|---|---|---|---|---|---|---|---|
| 590 | 590 | 344 | 624 | 50 | 160 | 160 | 0.308572 | 0.025687 |
| 570 | 570 | 349 | 629 | 50 | 160 | 160 | 0.313179 | 0.025269 |
| 550 | 550 | 354 | 634 | 50 | 160 | 160 | 0.309332 | 0.025425 |
| 530 | 530 | 359 | 639 | 50 | 160 | 160 | 0.308994 | 0.025192 |
| 510 | 510 | 364 | 644 | 50 | 160 | 160 | 0.309069 | 0.024449 |

## 2. 目标点变化时机载任务重规划

在无人机盘旋时，选择变化起点，并将新起点发给重规划算法，更换起点前的航路点，如图9-23所示，更换后的航路点如图9-24所示，可以看到重规划算法规划出了从新起点到终点的新航线。测试中通过不断变换起始点，对半实物仿真环境中的航线重规划算法时间性能进行测试。

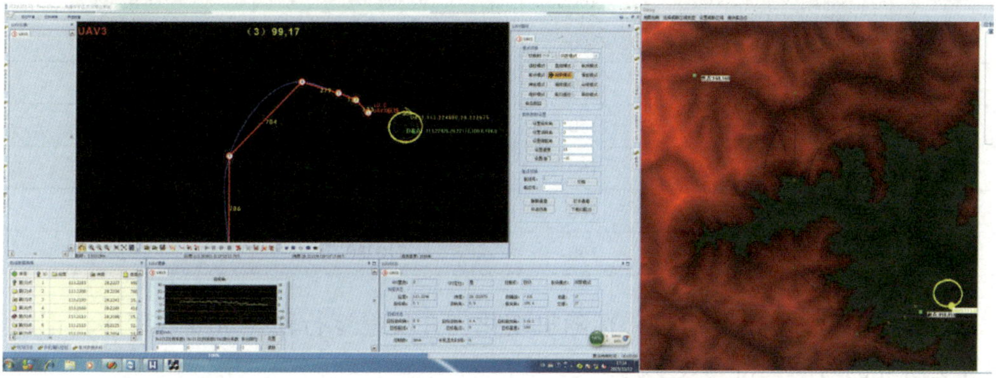

图9-23 更换起点前的航路点

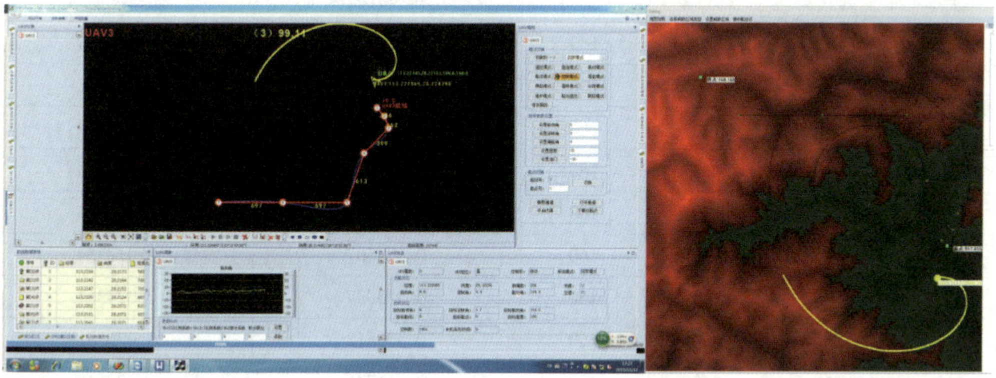

图9-24 更换起点后的航路点

在程序中，设置起始点的坐标呈线性变化时，通过反复运行程序，并记录每次算法所耗的时间，得到表9-3。

表 9-3　线性改变起点坐标和算法所耗时间

| 起点 $x$ | 起点 $y$ | 终点 $x$ | 终点 $y$ | 构建搜索图/s | 标签搜索/s |
|---|---|---|---|---|---|
| 850 | 850 | 160 | 160 | 0. 307222 | 0. 023521 |
| 830 | 830 | 160 | 160 | 0. 311212 | 0. 020898 |
| 810 | 810 | 160 | 160 | 0. 307283 | 0. 020844 |
| 790 | 790 | 160 | 160 | 0. 307637 | 0. 021231 |
| 770 | 770 | 160 | 160 | 0. 309934 | 0. 022328 |
| 750 | 750 | 160 | 160 | 0. 311712 | 0. 030552 |
| 730 | 730 | 160 | 160 | 0. 308563 | 0. 030063 |
| 710 | 710 | 160 | 160 | 0. 309778 | 0. 030354 |
| 690 | 690 | 160 | 160 | 0. 311706 | 0. 029927 |
| 670 | 670 | 160 | 160 | 0. 307892 | 0. 027898 |
| 650 | 650 | 160 | 160 | 0. 309573 | 0. 027542 |
| 630 | 630 | 160 | 160 | 0. 308564 | 0. 027089 |
| 610 | 610 | 160 | 160 | 0. 309005 | 0. 029369 |
| 590 | 590 | 160 | 160 | 0. 308894 | 0. 025687 |
| 570 | 570 | 160 | 160 | 0. 308109 | 0. 025269 |
| 550 | 550 | 160 | 160 | 0. 322023 | 0. 025425 |
| 530 | 530 | 160 | 160 | 0. 308247 | 0. 025192 |
| 510 | 510 | 160 | 160 | 0. 310280 | 0. 024449 |

在程序中，设置起始点的坐标随机变化，并反复运行路径重规划程序，记录每次算法所耗的时间，得到表 9-4。

表 9-4　随机改变起点坐标，算法所耗时间

| 起点 $x$ | 起点 $y$ | 终点 $x$ | 终点 $y$ | 构建搜索图/s | 标签搜索/s |
|---|---|---|---|---|---|
| 723 | 626 | 160 | 160 | 0. 310343 | 0. 029384 |
| 917 | 655 | 160 | 160 | 0. 336698 | 0. 018298 |
| 733 | 875 | 160 | 160 | 0. 309176 | 0. 026648 |
| 726 | 632 | 160 | 160 | 0. 309129 | 0. 030210 |
| 789 | 761 | 160 | 160 | 0. 366612 | 0. 025154 |
| 902 | 567 | 160 | 160 | 0. 309567 | 0. 017754 |
| 830 | 599 | 160 | 160 | 0. 313037 | 0. 024361 |
| 703 | 866 | 160 | 160 | 0. 309818 | 0. 026251 |
| 680 | 766 | 160 | 160 | 0. 311746 | 0. 028210 |
| 912 | 676 | 160 | 160 | 0. 308502 | 0. 020436 |
| 551 | 708 | 160 | 160 | 0. 312267 | 0. 026728 |
| 707 | 569 | 160 | 160 | 0. 310407 | 0. 028561 |

续表

| 起点 $x$ | 起点 $y$ | 终点 $x$ | 终点 $y$ | 构建搜索图/s | 标签搜索/s |
|---|---|---|---|---|---|
| 722 | 870 | 160 | 160 | 0.311114 | 0.026825 |
| 602 | 863 | 160 | 160 | 0.309848 | 0.020516 |
| 607 | 875 | 160 | 160 | 0.311218 | 0.020563 |
| 869 | 742 | 160 | 160 | 0.311040 | 0.025827 |
| 562 | 798 | 160 | 160 | 0.309551 | 0.019968 |
| 809 | 707 | 160 | 160 | 0.311337 | 0.025187 |

从表9-2~表9-4的构建搜索图和标签搜索时间结果来看，在复杂地形环境中，在构建的机载任务重规划原理样机中，目标点变化时重规划算法总时间小于350ms，突发威胁时重规划算法总时间小于350ms，能够满足无人机实时的航线重规划要求。

# 第10章 智能弹群规划与决策

智能弹群是具有分布式感知、目标识别、自主决策、协同规划与攻击能力的小型弹药群体。针对智能弹群的侦察监视、态势共享、精确打击等作战任务，结合弹群的分布式探测、自主任务规划、自组织通信与作战使用特性，本章将围绕智能弹群规划与决策的关键理论与技术展开。首先介绍小型智能弹群系统组网通信架构与任务规划系统结构设计（10.1节），而后分别介绍群智规划与决策方法（10.2节）、分布式在线协同任务规划技术（10.3节）等内容。

## 10.1 智能弹群系统组网通信架构与任务规划系统结构设计

### 10.1.1 智能弹群协同任务规划系统结构

本节首先研究分析3种面向对抗的多层级集群结构。

**1. 集中式**

集中式集群结构（图10-1）由一个或多个节点组成中央节点，集群内所有节点的状态信息存储在中央节点中，集群内所有节点的控制信息也均先由中央节点处理。多个节点与中央节点连接，并将自己的信息汇报给中央节点，由中央节点统一进行资源和任务调度：中央节点根据这些信息，将任务下达给各个下属节点；下属节点执行任务，并将结果反馈给中央节点。

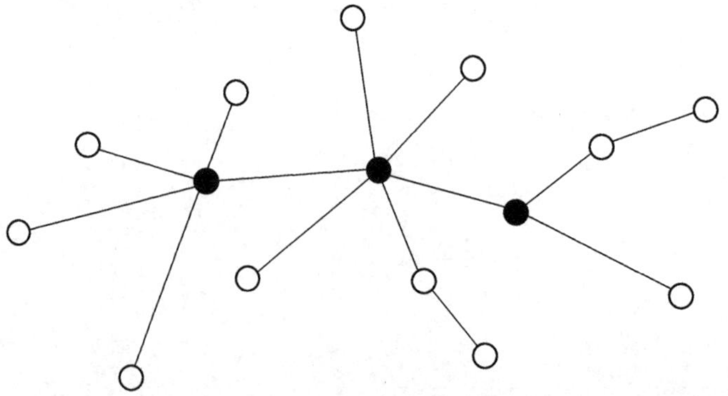

图10-1 集中式集群结构

集中式集群结构最大的特点就是部署结构简单。因为集中式集群的中央节点往往是多个具有较强计算能力和存储能力的计算载荷，为此中央节点进行统一管理和调度任务时，无须考虑对任务的多节点部署，而下属之间无须通信和协作，只要与中央服务器通信协作即可。集中式集群结构的优点是所有运作和管理处于单个节点主持与控制之下，硬件成本低。另外，由于资源集中，既促进和方便了节点间的数据共享，又减少或消除了数据的冗余与不一致性。但是，集中式集群结构的缺点也很明显，首先，可靠性不如分布式集群结构，一旦中央节点出现故障，整个集群全部瘫痪。其次，集中式集群结构不能充分满足各个节点的计算需求，这是因为集群所有节点数据都共享，无法满足特殊节点的特殊要求，集群响应也会变慢。

**2. 分布式**

分布式集群结构（图 10-2）中，节点信息分布存储在各节点自身，一个分布式数据库是由分布于集群网络上的多个逻辑相关的数据库组成的，其中，网络上的每个节点都具有独立运算处理能力，可以执行局部任务运算，也可通过网络执行全局任务运算。分布式集群网络中各节点之间有多条通信链路，就构成了分布式结构。分布式结构没有固定的连接形式。从发信端到收信端的通路不止一条，通信时，由网络根据各节点的动态情况选择通信的实际路径。

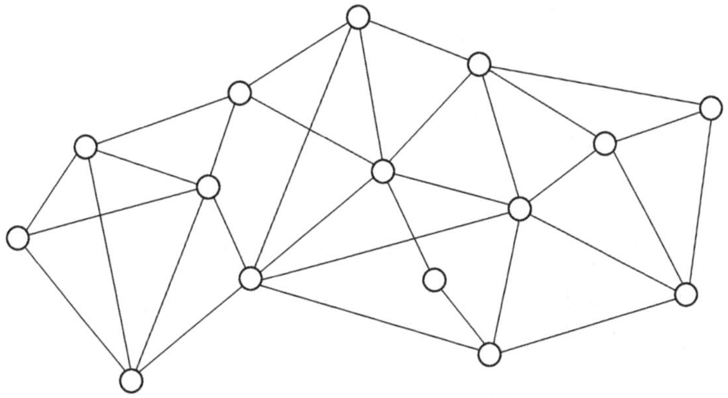

图 10-2　分布式集群结构

由于各节点间存在多条通路，分布式集群结构不会因为某个节点出现故障而无法使用的情况，更安全可靠，而且可以为不同的节点设置不同任务。但由于控制功能分散在各节点上，分布式集群结构是最复杂的一种结构，它的控制也最复杂，对分散在各节点上的数据资源的管理也很复杂。

分布式集群网络结构具有如下优点。

（1）由于采用分散控制，即使整个集群中的某个局部出现故障，也不会影响集群整体的任务，因此具有很高的可靠性。

（2）集群的路径选择最短路径算法，故通信延迟时间短，传输速率高，但控制复杂。

（3）各个节点间均可以直接建立通信链路，信息流程最短。

（4）便于集群范围内的资源共享。

分布式集群网络结构具有如下缺点。

（1）连接链路所需硬件资源多。

（2）集群网络管理复杂。

（3）集群节点信息分组交换、路径选择、流向控制复杂。

### 3. 混合式

混合式集群结构（图 10-3）是集中式集群结构与分布式集群结构的混合体。这种混合包含时间上的混合与空间上的混合。在对抗战场上的集群的某一个局部，在不同的时刻可以根据战场态势的变化采用集中式或分布式的集群结构；同时在战场的某一特定时刻，集群的不同局部的组织结构也可以不同，根据需要采用集中式或分布式的集群结构。

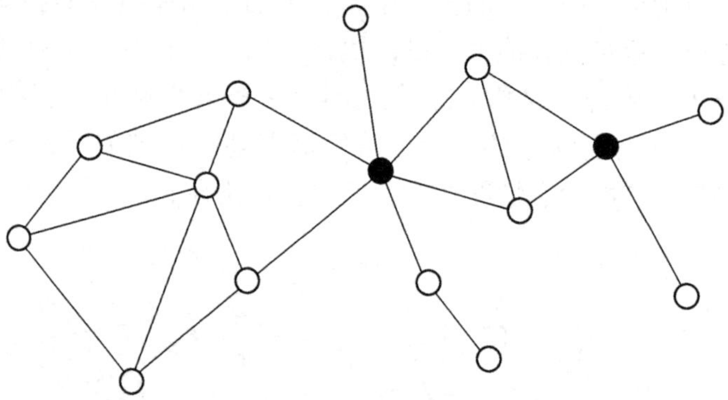

图 10-3　混合式集群结构

混合式集群结构具有集中式集群结构和分布式集群结构各自的优点，混合式集群结构也摒弃了两者的缺点，避免了单个中央节点摧毁对整个集群造成的影响，也可以简化集群节点的控制。

进一步针对弹群的分布式组网通信架构，提出了智能弹群预先与在线一体化的任务规划与决策方法，并建立决策规划模型进行算法验证。预先与在线一体化的任务规划与决策模型架构如图 10-4 所示。

针对智能弹群系统的协同打击应用场景，分别对智能弹群系统协同任务分配和协同航迹规划进行建模，在地面预先规划阶段，研究一种粒子群优化算法进行弹群任务分配，研究了一种分布式粒子群算法求解在线智能弹药协同任务分配，研究了考虑地形、弹药的飞行约束、敌方威胁及地形遮蔽影响情况下的弹群协同航迹规划算法。在线任务规划阶段，研究了一种基于动态响应门限的动态蚁群分工算法，根据在线决策事件进行实时的任务重分配，同时根据实时的任务，综合考虑地形、弹药的飞行约束、敌方威胁及地形遮蔽影响情况，研究了弹药的协同航迹规划。

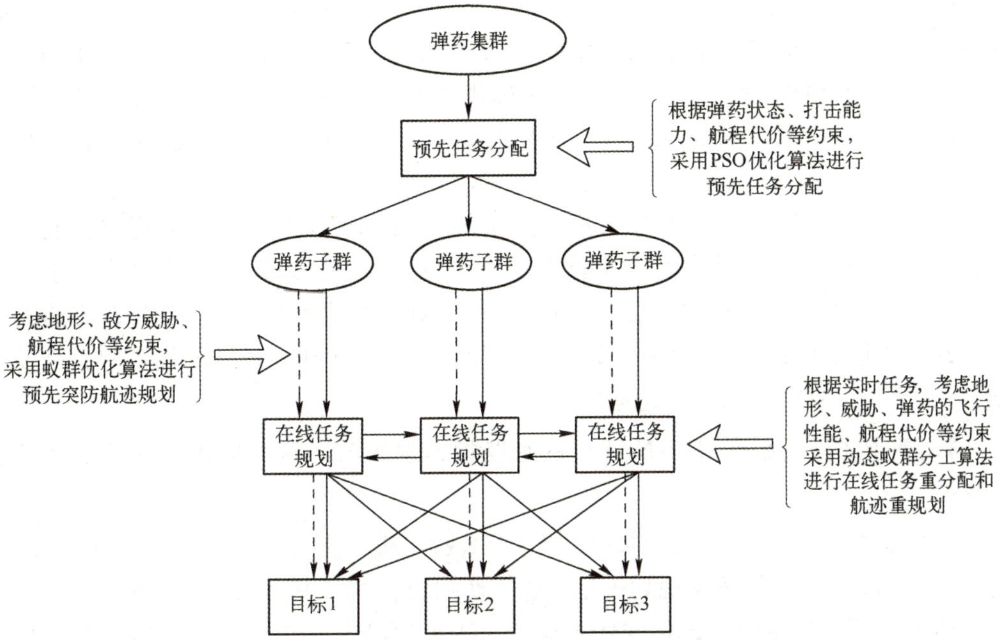


图 10-4 智能弹群预先与在线一体化的决策模型架构

### 10.1.2 基于飞行自组网的智能弹群任务规划模型设计

智能弹群可以建模为一个智能弹药集合 $U$，并且所有智能弹药组织成一个 FANET（flying ad hoc networks）。集合 $U$ 中弹药的数量用 $|U|$ 表示。即使两枚弹药之间没有直接连接，它们也可以借助 Ad Hoc 网络互相通信。假定只有一枚弹药包含重型和昂贵的卫星通信硬件，换句话说，只有带有卫星通信电路的弹药才能直接与指挥中心通信。借助 FANET 结构，所有其他弹药也可以互相通信，并可以与指挥中心通信。应用场景如图 10-5 所示。

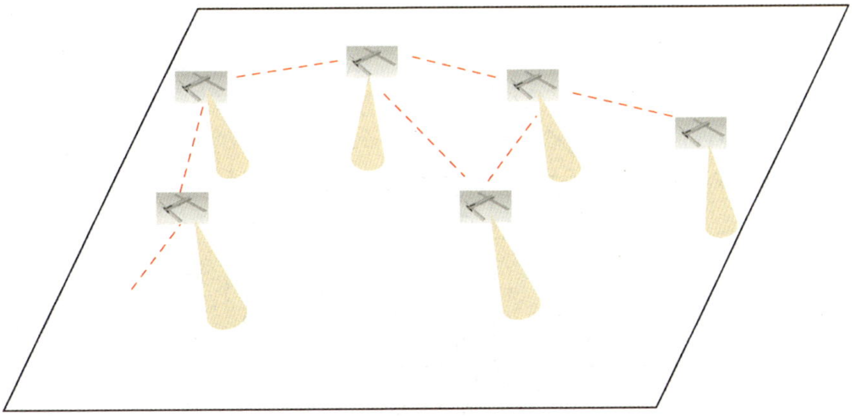

图 10-5 基于 FANET 的智能弹群系统应用场景

FANET 系统连接性的假设是基于弹药之间的欧几里得距离，记为 $d(i,j)$。如果 $\text{missile}_i$和 $\text{missile}_j$之间的欧几里得距离短于通信距离 $c_{\text{thr}}$，那么 $\text{missile}_i$和 $\text{missile}_j$之间是互相连通的。另外，本书旨在通过规划与决策保证弹药之间的距离满足其通信距离 $c_{\text{thr}}$的要求。弹药之间基于 FANET 系统如何进行数据传输不在本书的研究范围。

基于飞行自组网（FANET）的智能弹群任务规划模型是指对于给定的智能弹群集合 $U$ 和目标集合 $G$，进行任务分配并搜索可行的航迹，以最小的代价值完成智能弹群的任务，并且在系统执行任务的过程中 FANET 通信图 $G_t(V,E)$是保持连通的。

其中最重要的约束是 FANET 连接。在智能弹群系统执行任务的过程中，路径规划必须维持 FANET 结构形成连通的网络。

**1. 基于飞行自组网（FANET）的智能弹群预先与在线一体化的任务规划与决策模型**

在智能弹群预先与在线一体化的任务规划与决策的基础上，针对飞行自组网（FANET）的智能弹群任务规划模型，进一步研究提出了基于飞行自组网（FANET）的智能弹群预先与在线一体化的任务规划与决策模型，并建立决策规划模型进行算法验证。

图 10-6 为基于飞行自组网的智能弹群预先与在线一体化的任务规划与决策系统框图。

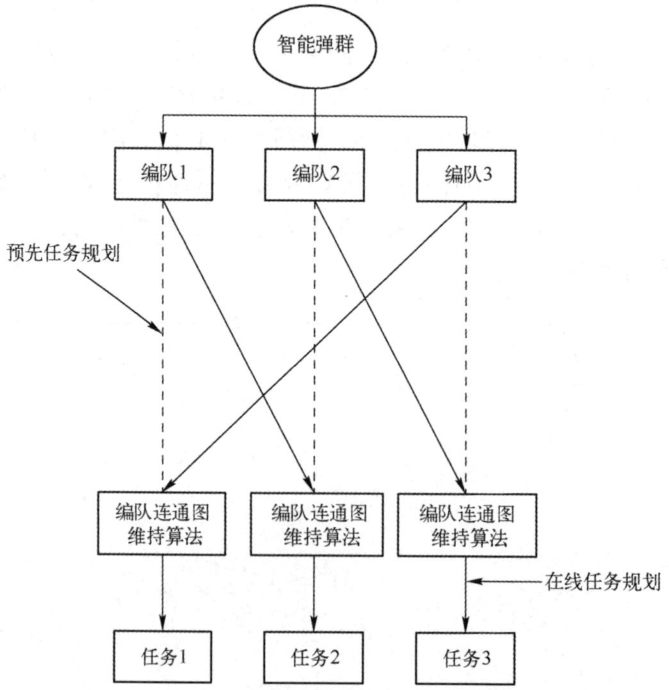


图 10-6 基于 FANET 的智能弹群预先与在线一体化的任务规划与决策系统框图

针对智能弹群系统的协同打击应用场景，在地面预先规划阶段，采用智能优化算法进行弹群任务分配以及弹群的协同航迹规划。在线任务规划阶段，采用 Tarjan 搜索桥边算法来确定 FANET 通信图 $G_t(V,E)$ 中所有的威胁连接。对威胁通信网络连接的弹药进行中继节点的优选，最后根据在线决策事件进行实时的任务重分配，同时根据实时的任务，综合考虑地形、弹药的飞行约束、敌方威胁及地形遮蔽影响情况，进行弹药协同航迹规划。

### 2. 智能弹群通信连通图维持算法

针对智能弹群预先和在线一体化的任务规划与决策模型的飞行自组网（FANET）的通信网络连接约束，研究提出了一种基于 Tarjan 搜索桥边的连通图维持算法，其算法框图如图 10-7 所示。

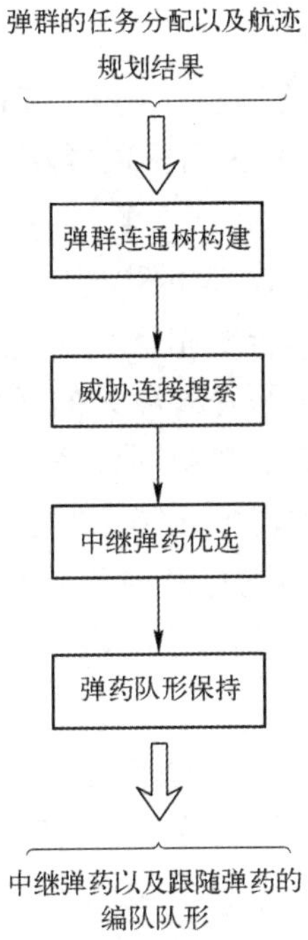


图 10-7 智能弹群通信连通图维持算法框图

按照图 10-7 所示算法框图，根据任务分配和航迹规划的结果，周期性地构建智能弹群的弹药连通树，并按照 postorder 规则对连通树上的弹药节点进行编码。进一步采用 Tarjan 搜索桥边算法搜索弹群连通树上的桥边。桥边，即弹群通信连通图中连接两枚弹药的唯一通信连接，当这两枚弹药之间的距离进一步增大时，弹药间的距离将因为超过通信距离而断开通信连接。故而，需要选择其中一枚航程代价较小的弹药作为另一枚弹药的中继节点进行通信的中继。在后续的在线规划过程中，同理对智能弹群的威胁链路进行识别和处理，得到的中继弹药和跟随弹药的队形也将进行保持。

## 10.2 智能弹群的群智规划与决策方法

### 10.2.1 智能弹群的预先任务分配方法

#### 1. 智能弹群的预先任务分配模型

主要针对二维战场空间的智能弹群执行对地攻击任务背景下的目标规划问题。本文主要进行全局的任务预规划，暂不涉及更细节层次的禁飞区、地形障碍以及突发威胁等因素。

1）问题描述

设战场中目标集合 $T=\{T_1,T_2,\cdots,T_{N_t}\}$，$N_t$ 为目标个数。对 $\forall T_i\in T$，四元组 $\langle \mathrm{TaskID},\mathrm{Pos}^{\mathrm{T}},S^{\mathrm{T}},V^{\mathrm{T}}\rangle$ 表示其目标的属性。其中，TaskID 为目标的标识符，具有唯一性；$\mathrm{Pos}^{\mathrm{T}}$ 为目标的二维坐标位置；$S^{\mathrm{T}}$ 为目标的类型，$S^{\mathrm{T}}\in\{A\text{类},B\text{类},C\text{类}\}$；$V^{\mathrm{T}}$ 为目标价值。智能弹药集合 $V=\{V_1,V_2,\cdots,V_{N_u}\}$，$N_u$ 为智能弹药的数目。七元组 $\langle \mathrm{MissileID},\mathrm{Pos}^U,S^U,V^U,\mathrm{Att},\mathrm{TS},L,\mathrm{TC}\rangle$ 表示弹群的属性，分别为编号、位置、健康状态、价值、打击能力指数、任务集合和最大任务能力。$\mathrm{Att}\in[0,1)$ 等价于智能弹药对目标的击毁概率；$L$ 是智能弹群可完成最大的任务数，$1\leqslant|\mathrm{TS}_i|\leqslant L_i$；TC 是智能弹药的打击目标类别集合。智能弹群的协同任务分配是以整个智能弹群的整体作战效能最优为目标，合理分配智能弹群的攻击目标，以较小的智能弹药损耗换取最大的攻击收益。将目标的价值收益和飞行总航程代价作为评价作战效能的主要指标，并以此作为衡量智能弹群的协同任务分配方案优劣的重要战术指标。

2）航程代价

智能弹药完成各自分配的任务需要的燃油等资源消耗，上述资源消耗就转化为航程代价，在速度相同的情况下，航程代价即为时间代价。

智能弹药总航程代价最小通过最小化弹药与分配目标的距离，航程代价表示为

$$C_1=d_{ij}/d_{\max} \tag{10-1}$$

式中：$d_{ij}$ 为智能弹药 $i$ 与目标 $j$ 的距离；$d_{\max}$ 为所有智能弹药相对目标 $j$ 的最大距离。

3）攻击效益

攻击效益是指在智能弹药执行任务时所获得的目标价值，该指标引导目标分配的优化和决策向作战效能最大化的方向进行。在此，以目标价值的毁伤程度作为智能弹药的攻击收益，使智能弹药趋向于攻击高价值目标。综合考虑目标的价值 $V^{\mathrm{T}}$、智能弹药击毁目标的概率 $Att$，则使用第 $i$ 个智能弹药攻击目标 $j$ 时，其收益为

$$R'_{ij}=V_j^{\mathrm{T}}\cdot \mathrm{Att}_i \tag{10-2}$$

为了方便与其他指标进行度量，采用线性变换法，对目标价值应用效益型指标

进行归一化，即

$$R_{ij}=\frac{V_j^{\mathrm{T}}}{\max\limits_{j\in l}V_j^{\mathrm{T}}}\cdot \mathrm{Att}_i \tag{10-3}$$

4）约束条件惩罚机制

在智能弹药任务分配的过程中，需要额外考虑智能弹药的打击目标类别的约束。第 $i$ 个智能弹药攻击目标 $j$ 时，其打击类别约束惩罚表示为

$$C_2=\begin{cases}0 & S_j^{\mathrm{T}}\in TC_i\\ C_{ij} & S_j^{\mathrm{T}}\notin TC_i\end{cases} \tag{10-4}$$

当目标 $j$ 的类型属于智能弹药 $i$ 的打击目标类别集合时，惩罚为0。否则，取值为 $C_{ij}$。

5）优化模型

针对上述多目标优化问题。这里通过线性加权法将多目标优化问题转化为单目标优化问题进行求解。权重向量 $\boldsymbol{\omega}=(\omega_1,\omega_2,\omega_3)$ 为各因素对任务分配结果的影响程度，且满足 $\omega_i\in(0,1)$，$\sum\limits_{i=1}^{3}\omega_i=1$。因此，任务分配问题转化为寻找下列优化问题的最优解。

$$\min f=\sum_{i=1}^{N_u}\left(\sum_{j=1}^{N_t}(\omega_1C_1+\omega_2C_2-\omega_3R_{ij})x_{ij}\right) \tag{10-5}$$

式中：决策变量 $x_{ij}$ 为0-1变量，$x_{ij}=1$ 表示智能弹药 $i$ 执行任务 $j$。

决策变量的约束条件为

$$\sum_{i=1}^{N_u}x_{ij}\geqslant 1,\forall j\in l\quad N_u\geqslant N_t \tag{10-6}$$

$$\sum_{j=1}^{N_t}x_{ij}\geqslant 1,\forall i\in I\quad N_u<N_t \tag{10-7}$$

$$\sum_{i=1}^{N_u}\sum_{j=1}^{N_t}x_{ij}\leqslant N_{\min}=\min\left\{N_t,\sum_{i=1}^{N_u}L_i\right\} \tag{10-8}$$

$$x_{ij}\in\{0,1\},\quad \forall i,j\in I\times l \tag{10-9}$$

在上述约束条件中，根据弹药数量与目标数量的对应关系，当 $N_u\geqslant N_t$ 时，弹药数量多于或等于要打击的目标数量，式（10-6）表示每个目标至少要被1枚智能弹药打击；当 $N_u<N_t$ 时，弹药数量少于目标数量，式（10-7）表示每枚智能弹群必须至少打击1个目标；式（10-8）表示智能弹群的完成任务数量约束，一般情形下，$N_t\leqslant\sum\limits_{i=1}^{N_u}L_i$，即所有任务均被执行；智能弹药与目标的下标集合分别定义为 $I\in\{1,2,\cdots,N_u\}$ 和 $l\in\{1,2,\cdots,N_t\}$。

**2. 基于粒子群优化PSO算法的智能弹群任务分配方法**

1）粒子群优化PSO算法

粒子群优化PSO算法中，每个粒子根据它自身的和群体的经验，向更好的位

置“飞行”。粒子本身找到的最优解称为个体最优位置，就是每个粒子在飞行过程中所经历过的最好位置。整个群体目前找到的最优解称为全局最优值，就是整个群体所经历过的最好位置。分别用 $D$ 维速度矢量 $\boldsymbol{V}_i=(v_{i1},v_{i2},\cdots,v_{id},\cdots,v_{iD})$ 和位置矢量 $\boldsymbol{X}_i=(x_{i1},x_{i2},\cdots,x_{id},\cdots,x_{iD})$ 表示第 $i(i=1,2,\cdots,N)$ 个粒子的状态，粒子群的规模为 $N$，则每个粒子根据以下公式来更新自己的速度和位置，从而产生新一代群体。

$$\begin{aligned} v_{id}^{k+1} &= \omega v_{id}^{k}+c_1\mathrm{rand}_1^k(P_{id}^k-x_{id}^k)+c_2\mathrm{rand}_2^k(P_{gd}^k-x_{id}^k) \\ x_{id}^{k+1} &= x_{id}^k+v_{id}^{k+1} \end{aligned} \tag{10-10}$$

式中：$v_{id}^k$ 为粒子 $i$ 在第 $k$ 次迭代中第 $d$ 维的速度；$c_1$、$c_2$ 为常数，称为学习因子，通常取值 $c_1=c_2=2$；$\mathrm{rand}_1^k$ 和 $\mathrm{rand}_2^k$ 是 $[0,1]$ 上的随机数；$P_i^k$ 为粒子 $i$ 在第 $k$ 次迭代中个体极值；$P_g^k$ 为群体 $k$ 次迭代的全局极值位置。

惯性因子 $\omega$ 体现的是粒子继承先前运动的能力，一个较大的惯性因子有利于全局搜索，而一个较小的惯性因子有利于局部搜索。一般在算法初期采用较大的惯性因子，为了更广泛地搜索，快速定位到最优解附近，然后采用较小的惯性因子，对较小的范围进行精细搜索，更精确地定位最优解。常用的递减公式如下：

$$\omega=\omega_{\max}-(\omega_{\max}-\omega_{\min})(k/K_{\max})^2 \tag{10-11}$$

式中：$\omega_{\max}$ 和 $\omega_{\min}$ 分别为 $\omega$ 的最大值和最小值，一般取 $\omega_{\max}=0.9$，$\omega_{\min}=0.4$；$K_{\max}$ 为最大迭代次数，一般取 $K_{\max}=700$。

2）智能弹群任务分配问题中的粒子编码策略

本小节建立粒子与智能弹药任务分配问题的编码映射，采用基于实数向量的编码方式。

通常智能弹药具有小型化、高灵活性等特点，每枚弹药的毁伤能力有限。典型的智能弹药的作战场景中，智能弹药数量多于或等于要打击的目标数量。因此，设定粒子的维数等于弹药的数量 $N_u$，粒子位置 $x$ 表示智能弹药编号对应的目标编号，$x$ 是取值范围 $[0.5,N_t+0.5)$ 中的连续实数。因此，当产生新的一代群体时，将粒子的位置 $x_{id}$ 映射到离散的任务分配编码时，可采用如下方法：

$$T_{id}=\mathrm{Round}(x_{id}) \tag{10-12}$$

| 弹药编号 | 1 | 2 | 3 | 4 | 5 | 6 | 7 | 8 | 9 | 10 |
|---|---|---|---|---|---|---|---|---|---|---|
| 粒子位置 | 1.8 | 2.3 | 3.5 | 2.7 | 3.2 | 1.2 | 2.5 | 5.1 | 4.2 | 1.3 |
| Round($x$) | 2 | 2 | 4 | 3 | 3 | 1 | 3 | 5 | 4 | 1 |

映射结果为

| 智能弹药编号 | 1 | 2 | 3 | 4 | 5 | 6 | 7 | 8 | 9 | 10 |
|---|---|---|---|---|---|---|---|---|---|---|
| 目标编号分配结果 | 2 | 2 | 4 | 3 | 3 | 1 | 3 | 5 | 4 | 1 |

例如，智能弹药数目 $N_u=10$，目标数目 $N_t=5$，则使用10维的实数向量表示粒子的状态。映射结果表示，智能弹药6、10打击1号目标，智能弹药1、2打击2号目标，智能弹药4、5、7打击3号目标，智能弹药3、9打击4号目标，智能弹药8打击5号目标。

3）智能弹群任务分配问题中约束条件处理机制

通过将约束条件合理映射到粒子的搜索空间，生成粒子的飞行规则，使其在满足约束条件的空间中寻找最优位置，提高算法的搜索效率。由上文内容可知，粒子位置 $X$ 表示了智能弹药对应的目标序号。因此，在粒子位置初始化及选择新位置的时候，其位置取值范围不能超出最大智能弹药序号 $N_t$，即 $[x_{\min},x_{\max})\subseteq[0.5,N_t+0.5)$。

在粒子位置 $x_d$（速度 $v_d$）的极值限定决定了粒子搜索空间的范围和粒度。一般，当粒子位置和速度超出极值时，常直接用极值代替粒子位置/速度，这种极值限制方法被称为饱和策略。在此，使用饱和策略限制粒子位置，其计算公式如下：

$$X=\begin{cases}0.5: & X\leqslant 0.5\\ N_t: & X\geqslant N_t+0.5\\ X: & \text{其他}\end{cases} \tag{10-13}$$

根据约束条件式（10-6）的要求，每个目标至少要被1枚智能弹药打击通过上文的编码策略已经得到满足，决策变量的取值通过解码、排序操作即可获得，约束式（10-9）自然满足。

4）基于PSO的智能弹群任务分配算法流程

步骤1：初始化粒子群。在 $[0.5,N_t+0.5)$ 内随机设置粒子的初始位置，粒子维数与智能弹药数目相同，初始化算法参数及初始速度。

步骤2：对初始位置按照式（10-12）进行解码，根据式（10-5）计算每个粒子的适应值 $f$，评价每个粒子的适应值。将当前各粒子的位置（存储解码前的位置取值）和适应值存储在各粒子的 $P_{\text{best}}$ 中，将现有 $P_{\text{best}}$ 中的适应值最优个体的位置（存储解码前的位置取值）和适应值存储在 $P_{\text{best}}$ 中。

步骤3：根据式（10-11）更新权重，用式（10-10）进化粒子的速度和位移，并通过式（10-13）修正粒子位置。

步骤4：对每个粒子位置按照式（10-12）进行解码，根据式（10-5）计算粒子的适应值，比较它的适应值和它经历过的最好位置的适应值，若更好，将其作为当前最好位置 $P_{\text{best}}$。

步骤5：对每个粒子，比较它的适应值和群体所经历的最好位置的适应值，若更好，更新全局最好位置 $P_{\text{gbest}}$。

步骤6：判断算法收敛准则是否满足，若满足则输出 $P_{\text{gbest}}$，并由 $P_{\text{gbest}}$ 经解码排序操作得到最佳目标分配方案，算法结束；否则，转到步骤3继续搜索。

图10-8所示为基于PSO的智能弹群任务分配算法流程框图。

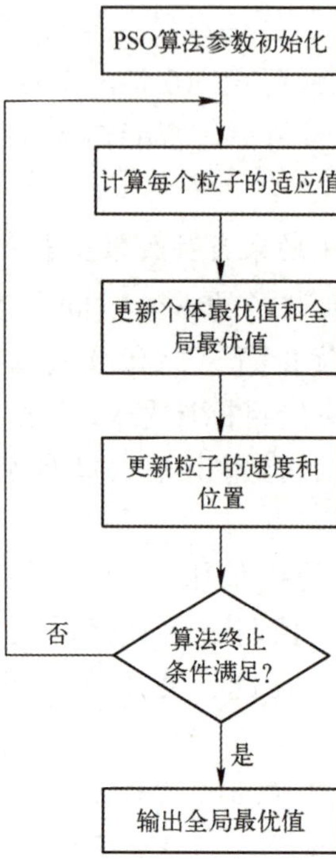


图 10-8　基于 PSO 的智能弹群任务分配算法流程框图

### 10.2.2　智能弹群的预先突防航迹规划技术

结合前文对任务规划问题的分解，本节主要研究多个智能弹药组成的编队对同一固定目标（在战区内存在一些威胁区域）协同攻击的航迹规划。本节在考虑地形遮蔽的基础上对威胁空间进行分析与建模，设计了地形跟随飞行高度算法，将航迹规划由三维空间转化为二维空间，降低了问题求解难度；对智能弹药面临的机动性能、作战任务、多弹协同等约束条件进行了分析；综合考虑威胁代价、能耗代价以及飞行约束违背量，构造了完整的多弹协同航迹规划问题模型，并采用蚁群算法进行求解。

#### 1. 智能弹群的突防航迹规划建模

设定在任务开始前，规划区内的地形和敌方实体（目标、威胁）的相关信息已预先获得。多智能弹药协同航迹规划问题可以用七元组$\{\boldsymbol{V},\boldsymbol{S},\boldsymbol{T},\boldsymbol{E},\boldsymbol{M},\boldsymbol{F},\boldsymbol{C}\}$来表示，其中，$\boldsymbol{V}=\{V_1,V_2,\cdots,V_{N_u}\}$为执行任务的弹药集合，$N_u$为弹药数量；$\boldsymbol{S}=\{S_1,S_2,\cdots,S_{N_u}\}$为起始时刻各弹药的初始位置；$\boldsymbol{T}=\{T_1,T_2,\cdots,T_{N_u}\}$为由作战指挥员或任务分配算法指派给各弹药的任务目标集合；$\boldsymbol{E}$为任务执行区域，其中包含了地形信息；$\boldsymbol{M}=\{M_1,M_2,\cdots,M_{N_M}\}$为预先获知的敌方威胁实体集合，$N_M$为威胁实体的数量；$\boldsymbol{F}=\{F_1,F_2,\cdots,F_{N_F}\}$为任务区中禁/避飞区集合；$\boldsymbol{C}$为航迹规划问题中涉及的约束条件集合，其中包含了作战任务、机动性能、地形、威胁等各种约束条件。$\boldsymbol{V}$、$\boldsymbol{S}$、$\boldsymbol{T}$、$\boldsymbol{F}$事先给定，下面主要讨论$\boldsymbol{E}$、$\boldsymbol{C}$和$\boldsymbol{M}$。

1）规划空间以及飞行约束分析

本小节研究三维空间中基于 TF/TA2（地形跟随，地形回避，威胁回避）技术的航迹规划方法。在三维空间中，飞行高度通过飞行高度预估方法得到，即空间某一点的飞行高度可以作为一个确定值来看待，因此三维航迹规划转化为了二维航迹规划。

智能弹药的飞行航迹由一系列航路点组成，第一个和最后一个航路点分别代表起点和终点，每个航路点中包含空间位置、当前速度、时间、航向角、俯仰角等信息。因此设计数据结构 $\text{PathPtStruct}=\{x,y,h,t,v,\theta,\delta\}$，其中，$(x,y,h)$ 为航路点的三维空间坐标，$t$ 和 $v$ 分别为当前航路点的时间和速度，$\theta$ 为航向角，$\delta$ 为俯仰角。航迹由如下方式表示：

$$\text{Path}=\{\text{PathPt}_i\in\text{PathPtStruct},i=1,2,\cdots,n\}$$

为了下文航迹规划过程的描述方便，这里首先设定任两个相邻航路点之间的时间间隔为 $\Delta t$，即对于航路点 $\text{PathPt}_i$ 和 $\text{PathPt}_{i+1}$ 来说，$t_{i+1}-t_i=\Delta t$，$\Delta t$ 可由规划人员事前确定。

此外，在数据结构 $\text{PathPtStruct}=\{x,y,h,t,v,\theta,\delta\}$ 中，各元素之间有如下关系：

$$\sqrt{(x_{i+1}-x_i)^2+(y_{i+1}-y_i)^2+(h_{i+1}-h_i)^2}=v_i\Delta t \tag{10-14}$$

$$\tan\theta=\frac{|y_{i+1}-y_i|}{|x_{i+1}-x_i|} \tag{10-15}$$

$$\tan\delta=\frac{h_{i+1}-h_i}{\sqrt{(y_{i+1}-y_i)^2+(x_{i+1}-x_i)^2}} \tag{10-16}$$

对于任一智能弹药 $V_j\in\boldsymbol{V}$，其运动学模型如下：

$$\begin{cases}x_j^{t+1}=x_j^t+v_j^t\cdot\Delta t\cdot\cos\delta_j^t\cdot\cos\theta_j^t\\ y_j^{t+1}=y_j^t+v_j^t\cdot\Delta t\cdot\cos\delta_j^t\cdot\sin\theta_j^t\\ h_j^{t+1}=h_j^t+v_j^t\cdot\Delta t\cdot\sin\delta_j^t\\ \theta_j^{t+1}=\theta_j^t+\Delta\theta_j^{t+1}\\ \delta_j^{t+1}=\delta_j^t+\Delta\delta_j^{t+1}\end{cases} \tag{10-17}$$

$$j=1,2,\cdots,N_u$$

$$t=1,2,\cdots,n_j$$

式中：$(x_j^t,y_j^t,h_j^t)$ 为弹药 $V_j$ 在 $t$ 时刻的空间位置；$\delta_j^t$ 为弹药 $V_j$ 在 $t$ 时刻的俯仰角；$\theta_j^t$ 为弹药 $V_j$ 在 $t$ 时刻的航向角；$N_u$ 为弹药数量；$n_j$ 为弹药 $V_j$ 的航路点总个数。

智能弹药在飞行过程中面临飞行性能、作战任务、地形、威胁等各种各样的约束条件，它们共同组成约束集合 $\boldsymbol{C}$。

（1）最小步长：弹药在改变飞行姿态前必须直飞的最短距离。远距离飞行通常不希望迂回行进和频繁地转弯，否则将导致误差。最小步长约束可以表达为

$$\sqrt{(x_j^{t+1}-x_j^t)^2+(y_j^{t+1}-y_j^t)^2+(h_j^{t+1}-h_j^t)^2}\leqslant L_{\min},\quad t=1,2,\cdots,n_j-1 \tag{10-18}$$

（2）最大航程：飞行航迹的航程必须在一个预定的最大距离之内，否则弹药无法完成预定的作战任务。最大航程约束可以表达为

$$\sum_{t=1}^{n_j-1}\sqrt{(x_j^{t+1}-x_j^t)^2+(y_j^{t+1}-y_j^t)^2+(h_j^{t+1}-h_j^t)^2}\leqslant L_{\max} \tag{10-19}$$

（3）最大/最小速度：由于自身机动性能限制，智能弹药的飞行速度需要限定在一个范围内。最大/最小速度约束可以表达为

$$v_{\min}\leqslant v_j^t\leqslant v_{\max},\quad t=1,2,\cdots,n_j \tag{10-20}$$

（4）最大航向拐角：航迹的航向拐角必须在一个最大阈值之内，对应于最大拐弯半径。最大航向拐角约束可以表达为

$$\Delta\theta_j^t=\tan^{-1}\frac{|y_j^{t+1}-y_j^t|}{|x_j^{t+1}-x_j^t|}\leqslant\Delta\theta_{\max},\quad t=1,2,\cdots,n_j-1 \tag{10-21}$$

（5）最大爬升/最大俯冲角：即智能弹药在垂直平面内上升、下滑的最大角度，这是由其自身的机动性能决定的。最大爬升/最大俯冲角约束可以表达为

$$\Delta\delta_j^t=\tan^{-1}\frac{|h_j^{t+1}-h_j^t|}{\left|\sqrt{(x_j^{t+1}-x_j^t)^2+(y_j^{t+1}-y_j^t)^2}\right|}\leqslant\Delta\delta_{\max},\quad t=1,2,\cdots,n_j-1 \tag{10-22}$$

（6）飞行高度限制：弹药通过敌方防空区域时，为了减小被敌方防空系统探测和摧毁的概率，需要在尽可能小的高度上飞行，但飞得太低又会增加撞地概率，因此飞行高度需要限制在一个范围内：①最小飞行高度，与撞地概率、当前地形以及弹药高度计精度（高度计误差较大时，飞行高度要高，以防止撞地）有关，作为先验知识；②最大飞行高度，一方面减少被雷达发现的概率，另一方面防止翻越海拔太高的山峰，能量消耗太大。飞行高度限制可以表达为

$$h_j^t+H_{\min}\leqslant h_j^t\leqslant h_j^t+H_{\max},\quad t=1,2,\cdots,n_j \tag{10-23}$$

式中：$h_j^t$为当前位置的海拔高度；$H_{\min}$为最小离地飞行高度；$H_{\max}$为最大离地飞行高度。

（7）飞行时间窗约束：针对时敏打击目标，为了达到特定打击效果，需要飞行在特定时间范围内到达攻击位置实施攻击。一般情况下，这个时间要求可以用时间窗$[ET_j^*,LT_j^*]$来表达，即

$$ET_j^*\leqslant AT_j\leqslant LT_j^* \tag{10-24}$$

式中：$AT_j$为弹药$V_j$到达目标的时间。

通过以上分析，我们发现智能弹药航迹规划中的约束条件众多，不同约束之间甚至存在耦合关系。例如，飞行高度越低，由于地形遮蔽而被发现的概率就越小，但迫于航向拐角、爬升角、俯冲角的限制，弹药的撞地概率将增加，所受到的避碰威胁增大；又如，为躲避威胁，需要绕过山峰和敌方防空火力作用范围，但这使得航程变大，可能超出最大航程限制，因此需要在躲避威胁和最大航程之间进行折中。总之，飞行器航迹规划中的约束条件处理是一个复杂的问题。

2）多智能弹药协同作战任务约束分析

由于作战任务的复杂性，多枚智能弹药之间往往同时存在多类协同任务约束关系，包括空间协同约束、任务执行的时序约束和时间约束。现对多智能弹药协同作战任务约束分析如下。

（1）空间协同约束：任意两枚弹药之间要保持一个安全距离，以避免碰撞，可以表达为

$$\|\mathrm{PathPt}_i^t-\mathrm{PathPt}_j^t\|\leqslant d_{\mathrm{safe}},\quad \forall i,j=1,2,\cdots,N_u,\text{且 } i\neq j \tag{10-25}$$

式中：$\|\mathrm{PathPt}_i^t-\mathrm{PathPt}_j^t\|=\sqrt{(x_i^t-x_j^t)^2+(y_i^t-y_j^t)^2+(h_i^t-h_j^t)^2}$；$d_{\mathrm{safe}}$为弹药之间的最小安全距离。

（2）协同时序约束：多枚弹药协同打击时，往往需要按照特定的时序到达各自目标执行任务（同时到达是其中一种情况），以达成特定作战效果；设$\forall V_j\in \boldsymbol{V}$抵达目标的时间为$AT_j$，$P(V_j)$为必须于$V_j$之前抵达目标的弹药集合，$N(V_j)$为必须于$V_j$之后抵达目标的弹药集合，则有

$$AT_m\leqslant AT_j=n_j\Delta t\leqslant AT_n,\quad V_m\in P(V_j),\quad V_n\in N(V_j) \tag{10-26}$$

式中：$n_j$为弹药$V_j$的航路点总个数；$\Delta t$为任意两个相邻航路点之间的时间间隔。

（3）协同时间窗约束：多弹协同作战任务中，不同弹药抵达目标执行任务的时间往往存在一定的时间窗$[ET_j,LT_j]$限制。该时间窗由两方面因素决定，一方面，弹药$V_j$抵达目标的时间必须满足自身的时间窗$[ET_j^*,LT_j^*]$约束，即

$$ET_j^*\leqslant AT_j\leqslant LT_j^* \tag{10-27}$$

另一方面，弹药$V_j$抵达目标的时间还受到与其存在时序约束的弹药抵达目标时间的影响。例如，在多次打击任务中，受到前次打击的爆炸烟雾等因素的影响，后一批次的打击通常要求在前一批次打击完成后的特定时间段内完成。则有

$$\begin{aligned}&AT_m+ET_{m,j}\leqslant AT_j\leqslant AT_m+LT_{m,j},\quad V_m\in P(V_j)\\&AT_n-LT_{j,n}\leqslant AT_j\leqslant AT_n-ET_{j,n},\quad V_n\in N(V_j)\end{aligned} \tag{10-28}$$

式中：对于$V_m\in P(V_j)$，$AT_m$为其到达目标时间，$[ET_{m,j},LT_{m,j}]$为$AT_j$相对于$AT_m$的到达目标时间窗；对于$V_n\in N(V_j)$，$[ET_{j,n},LT_{j,n}]$为$AT_j$相对于$AT_n$的到达目标时间窗。

因此，多枚弹药之间的协同时间约束关系可以表达如下。

$$\begin{aligned}&et_{i,j}(AT_i)=\begin{cases}\max(AT_i+ET_{i,j},ET_j^*),&\text{如果 } V_i=P(V_j)\\\max(AT_i-LT_{j,i},ET_j^*),&\text{如果 } V_i=N(V_j)\end{cases}\\&lt_{i,j}(AT_i)=\begin{cases}\min(AT_i+LT_{i,j},LT_j^*),&\text{如果 } V_i=P(V_j)\\\min(AT_i-ET_{i,j},LT_j^*),&\text{如果 } V_i=N(V_j)\end{cases}\\&ET_j=\max_{i\neq j}(et_{i,j}(AT_i))\\&LT_j=\min_{i\neq j}(lt_{i,j}(AT_i))\end{aligned} \tag{10-29}$$

3）航迹综合协同代价及优化模型

复杂战场环境下多智能弹药协同执行任务的过程中，不可避免地受到来自敌方威胁实体的威胁，如何合理地描述敌方威胁实体对弹药任务执行所带来的威胁以及合理地评价弹药飞行的能耗，在很大程度上影响着弹药任务规划和决策的进行。此外，多智能弹药协同执行任务的过程中存在着复杂的飞行约束关系，航迹规划性能的优劣除了包含任务执行的代价，还应进一步包含各平台任务计划对飞行约束的满足程度。否则，当航迹计划不满足飞行性能约束时，将导致航迹不可飞，任务不可执行。

对于弹药 $V_j \in \boldsymbol{V}$ 的航迹 $\text{Path}_j$，本节设计如下航迹综合代价值：

$$\text{Cost} = \sum_{j=1}^{N_u} \text{cost}(\text{Path}_j) \tag{10-30}$$

式中：$\text{cost}(\text{Path}_j)$ 为弹药 $V_j$ 的航迹 $\text{Path}_j$ 的航迹代价，即航迹综合代价值为每枚弹药的航迹综合代价值之和。单枚弹药航迹代价定义如下：

$$\text{cost}(\text{Path}_j) = (\omega_{\text{Tht}} \times \text{Tht}(\text{Path}_j) + \omega_{\text{Egy}} \times \text{Egy}(\text{Path}_j)) \times \lambda_j(AT_{\text{erst}}^{(j)}) \tag{10-31}$$

其中，$\text{Tht}(\text{Path}_j)$、$\text{Egy}(\text{Path}_j)$、$\lambda_j(AT_{\text{erst}}^{(j)})$ 分别代表弹药 $V_j$ 的航迹 $\text{Path}_j$ 的威胁代价、能耗代价、协同系数。

（1）威胁代价 $\text{Tht}(\text{Path}_j)$。对于弹药 $V_j \in \boldsymbol{V}$ 的航迹 $\text{Path}_j$，其威胁代价为

$$\text{Tht}(\text{Path}_j) = \sum_{i=1}^{n_j-1} F(\text{PathPt}_j^i, \text{PathPt}_j^{i+1}) \tag{10-32}$$

式中：$F(\text{PathPt}_j^i, \text{PathPt}_j^{i+1})$ 为航迹段 $(\text{PathPt}_j^i, \text{PathPt}_j^{i+1})$ 的威胁代价值，且有

$$F(\text{PathPt}_j^i, \text{PathPt}_j^{i+1}) = \|\text{PathPt}_j^{i+1} - \text{PathPt}_j^i\| \times \frac{\sum_{m=1}^{N_M} f_m(x_j^i, y_j^i, h_j^i) + \sum_{m=1}^{N_M} f_m(x_j^{i+1}, y_j^{i+1}, h_j^{i+1})}{2} \tag{10-33}$$

式中：$\|\text{PathPt}_j^{i+1} - \text{PathPt}_j^i\|$ 为航迹段 $(\text{PathPt}_j^i, \text{PathPt}_j^{i+1})$ 的长度。

（2）能耗代价 $\text{Egy}(\text{Path}_j)$。能耗代价与飞行航程直接相关，假设能耗代价与航程呈正比关系，则对于弹药 $V_j \in \boldsymbol{V}$ 的航迹 $\text{Path}_j$，其能耗代价为

$$\text{Egy}(\text{Path}_j) = \sum_{i=1}^{n_j-1} \|\text{PathPt}_j^{i+1} - \text{PathPt}_j^i\| \tag{10-34}$$

式中：$\|\text{PathPt}_j^{i+1} - \text{PathPt}_j^i\|$ 为航迹段 $(\text{PathPt}_j^i, \text{PathPt}_j^{i+1})$ 的长度。

（3）协同系数 $\lambda_j(AT_{\text{erst}}^{(j)})$。多智能弹药在执行任务的过程中存在着复杂的协同关系，弹药飞行航迹性能的优劣除了应包含任务执行的代价，还应进一步反映各平台航迹对协同关系的满足程度，由于当多智能弹药之间不满足其协同关系时，将导致协同任务难以执行，可将弹药之间对协同关系的满足程度通过额外的多平台协同代价进行描述。因此，本节引入“协同系数”来衡量多弹药任务计划对协同关系的满足程度。

协同系数的设计应遵循以下原则：①当弹药抵达目标执行任务的时间满足时序

和时间约束时，其航迹性能通过单枚弹药飞行航迹综合代价衡量；②当弹药执行任务的时间不满足任务的时间和时序约束时，协同系数将对其航迹协同性能进行惩罚，且对约束的违背程度越大，惩罚的程度也越大。

设 $NP_j(t)$ 为 $t$ 时刻弹药 $V_j$ 所处的位置，$T_j$ 为 $V_j$ 当前的任务目标，$AT_{\text{erst}}^{(j)}$ 为弹药 $V_j$ 抵达预定目标的最早时间，则有

$$AT_{\text{erst}}^{(j)} = t + \frac{\| T_j - NP_j(t) \|}{v_{\max}} \tag{10-35}$$

以式（10-35）所得的 $AT_{\text{erst}}^{(j)}$ 按照式（10-29）中弹药抵达目标执行任务的时间 $AT_j$ 的约束，得到当前 $t$ 时刻 $V_j$ 执行任务时间窗口的估计值$[ET'_{j,k}, LT'_{j,k}]$，则 $V_j$ 飞行航迹的协同系数 $\lambda_j(AT_{\text{erst}}^{(j)})$ 计算方法如下。

$$\lambda_j(AT_{\text{erst}}^{(j)}) = \prod_{k \neq j} \lambda_{j,k}^{(1)}(AT_{\text{erst}}^{(j)}) \prod_{k \neq j} \lambda_{j,k}^{(2)}(AT_{\text{erst}}^{(j)}) \tag{10-36}$$

式中：$\lambda_{j,k}^{(1)}(AT_{\text{erst}}^{(j)})$ 为 $V_j$ 的一类协同系数，它描述了 $V_j$ 抵达目标执行任务的时间与其为了与弹药 $V_k$ 达到协同所期望的时间窗的偏差程度；$\lambda_{j,k}^{(2)}(AT_{\text{erst}}^{(j)})$ 为二类协同系数，描述了 $V_j$ 和 $V_k$ 执行任务的时间差与二者期望的时间差的偏离程度，两类协同系数的取值可由下式获得。

$$\lambda_{j,k}^{(1)}(AT_{\text{erst}}^{(j)}) = \begin{cases} \dfrac{|AT_{\text{erst}}^{(j)} - ET'_{j,k}| + |AT_{\text{erst}}^{(j)} - LT'_{j,k}| + \sigma}{|LT'_{j,k} - ET'_{j,k}| + \sigma}, & \text{如果 } ET'_{j,k} \leqslant LT'_{j,k} \text{ 与 } \lambda_{j,k}^{(1)} < \lambda_{\max}^{(1)} \\ \lambda_{\max}^{(1)}, & \text{其他} \end{cases} \tag{10-37}$$

$$\lambda_{j,k}^{(2)}(AT_{\text{erst}}^{(j)}) = \begin{cases} 1 + \dfrac{|(AT_{\text{erst}}^{(j)} - AT_{\text{erst}}^{(k)}) - \Delta T_{j,k}^*|}{\max(|dt_{\min}^{(j,k)} - \Delta T_{j,k}^*|, |dt_{\max}^{(j,k)} - \Delta T_{j,k}^*|)}, & \text{如果 } V_k \in P(V_j) \\ 1 + \dfrac{|(AT_{\text{erst}}^{(k)} - AT_{\text{erst}}^{(j)}) - \Delta T_{k,j}^*|}{\max(|dt_{\min}^{(k,j)} - \Delta T_{k,j}^*|, |dt_{\max}^{(k,j)} - \Delta T_{k,j}^*|)}, & \text{如果 } V_k \in N(V_j) \end{cases} \tag{10-38}$$

式中：$\Delta T_{j,k}^*$ 为期望的 $V_j$ 和 $V_k$ 的执行任务时间差；$\lambda_{\max}^{(1)} > 1$ 为一类协同系数的最大取值；$\sigma$ 为一取较小正值的常数。进一步对式（10-37）和式（10-38）进行分析可知，当$[ET'_{j,k}, LT'_{j,k}]$满足 $V_j$ 的时序和时间约束时，有 $\lambda_{j,k}^{(1)}(AT_{\text{erst}}^{(j)}) = 1(j,k=1,2,\cdots,N_u; j \neq k)$，当 $V_j$ 有可能与 $V_k$ 实现协同，但 $AT_{\text{erst}}^{(j)}$ 不满足 $V_j$ 和 $V_k$ 的时序和时间约束时；$\lambda_{j,k}^{(1)}(AT_j) \in (1, \lambda_{\max}^{(1)}]$；当 $V_j$ 和 $V_k$ 执行任务的时间差与期望的时间差 $\Delta T_{j,k}^*$ 或 $\Delta T_{k,j}^*$ 偏差越大时，两类协同系数 $\lambda_{j,k}^{(2)}(AT_{\text{erst}}^{(j)}) > 1$ 的取值越大，由它所引入的代价惩罚也越大。

综上所述，多智能弹药协同航迹规划模型可以用七元组$\{\boldsymbol{V}, \boldsymbol{S}, \boldsymbol{T}, \boldsymbol{E}, \boldsymbol{M}, \boldsymbol{F}, \boldsymbol{C}\}$来表示，即在规划空间$\{\boldsymbol{E}, \boldsymbol{M}, \boldsymbol{F}\}$中，寻找使弹药 $\boldsymbol{V}$ 从起点集合 $\boldsymbol{S}$ 到目标集合 $\boldsymbol{T}$ 满足约束条件集合 $\boldsymbol{C}$ 并使综合航迹代价 Cost 最优的航迹集合$\{\text{Path}_j, j=1,2,\cdots,N_u\}$。

### 2. 基于蚁群算法的智能弹群航迹规划方法

蚁群算法是仿生优化方法的典型代表，具有协同搜索、自组织、自学习、全局优化和并行搜索等优点，近年来在航迹规划领域中获得了一系列应用，并取得了较好的效果。

设定智能弹药为 $V$，起点为 $S$，终点为 $T$。初始时刻所有人工蚂蚁均位于起点 $S$，人工蚁群为 $\boldsymbol{AC}=\{\mathrm{ant}_i, i=1,2,\cdots,N_{\mathrm{ant}}\}$，$N_{\mathrm{ant}}$ 为蚁群规模。

1）状态转移规则设计

状态转移规则是影响蚁群算法搜索效率的关键步骤之一，在智能弹药航迹规划中，状态转移是指人工蚂蚁由当前位置按照其对应的各种约束条件移动至下一时刻的位置。在 $k$ 时刻，设蚂蚁子群 $\boldsymbol{AC}$ 中蚂蚁个体 $\mathrm{ant}_l$ 的位置为 $X_l^k$，并根据各种约束条件确定其可选后继移动位置集合 $\boldsymbol{AL}_l^k$，在 $k+1$ 时刻，$\mathrm{ant}_l$ 按照伪随机规则从 $\boldsymbol{AL}_l^k$ 中选择 $X_l^{k+1}$ 进行移动，具体的选取规则如下。

$$X_l^{k+1}=\begin{cases}\arg\max\limits_{X_l\in AL_l^k}\left((\tau_{X_l}^k)^{\alpha}(\eta_{X_l}^k)^{\beta}\right), & q\leqslant q_0\\ S, & \text{其他}\end{cases} \tag{10-39}$$

$$p_{X_l}^{k+1}=\begin{cases}\dfrac{(\tau_{X_l}^k)^{\alpha}(\eta_{X_l}^k)^{\beta}}{\sum\limits_{X_l\in AL_l^k}\left((\tau_{X_l}^k)^{\alpha}(\eta_{X_l}^k)^{\beta}\right)}, & X_l\in AL_l^k\\ 0, & \text{其他}\end{cases} \tag{10-40}$$

式中：$\boldsymbol{AL}_l^k$ 中的节点应满足弹药 $V$ 的最大航程、速度范围和最大拐弯角等性能约束；$\tau_{X_l}^k$ 为 $k$ 时刻 $X_l\in\boldsymbol{AL}_l^k$ 处的信息素浓度；$\eta_{X_l}^k$ 为 $k$ 时刻 $X_l\in\boldsymbol{AL}_l^k$ 处的启发信息；$\alpha$、$\beta$ 为反映人工蚂蚁对信息素和启发信息偏重程度的参数；$q_0$ 为[0,1]之间的常数；$q$ 为[0,1]之间的随机数，当 $q\leqslant q_0$ 时，算法按照 $\arg\max\limits_{X_l\in AL_l^k}((\tau_{X_l}^k)^{\alpha}(\eta_{X_l}^k)^{\beta})$ 依概率选取下一移动位置，当 $q>q_0$ 时，算法根据式（10-40）中计算出的概率 $p_{X_l}^{k+1}$ 按照轮盘赌方式选择下一移动位置。

蚁群算法中，合理的启发信息能够对人工蚂蚁的搜索行为起到良好的指导作用，从而提高算法的性能。一般来说其定义如下：

$$\eta_{X_l}^k=F(X_l^k,X_l^{k+1})+g(X_l^{k+1}) \tag{10-41}$$

式中：$F(X_l^k,X_l^{k+1})$ 为航迹段 $(X_l^k,X_l^{k+1})$ 的综合代价值；$g(X_l^{k+1})$ 为飞行器由 $X_l^{k+1}$ 到其目标 $T$ 的航迹代价的估计值，一般有

$$g(X_l^{k+1})=\|T-X_l^{k+1}\| \tag{10-42}$$

2）信息素更新

信息素更新机制是蚁群算法设计中的另一关键要素，包括局部信息素更新和全局信息素更新。

（1）局部信息素更新。$\forall\, \mathrm{ant}_l\in\boldsymbol{AC}$，当该蚂蚁完成了当前迭代中航迹的构造之

后，则对其信息素结构 $\boldsymbol{\tau}$ 中该航迹计划 Path 中包含的弹药空间位置的信息素浓度按下式进行更新：

$$\tau_X=(1-\rho_L)\tau_X+\rho_L\Delta\tau_L,\quad X\in \text{Path} \tag{10-43}$$

$$\Delta\tau_L=\begin{cases}(nF_{nn})^{-1}, & \text{ant}_l\text{ 构造出可行航迹}\\ 0, & \text{其他}\end{cases} \tag{10-44}$$

式中：$\rho_L$ 为局部信息素挥发系数；$\Delta\tau_L$ 为局部更新信息素增量；$F_{nn}$为由最近临域法得到的初始航迹的综合代价值。

（2）全局信息素更新。在人工蚁群 $\boldsymbol{AC}$ 的一次迭代中，当所有的蚂蚁个体 $\text{ant}_l$ 均完成了航迹计划的构造之后，则对该蚁群进行全局信息素更新操作：

$$\tau_X=(1-\rho_G)\tau_X+\rho_G\Delta\tau_G,\quad X\in \text{Path} \tag{10-45}$$

$$\Delta\tau_G=\begin{cases}(F_G)^{-1}, & X\in \boldsymbol{AC}\text{ 的全局最优解}\\ 0, & \text{其他}\end{cases} \tag{10-46}$$

式中：$\rho_G$ 为全局信息素挥发系数；$\Delta\tau_G$ 为全局更新信息素增量；$F_G$ 为 $\boldsymbol{AC}$ 已经获得的全局最优解的航迹综合代价值。

综上，基于蚁群算法的航迹规划求解方法的运行步骤如下。

输入：人工蚁群 $\boldsymbol{AC}$，算法相关参数$(\alpha,\beta,q_0,\rho_L,\rho_G)$，弹药任务起点 $\boldsymbol{S}$ 和终点 $\boldsymbol{T}$，规划空间信息$\{\boldsymbol{E},\boldsymbol{M},\boldsymbol{F}\}$，约束集合 $\boldsymbol{C}$。

输出：弹药飞行计划 $\text{Path}=\{\text{PathPt}_i\in \text{PathPtStruct}, i=1,2,\cdots,n\}$

步骤 1：初始化人工蚁群 $\boldsymbol{AC}$ 及其信息素结构 $\boldsymbol{\tau}$。

步骤 2：$\forall\, \text{ant}_l\in \boldsymbol{AC}$ 均执行如下步骤。

步骤 2.1：按照式（10-39）~式（10-42）所示状态转移规则逐步构造 $\text{ant}_l$ 的航迹。

步骤 2.2：按照式（10-30）和式（10-31）计算 $\text{ant}_l$ 所构造航迹计划的航迹综合代价值。

步骤 2.3：根据 $\text{ant}_l$ 所构造的航迹对信息素结构 $\boldsymbol{\tau}$ 按照式（10-43）和式（10-44）进行局部信息素更新。

步骤 3：根据各蚂蚁个体 $\text{ant}_l$ 所构造航迹计划的航迹综合代价值，选出当前蚁群 $\boldsymbol{AC}$ 的迭代最优航迹计划，并判断该迭代最优航迹是否优于已有的全局最优航迹，若优于全局最优航迹，则迭代最优航迹替代全局最优航迹。

步骤 4：对信息素结构 $\boldsymbol{\tau}$ 按照式（10-45）和式（10-46）进行全局信息素更新。

步骤 5：判断算法是否满足终止条件，若满足，则输出当前全局最优航迹并停止程序，否则转步骤 2 继续执行。

图 10-9 为基于蚁群算法的航迹规划算法流程。

针对智能弹群预先突防航迹规划问题，采用蚁群算法的信息素机制，在蚂蚁搜索路径的经验积累、存储路径的有效性等方面，从而提高了搜索过程的收敛速度，同时也能够有效解决多约束的满足问题。

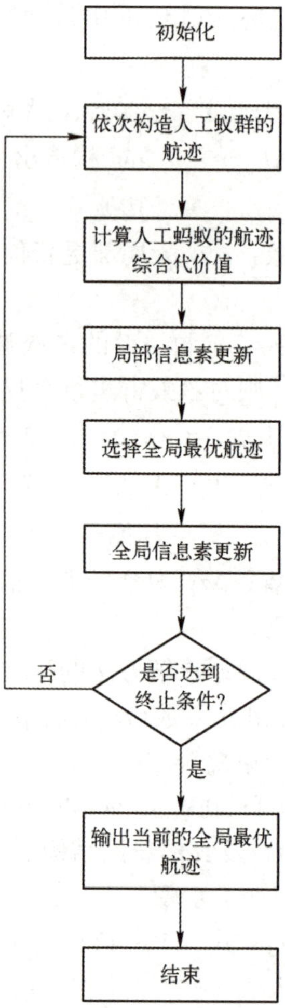


图 10-9　基于蚁群算法的航迹规划算法流程

## 10.2.3　动态蚁群分工算法模型设计

### 1. 变量描述

动态蚁群分工模型包括下列变量。

（1）$s_j^k(t)$：$t$ 时刻任务 $k$ 对于目标 $j$ 的激励值，其中，$j=1,2,\cdots,N_A$ 是目标的编号，$N_A$ 是目标的数量；$k=1,2,\cdots,N_M$ 是任务的类型编码，$N_M$ 是任务类型的数量。

（2）$\delta_j^k$：在执行目标 $j$ 的任务 $k$ 时的每个时间步长内的环境激励的增量。

（3）$\theta_{ij}^k(t)$：弹药 $i$ 在 $t$ 时刻执行目标 $j$ 的任务 $k$ 的响应门限，其中，$i=1,2,\cdots,N_U$ 是 $N_U$ 个弹药的编号。

（4）$\partial_{ij}^k$：弹药 $i$ 执行目标 $j$ 的任务 $k$ 时，触发减少需求的测量因子。其也表征时间步长内的执行效率。

（5）$n_{act}^{jk}(t)$：$t$ 时刻执行目标 $j$ 的任务 $k$ 的弹药数量。

(6) $x_{i,j}^k(t)$：弹药 $i$ 的状态变量，其中，$x_{i,j}^k(t)=1$ 表示弹药 $i$ 在 $t$ 时刻执行目标 $j$ 的任务 $k$，$x_{i,j}^k(t)=0$ 表示弹药 $i$ 在 $t$ 时刻没有执行该任务。

(7) $P(x_{i,j}^k(t)=0 \to x_{i,j}^k(t+T)=1)$：弹药 $i$ 在 $t$ 时刻没有执行目标 $j$ 的任务 $k$，但是 $(t+T)$ 时刻执行目标 $j$ 的任务 $k$ 的概率。

(8) $P[x_{i,j}^k(t)=1 \to x_{i,j^*}^{k^*}(t+T)=1]$：弹药 $i$ 在 $t$ 时刻执行目标 $j$ 的任务 $k$，$(t+T)$ 时刻执行目标 $j^*$ 的任务 $k^*$ 的概率。

(9) $\zeta_i^k(t)$：弹药 $i$ 的学习因子，表示重复执行任务 $k$ 之后的经验积累，通常可以提升任务执行效率。

(10) $\varphi_i^k$：弹药 $i$ 的遗忘因子，一旦弹药 $i$ 执行任务 $k$，弹药 $i$ 执行其他任务的响应门限将增加。

(11) $\upsilon_i^k(t)$：弹药 $i$ 在 $t$ 时刻执行任务 $k$ 的资源消耗因子（资源消耗型任务）。

除了 $s_j^k(t)$ 和 $\theta_{ij}^k(t)$，其他变量都是输入变量。对于 DACLD（基于动态蚁群分工），蚂蚁可以被看作弹药，并且每枚弹药对应一组响应门限。更重要的是，任务分为两类：非资源消耗任务（如侦察任务）和资源消耗任务（如攻击任务）。如果 $N_S$ 个目标在 $t$ 时刻需要执行侦察任务，用于执行侦察任务的弹药 $U_i$ 的响应门限集 $\boldsymbol{\Phi}_i^k=\{\theta_{i1}^k(t),\theta_{i2}^k(t),\cdots,\theta_{iN_S}^k(t)\}$，$k=1$。如果 $N_A$ 个目标需要被攻击，响应门限集 $\boldsymbol{\Phi}_i^k=\{\theta_{i1}^k(t),\theta_{i2}^k(t),\cdots,\theta_{iN_A}^k(t)\}$，$k=2$。每个目标 $j$，$t$ 时刻对应的激励值为 $s_j^k(t)$。通常弹药通过综合考虑环境激励 $s_j^k(t)$ 和响应门限 $\theta_{ij}^k(t)$ 决定是否执行任务 $k$。若 $s_j^k(t)$ 较强，而 $\theta_{ij}^k(t)$ 较低，则弹药将更倾向于执行任务 $k$。

### 2. 动态环境激励

环境激励 $s_j^k(t)$ 目标 $j$ 的任务 $k$ 的优先级，由价值以及风险因子综合决定。环境激励可能随时间变化，较高的激励值能够吸引更多的智能弹药。特别地，紧急程度或者优先级通常反映智能弹群战斗的一些战术意图。动态环境激励 $s_j^k(t)$ 主要包含以下内容。

(1) 每个任务都有一个环境激励值，其反映了任务的紧急程度。如果激励值高，将很容易吸引更多的弹药执行该任务。如果任务未完成，相应的激励值将随时间而增加，如下式所示。

$$s_j^k(t+1)=s_j^k(t)+\delta_j^k-\sum_{i=1}^{N_U}[\partial_{ij}^k \cdot x_{i,j}^k(t)] \tag{10-47}$$

$$n_{\text{act}}^{jk}(t)=\sum_{i=1}^{N_U}x_{i,j}^k(t) \tag{10-48}$$

(2) 实际上，对于同一目标，不同类型的任务之间存在某种执行顺序。例如，只有在弹药侦察目标得知敌人的信息之后，才能成功地攻击该目标。$k=1,2,\cdots,N_M$ 是任务的类型编码，$k^*=k_1,k_2,\cdots,k_{N_M}$ 是任务的顺序类型代码。$N_M$ 是任务类型的数量。有如下方程。

$$s_j^{k_1}(t) \gg s_j^{k_2}(t) \gg \cdots \gg s_j^{k_{N_M}}(t) \tag{10-49}$$

如果任务 $k_1$ 已经完成，那么 $s_j^{k_1}(t)=0$。如果当前计算目标 $j$ 的任务 $k_1$ 的环境激励，那么 $s_j^{k_2}(t)=s_j^{k_3}(t)\cdots=s_j^{k_{N_m}}(t)=0$。

（3）如果 $x_{i,j}^{k}(t)=1$，弹药 $i$ 的当前状态 $\alpha$ 是 $t$ 时刻执行目标 $j$ 的任务。而 $x_{i,j^*}^{k^*}(t+T)=1$ 表示弹药 $i$ 的（$t+T$）时刻的状态 $\beta$。相对环境激励 $\tilde{s}_{\alpha\beta}$ 是状态 $\alpha$ 和状态 $\beta$ 的比较，如下式。

$$\tilde{s}_{\alpha\beta}=\frac{s_{j^*}^{k^*}(t+T)}{s_j^k(t)} \tag{10-50}$$

3. **动态响应门限**

响应门限与弹药 $i$ 的能力、状态、资源能力和战场环境有关，可以根据以下规则进行更新。

1）非资源消耗任务

$\zeta_i^k(t)<1$ 是弹药 $i$ 的学习因子，并且与任务 $k$ 的执行次数成反比，其表示弹药 $i$ 多次重复执行任务 $k$ 之后的经验积累。

$$\zeta_i^k(t)=\begin{cases}\dfrac{1}{N_k(t-T)}\cdot \mathrm{Stu}, & N_k(t-T)\neq 0\\ \mathrm{Stu}, & N_k(t-T)=0\end{cases} \tag{10-51}$$

式中：$N_k(t-T)$ 为弹药 $i$ 在时刻 $t$ 之前已经执行了同类型任务 $k$ 的次数；$\mathrm{Stu}\in(0,1)$ 为初始学习因子。

$\varphi_i^k>1$ 是弹药 $i$ 的遗忘因子，可根据以下等式计算。

$$\theta_{ij}^k(t+1)=\begin{cases}\zeta_i^k(t)\cdot\theta_{ij}^k(t), & k=k^*\\ \varphi_i^k\cdot\theta_{ij}^k(t), & k\neq k^*\end{cases} \tag{10-52}$$

2）资源消耗任务

$\boldsymbol{v}_i^k(t)$ 是弹药 $i$ 在 $t$ 时刻执行任务 $k$ 的资源消耗因子。$\boldsymbol{v}_i^k(t)$ 与初始资源 $D_{i\max}$ 和当前资源 $D_i(t)$ 有关：

$$\boldsymbol{v}_i^k(t)=\begin{cases}\dfrac{D_{i\max}}{D_i(t)}, & D_i(t)\neq 0\\ \infty, & D_i(t)=0\end{cases} \tag{10-53}$$

一旦弹药 $i$ 执行目标 $j$ 的资源消耗任务 $k$，它的响应门限将根据下式进行更新：

$$\theta_{ij}^k(t+T)=\boldsymbol{v}_i^k(t)\cdot\theta_{ij}^k(t) \tag{10-54}$$

此外，弹药必须在状态之间进行转换，因此还需要比较不同状态下的响应门限并计算相对响应门限：

$$\tilde{\theta}_{\alpha\beta}=\frac{\theta_{ij^*}^{k^*}(t+T)}{\theta_{ij}^k(t)} \tag{10-55}$$

式中：$\theta_{ij}^k(t)$ 和 $\theta_{ij^*}^{k^*}(t+T)$ 对应于弹药 $i$ 在状态 $\alpha$ 和状态 $\beta$ 下的响应门限。

此外，一旦弹药执行了任务，它对应于此类任务的响应门限将减小。同时，其他任务的响应门限将增加。考虑到资源限制，资源消耗任务对应的响应门限将增加。如果弹药的资源耗尽，则响应门限将是无穷大，从而丧失了执行此类任务的能力。

4. 转移概率

对于动态蚁群分工算法模型，每枚弹药通常可以完成多目标的多种类型任务。弹药 $i$ 在状态 $ST_i(t)=\alpha$ 和状态 $ST_i(t+T)=\beta$ 的转移概率可通过下式计算：

$$P[ST_i(t)=\alpha\rightarrow ST_i(t+T)=\beta]=P[x_{i,j}^k(t)=1\rightarrow x_{i,j^*}^{k^*}(t+T)=1]$$
$$=\frac{[\tilde{s}_{\alpha\beta}]^n}{[\tilde{s}_{\alpha\beta}]^n+[\tilde{\theta}_{\alpha\beta}]^n+\rho\cdot[\Delta\tau_i(j\rightarrow j^*)]^n} \tag{10-56}$$

式中：$n$ 为控制门限函数曲线形状的常数，通常取值为 2；$\Delta\tau_i(j\rightarrow j^*)$ 为弹药 $i$ 从目标 $j$ 的任务 $k$ 转移到执行目标 $j^*$ 的任务 $k^*$ 的响应时间；$\rho$ 为延迟惩罚系数。弹药 $i$ 从状态 $ST_i(t)=\alpha$ 到其他状态的转移概率同理可以进行计算，并进行比较判决。如果 $P[ST_i(t)=\alpha\rightarrow ST_i(t+T)=\beta^*]$ 是最大的概率值，那么弹药 $i$ 从状态 $\alpha$ 转移到状态 $\beta^*$。另外，空闲的弹药应该满足以下两个方程中的其中一个：

$$s_i(t)=\min\{s_j^k(t),j=1,2,\cdots,N_A,k=1,2,\cdots,N_M\} \tag{10-57}$$

$$\theta_i(t)=\max\{\theta_{ij}^k(t),j=1,2,\cdots,N_A,k=1,2,\cdots,N_M\} \tag{10-58}$$

### 10.2.4 智能弹群的在线任务重分配方法

智能弹群的在线任务重分配是一个动态的过程，需要根据环境或者弹群的能力进行相应的调整。当没有中心集中控制的情况下，基于生物种群行为的分布式分配方法成为更好的任务分配方法。自组织的智能弹群的任务分配也是一个分布式的分配过程。针对存在随机发生的在线决策事件，本节采用基于动态蚁群分工（DACLD）模型进行决策的分布式算法实现智能弹群的在线任务重分配。

DACLD 的在线任务重分配过程如下。

（1）在每个在线决策时间周期 $T$ 内或者在线决策事件触发时，智能弹药综合考虑它们自身的状态、能力、资源能力、外部任务的需求和收益等，然后决策加入或者退出任务。

（2）弹药通过执行任务进行学习和积累经验，可通过调整同一个任务的响应门限值进行实现。

（3）对于相同的目标，不同类型的任务具有不同的顺序或优先级。

（4）一旦弹药执行了任务，如果执行任务的弹药能力满足目标 $j$ 的任务 $k$ 的要求，那么环境中目标 $j$ 对其他弹药的激励将迅速减少。因此，其他弹药选择执行目标 $j$ 的任务 $k$ 的概率大大减小。相反，如果执行任务的弹药能力不足以满足目标 $j$ 的要求，那么环境激励将迅速增加，以吸引更多其他弹药加入任务。当目标长时间处于非执行状态时，它的激励将持续增加，直到某些弹药执行其任务。

DACLD 的在线任务重分配的算法流程如下。

步骤 1：初始化离散时间变量 $t=0\cdot T$、响应门限 $\theta_{ij}^{k}(0)$、环境激励 $s_j^k(0)$、学习因子 $\zeta_i^k(0)$、遗忘因子 $\varphi_i^k$、资源消耗因子 $\upsilon_i^k(0)$、延迟惩罚系数 $\rho$。

步骤 2：根据式（10-50）和式（10-55）计算每枚弹药对每个任务的相对环境激励 $\tilde{s}_{\alpha\beta}$ 和相对响应门限 $\tilde{\theta}_{\alpha\beta}$。

步骤 3：根据式（10-56）计算每枚弹药的状态转移概率，并决策每枚弹药的下一个状态。

步骤 4：进行智能弹药在线协同航迹规划。

步骤 5：根据式（10-47）更新环境激励值，如果 $s_j^k(t)>0$，跳转到步骤 2。

步骤 6：输出结果。

图 10-10 所示为基于动态蚁群分工模型的在线任务重分配算法流程框图。

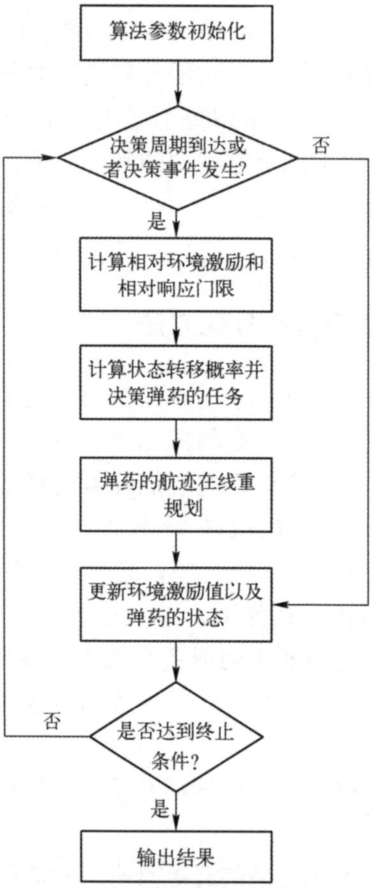


图 10-10　基于动态蚁群分工模型的在线任务重分配算法流程框图

本节存在随机发生的在线决策事件，基于动态蚁群分工（DACLD）模型进行决策的分布式算法实现智能弹群的在线任务重分配问题。在全局最优的预先任务规划的前提下，根据随机决策事件或者在线决策周期内，考虑弹药自身的状态、能力、资源能力、外部任务的需求和收益等，对智能弹群进行任务重分配，从而提高实时在线条件下规划系统的在线重规划能力。

### 10.2.5 智能弹群的在线协同航迹规划技术

#### 1. 面向协同问题的多种群蚁群算法

如前所述，蚁群优化方法自提出以来，凭借其原理简单、易于实现、问题映射方便等特点，在许多领域内得到了广泛的应用。从现阶段的研究成果来看，蚁群优化方法的应用大多集中在单一行为主体控制领域内，在多主体协同控制领域内的应用和研究仍存在不足。随着并行计算技术的发展，蚁群优化方法与并行计算相结合而产生的多种群蚁群优化方法引起了越来越多学者的关注。

较之传统的蚁群优化，多种群蚁群优化方法所适应的问题领域更为广泛，具有更强的大规模复杂问题求解能力。多种群蚁群优化方法通过构建多个智能化的人工蚂蚁种群，各种群均按照特定的蚁群算法优化机制运行，种群间通过特定的方式进行信息交换，以此为基础协调多种群之间的优化行为和过程，从而在整体上提升算法的优化性能。图 10-11 为多种群蚁群优化方法的基本示意图。

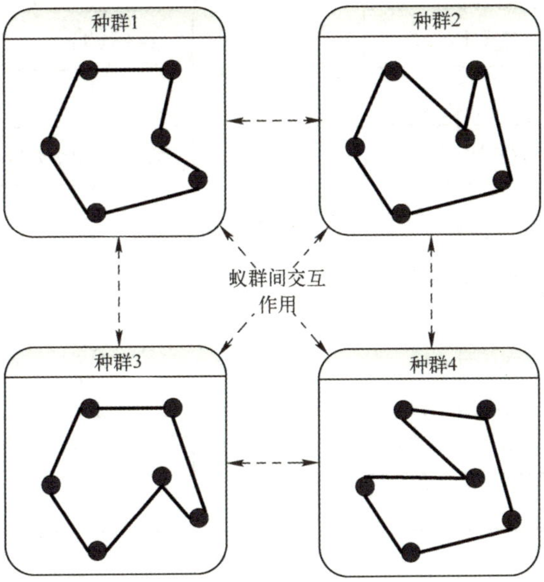


图 10-11 多种群蚁群优化方法示意图

根据多个人工蚂蚁种群所求解问题是否相同，多种群蚁群优化方法可分为两类：同质多种群蚁群优化方法和异质多种群蚁群优化方法。同质多种群蚁群优化方法中，所有种群均求解同一问题，各种群均能获得原始问题的解；异质多种群蚁群优化方法中，各种群所求解的问题均不相同，通常为原始问题的子问题，任意一个种群所构建的解只是原始问题解的一部分，需要将多个种群所获得的解进行综合才能得到原问题的可行解。针对本课题的主要研究内容，在此重点介绍异质多种群蚁群优化方法。图 10-12 为异质多种群蚁群算法流程简图。

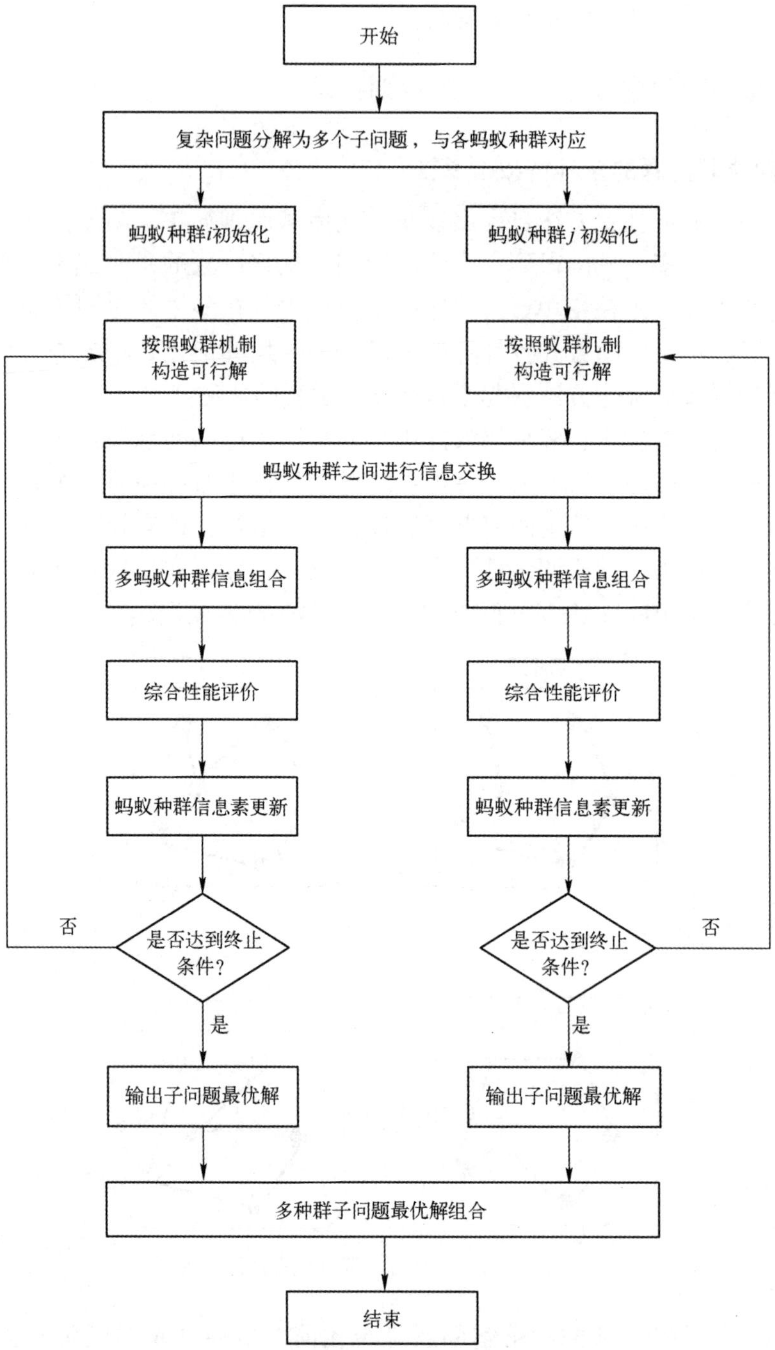


图 10-12　异质多种群蚁群算法流程简图

异质多种群蚁群算法中各蚂蚁种群不再对原始问题进行直接求解，而是通过对问题进行分解，将一个大规模复杂优化问题转换为若干个相对规模较小的优化问题进行并行求解。通过种群间的问题解信息交换，各种群在所获知的其他种群求解信息的基础上，对自身求解子问题的优化结果进行综合评价，并根据综合评价的结果对本地维护的信息素结构进行更新。

通过上述信息交换和信息素更新方式，异质多种群蚁群算法中的各个种群一方面能够将对自身所对应子问题求解经验反映到本地信息素结构中，并通过多次的迭代过程进行不断地累积；另一方面也能通过结合其他种群问题解的综合解评价，使得其他种群对应的子问题求解信息在本地信息素结构中得到相应的反映和积累，从而使得多蚂蚁种群构成的综合系统能向着提升原始问题优化性能的方向演化。

### 2. 基于多种群蚁群算法的分布式智能弹群协同航迹规划

如前所述，在智能弹群协同打击任务中，地面预先规划站为各智能弹药赋予了不同的任务，且智能弹药之间存在着空间层、时间层和任务层的协同关系，相互制约，相互促进。与之对应的，可将各智能弹药映射为人工蚁群中不同的子群，各子群间由与多智能弹药协同系统相同的制约和促进关系相互关联。各蚂蚁子群分别为其对应的智能弹药构建飞行航迹，相互之间通过交换问题求解信息以实现智能弹药航迹之间的协同。

设人工蚁群为 $\boldsymbol{AC}=\{\boldsymbol{AC}_i,i=1,2,\cdots,N_{ac}\}$，其中 $\boldsymbol{AC}_i=\{a_{i,l},l=1,2,\cdots,n_i\}$ 为对应于弹药 $V_i$ 的蚂蚁子群，$N_{ac}=N_u$ 为根据智能弹药集合划分的蚂蚁子群的数量，$n_i$ 为子群 $\boldsymbol{AC}_i$ 中包含的蚂蚁个体数量，通常可令 $n_1=n_2=\cdots=n_{N_u}=n$，不同的蚂蚁子群之间满足如下关系。

$$\begin{cases}\bigcup\limits_{i=1}^{N_u}\boldsymbol{AC}_i=\boldsymbol{AC}\\ \boldsymbol{AC}_i\cap\boldsymbol{AC}_j=\phi,i\neq j\end{cases}\tag{10-59}$$

$a_{i,l}$ 为第 $i$ 个蚂蚁子群中的第 $j$ 个人工蚂蚁，蚂蚁子群 $\boldsymbol{AC}_i$ 中每个人工蚂蚁均为弹药 $V_i$ 构建任务计划。图 10-13 所示为面向多智能弹群协同打击任务所构建的协同进化多种群蚁群。

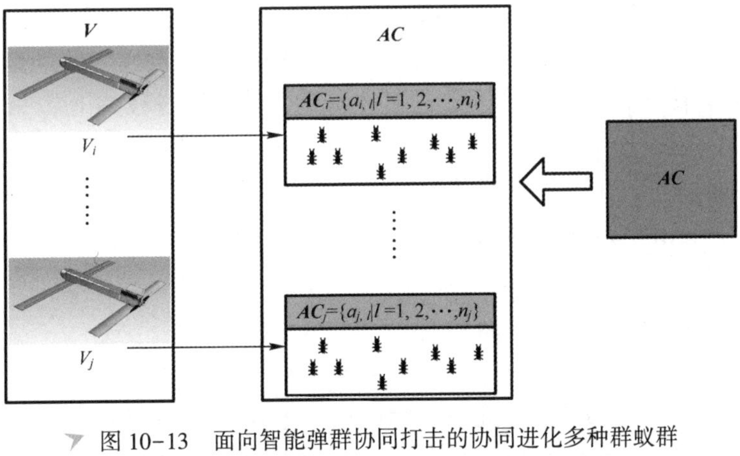


图 10-13 面向智能弹群协同打击的协同进化多种群蚁群

人工蚂蚁 $a_{i,l}$ 分别从对应的智能弹药 $V_i$ 的初始位置出发，以 $V_i$ 的目标为食物源，在式（10-18）~式（10-29）所示的约束条件下，参考其他智能弹药的飞行航迹，

搜索 $V_i$ 的任务行为序列，通过子群 $\boldsymbol{AC}_i$ 中所有蚂蚁个体的群集行为，为 $V_i$ 构建出优化的飞行航迹。

各蚂蚁子群 $\boldsymbol{AC}_i$ 维护着独立的信息素结构 $\boldsymbol{\tau}^{(i)}=\{\tau_x^{(i)},x\in \boldsymbol{E}\}$，其蚂蚁个体的行为决策在受其他弹药对应子群求解信息影响的同时，更重要的是根据自身所属的信息素结构分布情况进行。

1）基于综合代价预估的状态转移规则

状态转移规则是影响蚁群算法搜索效率的关键步骤之一，在面向智能弹群协同打击任务的在线规划问题中，状态转移是指人工蚂蚁按照其对应弹药的性能约束及空间协同约束由当前位置移动至下一时刻的位置。在 $k$ 时刻，设蚂蚁子群 $\boldsymbol{AC}_i$ 中蚂蚁个体 $a_{i,l}$ 的位置为 $x_{i,l}(k)$，其可选后继移动位置集合为 $\boldsymbol{AL}_{i,l}(k)$，在 $(k+1)$ 时刻，$a_{i,l}$ 按照伪随机规则从 $\boldsymbol{AL}_{i,l}(k)$ 中选择 $x_{i,l}(k+1)$ 进行移动，具体的选取规则为

$$s=\begin{cases}\underset{x_{i,l}\in \boldsymbol{AL}_{i,l}(k)}{\operatorname{argmax}}((\tau_{x_{i,l}}^{(i)})^{\alpha}(\eta_{x_{i,l}}^{(i,l,k)})^{\beta}), & q\leqslant q_0\\ S, & \text{其他}\end{cases} \tag{10-60}$$

$$p_{x_{i,l}(k),x_{i,l}(k+1)}^{(i,l)}=\begin{cases}\dfrac{(\tau_{x_{i,l}(k+1\mid k)}^{(i)})^{\alpha}(\eta_{x_{i,l}(k+1)}^{(i,l,k)})^{\beta}}{\sum\limits_{x_{i,l}\in \boldsymbol{AL}_{i,l}(k)}(\tau_{x_{i,l}}^{(i)})^{\alpha}(\eta_{x_{i,l}}^{(i,l,k)})^{\beta}}, & x_{i,l}(k+1)\in \boldsymbol{AL}_{i,l}(k)\\ 0, & \text{其他}\end{cases} \tag{10-61}$$

式中：$\boldsymbol{AL}_{i,l}(k)$ 中的节点一方面应满足智能弹药 $V_i$ 的最大航程、速度范围和最大转弯角等性能约束，另一方面还需满足 $V_i$ 与其他子群 $\boldsymbol{AC}_j,j\neq i$ 所构建的弹药 $V_j$ 最优航迹之间的空间协同约束；$\alpha$、$\beta$ 为反映人工蚂蚁对信息素和启发信息偏重程度的参数；$\tau_{x_{i,l}}^{(i)}$ 为信息素结构 $\boldsymbol{\tau}^{(i)}$ 中 $x_{i,l}$ 处的信息素浓度；$\eta_{x_{i,l}}^{(i,l,k)}$ 为 $x_{i,l}$ 处的启发信息；$q_0$ 为 $[0,1]$ 之间的常数；$q$ 为 $[0,1]$ 之间的随机数，当 $q\leqslant q_0$ 时，算法按照 $\underset{x_{i,l}\in \boldsymbol{AL}_{i,l}(k)}{\operatorname{argmax}}((\tau_{x_{i,l}}^{(i)})^{\alpha}(\eta_{x_{i,l}}^{(i,l,k)})^{\beta})$ 依概率选取下一移动位置，当 $q>q_0$ 时，算法根据式（10-61）中计算出的概率 $p_{x_{i,l}(k),x_{i,l}(k+1)}^{(i,l)}$ 按照轮盘赌方式选择下一移动位置。

在蚁群算法中，合理的启发信息能够对人工蚂蚁的搜索行为起到良好的引导作用，从而提高算法的性能。结合问题的具体特点，其计算过程如下。

$$\eta_{x_{i,l}(k+1)}^{(i,l,k)}=f(x_{i,l}(k),x_{i,l}(k+1))+g_i(x_{i,l}(k+1)) \tag{10-62}$$

式中：$f(x_{i,l}(k),x_{i,l}(k+1))$ 为智能弹药 $V_i$ 由 $x_{i,l}(k)$ 到 $x_{i,l}(k+1)$ 所付出的综合代价值；$g_i(x_{i,l}(k+1)$ 为 $V_i$ 由 $x_{i,l}(k+1)$ 到其目标 $T_i$ 执行任务这一过程中所需付出的综合代价的估计值。一般有

$$g_i(x_{i,l}(k+1))=\|T_i-x_{i,l}(k+1)\| \tag{10-63}$$

2）局部信息素更新

$\forall a_{i,l}\in \boldsymbol{AC}_i$，当该蚂蚁个体完成了当前迭代中弹药 $V_i$ 航迹的构造之后，则对其所属信息素结构 $\boldsymbol{\tau}^{(i)}$ 中该航迹包含的智能弹药状态对应位置的信息素浓度按下式进行更新。

$$\tau_x^{(i)}=(1-\rho_{\mathrm{L}})\tau_x^{(i)}+\rho_{\mathrm{L}}\Delta\tau_{\mathrm{L}}^{(i)} \tag{10-64}$$

$$\Delta\tau_{\mathrm{L}}^{(i)}=\begin{cases}(nF_{nn}^{(i)})^{-1}, & a_{i,l}\text{构造出可行任务计划}\\ 0, & \text{其他}\end{cases} \tag{10-65}$$

式中：$\rho_{\mathrm{L}}\in(0,1)$为局部信息素挥发系数；$\Delta\tau_{\mathrm{L}}^{(i)}$ 为局部更新信息素增量；$F_{nn}^{(i)}$ 为由最近邻域法得到的 $V_i$ 初始航迹的综合代价值。由于蚂蚁个体 $a_{i,l}$的航迹构造过程受到弹药 $V_i$ 性能以及 $V_i$ 与其他弹药之间协同关系的限制，因此存在 $a_{i,l}$未能构造出可行航迹的情况。当 $a_{i,l}$构造出可行航迹时，$\Delta\tau_{\mathrm{L}}^{(i)}>0$，否则，$\Delta\tau_{\mathrm{L}}^{(i)}=0$，此时局部信息素更新仅对 $a_{i,l}$所经过区域的信息素进行衰减，以降低其他个体再次构造类似不可行航迹的概率。

3）全局信息素更新

在蚂蚁子群 $\boldsymbol{AC}_i$ 的一次迭代中，当所有的蚂蚁个体 $a_{i,l}$均完成了飞行航迹的构造之后，则对该子群进行全局信息素更新操作：

$$\tau_x^{(i)}=(1-\rho_{\mathrm{G}})\tau_x^{(i)}+\rho_{\mathrm{G}}\Delta\tau_{\mathrm{G}}^{(i)} \tag{10-66}$$

$$\Delta\tau_{\mathrm{G}}^{(i)}=\begin{cases}(F_{\mathrm{G}}^{(i)})^{-1}, & x\in\boldsymbol{AC}_i\text{ 的全局最优解}\\ (F_{\mathrm{I}}^{(i)})^{-1}, & x\in\boldsymbol{AC}_i\text{ 的迭代最优解}\\ 0, & \text{其他}\end{cases} \tag{10-67}$$

式中：$\rho_{\mathrm{G}}$ 为全局信息素挥发系数；$\Delta\tau_{\mathrm{G}}^{(i)}$ 为全局更新信息素增量；$F_{\mathrm{G}}^{(i)}$ 和 $F_{\mathrm{I}}^{(i)}$ 分别为 $\boldsymbol{AC}_i$ 已经获得的全局最优解和迭代最优解的综合代价值。

综上所述，多种群蚁群是一种并行算法，各蚂蚁子群采用相同的运行流程对各自子问题进行求解，且计算过程中采用异步并行求解方式。由此面向智能弹群协同打击的协同进化多种群蚁群算法中任意蚂蚁子群 $\boldsymbol{AC}_i$ 的运行步骤描述如下。

输入：蚂蚁子群 $\boldsymbol{AC}_i$，算法相关参数$(\alpha,\beta,q_0,\rho_{\mathrm{L}},\rho_{\mathrm{G}},\rho_{\mathrm{D}})$，智能弹药 $V_i$ 当前状态信息及任务目标信息，局部优化窗口 $N$。

输出：局部优化窗口 $N$ 以内智能弹药 $V_i$ 的飞行航迹。

步骤 1：初始化蚂蚁子群 $\boldsymbol{AC}_i$ 及其信息素结构 $\boldsymbol{\tau}^{(i)}$。

步骤 2：$\forall a_{i,l}\in\boldsymbol{AC}_i$ 均执行步骤 2.1～步骤 2.3。

步骤 2.1：按照式（10-60）～式（10-63）所示状态转移规则逐步构造 $V_i$ 的飞行航迹。

步骤 2.2：按照式（10-32）～式（10-34）计算 $a_{i,l}$所构造航迹的综合代价值，并结合其他子群当前得到的最优航迹按照式（10-30）～式（10-38）计算其综合协同代价。

步骤 2.3：根据 $a_{i,l}$构造的飞行航迹对信息素结构 $\boldsymbol{\tau}^{(i)}$ 按式（10-64）和式（10-65）进行局部信息素更新。

步骤 3：根据各蚂蚁个体 $a_{i,l}$所构造航迹的综合协同代价选出当前子群 $\boldsymbol{AC}_i$ 的迭代最优航迹，并判断该迭代最优航迹是否优于已有的全局最优航迹，若优于全局最优航迹，则替换当前的全局最优航迹，并将其通知其他蚂蚁子群。

步骤 4：对信息素结构 $\boldsymbol{\tau}^{(i)}$ 按照式（10-66）和式（10-67）进行全局信息素

更新。

步骤 5：判断算法是否满足终止条件，若满足则输出当前的全局最优航迹，否则转步骤 2 继续执行。

图 10-14 所示为多种群蚁群算法的智能弹群航迹规划算法流程。

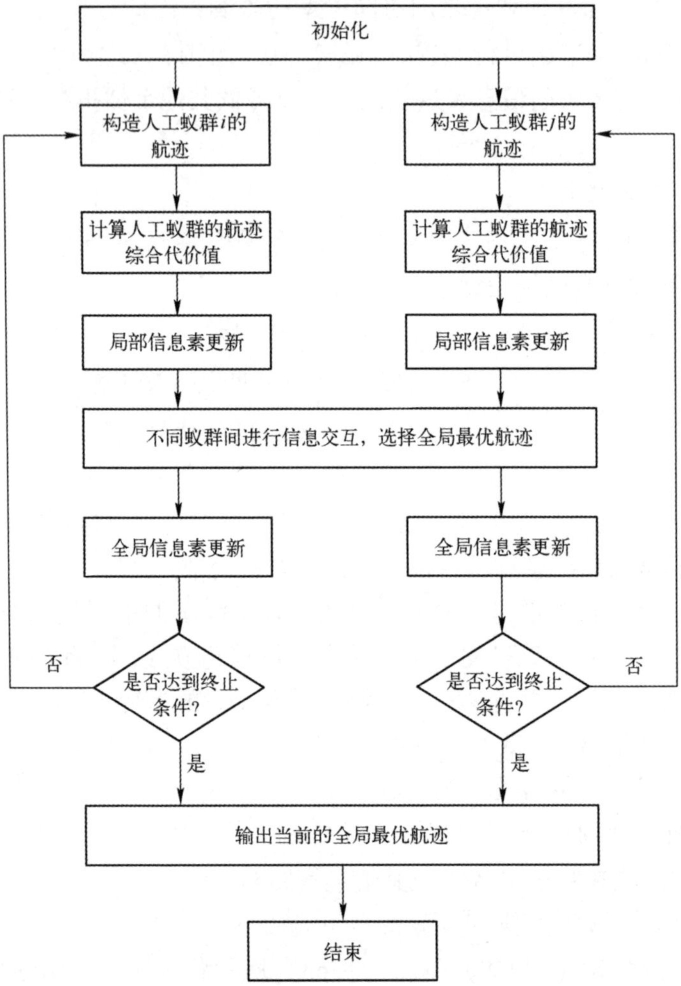


图 10-14　多种群蚁群算法的智能弹群航迹规划算法流程

## 10.3　分布式在线协同任务规划技术

本节针对敌方不确定威胁区域作战场景下的智能弹群协同侦察打击未知任务目标的任务规划问题，开展了弹群的自组织分布式在线协同任务规划与协调算法的研究。借鉴生物群体智能的自组织机制，将智能弹群侦察打击局部不确定威胁区域未知目标类比映射为蚁群在觅食空间进行搜索消耗食物行为。研究并设计了一种分布式的算法结构，集群中每枚智能弹药作为一个独立的个体，基于蚁群算法的信息素机制决策每一步的运动和行为，弹药之间进行位置和目标信息的交互，以作出最有利于集群整体的决策。

## 10.3.1 自组织分布式在线协同任务规划建模

### 1. 弹群自组织分布式在线协同侦察打击应用场景建模

面对敌方不确定威胁区域的作战场景，智能弹群采用自组织分布式在线协同的方式对未知目标进行侦察和打击。当集群规模庞大时，具有有限自主能力的智能弹药采用分布式决策方法通过信息交互可实现较高程度的自主协作，从而完成预期的侦察打击作战任务。

图 10-15 给出了智能弹群自组织分布式在线协同的应用示例。12 枚智能弹药组成一个弹药集群在作战区域内进行协同侦察与打击 10 个目标，弹药之间不定期地进行信息交互，弹药根据掌握的敌方威胁、环境以及集群其他弹药的信息对自身的行动进行自主决策。通过弹药之间高效地协同决策，躲避敌方威胁区域，尽可能多地发现敌方目标，同时尽可能快地打击目标。

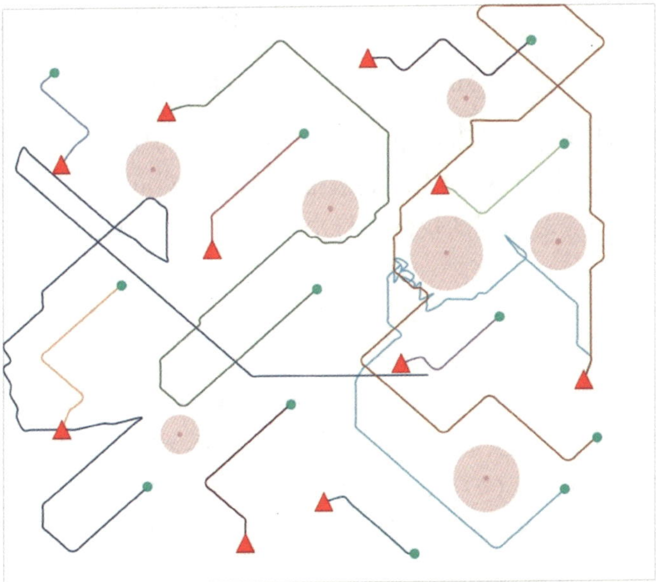


图 10-15 智能弹群自组织分布式在线协同应用场景示例

### 2. 任务区域离散量化模型

假设弹群是在二维平面内运动，将任务区域离散量化为 $L\times W$ 个栅格，并将弹药机动性能对应于离散空间的搜索中，将其运动体现为在离散栅格点中的运动。设弹药的探测范围在任务区域平面上的投影半径为 $R$，假设目标出现在其探测范围内便可以被发现，弹药最大转角为 $\varphi_{\max}$，弹药的速度为 $v$，在单位时间内的位移为 $d$，则弹药的探测范围如图 10-16 所示，在半径为 $R$ 的圆以内的栅格可以被探测到，图中灰色栅格表示弹药在机动约束下的下一时刻的可能位置。

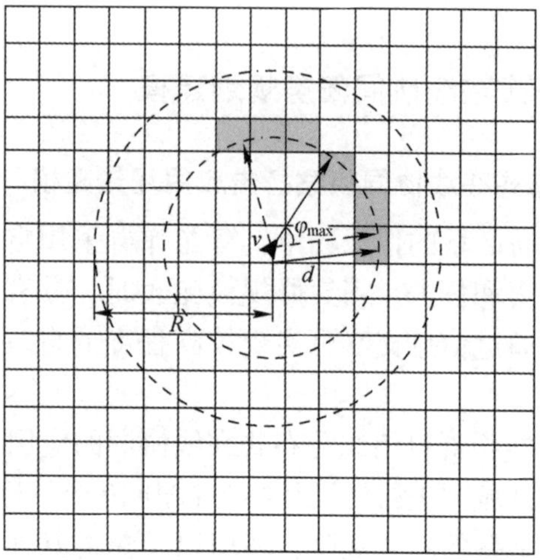


图 10-16　任务区域的离散量化

为了方便后续研究内容的表述，特在此定义两个统计指标。

（1）任务区域覆盖率：已搜索过的栅格树与栅格总数的比值，如下。

$$P = \sum_{x=1}^{L} \sum_{y=1}^{W} \mathrm{node}_{x,y} / L \times W, \quad \mathrm{node}_{x,y} \in \{0,1\} \tag{10-68}$$

式中：$\mathrm{node}_{x,y}=0$ 为栅格$(x,y)$未被搜索过，$\mathrm{node}_{x,y}=1$ 为栅格$(x,y)$已被搜索过。

（2）目标存在时间：目标被发现到被摧毁存在的时间，目标的存在时间反映了弹药集群对该目标的应对速度的快慢和打击摧毁能力。计算目标 $j$ 的存在时间 $T_j$ 的判断条件为

$$D_j - \sum_{k=k_0}^{k_0+T_j} \left( \sum_{i=1}^{N_v} D_i A_{j,i}(k) \right) \leqslant 0 \tag{10-69}$$

式中：$k_0$ 为目标 $j$ 的首次发现时刻；$D_j$ 为目标 $j$ 被摧毁所需要的弹药量；$D_i$ 为弹药 $i$ 对目标造成的杀伤程度；$A_{j,i}(k) \in \{0,1\}$ 为攻击决策变量，$A_{j,i}(k)=1$ 为弹药 $i$ 在 $k$ 时刻对目标 $j$ 进行攻击，$A_{j,i}(k)=0$ 为弹药 $i$ 在 $k$ 时刻未对目标 $j$ 进行攻击；$N_v$ 为弹药的总数量。目标 $j$ 的存在时间 $T_j$ 等于首次满足式（10-69）判断条件的时刻 $k_0+T_j$ 与首次发现时刻 $k_0$ 的差值。

### 3. 协同侦察打击任务规划模型

在侦察搜索的过程中，弹群的任务目标是提高任务区域的覆盖率，从而发现更多的目标，侦察搜索的优化性能指标 $J_r$ 可取为任务区域覆盖率，即

$$J_r = P \tag{10-70}$$

在打击过程中，弹群的任务目标是缩短目标存在时间，可将打击性能指标 $J_a$ 定义目标存在时间的倒数，即

$$J_a = 1 \Big/ \sum_{j=1}^{N_t} T_j \tag{10-71}$$

式中：$N_t$ 为发现的目标总数量。

因此，智能弹群的协同侦察打击任务规划问题可描述为：$N$ 枚弹药在 $L \times W$ 的任务区域内进行侦察打击任务，并且满足

$$U^* = \underset{U}{\operatorname{argmax}}(\omega \times J_r + (1-\omega) J_a)$$

$$\text{s.t.} \quad \begin{cases} G_a : \varphi_i(k) - \varphi_{\max} \leqslant 0 & (i=1,2,\cdots,N_v) \\ G_c : d_{\min} - d_{ij}(k) \leqslant 0 & (i,j=1,2,\cdots,N_v; i \neq j) \\ G_t : R_T^l - d_T^{il}(k) \leqslant 0 & (i=1,2,\cdots,N_v; l=1,2,\cdots,N_t) \end{cases} \tag{10-72}$$

式中：$\omega \in \{0,1\}$，$\omega=1$ 为弹药执行侦察任务，$\omega=0$ 表示弹药执行打击任务；决策输入 $U$ 表示弹药下一时刻的位置；$G_a$ 为弹药的最大偏转角约束条件；$G_c$ 为弹药之间的防碰撞约束；$G_t$ 为弹药躲避威胁约束。

## 10.3.2 基于分布式蚁群算法的自组织在线协同任务规划技术

本小节针对由几十甚至上百枚弹药组成一个智能弹群的自组织分布式在线协同侦察打击任务规划问题，将每枚弹药作为一个独立的个体，分配一个独立的计算单元，构建自身的问题解决方案，决策每一步的运动，弹药之间进行位置和对目标掌握情况的信息交流，实现每枚弹药对系统整体状态的把握，以作出最有利于整体的决策。

### 1. 基于蚁群算法的分布式决策框架

智能弹群执行协同侦察打击任务可借鉴生物智能的分布式自组织机制，使具备有限自主能力的智能弹药通过信息交互实现较高程度的自主协作，从而完成预期的作战目标。

如图 10-17 所示，构建了基于分布式蚁群算法的任务规划决策原理框图。每枚弹药作为一个独立的处理器，构建自己的问题解决方案。每枚弹药按照一定的规则完成搜索、打击任务，维护自身的信息素结构，并与其他的弹药进行有限的通信。

### 2. 基于分布式蚁群算法的自组织在线协同任务规划决策算法

图 10-18 为构建的基于分布式蚁群算法的任务规划决策原理框图。其中，主要的问题包括信息素更新机制、状态转移规则的设计、发现目标时对相邻弹药的召集决策以及威胁的规避等。本小节以单枚弹药的规划决策为例，对上述关键环节进行设计。

1）自适应状态转移规则

智能弹群需要完成侦察和打击两种作战任务，因此针对这两种任务可以设计弹药的侦察和打击两种状态。针对提高搜索覆盖率以及尽快消灭目标的优化指标，设计了一种根据弹药的不同状态进行自适应地计算启发信息的方法。

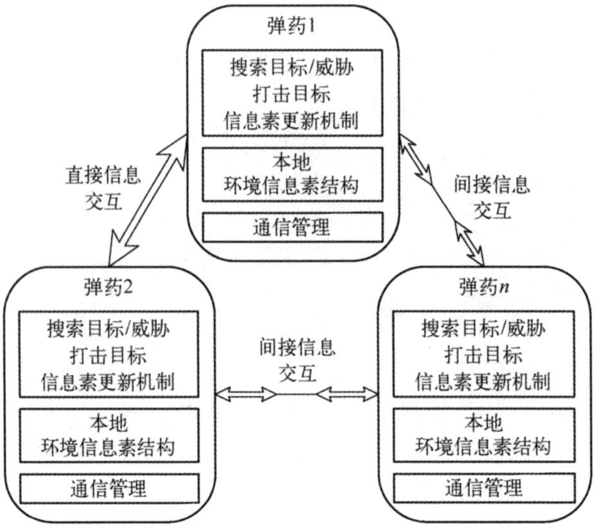


图 10-17　基于分布式蚁群算法的任务规划决策原理框图

(1) 侦察搜索模式。

针对没有分配打击任务的弹药，其状态标识为侦察搜索模式。启发信息应该引导弹药向能提高任务区域覆盖率的栅格移动。因此，启发函数可定义为当前 $k$ 时刻的任务区域覆盖率，即

$$\eta = P(k) \tag{10-73}$$

(2) 攻击模式。

针对分配了打击任务处于打击状态的弹药，为了缩短目标生存时间，提高打击效率，考虑引入弹药与目标的距离作为启发信息改进无人机状态转移规则。启发函数定义为

$$\eta = \frac{1}{d((x_i, y_i), (x_t, y_t))} \tag{10-74}$$

(3) 状态转移公式。

每个决策时刻弹药按照状态转移公式进行下一时刻位置的决策：

$$\text{grid}^*(k+1) = \underset{\text{GRID}(k+1)}{\text{argmax}}(\tau^{\alpha}(\text{GRID}(k+1)) \times \eta^{\beta}(\text{GRID}(k+1))) \tag{10-75}$$

式中：$\alpha$ 为状态转移中信息素浓度主要程度因子；$\beta$ 为状态转移中启发函数重要程度因子。当存在多个解时，取偏转角最小的栅格作为唯一解。其中的信息素浓度是取自弹药的全局信息素结构。

2) 自适应目标分配决策

(1) 目标分配模型描述。

弹药 $i$ 发现目标 $V_j$，因为弹药量有限无法独自摧毁目标，需要召集其他弹药对目标进行协同打击。其中弹药 $i$ 的相邻弹药集合列表为 $\{U_1, U_2, \cdots, U_N\}$。其中，$N$ 是相邻弹药数量，弹药与目标的距离为 $\{d_1, d_2, \cdots, d_N\}$。同时弹药对应的载弹量为 $\{a_1, a_2, \cdots, a_N\}$。

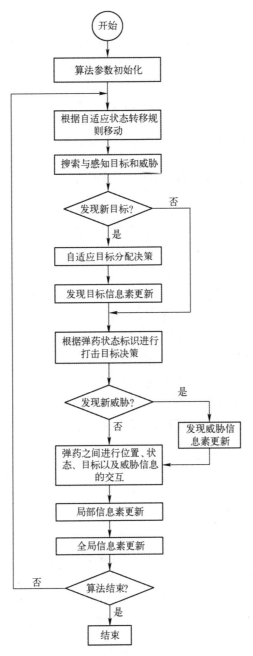

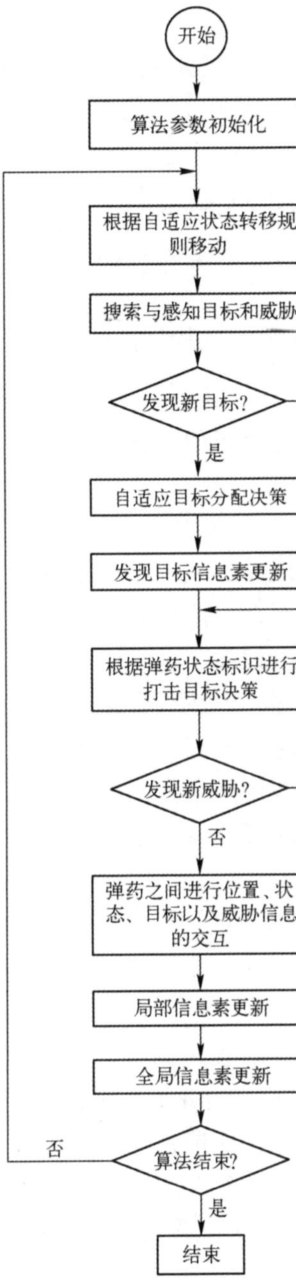


图 10-18 自组织分布式在线协同侦察打击任务规划算法的流程框图

(2) 自适应目标分配算法。

自适应目标分配算法首先设计了任务区域覆盖率阈值门限参数，根据当前覆盖率与阈值门限的值比较结果自适应地选择目标分配算法，即覆盖率指标小于阈值门限时，选择消耗弹药数量最少策略算法以提高任务区域覆盖率；否则，当覆盖率大于或等于阈值时，选择距离优先策略算法以提高打击效率。

① 消耗弹药数量最少策略。

设弹药 $i$ 发现目标 $V_j$，目标的弹药毁伤量为 $A$，弹药 $i$ 的载弹量为 $A_0$，按公式 $A_r=A-A_0$ 计算目标的剩余弹药毁伤量 $A_r$，当 $A_r\leqslant 0$ 时，由当前弹药 $i$ 独立执行打击任务，并跳出算法；否则，由弹药 $i$ 建立备选弹药集合列表 $\{U_1,U_2,\cdots,U_N\}$，所述备选弹药集合列表中的弹药应满足：在弹药 $i$ 的通信范围内，任务模式状态标识为侦察搜索模式且载弹量大于 0，$N$ 是满足上述条件的弹药数量，并执行以下步骤。

步骤 1：比较目标的剩余弹药毁伤量 $A_r$ 与备选弹药集合列表的弹药累加量 $\sum_{i=1}^{N} a_i$ 的大小，若 $A_r \geqslant \sum_{i=1}^{N} a_i$，则备选弹药集合列表中的所有弹药均参与打击任务，跳出算法；否则，执行步骤 2。

步骤 2：对备选弹药集合列表中的弹药按照弹药量由小到大进行排序，排序后的结果为 $\{a_1,a_2,\cdots,a_N\}$，且 $a_1\leqslant a_2\cdots\leqslant a_N$。

步骤 3：将目标的剩余弹药毁伤量 $A_r$ 依次与 $\{a_1,a_2,\cdots,a_N\}$ 集合中的值进行比较，若 $A_r\leqslant a_N$，则采用二分法找到 $\{a_1,a_2,\cdots,a_N\}$ 中第一个大于或等于 $A_r$ 的值，其对应的弹药即为需要参与目标打击的弹药，跳出算法；否则，执行步骤 4。

步骤 4：将备选弹药集合列表中 $m$ 枚弹药进行任意组合，所述 $m$ 的初始值为 2；计算组合弹药量，并进行由小到大排序，形成组合弹药量集合。

步骤 5：将目标的剩余弹药毁伤量 $A_r$ 与最大组合弹药量进行比较，若 $A_r$ 小于或等于最大组合弹药量，则采用二分法找到组合弹药量集合中第一个大于或等于 $A_r$ 的值，构成该值对应组合的 $m$ 枚弹药即为需要参与目标打击的弹药，跳出算法；否则执行步骤 6。

步骤 6：令 $m=m+1$，并返回步骤 4，直至找到组合弹药量大于或等于 $A_r$ 的弹药组合。

② 距离优先分配策略。

设弹药 $i$ 发现目标 $V_j$，目标的弹药毁伤量为 $A$，弹药 $i$ 的弹药量为 $A_0$，按公式 $A_r=A-A_0$ 计算目标的剩余弹药毁伤量 $A_r$，当 $A_r\leqslant 0$ 时，由当前弹药 $i$ 独立执行打击任务，并跳出算法；否则，由弹药 $i$ 建立备选弹药集合列表 $\{U_1,U_2,\cdots,U_N\}$，所述备选弹药集合列表中的弹药应满足：在弹药 $i$ 的通信范围内，任务模式状态标识为侦察搜索模式且载弹量大于 0，$N$ 是满足上述条件的弹药数量，并执行以下步骤。

步骤 1：比较目标的剩余弹药毁伤量 $A_r$ 与备选弹药集合列表的弹药累加量 $\sum_{i=1}^{N} a_i$ 的大小，若 $A_r \geqslant \sum_{i=1}^{N} a_i$，则备选弹药集合列表中的所有弹药均参与打击任务，跳出算法；否则，执行步骤 2。

步骤 2：将备选弹药集合列表中的弹药按照与目标的距离由小到大进行排序，排序后的结果为 $\{d_1,d_2,\cdots,d_N\}$，且 $d_1\leqslant d_2\cdots\leqslant d_N$，其对应的弹药载弹量为 $\{a_1,a_2,\cdots,a_N\}$。

步骤 3：将目标剩余弹药毁伤量 $A_r$ 依次与排序后弹药的弹药量进行累减，所述累减计算过程如下。

根据与弹药 $i$ 距离最短弹药的弹药量计算剩余毁伤弹量 $A'=A_r-a_1$；若 $A'\leqslant 0$，则跳出算法；否则，继续根据与距离排序的下一弹药的弹药量计算剩余毁伤弹量 $A'=A'-a_2$，当 $A'\leqslant 0$ 时，跳出算法；否则继续，直到 $A'\leqslant 0$。

根据累减计算结果，确定备选弹药集合列表中的所有参与过累减计算的弹药为需要参与目标打击的弹药。

3）信息素更新机制

蚁群通信的一种重要介质是分泌在空间中的信息素，通过判断信息素浓度的大小决定蚂蚁的运动方向。每个决策时刻，弹药在机动约束和环境影响下决策下一时刻的位置。将任务区域环境以及弹药之间的移动影响建模为蚁群的信息素，即每个任务区域量化栅格具有相应的信息素，通过判断信息素浓度的大小决定弹药的移动。环境信息素结构为

$$\tau^i(k)=\{\tau^i_{(x,y)}(k)\},\quad x=1,\cdots,W;y=1,\cdots,L \tag{10-76}$$

式中：$\tau^i_{(x,y)}(k)$ 为第 $i$ 枚弹药在 $k$ 时刻存储的栅格 $(x,y)$ 处的信息素浓度值。

（1）目标信息素更新。

当无人机 $i$ 发现目标时，需要对目标附近的区域进行信息素的加强，以引导其他无人机对目标进行打击。信息素更新公式为

$$\begin{cases}\tau^i_{(x,y)}(k+1)=\tau^i_{(x,y)}(k)+\Delta\tau^i_{g(x,y)}(k)\\ \Delta\tau^i_{g(x,y)}(k)=\Delta\tau_{g_0}\times V_{\text{gain}}\times \mathrm{e}^{-\frac{d^2((x,y),(x_t,y_t))}{2\delta^2}}\end{cases} \tag{10-77}$$

当目标被摧毁或者消失时，需要消除加强信息素的影响，通过下面的公式使得目标附近区域的信息素浓度降低到被发现之前的水平。

$$\begin{cases}\tau^i_{(x,y)}(k+1)=\tau^i_{(x,y)}(k)-\Delta\tau^i_{g(x,y)}(k)\\ \Delta\tau^i_{g(x,y)}(k)=\Delta\tau_{g_0}\times V_{\text{gain}}\times \mathrm{e}^{-\frac{d^2((x,y),(x_t,y_t))}{2\delta^2}}\end{cases} \tag{10-78}$$

式中：$(x,y)$ 为任务区域的栅格坐标，$x=1,\cdots,W$ 且 $y=1,\cdots,L$；$V_{\text{gain}}$ 为目标的价值；$\Delta\tau_{a_0}$ 为目标信息素增强因子；$\delta$ 为目标带来的信息素增强的影响范围因子；$(x_t,y_t)$ 为目标所在的位置的栅格坐标；$d((x,y),(x_t,y_t))$ 为坐标 $(x,y)$ 和坐标 $(x_t,y_t)$ 之间的距离。

（2）发现威胁信息素更新。

当无人机发现新的威胁或者收到其他相邻无人机发现的威胁信息时，根据发现的威胁信息对其信息素进行更新，信息素更新公式为

$$\tau^i_{(x,y)}(k+1)=\tau^i_{(x,y)}(k)-\Delta\tau^i_{r(x,y)}(k)$$

$$\Delta\tau^i_{r(x,y)}(k)=\begin{cases}\Delta\tau_{r_0}\times\dfrac{R^4-d^4((x,y),(x_s,y_s))}{R^4}, & d^4((x,y),(x_s,y_s))\leqslant R^4\\ 0, & d^4((x,y),(x_s,y_s))>R^4\end{cases} \tag{10-79}$$

式中：$(x,y)$ 为任务区域的栅格坐标，$x=1,2,\cdots,W$ 且 $y=1,2,\cdots,L$；$r$ 为威胁的杀

伤范围；$\Delta\tau_{r_0}$ 为威胁信息素更新常量；$(x_s, y_s)$ 为威胁所在的位置的栅格坐标；$d((x,y),(x_s,y_s))$ 为坐标 $(x,y)$ 和坐标 $(x_s,y_s)$ 之间的距离。

（3）局部信息素更新。

当弹药完成一次位置移动后，需要根据自身和其他弹药的空间分布情况进行信息素更新，降低已经搜索过的区域的信息素浓度，避免过多地对某块区域进行重复搜索。

假设当前时刻 $k$，弹药 $i$ 已有的弹药 $j$ 的信息为

$$\text{Info}_{j,k_j} = \{(x_{j,k_j}, y_{j,k_j}), \text{PSI}_{j,k_j}\}, \quad k_j \leqslant k \tag{10-80}$$

式中：$(x_{j,k_j}, y_{j,k_j})$ 为弹药 $j$ 在 $k_j$ 时刻的位置坐标；$\text{PSI}_{j,k_j}$ 为弹药 $j$ 在 $k_j$ 时刻的运动信息。

则弹药 $i$ 预测弹药 $j$ 在 $k$ 时刻的信息为

$$\text{Info}_{j,k}^* = \{(x_{j,k}^*, y_{j,k}^*), \text{PSI}_{j,k}^*\} \tag{10-81}$$

式中：$(x_{j,k}^*, y_{j,k}^*)$ 为弹药 $i$ 预测弹药 $j$ 在 $k$ 时刻的位置坐标；$\text{PSI}_{j,k}^*$ 为弹药 $i$ 预测弹药 $j$ 在 $k$ 时刻的运动信息。

弹药 $i$ 的局部信息素更新公式为

$$\begin{cases} \tau_{(x,y)}^i(k+1) = \tau_{(x,y)}^i(k) - \Delta\tau_{l(x,y)}^i(k) \\ \Delta\tau_{l(x,y)}^i(k) = \sum\limits_{j \in T_{\text{adjoin}}^i} \Delta\tau_{l(x,y)}^{(i,j)}(k) \end{cases} \tag{10-82}$$

$$\Delta\tau_{l(x,y)}^{(i,j)}(k) = \begin{cases} \Delta\tau_{l_0} \times \dfrac{R^4 - d^4((x,y),(x_{j,k}^*, y_{j,k}^*))}{R^4}, & d^4((x,y),(x_{j,k}^*, y_{j,k}^*)) \leqslant R^4 \\ 0, & d^4((x,y),(x_{j,k}^*, y_{j,k}^*)) > R^4 \end{cases} \tag{10-83}$$

式中：$(x,y)$ 为任务区域的栅格坐标，且 $x = 1,2,\cdots,W$，$y = 1,2,\cdots,L$；$\Delta\tau_{l(x,y)}^{(i,j)}(k)$ 为弹药 $j$ 对弹药 $i$ 造成的信息素衰减量；$\Delta\tau_{l_0}$ 为局部信息素衰减常量；$d((x,y),(x_{j,k}^*, y_{j,k}^*))$ 为两栅格坐标 $(x,y)$ 与 $(x_{j,k}^*, y_{j,k}^*)$ 之间的距离；$T_{\text{adjoin}}^i$ 为能与弹药 $i$ 进行通信的弹药集合。

（4）全局信息素更新。

集群中的弹药，按照预设的全局更新周期，当到达全局更新周期时，采用下式对其进行全局信息素更新。

$$\tau_{(x,y)}^i(k+1) = \tau_{(x,y)}^i(k) + F \times \Delta\tau_{g_0} \tag{10-84}$$

式中：$i$ 为弹药 $i$；$(x,y)$ 为任务区域的栅格坐标，$x = 1,2,\cdots,W$ 且 $y = 1,2,\cdots,L$；$F \in (0,1)$ 为环境不确定因子；$\Delta\tau_{g_0}$ 为全局信息素更新常量。

综上所述，集群中的各弹药按照上述在线协同任务规划决策算法在任务区域进行自主侦察和打击任务规划。弹药之间进行位置、目标以及威胁环境等信息的交互。通过弹药间的信息交互，整个弹群可以进行自组织分布式的规划决策。该算法针对侦察和打击两类不同作战任务，提出的基于分布式蚁群算法的自适应状态转移决策规则，能够使得弹药快速接近和打击目标，降低目标的存在时间。对于搜索任

务的弹药可以提高搜索效率，避免重复搜索。同时针对不同的任务分配策略，提出了一种自适应在线目标分配决策方法，当任务区域覆盖率小于预先设定的覆盖率阈值门限时，根据消耗弹药最少的策略分配打击目标任务，尽可能地使得更多的弹药参与执行侦察搜索任务，提高弹群的搜索效率。反之，根据距离优先策略分配打击目标任务，不考虑消耗弹药数量的情况，优先分配距离近的弹药，可使得弹药快速接近目标进行打击，提高弹群的打击效率。最终获得弹群的搜索和攻击效率的总体性能最优。

### 10.3.3 基于树搜索和 max-sum 的分布式侦察监视规划技术

针对智能弹群分布式侦察监视，其中每个弹药节点负责指定的某块侦察监视区域，而且这些区域中可能有些区域相互重叠。智能弹群常常采用这种方式进行部署，主要是为了满足相互之间避撞以及一些空中交通法规。基于这一特性，本节将证明每个弹药节点只需要和少数的其他弹药进行交互（每个弹药节点与少量弹药进行有限的交互）。这种多个弹药节点之间的稀疏交互（sparse interactions）可以很典型地看作分布式约束优化问题（distributed constraint optimization problem，DCOP）并进行处理。特别地，一种近似算法，max-sum 算法，在求解大规模 DCOP 中表现出很好的求解效率和效果。

然而，如果只是使用 max-sum，那么只能求解单步决策（one shot），仍然无法处理弹药集群在执行充满不确定性的多步任务过程。Dec-POMDP 提供了不确定环境下的弹药集群分布式序贯决策制定问题的框架，而且这一框架还可以描述环境以及其他弹药相关信息的不完整性或局部性。然而，由于 Dec-POMDP 问题的高度复杂性，使得其很难扩展并应用于大规模集群。

基于这一背景，本章提出一种新的模型来描述不确定性和威胁环境下的分布式侦察监视。这种形式化方式不仅考虑了动态环境中的部分可观和非静态特性以及弹药的健康约束，而且明确考虑了分布式交互的运行模式。基于 MCTS 和 max-sum 设计了具有可扩展性的分布式在线规划方法，这种方法的新颖性在于每个弹药节点构建并扩展一个向前看的搜索树，且通过相互之间分布式的消息传播的方式不断更新各自的搜索树。

#### 1. 分布式侦察监视的 TD-POMDP-HC 形式化建模

1）分布式侦察监视的问题描述

相比于集中式方式，对于分布式侦察监视智能弹药，需要重新对其定义。本小节主要描述分布式侦察监视问题中侦察监视智能弹药。

**定义（侦察监视智能弹药）：** 一个侦察监视智能弹药（简称弹药）为一个移动物理实体，通过访问环境中的顶点，能够收集环境中的信息，同时可能遭受环境中威胁的伤害。弹药的集合表示为 $M=\{A_1,\cdots,A_{|M|}\}$。

**定义（监视区域）：** 每枚弹药 $A_m\in M$ 指定了一个相对较小的区域 $g_m=(V_m,E_m)$

进行监视，其中 $g_m$ 为 $G$ 的一个子图。每个监视区域可能和其他的监视区域有交叠（共享一些顶点和/或边）。

图 10-19 给出了两个实例中对于监视区域的划分，其中每个包络 $g_m$ 覆盖弹药 $A_m$ 的监视区域，方块顶点表示弹药的当前位置。

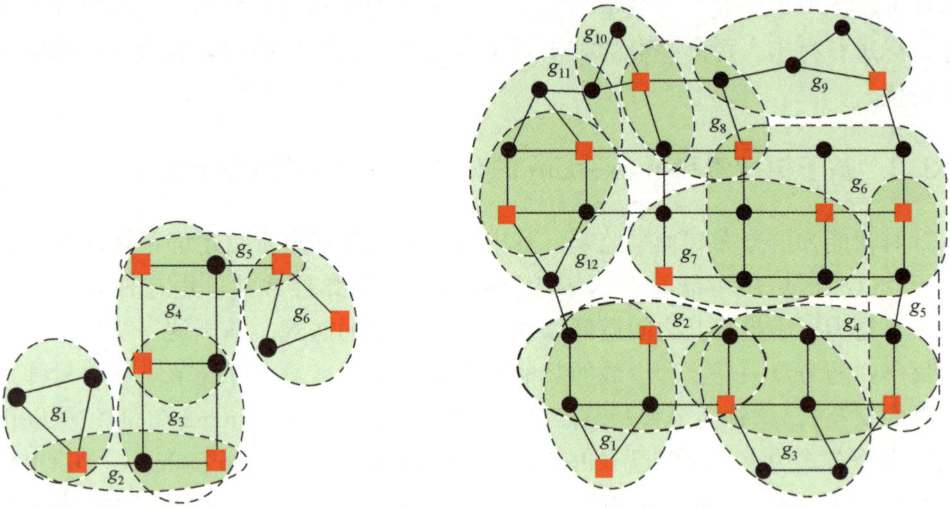

(a) 6枚弹药监视　　(b) 12枚弹药监视

图 10-19　弹药监视的实例

**定义（健康预算）**：定义每枚弹药 $A_m \in M$ 在整个 $T$ 时间步长监视过程中健康预算为 $\beta_m \in \mathbf{R}$。健康预算综合反映作战武器平台和操作人员的作战能力的状况。随着作战过程的进行，武器平台可能会受到一定的损害，操作人员的身体状况以及精神状态也可能下降。

弹药的移动和访问的能力定义如下。

**定义（移动）**：在图 $G$ 中监视时，每个时刻 $t$，每枚弹药 $A_m$ 位于子图 $g_m$ 中的某个顶点。多个弹药节点可以同时位于同一个顶点。弹药的移动为基元的，即在子图 $g_m$ 的框架下，发生在任意两个连续时间步之间，即弹药 $A_m$ 位于某个顶点 $v_i \in V_m$，弹药 $A_m$ 移动至 $g_m$ 中的相邻顶点 $v_i' \in adj_{gm}(v_i)$。假设 $\forall v_i \in V$，$v_i \in adj_{gm}(v_i)$，即一枚弹药可以待在某个顶点不动。弹药的速度在一个单位时间内足以到达相邻的顶点。

**定义（访问）**：每枚弹药 $A_m$ 在每个时刻访问当前的位置 $v_n$。一方面，弹药通过访问，掌握 $v_n$ 处的当前信息和威胁状态，例如分别为 $I_i^n$ 和 $R_i^n$。另一方面，这枚弹药获得一个回报 $f^n(I_i^n)$，同时从它的健康预算 $\beta_m$ 中受到损失 $c^n(R_j^n)$。假设弹药对某个顶点进行访问所消耗的时间可以忽略不计。

由于每个顶点的状态随时间随机变化，而且弹药只能观测到当前位置的状态，因此，监视环境为非静态的（状态集合的联合概率分布随时间变化）和部分可观的。

**定义（邻居）**：弹药 $A_m$ 的一个邻居是指一个和 $A_m$ 的监视区域有重叠部分的弹药。$A_m$ 的邻居的集合表示为 $M_m \subseteq M$，并假设 $A_m \subseteq M_m$。

**定义（通信）**：每枚弹药能且只能和它的邻居之间进行通信。

**定义（合作性能）**：为了表示不同个数弹药同时在一个顶点收集信息的能力，定义函数：$\alpha:\{0,\cdots,|M|\}\rightarrow[0,1]$。$\alpha(n)$ 表示 $n$ 弹药同时访问某个顶点时所能获得的信息量，其中 $n\in\{0,\cdots,|M|\}$。

因此，智能弹群需要考虑到历史的观测信息和不同组合的合作性能，通过分布式协调进行监视决策。特别地，弹药的目标是，最大化收集得到的信息的同时，将累积收到的伤害限制在健康预算当中。

2）TD-POMDP 基本模型

**定义（TD-POMDP）**：TD-POMDP 基本模型描述的是一组弱耦合的弹药在不确定性环境下的决策过程。一个典型 TD-POMDP 可以表达为元组 $\langle M,\{S_m\},\{A_m\},\{O_m\},\{T_m\},\{\Omega_m\},\{r_m\},\{\overline{m}_m\},\{T_m^U\},\{T_m^L\},T\rangle$。

- $M=\{A_1,\cdots,A_{|M|}\}$ 为弹药的集合。对于 $|M|=1$ 的 TD-POMDP 等价于单弹药的 POMDP 模型。
- $S_m$ 为弹药 $m$ 的“局部状态”空间，即“非受控”“局部可控”“非局部可控”特征空间的交叉乘积。
- $A_m$ 为弹药 $m$ 的“局部动作”空间。
- $O_m$ 为弹药 $m$ 的“局部观测”空间。
- $\Omega_m:A_m\times S_m\times O_m\rightarrow[0,1]$ 为弹药 $m$ 的“局部观测函数”。
- $r_m:S_m\times A_m\rightarrow\mathbf{R}$ 为弹药 $m$ 的局部回报值函数。从而，所有弹药的局部回报值组合得到智能弹群的回报值 $r(s,a)=\sum_{m=1}^{|M|} r(s_m,a_m)$。
- $\overline{m}_m$ 为弹药 $m$ 的共同模式特征，其中的每个特征至少与一个其他弹药相关。这种共同模式特征使得 TD-POMDP 具有模式依赖的性质。
- $T_m^U:U_m\times U_m\rightarrow[0,1]$ 为非受控特征的转移函数。
- $T_m^L:S_m\times A_m\times L_m\rightarrow[0,1]$ 为局部可控特征的转移函数。
- $T$ 为规划的时间长度。

对于某个世界状态 $S$，可以分解成一些状态特征集合，且其中每个特征表示环境的某一方面特性。换而言之，世界状态空间可以表示为特征域的乘积：$S=(B\times C\times D)$。对于世界状态的分解，使得我们能够将决策模型中的变量（状态特征、观测特征、动作和回报值）之间表示为条件独立的关系。通过对世界状态的分解，将可以利用这种环境信息分布于弹药之间的性质，TD-POMDP 的世界状态 $S$ 为所有弹药局部状态的聚合 $s=\langle s_1,\cdots,s_{|M|}\rangle$。

在设计具体世界的一个 TD-POMDP 时，设计者需要针对下面定义的一些约束来将一些环境的特征指定至某枚弹药 $A_m$ 的局部状态 $s_m$。具体地，弹药 $m$ 的局部状态 $s_m\in S_m$ 可以表示为世界状态特征的子集且这些特征满足的性质如下。

① 对于每个世界状态特征$f$，如果没有包含在局部状态$s_m$中，那么将包含在其他某枚弹药的局部状态中。

② 如果某个世界状态特征$f$对于弹药$A_m$可观，那么$f$必须包含在$A_m$的局部状态表示当中。

进一步，不仅集群的回报值可以分解，对于任何联合策略的值也可以分解为局部值。局部值$V_m^\pi$为集群按照策略$\pi$执行行动时弹药$A_m$的局部回报值的和：

$$V_m^\pi = E^\pi\left[\sum_{t=0}^{T} r(s_m^t, a_m^t)\right]$$

**定理 1**：根据定义得到联合策略$\pi$的（联合）值可以表示为局部值的求和：

$$V^\pi = \sum_{m=1}^{|M|} V_m^\pi$$

**证明**：根据定义可知

$$V^\pi = E^\pi\left[\sum_{t=0}^{T} r(s^t, a^t)\right] = E^\pi\left[\sum_{t=0}^{T}\sum_{m=1}^{|M|} r(s_m^t, a_m^t)\right] = E^\pi\left[\sum_{m=1}^{T} r(s_m^t, a_m^t)\right]$$
$$= \sum_{m=1}^{|M|} V_m^\pi$$

联合历史$h$表示为所有弹药联合动作和观测的序列。TD-POMDP 的解可以描述为一个局部策略组合成的联合策略$\pi = \langle \pi_1, \cdots, \pi_{|M|}\rangle$，其中$\pi_m$（弹药$A_m$的策略）将弹药集合的联合历史映射为动作集合的概率分布。联合策略值函数$V^\pi(h)$为从当前时刻$t$开始，采用策略$\pi$往前的期望累积回报。

与一般的 Dec-POMDP 所不同，TD-POMDP 模型中表示出了信息固有的分布式特性。根据这种分布式特性，可以定义局部模型，来表示与某枚弹药$A_m$相关的世界的动态性如下。

**定义（局部模型）**：TD-POMDP 中弹药$A_m$的局部模型表示为一个多元组$\langle S_m, A_m, O_m, T_m, \Omega_m, r_m, \overline{m}_m, T\rangle$。

这种局部模型的表示，使得每枚弹药只需要存储必要的少量信息，避免了传统 Dec-POMDP 的不必要的大规模的信息存储。

基于此，定义 TD-POMDP 的解的概念如下。

**定义（最优联合策略）**：TD-POMDP 的最优联合策略$\pi^*$为局部策略的一个组合$\langle \forall m, \pi_m$，其中每个局部策略根据局部观测历史来分配弹药的局部动作，实现最大化值函数：$\pi^* \in \arg\max_\pi V^\pi$。

在 TD-POMDP 模型的基础上，下面重点考虑如何在模型中加入约束。对于每枚弹药$A_m \in M$在$T$时间步长的过程，定义一个有限的续航能力预算$\beta_m$。历史$h_m$表示弹药$A_m$的动作和观测序列。对于动作$a_m$和观测$o_m$，弹药$A_m$续航能力的消耗表示为$c_m(a_m, o_m)$。

对于历史$h_{mt}$，定义余下的续航能力预算为

$$b_m(h_{mt}) = \beta_m - \sum_{k=1}^{t} c_m(a_{mk}, o_{mk}) \tag{10-85}$$

然后，基于历史 $h_{mt}$，弹药决策时需要考虑如下续航能力约束：

$$\text{s.t. } E^{\pi}\left[\sum_{k=t+1}^{t} c_m(a_{mk}, o_{mk})\right] < b_m(h_{mt}) \tag{10-86}$$

因此，通过以下方式扩展 TD-POMDP 模型使其具有描述约束的能力。首先，在每枚弹药 $A_m$ 的局部状态变量中，添加变量集合 $\bar{b}_m = \langle b_{m_1}, b_{m_2}, \cdots, b_{m_n} \rangle$，其中 $b_{m_i}$ 跟踪弹药 $A_{m_i} \in M_m$ 的剩余续航能力预算。$b_{m_i}$ 初始化为总的续航能力预算 $\beta_{m_i}$。然后，在状态转移模型中，对于选择联合动作 $a_{M_m}$，$A_{m_i} \in M_m$ 需要的消耗将在相应的剩余预算中扣除 $b_{m_i} \leftarrow (b_{m_i}, c_m(a_{m_i}, o_{m_k}))$。然后在每枚弹药 $A_m$ 的动作集合 $A_m$ 中添加“空”。当 $b_{m_i} \leqslant 0$ 时，弹药 $A_{m_i}$ 只能执行动作“空”并且从弹药集合中删除。余下的弹药继续执行任务，直到弹药集合变为空集或者终端时刻 $T$ 到达。将弹药集合 $M_m$ 在历史 $h_{M_m}$ 下的剩余预算表示为 $\bar{b}_m(h_{M_m})$。因此，续航能力约束通过每枚弹药的局部状态进行了表达，并且基于威胁模型以及弹药的动作和观测进行随机更新。建立这种约束，是为了保证弹药期望消耗的能量低于当前的续航能力预算。

3）TD-POMDP-HC

根据 TD-POMDP$\langle M, S, A, O, T, \Omega, r, T\rangle$ 的模型，本小节首先将没有威胁的分布式侦察监视问题形式化表达如下。

- $M = \{A_1, \cdots, A_{|M|}\}$ 为弹药的集合。
- $S$ 为状态的集合，用来建模弹药的位置以及环境中所有顶点的信息和威胁状态。状态的性质可以分解为每枚弹药的局部状态来描述的局部性质。定义弹药 $A_m$ 的局部状态 $s_m$，由两个集合组成：$s_m = \langle \bar{e}_m, \bar{v}_m \rangle$。不可控性质 $\bar{e}_m = \langle (e^R_{m_1}, e^R_{m_2}, \cdots, e^R_{m_n}), (e^I_{m_1}, e^I_{m_2}, \cdots, e^I_{m_n}) \rangle$ 包括弹药 $A_m$ 监视区域 $g_m$ 所有顶点的信息和威胁状态。$\bar{e}_m$ 不受任何弹药的控制，但是可以被多枚弹药观测。局部特性 $\bar{v}_m$ 包括集合 $M_m$ 中所有弹药的位置。$\bar{v}_m$ 被 $A_m$ 和 $M_m$ 中的其他弹药控制。
- $A$ 为联合动作的集合。$A = A_m (1 \leqslant m \leqslant |M|)$ 或 $A = (A_1, A_2, \cdots, A_m)$，其中 $A$ 为弹药 $A_m$ 的动作集合。每个联合动作 $a$ 定义为 $\langle a_1, \cdots, a_{|M|} \rangle$，其中 $a_m \in A_m$。同时定义 $a_{M_m}$ 为弹药集合 $M_m$ 的联合动作。

任何弹药 $A_m$ 选择自己监视区域内相邻的顶点进行访问或者选择“空”为一个动作 $a_m$。

- $O$ 为联合观测的集合。$O = O_m (1 \leqslant m \leqslant |M|)$ 或 $O = (O_1, O_2, \cdots, O_m)$，其中 $O_m$ 为弹药 $A_m$ 的观测集合。每个联合观测 $O$ 定义为 $\langle o_1, \cdots, o_{|M|} \rangle$，其中 $o_m \in O_m$。

弹药 $A_m$ 的观测 $o_m$，包括弹药 $A_m$ 的位置，以及该位置的信息和威胁状态。$o_m$ 可以看作 $s_m$ 的一部分。

- $T$ 为联合转移概率集合。满足 $T(s' \mid s, a) = \prod_{1 \leqslant m \leqslant |M|} T_m(s'_m \mid s_m, a_{M_m})$，其中 $T_m(s'_m \mid s_m, a_{M_m}) = T_m(e'_m \mid e_m) T_m(\bar{v}'_m \mid \bar{v}_m, a_{M_m})$ 为 $A_m$ 的局部转移函数。

基于之前定义的马尔可夫模型可知，$T_m(e'_m \mid e_m)$ 按照离散时间马尔可夫决策过程进行变换。当 $s'_m$ 为目标位置时，$(\bar{v}'_m \mid \bar{v}_m, a_{M_m}) = 1$，否则，$T_m(\bar{v}'_m \mid \bar{v}_m, a_{M_m}) = 0$。

- $\Omega$ 为联合观测概率集合。$\Omega(o \mid s, a) = \prod_{1 \leqslant m \leqslant |M|} \Omega_m(o_m \mid s_m, a_m)$ 为联合状态 $s$ 下

执行联合动作 $a$ 获得联合观测 $o$ 的概率。

由于弹药 $A_m$ 的一个观测 $o_m$ 直接为某些局部状态的一部分，如果局部状态 $s_m$ 和观测 $o_m$ 一致，那么观测概率为 $\Omega_m(o_m|s_m,a_m)=1$，否则 $\Omega_m(o_m|s_m,a_m)=0$。

- $r:S\times A\to\mathbf{R}$ 为可分解的回报函数。$r(s,a)=\sum_m r_m(s_m,a_m)$ 为状态 $s$ 下，执行联合动作 $a$ 的回报值。

定义 $r_m(s_m,a_m)=\dfrac{\alpha(n_{v_i})}{n_{v_i}}f^i(e_i^I)$ 为弹药 $A_m$ 所获得的信息值，其中 $v_i\in s_m$ 为当前 $A_m$ 的位置，$n_{v_i}$ 为同时访问 $v_i$ 的弹药个数，$\alpha(n_{v_i})$ 表示这些弹药在该位置所获得的信息。然后，可以得到所有弹药的回报函数为 $r(s,a)=\sum_m r_m(s_m,a_m)=\sum_{v_i\in\boldsymbol{v}}\alpha(n_{v_i})f^i(e_i^I)$，即所有弹药所获信息值的总和，其中 $\boldsymbol{v}$ 为所有弹药的当前位置向量。

- $T$ 为规划的时间长度。

联合历史 $h$ 表示所有弹药联合动作和观测的序列。TD-POMDP 的解可以描述为一个联合策略 $\pi=\langle\pi_1,\cdots,\pi_{|M|}\rangle$，其中 $\pi_m$（弹药 $A_m$ 的策略）为将弹药集合的联合历史映射为动作集合的概率分布。联合策略值函数 $V^\pi(h)$，为由当前时刻 $t$ 开始，采用策略 $\pi$ 往前的期望累积回报。

进一步，对于每枚弹药 $A_m\in M$ 在 $T$ 时间步长的监视过程，定义一个有限的健康预算 $\beta_m$。历史 $h_m$ 表示弹药 $A_m$ 的动作和观测序列。对于动作 $a_m$ 和观测 $o_m$，弹药 $A_m$ 受到与其位置 $v_i$ 的威胁状态 $e_i^R$ 相关的瞬时伤害 $c_m(a_m,o_m)=c^i(e_i^R)$。

从而，对于历史 $h_{mt}$，定义健康预算为

$$b_m(h_{mt})=\beta_m-\sum_{k=1}^{t}c_m(a_{mk},o_{mk}) \tag{10-87}$$

然后，基于历史 $h_{mt}$，弹药决策时需要考虑如下健康约束。

$$\text{s.t.}\ E^\pi\left[\sum_{k=t+1}^{t}c_m(a_{mk},o_{mk})\right]<b_m(h_{mt}) \tag{10-88}$$

因此，设计了这种基于健康约束的 TD-POMDP（TD-POMDP with heath constraints，TD-POMDP-HC）模型，通过上文中提到方法的扩展 TD-POMDP 模型。

**定理 2**：TD-POMDP-HC 的值函数分解为

$$V^\pi(h)=\sum_{m=1}^{|M|}V_m^{\pi M_m}(h_{M_m}) \tag{10-89}$$

式中：$\pi M_m$ 和 $h_{M_m}$ 分别为弹药集合 $M_m$ 的联合策略和联合历史；$V_m^{\pi M_m}(h_{M_m})$ 为弹药 $A_m$ 的值函数，即弹药集合 $M_m$ 从联合历史 $h_{M_m}$ 开始执行联合策略 $\pi M_m$ 时弹药 $A_m$ 所获得的期望回报值。

### 2. 基于树搜索和 max-sum 的 TD-POMCP 算法

本小节提出了传递函数解耦的部分可观蒙特卡洛规划（transition-decoupled partially observable Monte-Carlo planning，TD-POMCP）算法来求解一般的 TD-POMDP。

直接将 MCTS 用于求解弹药集群问题的瓶颈在于联合动作和联合观测的数量随弹药集群的个数增加呈指数增长，从而使得向前看的树的分支数量巨大，导致无法计算求解。为了突破这一瓶颈，利用值函数的可分解的性质，并行构建许多树，每枚弹药一个树。具体地，本小节中，首先提出 TD-POMCP 中每枚弹药的运行过程；然后介绍弹药之间相互协调的几个阶段，通过引入 max-sum 算法使得弹药之间进行消息传递来实现分布式协作。

1）TD-POMCP

如图 10-20 所示，与 POMCP 中采用 MCTS 构建一个单独的搜索树来求解单弹药 POMDP 问题不同，本算法利用弹药之间稀疏交互的性质，同时构建 $|M|$ 个搜索树，用于求解大规模联合动作和联合观测的问题。所有弹药同时并行构建向前看的树，每枚弹药一个树，其中每枚弹药 $A_m$ 保持跟踪弹药集群 $M_m$ 的联合历史、动作和观测。在协调选择动作的同时，弹药采用 MCTS 的算法扩展各自的搜索树。这一技术通过利用多枚弹药集群问题的结构，使得 MCTS 算法可以扩展至大量弹药的大规模 TD-POMDP 问题。本小节介绍单枚弹药运行 TD-POMCP 的过程，余下协作阶段在下一小节介绍。

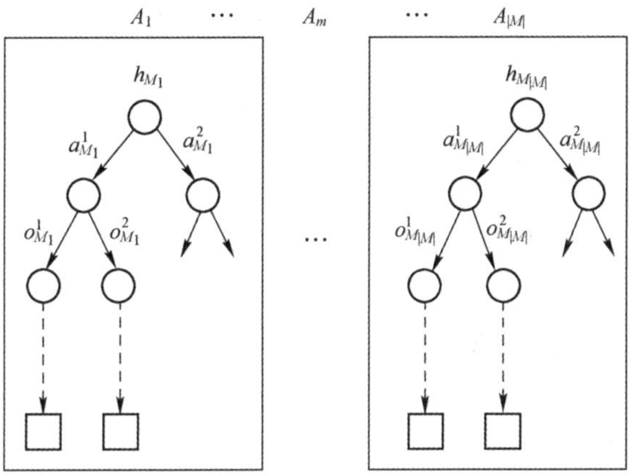


图 10-20　TD-POMCP 中的搜索树

通过元组 $T_m(\hat{h})=\langle \bar{b}_m(\hat{h}),\bar{B}_m(\hat{h}),\bar{N}_m(\hat{h}),V_m(\hat{h})\rangle$，来表示弹药 $A_m$ 的搜索树中的历史$\hat{h}$处的节点，其中$\bar{b}_m(\hat{h})$表示余下的续航能力预算，$\bar{B}_m(\hat{h})$为用于表示信念状态的粒子集合，$\bar{N}_m(\hat{h})$用于统计该节点被访问的次数，$V_m(\hat{h})$表示存储值。每个节点 $T_m(\hat{h})$同时对每个联合动作$\hat{a}$，保存一个值 $V_m(\hat{h}\hat{a})$以及对该联合动作的访问次数 $\bar{N}_m(\hat{h}\hat{a})$，总的访问的统计满足 $N_m(\hat{h}) = \sum_{\hat{a}}\bar{N}_m(\hat{h}\hat{a})$。

SEARCH 过程从当前的历史$\hat{h}_t$ 调用。首先信念状态 $B_m(\hat{h})$中采样得到起始状态，用于蒙特卡洛仿真。对于 SIMULATION 过程中遇到的每个历史 $h_t$，算法检测余下的续航能力值，通过 COORDINATIONI 来选择一个动作$\hat{a}^*$，使用仿真器 $\vartheta(s_m,\hat{a}^*)$生

成新的状态 $s'_m$、观测 $\hat{o}$ 和回报 $r_m$。仿真过程中遇到的每个历史 $\hat{h}$，均更新其对应的信念状态 $B_m(\hat{h})$ 为其加入对应的仿真状态。SEARCH 结束时，弹药从联合动作 $\hat{a}^*$ 中选择自己的动作 $a_m^*$，从真实世界中接收到一个观测 $o_m$。

为了处理 TD-POMDP 当中的续航能力约束，采用蒙特卡洛仿真的方式，根据式（10-88），在保证期望的累积损害满足续航能力约束的同时，生成策略。同时，每枚弹药 $A_m$ 通过式（10-87）跟踪余下的续航能力预算。在真实世界执行任务过程中，在每个时间步，当续航能力预算用完时，弹药将通知其邻近节点在它们的交互列表中将该弹药删除。类似地，在 SEARCH 过程的蒙特卡洛仿真中，每枚弹药通过式（10-87）来跟踪自己的剩余续航能力预算，一旦续航能力预算耗尽，弹药将通知其邻近节点在它们的搜索树中扩展节点时从联合动作中将该弹药的动作移除。

**算法 10.1　传递函数解耦的部分可观蒙特卡洛在线规划（TD-POMCP）**

1:　**procedure** SEARCH($\hat{h}$)
2:　　　**for** $i=1 \to numSamples$ **do**
　　　▷ 从信念向量中采样初始状态：
3:　　　　　$s_m \sim B_m(\hat{h})$
4:　　　　　SIMULATE($s_m, \hat{h}, 0$)
5:　　　**end for**
　　　▷ 同其他智能体协调选择一个动作去执行：
6:　　　**return** COORDINATE2($T_m(\hat{h})$)
7:　**end procedure**


8:　**procedure** SIMULATE($s_m, \hat{h}, depth$)
　　　▷ 检测智能体是否已经死亡：
9:　　　**if** $\overline{b}_m <= 0$ **then**
10:　　　　**return** 0
11:　　**end if**
　　　▷ 同其他智能体协调选择一个局部联合动作：
12:　　　$\hat{a}^* \leftarrow$ COORDINATE1($T_m(\hat{h})$)
　　　▷ 使用仿真器 $\mathcal{G}(s_m, \hat{a}^*)$ 生成一个新的状态 $s'_m$、观测 $\hat{o}$ 和回报 $r_m$：
13:　　　$(s'_m, \hat{o}, r_m) \sim \mathcal{G}(s_m, \hat{a}^*)$
14:　　　**if** $T_m(\hat{h}\hat{a}^*\hat{o}) == null$ **then**
　　　▷ 通过公式（3.1）来更新 $\overline{b}_m$：
15:　　　　$\overline{b}'_m \leftarrow$ UPDATE($\overline{b}_m$)
16:　　　　**if** $\overline{b}'_m <= 0$ **then**
17:　　　　　$\overline{b}'_m \leftarrow 0$

```
                DELETE(A_m)
            end if
    ▷ 扩展搜索树：
            T_m(ĥâ* ô) ← (b̄'_m, ∅, N_init, V_init)
            reture ROLLOUT(s'_m, ĥâ* ô, depth+1)
        end of
        R_m ← r_m+SIMULATE(s'_m, ĥâ* ô, depth+1)
        B_m(ĥ) ← B_m(ĥ) ∪ {s_m}
        N_m(ĥ) ← N_m(ĥ)+1
        N_m(ĥâ*) ← N_m(ĥâ*)+1
        V_m(ĥâ*) ← V_m(ĥâ*)+(R_m-V_m(ĥâ*))/N_m(ĥâ*)
        return R_m
    end procedure

    procedure ROLLOUT(s_m, ĥ, depth)
        â* ~ π_rollout(ĥ, ·)
        (s'_m, ô, r_m) ~ G(ŝ, â*)
        return r+ROLLOUT(s'_m, ĥâ* ô, depth+1)
    end procedure
```

2）分布式协同

所有的弹药同时运行 TD-POMCP，其中需要两步进行分布式协同：COORDINATEI 用于在 SEARCH 中进行搜索/扩展树的时候进行动作的选择；COORDINATE2 用于 SEARCH 结束后选择将要执行的动作。

对于一个 SIMULATE 中的每个联合历史 $h$，由 $\overline{T}(h)=\langle T_1(h_{|M|_1}),\cdots,T_{|M|}(h_{|M|_{|M|}})\rangle$ 表示所有 $|M|$ 个树的正在访问的节点。对于每个仿真的每个搜索/扩展步，弹药同时并行搜索/扩展各自的树，选择动作使得置信上限最大化为

$$a^* = \underset{a}{\operatorname{argmax}} \sum_{m=1}^{|M|} U_m(h_{M_m} a_{M_m}) \tag{10-90}$$

其中，$U_m(h_{M_m}a_{M_m})=V_m(h_{M_m}a_{M_m})+c\sqrt{\dfrac{\log N(h_{M_m})}{N(h_{M_m}a_{M_m})}}$，$V_m(h_{M_m}a_{M_m})$ 为弹药 $A_m$ 的基于 $h_{M_m}$ 和 $a_{M_m}$ 的值。在 SEARCH 之后，通过最大化联合动作的值来选择各自的动作。

$$a^* = \underset{a}{\operatorname{argmax}} \sum_{m=1}^{|M|} V_m(h_{M_m} a_{M_m}) \tag{10-91}$$

接下来，将介绍如何将求解式（10-90）和式（10-91）对应的问题看作是 DCOP，以及怎样使用 max-sum 算法对其进行求解。

3）动作选择

本节以式（10-90）为例详细介绍如何将动作选择问题定义为一个典型的 DCOP$\langle M,X,D,V\rangle$并使用 max-sum 进行求解。具体地，算法并不是执行一次优化，而是在协同体系中通过一种分布式消息传播（message passing）的方式来运行。这种消息传播的协议允许弹药在任务推进过程中持续不断地进行决策制定，计算每个可能的联合策略的效用值。这些效用值通常表示为因子图中的函数节点。下面通过以下 5 步来运用 max-sum。

第 1 步：定义变量。

$X=\{a_1,\cdots,a_{|M|}\}$为动作变量的集合，每个变量由唯一一枚弹药控制。$D=\{A_1,\cdots,A_{|M|}\}$为变量的域的集合，且每个变量 $a_m$ 从 $A_m$ 中进行选择。实际应用中，每个动作可以指定为弹药可能执行的机动，并在离散化的运动空间中进行描述。由于变量的个数及其域的大小将直接影响 max-sum 的性能，设计者需要谨慎设计变量。具体地，一方面，从通信的角度，使得某个变量节点 $a_m$ 的一条 max-sum 消息的长度与其变量的域 $A_m$ 的大小呈线性关系，为 $O(|A_m|)$；另一方面，从计算的角度，计算出使得某个变量节点 $a_m$ 的一条 max-sum 消息的复杂度为 $O(\prod_{i\in}|A_k|)$

第 2 步：定义函数。

$V=\{V_1,\cdots,V_{|M|}\}$为函数的集合，并定义函数 $V_m=V_m(h_{M_m}a_{M_m})$为式（10-91）中的第 $m$ 项且依赖于 $a_{M_m}\subseteq\{a_1,\cdots,a_{|M|}\}$。因子图中的每个函数定量表示其对联合策略对应的全局约束函数的值的影响。直观上理解，每枚弹药对应的效用函数可以看作其在整个任务中累积回报的期望值。

第 3 步：分配节点。

为了计算因子图中的函数和变量，需要分别分配相应的计算资源。由于集群中的弹药往往是不同（异构）的，并且计算资源有限，这种计算资源的分配显得相当重要。将每个变量分配给其对应决策的弹药，并将每个函数变量分配给其对应效用表示的弹药。

第 4 步：选择一个消息传播计划。

需要设计计划来计算算法和进行决策，max-sum 需要节点来共享一定数量的消息。

第 5 步：更新邻居。

弹药集群成员之间按照因子图进行消息传播。通常情况下，每个节点与固定的邻居进行接收和发送消息。然而，由于环境和问题的动态性，这种相互之间的邻居有可能随时发生变化，因此在执行任务的过程中，需要对因子图不断进行更新，并确定每个节点的新的邻居。

值得注意的是，通过使用 max-sum，每枚弹药只需要和相邻的有限几枚弹药进行通信，而且其局部的值的计算只与这些邻居的历史和策略相关。基于此，算法可以通过分布式的方式结合有限的通信进行运算，能够快速收敛到近似的最优解。而且，max-sum 是一种任意时间算法，使得本算法能够满足实际应用中严格的在线求解条件。此外，这种分布式的方式不会出现中心点丢失或者通信堵塞的情况，对于弹药数量的增加具有良好的扩展性。

第四部分

# 4

# 有人-无人协同

# 第11章 有人-无人协同的内涵

在多无人机或多机器人领域，存在协调、协同、协作等基本概念，它们彼此联系又存在较大差异。3个术语都包含有“给定预先定义的任务，由于某些内在的机制（如“协调机制”），使得整个多机系统的整体效用得到提升”的意思。

**协调**（coordination）：多无人系统协调是指各无人系统的任务目标一致，彼此不存在利益冲突，在任务过程中采用适当的配合方法，完成共同目标的过程和能力。

**协同**（cooperation）：多无人系统协同是指各无人系统不但具有共同的任务目标，而且各机还有自己的目标，彼此之间可能出现利益冲突，但要优先保证共同目标的最大化。

**协作**（collaboration）：多无人系统协作是指各无人系统除了具有共同的任务目标，各机不但有自己的目标，而且在保证实现共同目标的条件下，实现各自目标最大化，并允许成员自由加入或退出。

可以看出，协调、协同、协作这3种合作方式的机间耦合程度依次降低，无人系统的独立程度依次升高，这也源于无人系统自主能力的不断提高。而协同正是当前无人系统自主能力所对应的，最现实可行的多无人系统共同任务模式，其中最典型的代表就是有人-无人协同。

## 11.1 协同的根源

### 11.1.1 能力互补产生协同需求

能力互补机理是有人-无人系统在协同作战过程中实现任务动态分配、控制权限动态调整、信息分发共享与协同策略制定的基础。无人系统、有人系统一起遂行协同任务并不一定就能提高系统整体作战效能，甚至可能导致彼此间的冲突。要实现有人-无人系统协同互补所产生的整体效能大于其作战效能的简单之和，达到“1+1>2”的效果，有人-无人系统的能力互补机理是基础。能力互补机理主要揭示在既定的协同系统组成条件下平台、传感器、武器以何种空间构型和行动（动作）序列在时间上怎么相互配合才能产生互补效应；研究在一定无人机自主能力条件下人及有人系统辅助决策系统对无人系统自主系统监督控制的最佳方式/程度/时机，及其对有人-无人协同系统行动能力的影响规律。

### 11.1.2 有效协同带动能力提升

能力互补须满足任务/空间/时间/频率强耦合约束，耦合程度越高（约束越多、非线性程度越高），实时优化求解越难。

一是有人-无人系统自主系统跨认知层次的人-机能力互补。人与无人系统自主系统在认知水平、认知方式以及行为方式上存在差异，如何弥补这种认知差异、在跨认知层次上实现相互补充是发挥协同效能的根本问题。关键在于如何使无人系统自主系统产生飞行员可理解的行为。

二是难以找到能力互补的“黄金分割点”。过度依赖人将带来人工作量超负荷问题和自主技术能力利用不足问题，过度依赖自主系统将带来自主行为的环境/任务适应性问题，偏重于任意一方都会导致互补效能的降低，甚至会导致双方的负载失衡。

三是有人-无人系统能力互补是一个动态过程，环境的变化造成协同效能的差异，对抗环境加剧了这种变化且增加了不确定性。

因此，需要从能力表征的映射关系出发，将可能的能力互补模式模型化，并进一步探索新的可能的互补模式，各任务阶段具有最大作战效能评价指标的关键因素组合或者互补方式，各关键因素在不同互补模式中的权重，人-辅助决策系统-自主系统彼此间干预/融合的频率和程度及三者功能负载失衡规律及失衡条件下的功能再平衡策略，以最大限度地提升有人-无人系统协同作战效能。

### 11.1.3 有人-无人协同的定义

**有人-无人**可理解为智能控制技术和平台控制技术的有机结合，是两者的高度综合，涉及自动控制、人工智能、运筹学、信息论、系统论、通信理论等众多学科领域。该问题可详细描述为：在执行对地打击任务之前，假设已经获得一定层次的信息，如无人系统、有人系统的数量、环境等信息。位于特定作战空间的每个任务平台都有其固有的动态特性（如机动性能）、机载计算机、传感器、武器、数据链等机载设备。给定预先定义的一个整体目标列表，这些目标需要以一定的顺序，在一定的约束条件下（包括时间、位置、燃料消耗约束等）执行，另外已知信息还需包含每架飞机上机载设备内嵌的关于环境和其他飞机的有限知识。为了保证成功完成协同打击任务，协同控制首先要**建立面向非结构化动态战场环境的有人-无人协同控制体系**，支持对系统内无人凭条和有人平台以及机载传感器和武器等任务资源的管理控制，在此基础上，**研究对抗条件下人-机协同和多机协同的基础理论与方法**，解决有人-无人机系统在对抗环境下人-机系统能力匹配，按需即时信息传递与智能化信息分发，人-机协作的态势感知与理解，对抗条件下意外事件响应与不确定性实时规划，多平台协同行为自同步等基础性问题，达成有人-无人系统“1+1>2”的协同探测与攻击效能，实现对抗条件下协同系统的能力涌现。

## 11.2 协同的典型模式

下面以空中有人机与无人机协同执行任务为例，说明有人-无人协同的3种典型任务模式。

### 11.2.1 无人为主，有人指挥

无人为主，有人指挥协同模式的特点为完全集中式，对无人机的自主能力要求较低，自主等级大于2级，具备离线重规划能力即可，主要是充分发挥无人机的隐身性，执行纵深攻击任务。难点在于人-机系统能力匹配和信息传递方面，即有人机飞行员需要在时敏态势下（辅助）操作本机的同时，深度介入/管理多架无人作战飞机，如何匹配飞行员与有人机辅助系统的工作量需要重点解决；无人机和有人机之间需要传递的信息量大且频繁，通信链路需要在对抗环境中保持通畅，要求拓扑结构具有一定抗毁性。

### 11.2.2 有人为主，无人配合

有人为主，无人配合协同模式中，无人机具有较高的自主性，彼此之间采用紧密小间隔编队突前，有人机滞后，主要监督/确认无人机编队行为。典型作战流程为：当突遇敌方雷达开机等意外事件时，无人机协同感知意外事件，利用机载ESM（electronic supporting measure，电子支援措施）进行协同目标定位，而后和有人机一起，在有人机飞行员监督下分布协同决策，确定主攻无人机、伴攻无人机和各机任务。有人机负责干扰压制；多架主攻无人机自主规划航线，协同突防隐蔽接近目标，锁定目标后向有人机请求武器授权；有人机飞行员确认目标后授权攻击，多架主攻无人机同时对目标发起攻击，而后快速拉起脱离战场；伴攻无人机进行战果确认后返航。

有人为主，无人配合协同模式的特点是有限集中分布式，要求无人机自主能力达到4级，具备意外自适应和实时重规划能力，充分发挥无人机隐身性、机动性和自主性，并利用有人机的“人在回路”优势，执行防空压制等任务。主要难点在于人-机协作的态势感知与理解、意外事件协同决策等，即协同感知时，飞行员具有较强的态势判断能力，无人机具有较精确的环境感知能力，两者处于不同的认知层次，对战场态势的理解也不在同一水平，如何形成一致的共享态势图？意外事件协同决策时，如何检测意外事件的出现，如何根据意外事件的类型、威胁程度、时间紧迫性以及处理复杂度等因素动态地决定意外事件决策主体，并充分发挥人的决策判断能力？

### 11.2.3 双向互补，无缝互动

双向互补，无缝互动作战模式中，无人机和有人机组成紧耦合的中等空域间隔（百米级到千米级）混合编队，有人机与无人机是并肩作战的队友关系，可以像指挥有人机僚机一样指挥无人机。以有人-无人机协同遂行“防空压制/对地打击”任务为例，典型作战流程为：编队中有人机、无人机各自扮演不同的角色——“压制”或“攻击”。根据敌方兵力部署、防空系统威胁程度，有人-无人机编队动态地调节压制/打击包中的成员数量，并且根据战场敌我态势（包括敌方火控雷达探测距离、敌方地空导弹射程、我方不同飞机与敌方不同雷达/地导之间的相对位置关系等）和编队态势（包括成员间相对位置关系、飞机及其载荷健康状态、飞机传感器类型/武器类型/武器数量，以及编队成员是否已完成上一项任务等）协同决策，采用“谁有利、谁行动”的原则动态地变换任务角色，协同对地打击。

这种协同的特点是无中心分布式，要求无人机自主能力达到6级，具备协同意外处理和规划能力，充分发挥无人机和有人机各自的优势，执行防空压制和目标攻击的综合任务。主要难点在于分布式协同控制体系结构和协同行为自同步自学习等，即体系结构需要支持有人机或无人机动态角色切换、快速加入、退出或功能重组，采用何种机制实现多机之间的自主协同，以及无人机如何学习有人机的行为和能力，在实践中不断提高其在对抗环境下的适应能力。

上述3种协同模式对无人机自主能力和飞行员的要求不同，人-机之间能力的匹配点也不同。第一种模式采用集中式控制，主要针对现役无人机，有人机飞行员工作量比较大；第二种模式针对未来具备意外自适应的无人机，采用有限集中的分布式控制，飞行员工作量适中；第三种模式采用完全分布式控制，对无人机自主能力要求最高，人的干预程度最小，同时面临的技术挑战最大。

## 11.3 协同关键技术

### 11.3.1 对抗环境下有人-无人协同系统能力互补机理

对抗环境下如何实现无人系统与有人系统机载传感器、机载武器、机载处理器性能的优势互补，实现无人系统与有人系统机动能力、隐身能力、探测能力、攻击能力、认知能力（人、有人系统辅助决策系统、无人系统自主系统之间）等综合作战能力的互补，达到“1+1 > 2”的协同探测、协同攻击和协同作战效能，是有人-无人协同作战、实现高效协同的基础。因此，建立无人系统、有人系统及其协同系统的能力表征方法，揭示协同系统能力变化规律及其互补规律，是建立有人-无人协同控制体系、提升协同作战效能亟待解决的基础性问题。

能力表征是有人-无人协同系统能力互补的前提，是对无人系统、有人系统及其协同系统突防、探测、攻击、决策等行为能力的刻画与度量。主要研究建立不同作战环境、不同任务阶段影响有人-无人协同系统行动能力的关键因素与作战效能评价指标之间的映射关系，即各关键因素的变化如何影响最终的作战效能指标，以此评价无人系统、有人系统及其协同系统各个任务阶段的能力大小（在有人-无人编队协同机动、协同突防、协同探测、协同态势理解、协同打击等不同的任务阶段，能力的评价指标不尽相同）。基于给出的映射关系，可以分析遂行有人-无人协同作战对其平台和载荷的最低性能要求，各关键因素变化对协同效能的影响规律，以此指导无人系统和有人系统平台、感知、通信和武器载荷的相容发展。能力表征将为有人-无人系统能力互补机理的研究及其产生的作战效能提供客观、准确的评价准则。

对抗环境下影响有人-无人协同作战能力的因素很多，主要包括平台机动性能、隐身性能，机载传感器、机载武器与机间数据链性能，操作员能力、有人系统辅助决策系统性能、无人系统自主系统性能以及作战环境与任务特性等，并且这些因素在空域、时域、频域和任务域上高度耦合，再加上无人系统自主能力缺乏统一有效的衡量标准，使得有人-无人系统的能力表征极具挑战性。

一方面，无人系统越高的认知水平、自主能力和越高层的行为能力具备越强的环境和任务自适应能力，其能力可考量的范围就越大，影响能力的要素也越多，就越难表征其产生的能力。操作控制、轨迹跟踪控制等底层行为的能力界定比较清晰。基于产生式规则、有限自动机设计的自主决策系统由于其知识表示是基于符号的和结构化的，考虑规则数量有限，其行为的演变具有一定的确定性。而基于模糊逻辑、神经网络等设计的智能决策系统由于其知识表示是基于数值或语义的非结构化表示，规则数量规模大且适合考虑并发行为。同时，由于在开放的战场环境和非结构化及动态背景下运行，无人系统行为（就和人一样）可能最终变得无法预测，当其与其他自主系统及操作员交互时就越发严重，从而导致有人-无人协同系统的能力表征更加困难。

另一方面，协同系统的能力随环境和任务的变化而变化，导致了能力表征模型的不确定性问题和不可表达问题。复杂战场环境的高度动态性、高度对抗性和高度不确定性使得这些问题更严重。需要融合随机过程、模糊集理论来降低模型噪声，缩小模型置信度区间，并通过离散事件仿真、机器学习等多种途径对模型进行离线或在线迭代修正，进一步提高能力表征的准确性。

因此，依据能力表征，研究各任务阶段具有最大作战效能的关键因素的组合/互补方式，以及各关键因素在不同互补模式中的权重，建立人-机认知能力和传感器/武器性能互补模型。进一步，研究操作员-辅助决策系统-自主系统彼此间干预/融合的频率和程度，探索三者功能负载失衡规律及其失衡条件下的功能再平衡策略，实现能力互补的优化和推演评估，在线自适应修正能力互补模型，最大限度地提升有人-无人协同作战效能。

### 11.3.2 有人-无人系统分布式感知信息的传递机制与态势演化的预测估计

机间数据链的带宽和时延、有人-无人分布式机载多传感器异地感知数据对态势信息的实时共享提出了挑战，分布式感知信息按需即时的传递机制已经成为制约战场态势共享的瓶颈。需要根据有人-无人分布式机载传感器获取的信息、机间数据链性能、无人系统/有人系统机载处理器能力以及特定任务要求，分析、决策感知信息在哪个飞机平台上进行处理以及需要传递哪些信息。

有人-无人系统间数据链好像交通路网，信息传递机制就类似于货物运输方案，需要根据货物需求的预测和路网容量、拥塞状态来进行实时动态调度。固定的信息传递机制很难动态适应无人系统、有人系统不同任务协同阶段的信息需求。分布式感知信息按需即时的传递机制主要研究如何预测接收端（有人系统/无人系统）的信息需求，如何根据信息需求、任务特点、链路状态、原始信息属性等条件分析、决策需要传递什么样的感知信息，以及如何权衡信息发送/接收端的信息处理能力与链路的传输能力来分析、决策感知信息在哪个节点平台上进行处理。

战场复杂电磁环境和对抗条件下无人系统、有人系统的高速运动，使得有人-无人的机间数据链带宽变化、时延、丢包、衰减和拓扑变化。如果在某个时刻网络通信容量下降，确定的信息传递内容可能造成网络拥塞，最关键的信息不能及时到达，信息供不应求，无法满足基本的协同信息要求。如果某个任务阶段接收端不需要那么多的信息，这些信息的传递既有可能造成网络阻塞或网络带宽资源的浪费，也会导致接收端不得不进行复杂的信息处理与关键信息提取，信息供过于求，同样造成协同效能的降低。信息传递机制最理想的情况是实现态势理解需要的信息达到供求平衡。

通过研究不同机间数据链性能对信息传递效能的影响规律，研究界定导致协同失效的信息临界条件（例如，导致协同能力降低的时延上界、带宽下界，满足通信最少的网络拓扑结构），从而反过来为有人-无人协同系统提出机间数据链的最低性能（非对等抗毁拓扑）要求。在机间数据链性能固定的条件下，研究不同机载传感器性能对协同效能的影响规律，探索实现有人-无人有效协同所需的最小信息集合，以及最基本的传感器配置和性能要求。

在传感信息处理、传递、分发的基础上，对有人-无人分布式机载传感器之间的多源异构信息进行融合，形成有人-无人一致的支持协同决策、火控攻击、有人系统制导-无人系统攻击等协同作战统一的战术图像，并进行战场态势的分析、评估和预测，形成有人-无人能够共同理解的共享态势。特别是，战场态势演化趋势的预判是实现有人-无人系统在复杂对抗环境下协同作战的前提，特别是在信息传递失效条件下保证协同能力发挥的关键。

有人-无人系统对态势演化的预测估计首先要从战场相关情报、历史数据中提取态势要素的关键特征（如属性、空间、方位、等级等），接着通过揭示特征之间的相互作用关系和演化规律来建立特征之间的关联模型（例如，敌方兵力部署之间的空间关联、敌方战术行动间的时间关联等），然后，在动态协同过程中将有人-无人分布式态势感知（多平台多种传感器从多个视角观测获得的信息）、序贯态势感知（时间上连续观测所获得的信息）的冗余信息与建模的特征进行匹配，最后通过特征关联来推断空间/事件关联的态势信息和预测下一个时刻或若干时刻的态势信息。类似于非线性系统的线性化方法，态势演化的预测估计从某个态势观测时刻开始，使用固化的当前观测态势信息和前面若干时刻观测的态势信息，并结合特征关联模型（相关特征出现的客观条件概率分布），来滚动地预测估计目标或威胁后续一个或若干个时刻的状态、趋势或意图。

有人-无人系统对态势演化的预测估计主要包括有人-无人协同系统对外部战场态势的预测估计和协同系统内部成员之间相互行为的预测估计。对外部战场态势的预测估计，一方面需要对战场威胁进行分析、评估，并对其变化规律进行预测，实现对战场态势演化趋势的预判；另一方面需要对战场信息进行补偿，由于战场态势是连续变化的，而对战场的感知往往是离散的，中间不可避免会丢失信息，其中很可能包含重要的、关键的信息，迫切需要基于序贯态势信息的推断来补偿这部分信息。对内部成员之间相互行为的预测估计，一方面需要对编队成员未来行为进行预判，根据预知的规避策略来预测对方的行动，缩短编队重构的时间和增加编队的安全性；另一方面需要对编队成员信息进行补偿。每架飞机都需要维护其他飞机的状态预测模型，在一定时间周期内对其他飞机的运动状态进行预测估计，从而用补偿信息来更新当前编队成员信息。

由于战场态势的高维性、多样性、复杂性以及态势演化的快速性、不确定性，态势演化的预测估计极具挑战性。一方面，态势的变化趋势需要通过关联前后连续多帧态势图的特征来预测；另一方面，当态势变化的速度远远超出计算机特征关联算法的速度时，会造成“战场迷雾”效应，严重影响态势演化的预测估计准确性。因此，需要研究如何利用空间上分布式态势信息、时间上序贯态势信息的内在关联性，从战场相关情报、历史数据中提取态势要素的关键特征，通过揭示特征之间的相互作用关系和演化规律，建立战场要素特征之间的关联模型，并在动态协同过程中将有人-无人分布式态势感知、序贯态势感知的冗余信息与建模的特征进行匹配，通过特征关联来推断空间相关态势和预测时间相关态势，揭示态势演化的基本规律。通过利用基于空间分布式态势信息和时间序贯信息的不确定性推理理论，研究战场态势演化预测估计的新理论与新方法，建立基于局部感知信息的分布式状态融合估计与预测模型。

### 11.3.3 有人-无人系统应对意外事件的协同决策机制与自主行为的实时规划

有人-无人系统协同作战过程中将不可避免地会遇到各种各样的意外事件：平台或任务载荷的能力降级、任务命令及约束条件变更、遇见复杂天气和气象、出现突发威胁、支援保障条件的变化，以及未预期的态势等。在协同过程中，需要对这些意外事件具有识别、评估和响应的能力。

单架飞机因受制于能力水平的不足而无法独自应对上述所有意外事件，需发挥“人在回路”的特点，并利用协同系统多平台的计算优势由“有人-无人-操作员”共同应对。需要在无人系统、有人系统和操作员之间形成高效的分层协同决策机制，建立“无人系统自主系统-有人系统辅助决策系统-操作员”跨认知层次的协同决策体系，探索意外事件分层分类处理策略。根据意外事件的类型、威胁程度、时间紧迫性以及处理复杂度等因素动态地决定哪些意外事件本机可以处理，哪些意外事件需要其他平台协助，通过相互协作还处理不了的意外事件则需要操作员的引导提示，并制定破限条件下的意外事件应急响应策略。这是动态对抗环境下有人-无人系统协同作战的关键所在。

分布式协同决策机制既利用了多平台智能和计算能力来处理单平台无法有效处理的意外事件，也解决了多平台面对相同意外事件的时空冲突消解问题。对于反应型意外情况，要求响应时间短，如出现突发气象条件和突发障碍物等，则需要应急机动控制，同时通知其他飞机，避免和其他飞机相撞。对于策略型意外事件，如平台或任务载荷的能力降级、任务命令及约束条件变更、出现突发威胁等，则需要多机协同决策，实时评估系统能力，采取谁有利谁行动（探测目标、攻击目标、压制威胁）的规则，主动要求执行任务，规避威胁，并进行编队重构。例如，编队中某架无人系统出现损毁或性能降级，多平台协同决策是否保持现有任务划分，还是编队任务重构；编队遭遇雷暴等恶劣气象，多平台协同决策是提升/降低高度层还是分散规避；编队遭遇敌方机动防空系统，多平台协同决策是规避还是协同压制/打击等。

意外事件协同决策还需考虑系统设计时未考虑的意外情况，即未建模意外事件，需要发挥人的决策能力。对抗环境下意外事件具有很大的不确定性，应对意外事件的协同行为呈指数增长，协同决策必须引入自学习机制。针对出现的新的意外事件，操作员决策能力的每一次发挥，系统都需要在线学习，实时补充到知识库中，并将每次应对意外事件的决策方法与协同行为之间的映射关系进行知识沉淀，不断优化协同决策机制与行为策略。知识的大量增加对存储空间和实时推理构成了严重的挑战，需要对意外事件响应的协同行为模式进行聚类，引入分层映射机制，实现高维协同决策空间降维；同时探索高效的在线搜索算法，实现应对意外事件的快速协同决策。

在意外事件的识别、分析、评估与实时协同智能决策的基础上，需要对有人-无人协同系统的自主行动进行实时规划，形成对有人-无人、机载异构传感器和制导武器的智能协同控制能力，对载机制导武器协同制导、有人系统制导-无人系统攻击等进行协同动态规划与作战效能评估，这是形成协同作战能力的核心。然而，任务的复杂性和战场的对抗性导致决策空间急剧膨胀和高度耦合，对协同行为规划的实时性和适应性提出了极高要求，同时未建模意外事件增加了规划求解的难度，现有的规划方法面临失效，需要新的规划理论与方法。

自主行为的实时规划是指多架无人系统、有人系统在线自主地、协同地、实时地制订满足协同时间约束、协同空间约束、协同任务约束且相互冲突消解的任务计划和航线计划，为无人系统、有人系统提供一系列满足任务需求、协同关系等可执行的动作序列。

其挑战在于：①多约束问题，需要考虑大量的多平台空间约束、时序约束、任务耦合约束、航迹防撞约束等，这将带来决策变量维度爆炸问题。一方面，多平台使得规划算法中决策变量数量成倍增加；另一方面，协同任务需要在规划算法中显式地表示任务耦合约束，例如，双机“本照他投”任务，必须等一架无人系统先照射并精确定位目标后友机才能投弹，体现为时序约束关系；一架无人系统跟踪目标过程中友机不能经过其传感器光轴，一架无人系统投弹时友机不能经过其弹道，这都体现为空间约束关系；一架无人系统使用光电/红外/激光目标指示/目标测距执行目标感知，友机使用激光制导炸弹执行目标打击，体现为任务约束关系。复杂作战任务还存在其他大量错综复杂的耦合交联关系，使得规划问题建模困难，也导致求解困难。②实时性问题，问题维度指数增加与实时性之间的矛盾。问题维度的增加必然带来规划时间性能的降低，对于时敏性任务，必须在算法最优性和时间性能之间权衡。③对抗性问题，需要引入博弈机制，对抗环境的动态性与变化使得模型不确定。

因此，需要揭示时间、空间、任务等复杂约束之间的耦合机理，形成相应的数学描述。综合模型预测控制、滚动时域控制与实时优化等先进控制理论来降低规划问题维度以满足实时性要求，建立耦合约束条件下的有人-无人协同规划模型，并探索耦合约束对协同优化与冲突消解的影响规律。研究基于滚动时间窗口预测控制的实时规划方法，解决复杂协同任务/战场环境导致的决策变量爆炸与意外事件实时响应要求之间的矛盾问题。研究不确定规划方法，解决意外事件导致的规划模型不确定问题，实现算法的任务/环境的自适应和规划器在线重构。

## 11.4 协同面临的挑战

### 11.4.1 互联互通互操作难

协同面临的第一个挑战就是各类无人系统和有人系统之间、无人系统和无人系统之间缺乏双方可以遵循的标准，其中包含信息、任务、时间等多个子方面，从表象上看就是无法互联互通，从结果来看就是无法实现互操作。首先是缺乏通用的数据链接口，不同型号无人系统之间难以形成对各类信息的理解一致；其次是缺乏标准化的互操作交互控制流程，无法实现在互操作过程中各无人系统之间遵守规范一致；再次是缺乏高效的资源调度管理方法，参与互操作的无人系统载荷层、平台层、任务层等各类资源难以协调一致；最后是暂无“即插即用”的互操作环境承载软硬件平台，无法实现多域多型无人装备的接入一致。无人系统要与有人系统无缝集成，跨平台之间互联互通是前提，与有人打击平台、指控系统实现情报链、打击链、指挥链协同发展是必经之路。

### 11.4.2 人机互信互理解难

协同面临的第二个挑战就是“低智能”与“高智能”之间怎么实现协同，即人-机协同（有人系统、无人机之间）。人与人之间可以良好地沟通，而有人系统与无人系统之间交互方式、态势理解、决策判断不一样，导致“高/低智能体”的沟通存在较大的困难。

无人系统自主系统、有人系统辅助决策系统及人都具有一定自主性，相互之间协调工作。可采用多智能体理论对其进行描述，建立基于多智能体的分层自主协同控制体系结构，发挥“人-有人-无人”系统能力互补优势。该结构主要包括无人端的自主协同控制系统和有人端的人-机混合主动协同控制系统。无人系统和有人系统、多无人系统之间通过协同控制实现协调一致的行动（机-机协同），人和人-机混合主动协同控制系统通过人-机系统交互接口实现人-机协同，实现对多架无人机的监督控制。在有人系统端的人-机混合主动协同控制系统中，为每个无人系统映射一组智能体（称为离机自主代理），它与无人系统端的自主协同控制系统并行工作，互为备份。这组智能体分三层。第一层为平台交互智能代理层，代表离机自主代理与无人系统平台交互，主要完成两者之间控制权限的自适应切换。第二层为群组协调智能代理层，负责实现多无人系统任务协调控制功能。第三层为人-机交互智能代理层，负责离机自主代理与人的交互，发挥人的智能与经验优势。

### 11.4.3 互补机制形成难

有人-无人系统协同系统在执行任务的过程中，人-有人系统辅助系统-无人系统自主系统是相互作用甚至相互制约的。过度依赖人，远超出人可承受范围；过度依赖自主系统，适应性差、可信度低。人-机系统能力匹配是解决这一问题的关键。自主系统具有一定的推理、学习和环境适应能力，但是当环境变化超出其可承受范围时，无人系统会将超出的任务转移给有人系统；有人系统辅助系统能够处理的，自动化处理；不能处理的通过人-机交互系统向人告警，人决策和处理。反过来，人也可以根据态势和工作量，将部分任务转移给有人系统辅助系统或无人系统。因此，有人-无人系统协同系统中功能是可动态迁移的。但是，这种迁移是有限度的，需要考虑人-机系统能力匹配问题。人不可能将所有任务转移给机器，需要考虑机器的负荷程度和智能水平；同样，无人系统过度频繁地对人告警将显著增加人的工作量，可能导致更多的操作失误。目前人对无人系统的操控过于微观，导致人的负担过大。2013 年，美国国防部一份调查报告显示，30%的无人机飞行员厌倦工作，17%的达到临床心理学界定的焦虑症标准。因此，需要考虑人的工作负荷，将人的工作量控制在可接受范围。当功能迁移超出任何一方的限度时，就有必要降低整个协同系统的任务目标。

# 第12章 空中有人-无人协同：忠诚僚机

随着先进防空系统的体系作战效能不断提高和防空信息网络迅速发展，战场环境将日益严酷，对抗日趋激烈。在未来空中进攻作战中，有人飞机面临难以突破敌方防空体系的困境，战场生存性受到严重挑战。有人机成本高、规模有限，承担高威胁作战任务风险也较大；无人机具有强突防、高生存力和对地精确打击能力，采购和维护保障成本低，可在高威胁环境下有效遂行压制敌方防空系统、打击敌方纵深战略目标的任务，以人员“零”伤亡和可承受的损失摧毁敌方严密设防的关键目标，为有人机的作战使用创造战场条件。空中有人无人协同可充分发挥无人机高隐身、高机动、无人化等优势，以及有人机飞行员的智慧和先进机载传感器和武器优势，提高整个进攻力量体系的作战效能，对未来高威胁战场环境下的作战应用有着重大意义。

## 12.1 空中有人-无人协同样式

### 12.1.1 前出投弹战机

无人机配合有人机时，有人机为中心节点，无人机之间紧密小间隔（百米级）编队，无人机群和有人机之间具有较大空域间隔（数十千米级）。典型作战流程为：敌方重要目标通常位于其地空导弹交战包线内，受到地空火力的严密防护。有人机利用机载的高性能传感器进行目标搜索和定位，并在飞行员监督下做出攻击决策，而后给各无人机下达攻击指令和航向；无人机利用其高隐身性、更大的作战半径，可以缩小敌方雷达的探测发现距离，隐身突防接近敌方目标；接近后，无人机机载传感器拍摄待攻击目标并传给有人机确认；待有人机飞行员目标确认并攻击授权后，无人机发动攻击；目标攻击时，无人机能够更迅速地抢占攻击阵位、更敏捷地规避敌方地空威胁，完成“拉起”“俯冲攻击”“加力转弯逃逸”等一系列战术动作，缩短目标打击时间，提高成功率。

### 12.1.2 随队忠诚僚机

目前，无人机承担的任务由侦察监视向对地攻击发展，使用环境由安全空域向对抗空域发展，控制方面对操作员和无人机自主系统的要求更为提高。针对无人机在复杂对抗环境下自主能力的不足，发挥有人机飞行员的智能优势，相当于将无人机的地面站搬移到有人机上。现有无人机由地面站通过卫星通信链路实现指挥控制，受限于卫星通信时延和带宽，不适合执行对抗环境或者时敏任务。若采用有人机指挥无人机，具有就近指挥优势，数据链时延小、带宽大；同时，飞行员身临其境，不仅作为任务的指挥者，还是任务的参与者，临场感强，便于提供必要的“人在回路”智力支持，可以极大地提升无人机在不确定环境下态势理解和任务决策能力，从而可以承担在对抗环境下地面站控制无人机很难完成的防空压制等作战任务，实现无人机对抗环境下的实战化应用。

### 12.1.3 灵巧指挥僚机

随着无人机自主能力的不断提升，无人机将作为“忠诚僚机”与有人机紧密编队，根据战场态势、自身状态等条件，动态变换任务角色，“谁有利、谁行动”，实现能力倍增。在对抗战场环境中，面对复杂紧密耦合的作战任务，有人机、无人机需灵活地转换角色（侦察、攻击、护航等），高效分工协作，以实现最佳的综合作战效能。此时，无人机和有人机不再拘泥于固定的编队构型和任务角色，而是有人机指派基本的任务或目标，无人机根据战场态势，分解任务或目标，制订各自的任务计划并与有人机相互协调地执行。编队中各机行为更多是态势或事件触发，采取谁（有人机或无人机）有利谁行动的原则，实现角色能力（平台/传感器/武器性能）的互补，从而通过“大量局部交互产生全局行为”。

## 12.2 空中有人-无人协同研究现状

### 12.2.1 忠诚僚机项目

2017年3月，美国洛克希德·马丁公司与美空军联合开展了新一轮有人机-无人机编组技术演示试飞，对美空军“忠诚僚机”的关键技术进行了验证，包括僚机自主规划并适应对地打击任务、开放式系统架构的软件集成环境、僚机的意外处置（失去武器、路径偏离、失去通信联络等）等能力。

图12-1所示为美军忠诚僚机项目示意图。

美空军重点关注应用层、传输层和网络层上的解决方案。为发展无人自主系统网络能力，需关注如下技术目标。

（1）应用层：新的应用层协议需满足自主系统的应用需求。

（2）传输层：在严重延迟的限制下，需具有拥挤控制的能力，最大限度地提高端对端数据传输的可靠性；在需求不同的情况下，需通过多种数据流共享资源。

（3）网络层：多径和/或无径路由，低开销路由和网络管理，灵活的服务和准入控制，高动态环境中的路由。

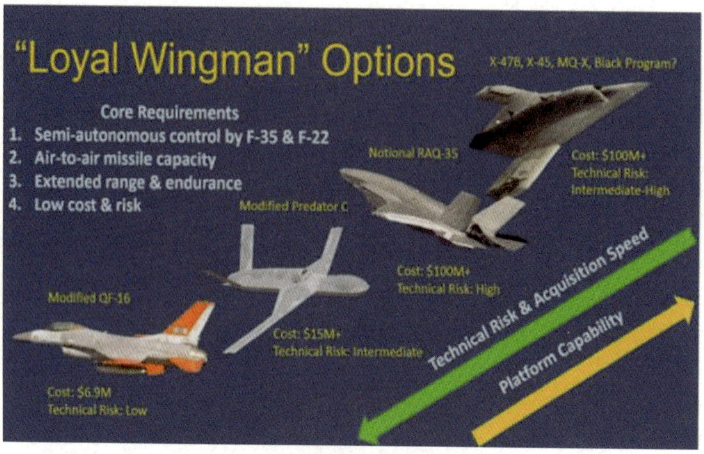


图 12-1　美军忠诚僚机项目示意图

（4）链路和拓扑结构控制：用于通用和专用系统的分布式拓扑结构控制，需链路层可靠性、干扰环境下的拓扑结构灵活。

（5）系统结构：需易于扩展，分布式容错网络互操作，多任务下可同步操作。

（6）动态节点：根据距离和进入/离开网络等因素，网络中的节点相互关系需快速变化。

有人-无人作战编队是美空军“第三次抵消战略”重点发展的五大技术领域之一。“忠诚僚机”项目计划于 2018 年展开 F-16 改装型无人机与 F-35 战斗机配对作战测试，该项目的实施推进，将大幅度提升美国空军的有人-无人机协同作战能力。自主网络通信技术的发展，可有效满足美空军“忠诚僚机”项目对机载联网的能力需求，美空军计划 5 年内进行该网络的技术演示，并且正在寻找未来 10～20 年的长期方案。有人-无人作战编队能力的后续发展值得重点关注。

### 12.2.2　从无人战斗僚机到无人加油僚机

研发 X-47B 舰载无人战机的美国洛克希德·马丁公司曾提出构想：15 架 X-47B 自组织编队飞行，空中加油后续航时间达 50h，作战半径 1750 海里，可执行情报监视侦察、巡逻、对陆海攻击等任务，提高航母在强对抗的海战场的安全性和生存力，降低有人舰载机执行此类任务时承担的风险，同时提高任务成功率。X-47B 甚至可以与有人机组成小规模混合编队，协同作战。这种侦打高度融合的集群作战单元无疑将使未来作战方式发生颠覆性变革。

图 12-2 所示为 X-47B 无人战斗僚机。2018 年，经过进一步论证后，该型飞机的定位从打击任务转移到空中加油机/情报、监视与侦察（ISR）任务，并正式定名为 MQ-25“黄貂鱼”（Stingray）。该机型将用于扩展舰载机联队（CVW）的任务半径，弥补当前的航母打击群（CSG）在情报、监视与侦察方面的不足，并担任未来舰载机联队中的加油机角色。2019 年 9 月 19 日，波音公司完成工程研制型飞机首飞。项目预计采购 76 架无人机，其中 4 架为工程研制型（EDM），3 架为系统演示

图 12-2 X-47B 无人战斗僚机

测试型（SDTA），这 7 架飞机的相关费用包含在研制费用当中；其余 69 架飞机由美海军飞机采购局（APN）完成采购。

MQ-25 无人加油僚机如图 12-3 所示。

图 12-3 MQ-25 无人加油僚机

### 12.2.3 有人直升机与无人协同

2011 年 9 月 16 日，美国在犹他州达格韦试验场迈克尔陆军机场完成了有人与无人系统集成能力（manned unmanned systems integration capability，MUSIC）演练，该演练验证了无缝集成的有人-无人系统的能力和成效，展示了信息是如何被快速提供给地面上的作战士兵的，如图 12-4 所示。验证了“奇奥瓦勇士”“阿帕奇”“灰鹰”等直升机的有人-无人协同以及它们与“大乌鸦”“猎人”无人机的互操作。

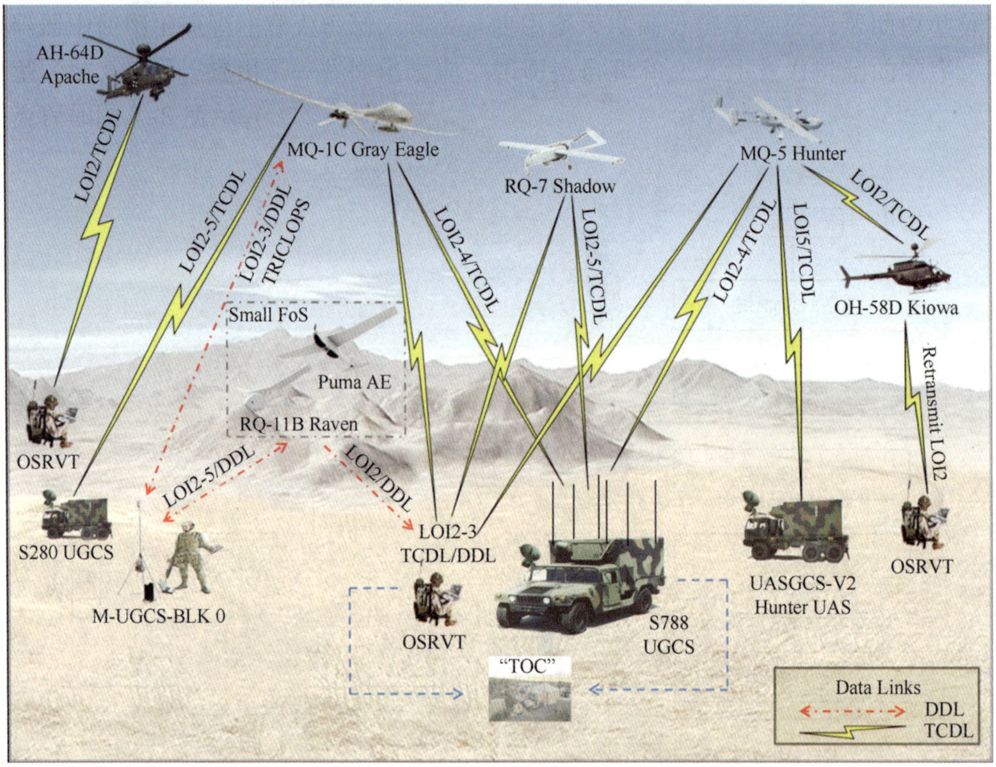


图 12-4　MUSIC 演练信息交联关系

MUSIC 演练证明了有人-无人互操作性的进步。互操作性的关键在于通用地面控制站（UGCS）和一站远程视频终端（OSRVT）。UGCS 允许单一操作员将控制权移交到各种类型的有人和无人飞机系统。OSRVT 允许较大无人机平台间的双向控制，如“灰鹰”“影子”“猎人”无人飞机。这种能力展示了士兵使用 OSRVT 直接控制无人机系统有效载荷，而不是通过无线电请求，无人机操作员指出在一个理想目标点的有效载荷。OSRVT 也允许从小型无人驾驶的“大乌鸦”和 Puma，以及有人的“阿帕奇”和“基奥瓦勇士”接收视频。这些功能通过增强操作员的态势感知和实时可操作数据共享，允许对战场管理改进。

“阿帕奇”验证了其通过数据链控制“灰鹰”无人机上的任务载荷，以及通过有效的数字数据链路向 OSRVT 传输视频；“基奥瓦勇士”验证了其通过 TCDL 链路和“猎人”平台将无人机视频和元数据再次传输到地面 OSRVT 和军队的能力。

通用地面控制站（UGCS）：这是 UGCS 首次基于单个地面站通过通用硬件和软

件来验证其连续控制相对大型无人机的能力，其效果可以立即从“影子”手持式GCS到UGCS、“灰鹰”地面站到UGCS以及“猎人”传统地面战到UGCS之间控制权的顺利交接看出来。该新型能力也为通用操作员概念在铺设道路。这是单个操作员控制飞行多样化无人机的能力。在验证中，同一个飞机操作员和有效载荷操作员连续控制所有3架飞行器，这是无人系统的一个重要里程碑。

一站远程视频终端（OSRVT）：OSRVT的任务是通过在演习中验证与所有参与平台之间的互操作性来显现的。OSRVT通过数字数据链路DDL从小型无人机接收视频信息，通过战术通用数据链TCDL从大型无人机平台接收视频信息。OSRVT操作员控制“影子”、“灰鹰”以及“猎人”无人机的载荷时具备双向通信能力，可以同时接收视频和向飞机上传指令引导照相机对准感兴趣区域。OSRVT和有人飞机联合能够共享瞄准数据并确保工作于一个通用作战环境中。

小型通用地面控制站（M-UGCS）：美国陆军一直致力于发展M-UGCS。在演习中，M-UGCS批次0进行了演示验证。M-UGCS批次0是现役“大乌鸦”GCS的软件更新版本，允许GCS控制悬挂在机翼上的TRICLOPS配置载荷。TRICLOPS配置除了在“灰鹰”机身上配置的主载荷还在机翼上增加了两个额外的载荷。GCS可以单独控制这两个载荷，从而使得无人机可以同时跟踪3个分布于不同地理位置的目标。M-UGCS利用硬件为前线的士兵提供对高性能传感器的互操作等级（LOI）3的控制。为了与真实的互操作性一致，界面遵循与UGCS相同的标准化协议4586标准作为通信协议。此外，观众能看到M-UGCS批次1的展示，提供了一个独立的“大乌鸦”GCS的功能性合并包。

## 12.3 空中有人-无人协同关键技术

### 12.3.1 有人-无人系统协同控制体系结构

目前，有人-无人机系统的协同控制体系结构主要分为集中式和分布式两种类型。集中式控制体系结构中，空基或陆基的任务控制站是其唯一的中央控制节点，机群内部各机的感知信息回送到任务控制站，任务控制站对所有数据进行集中分析与计算后，对无人机、有人机的飞行和动作做出统一规划，将决策结果以控制指令的形式发送给各机执行。典型集中式控制结构包括美国国家标准与技术研究院的实时控制系统（4D/RCS）、德雷柏实验室的全域执行与规划技术与海上开放式构架自主（maritime open architecture autonomy，MOAA）系统等。分布式体系结构通过机群内的无人机、有人机通过数据链实现对战场态势、作战任务等信息的共享，并根据共享信息结合自身状态做出决策，与其余无人机、有人机协作完成作战任务。美国空军科学顾问组专门指出：分布式控制结构是近期有人-无人机协同控制的研究重点，要求确定能以最低限度发挥动态网络性能的分布式体系结构，并研究网络中信息流对系统性能和稳定性的影响。分布式无人机系统体系结构又可细分为完全分布式体系结构和有限集中式分布式体系结构。完全分布的体系结构下，机群内的所有无人机、有人机通过相互之间信息的完全交互，获取对战场态势的感知，然后对无人机、有人机下一步行动做出决策。有限集中的分布式体系结构通过划分多个分布式中心节点，融合了集中控制体系结构和完全分布式体系结构的优点。

研究人员通过比较集中式、完全分布式和有限集中分布式体系结构后指出：集中式控制能够进行慎思规划，获得解的全局性能强，但是反应速度较慢，对通信的依赖很大；完全分布式控制体系结构一般采用基于反应和行为的控制策略，反应速度快，但是获得全局最优解较为困难；有限集中的分布式体系结构是集中式和完全分布式的折中，可以兼顾系统反应速度和解的最优性，更适于有人-无人机协同控制。QinetiQ 公司开展的有人机控制多架无人机的实验验证了有限集中的分布式体系结构的优势。它采用有人机操作员作为中央控制节点控制多架无人机自主协作完成攻击移动目标任务。有人机操作员为分布式无人机群提供最高层（任务层）的集中控制；无人机高度自治，但操作员始终监视着各无人机的作战情况，并保留随时干预的权利，仅在战场态势发生重大变化时才进行任务的全局调整。对抗性战场环境中无人机和有人机的高机动性、高隐身性和紧密合作性，以及有人机操作员的适时干预对协同控制体系结构的便捷性、反应性和优化性提出了更高的要求。还需要进一步探索适合有人-无人机协同控制的体系结构，以充分发挥飞行员-有人机-无人机系统在协同探测、攻击以及电子干扰等作战任务中的协同效能。有人-无人机协同控制体系结构涉及平台自主控制、链路通信、人机交互和人机智能融合等多方面内容。

### 12.3.2 有人-无人机系统人-机协作与人-机交互

人-机协作与交互技术作为有人-无人机协同的一项重大关键技术，目前有多个项目在在基础理论、技术和系统等不同层面开展了广泛且深入的研究。

多无人机监督控制技术方面，Dixon 等人研究了在控制多架“影子”无人机时减少操作员的工作负担问题。结果显示：单操作员使用适当的策略，理论上完全能够控制一架无人机（包括导航和载荷控制），例如听觉告警提高了与告警相关的任务实施性能。相反，增加智能组件系统的自主水平对与自动化相关的任务（导航、航迹规划、目标识别）都有帮助。这些结论与单通道理论一致，表明操作员不能同时管理对时间要求高的任务。Dunlap 在其开发的用于控制多架无人作战飞机的分布式体系结构中也倾向于使用“同意管理”的人机协作模式。随着环境复杂度的提高，无人作战飞机的数量限制于 4 架。他们注意到“偏爱自动系统的输出结果”是一个普遍的问题，在高自主级别控制下直接导致了攻击错误目标比率的上升。

在人机交互方面，采用基于自然语言的指令理解系统将简化操作，缩短任务完成时间。美国软件使能控制（software enabled control，SEC）计划相关试验中，麻省理工学院的研究人员研制出的有人机对无人机制导系统能使驾驶员通过飞行级英语话音指令制导控制另一架无人机，使无人机能够及时对突然改变的计划做出反应并避开意外威胁。QinetiQ 公司正在开发在有人机飞行员执行任务期间控制多架无人机（最多5架）的技术。使用该技术，飞行员无须经常监控无人机，而是使用软件设备对大量情报进行分析融合完成无人机任务的分配。美国海军舰载无人空战系统验证机计划在2014年年底部署X-47B在航母上的第三次测试，使X-47B与航母上实现数周的全方位信息融合，用以演示、验证无人机能够与有人机达到无缝协作。

近年来，德国慕尼黑国防军大学“有人-无人编队”项目为实现有人机指挥控制无人机执行侦察/攻击任务，研究了先进的人机系统理论并建立了完整的人机协同系统。他们采用认知自动化方法替代传统自动化方法设计无人机操作员辅助系统，使其具备复杂任务的自动决策能力；运用人工认知方法设计无人机人工认知单元（artificial cognition unit，ACU），使无人机具备根据自身感知态势理解有人机指派的目标或任务的能力。ACU 建立于认知系统体系（cognitive system architecture，COSA）上，从而允许显式地编码领域专家知识，即飞行员、无人机操作员和任务指挥员的知识。采用协同控制和监督控制两种模式的控制技术实现人-机器（无人机操作员辅助系统）、机器（ACU）-机器（ACU）之间的协同。同时，作者开展了大量“人在回路”（8名有经验的德国战斗机飞行员）方式的有人-无人机编队仿真试验，发现将（多）无人机的指挥权移交至有人机座舱成员手中将带来严重的工作量超负荷问题。为此，他们提出基于目标/任务的无人机指挥控制方式来降低有人-无人机协同所带来的操作员工作量超负荷问题。该方式使得无人机-ACU 需要在符号或语义层面理解任务，需要结合自身当前态势（包括编队内其他无人机成员的指派任务）来解释有人机指派的任务。

### 12.3.3 有人-无人机系统协同感知、信息共享与态势理解

有人-无人机协同态势感知与理解是利用各机分布式传感器获取战场态势信息，通过机间数据链实现感知信息的实时共享，完成对时间与空间纵深内战场各要素的感知，以及对它们的企图和发展趋势的理解。相关技术包括多机协同感知、信息共享与融合、威胁估计与态势预测等。

美国洛克希德·马丁公司针对有人-无人机协同系统开发了自主协同通用态势感知模块，包含多个层级。第一级融合来自机载传感器、友机传感器、外部数据源（如 $C^4ISR$ 网络）等的数据，明确战场上的友方和敌方，消除友机的数据冲突。第二级形成融合后的跟踪视图，评估潜在威胁等。第三级完成战场态势预估，判断可能的威胁意图、机动和未来位置。第四级判断态势感知模块产生的信息是否满足任务需求，并采取行动以感知所需要的信息。在目标检测和跟踪领域，空中视频监控（aerial video surveillance）实现了对地面运动或静止目标的快速搜索和跟踪。MIT 研究人员针对多无人机协同目标跟踪问题，开展了基于视觉的多无人机协作式定位和跟踪研究，并进行了室内飞行试验验证。目前，多传感器协同观测广泛采用基于信息论的建模框架，基本解决了针对固定目标的测向传感器观测航迹优化问题，针对测向或测距等单一功能传感器的最优配置问题也已经有较好的理论结果。针对多无

人机传感器协同信息收集任务，建立了基于信息论的方法框架，将多无人机协同信息感知问题转化为基于信息测度和信息效用的优化控制问题，将平台状态、外部环境的取值都抽象为系统的效用结构和信息结构，根据当前互信息增益，每架无人机平台通过最大化信息效用得到优化的搜索决策。然而，面向有人-无人机协同信息感知技术仍然存在很多尚未解决的问题，例如：①对组合传感器的最优观测配置分析；②多平台的协同观测航迹优化；③协同态势评估、动作和意图推断等。

有人-无人机系统信息共享主要是指在无人机之间、无人机与有人机飞行员之间以及无人机与外部系统（如 $C^4$ISR 等）之间进行信息传输与共享。美国建立了战场的全球信息栅格（global information grid，GIG），为作战人员在恰当的时间地点、以恰当的形式、提供恰当的信息。目前，研究主要集中在 GIG 的总体架构、关键技术、基础理论等方面。美海军提出了协同作战能力（cooperative engagement capability，CEC）建设的构想，将战场中的所有战斗信息加以综合，形成精度更高、范围更广、全局一致的战场态势信息，并为所有作战单元共享。目前，CEC 已经为美军方所接受，在新研制装备中预留与 CEC 设备的接口。美军提出的战术目标瞄准网络技术（tactical targeting network technology，TTNT）计划旨在开发打击时间敏感目标（移动导弹发射平台和坦克纵队等）的机载无线网络通信技术，使得有人机、无人机和 ISR 平台以及地面站之间实现高性能、互操作的数据通信，具有通信容量自适应、优先信息的时间延迟最短、无中心点故障、适用于未来空中平台等优点，其关键技术在于如何建立自组网通信并保持，如何与现有数据链（Link-16）实现互操作，如何更有效地利用日益紧张的频谱资源等。该技术已经在十几个空中平台进行了应用论证，包括 F-22、F-16、F-15、F/A-18、B-2、B-52、E-3 机载预警与控制系统飞机、E-8 战场通信节点飞机和 E-2C“鹰眼”预警机等。2013 年，美军无人作战飞机 X-47B 开始采用 TTNT 技术作为其指挥控制体系结构的一部分。TTNT 为 X-47B 提供高速数据传输率和远程通信链接能力，增加了机载网络容量，保证提供快速、低延迟信息的传递。美国 2011 年版《无人系统集成路线图》指出，在无人机系统 TPED（tasking，production，exploitation，and dissemination，任务分配、信息处理、利用与分发）过程中，要引入变化检测、自动目标识别、自动目标提示、确认潜在威胁等感知信息处理能力，从而传回马上可利用、可执行的情报，使链路带宽用于传送最需要的内容，并减少对总带宽的要求。

有人-无人机系统协同态势评估、威胁估计以及态势理解等与决策密切相关的高层数据融合技术的发展相对滞后。这导致战场环境的感知与理解大多还停留在较低层次的感知阶段，对环境态势的自动理解水平较低。但是，近年来越来越多的研究单位开始关注这一方面的研究。目前的研究重点包括目标检测和识别、动目标跟踪与行为理解、知识表达与环境建模、态势评估与威胁估计，以及人有限干预下的战场环境理解。美国先进技术研究开发机构 ARDA 在 VACE 项目中针对无人机系统提出了基于序列图像的相关研究计划，其目标是完成地面目标检测、识别和跟踪的基础上，理解预测目标的行为，完成事件的识别和分类。波音公司的相关研究机构也参与了该项目的研究。2008 年，DARPA 与美国洛克希德·马丁公司合作开展了面向战场信息的分析和挖掘研究，旨在通过对视频信息数据的充分利用，帮助情报分析人员迅速找到兴趣焦点。将这一技术应用在无人平台上，可以提供自动的事件识别功能，支持对战场目标态势的理解。实现态势估计的方法有很多，包括专家系统、模板技术、品质因素法、计划识别方法、贝叶斯网络、模糊逻辑技术等。但总的来说，对抗环境下有人-无人机协同作战面临的战场态势是不确定的、快速演化的，通信条件也是时变的，同时，面向时域（活动）的理解仍然存在很大的挑战，必须引入战场态势的预测估计方法，才能实现对高度不确定的战场态势的实时把握。

### 12.3.4 有人-无人机系统协同决策、协同规划与编队控制

有人-无人机协同系统具有分布式执行器、内在的并行性和较大的冗余性，更好的容错性和健壮性，能够更加有效地完成单无人机或者有人机无法完成的任务等优点。国外对有人-无人机系统协同决策、协同规划和编队控制等方面开展了较为深入的基础理论研究。

有人-无人机协同决策的研究主要针对人思维模式的特点展开，而后类推到决策的一般特征。大部分现有有人-无人系统中，每个无人机需要两个操作员，即一个负责操纵，一个负责处理任务。研究者试图在减少人的参与程度、降低操作员负载、更低误差和更易被人接受等方面展开研究。研究表明人的决策具有间歇性，即人脑的决策控制并不是连续进行的，而是系统状态与期望值偏离一定程度后才会修正，同时人脑决策的预测力只有在系统偏离稳定点后才会起作用。进一步，通过采用神经网络模拟方式分析了人脑对于图像与信号的认知数据，得到定性结论：镇定决策是人的优势，可以将所学会的知识精确地应用于实际；跟踪是人决策能力的源泉，但是在认知精准度上具有本质弱势，可通过不断地跟踪转化为镇定性决策，逐渐提高精度。在无人参与的自主决策领域，梯度优化、模型预测控制、概率群集、强化学习等方法被广泛应用于基于信息的分布式优化决策问题。研究表明强化学习理论在构建健壮、有效的决策系统时具有优势，例如 DARPA 无人车辆挑战赛的冠军车辆采用了强化学习理论。强化学习在决策过程中的应用在于马尔可夫决策过程的最优策略求解，即对于评价函数已知的马尔可夫过程，可以通过学习的迭代算法求解最优策略。对大多数有人-无人机系统而言，人工选择一个合适的任务完成度评价机制是很困难的。美国 2011 版《无人系统路线图》中指出，计算机科学、人工智能、认知与行为科学、机器学习以及通信技术的发展使得自主决策能力的实现成为可能。但是在现阶段，系统的复杂性、不确定性、不完全信息、分布通信是网络化分布式协同控制与决策问题面临的主要技术挑战，有人-无人机协同系统完全自主的决策还需要持续的研究工作。

有人-无人机任务协同规划包括任务分配和航迹规划问题。任务分配方面，为了充分利用无人机、有人机的自主能力，提高求解效率，避免集中式求解框架下中

央节点计算负荷大、系统健壮性较差等缺陷，分布式任务分配方法逐步成为学术界关注的热点。分布式任务分配方法主要包括基于合同网市场竞拍机制的方法、分布式马尔可夫决策过程方法、分布式模型预测控制方法、动态分布式约束优化方法、多智能体满意决策论等。有人-无人机协同航迹规划需协调处理各架无人机、有人机航迹之间的相互关系，包括空间协调关系、时间协调关系和任务协调关系。目前，航迹协调主要研究方法包括单元分解法、人工势场法、路标图法。目前在有人-无人机协同规划中，美国 T. Schouwenaars 等人在进行任务和航迹规划时，将有人机的状态信息作为约束加入到优化模型中，进而求解最优任务分配及路径规划解，首次实现了基于 MILP（mixed-integer linear programming，混合整数线性规划）方法引导的有人-无人机试验验证，并成功在 T-33 和 F-15 有人-无人机系统上完成飞行验证。

协同编队控制的主要目标是控制每个飞行器在空间中的位置和姿态，使得无人机、有人机完成设计的编队飞行任务。编队飞行代表性控制方法包括领航-跟随法、基于行为法、虚拟结构法、图论法、人工势场法、模型预测法等。领航-跟随法选择某个飞行器作为领航机，维持设定的飞行轨迹，其他的作为追随者，保持与相邻飞机间的距离稳定。基于行为的编队中每个子系统的控制动作表示为所有子系统行为的加权平均值，容易实现飞机间的避碰，但是动作函数的设计较为复杂，且难以分析系统稳定性。虚拟结构法将多个飞行器组成的整个队形定义成虚拟刚体，每个飞行器在虚拟刚体中对应一个节点。人工势场法基于设计的人工势场函数负梯度计算每个飞行器的控制输入，以实现整个编队系统误差的收敛。图论法主要将有人-无人编队建模为图，而后借助图论的知识设计编队控制律和分析系统稳定性。目前常用图论建立编队稳定性与通信拓扑结构之间的关联性。如果单平台局部控制器稳定，那么编队稳定性取决于信息流的稳定性；如果通信信道含有噪声或通信拓扑动态变化，借助图论和控制论，研究人员也得到了噪声对编队控制律的影响，以及使得控制律的稳定拓扑变化的充要条件。美国 NASA 对不同情况下（如不同机间距离、不同飞机机型、不同编队飞机数目以及不同飞行速度等）的编队飞行以及可能使气动干扰产生不同的影响效果进行了研究和试验，并采用两架三角翼无人机模型进行了双机编队试验。试验结果表明：两机翼在横侧向无重叠时的编队飞行中，阻力可减少 15%；而当两机翼在横侧向轻微重叠时，僚机阻力减少得更多，同时可以获得较大的俯仰力矩和滚转力矩。除此之外，美国也广泛开展了无人机的编队协同电子战技术的研究。据报道，美国研究人员基于分散化协同控制框架以及分布式模型预测控制技术实现对一群无人机的编队构型优化和分布式决策，使得总体的雷达反射特性尽可能接近某种类型的有人机的雷达特性。另外，还有美国学者通过协同航路规划的方法实现对一群无人机的编队构型设计，进而对雷达网络进行欺骗，使之产生一个虚假的运动目标。目前，西方主要国家都将有人-无人机编队飞行技术当作未来空军最具优势和前景的发展方向，纷纷制定明确的时间表，集中力量进行重点研发。

# 第13章 地面有人-无人协同：智能分队

城市作战是现代战争的主要形式之一，城市的安危得失将成为战争胜败的重要标志。城市楼宇林立、街巷纵横等典型特征制约了传统作战样式中大股部队推进和重型装备应用，以班组为代表的战术级作战单元正逐步成为城市作战中的主要力量。随着人工智能技术的迅速发展和广泛应用，将无人系统与班组作战相结合，通过地面有人-无人协同可大幅拓展班组在城市等复杂战场环境下的各种任务能力，可有效解决城市作战实际痛点难点问题。

## 13.1 地面有人-无人协同样式

### 13.1.1 协同侦察

地面有人-无人协同系统包含具有雷达、可见光/红外、激光、震动、音频等多种侦察载荷的空中/地面无人系统、机器人和无人值守传感器系统，能够在陌生区域内快速认知战场环境，在GPS/北斗拒止条件下协同定位班组成员，在班组视野无法覆盖的区域和角落协同侦察战场目标，通过智能在线识别技术确认目标类型和身份，实时共享战场态势，在城市巷战等复杂战场环境中实现数倍于传统班组的战场感知能力，为先敌决策、先敌开火奠定基础。

实现协同侦察的核心关键技术在于复杂环境高精度三维建图与理解、空地协同战场目标分布式并行感知、时空不一致多源/多模信息融合、多尺度多层级智能目标识别、障碍/遮挡条件下目标定位等，通过这些技术，可实现空地无人系统在高动态战场环境下对敌方目标及动向的全面掌控，有效拓展班组在城市巷战中的情报侦察与态势感知能力。

典型场景一：无人系统突击快速构建战场环境。察打一体无人车配备视觉、激光传感器，在城市街巷突击侦察，构建城市战场街道三维地图；察打一体无人机搭载视觉传感器从高层建筑物顶楼进入，快速侦察高层建筑物内环境；室内察打机器人通过低层建筑窗户进入，对低层大型建筑物内的环境进行侦察构建。

典型场景二：空地协同分布式感知敌方目标。有人-无人系统协同推进、战场环境构建过程中，察打一体无人机从空中侦察识别敌方位于街道掩体内的隐蔽目标，室内察打机器人、无人机利用视觉图像识别建筑物内的隐蔽敌人；对我方判断确定的可疑地区布放无人值守传感器；夜视环境下，利用搭载红外相机的无人机/车感知敌方目标。

典型场景三：有人-无人协同定位与态势共享。GPS/北斗拒止条件下班组执行清剿任务，利用无线电测距及视觉路标确定自己在战场中的方位；班组成员利用便携的小型设备对所处战场态势做局部感知；有人-无人单元将自身构建的态势共享、融合、重新分发，实时掌握战场三维环境、敌方分布及我方有人-无人系统状态。

### 13.1.2 协同打击

有人-无人系统通过空地无人系统跨域协同，可在障碍较多、遮挡严重的城市环境下实现对人员、车辆等多类移动目标的持续跟踪和定位，同时将目标信息发送给班组成员和察打一体无人系统，为时敏目标打击提供关键性的目标引导信息。察打一体无人系统通过搭载机枪、榴弹发射器、迫击炮、高爆战斗部（自杀式攻击）等打击载荷，形成远近结合、点杀伤与面杀伤结合、空中与地面相结合的立体火力打击体系。在该体系中，由班组成员定下打击决心，系统依据目标类型、武器载荷的数量及分布进行打击任务分配，并由无人系统自主完成打击任务，为有人-无人系统赋予智能化的火力打击能力。

实现协同打击的关键技术包括在无人平台/载荷小型化、弱通信条件下，视角多目标视觉跟踪及粗定位技术、多尺度多层级智能目标识别、时空不一致多源/多模信息融合、空地协同目标定位跟踪等技术、时变节点多目标空间定位全局优化技术、动目标自主瞄准精准打击技术，可实现空地无人系统在障碍/遮挡条件下对敌方目标及动向的全面掌控，有效拓展有人-无人系统元在城市巷战中的目标瞄准和射击能力。

典型场景一：单机多目标视觉跟踪及空间定位。在无人平台首次发现目标后，智能化作战单元进入协同跟踪打击模式。各无人机根据机载视觉信息，通过吊舱控制实现对视野中多目标的实时跟踪及定位。

典型场景二：空地协同多目标稳健跟踪。空中和地面无人平台通过共享各目标的空间定位信息，实时规划各平台的运动轨迹，实现对多目标的协同稳定跟踪。

典型场景三：空地协同特定目标精准定位。搭载攻击载荷的无人平台则根据其他无人平台对各目标空间位置的估计信息，推算特定目标的精确空间定位。

典型场景四：特定目标榴弹精准自主打击。根据特定目标的空间定位信息，控制武器系统进行实时瞄准，等待班组人员指令；在班组人员下达指令后，攻击型无人平台对瞄准的目标实施打击。

### 13.1.3 协同保障

有人-无人系统搭载弹药、燃油、备用电源以及药品、战场医疗器械等物资，随着班组作战行动的推进，智能化地跟随班组移动的同时，自主化地借助地形保全自己；一旦无人平台接收到作战保障需求，依靠路径规划、自主避障、协同定位等技术，快速机动向需求单位，实现人机系统/机机协同的精准化作战保障，为系统战斗力的维护与延续系统有力支撑。

其典型场景为：首先无人系统以被保障对象为跟随目标，保障无人平台在卫星导航拒止条件下，通过自适应电台网络获取自身与跟随目标的相对位置。根据预设的跟随距离，保障无人平台在跟随目标机动的同时，利用班组及自身环境感知信息，评估周围隐蔽性、可达性良好的藏匿点，最大限度地维持战场生存。班组成员或无人装备发出保障请求，保障无人平台智能化地规划物资送达路径，当班组内多位成员同时提出保障请求，保障无人平台智能化地决策保障优先顺序，并合理规划物资配送路线。城市巷战环境下，确保无人平台所规划的路径中可能突然出现飞石等各类障碍物，以在保障无人平台前进方向投掷障碍物的形式进行模拟，考核平台的避障能力。

## 13.2 地面有人-无人协同研究现状

### 13.2.1 勇士系列项目

以美国为代表的西方国家经历了第二次世界大战、朝鲜战争、越南战争、伊拉克战争和阿富汗战争等战火的洗礼，在城市作战中积累了大量的实战经验。美军认为，提升班组等战术单元的作战能力是城市、山地等复杂环境下作战制胜的关键所在。因此，美军在 20 世纪 90 年代就已开展“陆地勇士”（Land Warrior）计划研究，旨在用信息化装备武装士兵，增强其态势感知与网络协同能力，使其成为联合作战体系下的信息获取者与提供者。在“陆地勇士”系统（图 13-1）中，士兵通过小型头戴式显示器浏览地图和战术信息，掌握队友的位置，进行语音通信和短信交互。

从 2007 年开始，“陆地勇士”升级为“网络勇士”（Nett Warrior，又名“奈特勇士”）（图 13-2），将智能手机等商用技术产品大量运用于系统中，士兵通过自组网电台构建班组战术互联网络，并通过绑在手臂或佩戴于胸前的智能终端进行战场态势感知、信息交互和战术协同。目前，“网络勇士”系统已经批量装备美军，计划给每个旅级战斗队配备 600 套“网络勇士”系统。

在“网络勇士”系统研制及装备的同时，美军同步启动了“未来部队勇士”（Future Force Warrior）系统的研制工作，其目的是面向网络中心战，探索及验证新技术在班组及单兵系统中的集成与应用，使地面班组获得超越对手的战场感知与协同作战能力。例如，“未来部队勇士”系统可对各类战场感知信息按时间及重要程度进行优先级排序，将信息按优先顺序有序呈现给战斗人员，确保其在任何时候都能获取和掌握关键信息；同时，运用增强认知技术优化信息的显示方式，使其更符合战斗人员的接收方式与认知习惯。

图 13-1 “陆地勇士”系统

图 13-2 “网络勇士”系统

图 13-3 所示为“未来部队勇士”系统能力概览。

### 13.2.2 X 班组项目

2016 年，随着无人系统技术的快速发展，美国国防高级研究计划局（DARPA）启动了“X 班组”研究计划，其目的是研制空地无人系统与地面班组协同作战的下一代班组作战系统，进一步提升地面班组在复杂战场环境下的多域作战和协同作战能力。

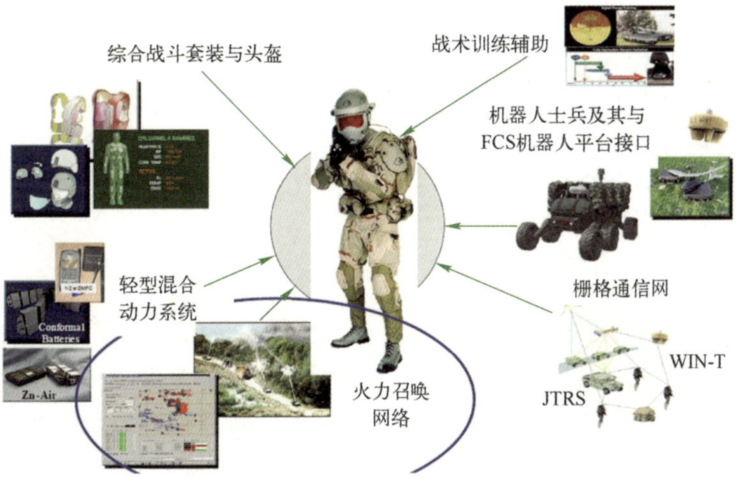


图 13-3 “未来部队勇士”系统能力概览

图 13-4 所示为“X 班组”系统示意图。

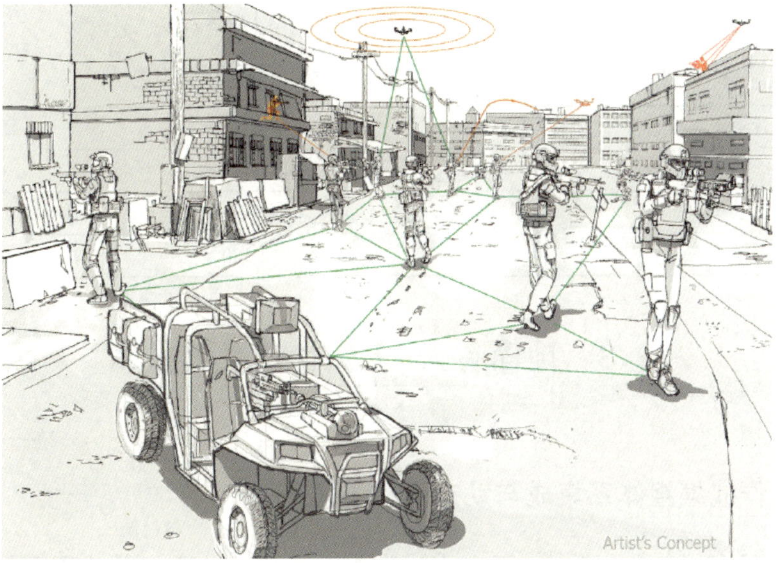


图 13-4 “X 班组”系统示意图

X 班组项目研究课题包括：

（1）距步兵 1000m 以外危险感知、自主危险探测。

（2）无 GPS 情况下班组自主定位，误差≤6m。

（3）分布式非视距瞄准与制导弹药精确打击≥1000m。

（4）袭扰敌方的控制与通信链。

（5）根据步兵班的作战节奏使用无人系统辅助。

项目 2018 年完成首次测试。在这次测试中，海军陆战队的步兵班使用空中和地面自主车辆，探测来自多个领域的威胁，包括火力攻击、电磁干扰、网络战，以获取各种战场环境下的关键情报，还首次验证了步兵班之间交流和协作。

这两年没看到报道，要么是抛弃，要么是觉得已经成熟，后者可能性更大。X 班组项目从概念提出到向实兵验证用了 4 年，依托该项目促进了班组级软硬件发展，探索了未来班组武器装备相关技术，推进了班组战术的发展，是 DARPA 通过技术推动促进战术变革的成功案例。

### 13.2.3 OFFSET 项目

2017 年，DARPA 进一步启动了“进攻性蜂群”（OFFSET）研究计划，以小型无人机及地面无人平台组成的“蜂群”为对象，研究无人集群空地协同、自主作战和人机编组作战的技术实现和战术创新问题，其目的是构建包含 250 个以上无人机及无人车的“蜂群”作战体系，在时间紧迫、视野有限的城市环境下支援班组作战，班组可以用非常简便的方式对“蜂群”进行指挥与控制，有效提升城市作战条件下班组的情报侦察、火力打击与机动防护能力。目前，OFFSET 已完成第 3 次外场试验，成功对集群城市战术以及人-群协同技术进行了集成验证。

表 13-1 所示为 OFFSET 的自主“蜂群”系统目标能力。

表 13-1　OFFSET 的自主“蜂群”系统目标能力

| 作战背景 | 场景一 | 场景二 | 场景三 |
|---|---|---|---|
| 任务持续时间 | 15~30min | 1~2h | 4~6h |
| 作战区域 | 2 个四方街区 | 4 个四方街区 | 8 个四方街区 |
| 蜂群规模 | 50 | 100 | 250 |

## 13.3 地面有人-无人协同关键技术

### 13.3.1 作战编组体系集成与动态重构技术

城市巷战环境复杂，有人-无人作战编组要形成战斗力，首先需要解决系统内节点的互联互通问题，因此需要面向城市巷战条件下的分布式有人-无人协同作战需求，研究与验证基于自组织网络的自适应指挥控制链路架构、平台/传感器分层分组管理策略与信息交互机制，实现班组成员与无人系统的自适应柔性组网、低延迟信息传输、传感信息采集与分发、实时状态监控以及计划与指令即时传输，提高无人平台战场生存能力和独立作战能力。

### 13.3.2 街巷环境并行多维感知与态势生成技术

智能化作战单元集成了雷达、可见光/红外、激光、震动、音频等多种感知载荷和电子侦察/对抗设备的空中/地面无人系统，能够在陌生区域内快速认知战场物理环境和电磁环境；在班组视野无法覆盖的区域和角落协同侦察战场目标，通过智能在线识别技术确认目标类型和身份；在GPS/北斗拒止条件下，利用环境中和载体上所有可用的惯性、里程计、测速仪、侦察载荷等信息，为无人平台和班组成员提供可靠的自主导航和协同定位能力；通过无人装备自我损伤识别，实现自主化、智能化的运行状态监测与故障诊断，在作战中实时/定时评估自身状态、技战术性能。在城市巷战等复杂战场环境中实现数倍于传统班组的战场感知能力。

### 13.3.3 空地协同多目标跟踪与打击技术

城市巷战环境中建筑密集、遮挡严重，形成了较多的天然障碍。空地协同多目标跟踪与打击旨在通过空地无人系统跨域协同，深度萃取和融合空中和地面多视角下的多维度目标信息，实现对人员、车辆等多类移动目标的持续跟踪和定位，同时将目标信息发送给班组成员、巡飞弹和察打一体无人系统，为时敏目标打击提供关键性的目标引导信息，察打一体无人系统通过搭载机枪、榴弹发射器、迫击炮、高爆战斗部等打击载荷，形成远近结合、点杀伤与面杀伤结合、空中与地面相结合的立体火力打击体系。

### 13.3.4 人机协同决策与规划技术

城市巷战中的战斗过程具有高动态性，其特点是短兵相接和遭遇战。人机协同决策与规划旨在利用人工智能与自主系统技术缩短决策与规划周期，充分发挥人与智能无人系统的分布式协同作战能力，对动态敌情做出快速反应，塑造先敌决策和先敌行动态势，大幅提升城市巷战中战斗过程的作战效能。人机协同决策与规划表现形式可概括为“人类指挥+机器控制”：人类指挥员依据战场态势进行决策，确定作战任务及目标；智能辅助决策系统与无人系统根据指挥员决策进行任务分解、力量编组、任务分配和详细规划，生成高效、合理的任务计划。在任务执行过程中，智能辅助决策系统与无人系统针对态势变化与突发情况辅助班组成员进行动态任务调整和重规划。

# 参考文献


[1] LI Y, LI Y, GUO Y, et al. Cooperative path planning of robot swarm based on ACO [C]//IEEE, Information Technology, Networking, Electronic and Automation Control Conference. IEEE, 2017: 1428-1432.

[2] WALLAR A, PLAKU E. Path Planning for Swarms by Combining Probabilistic Roadmaps and Potential Fields [J]. 2013, 8069: 419-428.

[3] GARNIER S, GAUTRAIS J, THERAULAZ G. The biological principles of swarm intelligence [J]. Swarm Intelligence, 2007, 1(1): 3-31.

[4] PENG J S. The robot path optimization of improved artificial fish-swarm algorithm [J]. Computer Modelling& New Technologies, 2014, 18(6): 149-152.

[5] ZHOU J, DAI G Z, HE D Q, et al. Swarm Intelligence: Ant-Based Robot Path Planning [C]//Fifth International Conference on Information Assurance and Security. IEEE Computer Society, 2009: 459-463.

[6] ASHOK S, ASHOK S, ASHOK S. Ant colony based path planning for swarm robots [C]//Conference on Advances in Robotics. ACM, 2015: 61.

[7] ZHANG Y, HUA Y. Path planning of mobile robot based on hybrid improved artificial fish swarm algorithm [J]. 2018, 17(5): 130-136.

[8] YAO Z, REN Z. Path Planning for Coalmine Rescue Robot based on Hybrid Adaptive Artificial Fish Swarm Algorithm [J]. International Journal of Control &Automation, 2014, 7(8): 1-12.

[9] DUAN H, QIAO P. Pigeon-inspired optimization: a new swarm intelligence optimizer for air robot path planning [J]. International Journal of Intelligent Computing & Cybernetics, 2014, 7(1): 24-39.

[10] 杜鹏桢，唐振民，陆建峰，等．不确定环境下基于改进萤火虫算法的地面自主车辆全局规划与决策方法 [J]. 电子学报，2014，42(3)：616-624.

[11] 田原．两种萤火虫算法的研究 [J]. 科学家，2016，4(6)：21.

[12] HIDALGO-PANIAGUA A, VEGA-RODRÍGUEZ M A, FERRUZ J, et al. Solving the multi-objective path planning problem in mobile robotics with a firefly-based approach [J]. Soft Computing, 2017, 21(4): 1-16.

[13] KIM H C, KIM J S, JI Y K, et al. Path Planning of Swarm Mobile Robots Using Firefly Algorithm [J]. Journal of Institute of Control Robotics & Systems, 2013, 19(5).

[14] ZHU Q D, YAN Y J, XING Z Y. Robot Path PlanningBased on Artificial Potential Field Approach with SimulatedAnnealing [C]. Sixth International Conference on Intelligent SystemsDesign and Applications, IEEE Computer Society, 2006.

[15] KHATIB O. REAL-TIME Obstacle Avoidance for Manipulators andMobile Robots [J]. International Journal of Robotics Research, 1986, 5(1): 90-98.

[16] UZOL O, YAVRUCUK I, SEZERUZOL N. Panel-Method-Based Path Planning and Collaborative Target Tracking for Swarming Micro Air Vehicles [J]. Journal of Aircraft, 2015, 47(2): 544-550.

[17] WALLAR A, PLAKU E. Path planning for swarms in dynamic environments by combining probabilistic

roadmaps and potential fields [C]//Swarm Intelligence. IEEE, 2015: 1-8.

[18] KIM S H, LEE G, HONG I, et al. New potential functions for multi robot pathplanning : SWARM or SPREAD [C]. The International Conference on Computer and Automation Engineering. IEEE, 2010: 559-561.

[19] SHANMUGAVEL M, TSOURDOS A, WHITE B, et al. 3D Dubins Sets Based Coordinated Path Planning for Swarm of UAVs [C]. AIAA Guidance, Navigation, and Control Conference and Exhibit, 2013.

[20] LIN C C, CHUANG W J, LIAO Y D. Path Planning Based on Bezier Curve for Robot Swarms [C]. Sixth International Conference on Genetic and Evolutionary Computing. IEEE, 2013: 253-256.

[21] FAROUKI R T, SAKKALIS T. Pythagorean hodographs [J]. Ibm Journal of Research & Development, 1990, 34(5): 736-752.

[22] SHANMUGAVEL M, TSOURDOS A, ZBIKOWSKI R, et al. A solution to simultaneous arrival ofmultiple UAVs using Pythagorean hodograph curves [C]. In AmericanControl Conference, 2006.

[23] SUBCHAN S, WHITE B A, TSOURDOS A, et al. Pythagorean Hodograph (PH) Path Planning for Tracking Airborne Contaminant using Sensor Swarm [C]//Instrumentation and Measurement Technology Conference Proceedings, 2008. Imtc. IEEE, 2008: 501-506.

[24] DONG S, ZHU X, LONG G. Cooperative planning method for swarm UAVs based on hierarchical strategy [C]. International Conference on System Science, Engineering Design and Manufacturing Informatization. IEEE, 2012: 304-309.

[25] BAYAZLT O B, LIEN J M, AMATO N M. Swarming Behavior Using Probabilistic Roadmap Techniques [M]//Swarm Robotics. Springer Berlin Heidelberg, 2004: 18-125.

[26] HUANG L, ROGOWSKI L, MIN J K, et al. Path planning and aggregation for a microrobot swarm in vascular networks using a global input [C]. International Conference on Intelligent Robots and Systems. IEEE, 2017: 414-420.

[27] GUASTELLA D C, CAVALLARO N D, MELITA C D, et al. 3D path planning for UAV swarm missions [C]//International Conference, 2018: 33-39.

[28] JANN M, ANAVATTI S, BISWAS S. Path planning for multi-vehicle autonomous swarms in dynamic environment [C]//Ninth International Conference on Advanced Computational Intelligence. IEEE, 2017: 48-53.

[29] SHARKEY N E. The new wave in robot learning [J]. Robotics & Autonomous Systems, 1997, 22(3-4): 179-185.

[30] ĆURKOVIĆ P, JERBIĆ B, STIPANČIĆ T. Swarm-Based Approach to Path Planning Using Honey-Bees Mating Algorithm and ART Neural Network [J]. Solid State Phenomena, 2009, 149-149(5): 74-79.

[31] VICMUDO M P, DADIOS E P, VICERRA R R P. Path planning of underwater swarm robots using genetic algorithm [C]//International Conference on Humanoid, Nanotechnology, Information Technology, Communication and Control, Environment and Management. IEEE, 2014: 1-5.

[32] VIGORITO C M. Distributed path planning for mobile robots using a swarm of interacting reinforcement learners [C]//International Joint Conference on Autonomous Agents and Multiagent Systems. ACM, 2007: 120.

[33] SHI Z, TU J, ZHANG Q, et al. The improved Q-Learning algorithm based on pheromone mechanism for swarm robot system [C]. Control Conference. IEEE, 2013: 6033-6038.

[34] RAO R V, SAVSANI V J, VAKHARIA D P. Teaching-Learning-Based Optimization: An optimization

method forcontinuous non-linear large scale problems. Inf. Sci, 2012, 183(1): 1-15.

[35] WU Z, FU W, XUE R, et al. A Novel Global Path Planning Method for Mobile Robots Based on Teaching-Learning-Based Optimization [J]. Information, 2016, 7(3): 39.

[36] STERGIOPOULOS Y, TZES A. Cooperative positioning/orientation control of mobile heterogeneous anisotropic sensor networks for area coverage [C]. Proc. -IEEE Int. Conf. Robot. Autom., 2014, 1106-1111.

[37] STERGIOPOULOS Y, TZES A. Autonomous deployment of heterogeneous mobile agents with arbitrarily anisotropic sensing patterns [C]. 2012 20th Mediterr. Conf. Control Autom. MED 2012-Conf. Proc., no. July, 2012, 1585-1590.

[38] SOLTERO D E, SCHWAGER M, RUS D. Decentralized path planning for coverage tasks using gradient descent adaptive control. Int. J. Rob. Res., 2014, 33(3): 401-425, 2014.

[39] LAMBROU T P, PANAYIOTOU C G. Collaborative path planning for event search and exploration in mixed sensor networks [J]. Int. J. Rob. Res., 2013, 32(12): 1424-1437.

[40] VARGA M, BASIRI M, HEITZ G, et al. Distributed formation control of fixed wing micro aerial vehicles for area coverage [C]. 2015 IEEE/RSJ International Conference on Intelligent Robots and Systems (IROS), 2015: 669-674.

[41] HUANG W H. Optimal line-sweep-based decompositions for coverage algorithms [J]. Proc. 2001 ICRA. IEEE Int. Conf. Robot. Autom. (Cat. No. 01CH37164), 2001, 1: 27-32, 2001.

[42] GONZILEZ E, ALARCON M, ARISTIZIIBAL P, et al. BSA: A Coverage Algorithm. Proc. 2003 IEEE/RSJ, no. October, 2003: 1679-1684.

[43] ACAR E U, CHOSET H, RIZZI A A P, et al. Morse Decompositions for Coverage Tasks [J]. Int. J. Rob. Res., 2002, 21(4): 331-344.

[44] CHOSET H, PIGNON P. Coverage Path Planning: The Boustrophedon Cellular Decomposition. Auton. Robots, 1999, 9(3): 247-253.

[45] GABRIELY Y, RIMON E. Spiral-STC: An on-line coverage algorithm of grid environments by a mobile robot [J]. Proc. -IEEE Int. Conf. Robot. Autom., 2002, 1: 954-960.

[46] BALAMPANIS F, MAZA I, OLLERO A. Coastal Areas Division and Coverage with Multiple UAVs for Remote Sensing. 2019.

[47] AVELLAR G S C, PEREIRA G A S, PIMENTA L C A, et al. Multi-UAV routing for area coverage and remote sensing with minimum time [J]. Sensors (Switzerland), 2015, 15(11): 27783-27803.

[48] SHARMA S, SHUKLA A, TIWARI R. Multi robot area exploration using nature inspired algorithm [J]. Biol. Inspired Cogn. Archit., 2016, 18: 80-94.

[49] CHAN S K, NEW A P, REKLEITIS I. Distributed coverage with multi-robot system [J]. Proc. -IEEE Int. Conf. Robot. Autom., 2006: 2423-2429.

[50] REKLEITIS I, LEE-SHUE V, CHOSET H, et al. Limited communication, multi-robot team based coverage [J]. IEEE Int. Conf. Robot. Autom. 2004. Proceedings. ICRA '04. 2004, no. April, 2004, 4, 3462-3468.

[51] SEBESTYÉNOVÁ J, KURDEL P. Self-organizing robotic system for area coverage and surround of contamination found [C]. ICCC 2013-IEEE 9th Int. Conf. Comput. Cybern. Proc., 2013: 309-314.

[52] YANG E, DING Y, HAO K. Area coverage searching for swarm robots using dynamic Voronoi-based method. Chinese Control Conf. CCC, 2015.

[53] REKLEITIS I M, NEW A P, RANKIN E S, et al. Efficient boustrophedon multi-robot coverage: An al-

gorithmic approach. Ann. Math. Artif. Intell., 2008, 52(2-4): 109-142.

[54] FAZLI P, DAVOODI A, PASQUIER P, et al. Complete and robust cooperative robot area coverage with limited range, [C] IEEE/RSJ 2010 Int. Conf. Intell. Robot. Syst. IROS 2010-Conf. Proc., 2010: 5577-5582.

[55] STERGIOPOULOS Y, TZES A. Decentralized swarm coordination: A combined coverage/connectivity approach [J]. J. Intell. Robot. Syst. Theory Appl., 2011, 64(3-4): 603-623.

[56] STERGIOPOULOS Y, TZES A. Coordination of Mobile Networks for Arbitrary Sensing Patterns. Proc. IASTED Int. Conf. Control Appl., no. February 2015, 2012: 256-262.

[57] THANOU M, STERGIOPOULOS Y, TZES A. Distributed coverage using geodesic metric for non-convex environments. Proc. -IEEE Int. Conf. Robot. Autom., no. February 2015, 2013: 933-938.

[58] ABBASI F, MESBAHI A, MOHAMMADPOUR J. Team-based Coverage Control of Moving Sensor Networks. 2016: 5691-5696.

[59] HOWARD M J, MATARIC, SUKHATME G S. Mobile sensor network deployment using potential fields: A distributed, scalable solution to the area coverage problem [J]. Proc. 6th Int. Symp. Distrib. Auton. Robot. Syst., 2002, 5, 299-308.

[60] YANG S X, LUO C. A Neural Network Approach to Complete Coverage Path Planning [J]. IEEE Trans. Syst. Man, Cybern. Part B Cybern., 2004, 34(1): 718-725.

[61] LUO, YANG S X, LI X, M. Q. -H. MENG. Neural-Dynamics-Driven Complete Area Coverage Navigation Through Cooperation of Multiple Mobile Robots [J]. IEEE Trans. Ind. Electron., 2019, 64(1): 750-760.

[62] SAHA, COMPUTING A, UNIT M, et al. Coverage Area Maximization by Heterogeneous Sensor Nodes With Minimum Displacement in Mobile Networks., 2015.

[63] SUGIMOTO C, NATSU S. Self-organizing node deployment based on virtual spring mesh for mobile wireless sensor network, 2014.

[64] CASTEIGTS A. Biconnecting a Network of Mobile Robots using Virtual Angular Forces $[J]. 2013, 9(2012). 1038-1046.

[65] YU X, LIU N, QIAN X, et al. A deployment method based on spring force in wireless robot sensor networks [J]. Int. J. Adv. Robot. Syst., 2014, 11(1): 1-11.

[66] 牛轶峰，凌黎华．无人机规避或跟踪空中目标的自适应运动导引方法 [J]. 国防科技大学学报，2017，39(4)：116-124.

[67] 高翔，方洋旺，颜世权，等．仅有角度测量的双机协同机动目标跟踪定位规划与决策 [J]. 红外与激光工程，2013，42(10)：2805-2811.

[68] 席庆彪，杨述星，张帅，等．基于 A* 算法的无人机地面目标跟踪 [J]. 火力与指挥控制，2017，42(3)：25-28.

[69] 安敬蕊．海上搜寻无人机移动目标识别与跟踪 [D]. 南京：南京航空航天大学，2014.

[70] 张民，田鹏飞，陈欣．一种无人机定距盘旋跟踪制导律及稳定性证明 [J]. 航空学报，2016，37(11)：3425-3434.

[71] LIM S, KIM Y, LEE D, et al. Standoff target tracking using a vector field for multiple unmanned aircrafts [J]. Journal of Intelligent and Robotic System, 2013, 69(1-4): 347-360.

[72] FREW E W, LAWRENCE D A, MORRIS S. Coordinated Standoff tracking of moving targets using Lyapunov guidance vector fields. Journal of Guidance, Control, and Dynamics, 2008, 31(2): 290-306.

[73] CHEN H. UAV path planning with tangent-plus-Lyapunov vector field guidance and obstacle avoidance.

IEEE Transactions on Aerospace and Electronic Systems, 49, 2(2013), 840-856.
[74] 杨祖强，方舟，李平. 基于tau矢量场制导的多无人机协同Standoff跟踪方法 [J]. 浙江大学学报（工学版），2016，50(5)：984-992.
[75] 王树磊，魏瑞轩，郭庆，等. 面向协同Standoff跟踪问题的无人机制导律 [J]. 航空学报，2014，35(6)：1684-1693.
[76] 赵长春，梁浩全，祝明，等. 基于改进RPG方法的MUAVs协同目标跟踪 [J]. 航空学报，2016，37(5)：1644-1656.
[77] 朱黔，周锐，董卓宁，等. 角度测量下双机协同Standoff目标跟踪 [J]. 北京航空航天大学学报，2015，41(11)：2116-2123.
[78] HYONDONG OH, SEUNGKEUN KIM, ANTONIOS TSOURDOS. Road - Map - Assisted Standoff Tracking of Moving Ground Vehicle Using Nonlinear Model Predictive Control [C]. IEEE Transactions on aerospace and electronic systems vol. 51, NO. 2 APRIL. 2015：975-986.
[79] 李飞飞，李超，周锐. 基于优化的多机协同目标被动跟踪与控制方法 [J]. 电光与控制，2014，21(8)：33-36.
[80] AHMED T. HAFEZ, SIDNEY. N. GIVIGI, KHALED A. GHAMRY, SHAHRAM. Yousefi. Multiple Cooperative UAVs Target Tracking using Learning Based Model Predictive Control [C]. International Conference on Unmanned Aircraft Systems, Denver, Colorado, 2015.
[81] 戴冬，王果，王磊. 博弈论在固定翼无人机地面目标跟踪控制中的应用 [J]. 计算机工程，2016，42(7)：289-292，298.
[82] 任然. 基于误差信息熵的多传感器多目标分配方法研究 [J]. 信息通信，2017，(1)：36-39.
[83] 周彤，洪炳镕，朴松昊，等. 基于多机器人自组织协作的多目标跟踪 [J]. 高技术通讯，2007,(12)：1250-1255.
[84] NEGAR FARMANI, LIANG SUN, DANIEL PACK. Tracking Multiple Mobile Targets Using Cooperative Unmanned Aerial Vehicles [C]. International Conference on Unmanned Aircraft Systems, Denver, Colorado, USA, June 9-12, 2015：395-400.
[85] HYONDONG OH, SEUNGKEUN KIM, HYO-SANG SHIN. Coordinated Standoff Tracking of Moving Target Groups Using Multiple UAVs [J]. IEEE Transactions on aerospace and electronic systems vol. APRIL 2015：1501-1514.
[86] HYONDONG Oh, Cunjia LIU, Seungkeun KIM, et al. Coordinated Standoff Tracking of In-and Out-of-Surveillance Targets Using Constrained Particle Filter for UAVs [C]. Loughborough University Institution Repository, 2015：499-504
[87] MUJUMDAR A, PADHI R. Evolving philosophies on autonomous obstacle/collision avoidance of unmanned aerial vehicles [J]. Journal of Aerospace Computing, Information, and Communication, 2011, 8(2)：19-41.
[88] 魏瑞轩，周凯，王树磊，等. 面向未知环境的无人机障碍规避制导律设计 [J]. 系统工程与电子技术，2015，37(9)：2096-2101.
[89] CALL B, BEARD R, TAYLOR C, et al. Obstacle avoidance for unmanned air vehicles using image feature tracking [C]//Proc. of the AIAA Gudiance, Navigation, and Control Conference, and Exhibit, 2006：1-9.
[90] HAN S C, BANG H. Proportional navigation-based Optimal Collision Avoidance for UAVs [C]. Proceedings of the 2nd International Conference on Autonomous Robots and Agents, 2004：76-81.
[91] WU H S, LI H, XIAO R B, et al. Modeling and simulation of dynamic ant colony's labor division for

task allocation of UAV swarm [J]. Physica A, 2018, 491, 127-141.

[92] HU J W, XIE L H, KAI Y L, et al. Multiagent Information Fusion and Cooperative Control in Target Search, IEEE Transactions on control systems technology, 2013, 2(14): 1223-1235.

[93] Nadia Nedjah, Rafael Mathias de Mendonca, Luiza de Macedo Mourelle. PSO-based Distributed Algorithm for Dynamic Task Allocation in a Robotic Swarm. ICCS 2015 International ConferenceOn Computational Science, vol. 51, pp. 326-335, 2015.

[94] Ilker Bekmezci, Murat Ermis, Sezgin Kaplan. Connected multi UAV task planning for Flying Ad Hoc Networks. 2014 IEEE International Black Sea Conference on Communications and Networking (BlackSeaCom).

[95] CHEN S F, ZHAO D J, Alexandros Zenonos, et al. Truthfully Coordinating Participation Routes in Informative Participatory Sensing [C]. SCIENCE CHINA Information Sciences, 2020.

[96] LI MENGLIN, CHEN SSHAOFEI, CHEN JING. Adaptive Learning: A New Decentralized Reinforcement Learning Approach for Cooperative Multiagent Systems [J]. IEEE Access, 2020, 8, 99404-99421.

[97] LU LINA, ZHANG WANPENG, GU XUEQIANG, et al. HMCTS-OP: Hierarchical MCTS Based Online Planning in the Asymmetric Adversarial Environment. Symmetry 2020, 12: 719.

[98] REN BAOAN, SONG YAOBO, ZHANG YU, et al. Reconstruction of Complex Networks Under Missing and Spurious Noise Without Prior Knowledge [J]. IEEE Access, 2019, 7: 45417-45426.

[99] ZENG CHENGYI, REN BAOAN, LI MENGLIN, et al. Stackelberg game under asymmetric information in critical infrastructure system: from a complex network perspective. [J]. Chaos: An Interdisciplinary Journal of Nonlinear Science, 2019, 29(8): 083129.

[100] ZENG CHENGYI, REN BAOAN, LIU HONGFU, et al. Applying the Bayesian Stackelberg Active Deception Game for Securing Infrastructure Networks [J]. Entropy, 2019, 21(9): 909.

[101] 卢江松. 基于改进蚁群算法的多机协同突防航迹规划方法研究 [D]. 长沙: 国防科技大学, 2011.

[102] 苏菲. 面向动态环境的分布式多 UCAV 在线协同任务规划技术研究 [D]. 长沙: 国防科技大学, 2012.

[103] 吴蔚楠. 巡飞弹协同攻击任务规划问题建模与方法研究 [D]. 哈尔滨: 哈尔滨工业大学, 2013.

[104] 郜晨. 多无人机自主任务规划方法研究 [D]. 南京: 南京航空航天大学, 2016.

[105] 刘鸿福, 苏炯铭, 付雅晶. 无人系统集群及其对抗技术研究综述 [J]. 飞航导弹, 2018(11).

[106] 苏炯铭, 刘鸿福, 陈少飞, 等. 多智能体即时策略对抗方法与实践 [M]. 北京: 科学出版社, 2019.

[107] 陆丽娜. 不确定环境下的分层学习和规划方法 [D]. 长沙: 国防科技大学, 2020.

[108] 李孟霖. 基于强化学习的多智能体系统协调算法研究 [D]. 长沙: 国防科技大学, 2020.

[109] 吴凯文. 基于网络可控性理论的分布式作战建模与分析 [D]. 长沙: 国防科技大学, 2018.

[110] 吴新峰, 顾鑫, 陆婷婷, 等. 一种基于马赛克战理念的协同作战系统设计——方案设想及关键技术探索 [J]. 指挥与控制学报, 2020, 6(3): 278-283.

# Introduction

This book provides a comprehensive introduction to intelligent unmanned cluster technology and its applications, encompassing four key sections: intelligent perception, intelligent collaborative navigation, intelligent planning and decision-making, as well as manned-unmanned collaboration. The first section, intelligent perception, delves into sensor technology for unmanned systems, environmental perception techniques, and multi-source intelligent information fusion within unmanned systems. The second section, intelligent collaborative navigation, establishes a hierarchical framework for intelligent collaborative navigation, spanning navigation devices, autonomous navigation, collaborative navigation, and advanced intelligent collaborative navigation. The third section, intelligent planning and decision-making, encompasses an overview of the field, planning and decision-making for unmanned aerial vehicle (UAV) clusters, and planning and decision-making for intelligent ammunition clusters. The fourth section, manned-unmanned collaboration, focuses on the essence of this collaboration, highlighting its applications in aerial and ground scenarios, and elucidating the various collaboration styles and pivotal technologies associated with both aerial and ground manned-unmanned systems.

Reflecting the latest advancements in intelligent unmanned cluster technology over recent years, this book serves as an invaluable resource for academic research and engineering endeavors, catering to researchers and educators involved in scientific research and equipment development within the realm of intelligent unmanned systems.